李润田近照

李润田（1925—），出生于辽宁省新民县。河南省政协第六届委员会副主席、河南省科协名誉主席、河南大学原校长，曾任中国古都学会副理事长、全国经济地理研究会副理事长、中国地理学会理事、中国高等教育学会理事、中国地理学会经济地理专业委员会委员、人文地理专业委员会委员、河南省社科联顾问、河南省地理学会理事长、名誉理事长等职。2009年，荣膺国内地理学界最高荣誉——"中国地理科学成就奖"

工作、生活掠影

与李长春同志（原中共中央政治局常委、原河南省省委书记）交谈

与河南省常务副省长王明义同志参加会议

与河南省教育厅常务副厅长肖新生同志、北京大学陈传康教授出席会议

与范濂同志在一起

在科协颁奖会上

与吴传钧院士、
张耀光先生、吴三保先生在一起

与施雅风院士交流学科发展思想

与孙九林院士交谈

与夫人合影

坚持读书学习，坚持业务工作，关注学科发展

考察小浪底工程留影

为河南大学地理系本科生授课

2014年11月21日,中国地理学会、河南大学联合主办中国人文－经济地理学发展暨李润田先生九十华诞学术研讨会,图为会议现场

新中国人文-经济地理学发展的见证

——李润田文集

李润田 著

河南大学地理学重点学科建设经费资助

科学出版社

北京

内 容 简 介

本书是作者从农业区划与农业地理、工业地理与区域开发、城市发展与历史地理、区域可持续发展理论与实践、人文-经济地理学科建设 5 个方面精选出 53 篇论文编成的文集。该文集一方面对中国地理学科的相关理论和实践问题进行了深入探讨；另一方面也见证了中国人文-经济地理学的发展，具有重要的历史价值和开拓性贡献。

本书可供从事自然地理、人文地理、城市规划、区域发展、地理信息系统等专业的科研人员及相关行业的管理人员参考。

图书在版编目(CIP)数据

新中国人文-经济地理学发展的见证：李润田文集/李润田著.—北京：科学出版社，2015.12

ISBN 978-7-03-046629-7

I.①新… II.①李… III.①人文地理学-中国-文集 ②经济地理学-中国-文集 IV.①P901-53 ②F129.9-53

中国版本图书馆 CIP 数据核字（2015）第 297537 号

责任编辑：文 杨／责任校对：何艳萍 韩 杨
责任印制：徐晓晨／封面设计：陈 敬

科学出版社 出版
北京东黄城根北街 16 号
邮政编码：100717
http://www.sciencep.com

北京教图印刷有限公司 印刷
科学出版社发行 各地新华书店经销

*

2016 年 3 月第 一 版　开本：787×1092　1/16
2016 年 3 月第一次印刷　印张：29 1/4　插页：3
字数：748 800

定价：179.00 元
（如有印装质量问题，我社负责调换）

目 录

风雨九十年——自述 ··· 1

第一篇 农业区划与农业地理

1. 试论土壤资源的农业评价问题 ··· 21
2. 河南省农业现状区划的初步研究 ·· 39
3. 河南省土地利用的几个问题 ·· 51
4. 关于地貌条件农业评价问题的初步研究 ·· 60
5. 关于农业区划方法论几个问题的初探 ··· 72
6. 关于综合农业区划的几个问题 ·· 79
7. 关于地表水资源农业评价问题的初探 ··· 86
8. 气候条件农业评价问题的探讨 ·· 96
9. 地下水资源农业评价问题的初步探讨 ·· 104
10. 关于农业综合开发若干理论问题初探 ··· 111
11. 河南农业资源的现状、潜力及可持续利用对策 ······························· 116
12. 河南农业发展简史的回顾与启示 ··· 124
13. 对中国农业资源与环境问题的初探 ·· 134
14. 关于农业产业化几个基本问题的思考 ··· 139
15. 社会经济技术条件与农业发展 ··· 147
16. 河南省山区建设方向途径问题的探讨 ··· 156
17. 河南省山地开发利用初探 ·· 167

第二篇 工业地理与区域开发

18. 人民公社工业化问题的初步探讨 ··· 177
19. 关于地区生产布局中工农业关系问题的初步探讨 ··························· 191
20. 学习《论十大关系》中《沿海工业和内地工业的关系》的体会 ········· 200
21. 河南省乡镇企业发展现状、环境问题及其对策 ······························· 208
22. 河南工业布局问题探讨 ·· 214
23. 中国烟草产业发展问题初探 ·· 222
24. 河南卷烟工业生产发展的回顾与对策 ··· 228
25. 关于发展乡镇企业中的几个关系问题 ··· 234
26. 河南旅游资源与旅游业发展初探 ··· 240

27. 关于我国沿边开放中几个问题的初步探讨 248
28. 河南区域经济开发历史回顾 254
29. 县域经济几个基本理论问题研究 263

第三篇　城市发展与历史地理

30. 开封城市的形成与发展 271
31. 黄河对开封城市历史发展的影响 284
32. 进一步发挥开封历史地理优势问题初探 296
33. 自然条件对洛阳城市历史发展的影响 302
34. 我国城市发展中的两个问题 310
35. 略论中国历代河南城市的发展与特点 314
36. 产业带动，双向推进：中原地区城镇化的根本道路 322

第四篇　区域可持续发展理论与实践

37. 关于可持续发展几个基本理论问题的初探 329
38. 关于农业可持续发展若干问题的探讨 336
39. 河南省农业可持续发展问题初步研究 341
40. 河南农业区域综合开发与农业可持续发展问题研究 350
41. 论中国人口、资源、环境与经济协调发展的几个问题 365
42. 河南人口、资源、环境与经济协调发展的问题及其对策 376
43. 略论河南省人口、资源、环境与经济协调发展 386
44. 加快黄淮四市农区发展几个问题的思考和认识 394

第五篇　人文-经济地理学科建设

45. 我国人文地理学发展的回顾与展望 401
46. 关于人地关系问题初探 410
47. 我国经济地理学如何面向 21 世纪 419
48. 论乡村地理学的对象、内容和理论框架 425
49. 人文地理学的研究对象与学科性质 432
50. 人文地理学发展简史 439
51. 中国地理学如何面向 21 世纪 445
52. 中国地理学发展的世纪回顾与展望 449
53. 用科学发展观指导我国人文地理学发展的思考 457

后记 461

风雨九十年
——自述

一、学前和小学阶段

1925年7月3日,我出生于辽宁省新民县(现已改为新民市,归沈阳市管辖)高台于乡巴家屯村一个贫苦的家庭。四岁时,由于父亲到县城一家杂货店去当学徒,家里也就由乡下迁到县城居住。当我刚满五岁的时候,也就是1931年,就赶上日本帝国主义发动了"九·一八事变",由于当局采取不抵抗政策,不到几个月的时间,整个东北的大好山河就被敌人占领。此后不久,日本帝国主义分子与一些民族败类(汉奸)勾结一起,经过精心策划又导演了一场闹剧,建立起傀儡政权——伪满洲国,从此东北三省彻底成为日本帝国主义的殖民地,东北3000多万父老兄弟姐妹们沦为敌人的奴隶,过上了牛马不如的日子,生活陷入水深火热之中。在这样一个大的历史背景下,我的家就进一步陷入了更加艰难的境地。当时父亲李于华由于在杂货店充当店员,每月收入十分微薄,加上原来就房无一间、地无一垄,全家生活全靠祖母刘氏、母亲佟氏两位普通的妇女给人家洗衣服、做针线活,有时还外出打零工等来维持。尽管如此,当我九岁的时候,家里还是让我进入了新民县立第一小学,念完了初小、高小两个阶段(共六年)。在这个阶段,尽管自己也知道自己家里穷而上学不容易,应当好好学习取得优异成绩,但毕竟由于年龄尚小缺乏对学习重要性的认识,加上贪玩,所以这个阶段学习比较一般,只是打下了一个初步基础。不过这个阶段给我留下印象最深的倒是我的祖母、母亲和父亲。我的祖母家庭出身也很贫困,没上过什么学,但听她讲起话来,好像是受过儒家文化熏陶很深的人。她掌握的故事很多,在我幼小的时候,经常通过讲故事教育和鼓励我。她常对我说:"上学以后,一定要刻苦学习,古人为了念好书不少都是头悬梁,锥刺骨,应当学习他们那种精神。"还经常对自己说:"长大以后,一定要有志气,要能吃苦耐劳,不要贪图享乐。和人相处时,更要多谦虚,人家敬你一尺,你要敬人一丈……"。我的母亲是满族,出身于破落家庭,虽然也念书不多,但由于受幼小家庭教育的良好影响,使她不仅成为一位勤劳、节俭、质朴、善良的人,而且性格开朗,处事果断,特别是那种吃苦耐劳的精神让熟悉她的人都很敬佩,正因为这样,她便成了我家的当家人。父亲虽然只念了三年私塾,但由于一生自己好学,当了杂货店店员以后,还不断学习了一些四书五经,这样他便成为家里一位最有学识和注重知识的人,正因为家里有了这样一位有远见的父亲,才能使自己在家庭虽然一直处于困难情况下还能从小学一直念完了大学。总之,祖母、母亲和父亲等上述的优秀品德和高尚情操对我一生都产生了较大的影响。每思及此,倍感亲切和深切怀念!

二、中 学 阶 段

　　1938年高小毕业后，根据当时家庭的经济状况是无力供我上中学的，但在亲朋好友的同情和大力资助下，还是考入了省立新民第一国民高等学校（农科），从学校名称上看好像是比中学还高一档次，实际上还达不到中学这个档次，因为正常的中学是分初中（三年）和高中（三年）两个阶段，共六年。而这个所谓的国民高等学校学制仅仅是四年，而这四年当中设置的文化课程很少，除了学些农业技术课和日语课程外，相当多的时间是到农场去上实习课。很显然这是日本军国主义在东北所推行的一种奴化教育制度，目的是推行他们的愚民政策而已。尽管这四年时间不算太长，但也是我一生中印象比较深刻的一段人生里程。因为有以下几件事一直令我难以忘却。一是入了国高以后，在家庭、老师和同学们等多方面的教育启发和帮助下，开始立志向学，每天除了坚持上课注意听讲外，下学以后还能做到起早贪黑复习功课和自觉地阅读一些课外读物，礼拜天也从不休息。正因为这样，在国高学习阶段自己的学习成绩在全班始终名列前茅。二是小学阶段自己的个性偏于拘谨，但入了中学以后，由于年龄的增长和环境的变化，个性也随之开朗起来，不仅和同学接触多了，而且和不少同学建立了友谊，在学习上可以互相帮助，从中受益匪浅。三是对在我国东北、华北地区先后发生的"九•一八事变"、"卢沟桥事变"以及日本军主义的侵略本质开始有了进一步理性认识，从而使自己在爱与恨的问题上更加分明。也可以说这段时间是自己思想和政治的初步启蒙时期。四是由于当时教地理课的吕鸿才老师不仅爱国，且地理知识十分渊博。他每次讲课都给同学们很大的启发和收获。从而使自己和不少同学们不仅对祖国更加热爱，对敌人更加仇恨，而且也激发了同学们学习地理的兴趣。我对地理科学的热爱应当说是从这时候才开始的。

　　国高毕业时，原想考入师道大学（师范大学），但由于学校政治审查不合格，结果也就失学在家。当时把一切希望和理想完全寄托在尽快早日投入祖国的怀抱后再继续读书上大学。这个希望到1945年8月15日，由于日本帝国主义宣布无条件投降而终于实现了。当时自己的心情和东北3000万父老兄弟姐妹以及全国人民的心情一样，像火山迸发似地高兴起来，从而结束了长达14年之久的亡国奴生活，开始扬眉吐气起来。为了彻底实现自己多年的愿望，刚光复没几天就和原来在国高读书的同学纪凤翔、徐柄春等几个同学结合在一起，并请了原来教英语的吴老师专门给我们补习英语，目的是为升大学作准备。学习刚开始没多久，新民县立高中就正式办起了高中二年级补习班，于是我们几位同学又上了这个补习班就读。读了不到几个月，从报纸上看到由四川省迁回沈阳的东北大学先修班开始招生。这个消息传出后，真是令饱尝14年奴化教育和亡国奴之苦的东北失学的几千名学生，感到一下子重新振奋起来。这时我和不少在补习班就读的同学、同乡毅然决然地离开新民高中二年补习班乘车到沈阳东北大学先修班报考。通过考试，没多久时间便接到录取通知。不久，我和不少同学、同乡也就离开家乡奔赴沈阳北陵东北大学先修班上学去了。

三、大 学 阶 段

(一) 东北大学时期

先修班入学的具体日期记不清了，约在 1946 年的 5 月，从这个时间起到 1948 年 7 月中旬先修班毕业止，前后约两年时间，然后于 1948 年 8 月在北平考入东北大学文学院教育系本科一年级学习，由于 1949 年 1 月北平和平解放，直到 1949 年 2 月间东北大学迁回沈阳为止，我在本科一年级的学习仅是半年左右的时间。两个阶段加在一起，我在东大学习时间就是两年半的时间。

1. 在先修班学习阶段

入学后，先修班分文、理两科，我当时被分到文乙四班学习，男女合班。先修班两年的课程安排得很紧凑，除了开设一些政治课外，主要是语文、英文、高等代数、三角、几何、物理、化学等。其目的是为入学本科打好基础。配备的师资除了先修班由沈阳名牌高中聘请一些业务素质高的老师外，主要都是由大学本科教授来兼课，应当说教师阵容还比较强。入学后的头一年学习环境也不错，主要活动集中在校本部院内。上课集中在文法学院大楼（即汉卿南楼和汉卿北楼），大报告在理工大楼。复习可以到大图书馆，体育活动可以到大运动场。第二年先修班就迁到校本部的路西侧先修班新址（原为东北大学工学院实习工厂区）。在先修班没迁往北平的一年多时间，现在回忆起来，在学习上尽管当时担当全班班长的杂事不少，但是自己的学习一点也没放松，所以学习成绩一直很好。正因为这样，升大学的基础确实打的还比较牢固。当时沈阳离自己家乡很近，但礼拜天也很少回家。另外，在先修班学习阶段留给自己一生中难以忘却的还有两件事：

1) 在学习期间，从老师和同学中不断听说和加上自己在先修班学习期间的切身感受，一直感到，历史上的东北大学创办于 1923 年，虽饱经沧桑，但它确确实实是一所具有爱国主义传统的大学，为国家培养了一大批杰出人才，在国内外享有很高的荣誉。特别是爱国将领张学良将军荣任校长期间，由于高度重视教育和重视人才的培养，他曾聘请了一大批国内一流的教授来校执教和不断改善办学条件，使学校的声望得到进一步的提高。不仅如此，东北大学由于长期养成的尊师爱生，治学严谨，勤奋向上，争当优秀的优良校风等也是名扬海内外。上述一切从那时起在我心目中就扎下了根。特别是东北大学恢复校名和张学良将军出任名誉校长以后学校又得到长足发展的事实展现人民面前以后，自己更感到一生中能够一度能成为东北大学的学生真是三生有幸。

2) 在先修班学习过程中，有几位恩师我永远不能忘怀，因为他们不仅给我了很多知识，而且在政治上也给予自己很大的帮助。比如，当时教自己语文课的李之保和徐英超等老师，不仅课堂上跟他们学习了不少鲁迅作品，而且在课余时间还不断指点自己如何写好作文等。特别是在和他们交往中，对年轻人如何建立世界观和人生观的问题上得到了不少启发和帮助。

1948 年春开学后不久，学校向广大同学宣布了教育部下达的命令，东北大学各学院和先修班都要迁到北平办学。这个突如其来的消息使很多同学深感意外，但也毫无办法，不随校迁走马上就失学，随着学校迁走也是吉凶难测。当时自己的思想也十分矛盾。经过和家里反复研究后，认为还是随着学校迁往北平为上策，因为可以有书念，以后还可以上大学，否则，就会失学在家。记忆中是 1948 年 5 月中旬，在学校统一安排下，分期分批乘飞机去到北平的。没离开沈阳前听说教育部宣称在北平已设立临时接待站，一切已安排就绪。事实上，当学生到达北平后根本无人管。东北大学先修班同学到达北平后是被安排到国子监、文庙等破庙。睡在走廊上，吃在大院内，每天靠吃玉米面窝头来填饱肚子，真是睡不安身，食不果腹。食住况且如此，读书更无从谈起，不仅如此，更令人难以容忍的是，当学生刚刚安置下来不久，也就是 1948 年 7 月 4 日，北平各报纸突然登出北平参议会所谓《救济东北来北平学生决议案》。《决议案》提出，对东北学生"予以严格训练"，"并切实考察其背景、身份、学历"，"思想纯正的学生，暂时按其程度分发东北临大或各大学中学借读"，"其身份不明，思想背谬者，予以管训，不合格者，即拨入军队入伍服兵役"等等。至此，政府当局对东北大学学生积极迁校的目的完全暴露无遗。这时学生积于心中的怒火，像火山般爆发了，第二天即 7 月 5 日东北大学先修班的学生在学生会的直接领导下，一大早在国子监院内会聚一起，涌向坐落在西长安街的市参议会，上午 9 点多钟，到市参议会门前与其他院校学生一起，向市参议会抗议，要求市参议会取消《决议》，同时提出来不少口号，如"我们要吃饭，要读书"、"誓死不当炮灰"、"反对市参议会非法决议"等等。经过学生代表多次交涉，始终无人接待，最后部分学生冲进大楼，发现楼内人员早已人去楼空，使学生大失所望。最后学生一怒之下，在大门口，几位同学搭成人梯，把门楣上"北京市参议会"六个水泥字砸掉，又用沥青写上"北京市土豪劣绅会"八个大字，上午 11 时左右，仍无结果，最后经学生代表决定，到长安街李宗仁副总统住所去请愿。但最后由于李宗仁没能解决实际问题，引起了同学们极大不满，在学生代表的率领下，直接冲向住在东交民巷一号的许惠东议长的住所去，游行队伍到达东交民巷以后，当几批学生代表几次和他们进行交涉没有结果，准备整队离开时，他们派来的军队 208 师从六辆装甲车上突然一阵密集枪弹向广大同学射来，反动派预谋的大屠杀开始了，这就是被历史上称为的"七·五"惨案，惨案中死伤的学生最少也有几十名。这就是当时政府当局屠杀东北无辜青年学生的有力罪证。这一血的教训也进一步唤起了东北青年学生猛醒，从而更加深刻地认识了政府当局的反动本质。

压迫越大，反抗越烈。"七·五"惨案发生后没几天的 7 月 9 日上午 9 时，就在北京大学的民主广场聚集了成千上万的东北广大学生，首先他们为了对"七·五"惨案中死去的学生举行了隆重的悼念仪式，会场布置庄严肃穆，挂满挽联。会上发言的有北平各大学的教授和学生代表。与会学生哭声、口号声连成一片，当时场面十分感人。会后紧接着就进行了规模巨大的示威游行。这次游行不仅仅是东北学生，而且还有北平的北大、清华等大学的学生来支援。队伍呼出的口号是"反剿民，要活命"、"反屠杀，要生存"、"严惩杀人凶手"。游行队伍从北大广场出来后，受到了反动军警的种种阻挠，但都无济于事。最后在学生强烈要求下，当时在北平的李宗仁答复了请愿中提出的"立即释放被捕同学，抚恤死难烈士，医治伤残学生，严惩杀人凶手，保证学生安全，不再发生类似事件"等要求；之后，游行队伍浩浩荡荡穿过长安街、王府井大街等，这次游行时，沿途无数市民欢呼、鼓掌、送茶送水。见此情景，军警也没进行阻拦，为游行队伍维持秩序，最后游行队伍回到北大民主广场才各返回自己的住地。应当说这是一次成功的示威活动，也是给政府当局的一次沉重打击。

2. 在东北大学文学院教育系一年级学习阶段

到达北平后和同学一直住宿在国子监破庙内。"七·五"惨案后和"七·九"大游行以后没多久，先修班两年结业期就临近了，这时候国统区各大学在各大报上登出向全国开始招生的消息。当时东北大学先修班同学有的报了国内名牌大学，如北大、清华、南开、交大等，有的仍然报考东北大学。自己经过再三考虑，最后决定还是报考东北大学文学院教育系。报名后，为了抓紧时间做临阵磨枪的准备，也必须离开国子监这个不安定的环境。否则，也很难考取。出于这个考虑，再加上"七·五"惨案和"七·九"大游行发生以后，军警对国子监监视、控制更严，出入十分危险，随时都可能被抓走。这样和几个要好同学商量以后，几经周折，终于在地安门内恭俭胡同 58 号院内临时借了两间房子住下。实践证明，通过近一个月的临阵磨枪，我们几个同学通过全国统一考试揭晓后，均榜上有名（当时华北日报登载）。我当时被录取到文学院教育系一年级。当年 9 月 1 日开学，开学后我们便分别迁入各院系，当时东北大学的文学院、法学院学生住的是阜成门内光明殿，上课也是在光明殿内。入学后，教育系专门给新生同学举行了开学典礼。会上系主任赵石萍专门致了欢迎词，还宣布了教学计划和有关规定。次日便开始正式上课。第一学期开的主要课程，除了政治课外，还有大学英语、教育学、普通心理学等，每门课的主讲教授名字除了记得有曹教授（心理学）、萧教授（教育学）外，别的就记不清了。大一上学期的课程安排的不重，上了课以后，主要是去北平图书馆看书和写读书笔记。图书馆不仅离光明殿近，而且藏书多，周围环境也好。当时尽管北平周围的形势很紧张，有时还可以听到炮声，但是馆内看书的还不少。又过了一段时间，到 1948 年 11 月，由于东北全境即将解放，平津战役即将爆发，学校内的空气也开始紧张起来，正常的学习也就无法坚持。随之而来的东北大学的迁校与反迁校的斗争也进入了尖锐阶段，最后通过投票，大多数同学不同意迁校而告终。现在回忆起自己在这近半年的本科一年级学习过程中，虽然是业务课学习抓的也很紧，但是还没有陷入"两耳不闻窗外事"的状况中。其原因有二：一是不仅在沈阳先修班学习阶段已对国民党政府的反动嘴脸和腐败透顶有了初步的认识，而且到达北平以后，又由于先后参加了"七·五"惨案和"七·九"大游行两次活动的战斗考验，自己的思想也就更加清醒起来，爱与恨也更加分明起来；二是到了北平以后，加上冒着风险又阅读了一些进步书籍，如《大众哲学》、《论联合政府》、《新民主主义论》等以后，思想上就更加坚定起来。因此，在光明殿学习期间通过同学的介绍，先后积极参加了当时东北大学的"七·五"图书室和"新教育社"以及"东北地下学联"等不少活动。同时，在"反迁校"这场激烈斗争中，也是立场坚定，旗帜鲜明的。通过上述一系列活动，使自己在思想上、政治上更加清醒和坚定起来，从而为以后投向革命打下了较好的思想基础。

1949 年 1 月 22 日北平终于和平解放，流亡北平的东北学生和北平人民一样沉浸在一片欢腾中，很多人自觉不自觉地走上街头进行宣传，歌唱"解放区的天"等革命歌曲，整个北平市完全陷入一片欢呼的海洋中。

解放军举行入城仪式时，把北平市欢庆解放又推向了新的高潮。当时马路两旁浩荡欢呼的东北学生与北平市人民都把目光集中在前门箭楼上，仰望着城楼上的解放军将领，城楼上的将领也向欢呼人群挥手致意，真是城上与城下，市民、学生与解放军几乎融为一体，锣鼓声、口号声、欢呼声相互呼应，一片欢腾。

北平和平解放不久，约在2月中旬，东北大学在光明殿召开了东北各院校全体师生大会，听取了北平军管会主任的讲话，并宣布在北平的东北各院校要一律返回东北解放区的规定。随后没多久，在学校的统一领导下，一起坐火车顺利返回沈阳，到达沈阳没停几天，根据东北行政委员会的决定，原东北大学和长春大学等的文、法、理等学院迁往长春解放区，并入原解放区创办的东北大学，后更名为东北师范大学进行学习。这样在东北大学的两年预科学习和半年多的本科一年级学习到此也就完全结束了。

总起来说，尽管在东北大学的学习时间不算太长，又加上当时正处在一个动荡不安的时期，但对我个人来讲，确实是一生中的关键年代，也是平生难以忘却的年代。一是自己思想上、政治上受到了很大的锻炼，主要表现在对共产党一心一意为劳苦大众有了初步的理解，从而为清除自己长期以来形成的正统观念奠定了基础。二是在这两年多的过程中，初步阅读了一些介绍马克思主义的书籍，掌握了一些初步的辩证唯物主义和历史唯物主义的常识，对以后自己在政治理论方面的学习起到了启发和引路作用。三是对文学、教育等方面的知识得到了进一步的扩充。四是通过一些名师的教导和影响，在个人修养、治学态度和治学方法方面，也受到了很大的启发。五是对以后自己的政治追求和实现个人远大抱负起到了很大的启发和帮助作用。六是由于学习了半年多的教育理论和不少老师身教、言教影响，自己对从事教育工作开始产生了兴趣和感情，从而为自己甘心做一辈子教育工作影响很大。

（二）东北师范大学时期

如上所述，1949年2月中的原东北大学、长春大学、长白师范学院等高校的文学院、法学院、理学院等所有的师生从北平回到沈阳没停多久就根据当时东北的行政委员会的指示迁往长春老解放区并入原解放区创办的东北大学。根据这一决定，三院校到达长春后不久就开始分别参加了学校办起的政治理论学习班。我当时被分配到三部四班学习，时间为半年。学习的课程主要是政治课（哲学、党史等）和专题（苏联问题、美国问题以及国际形势等）。学习的方式是集中听课和分组讨论以及军事化操练。学员待遇一律是供给制。尽管学习时间不长，但收获却很大。最突出的一点就是开始对马列主义和毛泽东思想有了初步的比较系统的认识和理解。其次，通过学习对自己的世界观、人生观和价值观的建立也有很大的启发和帮助。应当说这次学习对刚开始踏入老解放区的青年学生来讲不仅是十分必要的，而且也是及时的。学习班结束后，根据上级的决定，参加学习的大学生分三种情况：一种是绝大多数可以参加升大学统一考试，达到录取标准的可以继续升大学读书，第二种是考试成绩达不到本科录取标准的可参加预科班学习，第三种程度偏低的不参加统一考试直接分配到地方工作。我属于第一种情况，又一次参加了全国统一考试，最后被录取到东北大学地理系。9月1日开学后，我就到东北大学地理系报到，开始了解放区大学的新生活。从入学到1953年7月中旬大学毕业，先后在大学地理系整整度过了四个年头。这四年学习时间尽管在我一生当中还是短暂的，但它是我一生当中最关键的时期，也是我终生难忘的一段人生旅程。这是因为：一是这四年的大学生活对自己建立革命人生观奠定了较坚实的基础；二是为自己终生从事地理工作打下了初步的和较扎实的业务基础；三是从几位恩师，如丁锡祉、刘恩兰、张子祯等教授身上不仅学到不少宝贵的治学态度、经验和方法，而且学到怎样做人、做事的高尚品质；四是在如何处理好边学习、边工作关系问题上得到了较好的锻炼；五是入学的第二年我向党组织正式提出了入党申请书，经组织同意把自己确定为重点培养对象。

由以上情况可以明显看出，新中国成立前夕建立起来的这所东北大学（于1951年根据中央的决定，为了适应全国形势发展的需要由综合性质改变为师范性质的大学，名称为东北师范大学）尽管办学时间不长，但却充分发挥了她培养高级人才基地的作用。之所以如此，个人认为是因为这所新型大学当时具有以下几方面优势：一是社会主义办学方向十分明确和坚定；二是党的领导和政治思想工作强；三是有一大批适应国家需要的学科；四是有一支高质量的老、中、青相结合的师资队伍（除原有三所大学的教师队伍外，当时还从上海、南京、北京、天津等地引进来的一批知名专家、教授）；五是拥有一批懂得教育规律的教育专家从事学校的管理，如先后来校从事校长、副校长、教育长的有张如心、成仿吾、何锡麟、吴伯箫、张德馨等；六是大力发扬了老解放区优良的办学传统和优良的校风、学风；七是始终坚持教学、科研为中心的这条办学主线；八是一直坚持勤俭办学的良好风尚。

四、从教河南大学阶段

（一）在地理系工作时期

1953年7月6日是我一生中难以忘怀的日子，这一天学校正式宣布了毕业生工作分配的名单，我被中央教育部统一分配到中原地区唯一的一所高等学校——河南大学地理系，校址在当时河南省省会开封市。当时的心情是比较复杂的，既高兴，因为从这一天起就开始踏上了一个新的起点，实现多年报效祖国的愿望，但也有些忧虑和担心，那就是远离家乡，远离父母，难以给予照顾。但最后终于怀着一颗建设祖国的决心踏上了新的征途。经过几天的跋涉，于7月13日到达了七朝古都开封。当天上午11时即到校人事科报到注册，很快办完了手续，被安排到古典建筑的东一斋104房间。当天下午和同来的同学迫不及待地到市内的马道街、书店街、鼓楼街、中山路、龙亭湖等地游览，晚上又在整个校园内参观，觉得开封真不愧是一座古老的城市，到处古香古色，文化气息比较浓，商业比较发达，街道布局较规律，与北京相似。从学校内部的建筑来看，也有不少宫殿式建筑，比如学校的大门、七号楼、大礼堂等都很光彩夺目，巍峨壮观，望而顿生肃穆之情。但无论市区，还是学校，缺少现代化气息，显得落后。市内不仅没有一条柏油马路（仅有几条石头子路），连公共汽车也没有，满街跑的较多的是人力车和架子车，民宅、小街也比较简陋，与当时省会不大相称。学校也是如此。当时的校园面积仅几百亩地，除了上述几座大建筑外，大部分建筑也简陋落后，整个校园只有一条石子路还坎坷不平。当时的教职工分散居住在市区的民房内，校办宿舍很少。但这一切并没有影响我的情绪，反而激发了我献身教育、培养人才和改变落后面貌的决心。

第二天上午，我到地理系报到，面见了地理系主任李式金教授和秘书王微之同志。他们表示欢迎，并介绍了地理系的基本情况：地理系创办于1950年，前身是史地系。尽管建系的历史不久，但师资力量还比较强，因为建系以后，除原有的几位老教授段再丕、曹东青、魏中谷外，又从上海、南京等地引来几位较有名气的教授，如李式金、许逸超、李长傅等。从当时讲，它是全国高校地理系中师资力量最强的系之一。这使我很受鼓舞，也很高兴。然后分配我到地质教学小组，做魏中谷教授的地质助教。

一年之后，我由地质课助教转做教中国经济地理课的李长傅教授的助教。李长傅早年留学日本，长期在大学从教，专门研究南洋侨史和历史地理学等，学识渊博，治学严谨，给我留下了深刻的印象。

1956年，是我一生中最难忘却的一年，也是最关键的一年。这是因为在这一年里有两件事对我的一生产生了极其深刻的影响。一是年初党组织批准我成为一名共产党员，实现了多年的愿望。二是于1956年7月有机会参加了中国科学院地理研究所承担国务院下达的中华地理志调查研究与编写的重大课题研究工作。这项研究课题不仅意义重大而深远，而且也是自己一生从事科学研究工作的起点。在1956年6月至1958年9月这段时间内，我随着地理研究所的专家、学者先后共完成了华东、西南两个地区和华南部分地区经济地理的野外考察和室内编写任务。时间虽然不算太长，但收获确实很大。主要收获有：一是得到把区域经济地理的理论和实践有机结合起来的锻炼；二是通过向地理所专家、学者学习，得到他们的无私帮助和指点，自己进一步掌握了经济地理学研究的理论和方法；三是较早地结识了老一辈地理学家，如黄秉维、周立三、吴传钧、施雅风、罗开富、赵松乔、邓静中等，也新交了一批中青年地理学家朋友，如陈述彭、刘昌明、孙盘寿、李文彦、胡序威、梁仁彩、程鸿、方文、黄勉、申维丞、徐培秀等，这些同志不仅学识渊博、治学有方，而且品德高尚、待人诚恳；四是地理研究所不仅拥有先进的设备和资料，给研究工作提供了优越条件，而且学风很正，长期形成了浓厚的团结、勤奋、朴实、严谨的优良学风。这一切都为我在从事科学研究工作、如何做人等方面奠定了比较坚实的基础。所以，尽管离开地理研究所工作岗位已长达40多年，但每思及此，还是依依难忘。

1958年下半年从北京返回学校，根据学校的统一安排，地理系全体师生到遂平县嵖岈山人民公社参加大炼钢铁劳动锻炼达半年之久。劳动锻炼结束之后，根据系领导的安排我继续留在原地，带领部分老师与高年级同学开展嵖岈山人民公社地理的调查与研究，并在此基础上编写《嵖岈山人民公社地理》。经过几个月的共同努力，顺利完成了这项科研任务。成果由商务印书馆出版后，在社会上引起了比较强烈的反响，因为这本书对开展小区域经济地理的调查与研究起到了一定的示范作用，也因这本书地理系开始引起了全国地理学界的关注。

1959年春节以后，学校开始正常上课。我除了任系党总支委员外，还任经济地理教研室主任，主要给本科生讲授"中国经济地理"、"经济地理学导论"两门课程。1963年7月，校党委任命我为地理系副主任，主管全系的科研工作和师资的培养与提高。在接任这一工作起到1966年6月初"文化大革命"开始的三年内，自己除了教好"经济地理学导论"、"中国经济地理"两门课程外，全部精力都投入到科研和师资队伍的培养和提高上。首先在科研工作方面，通过全系师生三年的共同努力，地理系的科研队伍不断壮大，科研成果的数量和质量大为提高，全系老师撰写和翻译出版的专著和学术论文达几十项。主要的著作有：《普通地理学原理》、《苏联气候》、《开封历史地理》、《气候学基础》、《禹贡释地》等；主要的学术论文有：《河南省农业现状区划》、《河南省土地利用问题》、《关于河南省北亚热带北界划分问题》、《河南省综合自然区划问题的探讨》等。这些成果，不仅具有较高的学术价值，而且具有重要的实践意义。其次，在师资培养方面，我们本着高标准严要求的原则，制定了教师培养与提高的三年规划。根据规划，派出部分青年教师到兄弟院校去学习、提高，对在校的教师加强培养与提高。具体做法是：要求所有教师加强政治理论学习，积极参加实际锻炼，不断提高学术水平，努力更新知识，加强科研实践，深入实际调查研究。对青年教师配备导师，并制定年度进修计划和定期检查制度。这一系列措施的实施，效果是明显的，而且对地理系以后的发展也是极为重要的。

正当学校的教学、科研工作顺利进行时，于1966年6月初突然爆发了"文化大革命"。这场"文化大革命"给党、国家和各族人民带来深重灾难。我校同全国所有高等学校一样，在长达10年的时间内饱经了忧患和磨难。我不仅仅受到了冲击和迫害，一度成为"走资派"、"历史反革命"。而且使自己一生中最宝贵的青春年华白白浪费掉了十年，令人可惜可悲！

粉碎"四人帮"后，我校和全国各高等学校共同迎来了教育的春天。同时，春天也向我走来。1977年5月，校党委为我落实了政策，恢复了原来的地理系副主任职务，且任命为中共地理系党总支副书记。由于系主任空缺，学校暂时委任我主持地理系行政工作。当时全系百废待兴，工作千头万绪。根据党中央"调整、改革、整顿、提高"的方针，我校提出了"整顿中前进，前进中整顿，整顿中提高"以及以提高教学质量为中心，加强一个"管"字，突出一个"严"字的总的指导思想。全系从整顿教学秩序入手，采取一系列措施加强教学工作，比如修订教学计划、加强教材建设、开展教书育人等。同时，也狠抓了全系的科研工作和教师队伍建设以及学生的政治思想工作。仅两年多的时间，全系工作很快步入迅速发展的轨道。

（二）在校本部工作时期

1979年年底，学校党委根据省委的决定，把我调到校本部出任校党委常委、副校长，分管全校的科研和研究生等工作。走上新的工作岗位后，我深入到科研处和一些系教研室作了调查研究。在此基础上，主要根据校长兼党委书记李林提出的"科学研究应围绕四化建设的需要和提高教学质量进行"的指导思想，采取了一系列得力措施，如建立新的研究机构（唐诗、外国文学、资本论、宋史、大洋洲地理等研究室）、培养科研积极分子、积极开展学术活动和国内外学术交流等。当时全校科研工作尽管有着较好的历史基础，但突出的问题是文科比较强，理科过于薄弱，特别是应用研究更为落后。为了改变这种局面，我与科研处的负责同志经常深入到几个理科系采取个别交谈与召开座谈会等方式进行发动和寻找突破口。经过不到一年的时间，化学系张举贤与郑承超同志研究的KS-1合成鞣剂的小试取得了成功，在校内外影响很大。我们及时抓住了这个典型向各理科系推广，实践证明效果是好的。经过上下共同努力，物理系、数学系以及整个学校科研工作相继出现了蓬勃发展的新局面。

研究生工作对自己来讲，是一项生疏而又极为重要的工作。我全身心地投入到这项工作中，认真贯彻国务院批转的教育部《关于高等学校招收研究生的意见》，做好招生工作；努力创造条件，积极争取新的硕士学位点；大力加强硕士研究生导师的培养提高工作；召开培养研究生工作经验交流会；制定《关于研究生培养和管理工作的暂行规定》（征求意见稿）。通过上述措施，全校研究生工作很快初具规模（到1981年已有政治经济学、逻辑学、中国古代史等七个专业获得硕士学位授予权，这在当时地方院校中还是不多的），管理工作也走上了健康的发展轨道。

1982年2月，党委书记兼校长李林同志调任河南省科学院党委书记兼院长。韩靖琦同志任党委书记，我任校长。对此我感到十分突然，而且也深觉压力太大。我深知，在新的形势下，要想把学校办好，必须坚决贯彻党的十一届三中全会的重大战略部署和方针政策，实行战略转移，切实把教学、科研摆在学校工作的中心位置，全面贯彻党的教育方针，努力提高教育质量，为国家培养出更多、更好的高质量人才。上任不久，我就深入基层，求教群众，用3个月左右时间，走完了当时的11个系和12个专业以及机关的部分处室，了解了学校的现状和存在的突出问题，初步明确了如何当好校长，办好这所历史悠久的大学，从此拉开了校长十年（1982年2月至1991年8月）的帷幕。10年的时间尽管短暂，但很关键。因为这10年正赶上我们的祖国进入改革开放时期，急需培养高质量的社会主义建设人才。因此，10年间自己殚精竭虑，做了一些应当做的工作，履行了应当履行的职责。

第一，恢复了河南大学校名。河南大学历史比较悠久，校友遍布国内外，社会影响较大。但由于学校几经易名，一些老校友尤其是海外的老河大毕业生，与母校失去了联系，有的老校友回到河南后想回母校，而"河南大学"已不存在，倍感怅然。更为重要的还是河南大学原为国立综合性大学，不仅拥有文、法、理、工、农、医等学院，且为社会上培养了一大批高质量人才，因而在国内外影响很大，社会声望较高，但新中国成立后，在50年代中期由于高校院系调整竟将河南大学的综合性改变为师范性质的河南师范学院（后于1960年初又改为开封师范学院等），从而使学校的发展受到了极大的限制，因而很难适应全国改革开放发展对培养高级人才的迫切需要。基于这种认识和考虑，必须迅速恢复原河南大学校名和变师范性质大学为综合性质大学。只有这样，才能有利于学校的进一步发展。这一想法得到了有关领导的支持。1984年2月11日，中共河南省委顾问委员会副主任、原中共河南省委书记韩劲草同志向省委常委面提出"关于改河南师范大学为河南大学的建议"，阐述了恢复河南大学校名的深远意义以及对河南教育发展的重大影响。1984年2月21日，校党委正式向中共河南省委报送了《关于将河南师范大学改名为河南大学的请示》。同年4月6日，省委常委会议研究决定，同意这个请示，并要求河南省教育厅报教育部备案。5月5日，国家教育部以教计字（84）094号文通知河南省教育厅，同意备案。于是，河南大学正式恢复了校名。随后又请当时中共中央总书记胡耀邦同志亲笔题写了"河南大学"校名。恢复校名后，全校一片沸腾，人人欢欣鼓舞，大家认为这将成为河南大学发展过程中一个新的里程碑。

第二,建立了河南大学出版社。河南大学原来没有自己的出版社,对学校的发展不利,对河南省整个文化教育科技事业的发展也不利。我与部分同志经过反复研究和讨论,建议尽快成立出版社,校党委集体研究同意。随后便行文上报,省委宣传部和省委研究同意,上报国家新闻出版总署和教育部审批。尽管遇到一些困难和波折,但最终获得国家新闻出版署和教育部的同意和批准。1985年5月,河南大学出版社正式建立,不仅给全校广大师生提供了施展才华的又一天地,而且对整个学校的教学、科研和师资队伍的建设以及河南省文化事业的发展,也都起着重要的推动作用。近20年来,河南大学出版社取得了很大的成绩。据不完全统计,出版了一大批大专教材、学术著作和政治理论、文化教育类图书,计千余种(其中大专教材、学术著作占80%以上),其中40多种图书打入国际市场,50多种获国家、中南区、河南省优秀图书奖。这些图书为促进社会主义精神文明建设、提高高等学校的教学质量和科研水平、发展文化科学事业都做出了重要的贡献。在此特别感谢为建立河南大学出版社付出心血的领导和同志们。

第三,上了一大批新的、短缺的专业。新中国成立后,由于学校师范性质的局限,使河大专业设置一直较为单一。随着社会主义建设事业的发展和改革开放形势的要求,从1982年以来,特别是由于1984年学校恢复河大校名以后,不仅恢复了一些老专业,而且更重要的是增设了一大批社会急需的短缺专业和应用专业。至1991年8月,原来的11个系、12个专业,已发展为2个学院18个系、30个本专科专业。在校学生(含本、专科、研究生、函授生等)16000人,比1980年初学生总数增加几千人。

第四,狠抓教书育人,保证正确办学方向。恢复校名之后,学校根据中共中央《关于教育体制改革的决定》,把教书育人工作当做头等大事来抓。一是从机构设置上加强教书育人工作。学校设立"德育教研室"(处级机构),抽调教师专职讲授德育,又从各系聘请兼职德育教师,形成了一支强有力的德育教师队伍,把"马列主义教研室"(原为副处级单位)升格为"马列主义教学部"(处级单位),加强政治理论课教学。二是把教书育人列为教学评估的重要内容。从1986年秋季开始以体育系为试点开展教学质量评估工作,1987年春季向全校推广,在各专业的教学评估表中,均把"教书育人"、"教学态度"、"思想性"、"为人师表"等作为重要内容。三是把加强校风、教风、学风建设列为重点工作之一,成立了"三风"建设领导小组,提出了《关于加强校风、教风和学风建设的意见》,强调在"三风"建设中教书育人。四是让教师有章可循,学校制定了《河南大学教书育人工作条例》。五是定期召开教书育人经验交流会。从1990年开始,学校把一年一度的教改研讨会改为"教书育人经验交流会",使教书育人制度化,让广大教师的精力都集中在教书育人上。

第五,开展了校内教学质量检查和校外跟踪调查。从1979年开始,学校要求每年必须对校内教学质量进行检查。在教的方面,着重检查教师的教学思想与教学态度,检查各专业教学计划、教学大纲执行情况,教学进度与教学效果。在学的方面,主要检查学生的学习目的、学习态度与学习效果。从1982年起,又创造性地开展了跟踪调查毕业生在工作岗位上的表现工作,把校内检查与校外调查结合起来,再进行全面分析,把社会上反馈回来的情况作为教学改革的重要依据。从1982年起到1991年止,每三年进行一次,共进行三次，效果良好。以1982年调查为例，该年冬，学校组织人力进行校内检查和校外跟踪调查，对1981、1982两届学生的质量进行了分析，认为，这两届毕业生2762人，通过在校4年培养，在德智体几方面基本上达到了培养目标；业务能力比"文化大革命"前的毕业生要高，而且出现了一些拔尖人才。业务水平较高的主要原因是：①按照教学计划开出全部必修课程，学生的基础理论、基本知识比较扎实，并获得必要的基本训练。②重视扩大学生知识面，较多地开设选修课、提高课。③注意科研能力的培养，在毕业论文撰写前就鼓励学生开展科研活动、写作论文。历史系的这两届学生在《中国社会科学》、《文史哲》等刊物上发表文章20篇左右。1981年毕业生李振宏在《文史哲》1980年第1期上发表的《封建时代的农民是革命的民主主义者吗?》一文，被《光明日报》、《解放军报》摘要转载，受到史学界的重视。④这两届学生的来源，与"文化大革命"前学生来源有所不同，多数人都有一定的实践经验，升学前已参加工作。学校针对这一特点开展教学工作，收到了较好的效果。

第六，狠抓了研究生工作和学位点以及重点专业的建设。我校研究生教育的发展，以原校名恢复前后分为两个阶段。第一阶段招生人数较少，管理机构和制度也不大健全。恢复原校名后，1985年学校设置了研究生处，拓宽研究生专业范围，改革招生办法，加强指导教师队伍的建设；加强研究生的思想政治工作，强化研究生的系统管理，特别注意了学位点的建设，仅几年的时间取得了突破性的进展。从1978年的零起步，到1991年上半年已有18个学科具有硕士学位授予权和一个博士生导师。

多年来也大力加强了重点学科的建设。经过近十年的艰苦努力，到1991年上半年，校内不仅建立了一批重点学科，而且已有5个省属重点学科，占全省高校重点学科的1/6。

第七，大力加强师资队伍建设，重点抓了三批中青年骨干教师（学科带头人）的培养。师资队伍建设是高等学校的一项重要的基本建设。要想把河南大学办好，逐步成为国家重点，必须把建设师资队伍作为头等大事来抓。我任校长后，党政在认识上完全取得了一致，采取了一系列得力措施。首先，加强对师资培养工作的领导，由一名副校长主管，各系、部、室有一名管教学的副主任或管人事的副主任抓教师的培养工作。学校人事处会同教务处、科研处等职能部门统筹制定全校的师资培训规划，落实各项培养措施，解决师资培养中遇到的困难和问题。其次，学校领导在经费上给予大力支持。1984年以前每年的培养费不超过6万元，1985年增加到15万元，1986年10万元，1987年11万元，1988年和1990年，学校在经费异常紧张的情况下，每年仍然拿出30多万元用于师资培养，大大缓解了培养人才与经费短缺的矛盾。第三，不惜一切代价，从校外引进人才，如张今、朱自强、唐嘉弘教授等。广大教师在政治上得到关怀，生活上得到照顾，业务上得到提高，从而心情舒畅，人心稳定，有力地促进了师资队伍建设。

我校在师资培养工作中，拓宽路子，形式多样。认真贯彻"在职为主，自学为主、校内为主"的原则，根据我校的实际情况，因地制宜，对广大教师进行大面积培训。10年来，采取的培养措施有：①定向（代培）研究生；②在职读学位；③助教进修班；④双学位班；⑤校内外语班；⑥国内访问学者；⑦请国内外著名学者到校讲学；⑧派出到国外讲学或进修；⑨单科短期进修。同时，我们把中青年学科带头人的培养作为重中之重，优才优育，培养尖子，使高精尖人才脱颖而出，从而带动整个师资队伍的提高。1986年以来，我校先后确定3批78名学科带头人进行培养,不仅解决了高层次人才断层的问题,而且对师资队伍建设起到了巨大的促进作用,更为重要的是为河南大学的长远发展打下了坚实基础。1992年3月10日,《中国教育报》头版头条报道了我校培养学科带头人的经验。这种做法受到了上级政府的充分肯定,曾获河南省特等优秀教学成果奖。

第八,积极加强科研工作,努力提高科研水平,为社会主义现代化建设做贡献。1984年以来,我校坚持把科研作为学校的一大中心,采取了一系列有力措施。一是改革科研管理制度。其中最重要的是鼓励教师开展跨学科研究。高度重视和大力引导教师积极申报国家级项目,提高科研选题的层次。二是以科研促教学,从教学找课题。三是围绕重点学科建设和学位点的申报筛选课题。四是加大科技成果向生产力转化的力度。五是加强产学研一体化的探索研究。六是广泛开展国内外学术交流活动。七是建立、调整、优化科研机构,充分发挥群体的研究作用。八是大力加强具有学校特色的研究室(如唐诗、宋史等)的建设。

上述措施使全校科研工作蓬勃发展。到1991年8月止,学校的科研机构从几个增加到3个研究中心和20多个研究所、室,而且科研成果的数量和质量均有大幅度的增加和提高。据《河南大学校史》编写组统计,近10年间,共推出学术著作近千种,其中我校教师为第一作者和第一主编的468种,在省级以上刊物发表论文、译文3180篇,完成应用性成果43项,创造产值上亿元。社会科学成果年递增率平均为12.5%,自然科学年递增率为3.8%,尤其是1989、1990两年,各项成果递增幅度达到20%以上。

第九,从严治校,不断提高育人质量。河南大学的第一任校长林伯襄先生一贯主张,要办好一所大学必须对学生严格要求、严格管理。我也有这种体会,因此把它作为管理学校的指导思想,采取了一系列措施。一是在教学上提出严格要求;二是严格考试制度;三是严格学籍管理;四是制定了学生行为规范;五是严格执行学生学习、生活作息时间以及请假制度;六是严格执行奖惩条例等等。通过贯彻上述规定,整个学校培养高质量的"四有"人才得到了保证。

第十,狠抓了图书资料和实验室、设备的建设。首先,从图书资料建设上来看,从1984年开始,学校每年拨近50万元的图书购置经费,比1984年以前的图书经费(30万元左右)增长60%,同时,还采取了一系列改革措施和先进的管理办法:一是合理组织藏书,突出文献建设,狠抓基础工作;二是积极开展业务领域改革,充分发挥图书馆的教育职能和情报职能;三是健全规章制度,提高人员素质,实行科学管理,推动图书馆工作全面发展;四是积极改善和扩大了图书馆的整体环境(十年内先后新建了两栋设施先进的图书馆,建筑面积达两万多平方米)。由于采取了上述一系列措施,整个图书馆面貌焕然一新,全馆藏书量十分可观。截至1990年年底,收藏文献总计1825785册。其中,线装古籍17万册,外文图书15万册,报刊合订本15.4万册,另有部分图片、挂图、缩微资料和声像资料。管理水平也相当高。图书馆经过近十年的建设,软硬环境都达到较高的水平。其次,从加强实验室与设备建设上看,从1982年,特别是1985年以来,狠抓了全校实验室与设备的建设。广开渠道,自力更生,集中财力物力,建设有特色的实验室,加速实验室建设。至1991年年底,全校拥有实验室73个,其中1985年以后建立的22个。实验室使用面积12106平方米,专职实验技术人员125人,单价200元以上的仪器设备共

7003台(件),总价值达1300万元,1990年国家教委朱开轩副主任来校视察工作时,对实验室建设给予了很高的评价。

电教馆的建设也很迅速。从1980年到1991年年底,电教馆共积累电教教材及教学参考资料片1000余部。过去电教馆大多是录制或购买外单位的电教教材,自己几乎没有制作。1980年后,电教馆与教师们通力合作,制作了一批适合我校教学需要的电教片。例如,物理系的《动量与冲量》、《固体转动轴的平衡》等,化学系的《滴定分析》、《无机化学》等,教育系的《教改之花》,地理系的《西峡伏牛山》,音乐二系的歌剧《白毛女》、《叶子》等,这些录像片的摄制,提高了教学质量,扩大了教学规模。

第十一,大搞学校基本建设,创造育人物质环境。基本建设是我出任校长后狠抓的一项重要工作。由于办学规模不断扩大,师生员工数量逐年增加,迫切需要一个良好的物质生活环境。为此,学校调动一切积极因素,集中财力物力,大搞基本建设。根据校基建处和《河南大学校史》编写组的统计,仅十余年的时间,学校建筑楼房45幢,建筑面积134300平方米,是1978年以前学校整个建筑面积的1倍。各种楼房的建筑风格充分体现了历史悠久的特色和蓬勃向上的风貌,各个专业用房各具特点,建筑风格多种多样。河大校园古老的民族式建筑与现代化的高楼栉比鳞次,交相辉映,格外壮观;再加上近几年改造和新建的几座花园与之相映,更是锦上添花,风光宜人,使河南大学成为理想的学习天地。

第十二,首次打开国际交流渠道,广泛发展友好关系。为了使封闭的河大走向世界,学校决定开展对外交流。1985年5月,我率河南大学友好代表团(共四人)去美国访问,先后参观访问了七所大学(斯坦福大学、哥伦比亚大学、中康州大学、纽约大学、西切斯特大学、李大学等),受到了各大学的热烈欢迎,而且与康州、西切斯特、李大学等三所大学正式建立了友好关系(包括互派访问学者、交换图书资料等)。还先后举行了三次记者招待会,阐述了代表团访问美国各大学的目的、意义,介绍了河南大学的历史沿革和发展现状,回答了他们提出的问题。这次访问是成功的:一是结束了河南大学长期封闭状态,扩大了河南大学在美国的影响;二是开辟了河南大学与被访问大学间的互派访问学者和学术交流的渠道;三是学习了美国部分大学先进的办学经验和信息;四是为河南大学与美国各大学间的友好往来打下了良好的基础。1986年9月,又派副校长陈信春同志随河南高校访问团访问了美国堪萨斯州。应琦玉县日中友好协会的邀请,1989年1月,我率河南大学、郑州大学友好访日代表团赴日考察高等教育,参观了东京学艺大学、大正大学、大阪外国语大学、东京大学,访问了琦玉县日中友好协会总部、朝日新闻社和部分工厂,与东京学艺大学、大正大学等达成了建立友好关系的协议(包括互派访问学者、交流图书资料等),与琦玉县日中友好协会签订了互派留学生的协议。通过这次访问,对日本高等教育和科学技术的高度发达有了比较深刻的了解、认识,受到了不少启示。

为了进一步扩大与香港的交往,应香港知名人士邵逸夫先生之邀,我两次参加国家教委组团,去香港参加邵氏赠款仪式和考察高等教育。除参加隆重赠款仪式外,还参观访问了香港中文大学、香港大学、城市理工大学、香港科技大学、树人学院和新华社香港分社、香港大公报社、香港商业银行、香港邵氏电影公司等,受到了香港各界知名人士,特别是邵逸夫先生的热烈欢迎和款待。通过对香港的两次访问,扩大了河南大学在香港的影响，增进了河南大学与香港各大学以及有关单位之间的交流，学习了香港各大学办学的先进经验（如树人学院的从严治校和艰苦奋斗的办学精神等）；得到了邵逸夫先生对河南大学两次赠款共800万元港币，使河南大学建立起逸夫科技馆和逸夫图书馆两座宏伟建筑。

在此期间，前来河南大学访问的国家不断增加，如德国、加拿大、俄罗斯等。美国康涅狄格大学校长、匹兹堡大学校长、东京学艺大学校长、香港中文大学校长等曾先后来校访问。

1991年8月，根据省委决定，我不再担任校长职务。此后，河南大学又有了十分迅速的发展，现在已成为有12个学院和6个单列系，含有45个本、专科专业的一所省属重点综合大学。

由于我长期从事教师工作，所以尽管先后做了多年的系校行政领导，但仍然千方百计地挤时间来坚持教学和科学研究工作。比如自1983年到1997年，先后共培养12届（城市规划、乡村地理、区域经济地理与开发等三个专业方向）硕士研究生37人。据初步了解，他们都已成才，有的攻读了博士，有的晋升高级职称，有的当了中层领导。自己在科学研究工作方面，几十年来，初步统计在省级以上刊物发表学术论文60余篇，出版专著（主编、自编、参编）20余部。

早在1956年7月，我曾应邀参加中国科学院承担的国家重点科研项目"中华经济地理志"的野外考察和编写工作，与人合著出版《华东地区经济地理》一书。1958年下半年，由北京返校工作以后就开始对河南地区自然资源、经济发展进行考察和研究，足迹几乎踏遍了全省的山山水水，在小区域经济地理、土地利用、公社规划、农业区划及工业、城市建设与布局等方面，取得了不少科研成果。如60年代初，与尚世英同志合作写出的全国第一篇《河南省农业现状区划的初步研究》论文，为河南省及全国开展农业区划提供了范例。又如《关于综合农业区划的几个问题》论文发表后，在全国学术界引起反响，1984年2月《人民日报》及有关刊物作了摘要转载，把该文作为农业区划地理学派的代表作。以后曾对地貌、气候、水文、土壤等自然条件农业经济评价进行了系列研究，发表了不少论文，得到同行专家的好评，有的还荣获省级以上优秀论文奖。

1980年初承担的国家"六五"计划重点科研项目的子项目"河南经济地理"完成后，被专家评价为"为各省编写经济地理起着先驱和典范作用"，1988年获河南省教委首届优秀科学论著一等奖和河南省社联优秀成果一等奖。1989年又主持了国家自然科学基金项目"河南省城市体系的发展机理和调控研究"和河南省社会科学规划领导组下达的科研项目"河南省区域经济开发"，两个重大课题的研究任务。这两项课题不仅按时完成，而且后一个项目还获得了省级应用社会科学荣誉奖（相当于一等奖）。

在复兴人文地理学方面，我也尽到了自己应尽的责任。在1982年全国首次人文地理学术会议上，率先提出复兴人文地理学必须坚持以马列主义、毛泽东思想为理论基础和为国民经济建设服务的新观点，得到学术界的充分肯定和高度重视。1986年又以上述观点为基础发表了"关于人地关系问题初探"一文系统地发展了"人地关系协调理论"。此后对人文地理学进行了不懈的研究，在此基础上，1986年河南大学地理系人文地理专业不仅被省专家组评定为河南省重点专业，而且经国务院学位委员会批准，河大人文地理专业和经济地理专业均取得了硕士学位授予权。此后不久，由我主持，和金学良、黄以柱等同志积极协作的"人文地理专业的更新与建设"的重大课题于1989年被省教委、国家教委先后评为省优秀教学成果一等奖和国家级优秀教学成果奖。在此基础上，经过几年努力，又主编了《现代人文地理学》专著公开出版。此后，又在人文地理学学科建设上获得了长足的发展，不仅很快形成了合理的学术梯队，且先后四次（每三年一次）被评为省属重点专业，且于1995年又被河南省人民政府确定为申报国家"211工程"十大重点专业之一。2000年又获得了博士学位授予权。

根据多年农业地理研究实践和国外农业地理学科发展的动态，1987年我和其他同志一道开辟了新的研究领域乡村地理学，并开始招收乡村地理学硕士研究生。1988年在全国第三次人文地理学术会议上，与袁中金同志共同提交的《关于乡村地理学的研究对象和内容问题初探》论文受到与会专家的重视，随后又与其他几位同志共同编写了《乡村地理学》教材（未公开出版）。1993～1997年又主持了国家自然科学基金项目"河南农村集贸市场空间组织规律研究"（已结题上报，成果未出版）。90年代以来，伴随众多学科对人口、资源、环境、发展问题的日益重视，自己认为有必要对"河南省人口、资源、环境与经济协调发展"这一课题进行攻关。于是组织全省60多位专家经过三年的共同努力，于1994年出版了《河南人口、资源、环境丛书》（共10册，130多万字）。中国科学院院士吴传钧先生评价此书是河南省科技界为实现"中国21世纪议程"目标出谋献策的一件实事。该书荣获1994年全国"五个一工程"入选作品奖和1998年河南省科技进步二等奖。

1998～2003年又先后完成了吴传钧院士主编的《中国人文地理丛书》中的《中国农业地理》（副主编）和《中国资源地理》（主编）等两部专著。

以上是我几十年从事科学研究的大致情况。从自己几十年从事科学研究实践中初步体会和认识到要想在科学研究道路上不断取得新的进展，应当注意以下几个问题。一是不仅要有终身从事研究的决心和抱负，而且还应当具有"百折不挠"和"锲而不舍"的奋斗精神。二是要不断吸收新的理论和方法，坚持与时俱进。三是要善于与自己研究的学科相近的学科进行交叉与渗透。四是在从事科学研究过程中要高度重视学术积累和创新。五是要高度重视不断培养和提高选题的水平和能力。

另外，在担任河南大学校长期间，还兼做了不少其他党政和社会工作。1983～1987年曾当选为第六届全国人大代表；1984～1988年当选为中共河南省四届委员会委员；1988年2月～1993年当选为政协河南省六届委员会委员、常委、副主席；同时还被中共河南省委任命为政协河南省委员会党组成员；1992年5月至2005年9月先后被河南省科协四届、五届、六届委员会聘请为河南省科协名誉主席。

在担任六届全国人大代表期间，参加一年一次的全国人民代表大会，讨论国家大事，多提议案，提好议案，深入基层视察，体验民情，反映意见，尽到了人民代表应尽的责任。在出任省政协副主席期间，积极参政议政，还按副主席的分工主管文科教卫方面的工作，经常参加一些重要会议，深入基层进行专题考察，完成了应当完成的任务。

我在全国、全省学术界还曾担任不少重要职务。如中国古都学会副理事长、全国经济地理研究会副理事长、中国地理学会理事、中国高等教育学会理事、中国地理学会经济地理专业委员会委员、人文地理专业委员会委员、河南省社科联副主席兼顾问、河南省地理学会理事长等职。

五、退休后的工作与生活

　　我于1991年8月从河南大学校长领导岗位退下来不到两年时间，根据规定，于1993年4月又从政协河南省委员会领导岗位也退了下来。两项领导职务的辞掉对于一个长期从事双肩挑的干部来讲是一件愉快的事情，因为这不仅可以大大减轻了精神上的压力，而且也给自己增加了不少宝贵时间。正因为这样，从1993年4月到1998年6月全退为止的四年多时间内，才有可能使自己集中精力继续搞了研究生的教学和科学研究工作。到了1998年6月，根据中央离退休制度的规定，才正式办了退休手续，正式成为离退休队伍的一员。从正常角度看，既然全退了，就应当放掉一切工作，把自己的精力全部转移的退休的轨道上来，也就是应该以休息为主了。但事实上也并非如此，不仅于2002年8月继续连任了河南省科协第三届的名誉主席，而且于2001年又被选为河南省反邪教协会会长。这两项工作虽都属于社会工作，但它们在实现科教兴豫战略和构建和谐社会中具有重要作用。因此对上述两项工作自己还是抱着高度负责的态度和精神尽到了自己应尽的责任。其次，在政治学习上对退休人员来讲，虽然没有严格的要求，但自己身为一个共产党员，在对待政治学习上是不能马虎的。所以几年来自己每天不仅一直坚持阅读报纸、杂志和听新闻联播，而且还要重点学习一些有关的政治专题材料。同时，还要坚持参加省委召开的一些重要有关会议。正因为这样，才能使自己在政治上、思想上一直保持着清醒。再次，由于自己几十年来一直从事地理科学的教学和研究工作，应当说对它不仅有浓厚的兴趣，而且已成为自己终生追求的事业。因此退休后几年来便把不少的精力仍然放到地理科学的研究工作上，它几乎成为自己生活上的一种特殊需要。此外，还有两项任务，一是随着家里老伴长期患病（脑血栓）一直不好，自己也有责任拿出一定时间进行护理，这也成为自己晚年生活中的一个重要组成部分。二是为了自己身体健康，每天还要挤时间进行一定的锻炼。

　　总起来说，几年来的退休生活，虽然比退休前简单多了，但自己仍然感到很充实、很有意义，也很有乐趣。

　　光阴荏苒，岁月如梭，弹指一挥间，我从东北来到中原大地工作和生活，已经60多个春秋了。60多年来，特别是改革开放30多年来，我们的国家和中原大地在党的正确领导下，发生了翻天覆地的变化，真是政通人和，国泰民安，到处充满着一片生机勃勃的繁荣景象。自己也由一个普普通通的助教成长为大学教授，从一个一般的共产党员成长为党的领导干部，这完全是党和人民以及周围的同志朋友们对自己培养教育、关心帮助的结果。没有共产党也就没有我，没有广大群众也就没有自己，我的命运是和党、群众的命运紧密联系在一起的。"莫道桑榆晚，为霞尚满天"，我要在自己的有生之年，继续努力，争取做出新的贡献。

第一篇　农业区划与农业地理

1. 试论土壤资源的农业评价问题[①]

李润田

一

　　社会主义农业生产配置的重要原则之一，是充分有效而又合理地利用自然条件，也就是使环境条件和作物得到高度的适合，适合的程度越高，农业生产率也就越高。为了达到充分合理利用自然条件的目的，首先我们必须在深刻了解自然条件的内在规律的基础上，根据作物发育特点的要求，对它进行正确的分析与评价是十分必要的。只有这样，才能从自然界为客观实际出发，而不致因为主观随意性引起不合理的结果。在诸多自然条件的农业评价中，土壤资源的农业评价占有十分重要的地位。这是因为土壤不仅是农作物生长、发育的基地，而且也是农业的基本生产资料。我们知道，阳光、温度、水分、空气和养料等是农作物生长最主要的因素，植物通过光合作用把从根部吸收的水分、养料和从叶部吸收的二氧化碳制造成作物的有机质，其中阳光、热和空气是植物生活的宇宙因素；而水分、养料是植物的土壤因素，主要由土壤来供给。可见土壤资源的好坏，是影响作物的产量高低、农业生产发展的速度及其合理布局的重要因素之一。所以根据各地不同的土壤资源的特点，进行细致的分析、评价，以便达到因土种植，这对于农业生产的发展与农作物产量的提高有重要的意义。特别是结合我国经济社会发展的"经济以农业发展为基础，以工业为主导"总方针来看，作好土壤资源的农业评价工作，更具有极其深刻的实践意义。

　　在农业布局中进行土壤资源的农业评价，主要是通过土壤资源的具体分析，了解区域土壤特点、变化规律以及土壤肥力状况，并在此基础上，揭露出对农业生产发展和布局所起的有利与不利的影响作用；进而结合其他条件加以充分、全面的论证，以便为最合理的利用土壤资源和正确安排作物布局，提供重要的科学依据，从而为实现农作物的稳定丰收，打下可靠的基础。其次，由于土壤的潜力是无穷无尽的，只要合理地加以经营、利用，肥力会不断提高。在目前条件下，不良土壤，可以通过人们劳动，改良成肥沃的土壤，从而获得丰收。马克思早就说过："处理得当，土壤都会不断改良"，恩格斯曾经指出："人类所支配的生产力是无穷无尽的。应用资本、劳动和科学就能使土地收获量无限提高"。[②] 因而进行土壤资源的评价，摸清土壤底细，也可为继续改良土壤和合理经营土

[①] 本文在写作过程中，承曾世英、李景昆、苏文才等同志的热情帮助和指导，完成初稿后又蒙前述同志和李式金、全石云、王建堂、余成业、王浩年诸同志提供了很多宝贵的意见；靳森林同志提供部分资料，在此一并表示衷心的感谢。

[②]《马克思恩格斯全集》，第1卷，第316页，人民出版社，1956年。

壤提供技术上的依据。另外，我们知道，农业发展与布局是受着自然、技术等多种条件的影响，但是其中很多条件是通过土壤的利用对农业发展与布局发生作用。因而通过土壤资源的评价，也有利于对地区农业发展与布局的其他条件进行分析。总之，土壤资源的农业评价是十分重要的，在农业生产与布局中，必须予以充分的重视。

二

根据苏联土壤学家 B. P. 威廉斯对土壤所下的定义："当我们说到土壤的时候，我们所理解的是地球陆地上能够生产植物收获物的那一疏松的表层。"又说："土壤的特性，即土壤肥力，是由两个同等重要的因素来构成的：土壤同水分的关系，土壤同植物养料灰分元素及氮素的关系。"① 出发，可以了解到由于土壤具有肥力这一特性，使它与农业生产相联系而成为人类生存的基本条件及农业的基本生产资料。以此，我们评价土壤资源时，也必须以土壤肥力作为中心内容。土壤肥力主要指土壤能满足植物所必需的水分和养分的能力。同时，无数生产实践证明，影响作物生长、发育的不仅有水分和养分两个因素；其他如土温的高低、通气的好坏、土壤的耕性等，这些因素不但同土壤中的水分、养分相互联系，而且也直接影响作物的生长和发育，所以应该把土壤肥力看成是具有能满足植物生长、发育所必需的水分、养分、空气、温度等生活条件（这些条件以水、肥为基础）和调节诸生活条件的能力，即诸因素的综合性状的具体表现。既然如此，这些因素就必然成为土壤资源的农业评价的主要内容。

(一) 土壤养分条件的评价

养分是土壤肥力的最基本的因素之一。农作物所需要的养分绝大部分是取自土壤，农作物产量越高，从土壤中吸收的养分也越多，也就是说产量越高，土壤中的营养物质消耗量也就越多。

经过多年的研究：植物生长的必需营养物质共有氢、碳、氧、氮、磷、钾、钙、镁、硫、铁等十种元素，在十种多量元素中，最缺乏的又是植物需要量多的是氮、磷、钾三元素（称为肥料三元素）。三元素中的氮素是构成蛋白质和酶的主要成分，同时也是叶绿素分子的必要组成部分。土壤中缺氮会使植物生长缓慢、茎秆小、结籽少而不饱满，产量下降。土壤中缺磷会影响作物体内各种代谢作用的进行以及提早成熟。土壤中缺钾不仅影响糖类化合物的代谢作用，并且还会减弱作物的抵抗力。总之，三要素对植物生长发育的影响是巨大的，并且各有各的作用。因此，当评价某种土壤养分条件好坏时，首先应当了解土壤中氮、磷、钾三元素含量多少。一般说来，三元素含量越多，表明土壤养分越高。反之，表明土壤养分较差。不过由于作物的种类和产量不同，它们所需土壤养分的种类和数量也有所差别（表1）。

---

① 沈阳农学院主编：《农业土壤学》，第1页，农业出版社，1961年。

表1　不同作物和产量吸收的养分数量比较

作物	由土壤中吸收的养分数量（斤）			每亩产量（斤）
	氮	磷	钾	
禾谷类作物	80~120	40~50	70~80	200~266
马铃薯	300~350	120~140	400~600	4000~4666

注：资料来源见①；1斤=0.5公斤

由上表中，可以明显地看出：禾谷类作物每形成一份产量时，从土壤中吸取的钾大约等于氮的两倍，这说明了作物种类不同需要各种元素的数量的比例是不一样的。禾谷类作物需要的氮素较多，而马铃薯则需要的钾素较多，因此采用对土壤元素要求不同的作物进行轮作换茬，能够达到比较合理而充分地利用土壤中营养元素的目的。不同的栽培作物对营养元素的要求不同，而且它们吸收营养元素的能力也不同。如小麦、甜菜等作物，只能利用易溶性磷化物。可是马铃薯和荞麦等这些作物，却能利用难溶性的磷。

总之，通过土壤中三元素含量多寡的分析与评价，我们就可以在此基础上，根据不同作物对养分需要的情况考虑不同作物的布局和确定合理的轮作换茬制度，进而达到充分利用土壤中分布不均的养分和使作物间在养分的吸收上，收到取长补短的目的。比如把耗氮多的作物和能够增加氮的豆科作物安排为前后排，便可以收到互相补充的实效。当然，在某些地区发现某些养分含量不足时，又可以为制定施肥措施提出依据。但是在这些分析中，一定要结合不同作物的不同品种和地区的特点来进行。特别是在小区域的农业区划工作中，根据土壤养分的分布情况，结合作物特点以及其他条件，划分不同作物的适种区更为重要，如在三级农业区划工作中，往往是根据土壤养分分布状况作为划分农作物的适应区域的主要根据之一。

此外，养分在土壤中不仅分布不均，且不同的作物，它们的根系入土深度也各不相同，如一般禾谷类作物的根系主要分布在表土层中，这类作物可以利用土壤表层的养分。而玉米、甜菜的根最深达土壤内3米，这类作物可以利用土壤深层里的养分。所以通过对土壤养分含量在土层分布情况的分析与评价，可为不同根系的作物轮作换茬提供依据，也可为更好地利用土壤中贮藏的营养物质提供依据。

土壤的养分状况同有机质的关系非常密切，从一般的情况看来，土壤有机质的含量越高，养分的能力也就越强，因为土壤中有效养分很多是从有机质中逐步释放出来的。同时，土壤有机质不仅能持久，而且能缓和与全面地供应植物对碳、氢、氧、氮、磷、钙、硫、钾、镁、铁等矿质营养元素以及其他微量元素的需要，还能活跃微生物区系并产生一些特殊刺激性物质，刺激植物根系的生长。因此有机质是植物养料的源泉和储藏库（表2）。

---

① 河南省农业厅教材编辑委员会编：《普通耕作学》，第84页，河南人民出版社，1981年。

表2　土壤有机质含量与养分含量的关系

土壤有机含量（%）	养分含量					
	全量（%）			速效（斤/亩）		
	N	P_2O_5	K_2O	N	P	K
0.2~0.6	0.02~0.05	0.07~0.11	1.5~1.8	1.5~3	0.6~6	17~30
0.4~1.2	0.04~0.08	0.11~0.17	1.8~2.3	2~4	2~8	20~50
0.9~1.6	0.06~0.112	0.13~0.27	2.3~2.9	3~5.5	5~20	50~80

注：资料来源见①

　　由上表可见，土壤有机质含量与土壤中氮、磷、钾的多少有着密切的关系。因此，在评价土壤中养分含量多少时，应当将土壤有机质的含量多少作为鉴定土壤养分含量多少的参考之一。

　　土壤中养分含量的多少对作物的生长、发育固然重要，但养分能否以不断的积累与提高对作物的生长产生作用也十分重要。这是因为土壤中的营养物质，有许多是以分子态而存在的。土壤对这些分子态物质如缺乏一种保持能力时，则养分极易流失，从而必然影响养分对作物的供应。由此可见，土壤保肥能力的强弱在生产实践中具有极其重要的意义。为此，土壤保肥能力强弱分析与评价也是不容忽视的，所谓土壤保肥能力是指土壤具有吸收气态、液态与固态物质的能力而言。①评价土壤保肥、稳肥能力强弱时，是以土壤阳离子代换量的大小为标准的。② 一般把阳离子代换量在20毫克当量/100克土以上的土壤列为保肥力强的土壤，20~10毫克当量/100克土的列为保肥力中等的土壤，小于10毫克当量/100克土的列为保肥力弱的土壤。③ 土壤盐基代换量对土壤保肥、耐肥等确有很大影响，但对其他保肥条件也要予以注意。这是因为在土壤胶体上吸收的例子，除金属离子外，还有氢离子。阳离子代换量是指二者被吸收的总量。但氢离子却不是植物养料元素。并且代换氢离子的多少及其与金属离子的对比值，对土壤理化生物性状影响极大。因此，仅知代换量的大小，还不能正确了解土壤的养分状况，还必须进一步了解清楚土壤胶体上对于这两种离子的吸收比率，这就是关系到土壤盐基饱和度问题。所谓盐基饱和度，就是土壤胶体上所吸收金属离子（盐基离子）占吸收阳离子总量的百分率而言。

$$盐基饱和度 = 吸收金属离子量/(吸收金属离子+氢离子)④$$

　　式中，分子和分母的单位为毫克当量/100克土。由上式可知代换量高的土壤，如果盐基饱和度低，则只是意味着它对养分保持的潜力大，但并不能说明含有较多的养分；相反地说明土壤保肥水平很低，酸度极大。显然，养分高的土壤，必须具有较高的盐基代换量和盐基饱和度。这样，一方面有利于养分的蓄积和保存，另一方面在大量施肥情况下，不至于由养分过多而引起"烧苗"、"倒伏"现象的发生。同时又不会把养分固定起来，妨碍作物吸收，使土壤具有较大的耐肥性。总之，通过对土壤盐基代换量和盐基饱和度的

---

① 沈阳农学院主编：《农业土壤学》，第115页，农业出版社，1961。
② 每100克干土所含全部代换性阳离子的毫克当量数为土壤的盐基代换量。
③ 沈阳农学院主编：《农业土壤学》，第58页，农业出版社，1961。
④ 沈阳农学院主编：《农业土壤学》，第90页，农业出版社，1961。

分析，我们会明确地区土壤保肥能力的强弱，并在此基础上，可以进行作物的合理布局，达到因土种植的目的。如在青紫田（指迟发田）地区的土壤，由于早春初夏土性发冷，供肥、保肥能力差，以致作物不能及时发芽或发芽的速度很慢，这种情况如不经改良，对作物的生产不利。从作物合理布局来看，在青紫田只有种植晚稻较为合适，而不宜种植早稻，否则对作物生长不利。另外，通过对土壤保肥能力大小的分析与评价，还可以为制定改良土壤措施提供重要依据。

  作物的正常发育不仅要求土壤具有一定相应数量的养分含量、保肥能力等条件，而且也要求土壤中养分的有效性较高。不然土壤中的养分潜力很大，而有效养分[①]很低，对作物的产量提高也有不利影响。根据各地许多样本的分析：土壤中含有植物养料量占比虽然不高，但土壤中所贮藏的养料量还是相当多的，不过其有效性很差。如土壤中潜在的全氮量为0.162%，有效氮量仅0.009%；全磷量为0.116%，而有效磷量仅为0.019%；全钾量为0.329%，而有效钾量仅0.02%[②]。又如东北区荒地腐殖质含量一般为5%以上，虽然耕性较好，但产量（小麦、玉米）每公顷不过2000～3000斤，而高度热化油黑土的腐殖质含量虽不高，仅为4%～5%，但由于有效程度高，因而作物产量每公顷竟高达5000～6000斤。[③] 明显地可以看出潜在肥分与有效肥分是两码事。既然如此，土壤中养分有效性高低，也是评定土壤养分条件好坏的一个重要标志。土壤中养分有效性的高低，主要决定于土壤中养分物质有效化过程。土壤的养分有效化，主要是指土壤中的养分，通过各种物理的、化学的和生物的作用，不断地把难于利用的养分转化为作物易于吸收的状态。土壤中养分的有效化过程是与土壤的、微生物活动有关，因而评定土壤养分有效性高低时应从此方面出发。所谓土壤反应是指着土壤溶液所具有的酸味、涩味、或不酸不涩味的性质而言。一般土壤的溶液pH，基本处在3～10，很少小于3或大于10[④]。由于土壤的反应不同，各种物质的溶解度也就不同，这样就更影响了土壤中养分有效性的高低。如磷在土壤中有效性最高时，pH处在6.5～7.5；pH增大或减小，磷的有效性都要降低；同时大多数土壤微生物又都适于中性、微酸或碱性的环境中生活，因此，土壤反应过酸过碱都不利于微生物的活动。由此可见，在养分有效性评价时，必须注意土壤反应，如果反应过酸，则应施用石灰加以调节，过碱则施用石膏以调节之，这样才有助于土壤中养分有效性的提高。不仅如此，由于土壤反应还能影响土壤的理化性质和对作物发生毒害的作用，因而通过对土壤反应的分析与评价，还可以进行因土种植，比如把水稻种植在pH范围在6.0～7.0的土壤地区去，其产量和质量都会得到提高。反之，其产量和质量将会受到极大的影响。其次，土壤中微生物活动情况也是鉴定土壤中养分有效性高低的一个重要尺度。因为土壤中微生物有些主要细菌如腐生细菌、固氮菌等，都能通过腐烂腐殖质，聚集更多的氮素化合物等作用，使土壤养分有效性提高。通常是这样：那里的微生物活跃就表明那里的土壤养分有效程度高，什么时候土壤微生物活跃也表明什么时候养分的状况好。当然生物

[①] 有效养分是指被作物能吸收的养分部分而言。
[②] 江苏省农业厅教材编委会编：《土壤肥料学》，第50页，上海科学技术出版社，1959年。
[③] 沈阳农学院主编：《农业土壤学》，第210页，农业出版社，1961年。
[④] 河南省农林厅编委会编：《土壤肥料学》，第42页，河南人民出版社，1958年。

中，也有使养分朝相反的方向转化的，如反硝化细菌、反硫化菌等，不过这类生物需要的环境，正是我们为作物改造的环境。此外，影响养分有效化的条件还有土壤氧化还原性质、代换性盐基离子饱和度、陪补离子的种类等等，在评价时，也应予以重视。总起来说，在作物布局中，根据土壤养分含量多少，土壤保肥能力大小以及有效程度高低考虑选择相应的作物或不同的品种，是合理进行布局和充分利用土壤养分条件的重要参考依据之一。我国土壤肥力圈的编制是根据有效肥力高低、供肥特点、保肥性能及作物发苗、生长和产量的不同，区分为五个等级。一级：肥劲足而长。有效肥力高，保水保肥，前后劲足，发小苗又发老苗，籽实饱满，产量高。二级：肥劲平缓。有效肥力一般，作物生长前后期费劲无显著差别，发小苗也发老苗，产量一般或偏高。三级：有后劲少前劲。潜在肥力高或一般，肥效慢，后劲长，不发小苗但发老苗，易贪青晚熟，产量高或一般。四级：有前劲少后劲。有效肥力一般，肥效猛，后劲差，有的漏水漏肥，发小苗较不发老苗，籽实较不饱满，产量一般或较低。五级：肥劲全期不足。有效肥力低，或有水土流失，或收矿毒，盐碱严重危害，或受冷浸积水，全期供肥少，既不发小苗也不发老苗，籽实小而少，产量低①这种级别的划分，就为在不同地点，根据土壤中的养分条件，进行合理的作物布局和提出进一步改良土壤措施的重要参考依据。

（二）土壤水分、温度、空气条件的评价

1. 土壤水分条件

作物生育期间，消耗的水量甚大。如玉米每形成1公斤干物质要消耗368公斤水，小麦要513公斤水，水稻消耗的更多，为710公斤。② 微生物活动和土壤养分的溶解等都需要水分。通常在水分不足的情况下，会使作物产量降低，有时还使作物死亡。水分过多同样也是对作物不利的。因为土壤中存有大量的水分时，会破坏土壤的通气、微生物活动等。由此看来，土壤水分的供应和调节是作物高产的决定性条件之一。因此农谚有"水是庄稼血，没它了不得"的说法。既然如此，土壤水分条件必然成为土壤资源的农业经济评价中最主要内容之一。

土壤水分条件最好的标志之一，就是看它是否具有高度的"稳水性"。土壤中要想具有高度的"稳水性"必须具有良好的持水性能，同时所持的水量是高度有效的且能够被作物"按需取用"。可见水分条件的好坏，应当从土壤持水性能的高低和土壤水的有效性程度作为评价的主要出发点。所谓土壤的持水性，主要是指着土壤本身所具有吸持水分的能力而言，水一旦被这种力量所吸住，就不易失去。根据土壤吸持水分的力量不同，可分为分子力的吸持和毛管力的吸持。每一种的吸持力都可以用数量表示。从生产实践的观点来看，土壤分子持水量与毛管持水量是以田间持水量为鉴定土壤持水性高低的重要指标。因为在一般耕地上，当土壤达到田间持水量时，土壤几乎完全是潮湿的，但不成浆状而有明显的黏着性，故能黏附于手上或农具上，捏之成团，手有湿印，扔之不碎，土色深暗。但

---

① 中国农业科学院编：《中国农业科学》，第42页，农业出版社，1961年第16期。
② 齐绍昆：《气候条件农业经济评价的研究》，第164页，科学出版社，地理1962年第三期。

当土壤含水量超过田间持水量以后，若再灌水或降雨，在土壤内部即表现出排水的现象。因此，田间持水量是土壤持水性能的最高指标。水田则以饱和水分为标准。

由于土壤持水性能决定于土壤的孔隙度①、大小和土层构造（耕层构造）等，因而当鉴定土壤持水性能高低时，往往从土壤的孔隙度大小和土层松紧等方面进行分析。一般地说，凡是土壤毛管孔隙性多，表明持水性强。比如黏壤质土孔隙性少，则持水性能弱。从土层构造来说，凡是土壤底层毛管空隙大，能起着"托水"作用，持水性能就强。反之，底层的大孔隙多于上层，表明持水性能差，如砂土。

当然，土壤持水力也不是越强越好，好土还要具备适当的排水性。土壤的持水性应与土壤水分的有效性联系起来看，不然保持过多水分，不仅无益，反而有害。因此，在土壤水分条件评价中，在分析了土壤本身持水性能高低以后，必须对土壤水分的有效性高低进行分析与评价。在土壤水分有效性高低评价中，主要应当注意分析水分和作物的相互关系。更具体来说，要着重分析土壤水分的有效程度如何？这是因为所有土壤中的水分既有有效成分也有无效成分，对作物的利用来说只有有效成分才具有生产意义。

土壤水分有效程度如何往往通过土壤的萎蔫系数、生长期阻滞含水量、田间持水量、土壤蓄水量等一些土壤农业水文特性（常数）②来分析进行的。在通常情况下，当土壤水分含量低于萎蔫系数以下时其水分则是无效的，这个最低值称为作物有效生长的水分下限。究其原因，这时候的作物已得不到正常的生长和发育，也可以说这样的水分条件是极差的。如果高于此最低值，土壤中所具有的含水量即为有效的水分。另一方面，当土壤水分含量达到全蓄水量时，对作物的生长、发育也不利（水稻除外）。因为水分过多的结果，必然造成缺乏空气，进而影响作物。这时土壤的水分含量可称为最大含水量，一般说相当于土壤饱和含水量的80%以上。也可以称为作物有效生长的水分上限。凡是土壤水分含量介于上下限之间，从作物需要来说则是有效水分，是土壤水分条件较好的标志。不过必须指出：土壤含水量超过萎蔫系数后，一直到田间持水量和全蓄水量为止，土壤水分的有效性③还是有区别的。例如一般土壤含水量在田间持水量的65%~70%时，作物生长期感到不足。这时的土壤含水量称为"生长期阻滞含水量"④。如棉花在土壤含水量降到田间持水量的60%~65%后，其生长（即干物质积累量）即表现显著递减情况。由此可见，生长期阻滞含水量又是土壤水有效性的另一个指标，凡是土壤水分含量高于此点，水分有效性进一步提高，表明土壤水分条件更好。也可以称为土壤最适宜的含水量。如低于此点，从有效开始向无效逐渐下降，知道萎蔫系数为止，则全部无效。明确此点是非常有效的，因为在作物田间管理上，不应依萎蔫系数这一指标来鉴定土壤水分条件的好坏，而应以长

---

① 土壤是多孔物质，土粒之间为土壤孔隙。在一定体积的土壤内，孔隙所占全体体积的百分率称为土壤的孔隙度。土壤孔隙度可以从土壤比重与容量求得：孔隙度% = 比重−容重/比重 * 100。

② 土壤农业水文特性（常数）通常指的是土壤湿润的程度和等级。萎蔫系数是指在这样的土壤湿度条件下，植物组织的水分缺失，即使在夜间蒸腾作用最小时，也不能恢复这样的土壤湿度而言。田间持水量是指自然状态土壤所能保持的最大持水量而言。土壤蓄水量是在一定条件下，土壤能够容纳和保持一定量水的能力。全蓄水量就是指当地下水面（自由水）与土壤表面处于同一水平度时，保持在土壤中的水的最大量。

③ 土壤水的有效性是指能被作物吸收的那部分水量而言。

④ 生长期阻滞含水量是指土壤含水量在田间持水量65%~70%时，植物生长即感到不足的土壤含水量而言。

期阻滞含水量这一指标为依据。若土壤含水量低于此点，即意味着进入灌溉最迫切时期，必须在该时期前进行灌溉，才对作物生育有最大效果。

一般说，土壤含水量不应超过田间持水量。所以土壤最高有效水含量常常是以田间持水量减萎蔫系数来计算。根据以上分析，土壤水的有效性也是极其复杂的。在不同土壤或同一土壤，不同作物及不同生育时期，有效性也不同。据 H. B. 费多洛夫斯基测定，在同一黑土上，各种作物萎蔫系数：亚麻为 18.0%，黄瓜味 17.8%，小麦为 15.5%[①]。由此可见，同一土壤的含水量对禾谷类来说，有效含水量多于黄瓜、亚麻等作物。同时，不同土壤类型对土壤蓄水量的影响也不同，如砂土比黏土要差。因此，在评价中就必须结合地区进行具体的分析。总之，通过土壤条件的评价可以为确定耐干、耐湿作物的种植比例提供科学依据。通常在土壤水分和灌溉条件比较好的地区，耐湿作物比重应大，而耐干作物比重应小。很明显，把耐旱而又经济用水的作物，如黍、稞、谷子、玉米等，配置在土壤水分充足、灌溉水源又好的地区是不必要的。反之，把需要水分多的作物，如麦类、苣类等，配置在水分不足的地区，其产量和质量将会受很大不良的影响。当然，水分条件不好的地区，或水过多的地区都是可以通过人工措施加以解决的。因此通过水分条件的分析与评价，又可为建立排灌系统和制定改良土壤水分的农业技术措施提供参考依据。此外，由于作物蒸腾系数[②]的大小不同又可以结合土壤水分的有效性高低，划分不同的类型，在农业布局中也是十分必要的。如苏联学者 A. A. 罗戴根据土壤水分对作物的有效性，以土壤水分常数划分以下几个类型（表3）。

表3 土壤水分的有效范围

序号	含水量范围	水分对植物的有效性情况
1	从0到最大分子持水量	无效
2	从最大分子持水量带萎蔫系数	非常难效
3	从萎蔫系数到毛管破裂含水量	难效
4	从毛管破裂含水量到田间持水量	中度有效
5	从田间持水量到饱和水量	易效转变为过多

注：资料来源见③

这种类型的划分，就为在不同土壤有效水分地区，确定不同作物种植提供了参考的依据。

另外，由于土壤水分随着不同土层而有变化，比如春季当土壤耕作层有效水分储量在 5 毫米以下时（一般都以 0~20 厘米层作为供水层）作物就不能出苗；[④] 有效水量在 5~10 毫米时，作物生长缓慢；有效水量超过 20 毫米时，才能保证作物正常出苗。因而在评价土壤水分条件时，可以根据这些指标来考虑作物的布局。当然不同作物有不同的要求，必

---

① 沈阳农学院主编：《农业土壤学》，第64页，农业出版社，1961年。
② 作物蒸腾系数=消耗水量/作物干重量
③ 罗戴：《土壤和土层的水分》，第57页，科学出版社，1958年。
④ 齐绍昆：《气候条件农业经济评价的研究》，104页，科学出版社，地理1963年第三期。

须进行具体分析。

2. 土壤温度条件

土壤获得了热能，就能使土壤温度上升。一定的土壤温度，不仅对作物和土壤微生物的生命活动有着重要的影响，尤其对种子的发芽和作物的幼苗生长以及根系的发育有着十分密切的关系。因此，我们对于土壤温度条件必须进行分析与评价。

在土壤温度条件的评价中，主要是根据作物的生长发育的需要，分析一个地区的土壤的最低、最高和最适宜的温度以及土壤的热量等特殊状况。

作物的生长发育对土壤温度的要求，主要有最低温度、最高温度和最适宜温度之分。土壤的最低温度是指农作物有效生长的温度下限，即当土壤温度下降到这个温度以下，就不利甚至于有害于作物种子的发芽和幼根的发育。如小麦、大麦等种子的发芽在1~2摄氏度下，发芽期将延到15~20天；当在5~6摄氏度时，发芽期会减6~8天。土壤温度的最高温度是指着超过农作物有效生长的温度以上的温度而言，这也将不利于作物的生长与发育。如马铃薯所需要的土壤温度当高于17摄氏度时，则其块茎形成过程就不能正常进行。当高于29摄氏度时，块茎形成过程即将停止。最适宜温度是指作物生长发育最为活跃的土壤温度条件，但由于不同作物、不同品种以及不同的发育阶段，它们所要求的上述三种温度也是不同的（表4）。

表4 种子发芽所需要的土壤最低温度、最适温度和最高温度①

作物	土壤温度（摄氏度）		
	最低温度	最适温度	最高温度
小麦、黑麦、大麦	1~2	20~25	28~32
栗玉米	8~10	25~35	40~44
水稻	12~14	30~32	36~38

因此在评价中，就必须结合地区特点和不同作物的要求进行具体分析。查明地区最低、最高、最适宜温度的出现时间以及地区分布情况。这是农业布局中选择最有利的作物以及调整布局现状和制定各种防霜、防冻措施的主要依据。此外，由于土壤温度和生长期的关系十分密切，因而种子的发芽期长短也随着土壤温度的增高而缩短，例如小麦、大麦种子在温度1~2摄氏度时，发芽需15~20天。在温度为5~6摄氏度时，需6~8天。在温度9~10摄氏度时，种子发芽时间就缩短为5天。② 由此可见，随着温度增高，就大大缩短了播种到出苗的时间。同时也可以看出，土壤增热越快，出苗越快。相反，土壤增热慢，就会延迟出苗期。为此，通过最低、最高、最适温度变化规律的分析，也为提前作物播种日期，充分利用生长季节的耕作措施提供参考。如华北区几年来，根据这种土壤变化规律的研究，创造了"霜前播种""霜后出苗"的办法，使棉花、花生的播种期提前了半

---

① 西涅里席柯夫著：《普通农业气象学》，第72页，高等教育出版社，1959年。
② 西涅里席柯夫著：《普通农业气象学》，第73页，高等教育出版社，1959年。

个多月。此外通过三种温度的分析，还可以为制定增温、降温的措施，提出可靠依据。由于各种作物种子在发芽的时期对温度要求不同，西涅里席柯夫曾把作物分为五类（表5）。

表5 不同作物发芽需热情况

类别	需热情况	作物种类
第一类	需热最少，能在土壤温度1~2摄氏度时发芽	小麦、大麦等
第二类	需热较少，能在土壤温度3~5摄氏度时发芽	亚麻、荞麦、向日葵等
第三类	需热较多，在土壤温度高于6摄氏度时发芽	大豆、马铃薯等
第四类	在土壤温度为9~10摄氏度时发芽	玉米、粟、蓖麻等
第五类	需热最多，在土壤温度10摄氏度和10摄氏度以上时发芽	棉花、高粱、芝麻等

这种类型的划分，为在不同温度地区，选择不同种类作物进行布局提供了依据。

在土壤温度条件评价中，还应当注意分析土壤的热量特性，即它的吸热性、散热性、热容量和导热性等情况。因为这几种特性直接影响着土壤温度高低的变化快慢，土壤稳温性的高低以及土壤上下层次的导热情况，进而影响到作物的发芽和幼根的生长。从作物生育对土壤温度的要求来看，一般说来，一个具有良好热状况的土壤，应当是吸热性较强散热性较小，热容量较大，导热性较小。也就是那些含腐殖质较多、颜色深暗、结构良好、水分与空气适量存在着的土壤。因为只有具备这些性质，才有可能吸收和保持热量，才有可能减少土壤温度的剧烈变化，也才有可能配合其他特性保证土壤有利于作物的生长。一切稳固的团粒结构，应该认为不仅是为了创造土壤良好的水分和空气条件，同时也是为了创造热的良好条件的措施。

总之，土壤温度状况是极其复杂的，因而在农业布局中，根据土壤温热变动情况，把土壤分成类型是十分必要的。根据东北农学院依土壤温热变动情况的一般原理会把土壤分成为暖性土、冷性土、热性土、二性质土等四个类型，这为因土种植，充分利用土壤热量资源提供了重要参考。比如把大豆、甜菜、马铃薯等阴性作物种植在冷性土就比种植在热性土适合。显然，把阳性作物如谷子、小麦等种植在冷性土地区，其产量和质量都将受到严重的影响。

3. 土壤空气条件

土壤空气是作物生长、发育的必要条件。它不仅影响种子的发芽和作物根部的发育，而且影响土壤微生物活动和土壤的养分肤况。维尔那德斯基就此曾指出"土壤中没有空气，就不是土壤"。由此可见土壤空气的重要性。既然如此，土壤空气条件的评价，也是十分重要的。在土壤空气条件评价中，当鉴定它的好坏时，主要看土壤空气的通气性情况如何？所谓土壤的通气性，主要是指着土壤与大气气体之间的交换性能而言。一般地说，土壤空气通气性强，就表明土壤空气条件好。反之就表明土壤条件差。因为当通气性弱时，就意味着土壤空气与大气之间的交换没有进行，或微弱的进行，结果会使土壤空气中氧气不足和二氧化碳的积累。氧的不足会影响到作物种子的发芽与根部的呼吸。根据苏联科学家的资料，作物根在一天内需要的氧平均可达每1克干物质1毫克。比如棉花、芝麻在雨季需要特别注意排水，就是因为氧气不足的关系。二氧化碳的含量增加过多，也会使根部生长发育发生困难，遭受到毒害现象。其次通气性差时，还会影响土壤有机质在嫌气条件下分解缓慢，并形成不可给态的化合物，如 CH_4，H_2S 等，甚至把植物能吸收的可给态养料物质，也都会变成亚氧化态的或还原态的物质（表6）。

表6　好气和嫌气条件下产生的主要形态

好气条件下产生的主要形态	嫌气条件下所产生的主要形态
$CO_2 \rightarrow CO_3^{2-}$	CH_4
PO_4^{2-}	PH_3
NO_3^-	$N \cdot NH_4^+$，NO_2^-
SO_4^{2-}	S^{2-} 或 SO_3^{2-}
Fe^{3+}	Fe^{2+}
Mn^{3+}	Mn^{2+}

注：资料来源见①

总之，土壤空气与大气的不断交换是土壤形成和作物生活中的重要条件之一。它与土壤的其他性能一样，是土壤肥沃度的重要标志与保证。因此，在作物布局中，应根据土壤空气的通气条件考虑选择相应的作物或不同品种。因此不同作物对通气情况要求不同是合理地进行作物布局的重要参考依据之一。很明显，棉花、马铃薯、大麦、豌豆等对氧气感应性大的作物，种植在任何适合水稻、荞麦等作物的通气条件的地区，这显然是不合适的。

由于空气的容量决定于水的含量，水分过多就要排水，不然孔隙再多，也解决不了空气的问题。在正常的情况下，水和空气的比例，决定于毛管孔隙和非毛管孔隙的比例。而这个比例又决定于土壤的结构，松紧的程度、土壤的质地、有机物质的多少等。从空气的绝对含量来看，就算是所有的孔隙都是空气，如果缺乏正常的养分来源，也是满足不了作物的需要。因此怎样增加土壤空气与大气的交流（通气），就成为土壤空气的关键。一般来说，当在水分过多的情况下，如采用排火、起墩等办法，再结合其他条件，是可以起着调节空气的作用。在肥质紧密、容易板结和产生结皮的地区，当通气不良时，应多施粪肥、适时耕作、经常维持疏松的表层。由于这些措施又决定了土壤的结构，因此又要注意施肥和轮作。总体来说，由于通气情况和水分、有机质有密切的关系，因此在制定调节空气的措施时，应当结合地区特点和考虑到土壤水分状况和充分发挥土壤有机质的作用等问题，免使土壤过于疏松，引起有机物质的迅速分解。

以上我们为了更好地了解土壤水、气、温度等条件，把它们进行了分别的分析。实际上它们是土壤四大肥力因素中的三大因素，无论作物对它们的要求或它们在土壤的内部都是紧密联系的。没有水，作物就要旱死；没有气，就要闷死；没有一定土壤温度即可能遭遇冻害。若是把任何一个因素切断同其他因素之间的联系，去评价土壤条件，都是不切合实际的。因为水与气同时存在于土壤孔隙中，土壤孔隙不是被气占据，就是被水所占，二者互相排挤，故在同一土壤中，他们经常处于不断矛盾和不断运动变化中。土壤的温热状

---

① 中国农业文化教科书编委会编：《普通农作学和土壤学》，第100页，农业出版社，1958年

况也随气与水的变化而变化,反过来它也积极地影响空气和水分的状况。所以土壤中水、气、温度三个因素是一个分割不开的矛盾统一体。比如一种良好的水分状况是与良好的土壤气、温度状况分不开的。又如在调节土壤水分状况时,就不能脱离开土壤的气热状况。反之,在调节土壤气热状况时,也不能不考虑土壤水分状况。当水、气、土壤温度等处于高度协调时,土壤才能表现出高度的肥沃性。因此,对土壤肥力高低加以评价时,必须从综合观点进行评价。这也就是说,必须在单个因素分析的基础上,找出相互间的协调规律,并以此作为鉴定土壤水、气、温度诸因素好坏的标准才是正确的。根据全国土壤普查资料汇编,水、热、气状况可划分为五级。一级:温度潮润通气好。蓄水保湿性能良好,水、气协调,水分适中,保湿耐旱,土温上升快而变幅小,能保温,适种期长,出苗快而整齐健壮。二级:温度湿润尚通气。蓄水保湿性稍次,不甚耐旱,通气性能尚好,土性暖,发苗壮籽。三级:冷凉潮湿通气差。水、气不协调,土性凉,早春土温上升慢,有的有冷浆现象,作为前期发苗迟缓,后期生育旺盛。四级:暖热干燥甚通气。蓄水力弱而通气性强,水气不够协调,常干旱,土性燥,土温上升快而变幅大,出苗快,后期生育不旺。五级:冷浸积水不通气。有冷水浸渍,或有季节性内涝,土壤中水分过多,通气性极差,土温不易上升,土性冷凉,发苗迟缓,后期虽较好,但作物生育仍不旺。① 这种级别的划分,就为在不同的土壤条件地区,评价土壤水、气、热协调情况的重要参考。

不仅如此,要想满足作物所需的良好的生活条件和获得高产,更重要的还决定于土壤的养分、水、气、温度等四大因素的协调性。这种高度协调性才是土壤肥力高度发展的标志。而这种协调性在土壤性状上的依据主要决定于土壤结构、土壤质地、土壤松紧、耕层构造等。这就是说作物生长期内需要水分、空气和养料是通过土壤来供给的。土壤是否保证供给这些东西,主要决定于土壤的结构状态。因此,对水、养分、气、温度四大肥力因素的互相协调性条件的好坏进行评价时,必须从土壤的结构、质地、松紧等方面作出发点,特别是土壤结构。一般说,从土壤质地来说,壤质土的水、养分、气、温度的协调性较好,面黏土的水、养分、气、温度的协调性差。存在这样的矛盾,是因为黏土的土粒细,土壤黏性大,孔隙特别小,致使土壤的透水性很差,土壤温度上升缓慢;黏土干时,黏结紧密,湿时,成为泥泞。至于砂土,颗粒粗,很疏松,空隙大,透水和通气性良好,但保水力差,容易受旱,而且有机质分解,对养料吸收,保持力弱,容易淋漓。综上可知,从不同的土壤质地可以鉴定出土壤的水分、养分、空气、温度的协调程度。同时,由于不同作物对土壤质地的要求不同,如水稻要求黏土,而花生则要求砂性质的土壤,因而通过土壤质地的分析与评价又可为安排作物提供了有利的条件。其次从土壤结构来说,凡是具有良好结构的土壤,其水分、养分、空气、温度性状互相协调,有利于满足作物的需要。反之,没有团粒结构或极少团粒结构的土壤,其水分、养分、空气、温度状况存在着矛盾,协调性很差,也表现是肥力不高的土壤。当然只认为只有具备团粒结构的土壤,才能具有良好的水分、养分、空气、温度条件,那也是不完全切合实际情况的。从土壤的松紧度来说,土壤过松、过紧都是水分、养分、空气、温度状况不够协调的致因,而唯有不松不紧才能使四大要素高度协调。当然由于作物不同,要求土壤适宜的松紧度也不同。从

---

① 中国土壤学会编:《土壤通报》第 2 页,辽宁人民出版社,1962 年第一期。

土壤耕层构造来看，上松下实的土壤耕层结构的水、养、气、热的协调性较好，其他上紧下松，或砂黏相间的耕层构造土壤等水分、养分、空气、温度的协调性较差。

总起来说，土壤的质地、结构、松紧度、耕层构造等四个土壤基本属性是影响土壤三相比例和水分、养分、空气、温度的主要因素。因而它是评价和鉴定土壤肥力高低的最重要尺度。同时，善于控制这些因素，改进这些因素，就能使土壤的水分、养分、空气、温度等肥力因素得到高度的协调。

(三) 土壤的耕性条件的评价

土壤的耕性，是指土壤的物理机械性状在耕作条件下的综合表现。它是反映土壤肥力高低的重要属性之一。因为作物的根系和微生物活动主要在耕作层，这一层的熟化程度对作物产量有密切的关系。同时由于耕性的不同，必然会相应地在土壤的水分、养分、空气、温度等方面反映出来，因此它也是成为土壤条件农业评价的主要内容之一。

人们在生产过程中，认识了耕性及其表现的类型，而评价耕性的好坏，也应从生产的观点出发，即从耕性对农业生产影响的利害关系出发作为标准。具体说来，根据我国农民在长期的农业耕作中，对识别土壤耕性的经验总结应当从以下三方面进行土壤耕性好坏的鉴定。即：第一，土壤耕作的难易程度。实质就是土壤在各种机械力量作用下，抵抗破碎的能力，更具体说也就是土壤对农具产生阻力的大小。阻力大小不同，可以直接影响到劳动效率的高低。不同的土壤有不同的阻力。当耕锄时表现得费劲小、费工少的土壤，表明耕性好，比如砂性土。花工多、费劲大、耕锄困难的土壤，表明耕性差，如黏土。当然，土粒间个个不相连呈散砂一样的土壤也不好。因为这样的耕作屑很容易被风吹走。第二，耕作质量的高低：主要是指着土壤耕作后，表土及土层构造的性状对种子发芽，作物生长状况及农业操作等的影响是不同的，这就是耕作质量（效果）好坏的表现。在一般的情况下，若耕作后，耕地上没有坷垃、不裂口，雨后又不板结的土壤，称为耕作质量较高。反之，耕作后，大土块多，干后又易裂口，雨后又易板结的土壤，称为耕作质量低。这是因为耕作的目的，是要土壤既松碎又踏实。如果不这样，必然得不到好的耕作质量。第三，适耕期的长短：主要指着土壤耕作时，表现"干好耕，湿好耕，不干不湿更好耕"，这样土壤表明耕性好。反之，表现"干时一把力，湿时一团糟"的土壤，表明耕性差。以上三方面是土壤耕作的外在表现的评价尺度。但由于土壤耕性主要是受土壤本身的性质，如土壤的机械组成、结构性、有机质含量等决定，所以在评价耕性时，也必须对这些条件结合起来进行考虑。特别是土壤的结构更应予以细致的分析与评价，因为结构是影响土壤肥力最重要的因素。它的好坏不仅影响水、肥、气、温度等四大肥力因素的状况，且直接影响肥力的水平。土壤结构好坏的主要标准是要看它是否具备团粒的结构。凡是具有1~10毫米的团粒结构，表现结构好、肥力高。特别是2~5毫米左右近似球形的团粒为更好。总之，通过土壤耕性及土壤结构各方面的分析与评价，不仅为制定土壤改良措施提出依据，且为作物的合理布局找出正确途径。为了更好地鉴定土壤耕性的好坏，采取分级办法是十分必要的。如全国普查汇总资料对耕性共划分为七种类型（表7）。

表 7　土地耕性划分类型

等级	特性描述
一级	土酥柔软。土湿好耕，耕地时常起"犁花"，耕后田面无坷垃，水田无僵块，适耕期较长，出苗整齐，发苗快
二级	土轻松散。干湿尚易耕，耕后土面松散，小雨不板，大雨板结，适耕期长出苗快
三级	土重紧密。过干过湿耕作费力，干耕起坷垃，湿耕起条垡，拿稳墒情较好耕，易碎垡，适耕期短，墒情差时出，较不整齐
四级	淀浆板结。干湿虽易耕，旱地耕后易板结，常有闷苗易断垄现象。水田易淀浆，活棵较慢
五级	坚实僵硬。土重有碴，干湿不好耕，耕垡大，不易碎，旱田压咬，断垄缺苗。水田土块浸水不化泥，不起浆，根扎不深，活棵也慢
六级	稀糊陷烂。糊犁陷脚，耕肥不便，出苗不齐或浮秧浮蔸
七级	土多石块，缺苗断垄，插秧伤手

以上是土壤耕性类型划分的主要依据①。不过各地区也都不同，因此必须结合各地区的具体条件来进行。

总之，养分、水分、温度、空气、土壤耕性等是土壤资源农业评价的主要内容。但并不是说土壤其他方面的性质对农业生产与布局就不重要，如土壤的结构、质地、酸碱度等，都不同程度地影响农业生产，因此在评价中也应当予以充分的重视。

三

根据马克思对土壤肥力问题所作的正确分析：土壤肥力它不仅决定于土壤的自然特性，也决定于随着人类社会不同发展阶段而有所改变的耕作方法。因此，必须把土壤自然肥力和经济肥力区别开来。自然肥力是自然过程的产物，是一种缓慢的发展过程。这种无定向的缓慢地变化和肥力因素间经常出现的不协调性，不能满足作物的要求。经济肥力是农业土壤的特征，它是自然成土因素形成的自然肥力以及人为技术措施所形成的人工肥力的综合，它的发展是迅速的。经济肥力的高低，主要是决定于社会制度，也可以说，是一定社会经济条件对土壤影响的结果。正如马克思在《资本论》中所指出："……，在自然丰度（编者按：丰度即肥力）相等的各种土地上，这相等的自然丰度能被利用到何种程度，部分也要看农业化学的发展如何，部分地要看农业力学的发展如何。这就是说，丰度虽然是土地的客观属性，但在经济方面常常包含一种对农业化学发展状态和农业力学发展状态的关系，并且要跟随这种发展状态而变化②。"事实也如此。比如根据石元春在北京地区和农民一起所作小麦丰产实验证明：北京地区小麦春天返青时，返青时间要早，土壤通气要好，地温要高，但是该地区的小麦地在春天解冻时，地面往往返浆多水，地温较低，上升很慢，显然，这时的土壤条件是不符合小麦返青要求的。但由于农民采用了冬季施暖肥、春季顶凌耙地和中耕松土等措施，调节了土壤水分和通气状况，提高了地温，可

---

① 中国农业土壤学会编：《土壤通报》，第 2 页，辽宁人民出版社，1962 年，第一期。
② 马克思《资本论》，第 3 卷，1956 年版，第 851 页。

以使返青提前5~7天，满足了小麦返青对土壤的要求。既然如此，为了更全面地、深刻地了解一个地区土壤条件好坏和土壤肥力高低时以及进而作出评价时，必须结合该地区所具有的施肥、灌溉、耕作等条件，进行全面综合地分析，才是恰当的。关于施肥、灌溉、耕作等条件的分析主要应当从以下几个方面进行。

（一）施肥条件的分析

施用肥料是保证农作物在深耕密植情况下取得丰产的必要条件。同时，也是调节土壤有效肥力的最有效方法。如农谚所说："种地不上粪，等于瞎胡混"。显然，一个地区的施肥条件的好坏，对于它的土壤肥力的提高和人工调节以及作物的合理种植，有着十分重要的影响。当评价土壤肥力高低时，必须结合施肥条件。在施肥条件分析中主要应注意：第一，肥料种类和数量。地区的肥料种类和数量，是否能满足当地的需要？第二，肥料的质量高低。由于施肥是为了改善土壤的构造；加强土壤对水分养料的储存和供应能力等，因而其质量的高低，对提高土壤肥力和作物产量的影响是十分重要的。一般说，质量较高的肥料以有机肥为最好。如猪厩肥、绿肥、堆肥等。第三，施肥水平的高低。主要指着耕地的单位面积内施肥量的大小而言。第四，施肥方法。施肥的目的是为了提高土壤肥力，及时供应作物营养物质。然而如何发挥肥料更大作用，是与施肥方法有着密切的关系。衡量施肥方法合理与否的主要标准是看施肥时，是否考虑了气候、土壤、肥料性质、作物种类等条件。可以这样说，施肥时如确实根据上述条件进行，其方法是合理的。否则，表明其方法不够合理。比如有机肥料在时间上说，施用时间不宜过早；而化学肥料应多次施用。这都是方法问题，应予注意。否则，将得相反的结果。在通常的情况下，当一个地区的肥料种类多，质量好，且能保证需要；施肥方法也比较合理，这样就表明施肥条件好。反之，表明施肥条件差。当然一个施肥条件好的地区，无疑地可以加速该地区土壤有效肥力和作物产量的进一步提高。且能对其不良的土壤进行改变。

（二）灌溉条件的分析

灌溉可以使土壤内建立和保持稳定的团粒结构，保证和提高土壤满足土壤的要求，根据许多资料证明，灌溉地比未灌溉地的产量一般增加半倍以上。因此，灌溉条件的有利与不利，也是影响土壤的利用和改良的重要因素之一。在灌溉条件的分析中，主要是从以下方面下手：第一，灌溉水源情况。主要是指需要灌溉地区有没有可以利用的水资源？如果有水资源，不管江河池沼或地下水都可以利用的。不过水源也有好坏之分。一般地说，江河是最好的水源，其次是湖河和池塘；泉水和地下水井不到处都有，这种水源在干燥气候地方，对于小规模的农田利用是有特殊功用的。第二，水量的大小。主要指着当地水量能否满足各种作物对灌溉水量的要求。第三，水质。水质好坏的标准，主要是由水中所含的盐类及悬浮物质对作物和水动态所起的影响而定。如果水中含溶解的盐类很多，则对农作物生长不利；而且是形成土壤盐渍化的根源。在评定富含溶解盐类的水量是否宜于灌溉时，要充分考虑土壤的性质、总矿化度、溶解盐类的成分等。适水性和容易排水的土壤，可以使用矿化度较高的水进行灌溉；反之，对于排水困难的各种土壤，则盐类含量应减低。通常灌溉多使用矿化度不大于1.7克/升的弱矿化水。如果超过此值，应对所含盐类作精确的分析。水中盐类的极限允许总含量为5克/升。但在极端缺乏水源的情况下，有时还可以更高一些。第四，水温。水温过高过低，都对灌溉不利。一般以20℃左右为最好。第五，灌溉方法。灌溉方法有多种多样，但不论旱地或水田，应当根据作物生长的需要采用灌溉的方法为好。否则，表明方法不好。

总之，凡是灌溉条件较好的地区，都应当具有良好的灌溉水源，充足的水量和较好的水质以及合理的灌溉方法。如不具备或不完全具备上述各条件，则表明其灌溉条件较差。灌溉条件好的地区，对土壤水分的调节，作物产量的提高，都具有促进的作用。反之，则是不利的。

由于排水和灌溉都是调节农田水分的重要措施，因而对排水条件的分析也要重视。

（三）耕作条件的分析

土壤耕作条件在提高土壤肥力和农作物产量的各项农业措施中，是不可缺少的重要环节。威廉姆曾经说过："没有不好的土壤，只有不好的耕作制度。"看来，一个地区耕作条件的好坏，都会影响该地区土壤肥力、作物产量的高低。因此对耕作条件的分析，是十分重要的。耕作条件的分析应从以下几方面下手：第一，耕作水平的高低。主要指着在作物下种以前的翻土、碎土、平地、作畦，在下种以后的耕田、锄地、除草工作的水平怎样？一般地说，耕地耕得深，耕的密，秋冬又逐年加深耕作土层；耕起来的土壤，又碎、又平。地下水位高、雨水多的地区，能做到窄畦高畦。相反，地下水位低，雨水少的地区，能做到平畦或低畦。耘田、锄地和除草，都能做到及时和耕耘、耕锄、锄除，这样就表明耕作水平高。反之，就表明耕作水平低。第二，耕作方式的合理程度。耕作的方式很多，如果安排合理，对土壤养分的利用和作物的产量提高都有巨大好处。反之，对土壤和作物生长都不利。耕作方式的合理与否的标志，没有统一的标准。这是因为各地的自然、经济条件不同，因而很难求得一致。但有两点可以肯定，首先就是要看豆科绿肥作物是否已安排进去。一般来说，合理的耕作方式都应当把豆科绿肥作物安排进去，因为这样可以增加土壤的氮肥和有机质。其次，要看所轮流种植的作物，是否达到了充分利用土壤中分布不均的养料以及作物间是否达到了相互可以取长补短，充分利用地力、节省肥料的目的。

最后，必须指出：当分析上述三个条件时，还必须结合当地劳动力资源、机械化实现程度等条件进行。因为劳动力和机械化实现程度都是保证实现上述各条件的物质前提。

综上可知，土壤资源的个别要素的评价主要是根据作物的生活和布局的要求出发，评价它保证的程度如何。这样评价的结果虽然也能为作物布局提供一定的参考依据，但还是不够的，这是因为在农业布局中，土壤资源本身是一个有机联系的综合体。在综合体中的自然要素对作物生活的影响不是个别要素起作用，而是所有的要素综合地对作物产生影响。因此，当对个别要素评价后，就必须将土壤资源的个别要素，如养分、水分、空气、温度、耕性等综合起来进行评价。在综合评价过程中，又不能把所有的要素放在同等的地位，而应当注意主导因素的分析，这是由于环境因子对作物发育非同等重要的定律所决定的。不仅如此，在综合评价中，除了注意土壤资源本身个别要素的综合分析和与它有关的自然要素的分析外，还应当特别注意与土壤资源有关的技术经济条件的分析与评价，因为利用自然条件发展农业生产与生产技术是分不开的。同时，与经济条件的关系就更为密切。我们知道，土壤资源评价的目的就是为了更好地利用和改造，因此，除了一方面要求技术上的可能性外，另一方面还要求从技术经济角度来估算其经济效益的大小和它的合理性程度怎样？这必然就涉及经济条件的领域。事实上，也唯有通过这样综合评价才有可能对土壤资源的好坏作出初步的科学结论；也才能算是达到农业评价的目的。谈到这里，在综合评价中有两个问题值得重视，那就是综合评价的具体方法问题和综合指标问题。在具体方法上，目前多采用有平衡法、对比法、等级法、类型区划法等，其中类型区划法更为合适，因为它最能体现地域性与综合性的特点。至于综合指标的问题，由于没有能够评价多项条件满足多项目的单一的综合指标，而只能采用包括有主要指标与辅助指标的办法。

四

总起来说，通过以上各方面分析，可以初步明确以下几个问题：第一，土壤资源是农业的基本生产资料，因而在农业布局中对其进行细致的分析与科学的评价具有重要的理论意义和实践意义。第二，由于土壤具有肥力这一特性，使它与农业生产相联系并成为人类生存的基本条件和农业的基本生产资料。因此，在进行农业评价时，必须把肥力作为评价的中心内容。在对肥力评价过程中，除了对其个别因素进行分析与评价外，还必须从土壤肥力诸因素——水分、养分、空气、温度等的相互间的协调程度出发，来鉴定它的好坏，这主要是由于各要素之间存在着不断消失和增长的矛盾与统一的关系所决定。另外，由于这种协调性在土壤性状上的依据主要取决于土壤结构、土壤质地、土壤松紧等特性，特别是土壤结构，因而，在土壤资源的评价中，必须予以充分的重视。第四，由于土壤不仅是一个历史自然体，而且是人类耕作的产物，因此它具有自然和社会双重属性。所以土壤经济肥力的高低，不仅决定于自然属性，而主要是决定于社会条件。更具体说，它决定于社会生产关系和科学技术水平。因而，在进行土壤资源的农业评价时，除了对当地的施肥条件、灌溉条件、耕作条件等方面进行分析评价外，还必须联系到有关的社会经济条件如劳动力、交通等条件进行评价。不仅如此，在对上述的诸条件进行分析的基础上，还必须运用有关的指标估算其经济效益进而反复的对比和论证，使得最后的结论不仅是技术上的可能，而经济上也是合理的。唯有如此能达到科学评价的目的。总之，在全部评价的过程中，必须贯彻全面综合分析和经济效果的原则。

由于本文属于对平原地区耕作土壤的农业评价所进行的一般理论性探讨，因而文内所引用的资料和指标不完全适于某特定地区的使用，只供参考。特别应当说明的是，本文对土壤资源所做的农业评价，主要是侧重在从土壤本身的理化性质和与它有关的技术条件出发，并进一步联系到农业生产与布局。因而对社会经济条件，特别是从生产和生产布局出发综合考虑土壤资源，并在技术可能性的基础上，论证它的经济合理性问题阐述的较少。显然这种评价只是属于农业经济评价的一部分，至于完全从生产和生产布局角度来评价土壤资源的问题，还需做大量的工作，这部分问题，因水平和时间的限制，有待以后继续研究，另行讨论。其次应当说明的一点，就是本文已提出的问题，也仅仅是自己几年来在工作和学习中的一点肤浅体会与不成熟的看法，一定有很多问题和错误，望有关同志给予批评和指教。

参 考 文 献

[1] 陈岛斯金. 经济地理学导论. 北京：商务印书馆, 1960, 373~400 页.
[2] 邓哥中等. 中国农业区域方法论. 北京：科学出版社, 1960, 48~53 页.
[3] 程公岛. 资源综合考察的农业发展和布局研究. 见：1961 年全国经济地理发展与布局的研究学术会议文件, 1961, 5~6 页.
[4] 王褚仁. 编制农业土地肥力图的商榷, 中国农业科学, 1961, 第 10 期.
[5] 全国土壤普查办公室. "全国农业土壤肥力类型概图"简要说明. 土壤通报, 1962, 第 1 期.
[6] 石元春. 正式认识土壤的矛盾运动和改造土壤. 哲学研究, 1961, 第 1 期.
[7] 李润田. 试论自然条件评价问题（未刊稿）, 1962.
[8] 李景锟. 河南省信南地区土地资源的自然经济评价（未刊稿）, 1961.
[9] 王建堂等. 河南省信南地区保民大队土地利用规划评价部分（未刊稿）, 1961.
[10] 黄以柱等. 河南开封县黄河人民公社土地资源的经济评价问题（未刊稿）, 1959.
[11] 河南农学院土化组. 河南土壤与区划（未刊稿）, 1962.
[12] 沈阳农学院. 农业土壤学. 北京：农业出版社, 1960, 48~163 页.
[13] 河南省农林厅编委会. 普通耕作学. 郑州：河南人民出版社, 1961, 9~22 页.
[14] 北京农业大学编. 耕作学. 北京：农业出版社, 1962, 5~35 页.
[15] 河南省农林厅编委会. 土壤学. 郑州：河南人民出版社, 1958, 124~130 页.
[16] 河南省农林厅编委会. 土壤肥料学. 郑州：河南人民出版社, 1958, 33~62 页.
[17] 江苏省农林厅. 土壤肥料学. 南京：江苏科学技术出版社, 1959, 30~40 页.
[18] 中等农业学校普通农作和土壤栽培教科书编委会. 普通农作和土壤学. 北京：农业出版社, 1958, 93~106 页.
[19] 齐绍崐. 气候条件对农业经济影响的初步研究. 地理, 1962, 第 3 期.
[20] 安徽水利电力学院. 土壤学和农作学. 北京：水利电力出版社, 1959, 90~110 页.
[21] 黄砥平. 肥料学. 昆明：云南人民出版社, 1958, 23~38 页.
[22] 浙江农林厅. 作物栽培技术基本知识. 杭州：浙江省人民出版社, 1954, 1~8 页.
[23] A. A. 罗戴. 土壤和土质的水分问题. 北京：科学出版社, 1958, 51~65 页.
[24] 南京农学院编. 土壤调查与制图. 南京：江苏人民出版社, 1961, 14~21 页.
[25] 中国科学院地理研究所. 热水平衡及其在地理环境中的作用. 北京：科学出版社, 1961, 1~24 页.
[26] 李积新等. 农田水利. 北京：商务印书馆, 1953, 15~18 页.
[27] N. M. 椎尔演等. 农作学. 北京：高等教育出版社, 1959, 11~180 页.
[28] 安徽水利电力学院编. 农田水利学. 北京：中国农业出版社, 1961, 76~78 页.
[29] N. M. 卡尔波夫著. 水利土壤改良讲义. 北京：水利电力出版社, 1958, 49~56 页.
[30] 中国农业科学院江苏分院编. 土壤基本知识和土壤改良讲义. 北京：农业出版社, 1960, 18~23 页.
[31] 西涅里席柯夫著. 普通农业气象学. 北京：高等教育出版社, 1954, 70~74 页.

原文于 1962 年发表于开封师院学报第 3 期

2. 河南省农业现状区划的初步研究

尚世英　李润田

一、农业现状区划的意义、原则、等级系统和指标

（一）农业现状区划的意义

农业现状区划是在一定的自然条件、社会经济条件下通过一定的历史过程而形成的，是人类与自然长期斗争的产物。从空间意义上看，任何一个农业现状区划都应该是综合地反映一定地区内实际存在的农业生产地域分异的地域单元系统。从这个概念出发，农业现状区域的划分，主要是揭露各级区划单位所固有的农业生产综合特征、形成条件（自然、社会经济条件）和发展农业生产中存在的关键问题以及今后合理利用、改造的途径。既然如此，通过农业现状区划的研究，显然具有重大的实践意义和理论意义。首先，就生产实践意义来说，农业现状能如实地反映了农业生产地域特点，揭示了发展农业生产的潜力，提出了问题和展示了发展途径。无疑它将为农业生产管理部门，指挥农业生产、制订农业近期发展计划及远景规划提供有力的科学依据。其次，就理论意义来说，就更为明显，因为农业现状区划能够揭露和反映农业生产地域分异的规律性。因而农业现状区划的研究，很自然地就构成了农业地理学研究的重要内容之一。既然如此，通过有计划地开展农业现状区划的研究工作以后，必然对丰富农业地理学的科学内容将起到重大的促进作用。

（二）区划的原则

农业区划的原则问题是整个农业区划工作中十分重要的问题。正因为如此，过去几年来我国地理学界曾对这个问题发生过多次的争论，到目前为止，大家尚无一致的看法。下边仅就我们在进行河南农业现状区划工作中的体会，初步认为划分农业区域的主要原则，应当包括以下几个方面。

1. 农业生产条件（自然、社会经济条件）的相类似

任何农业现状区域总是在一定地域内和一定历史阶段上形成的，因而它与地区的自然条件（水分、热量、地貌、土壤等）、经济条件（民族人口分布状况、劳动力条件、农业的开发与配置过程、现有农业发展水平、工业交通运输条件等）发生紧密的联系。农业区划与自然区划关系比较密切，但是农业区和自然区不可能完全符合，因为自然条件只是给生产发展提供了可能性，而可能性变为现实性那是社会经济条件的作用。更明确来说，社会经济条件才是农业区划的决定因素。由于社会经济条件在同一自然区内有较大的地区差

异，就使土地利用方式和农业生产水平以及内部结构等方面在地区分布上也有很大的不同，因而社会经济条件的类似性对于农业区域的分异有着重要的影响。可见，区内自然条件的类似性对于农业配置的相似性仍然有着不可忽视的重大影响。因为农业生产是生物再生产过程，在整个过程中往往与社会经济条件交织在一起对农业生产区域的形成和发展发生重大的作用。既然如此，根据自然、经济条件的相类似，是可以划出许多不同的农业生产地域，这种农业生产区域内部的自然、经济条件有着共同性，与其相邻近地区也有着明显的差别性。

2. 农业生产现状特点的相似性

任何地区的农业都是一定的自然社会经济历史发展过程中的产物，因而不同的地区有着不同的农业生产特点。为体现农业生产的现状特征，农业生产特点分析就成为农业区划的主要内容与重要标志。因此划分农业现状区域时，必须以农业生产特点的相似性作为划区的主要依据之一。这样划出来的农业区，从区内来说，由于它们生产特点相一致，很自然地反映了内部间的本质联系关系；从区外来讲，它们所固有的特点又使它与相邻近的其他区域有着显著的差别。这里所指的农业生产特点主要包括农业部门结构与耕作制度、农业各部门和各作物在区内的相对重要性及其在全省的地位、农业生产水平、当前土地利用和农业生产中存在的关键性问题等等。

3. 参照农业生产进一步发展的远景方向

农业现状区划虽以如实反映当前现实的农业生产特点为主，但又不可能只照顾现状而不考虑将来，或只考虑将来而忽视现状。这是因为，只考虑现状而忽视将来必然会产生不正确的结论。问题的关键在于侧重点不同罢了。从这个结论出发，农业现状区划虽然不应当以农业发展方向作为划区的普遍依据，但对有些地区已经具备了比较明显的发展方向时，划区时也不能不予以适当的考虑。例如以许昌为中心的地区，从其他划区的依据来说，是否单独划成一区很值得研究，但考虑到它的进一步发展的可能方向时，单独划分为一区更为恰当。

以上三种原则以第一个原则为主，但三者不是孤立的，而是互相联系的。不是根据某一种原则来划分一个农业区，而是根据三个原则同时考虑来划分农业现状区。

（三）区划的等级系统和指标

在划分农业现状区划过程中，正确地确定农业区的数目、等级以及恰如其分的选择指标也是十分重要的问题。根据我们在河南省农业现状区划工作过程中的体会，初步拟订河南省区划的等级单位系统和分区指标如下。

1. 分区等级

一级区
二级区
三级区

2. 分区的指标

一级区划指标主要是农作物熟制，其具体界线大致相当于伏牛山—淮河线，线以南基本上是一年两熟制；线以北基本上是两年三熟制。同时，划界时，也适当参考了生产水平、生产稳定程度以及热量资源条件等辅助指标。

在农作物熟制相同的区域，由于农业部门结构和生产水平的不同，农业生产又发生次一级地域分异。因此，我们认为第二级区可以农业生产部门结构情况，作为区划的主导指标。其具体界线大致相当于纵贯河南南北的京广线。同时，划区时，也适当参考了土地经营方式、土地休闲制、农业集约化等辅助指标。

第三级区划分的主要依据是作物组合。同时也参考了各地区自然经济条件、农业生产水平和存在的关键性问题。三级区是在二级区内的再划分，全省共分为九个区。它较具体的揭示了各地区农业生产的地域差异。

全省农业现状区划的等级单位系统如下。

I. 中北部两年三熟农业区
IA. 豫东北耕作区
IA_1 黄河平原小麦、大豆、花生、棉花区
IA_2 沙、颍、洪河平原小麦、芝麻、大豆、高粱区
IA_3 豫中烤烟、小麦、杂粮区
IB. 豫西北农、林、副业区
IB_1 太行山及其山前平原小麦、棉花、杂粮区
IB_2 黄土丘陵小麦、杂粮、棉花区
IB_3 伏牛山北侧小麦、杂粮、林、牧、副业区
II. 南部一年两熟农业区
IIC. 豫东南稻、麦、亚热带经济林、牧区
IIC_1 豫东南稻、麦、亚热带经济林区
IID. 豫西南农、林、牧、副业区
IID_1 伏牛山南侧小麦、杂粮、柞蚕、林、牧区
IID_2 南阳盆地小麦、杂粮、芝麻、棉花区

二、农业现状分区概述

从河南省农业生产现状来看，其在地域上的最大分异，首先表现在南北之间，即从横贯省境东西的淮河、伏牛山（属于秦岭—淮河线中间一段）一线，分为北中部和南部两区。线以北，由于热量和水分资源不够丰沛、水利条件较差、旱作农业占绝对优势，耕作制度基本上是以冬小麦为主的两年三熟制。亚热带经济植物不能安全越冬，从生长不好到完全绝迹。线以南，由于热量和水分资源较为丰沛、水利条件较好、水田比重较大、耕作制度基本上是以水稻或小麦为主的一年两熟制。油茶、油桐、茶树和局部谷地的柑橘、棕榈等亚热带经济植物，能够生长或生长良好。从北而南通过安阳、新乡县境东部和郑州、

禹县、郏县、宝丰、舞阳、确山、泌阳、桐柏县境西部的连线与淮河、伏牛山线交叉，可将全省区分为豫西北、豫东北、豫西南和豫东南四区。这条纵贯省境南北的界线，基本上是山地和平原两个不同地貌区域的分界线。由于东西两区在地貌上的分异，反映了热、水、土条件的结合程度和土地利用方式等方面的显著差别。线以西，热量、水分、和土地资源等条件结合得比较协调，生产相对稳定。在这种条件的影响下，林、牧、副等业在农业部门构成中占有相当大的比重，具有不同程度的综合发展。但多数地区由于开发时间稍迟、人口密度小、劳动力不足，所以经营比较粗放、土地利用率低。线以东的大部分地区，热量、水分和土地资源等条件在结合上易于失调。然而该地区具有农垦历史悠久、人口稠密、劳动力充裕等优势特点，因而经营集约、土地利用率高。在这种条件的影响下，耕作业占绝对优势，林牧、副业处于从属地位，多种经营差。在二级区中，根据农业生产条件、特点和改造利用方向等在地域上的具体分异程度，再划分为九个区（图1）。现按照上述各级农业区划单位分述如下。

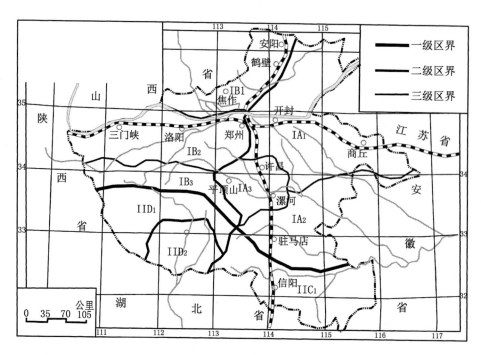

图1　河南省农业区划现状图草案（1963年10月）

I. 中北部两年三熟农业区

位于伏牛山分水岭和淮河北岸以北的广大地区，约占全省面积的73%左右。区内西部为太行山、黄土丘陵和伏北山地，地势较高；东部为黄淮冲积平原，地势平坦，大部分海拔在100米以下。本区属暖温带半湿润季风气候，热量和水分条件不如南部区。全年日均温≥5℃起讫的作物生长期为240~260天左右，早春和晚秋的"霜害"常给农业生产造成较大的威胁。日照较南部地区充分，年平均日照率为50%~60%，给棉花栽培提供了有利条件。平均年降水量600～900毫米，其中有60%～70%集中降于夏季。由于冬、春季节降水量很少，加之春季气温上升迅速、蒸发旺盛，因而春旱时常影响春播，早春作物也常受寒潮影响。夏季降雨变率较大，且多暴雨，易于形成水分失调的旱、涝不均现象，给农业生产带来了一定危害。

区内土壤、植被与南部区有明显不同。南半部为发育程度不同的淋溶褐色土，土壤石灰性反映较弱，绝少盐渍化现象发生；北半部为典型褐土、碳酸盐褐土与浅色草甸土复域。冬、春季节由于气候干旱，蒸发相对旺盛，发育在冲积平原上的浅色草甸土盐分随毛管水上升积累地表，形成盐渍化现象，有害于作物的生长发育。南半部为暖温带中生风媒型落叶阔叶林，间有马尾松、乌桕、钓樟等亚热带树种的零星分布；北半部为半旱生落叶阔叶林。东部平原生长有柽柳、碱蓬等干旱草原区植被。平原地区大都垦殖为农田，森林植被很少，农业生产缺少森林保护。

本区是我国农垦历史最早的地区之一，土地开垦程度很高，东部垦殖指数平均在60%以上，西部平均在40%左右。大部地区受水分和热量条件的限制，主要实行以冬小麦为中心的二年三熟或三年五熟制，部分生产条件较好地区实行一年二熟制。

IA. 豫东北耕作业区

包括省境东北半部平原区，即安阳、新乡、开封、许昌四专区的大部，信阳专区北部和商丘专区全部，为华北平原的一部分，地势坦荡，土层深厚。在热量和水分条件适宜的情况下是发展农业生产适宜的地域。但是，在热量和水分条件失调的情况下，往往又会造成旱、涝、碱、沙交织出现。

农垦历史悠久，大部土地已辟为农田，土地利用以耕作业为主，旱作占主导地位，水田很少。林牧业处于从属地位，在国民经济中占比重很少。森林植被甚为缺乏，林地仅占全区面积的1.48%。大面积的畜牧养殖数量不足，少数灾区的耕畜更为缺乏。近年来一家一户式的养羊业有极大的发展，对于人民肉食的供应起了显著作用。

IA_1黄河平原小麦、大豆、花生、棉花区　包括濮阳、滑县、清丰、南乐、内黄、长垣、原阳、延津、封丘、兰考、杞县、开封、通许、尉氏、中牟、虞城、商丘、宁陵、民权、睢县、夏邑、柘城、太康、扶沟和开封市、商丘市的全部以及郑州市、新郑、鄢陵、长葛、西华、永城的大部和部分地区。

本区平原地貌主要由古代和近期黄河泛滥冲击作用而形成，因而大部地区地表微起伏显著，地面排水不畅，潜水埋藏较浅。在这种地形条件的影响下，土壤有不同程度的盐渍化。在近代地貌发育过程中，由于黄河历次泛滥的影响和强烈的风力作用，形成大片沙地以及局部的沙荒地和带状积水洼地。热量水分由南向北递减，无霜期201～241天，年降水量较少，春旱突出，影响春播。

耕地面积占全区土地总面积77.5%。在全部耕地中，旱地占99.8%，以旱作为主。作物组成中，粮食作物占播种面积71.8%（占全省粮食作物播种面积22.4%），经济作物播种面积占14.30%（占全省经济作物播种面积31.6%），为全省最大的粮食和经济作物产区。粮食生产以自给性为主。在各种作物种植面积比例中，小麦占36.62%，棉花占7.65%（占全省棉花种植面积32.88%），花生占5.55%（占全省花生种植面积

70.23%），为全省重要的粮、棉、油产区。本区役畜不足，对精耕细作和适时耕种有不利影响。

由于旱、涝、沙、碱等自然灾害的影响，造成大片低产地，严重影响农业总产量的提高。因此，根据旱、涝、沙、碱的发生发展和分布规律，按照统一规划、综合治理的原则，进一步完善农田水利排灌系统，采取农、林、牧三者因地制宜有机结合和合理布局的措施，方能较快的解决当前饲料、肥料和燃料的缺乏状况，又能配合水利工程和农业技术措施克服这些不利因素对农业的危害，从而保证和促进本区农业稳定增产。从增产粮食和解决饲料、燃料出发，根据土壤盐渍化的程度、沙区的土壤质地和洼地类型，因地制宜的选育和种植耐碱、耐涝和适于水生、沙生的作物，方能达到增产粮食、饲草和燃料之目的。从改造自然，稳定农业生产，增加木材、果类和燃料的供应出发，根据沙、碱、涝区的自然特点，营造不同的树种和林型保护农田；利用生物排水作用，防止土壤盐渍化；改变土壤的理化性质，提高土壤肥力。在不适宜种植作物的部分黄河故道区，逐步建立枣、梨、苹果、葡萄等果树生产基地。从提高耕作质量、改良土壤出发，除充分利用沙滩野草和部分作物秸秆、秧蔓、荚皮作饲料外，可因地制宜地采取绿肥作物与农作物轮作、间作或利用沙、碱荒地种植绿肥作物，用作放牧场和割草场，为繁殖和发展大牲畜建立可靠的饲料基地。

IA_2 沙、颍、洪河平原小麦、芝麻、大豆、高粱区　包括新蔡、汝南、平舆、上蔡、西平、商水、淮阳、项城、沈丘、郸城、鹿邑等县的全部和遂平、鄢陵、西华、永城、淮滨、息县、确山、正阳等县的大部或部分地区。本区为湖积冲积平原，地表有较为明显的起伏，排水不良，形成大片面积的沥涝地区，因而农业生产不稳定。热量和水分条件较好，唯夏秋雨量集中，时常淹没作物。

本区土层深厚，土地开垦程度达72.7%，复种指数也较高。粮食作物以小麦、大豆为主，为全省重要粮产区（小麦播种面积占全省麦播面积的21.2%，大豆占35.1%，高粱占32%）。经济作物以芝麻为主，几占全省芝麻播种面积1/2，为省内首要芝麻产区。大家畜组成中，黄牛占主要地位，占大家畜总头数60%以上，其次是驴，占1/3。

影响本区农业生产的自然灾害主要是洼涝灾害。这种灾害不仅分布地区较广，对农业生产的危害也较大，因此防洪排涝是本区改造利用自然的中心问题。在排水问题没有彻底解决以前，从减少和避开内涝灾害以及选种耐涝适于水生作物出发，因地制宜地安排作物布局，并相应的发展淡水养殖，将生产从不可靠的基础上，改建于可靠的基础上，这对农业生产具有重要的战略意义。芝麻多种植在洪、汝河两岸的低洼易涝地区，夏秋之交常遭水淹，收获面积和单位面积产量极不稳定。今后，一方面，尽可能地将芝麻地调整到不易遭受水淹地区，或是因地制宜的与大秋作物实行混作、间作，既可少占耕地面积，又能保证一定收成；另一方面，结合防洪除涝工程和农业技术措施，改造短期内不能调整而又不适宜种植芝麻的地块。

IA_3 豫中烤烟、小麦、杂粮区　位居省境中部，包括许昌、临颍、郾城、襄城和许昌、鲁山、平顶山、漯河三市的全部以及鄢陵、长葛、新郑、禹县、郏县、宝丰、叶县、舞阳的大部或部分地区。

区内地形由侵蚀、剥蚀丘陵，洪积冲积浅盆地与缓倾斜平原所组成，因而适于农耕。

从空间分布看，热量和水分条件与农业生产大致相适应。灌溉水源不足，除沿河农田外，引水灌溉的农田很少。农业土地利用程度相当高，垦殖指数达70%。经济作物种植比例较大（占11%），主要是烤烟。从1915年种植烤烟起，至今已将近半个世纪，当地群众积累了丰富的种植、管理、加工等技术。不论是种植面积还是产量，一向都占全省重要地位，是烤烟的专业化地区，也是全国主要烤烟产区之一。粮食作物以小麦为主，大豆次之，也是省内重要粮产区之一。大牲畜以黄牛为主，从全省范围来看，马和骡占有较大比重。

鄢陵、郾城、许昌、临颍四县的东部烟田多分布在低洼易涝地区，因而废弃面积较多，单位面积产量较低，生产不大稳定。在除涝排洪工程没有根本解决以前，可适当调整烟田或是采取有效措施，使烤烟生产获得一定保障。在许昌、襄城、长葛、郏县、禹县五个集中烟产区，应注意保持烟田面积占成烟地总面积25%左右这个比例。坚持因地种植和合理轮作换茬，减免废弃面积，提高单位面积产量，这是增产的正确途径。根据今后生产发展需要，在本区东部可以适当扩大新烟田，但要慎重对待，必须根据烤烟的生长习性，选择适宜地块，并使种植、管理、加工技术条件跟上去，不可不顾条件轻易在新区扩种烟田。为了更好地发展本区的烤烟生产，应在保证经济作物生产任务的前提下，合理安排作物种植比例，有计划地扩种既产粮又产饲草的作物，解决饲料、肥料和部分地区燃料的不足。

IB. 豫西北农、林、副业区

包括太行山和山麓洪积平原、伏北山地以及黄土丘陵区，即洛阳专区全部，安阳、新乡两专区西部和开封、许昌两专区边缘地带。

本区山地约占全区面积3/4，平原约占1/4。热量条件适于柿、梨、枣、苹果、葡萄等果树的生长。年降水量的分布，南部深山区多于北部丘陵区和南部一些川地。根据大多数山区的水热条件，如果注意加强水土流失，适于农林牧副各业的综合发展。

农业集中分布于河谷平原、山间盆地和丘陵坡地上，垦殖指数平均在40%左右。作物组成中，小麦占比重最大，其次是玉米、谷子和薯类。经济作物主要是棉花，为全省最大的棉花产区。林、牧、副业在国民经济构成中占有一定比重。山林面积较为广大，占全省山林面积1/4。该区宜林荒山荒地则占全省宜林荒山荒地总面积的一半以上，这说明本区林业发展有着很大潜力，有条件建设成为重要林业基地。还有大面积的天然草坡，因而养畜业较发展，也是该区成为全省大牲畜繁殖基地之一的重要支撑条件。山区副业生产有一定的历史基础，迄未获得较充分发展。

IB_1 太行山以其山前平原小麦、棉花、杂粮区　包括林县、沁阳、博爱、济源、孟县、温县、武陟、修武、获嘉和新乡、安阳、焦作、鹤壁四市的全部以及安阳、汤阴、浚县、汲县、新乡县的大部地区。

位于黄河北岸，太行山东南麓。以断块中山低山、侵蚀剥蚀丘陵、构造盆地与洪积平原复合地貌。其中中低山地貌适于发展林业，丘陵盆地和山麓洪积平原区适于农业，河谷平原和山间盆地适于农业重要基地建设。热量和水分条件较差，地下水位较高，井浇便利。

本区农业劳动力较充裕、耕作历史较久，因而土地开垦程度较高，垦殖指数达68.4%。从耕作方式看，以旱作为主。粮食作物以小麦为主，占总播种面积1/3以上。经济作物以棉花为主，占总耕地面积23%，是全省重要的棉产区。大牲畜中，黄牛比重最大，其次是驴，骡、马最少。驴分布在山区，骡、马集中在京广线两侧的棉产区。山地自然植物种类较少，林木以栎类为主。

本区山地分布较广，自然经济条件复杂，应该根据全面规划、综合开发的方针，以水土保持和兴修水利为中心，采取因地制宜的措施，以促进山区的生产发展。在深山区应以发展林业为主，在营造水土保持林的同时，建立用材林基地，加强牧坡的培育管理，为进一步发展多种经营创造条件。在谷广坡缓的丘陵，应广修梯田，绿化秃岭荒岗，扩种核桃、板栗、橡树、黄楝、花椒等树种，防止水土流失，发挥土地潜力。在石灰岩和断陷构造地区，兴建蓄水工程满足干旱季节的人、畜和农田用水。沿山麓缓倾斜平原区，可充分利用广泛出露的泉水，扩大水浇面积，并适当扩种水稻。沁阳至焦作以及辉县靠近山麓区域，水热条件较好，土质肥厚，适宜竹子生长，可扩大种植面积。武陟、博爱、沁阳、孟县、温县等地出产的生地、山药、牛膝、菊花四大"怀药"，质地优良，驰名国内外。今后宜充分利用当地的自然条件和700多年的种植经验，大力推广种植，适应医疗和出口需要。

IB$_2$黄土丘陵小麦、杂粮、棉花区　　包括登封、巩县、密县、荥阳、偃师、孟津、新安、渑池、陕县和洛阳、三门峡两市的全部以及郑州市、禹县、临汝、伊川、宜阳、洛宁、灵宝、汝阳的一部或大部地区。

本区广大的丘陵和盆地，为深厚的黄土层所覆盖。由于流水侵蚀，该区发育成不同形态的黄土地貌，沟谷纵横、地表崎岖破碎，因而不利于农业利用。构造盆地穿插分布其间，为耕作业的重要基地。区内热量条件较差，降水较少而变率大。童山秃岭分布广泛，森林植被稀少，水土流失现象普遍而严重。地下水位低，井灌不便，农业生产不稳定。

本区土地利用程度不高，垦殖指数为42.1%。在总播种面积中，粮食与经济作物的种植比例是79：13.3。经济作物以棉花为主，占经济作物种植面积的一半，集中分布在陇海线两侧，是全省棉花产区之一。粮食作物以小麦、玉米为主，占粮食作物播种面积的一半。大牲畜组成中，黄牛占主要地位，骡马数量虽然不多，但在全省占有重要地位，集中分布在平川地区和棉花产区。

水土流失是本区农业生产的最大障碍，只有因地制宜地作好水土保持工作，才能使各项生产得到保证。防止水土流失的有效措施是，工程措施与生物措施相结合。水利工程措施要适当与闸沟淤地、蓄水防洪和农田灌溉结合起来；生物措施要尽可能与营造山林，改良牧坡和培育果园结合起来，从而有利于开展以增产粮食为中心的多种经营。为提升本区的商品棉基地建设，可对棉田占地比例过大的地区可进行适当的调整，解决粮食和饲料和轮作倒茬的困难。

IB$_3$伏牛山北侧小麦、杂粮、林、牧、副业区　　包括卢氏、栾川、嵩县、鲁山的全部和宝丰、临汝、禹县、汝县、伊川、宜阳、洛宁、灵宝的大部或部分地区。本区地形由高中山和部分低中山以及较为开阔的构造盆地所构成。从气候看，气温较低，无霜期短，只有185~215天。降水相对较多，7、8月间常降暴雨，引起水土流失。山地有较大面积的森林植被，热量和水分状况以及土壤、植被特征具有明显的垂直变化。

山区地多人少，耕地垦殖指数只有 15.4%，是全省土地开垦程度最低的一个区。由于土地少、土质瘠薄、气候变化失常，加以农业劳动力少、生产技术水平低、耕作较为粗放，因而本区的农业生产水平较低。耕作业主要是粮食生产，以小麦、玉米为主。山地植物繁茂，落叶次生林分布广泛，约占全区面积 28.7%，木材蓄积量占全省蓄积量的 39.7%，为全省重要的林业和副产品基地。林木构成中，栎类、栓皮栎、杂木为优势树种。以大牲畜为中心的畜牧业在全省占有重要地位，以黄牛为主，占大牲畜总头数的 91%，为全省中畜力最为充裕的一个区。每年都有牲畜外调。副业生产门路很多（例如柞蚕丝、木耳等），在国民经济中占有相当比重。

本区山地高大，垂直自然带明显，如何发挥山地立体利用的经济效果是本区生产上的另一个重要问题。根据自然条件和传统的生产技术，在以粮为纲，争取粮食自给或有余的基础上，可依据不同高度、坡向的水热条件和土壤、植被特征，分别规划用材林、牧坡、柞坡和木本粮、油、果树用地，发展林业、牧业、柞蚕饲养业和木耳、药材、烧炭等副业生产，以达到全面合理地利用山区资源之目的。

II. 南部一年两熟农业区

包括省境内伏牛山分水岭和淮河北岸以南地区，由桐柏、大别、伏南等山地和盆地所构成，间有丘陵、川地穿插分布。气候具有北亚热带特色。全年日均气温≥5 摄氏度起讫的作物"生长期"约为 270 天左右，日均温≥10 摄氏度起讫的作物"生长活跃期"约 220 天左右，基本上无"生理冻害"威胁。上述的气候优势条件为在本区发展亚热带植物，扩大复种面积，提供了必备的热量条件。年平均水量 850～1300 毫米左右，其中有 60% 集中在 5～8 月。绝大部分地区的降水量可以满足稻麦等水旱作物对田间降水的最低需求量——800 毫米的指标；也基本上可以满足单季稻生育过程对田间降水量 580～630 毫米的指标要求。

土壤、植被属亚热带型。山地土壤为棕壤、黄棕壤；丘陵、岗地和平原区土壤为典型黄褐土、原始黄褐土和潜育黄褐土，呈复域分布。植被的组成具有南北过渡性特点。南方树种的马尾松、杉木、枫香和北方树种的麻栎、栓皮栎、槲栎混合分布在海拔 1000 米以下地域；海拔 1000 米以上的山地，则为落叶阔叶林和山地针叶林。山林资源丰富，植物生长繁茂，特别是油茶、油桐、茶树、柑橘等亚热带经济植物，为全省唯一栽培区。

由于水分和热量均较丰沛，农业集约化程度又较高，农业收成的相对稳定性高，因而粮食单位面积产量较高。在各种优势条件的影响下该区为全省主要的稻、麦产区。粮食产量占全省 24%，商品粮比例大，为全省主要商品粮区。在耕作制度方面，由于水热资源较为充沛、生产条件较好，在旱作地区实行以冬小麦为主的一年两熟制。水田区有实行以种植一季水稻为主，冬季休闲的一年一熟制；有实行稻麦轮作的一年两熟制；部分水田实行水稻与绿肥作物（如紫云英）轮作制，高山阴坡地实行一年一熟制；生产条件较差的土地和多数棉田实行两年三熟制。

IIC. 豫东南稻、麦、亚热带经济林、牧区

位于河南省境内淮河北岸以南地区。包括固始、商城、潢川、新县、光山、罗山、信阳、桐柏、信阳市的全部以及淮滨、息县、正阳、确山、泌阳的大部或部分地区。

境内地形主要由桐柏、大别山地丘陵和部分垄岗、畈冲所构成，因而山多田少，耕地集中分布在河川谷地。本区的气温、雨量、土壤和水肥条件均适于发展早、中熟品种水稻。由于山陵广布，耕地只占全区面积26.1%，水田最多，占耕地的62.30%，占全省水田面积的77.2%。由于生产条件好、自然灾害少、农业生产较稳定，因而本区为全省重要商品粮基地。农业生产以粮食作物为主（占播种面积78.7%），经济作物为辅。在粮食作物播种面积中，水稻占36.86%，小麦占29.5%。水稻产区为全省主要水稻产区，多数水稻田实行冬夏水旱轮作（中稻与小麦换茬占有相当比重）。在畜牧业中，大牲畜以黄牛、水牛为主，水牛占全省水牛总头数的91.9%。小家畜以养猪最普遍。家禽饲养很发达，盛产鸡、鸭、鹅等。塘库养鱼也很普遍，多属自给性生产。人民生活水平一般较高，所以称本区为"河南的鱼米之乡"。林地面积广大，占全区面积23.42%。林木蓄积量大，树木种类多，亚热带和暖温带树种兼而有之。栎类和马尾松（占全省马尾松林地面积的97%）等用材林优势树种。油茶、油桐、茶树、乌桕等亚热带经济植物有成片分布，为全省主要的亚热带经济植物栽培区。从面积看，用材林和经济林的分布面积约为4∶1。区内天然草坡面积广大，以繁殖大牲畜为中心的畜牧业较为发达，每年都有大批牲畜支援外区。在浅山丘陵区的柞蚕饲养业正在发展中，为全省有希望的第二个柞蚕饲养区。

继续发展以水稻为主的一年两熟制，是有效利用本区优越的自然、经济条件和增产粮食的正确途径。在劳、畜力比较充裕，水肥条件较好的丘陵川地区，可逐步推广水旱作物的冬夏换茬轮作制，适当扩大复种面积。在深山区，在多数劳、畜力不充裕的地方或局部排水不良的地段，不可轻易改变历史上长期形成的耕作习惯。在深山区，增设拦蓄工程有效地利用水利资源。严禁开垦陡坡和毁林开荒，防止水土流失。在浅山丘陵区，水利工程少，蓄水量少，易受旱减产。因此，今后需要扩建小型蓄水工程和有效地发挥塘、坝的作用，并使之配套，拦蓄早春、春末和仲夏三个时期的降水，保证水稻插秧期、返青分蘖期和抽穗灌浆期的用水，克服初夏与秋末的干旱现象。

在保护现有山林的同时，一方面，加强现有林的经营管理，改造天然次生林，改变林相，清除杂木，整理林场；另一方面，根据立地条件和树种特性，规划造林。高山区以营造黄山松、油松为主；低山丘陵区以栎类和马尾松、杉木为主；垄岗地以速生用材林为主，充分利用热量条件，有计划地发展油茶、油桐、茶树等经济林。对现有牧坡，按政策规定划分使用权，加强培育管理和合理利用，积极繁殖大牲畜，支援外区。本区气候湿润，麻栎分布广泛，生长繁茂，又多系最适宜饲养柞蚕的白皮麻栎，为全省饲养柞蚕最好的地区。今后应在解决有关矛盾的基础上，有计划地发展柞蚕饲养。

IID. 豫西南农、林、牧、副业区

包括伏牛山南侧山地和南阳盆地，即南阳专区绝大部分地区以及许昌专区西南部和信阳专区西北边缘山地。

境内西、北、东三面为山地丘陵，中南部为唐白河冲积平原。山地丘陵和冲积平原两者占地面积约为6∶4。气候具有亚热带特色，热量和水分条件逊于豫南区，优于北中部。土壤与植被的分布存在着明显的地区差别，盆地内潜育黄褐土、原始黄褐土与典型黄褐土呈复域分布，缺乏森林植被，亚热带自然特征也不够典型；周围山地广泛分布着黄棕壤与山地棕壤，森林植被茂密，亚热带植被型的特点比较明显。

本区在历史上曾是南北通衢之地，人口密度大、开发较早。受农业生产传统的影响，各项生产事业均有不同程度的发展，这对于区内土地利用和农业生产起了很大的促进作用。从对外联系看，本区为与省外密切联系的重要农业区之一。区内山地占全区面积60%左右，但垦殖指数仍超过40%，凡是宜耕土地，都已开垦种植。山区森林植被繁茂，植物资源丰富，并有广大的天然草坡，给农、林、牧、副各业综合发展提供了有利条件。所以林、牧、副业在全区经济构成中占有相当比重，是全省木材、牛、驴、柞蚕丝和多种土特产的重要产地之一。

IID_1 伏牛山南侧小麦、杂粮、柞蚕、林、牧区 包括淅川、南召、西峡的全部和内乡、镇平、方城、泌阳大部或少部地区。

位于伏牛山南坡，属低山丘陵与山间盆地复合地貌。由于伏牛山的屏障作用，气候优于北坡。年平均气温比北坡约高0.5摄氏度。无霜期190～215天，比北坡多5～10天。年平均日照百分率45%～55%，比北坡多5%左右，年降水量也多于北坡。因此，土壤与植被都具有明显的亚热带特征。

本区山林多、宜耕地少，加上林多户少、劳力不足，因而垦殖指数仅为31%。该区耕作比较粗放，生产水平不高。农业生产以粮食作物为主，占总播种面积82.2%。在各种作物用地构成中，小麦几占1/3，其次是玉米和薯类。经济作物以芝麻为主。大牲畜中的绝大部分为黄牛和驴。本区所产矮脚牛和泌阳驴，都是优良畜种。林地占全区面积18.8%，为全省重要的林区。林木构成以栎类为主，占林地面积60%以上。马尾松比较集中分布在泌阳和西峡。经济林有油桐、乌桕、花椒、漆树、竹林、核桃、柿子、板栗等，生长良好，分布于山麓丘陵间。热量条件较好的局部谷地中，有柑橘和棕榈的种植。

本区是河南省重要的柞蚕产区。根据1957年统计，柞蚕茧产量占全省总产量的48%。柞蚕种植区主要集中在南召县，该县产量占全省柞蚕总产量的38%，其次是方城和泌阳。山区人民利用柞叶养蚕已有悠久历史，积累了丰富经验，成为山区重要副业之一。

山林面积不广，但宜林地分布广泛，因此可根据山地的立地条件，营造各种用材林和竹林；在接近居民点和交通方便的浅山区，可适当播种板栗、核桃、柿子、油桐、漆树等经济林，以补充才林和竹林收益的不足。在西峡、淅川热量条件较好的部分谷地，可逐步推广柑橘的种植。在发展林业的同时，应注意合理垦荒，防止水土流失；并兴建小型蓄水工程，健全农田水利设施，扩大灌溉面积和水稻种植面积，提高粮食产量。

本区居民向有养畜习惯，因而耕畜较多。由于耕畜的劳役轻（西峡每头役畜平均负担耕地仅15.6亩、南召为17亩）且多为母畜，加之有大片天然草坡的优势，为建立大牲畜繁殖基地提供了有利条件。在今后发展中，大牲畜中应以矮脚牛、泌阳驴等优良种畜作为繁殖重点。由于柞蚕业历史悠久，柞蚕也就成为本区农业生产的重要组成部分。过去南召县每年柞蚕收入占农业总收入的30%～40%，这对于增加社员收入、支援农业生产、活跃农业经济具有重要意义。因此，今后应充分利用这些技术和资源条件，进一步提升柞蚕生产水平。在集中养蚕区应该是农蚕并举，一般产业应以农业为主，积极发展蚕业。本区林业和土特产的生产潜力很大，今后应通过增产山区粮食，合理布局山庄和建设山区交通，以促进其发展。

IID_2 南阳盆地小麦、杂粮、芝麻、棉花区　包括南阳、唐河、新野、邓县等和南阳市的全部以及镇平、内乡、方城和泌阳等县的部分地区。

位于白河、唐河和湍河中下游，以冲积平原为主，间有洪积侵蚀的低丘岗地错落分布，为盆地型冲积平原地貌。热量和水分少于豫南地区，但多于其他地区。年平均降水量一般在800毫米以上，但多集中于7、8两月，变率较大，农业生产常遭受干旱威胁。

盆地中劳动力比较充裕，因而土地开垦程度相当高。耕地占全区土地总面积的62%，以旱作物为主，仅有小片的水稻种植。全区粮食作物占81%，经济作物占11.8%。小麦、芝麻、棉花的种植比例为31.8%、5.41%，是全省重要的小麦产区（也是重要的商品粮区），第二个芝麻产区，第四个棉花产区。烤烟的生产也占有一定地位。养牛业较为发达，南阳高脚牛品种优良，闻名各地。

本区有100多万亩"上浸地"，分布在部分岗地和低洼地区，土质黏重，耕层浅，底部为胶泥或礓石，内排不良，降水量达到50~70毫米，土壤即达饱和状态。干后结板，既不耐涝又不耐旱，因此秋作物生长极不稳定，单产很低。今后应总结当地群众行之有效的改良方法，如结合整理排水系统，在低洼地区改种水稻；修筑墒沟、暗沟、排除土壤内部多余的水分；渗沙和施用有机肥料，改变土壤结构，提高土壤渗水能力；因水因地种植作物和提高生产能力。本区水源虽然比较丰富，但灌溉面积仅100多万亩，宜继续恢复和兴建水利工程，抵御干旱威胁。丘陵岗地区，植被缺乏，加上无计划的小片开荒，水土流失现象有所发展，应采取植树造林和合理垦殖岗坡等措施，保持水土。不少地区耕畜不足，影响耕作质量，应积极繁殖大牲畜，并重点发展高脚牛。盆地东南部地势低平，河床浅洼摆荡不定，造成广阔的河岸滩地，两岸农田常遭水淹，对此除采取水利工程措施外，还应适当改变作物布局，改种一些耐淹作物。同时，还应设法改造利用占有相当面积的滩荒地。总之，保持水土和发展农田灌溉是本区改造利用自然的关键。

注：文内所引用的各种数字，除林地面积和木材蓄积量系采用1962年统计数字外，其余都是根据1957年统计数字折算的。

原文刊载于中国地理学会1963年年会论文选集（经济地理学），科学出版社出版

3. 河南省土地利用的几个问题

尚世英　李润田

河南省土地总面积为 25050 万亩①。其中耕地占 46.2%，林地占 4.9%，荒山、荒地（包括牧坡）约占 16%，水面约占 14%，其他共占 19%。

新中国成立后，在党的正确领导下，土地资源的合理利用，取得了很大的成就，但从全省来看，当前尚存在以下几个比较突出的问题。

一、盐碱、沙地、洼涝等低产地的改造利用

河南省境内，在东部平原黄河两岸的广大地区，分布着数千万亩程度不同的盐碱、风沙和洼涝地，它们对农业生产有着很大的影响。这些地区的农业生产很不稳定，单位面积产量甚低，为全省的主要低产地。如何改造利用这些低产地是全省人民的一项紧迫任务。根据碱、沙、涝地的发生发展及其分布规律，只有按照统一规划、综合治理的原则，采取以水为纲、水农结合的措施，才能收到较好的改造成效。在这全面改造措施中，拟从经济地理角度出发，就农、林、牧三者因地制宜的正确结合和合理布局方面，提出探讨性的改造利用意见。

由于过去几年的特大干旱，农业连年减产，因此治理碱、沙、涝是解决农业生产最突出的问题。在解决此突出问题中，必须正视的一个重要问题就是饲料、肥料和燃料的缺乏。不论是从当前解决"三料"问题，稳定农业生产出发，还是从今后防治自然灾害、改造低产地出发，一般来说，都必须把科学地安排农、林、牧相结合的生产布局作为主要途径之一。

（一）在碱、沙、涝地区，从增产粮食和解决饲料、燃料出发，因地制宜地安排作物布局

在盐碱地区，可根据土壤盐渍化的程度和盐渍土的类型，因地制宜地选育和种植抗碱性作物。一般来说，轻度盐碱地适宜种植小麦、水稻、甘薯、谷子、洋麻、大麻、芝麻等作物；中度盐碱地适宜种植高粱、大麦、大豆、棉花、向日葵、油菜等作物；某些强度盐碱地适宜种植碱谷、黍稷、茭草、青谷、甜菜、蓖麻子等作物。耐盐碱作物本身具有吸收盐碱性能，因此可选择种植一些耐碱性作物进行改良。例如夏邑、虞城一带盐碱区人民在重盐碱土上种植的碱谷（亩产可达 200 斤），封丘、延津一带人民习惯种植的黍稷，均属聚盐性作物。这类作物能将土中盐碱吸取到茎叶内，种过几年之后，土壤含盐量减少，土

---

① 1 亩 ≈ 0.0667 公顷。

壤结构改善，自然起到抗盐作用。特别像荙草之类，是最耐盐碱的拔盐作物，是盐碱薄地的良好前作。延津地区往往在播种不能提苗的盐碱地上，先种一两茬荙草后，就可以种值其他作物。所以，因地制宜地种植不同程度的抗碱作物，实际上是一个利用和改造相结合的积极措施。

在沙区，主要是根据土壤质地和风沙危害程度，安排作物布局。例如两合土、白土、青沙土均属沙质土壤，可以种植一般作物；半沙地属壤质沙土，质地粗松，风蚀现象较为严重，可种植某些粮食作物或花生等；飞沙地的质地最轻松，易受风蚀，已耕者可种植花生。

省内黄河故道有600万亩沙地，虽然不适宜种植作物的沙荒地，倒是一个良好的种植枣、梨、苹果、葡萄的区域。因此，在该区域可因地制宜地安排果树的树种和品种，建立果树生产基地，对于改造自然，合理利用土地，增加生产，也会起到良好作用。在栽种果树后10年甚至更长的时间，幼树行间种植作物，实行宽行密植，把果树当做作物的护田林，可达到粮果双丰收的有效措施。豫东仪封园艺场，就是改造沙碱洼地为果园基地的一面旗帜。

低洼沥涝地区在排水问题没有彻底解决以前，合理安排作物布局，乃是一种有效的增产保收措施。淮北洼涝地区的群众在长期与沥涝灾害斗争中，积累了一套合理安排作物，取得保收增产的经验。一般来说，在低洼沥涝地区，主要是根据涝灾出现早晚不同、积水性质不同、积水深浅不同、脱水迟早不同等特点，因地因时制宜地安排作物布局。大体上有以下几种：

第一，在较为严重的低洼沥涝地区，应以夏收作物为主，秋作物为辅。着重扩大避涝的秋冬播作物（即小麦、大麦、豌豆、蚕豆、油菜等）的种植面积、提高夏季收成比重，争取在次年汛期以前收割完毕，达到避灾保产的目的。

第二，在一般沥涝区，即过水地或是夏秋积水期较短、积水较浅的地区，应以大秋作物为主，夏收作物为辅。在该区域种植较为耐淹的高粱、玉米等作物，能获得较高收成。

第三，在夏秋期间积水较深或积水期较长的低洼地区，应大力推广耐淹作物（旱稻、淀稻、泥豆、芋头等）的种植面积，达到保产。

第四，在7月份雨季到来之后的蓄洪、滞洪区，实行一水一麦，努力做到收好一季麦。

第五，在湖坡洼地常年积水或一些荒滩、废坡，不能种植粮食作物的地区，可大量种植荻子、蒲草、芦苇、白蜡条、荫条、藕莲、荸荠等耐水经济作物，投资少收益大，达到受灾不成灾。

第六，在短期内不能治理的小片特殊低洼积水地，可因地制宜地发展养鱼和水生经济植物。

从减少和避开内涝灾害，以及选择耐涝和适于水生作物着眼，因地制宜地进行作物布局，将收成从不可靠的基础上，改建于可靠的基础上，对于农业生产具有极重要的意义。

在碱、沙、涝地区必须根据国家建设需要和当地群众的生活需要，结合当地自然和劳畜力条件的可能，多种植一些高粱、甘薯、瓜类等，增加饲料、烧柴、修盖房屋和某些副业生产原料的供应。像甘薯和瓜类作物，不仅是高产作物，而且枝叶发达，覆盖度大，可以减少盐碱地和沙地的水分蒸发。特别是高粱，凡是适于而又一直种高粱的地区，必须继续种植。

（二）在碱、涝、沙地区，从改造自然、稳定农业生产、增加木材和燃料的供应出发，应迅速恢复和发展林业

林木可以保护农田免受风沙侵袭，可进一步增加防护林建设；可以利用生物排水作用，降低地下水位，减轻和防止土壤次生盐渍化；可以改变碱、沙、涝区土壤的理化性质，增加土壤中有机质含量，提高土壤肥力；可以解决木材和部分饲料、燃料问题，进而解决农民生产生活问题。因此在盐碱地区，配合防治盐碱化的工程措施，在重盐碱地上，或是灌区次生盐渍化地区的田边、渠旁，广为种植柽柳、紫穗槐等灌木，既能吸收土壤中的盐分、分散土中过多的盐类，借以改良盐碱土，又可以保护农田和渠岸。此外，在中度和轻度盐碱地区，也可以分别大量种植洋槐、金合欢和杨、榆、柳、杏树等。

在低洼易涝区，主要是营造防洪固岸林、水土保持林和薪炭林。结合防洪治涝工程，在排水道和沟洫台田等处，选择耐淹性强的柳、枫、杨、白蜡、杜梨等树种，营造不同类型的防护林带。当涝的季节到来时，林带还可以起到减少土壤流失和生物排水等作用。

在沙地造林，首先是在风沙危害最大的"风口"地带营造堵风林，在流沙起伏剧烈的地方营造防风固沙林；其次是在改造后能利用的沙地和半耕地（只种一季秋），营造农田防护林；再次是在沙区耕地内适当增植果树，既能增产粮食，又能促进林、果快速生长。沙区造林对保护农田，扩大耕地面积，增产粮食有着很大作用。例如中牟县台前公社台前村，几年来共植树30多万株，使全村2900亩耕地减轻了风沙的危害，使粮食作物普遍增产10%~20%。过去受风沙严重危害的600亩耕地，只能种一季花生，而且收成很低，但是经过植树造林，现在种植花生不仅能够保种保收，而且也能种小麦、高粱。也就是说，将该区域变一年一熟为一年两熟，单位面积产量提高一倍以上。

在豫北的孟县、沁阳等县南部的黄河北岸，有大面积的河滩地。滩地的成因类型与一般沙区有所不同，水土条件较好，草类繁茂，适于放牧大牲畜。在大规模农耕条件还没有具备以前，应以发展牧业为主，相应地发展农业和林业。

（三）在碱、涝、沙区，积极增产饲草，大力繁殖和发展畜牧业，为农业生产提供畜力和肥料

当前，在碱、涝、沙区，特别是盐碱和沙地区，由于饲草、饲料缺乏，零碎柴草又作了燃料，农田有多年不施肥的，加上耕畜不足、耕作粗放，就愈加助长了盐碱、风沙的危害。因而，在这些地区大力繁殖牲畜，乃是当前发展农业生产的急迫任务。

在沙、碱、涝地区发展畜牧业的关键是饲草的保证供应。解决饲草的供应问题，不能光靠作物秸秆和割取杂草、茅叶，最基本的途径是因地制宜地种植苜蓿、草木、羊草、毛叶、苕子、田菁等绿肥作物，开辟可靠的饲草基地。在具体作法上，可采取绿肥作物与农作物轮作或间作方式，或是利用沙碱荒地种植绿肥作物，用作放牧或割草场。通过种植绿肥作物，还可以兼收改良土壤结构，提高土壤肥力，变低产为高产的功效。

农林牧三种经济的结合，是因地制宜的结合、有机的结合、有主有次的结合。例如，

在风沙地区，应当以林业为中心实施农林牧三结合；在盐碱、洼涝地区，应当以农业为主体实施农林牧三结合。至于局部地区，如省境黄河西段滩地，在当前应当实行以牧业为主的农林牧三结合；在常年积水较深，现阶段又不易排除积水的孤立洼地区，应当实行以水产养殖业为主的养殖业、农业和林业三结合。农林牧三结合的生产布局，虽然不能根治碱、涝、沙对农业的危害，但其作用是多方面的，也是长期的。农、林、牧三者结合起来，既可形成农业经济多种经营的基础，又可成为控制自然、改造自然的有利条件。这个带有方向性的措施，不仅在未彻底根治碱、涝、沙地以前是不可缺少的，而且在治理过程中进行有机的结合也是必要的；即便在治理之后，为防止灾害的再出现，保证农业增产，还是重要的。

二、妥善安排经济作物的种植比例及其配置

河南省由于连年灾害所造成的困难，正在逐步克服，粮食生产情况已日益好转。因此，在争取粮食生产进一步增产的同时，相应的争取经济作物生产情况的好转，已成为农业战线上的当务之急。

从当前形势看，在今后若干年内大幅扩大经济作物种植面积还是不切合实际的，因为今后一段时间还是有可能逐步满足国家对经济作物产品的需要的。鉴于此，增加经济作物生产的关键不能单纯从扩大种植面积出发，提高单位面积产量则是一个重要的途径。具体实现这个要求，主要依靠农业技术经济措施。在这里仅从经济作物布局角度提出两点意见。

（一）集中力量发展经济作物的集中产区，积极提高单位面积产量；同时，相应地改善经济作物的分散产区

多数经济作物不同于粮食作物，其生产特点是对环境条件的要求严格且需要较高的技术和经验。因此必须把经济作物的集中产区配置在与之相适应的自然地理条件、社会经济条件和生产技术基础较好的地区，然后，再通过各种有效措施，不断地发展它、完善它，这样就必然能够收到最大的经济效益。

河南省主要经济作物，经过14年来的积极发展，已初步分别形成一些集中产区。例如，棉花有豫北京广铁路沿线、豫西黄土丘陵、豫东旧黄泛区和豫南唐白河流域等4个集中产区；烤烟集中分布于省境中部诸县；芝麻主要分布在洪汝河和唐白河沿岸地区；花生分布在黄河两岸的沙区。

这些初具规模的集中产区，是该地区人民在长期的农业生产实践中，利用当地有利自然条件的经验结晶。因此，要认真对待这些经济作物产区，加强对经济作物生产的统一领导，合理安排经济作物的种植比例和调整经济作物的用地等等，促使经济作物集中产区进一步得到发展和完善，从而以较快的速度提高其单位面积产量，满足国家和人民的需要。例如，本省主要商品棉基地之一的豫西棉产区，从1953年开始，在省政府的领导下，成立专门机构，统一领导棉花生产，全面贯彻党的各项有关植棉政策，调动广大群众的植棉积极性，并且对棉花的布局和技术措施。在这些措施的安排下，全区在集中棉产区建立了

80万亩商品棉基地，积极贯彻"集中高产"精神，一般棉田的经营水平大幅提升；把棉田种植面积超过总耕地面积的60%的地区（如灵宝的大王、陕县的大营等地）进行适当调整，解决人吃马喂、轮作倒茬的困难；把土质过瘠、地势过陡、低洼积水、茬口过重、离村过远、连作过久、病虫害过重以及过沙过黏的原有棉田调整到土质肥沃、有水利条件和适宜棉花生长的好地上，为提高单位面积产量奠定可靠基础。

在经济作物分散地区，即一般粮食作物产区，也需要根据各地区的生产习惯和可能条件，种植适当比例的经济作物，力求做到自给或部分自给，既能减少国家统销数量，又能增加集体和个人的经济收入。河南省绝大部分县市都有棉花、烟叶、油料等经济作物的种植，生产特点是分布广泛，种植零星，技术经验少，单位面积产量低。这些地区的社员群众，大都把经济作物作为附带生产，不注意选择土地，不注意田间管理，收多少算多少，单位面积产量不高，占农业总收入的比重很小。这也是影响本省经济作物平均单位面积产量低的一个重要因素。因此，今后在大力发展经济作物集中产区的同时，应当帮助分散产区贮存土壤水分、抵抗水旱灾害、保证农业生产稳定上升；另一方面，由于林茂、水足、草肥，可以为发展牧业提供新的饲料基地，促进畜牧业的发展，也为发展药材、木耳、油脂、烧炭、打猎等副业创造生产条件。副业和土特产的生产，又可以给多部门经营积累资金。农、林、牧、副业之间，有一致的方面，也有矛盾的方面。例如，发展山林固然重要，但也不能不留一定的牧坡和牧道，无限制的扩大造林面积，就会给放牧造成困难，出现林牧矛盾，甚至破坏林木生长。又如，发展畜牧业要注意和饲草、饲料的供应相适应，除规划牧坡、培植牧草外，还必须与农作物种植计划以及粮食生产密切配合。有时在劳力、资金的调配和使用上也可能有一定的矛盾，但是只要从当地具体条件出发，分清主次先后，按照一定比例安排，因地制宜的合理布局，就可以解决矛盾，调整关系，使之正确结合，协调发展。

(二) 科学安排山地生产的垂直布局

农业生产的垂直布局，是合理利用山地的最基本特征之一。对于山区的农业生产，如果从生产发展的要求出发，根据山地自然景观的垂直地带分异，各个农业生产部门的特点和各种作物的不同生境要求，正确地安排垂直布局，就可以更好的发挥山地利用的经济效果，还可以使山地利用的内容丰富多样。河南省各山区由于所在地理位置、热量水分条件和地貌特点的不同，农业利用的目的要求不同，其立体利用的规律有着明显的差别。

山区的农民在长期的生产实践中，都已摸索出一套对山地进行立体利用的经验。但从当前山地立体利用的现状看，还存在一些问题。

第一，如何根据山地自然景观的垂直地带分异规律，结合农业生产的要求，更好地进行山地农业生产的垂直布局。

第二，如何安排不同山区农业生产的垂直组合，把主导部门与辅助部门有机地结合起来。

第三，如何充分有效地利用热量资源，发展和建立亚热带经济作物基地。

第四，如何在山地垂直利用中，贯彻水土保持原则，保证山地水土资源的有效利用。

第五，如何使长期或多年生的林木和作物与短期或季节性的经济植物和作物进行科学的垂直结合，通过短期或季节性作物的提前收益，实现以短养长，促进生长期较长的林业和多年生经济作物生产的发展。

以上所列举的问题，只是部分山区的一些问题。今后需要在调查研究和不断总结这类问题的基础上，探讨不同山区在立体利用方面的具体规律，为山地的合理利用提供科学依据。

（三）作好水土保持工作

根据粗略统计，全省山区水土流失面积达63000平方公里，竟占山区总面积的85%。其中严重水土流失面积10390平方公里，主要是黄土丘陵区；一般水土流失面积18060平方公里，主要在石质山区和低山丘陵区，其余是轻微水土流失区。根据各地历年观测资料分析，全省年平均输沙量达1.27亿吨。水土大量流失，不仅影响山区生产，也影响平原区的农业生产。所以，防止水土流失是发展山区各种生产的根本保证。

水土保持是区域性和综合性很强的工作，需要因地制宜地采取多种多样的措施和办法。从当前情况看，首先是根据山区的不同特点，确定土地利用方向。一般来说，浅山丘陵区的农田面积比例大，人口也多，应贯彻以发展农业为主，农、林、牧、副结合发展的方针。与此同时，还要采取农业技术措施、水利工程措施和营造各种防护林，防止水土流失，这是做好丘陵区生产的关键。在一般深山区，在争取粮食自给的基础上，以林业为中心，积极发展多种经济。在开荒播种上，既考虑粮食增产，又要考虑林牧副业的全面发展，更要注意水土保持。根据今后山区生产发展的要求，在有利于粮食增产、多种经营和水土保持的前提下，对于适宜开垦的荒坡，应有计划适当地进行开荒扩种。所开荒地要全部修成梯田，并要加贴土岭，垒坝岸；凡渠岸、库边、土崖和沿河坡地（迎面地），要严禁开垦；留作牧草坡的也不要开种。对于开荒种粮食的坡地，提倡林粮或药粮间作，力求做到合理利用土地资源，避免水土流失。

其次是对不同山区采取不同措施，防止水土流失。例如，黄土丘陵区，由于黄土质地疏松，沟壑纵横，植被稀疏，而且有80%左右的耕地都是有坡梯田，所以水土流失现象较严重。防治的主要措施应该是把有坡梯田逐步改成水平梯田；把支毛沟闸起来变成川台地；不能闸沟淤地的黄土沟壑，广泛种植洋槐、榆、柳、紫穗槐等速生树种，固定沟床；在易遭径流冲刷的坡面上培育牧草，减免片状侵蚀。低山丘陵区也是水土流失较显著地区，应以修筑梯田、绿化荒山、闸沟淤地为主。石质山区由于岩石裸露，坡度陡峭，沟谷错综，土层很薄，水土极易流失。保持水土的办法应当是封山育草，严禁随地开垦；在河谷地区，应当是垒好挡子地，砌好顺河坝，防止洪水冲田，固定耕地。

如上所述，山区生产除了粮、棉、油一般自给自足外，其他木材、牧畜、土特产等，多属商品性质，需要大量调出，支持国家建设和城乡人民生产、生活的需要。另外，要开发山区和满足山区人民的需要，还要供应大批生产、生活资料。这些产品的调出和调入，都必须有一定的运输条件作保证。因此，在开发山区的同时，要相应的做好山区交通运输规划，进一步发展山区交通运输事业，逐步解决建设山区和运输困难的矛盾。这是合理利用山区的先行条件之一。

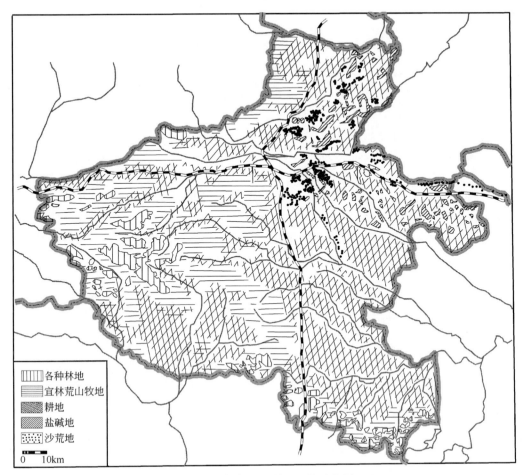

图1　河南省土地利用现状示意图

三、因地制宜地发展大牲畜，适应农业生产需要

河南省的大牲畜，由于1959～1961年连续三年严重自然灾害，农业歉收，饲料不足，加上使役重，繁殖率低，各地大牲畜数量有不同程度的减少。从1963年开始，全省各地特别是山区大牲畜头数已普遍有所增加，畜产品的数量也在逐步上升。但是，在平原地区尤其是灾区的大牲畜数量，还不能满足农业发展的需要。从目前和今后一个相当长的时期看，大牲畜在整个国民经济生活中仍然居于重要地位。因此，需要积极的繁殖和发展大牲畜。

河南省幅员辽阔，各地区自然资源状况、农业生产水平、饲料习惯和现有基础等方面存在着很大差异。因此，需要根据各地具体条件，提出不同要求，采取不同措施，因地制宜地发展大牲畜，以增加畜力和肥源，逐步满足农业生产与人民生活多方面的需要。

（一）山区

在占全省总面积将近一半的山区，较一般平原地区具有坡广草多、放青时间长、饲养成本低、牲畜多而劳役负担轻、母畜比例大而繁殖率高等有利条件。而且很多山区群众历来就有繁殖大牲畜的经验，因而为重点发展山区大牲畜创造了条件。在有条件的山区建立大牲畜繁殖基地，不仅在自然资源的利用上，符合因地制宜和劳动地域分工的原则，而且从领导方面来说，可以做到有重点地集中地使用人力、物力、财力和技术力量，以加速大牲畜的发展。

近年来，在太行、伏牛、桐柏、大别山区，已经在建立和发展大牲畜繁殖基地，并已取得初步成绩。据林县、辉县、登封、汝阳、卢氏、栾川、舞阳、南召、西峡、桐柏、泌阳、罗山、新县、固始、商城15个县的山区社、队统计（1963年上半年）大牲畜比1951年底增长6.99%。一般来说，河南省发展大牲畜的潜力是比较大的，有利条件也是多方面的。但是到目前为止，还未得到充分利用。以信阳县南部大别山区为例，根据1960年信南综合考察报告，该区约有45万亩以上的牧坡。从已利用的放牧地来看，大部分都是草被层厚、质量高、水源条件好的地区。草源和水源这两个条件缺一或者其中一个条件较差的牧坡，一般都没有利用。同时，已利用的牧场也完全是天然牧坡，牧草自生自长，亦未加人工抚育和管理。草坡是建立大牲畜繁殖基地的基本条件，为对现有山区的草坡加以充分合理的利用，多、快、好、省地发展山区的大牲畜，就必须相应地采取以下措施：

第一，按照政策切实划分草坡的使用权，加强草坡的培育管理。

第二，对于不适宜开垦而且已经影响到放牧的草坡，应该加以制止，并逐步实行退耕育草。

第三，使用不合理并出现退化的草坡，应该组织划区轮牧，或者分批分期实行封山育草，使草坡有轮歇更新的机会。

第四，山区造林要有全面规划、统筹安排，根据需要留足牧坡和驱赶道路。

第五，在水土流失严重地区，结合保持水土的生物措施，应有计划地种植适合当地生长而口适性好的高产牧草。

山区的广大天然草坡，固然是繁殖大牲畜的有利条件，但是随着今后牲畜数量的逐年增加，还必须因地制宜的结合地区条件，采取措施解决牲畜舍饲期的饲草饲料供应问题。在山区建立大牲畜繁殖基地的同时，还要利用有利条件建立良种畜繁殖基地。例如，南阳黄牛和泌阳驴，都是全国性的地方优良畜种，经常支援省内外各地。因此，应当在南阳盆地扩大南阳高脚牛的繁殖基地，在以泌阳为中心的唐河、舞阳、方城、遂平、确山等县山区，建立和扩大驴的繁殖基地。

（二）平原区

平原区的大牲畜一般较缺乏，不同程度的影响着农业生产。在平原农业区，应该是根据自繁自养的方针发展大牲畜，以满足农业生产中畜力和肥料的需要。饲草和饲料是平原区牲畜发展的关键问题，解决当前和今后饲草饲料不足是关系到牲畜发展的根本性任务。一般说来，平原农业区解决牲畜饲草饲料问题的基本途径有二。

第一，可根据牲畜的数量妥善安排各种作物的种植比例，在粮食和饲料统筹兼顾的前提下，增种产秸秆或蔓叶较多的作物；把作为饲料的麦秸、谷杆、豆秧、荚皮、红薯蔓等农作物副产品尽量收回。

第二，可根据地区的生产条件适当种植饲料作物，扩大饲料来源；同时，尽可能利用一些荒岗地、空隙地、地边、地头种植饲料作物。在沙、碱、沥涝区和经济作物集中产区，由于牲畜需草量大而产量小，因而常年缺草，直接影响着大牲畜的发展，急需采取措施加以解决。

沙、碱、沥涝区是当前省内大牲畜数量最少，也是饲草饲料最缺乏的地方。目前，由于连年遭灾、自繁条件差，应以保畜为重点；在可能条件下，适当调进大牲畜，促进农业生产的较快恢复。在保畜的基础上，还必须为进一步发展大牲畜提供足够的饲草饲料条件。在开辟饲草饲料来源方面，除充分利用天然草源和提高农作物副产品外，更主要的是结合土壤改良推广种植适于耐沙、碱和耐淹的苜蓿、茭草、苕子、草木等饲草作物，建立饲料基地。在某些地区，还要合理安排饲草与烧柴的比例，解决饲草与燃料的矛盾。

在经济作物集中产区——豫北、豫西棉产区和豫中烟产区，大牲畜的数量较多，质量也比较高，但仍不能适应农业需要，还有必要发展大牲畜。一般来说，这些地区农业生产水平较高，有自繁自养能力，唯独饲草饲料不足是其缺点。在解决饲草饲料问题上，应贯彻就地解决精神，首先是，在保证经济作物生产任务的前提下，从实际出发，合理安排经济作物与其他作物的种植比例，力求做到平衡，解决人吃、马喂等方面的需要。其次是，根据现有大牲畜的发展情况，有计划地扩种既产粮又产草的作物；或在土质瘠薄地上，适当推广高产的牧草作物，与粮食作物间作或轮作，既能增加地力，多打粮食，又能解决饲草饲料的不足。在豫北棉产区和豫中烟产区，在逐步解决饲草饲料的基础上，可利用当地群众的传统养殖经验，引进优良种畜，实行杂交改良，积极繁殖马、骡牲畜。

(三) 湖泽、沿河滩地

全省约有1000多万亩湖泽和河漫滩地，大部分地区杂草丛生，种类繁多，是牲畜的良好饲草；并有丰富的牲畜用水，而且水源、水质较好，是繁殖和饲养大牲畜的天然场所。对于这些地区，应根据水、草分布状况和饲养条件，分别辟为大牲畜繁殖基地、放牧场或割草场。省境中、西部的黄河北岸滩地，范围广大，水草丰盛，如果生产条件允许，可考虑建立一些大牧场，作为大牲畜繁殖基地。

发展以大牲畜为中心的畜牧业，必须根据各地区的具体条件，确定其在当地国民经济中的地位以及发展方针和办法。一般来说，在深山区，应以林、畜为主，农、林、牧、副全面发展，牲畜饲养以放牧为主和舍饲相结合；在丘陵区，应以农为主，以牧促农、农牧并举，牲畜饲养以舍饲为主和放牧相结合；在平原区，应以粮为纲、粮畜结合，牲畜饲养为舍饲，有条件的地区可结合一定的放青。总之，所有地区都应当根据客观条件，尽可能地增加大牲畜头数，满足农业生产和城乡人民生活需要。

原文刊载于中国地理学会1963年年会论文选集（经济地理学），科学出版社出版

4. 关于地貌条件农业评价问题的初步研究

李润田

　　土地是农业的基本生产资料和自然资源。影响农业生产的土地的基本属性和特征，包括许多自然因素（气候、潜水和地表排水条件、岩性和土壤、生物群落等）①，地貌也是其中的一个。这些自然因素的差异都会影响一个地区内植物生活条件的多样化和复杂化。因此，在社会主义各项建设事业中，尤其是在农业生产和布局以及当前全国开展的农业区划中，经常都要考虑各方面条件的作用。只有这样才能更好地贯彻因地制宜的原则，进而加速早日实现我国农业现代化的进程。本文仅就地貌条件在农业生产和布局以及农业区划中怎样进行评价的问题再作一次初步探讨和研究。文中不当和错误之处，请同志们多多批评与指正。

一

　　在影响农副业生产和布局的自然因素中，地貌是比较稳定的因素之一，它对农业生产和布局的影响主要表现在两个方面：一方面，它通过不同地貌类型及其组合、地貌特征要素（高度、坡度、坡向、现代地貌过程、地面组成的物质等方面）产生直接影响；另一方面，地貌通过气候、土地、水文、植物等其他自然要素的影响，引起光、热、水、土的再分配而间接影响农业生产。农业地貌是在对普通地貌研究的基础上进行的。它着重通过对地貌条件的具体分析，了解各地貌类型、地貌要素、地貌发育过程等方面量与质的特征以及它的变化规律，而更重要的是从地貌角度出发，指出它对农业生产的有利与不利、直接与间接的影响，从而为合理的利用有利的地貌条件和改造不利地貌条件提供了可能途径，为农业生产布局中确定新的或调整现有的各种农业用地、农作物布局、农田基本建设措施，以及因地制宜地发展农、林、牧、副、渔综合经营等，提供一定的科学依据。同时，也可为农业生产部门、农业区划以及其他农业服务的自然要素区划提供参考资料，并在不断深入研究中促进农业地貌科学的发展。可见地貌条件农业评价问题的研究具有十分重要的生产实践意义和理论意义。

　　地貌是自然综合体的重要组成要素之一。它是和其他要素之间存在着相互影响和相互制约的，某一要素的变化必然影响到其他要素的变化。地貌影响热量、水分、日照的分布

---

　　① "土地"的属性和特征，也有的同志认为主要包括两大方面：土地的形态特征和土地的肥力特征。本文是在1965年提交全国地貌学术会议上《地貌条件农业评价问题的初步探讨》一文的基础上，根据近些年来农业地貌学发展的新情况和国内发表的有关文献资料以及自己实践中的新体会重新组织和补充、修改写成的。在修改过程中得到了西南师院地理系穆桂春同志的指导和帮助，并提供了不少宝贵资料。完成修改稿后，又承蒙尚世英、全石琳、金学良、潘淑君等同志提出了不少宝贵意见。在此，一并表示衷心的感谢。

以及土壤肥力状况，它们是农业生产的重要条件。为此，必须坚持综合分析的观点和态度。否则，就会得出错误的结论。

二

地貌条件既然是通过不同地貌类型、高度、坡度、坡向、现代地貌过程、地面组成物质等方面的直接影响或间接影响着土地利用、作物布局、农田基本措施的安排和农业区划等，因而它们便成为地貌条件农业评价的基本内容。

（一）地貌类型及其组合条件的评价

地貌是内力和外力相互作用的产物，形态和成因是研究地貌的两个主要方面。目前，从农业生产出发，一般强调形态（同时也注意成因）研究，因为形态是地貌的外在表现和研究地貌首先接触到的问题。由于地貌形态对农业生产和布局的影响极为显著，容易为人们理解和掌握，所以本文着重从地貌形态类型并结合成因而进行分析。由于不同的地貌形态在土地利用、作物布局、农业部门结构和农业生产发展方向等都有显著的不同，因此我们可以按照不同的地貌类型予以分析和评价。结合我国的实际情况，一般地把地貌形态类型粗略地分为平原、丘陵、山地、高原四大类[①]，它们各有不同的海拔、地势起伏和地面坡度特征等，对农业生产和布局的影响各有不同的侧重，因此，在地貌类型条件评价中，必须做到从每种地貌类型特征出发。

（1）平原地貌的主要特点是海拔一般较低（大部分在200米以下，少数超过500米），地势起伏较小，比高一般不超过20米，最大不超过50米，坡度在5度以下的平坦地面占绝对优势，因而在平原上耕地比较容易集中连片。一般说来，平原型地区利于发展耕作业和便于实现农业机械化及水利化，成为农业发展的理想基地。以我国东部地区为例，东部地区从地貌类型上来看，大部分属于海拔不及500米的平原和部分丘陵（除台湾有较高山地外，只有少数山岭高出1000米以上），这样的地貌类型由于海拔高度对农业的限制性不大，加上地面坦荡，结果使东半部虽然只占全国总面积1/3，但却是全国的主要农业地区，分布着全国1/4以上的农业人口和耕地，生产着全3/4以上的粮、棉、油和绝大部分经济林[②]。由于平原地貌起伏不大，因而由它引起的光热条件的差异不太明显，但地面小起伏和坡度的差别，显著地影响着地表水的再分配和土壤的形成，从而使得灌溉、排水以及作物布局条件发生明显差异。按照水利技术要求，田面高差超过0.2米时，必须进行平整才能灌溉，实际上几乎一切平原均超过0.2米。地面坡度大于3度地方一般排水通畅，1～3度易受轻微涝害，小于1度地方成涝机会较多，必需建立排水系统。平原地貌由于地势平坦而又开旷，适应机耕的范围和效能都好，成为机耕最适宜的地区。

（2）丘陵地貌的主要特点是起伏平缓，没有或很少突出的高峰，没有显著的山脉走

[①] 通常还有"盆地"一类，实际上"盆地"只是就内部与外部的相对地势言，往往不过是被山地或高原所环绕的平原（如塔里木盆地）或丘陵（如四川盆地）。

[②] 中国科学院地理研究所《中国农业地理》编写组编：中国农业地理总论（内部资料），第49页，1977年。

向，相对高度和坡度都比山地要小，对农垦的限制也较小，因此对发展耕作业和经济林种植业以及畜牧业都是有利的。如四川盆地和山东丘陵都是我国农垦程度最高而经济林种植面积最广的地区。但是灌溉条件主要是依靠塘坝蓄水，而且抗旱能力较差。

（3）山地地貌由于它具有海拔较大、地势起伏较大、平坦地面少而坡地占绝对优势等特点，这就使它给发展耕作业和实水利化、农业机械化带来一定的不利影响。但是另一方面，由于山地地貌能够带来热量、水分条件显著的地方性差异，使得在短距离内出现多种多样的植物生活条件，从而为农业的综合发展提供了必要和可能。我国东部的多数山地如大小兴安岭山地、长白山地、秦岭大巴山等尽管由于地势陡峻，各地狭窄，耕地分布零散，使发展耕作业受到了一定限制，但是却有大片森林和经济林的分布，林业和林副业的发展条件优于农业。我国西部的一些高山大岭，如祁连山、阿尔泰山等地也都提供了林牧业发展的有利条件，那里的山腰普遍分布着天然森林带，森林带以下的草原和森林带以上的亚高山草甸草原则分布成为天然的冬夏牧场，给发展畜牧业提供了可靠的自然基础。从河南省的桐柏、大别山的情况看，尽管这些地区由于地势高低起伏大，耕地不易集中连片，发展耕作业和实现水利化、机械化比平原、丘陵地区的困难大，但由于这个地区，水热资源比较丰富，土壤大部分为黄棕壤，很适合发展茶叶、油相、油茶、漆树、乌桕等多种经济林木和杉木、马尾松等用材林。同时，也是发展畜牧业的好地方。另外，由于这些地区雨水充沛，库、塘、堰、坝星罗棋布，为发展淡水养殖业提供了十分有利的条件。

（4）高原地貌实际是由海拔较高的丘陵山地和平地相间组成。从整体上进行经济评价更是一个比较复杂的问题，应当做到具体分析，不能过于笼统。以河南省西部的黄土高原地貌为例，黄土高原地貌的主要特点是地面上不仅覆盖着深厚的黄土层（颗粒很细）、垂直节理发育，而且经流水不断侵蚀，地面分割得支离破碎，形成塬梁峁和沟壑交错分布的复杂地形。这样的地貌形态特点就决定了我们对它进行农业经济评价时，一定要坚持从实际出发，只有这样才能作出恰如其分的科学结论。比如黄土塬这种地形由于塬面的坡度较小（3度左右），都认为它是发展耕作业最良好的场所，但是它所占的面积不大，较大的塬面都只限于出现在少数地方，而多数地区都是深达50～120米、沟坡陡峻（坡度35～60度以上）的沟壑分割为以梁峁为主的黄土丘陵。这样的丘陵地貌对农业生产发展的影响也就不大相同，因此对这样的地貌也必须进行具体的分析评价。一般说来，较平坦的梁峁顶部和较大沟各底部的川坪地是发展耕作业的好地方，但所占面积还不到10%，绝大部分耕地都分布在坡度10～30度的梁峁斜坡上，这样的地貌部位就使它在没有修成水平梯田的情况下，暴雨后极易受到强烈的侵蚀，进而造成严重的水土流失。总之，高原地貌的评价也应当坚持从实际情况出发。

在地貌类型条件评价中，不仅要着重评价每种地貌类型本身的特征，还应当注意一个地区地貌类型组合的特点对农业生产和布局的影响，并在此基础上加以评价。这是因为一个地区地貌类型组合的不同往往会影响该地区农业生产部门结构和作物组合的不同，同时，还可以进一步影响该地区生产内容的丰富程度。比如伏牛山区地貌类型组合的特点是中山和低山分布面积最大，约占全区总面积70%，丘陵面积约占20%，平原面积最小。正因为这样，再结合其他自然因素和经济因素的特点，全区应以发展林牧业为主，耕作业为辅的农业部门结构类型。生产内容也比较丰富。事实上，当前河南省在划分全省一级综合农业区时，已将这个地区初步确定为豫西伏牛山林牧区，准备把它建设成为全省最大的林业和柞蚕基地。同时，还要在这个地区充分利用牧坡草场，进一步发展养牛、养羊，大搞多种经营，给国家提供更多的林副产品和畜产品。在沟谷地带闸沟淤地，建立基本农田，争取做到粮食自给。关于地貌类型组合特点对农业生产与布局有利与不利的具体标准问题是一个比较复杂的问题，一般说，一个地区的地貌类型如果是多种多样，又有规律地相嵌配列，应该说是有利于农业生产布局的，因为这样的地貌类型组合是可以为发展农林牧副渔等多种经营提供了可能性。反之，地貌类型组合过于简单，对综合发展农业生产是不利的。不过这仅仅是从综合发展农业生产角度出发的结果。假如从某一生产部门要求出来衡量前述地貌类型组合特点时，就不可能得出上述的结论。

（二）地貌各要素的分析与评价

1. 高度条件的分析评价

不同的地势等级，首先导致热量、水分条件的差异，它直接影响到生物气候带的变化，进而影响到土地利用和作物布局。为此，地形的高度在地貌条件农业评价中，占有较重要的地位。

在高度条件农业评价中，主要是指绝对高度和相对高度而言。首先因为海拔不同，往往引起气候的垂直变化和土壤等各景观的变化。又由于气候、土壤等因素是植物生长、发育和必要条件，因而在随着气候、土壤等因素的变化，相应地也要影响到土地利用方式和作物布局以及耕作制度。通常，海拔每升高100米，气温平均降低0.5～0.6摄氏度。随着海拔增加，积温减少，生长期必然缩短。在我国北方地区，每升高100米，日均温度稳定通过10摄氏度界温的持续日数减少3～6天，其间的积温减少150～200摄氏度。因此，凡是高度相差很大的各种山地，宜种作物或同一作物的适宜品种都随高度增加而发生明显地变化，到一定高度便达到该作物或品种的分布上限。根据张光业、周华山等在豫西的调查，伏牛山区的气温，大致每升高100米约降低0.5～0.56摄氏度，降水大致是随高度增加而有所增加，海拔2000米左右的山地顶部常有季节性积雪，这种气候上的垂直变异就影响了这些地区耕作业的分布上限（大致1500米）。其次，高度不同所引起气候变化的结果，也常常导致作物熟制的不同，如500米以上地区，作物多为两年三熟制或一年一熟制；而500米以下地区，作物多数为一年两熟制。另据在伏牛山区卢氏县内一些公社的调查，也发现在海拔600米以下地区，由于温度较高，日照充足，农作物生长季节较长，因而土地利用方式是以耕作业为主，作物组合是以小麦、薯类为主，同时，又是棉花的生产地区。而在海拔600～1000米地区，由于气温较低，土层较薄，因而土地利用方式是农、林、牧并重，作物以玉米、谷子、豆类为主。在海拔1000米以上地区，由于气温更低，雨量较多，因而在土地利用方式上是以林业为主、畜牧业为辅，种植业作物组合以杂粮、薯类、马铃薯为主。总之，这样的例证很多，举不胜举。因此，在农业生产布局中必须根据不同的土地利用方式和不同种类作物的要求，在查明各个地区的海拔情况的基础上，合理确定某一种土地利用方式和选择最有利的作物种类进行布局是十分重要的。其次，相对高度也常常影响一个地区的作物种类、组合和布局，一般说来，相对高度变幅越大，加上其他综合因素的影响，其作物组合就越复杂。反之，其作物组合就比较单纯。比如我国黄河中游地区的海拔范围是在400～3000米，相对高度可达2600米，因而表现出作物组合的多样性和复杂性。

不仅如此，地表的微波起伏，也会影响到水分、热量的分布状况。一般而言，突出的小高地排水良好，而低下的浅洼地则易积水。这在一定程度上制约着潜水面的高低，特别是土壤和水分状况，从而影响农作物的生长。开封附近的沙岗地形由于土壤肥力较高，多种植高粱、小米、大豆和小麦等作物。而洼地地形大部分是盐渍化比较严重的地区，一般是不大适合于农作物的种植，但近些年来，广大贫下中农由于广泛采用了利用黄河淤灌方法，种植了大片水稻作物。总之，在作物布局中也一定要注意地形的微波起伏。

总起来说，为了合理的确定一个地区的土地利用方式和作物布局，必须分析当地高度的大小以及它的变幅情况。在这一分析中，最主要的是在查明情况的基础上，根据各种不同的土地利用方式和不同作物对海拔高度以及它们变幅情况的要求，考虑和安排相应的利用方式和选择相应的作物和品种，加以合理组合和正确的安排轮作倒茬，无疑地这对充分利用地貌条件和因地制宜地发展农业生产起着良好的作用。特别应该指出的是在一些地区当发现海拔高度不适合某种利用方式或某种作物布局时，就不要违背自然规律强行推广。

此外，在相对高度评价中，也应当注意与它密切相关的垂直切割深度和水平切割密度的评价。垂直切割深度的评价主要是了解地表侵蚀程度和灌溉条件的有利与不利。一般说来，相对高度越大，侵蚀程度越大和供水灌溉越困难；反之，侵蚀程度越小，供水灌溉较容易。水平切割密度的评价，主要是了解地面破碎的程度。一般说来，切割密度越大，种植面积和机耕程度、运输效率等越小；反之，种植面积比例、机耕程度、运输效率等越高。

2. 坡度条件的分析评价

坡度的大小也是直接影响农业生产的重要因素之一。它不仅是影响侵蚀作用强弱和农业机械化、水利化、农田基本建设措施的重要因素，而且是合理布局农业用地、充分利用土地资源必须分析评价的重要条件之一。如河南伏牛山区地势属中山地形，坡度一般在25～40度，部分的为45～60度，只有小片坡度较缓的山坡才能利用为耕地，因此中山的耕地多是分散的小块状；而低山丘陵区，由于坡度较缓，耕地常呈大片状。一般说来，坡度小有利于耕作，坡度大不宜于耕作。所以地面坡度的大小不仅是影响侵蚀作用强弱的实施农业机械化、水利化以及各种农田基本措施必须考虑的重要因素之一，而且也正是正确划分各种农业用地和充分合理利用土地资源必须分析的条件。所以在地貌条件的评价中，对坡度这一重要因素给予充分的重视，是格外重要的。

在坡度条件评价中，首先是查明地区坡度的大小，结合各种农业用地、农业机械化、水利化等对坡度的要求，进行全面的分析。

坡度是划分各种农业用地的重要参考依据之一。一般而言，耕地对坡度的要求是越小越好。不过，即使在后一种情况下，也应结合不同的土地利用方式和作物的不同品种等特点来具体安排。由于农作物绝大部分是一年生的草本植物，根系短，一般只能从土壤中吸收水分和养分，这就需要有一定厚度的土层，而土层保存情况与坡度陡缓有密切关系，坡度过大会造成水土流失,影响作物生长。因此,坡度不能过陡,乃是耕地最重要的基本条件之一。果园对坡度的要求,以位于 5~10 度的斜坡地为最宜,因为这类缓坡地不仅土层较厚、坡度适宜,而且排水通畅、空气流通,如在冬季夜间温度减低,冷空气顺坡下注,每聚集于谷地中,而坡上的气温则是比较温暖的,可使果树不致遭受冻害,牧地、林地对坡度的要求不如耕地那样十分严格,一般在 15 度以上的地区可作为牧地;30 度以上的地区可作为林地。这是因为牧、林地上所种植的牧草和林木的适应性远比农作物要强。在宜林、宜牧地上开荒垦种不仅收入低,而且破坏水土,危害农田,同样是不合理的。根据我们在鸡公山地区的调查,有些农地的配置,就充分注意了坡度的因素(表 1)。

表 1

坡度	利用方式
0~15 度	农田
15~25 度	部分垦为农田和部分为经济林地
25~35 度	主要为林、牧用地
35 度以上	为封山育林区

总之,在坡度条件分析中,我们就可参照上述指标来考虑各种农业用地的配置比例。通常在坡度较陡的地区,农业耕地的比例应小,林、牧地比重宜大,这样就可以避免造成严重水土流失的现象发生,特别是在广大的山区和黄土丘陵地区更要注意。最后必须指出的两点,一是在确定各种农业用地的坡度评价中,一般说坡度小有利,坡度大不利。但在高度较低、坡度甚小的平原或低洼地区,也有不利的方面,如洪灾、盐渍化等。二是在划分各种农业用地时,不能以坡度作为唯一而又决定的因素,同时,确定临界坡度或禁垦坡度时,也必须由于不同地区而有所不同。

坡度的陡缓,不仅是确定各类农业用地的重要依据,而且也是影响土壤侵蚀的重要因素之一。多数调查和试验证明,当耕地土壤条件相似时,坡度是土壤流失的显著指标。一般较好的耕作方法,也只能保证到 3 度左右的耕地不产生水土流失。根据水土保持耕作方法和地面宽度的要求,在过陡的坡地上修筑梯田,在技术上虽属可能,而在经济上是不合算的。可见坡度对农田配置的影响十分重要。

在完全平坦而无坡面径流的地段,不可能有土壤侵蚀,只有在有坡度时,才开始出现侵蚀现象。根据海宁(Henin,1950)提出水土流失量和坡度的公式($Q = A \cdot j^{1.1}$,式中,Q 为土壤流失量,A 为相关系数,1 为坡度),斜坡越陡,土壤流失量和径流率就越大[①]。许多经验证明,坡度越大,其水土流失量就越大。据统计,陡坡比缓坡冲刷量要大 8 倍,因此如何防止水土流失成为丘陵区垦殖的主要问题。根据我系在莽河上游济源县的调查材料也证明了这一点(表 2)。

---

① 北京林学院森林改良教研组编:水土保持学,农业出版社,1961 年,第 39 页。

表2

坡度	年平均侵蚀深度（公里）	侵蚀模数（立方米/平方公里/年）	总侵蚀量（立方米）
16度	1.1～0.77	1100～770	122100～53100
8度	0.2	200	66400

注：1公方=1立方米

不仅如此，坡度越大，其作物产量也越低。参考穆桂春在四川遂宁丘陵地区所作的调查结果（表3）。

表3

坡度	水土流失量（立方米/亩）	土厚（寸）	作物产量（斤/亩）
15度	8.3	6	1.0
9度	1.3	11	1.6

注：1寸≈3.33厘米

从表中资料明显可以看出，坡度不仅关系到水土流失量，且通过土层厚薄等影响作物产量。既然如此，当我们评价一个地区地貌条件的好坏时，也必须分析当地坡度情况。可以这样说，当地表坡度陡，土壤侵蚀严重，就表明地貌条件较差。反之，则表明地貌条件较好。这是因为土壤是农业生产的基本生产资料，而水土流失又恰恰是直接破坏着土壤的肥力。不过也必须明确指出水土流失是一系列自然因素和人类经济活动综合影响的结果。所以在坡度条件评价中，也不能过分强调它的作用，否则所得的结论将是不科学的。

由于不同作物对水土流失的抵抗力和保持水土的作用不同，因而在评价时，又必须在结合一个地区水土流失情况的基础上，进而注意分析作物生物学特性和环境条件的关系以及作物本身所具有的水土保持效能才是正确的。因为这不仅可以很好地选配作物，且可以更好地保护土地、防止土壤养分流失，从而获得高额产量。比如谷子和糜子同属对水土流失有一定抵抗力的作物品种，因而在易于发生水土流失的农田中应多种谷子、糜子和豆类，其生长和发育就可以得到基本的保证。我国水土流失严重地区谷子、糜子、豆类的种植比重就较大，也正是正确地利用了作物抗冲和保持水土作用。因此在作物布局中，根据地区地表坡度的分布情况，选择相应作物或不同品种，特别是在一定地区内，将可以栽培的作物种类按其抗冲和保持水土的效能进行排队，分别安排到最适宜的耕地中去，这是合理进行作物布局的正确途径。很明显，水稻、棉花、烟草等作物都是抵抗水土流失较弱的作物，把它们种植在水土流失最严重的地区，其产量和质量是难以保证的。

由于水土流失严重地影响着作物的产量和布局，因而在水土流失地区大搞农田基本建设是保证农业稳产高产的主要措施。在农田基本措施实施过程中，为了做到因地制宜、充分发挥田间工程的有力作用，必须以地表坡度大小为依据。否则，将得到相反的结果。事实上我国各地劳动人民都是根据不同的坡度修建了许许多多不同规格的梯田，根据我们在豫西卢氏县潘河公社所作的调查，由于坡度不同，梯田的规格作了相应的变化（表4）。

表4

坡度	田面宽（米）	地块高（米）
20~25 度	2~3	1.0
10~15 度	5~6	1.3
10 度以下	8~10	1.3

总之，坡度对农业基本措施的安排是重要的影响因素之一，为此，在进行农田基本建设的具体安排时，进一步对坡度进行分析和分级是十分必要的。如中国科学院黄河中游水土保持综合考察队在晋、陕、甘地区进行水土保持工作中，曾对坡度作过分级：0~3 度，4~8 度，9~12 度，13~20 度，21~25 度，26~30 度，31~35 度，36~40 度，41~45 度，46 度以上等十级。这些坡度分级在实用的意义上不外乎是：0~3 度为平坦的地面，水土流失轻微，基本上可以不用采取重要的防止侵蚀的措施，不过，在这样地区也有不利的一方面，即常出现洪灾、涝灾以及盐渍化等现象，因此又必须加强防洪、防涝、排淤等方面的措施。4~8 度地面稍有倾斜，因此只需设法改进耕作措施如水平沟、密植等，即可防止水土流失；12 度为机耕的最大坡度界限；13~20 度为修筑梯田的坡度范围；至于 21~35 度的三个坡度等级意义就不很大了；而 35 度则为一般黄土的稳定角度；46 度以上因其坡度过陡，无法利用。对坡度作以上的分级，显然为作物土地合理利用和如何配置农田基本措施提供重要的参考依据。总之，在农业生产布局中，正确的查照地区地表坡度陡缓以及水土流失程度，考虑相应地作物品种和农田基本措施是极为重要的。通常在坡度较缓、水土流失较轻的地区，抵抗水土流失较弱的作物比重应大，田间工程比重应小。反之，抵抗水土流失较强的作物比重应小，田间工程比重宜大。这不仅可以减少危害，且可以保证丰收。

地表坡度不仅影响水土流失的重要因素之一，同时也是关系到农业机械所使用的动力和成本的问题。既然如此，应用拖拉机进行耕作，只有在最适合的地貌条件之下，才能发挥它的最大效能。因为坡度增大，就会增加耗油量，减低耕作质量，增大机器磨损，在经济上遭受损失，如超过一定的坡度，就会影响到作业的安全。一般从坡度来看，当15% 以下的坡度，是最适于机耕。当地表坡度为 15%~30% 时，尚可机耕。但当地表坡度达 30% 以上的地区，则属于难以机耕的地区[①]。因此，在农业生产布局中根据这一指标，参考其他因素（如地表组成物质等）划分最适宜、适宜、不适宜等不同类型区，这就为根据地区特点配置农业机械化提供了依据。

地表坡度的大小也是影响一个地区发展灌溉程度以及灌溉渠系的布置和工程造价的大小的重要因素。根据很概略的统计，通常地表坡度大于 0.02 时，则属于不能灌溉地区；如果地表坡度小于 0.02 时，则属于可以发展灌溉的地区。不过对山区来说，坡度大于 0.02 时，也可发展灌溉，但必须采取相应的灌溉方法为宜。地表坡度的变化大或小，对渠道工程有很大的影响。地表坡度如果变化不大，比较简单，例如大部分是平地，修起渠来不论开挖或填土的土方量都比坡度变化大的地区少，同时渠道上的附属建筑工程也不会

---

① 邓静中等：中国农业区划方法论研究，科学出版社，1960 年，56 页。

多，例如渠道经过小河或冲沟时需要的渡槽或引水管道等。如果在地表坡度变化大的地区，像豫西黄土丘陵区内的梁形地或峁形地以及冲沟很多的地区，引水渠道的施工就比较复杂，在这样的地形区里引水渠道的长度也要增加，附属建筑物也要多。

地表坡度变化大小也直接影响着引水渠道的主要引水方向。大范围内的地势高低，决定着主干渠的路线方向，而小范围内地表坡度决定渠道（主干渠及支渠）的具体位置。例如豫西黄土丘陵区的最高塬面的倾斜方向及河谷上的一道塬、二道塬、三道塬的倾斜方向，是决定渠道具体位置的条件。除去地方性的地面坡度以外，主干渠的路线应当选在地势稍高的地方，又如在附近较高的分水岭或塬面上，或位置较高的半山坡上，这样使主干渠的水流能直接自动供给支渠。怎样来看地面倾斜的主要方向呢？可以从这个地区的河流方向和冲沟伸展的方向来看，在两个不同（或相反）方向伸展的中间地带，经常不受破坏的地带就是分水岭地带，这是较高的地带。所以在选择渠道路线时，首先是要勘察地形情况，以便选出最好的路线来。总之，主要渠道最好的地貌条件，地形要简单，地面坡度要变化小，天然坡度最好在 15 度以下为宜。当然从灌溉方法来说理想平坦的地面，对沟灌的帮助并不太大，它最适合于漫灌整片地面（例如稻田）。对自流沟灌最有利的坡度是 0.002 ~ 0.015，而 0.015 以上的坡度是属于难以进行沟灌。总之，根据发展灌溉的要求，划分不同等级坡度类型区，在较大区域进行农业布局时或农业区划工作中都很重要。

其次，在坡度条件评价中，不仅要分析坡度的大小，而且也要特别注意分析一个地区内坡度面积占区面积百分数值的大小。因为在相同的坡度情况下，往往当坡度面积百分数值越大时，不仅反映地表起伏大，且表明地面破碎。因此无论对各类农地的配置以及机械化、水利化的实现等方面的影响是不利的。反之，当坡度面积占土地面积百分值较小时，则对农地配置和机械化、水利化的实现都是有利的。既然如此，在农业布局中，对坡度面积百分率值的大小应给以充分注意。

3. 坡向条件的评价

坡向与土地利用和作物布局的关系十分密切。在中高纬度一般分为南坡和北坡，南北坡的水热条件显然是有差别的，而在同一坡面，在一定程度上，水分和热量二者又是互有矛盾的。相对来说，南坡接受阳光多而热量较足，但土壤水分含量较少；北坡则反之。例如根据我们在大别桐柏两山区的野外调查，同一海拔不同坡向土壤水分状况的结论（表5）。

表 5

海拔（米）	阳坡	半阳坡	半阴坡	阴坡
	%			
620	9	14	13.1	22.1
1100	17	—	—	25

不同坡向是直接影响作物的生长和分布。如伏牛山南北坡不同，影响了农林布局上的不同。南部的低山丘陵区适宜于亚热带林木的生长（马尾松、油桐、乌桕），河谷平原则宜于水稻栽培。而在北部的中山区多分布暖温带树种，山间沟谷沿岸和盆地的农业均为旱作物。又据中国科学院黄河中游水土保持综合考察队在甘肃会宁梢岔沟的调查：以春小麦

为例，同一时期播种，阳坡比阴坡可早发芽 3 天到 5 天。对作物成熟期的影响以莜麦为例，阳坡比阴坡可早成熟 5~7 天①。由此可见，从耕地的配置和作物布局来看，一般可以这样说阳坡比阴坡为宜，但这不是普遍的规律，当处于气候干燥的地区，尽管阴坡光照和温度条件不如阳坡，但由于土壤水分条件较好，有利于作物的生长。甘肃会宁梢岔沟的阴坡地区农田面积为 3412.9 亩，阳坡仅为 939.9 亩②。

由于各种作物对坡向的要求不同，其影响也就不同。如根据云南热带、亚热带生物资源综合考察队在某地区对橡胶宜林地的调查，认为西坡、南坡及西南坡为有利向。可见，什么作物应该配置在什么坡向，要按其习性的要求而定，既然如此，在作物布局中，根据地区坡向的分布情况考虑选择相应的作物或不同的品种，是合理进行作物布局的重要参考依据之一。

4. 地貌现代过程的分析评价

在整个地貌发育过程中，从农业生产和布局出发，一般强调地貌现代过程。它常包括新构造运动引起的内力作用和由气候因素制约的外力作用。而外力作用是影响农业生产最经常的因素之一。因此，我们要分析评价各种地貌现代过程时，首先要着重分析它的外营力不同发育阶段对农业生产和布局所产生的有利与不利的影响作用。因为这一过程既不断改变着地貌形态，也决定着土肥资源的迁移。同时，也唯有这样详细研究和分析地貌现代外营力的不同发育阶段的规律，才能够为农业生产和布局提出重要的科学依据。比如干旱地区的地貌是以风力为主的侵蚀、搬运和堆积形成风沙和沙丘地貌，因此在评价时就应当明确指出这类地貌当处于流动沙丘和风沙的发育阶段时，对农业生产和布局的为害就较大，是一个不利的条件。又如对流水地貌从其发育过程的观点来看，当流水地貌处于现代沉积作用阶段时，对农业生产和布局就比较有利，因为这种作用的结果，可以出现很多河漫滩、三角洲等有利于农业生产的地貌类型。相反地流水地貌处于侵蚀作用的阶段，对于农业生产和布局却不利，原因是这种侵蚀作用常加速水土流失，破坏农业用地。根据穆桂春在四川省遂宁县的调查（表6），充分说明了地貌现代过程所造成的水土流失是十分严重的。

表6

坡度	土壤厚度（米）土壤性质	水分流失量		泥土流失量		备注
		流失量（立方米/亩）	比率（%）	流失量（立方米/亩）	比率（%）	
5 度	1 黏壤	51.6	100	403.2	100	一、二台土流场
12 度	1 黏壤	82.6	158.9	2998.0	244.8	
15 度	1 黏壤	114.4	221.9	4214.1	1029	
20 度	1.5 沙土	75.6	100	4511.1	100	三台坡土流场
25 度	1.5 沙土	117.3	155.2	5543.1	122.9	

---

① 北京林学院森林改良土壤教研组编：水土保持学，农业出版社，1961 年，第 59 页。
② 北京林学院森林改良土壤教研组编：水土保持学，农业出版社，1961 年，第 60 页。

从河南省境内出现的情况来看，也足以说明这个问题。根据我们过去在西陕、南召两地进行综合自然区划工作中，发现西陕、南召两地常在暴雨后出现山崩、石洪的现象。据调查仅南召县南屏公社两次暴雨不仅造成大量水土流失，而且被毁坏农田近千亩。又如卢氏、嵩县等地的调查，常因地貌的侵蚀作用而引起的石洪淤积，造成很多耕地无法耕种。

5. 地表组成物质条件的分析评价

地表组成物质包括地面基岩、风化壳、第四纪沉积物等。它们的矿物组成、化学组成与机械组成及其胶结程度直接或间接影响土壤的理化性质，进而影响到农业生产与布局。如伏牛山南部的低山丘陵，凡是属于酸性岩石的地区，都有马尾松的生长，而在碳酸盐岩石分布的地区（如淅川的石灰岩丘陵低山），马尾松就很少成活，可见地表组成物质条件对农业生产的影响是显著的，所以在地貌条件评价中，对构成地貌类型的物质特性，是不能忽视的。

地表组成物质通常可分为剥蚀和堆积两大基本类型。这两种类型对农业的土地利用关系十分重大，因此分析评价地表组成物质条件有利与不利时，往往先从这两大类型的角度出发。一般说来，凡是属于堆积类型的地表组成物质，对农业生产和布局都比较有利，这是因为堆积物较为深厚疏松，土壤可在稳定状况下发育，灌溉、排水条件也较好。从全国来看，大块农田多数是集中分布在这种类型的地区的道理就在这里。但必须指出，根据地表组成物质的具体情况不同，各地区的环境不同，对农业生产的意义也不完全是这样，也有它不利的一方面。如开封附近的地表组成物质基本上是属于堆积类型，但由于组成物质的性质不同，影响农业利用上有很大的不同。一般来说，沙丘地区的农业生产意义不大，不太适于种植作物，仅可种植一些耐旱的柳、柽柳和洋槐，防风固沙为其首要任务。这是因为组成沙丘的物质粒径大于 0.05 毫米以上的占 95%，为无构造的单粒沙，土壤中有机质少、肥力低，是排水过甚的结果。而沙地地区的农业生产意义则较大，为开封附近唯一能耕种且产量较高的地区，能种植需肥较多的小麦和一些杂粮作物。这是因为沙地组成物质粒径大于 0.05 毫米以上的约占 45%~87%，呈单粒或核状结构。

另一方面，凡是地表组成物质属于剥蚀类型的话，一般说它对农业生产和布局的影响较为不利，这是因为这些地区的地表风化壳比较薄，其性质和岩石相近似（侵蚀者常基岩裸露），呈疏松的石屑、碎块，还没有发育成土壤或处在一种幼年土壤阶段。在这种情况下，土壤的肥力不会高，当然也就不会有利于作物的生长。不过也不能一概而论，如处在坡度平缓条件下的风化壳，由于层次比较厚，矿物质肥力较高，所以有利于农作物生长。

三

综合上述可见，地貌条件的个别因素的分析与评价，主要是根据土地利用方式和作物布局等的具体要求出发，评价它的保证程度如何，这样评价的结果虽然也能作为确定土地利用方式、农业生产布局、作物布局等重要参考依据之一，但还是不够的，这是因为在农业生产和布局中，上述各种地貌条件不仅是以个别的条件在起作用，而更重要的是以一个有机联系的整体，在对土地利用、作物布局等发生综合的影响。因此，当个别地貌条件评价后，必须在个别地貌条件（如地貌类型、高度、坡度、坡向、地表组成物质、地貌现代过程等）评价的基础上综合所有地貌条件进行评价。在综合评价过程中，又不能把所有的条件放在同等重要的地位，而应当根据各地区的具体情况，抓住其中发挥主导作用的地貌条件来进行评价。这是由于环境条件对土地利用、作物布局等的安排并非起着同等重要影响作用所决定的。不仅如此，在地貌条件农业评价过程中，还应该注意与地貌条件有关的气候、土壤等自然因素以及一定的社会经济技术等条件联系起来考虑，同时，更重要的是地貌条件的利用情况和程度，又以社会经济条件有利与不利为前提和起着决定性的作用。因此，评价地貌条件过程中，又决不能忽视联系当地的社会经济条件（因为它是决定农业生产和布局的因素）和技术条件。这就是说，我们研究和评价地貌条件不仅要单项地考虑它的利用与保护，而且要把自然界作为整体，研究生态系统的合理与保护。人类既是自然界中的主宰者，同时也是生态系统的组成部分。人类要从生物圈中取得自己所需要的东西，而人类活动又不可避免地要影响其赖以生存的基础。人们需要的是，这种影响不超过生态系统可能承受的"压力"，而且充分挖掘资源的生产潜力。总之唯有按照上述的指导思想和原则来分析评价地貌条件，才有可能对一个地区地貌条件在农业生产和布局中的作用好坏，作出科学的结论进而达到和实现农业自然资源充分而合理利用的根本目的。

原文刊载于《中国地理学会1965年地貌学术讨论会文集》，科学出版社出版

5. 关于农业区划方法论几个问题的初探[①]

李润田

党的十一届三中全会决定党的工作重心转移到社会主义现代化建设上来。强调集中精力，尽快地把农业搞上去，使目前还很落后的农业得到迅速发展，以适应社会主义现代化建设的需要。

想要把农业搞上去，必须开展农业自然资源调查和农业区划工作，这是一项紧迫而又艰巨的任务。目前，河南和全国各省一样，已初步开展了这项工作，取得了一定成绩。两年多来，随着工作的进展，在农业区划方面，也遇到了不少问题，这些问题都是涉及方法论上的问题。其中有些问题由于大家的共同努力，已初步获得解决。但也有些问题尚没有统一的认识。由于认识上的不一致，必然导致在农业区划实践中的不统一。结果，将使农业区划工作受到不应有的损失。根据自己过去区划工作实践的一些初步体会，拟就农业区划方法论的几个有关问题，谈谈自己一些极不成熟的看法，供从事农业区划理论研究和实际工作的同志们参考，错误之处，请同志们予以批评指正。

一、辩证地看待农业区和农业区划的关系

在农业区划工作过程中，当翻阅一些农业区划文献时，经常遇见农业区和农业区划这样两个不同的名词概念。据了解，对这样两个不同的名词概念并没有一个统一的认识。认识上的不一致，必然导致实践中的不统一。

为了说明到底什么是农业区，什么是农业区划以及它们二者之间的关系，不得不先从农业本身说起。农业是一个特殊的物质生产部门，马克思说过："农业是经济的再生产过程，不管它的特殊社会性质如何，在这个部门（农业）内，总是同一个自然的再生产过程交织在一起"[②]。与此相联系，农业的特点还表现它所具有的强烈的地域性上。它的地域性主要表现在农业一开始就是在地带性和非地带性的自然诸要素相互交织的影响下而形成的，这使得较早期的人类历史时期，农业生产在空间上出现了初步的天然的区域分异[③]。在这些基础上，又不断经过人们的共同劳动，认识自然、利用自然、改造自然的一系列经济活动，结果，也就必然在空间上形成了千差万别的农业区域，这就是我们所说的农业区。

[①] 本文初稿完成后，承蒙李式金、彭芳草、黄魁武、尚世英、黄以柱、王建堂、姜乃刚、潘淑君、金学良诸同志的审阅，并提出了不少宝贵意见，在此表示衷心的感谢。
[②] 《马克思、恩格斯全集》4卷，398—399页。
[③] 周立三，《试论农业区域的形成演变、内部结构及其区划体系》，地理学报，1964年1期。

农业区的特点和性质。从前述农业区的发生、发展来看，显然它是现实已经存在过或正在存在着的农业地区。简单来说，农业区是已经形成过的农业区域，是客观的实体，它具有明显地客观性质。正因为如此，它有其自身形成、演变、发展的历史性与规律性。这种规律性，人们可以认识、掌握和利用，也可以限制它发生作用的范围，但是人们不能够创造、改变和消灭。而农业区划则是对客观上已经存在的农业地区进行的科学划分，以及对未来农业区的一种规划设想。显然，农业区是一种客观存在，而农业区划则是对农业区的客观反映，两者不是一个相同的概念。但两者都是属于观念的东西，是人们认识客观事物的结果。既然如此，我们必须辩证地来看待这两者的关系。只有在正确认识了两者关系的基础上，才能在农业区划工作实践中，划分出科学的农业区。否则，就会得出相反的结论。两年多来，河南在开展农业区划工作过程中，有些地区和部门由于对上述两个概念以及它们两者之间的辩证关系缺乏正确的理解，结果在区域划分上走了不少弯路。

总之，从上面的简单阐述可以得出这样的结论。农业区和农业区划是两个不同的概念，但二者也有着密切的联系。应当说，有区别，也有联系。它们的区别和联系，主要在于合理的农业区划只有在对客观存在的农业区进行深入、细致的调查研究、充分认识其形成过程及其规律性的基础上才能产生。而现实存在的农业区的客观规律，也只有依赖农业区划的这一科学手段和方法，才能被发现、被认识、被利用。两者是相互依赖和互为条件的一种辩证关系。既然如此，我们在农业区划的实际工作中，应当依据农业区和农业区划的辩证关系来思考问题，来解决问题。不能随意曲解两者的辩证关系，那样都将得出错误的结论。

二、正确地处理农业区划的地理性和社会性的关系

农业区划的目的是在充分合理利用自然资源的基础上，为因地制宜地规划和指导农业生产提供科学依据，从而使农业生产持续不断地发展，尽早实现现代化。为了达到这一目的，我们在开展农业区划工作时，必须正确处理好它的地理性和社会性。这也就是说，既要重视它的自然地理条件的规定性（或称为制约性），又要突出它的社会性，而不应该随意把农业区划的地理性或社会性片面地强调起来和孤立地去看待。

我们知道，农业生产和农业生产上的地区差异，深刻地受到自然条件的影响，不但大的地形结构、水热状况、土壤肥力、植被类型等条件，对农业分布与部门结构存在着很显著的制约关系，就是微地形与小气候也会对作物布局产生一定的影响。例如，我国从南到北作物的种类、品种、播种收获季节，由一年多熟、两年三熟到一年一熟，很大程度上为气候条件所制约。热带、亚热带和温带的许多经济林木的分布，也大体上与自然带的分布规律相适应。又如，从河南省的实际情况来看，也是如此。由于全省地势、气候不同，形成了地区与地区之间，县与县之间，甚至县以内社与社之间，在农业生产上，都存在着很大的差异。豫西多山地丘陵，发展林牧业的条件比较有利；豫东主要是平原，发展种植业的条件较为优越；淮河以南，适于栽培水稻、茶叶等亚热带作物；淮河以北，以种植小麦、棉花、杂粮等作物为宜。同属淮北平原地区，由于自然条件的不同，作物组合也不一样。新乡、安阳附近适合种棉花，许昌附近各县就适合种烟叶，黄河故道一带的沙土区则

适合种花生。上述事例充分说明农业生产上的地区差异，一方面，是由于自然地理条件的不同所形成的。因此，发展农业生产和制定农业区划过程中，不能不对自然地理环境的地域差异给予足够的重视。否则，将会受到自然的严重惩罚。新中国成立以来，从河南的情况来看，在发展农业生产方面，由于没有很好注意按照自然规律办事，出现很多深刻的教训，比如，过去搞引黄灌溉，本来是件好事，是正确的。但由于对黄河水利资源如何开发利用的客观规律没有很好认识和掌握，结果采取了重灌轻排大搞"高底河"，自流灌溉，渠系不配套，浇水不合理，造成土地大面积次生盐碱化，吃了很大亏，到现在还有不少盐碱地没有得到改治。又如，在豫西不少宜林宜牧的山坡地，不根据自然条件特点的要求去发展林业和牧业，反而盲目修建梯田，结果使森林、草坡植被遭到破坏，水土流失严重，破坏了自然界的生态平衡，破坏了农业生产的合理布局，给发展农业生产带来了很大危害。全省 1966～1976 年 10 年间，山区造林面积 600 多万亩，毁掉的就有 200 多万亩，有些县的天然次生林面积比新中国成立初期减少一半。另一方面，也应当看到，农业生产和农业生产上的地区差异，除了受自然因素的影响外，也深刻地受到社会经济规律的影响。这也就是说，农业生产上的地区差异，是由于人类社会在一定的形式上通过人们有意识地利用自然和改造自然的社会历史的结果。事实上，在许多情况下，一个地区生产什么，怎样进行作物布局，远非自然条件所能完全决定的，而是社会经济条件起着主导作用。比如，郑州郊区的土地，就自然条件来说，用来种植粮食、棉花、油料等多种作物都很适宜，但为了适应城市的发展和工业中心的需要，首先必须用大量的土地来栽培蔬菜和作为其他城郊农业用地。所以，研究农业区划不得离开它的社会性，孤立地谈它的地理性。否则，不仅不能正确地反映农业生产和农业区域的客观规律，而且还会得出种种错误的看法和结论。例如，过去曾有人认为，我国的自然地理条件，解放前后没有什么大的变化，因此，全国农业区的划分，也可以按照过去的划法来划区，这种看法，就是由于离开了社会性，孤立地看待地理性所造成的。其结果，必然会导致混淆了不同社会制度的农业区划的不同性质。

总起来说，农业生产的地区差异是地理性和社会性两个方面综合作用的结果。这就是说，农业区的形成取决于农业本身的特点和生产方式。但它的生产过程具有两重性，既受到自然规律的影响，又受到社会规律的影响。因此，在农业区划工作中，必须紧紧地把握着这两个方面的规律对农业区形成所产生的影响。忽略任何一方面，都不能正确地反映农业区的实际。再进一步说，如果仅仅看到农业区的社会历史规律，就只能一般地了解农业区的历史过程，不能认识农业区的地区差异；仅仅看到农业地区的地区差异，就不能了解农业区的历史特征，把农业区看成自然环境的产物，看成静止不变的东西，就不能正确理解农业区划的历史任务。简言之，我们决不能离开农业生产的社会性，孤立地谈地理性；同样，也不能离开农业生产的地理性，孤立地谈社会性，两者都带有极大的片面性。回顾一下，新中国成立 30 多年来，我省的农业生产发展尽管取得了很大的成绩，但是也走了不少弯路。发展的总趋势是两起两落，除了个别的原因以外，很重要的一个原因是没有很好按照客观经济规律和自然规律办事。也就是说，没有很好注意农业生产的地理性和社会性。如果从其倾向性来说，还是以没有很严格按照自然规律来指导农业生产更为突出。正因为如此，不少地区在指导农业生产上，犯了不少瞎指挥的错误，这方面的教训是很多的。可见，不把自然资源调查搞好，不根据自然条件差异去搞好农业区划，不按客观规律办事，农业生产是不可能搞好的，农业现代化也无从谈起。两年多来从河南省开展的综合农业区划工作情况来看，在讨论研究分区划片时，仍然有的同志只强调农业生产的地理性，而不去或很少考虑它的社会性甚至忽视它的社会性，这是不恰当的，应当引起我们的重视。不然，划出来的农业区，也不会正确的反映客观实际，也经不起生产实践的考验。当然，也有同志只强调农业生产的社会性，而不太重视它的地理性，这也是不对的。

三、科学地处理农业区划的变动性和稳定性的关系

毛主席在《矛盾论》中教导我们要重视事物的发展变化。毛主席说："所谓形而上学的或庸俗进化的宇宙观，也就是用孤立的、静止的和片面的观点去看世界。这种宇宙观把世界一切事物，一切事物的形态和种类，都看成是永远彼此孤立和永远不变化的"[①]。和其他事物一样，农业区是发展变化的，是历史的产物。不同历史阶段的农业区各有其不同时代的特征。具体来说，一个地区的农业生产分布、部门结构、作物布局、作物组合、轮作方式以及熟制等等都是随着不同时间的各种因素的变化而变化的。因为农业再生产和经济再生产相交织的复杂过程也时刻在变化。这两种变化的客观过程共同作用于农业区，从而形成了农业区的两重性。从社会历史的观点看，农业区本身就是发展变化的，是受生产方式决定的，因而有它的过去、现在和未来，始终存在着一种变动性。从自然环境的角度看，农业生产受到自然综合体地区分片规律的制约，因而造成农业自然条件的地区差异，并深刻影响农业生产的地区差异。正因为如此，当影响这些变化的自然因素[②]和社会经济因素[③]一旦发生变化时，作为科学的农业区划也必须正确地反映出农业区这个客观上的一切变化。只有这样的农业区划才能对指导农业生产切实有用。就这个意义上来说，农业区划就不单是要指出一个地区农业生产条件的特点是什么，生产部门结构是什么，作物组合是什么样，而且还要反映出各个地区在上述各方面将要发生那些方面的变化。决不能用静止的眼光把一个地区的农业生产条件、部门结构和作物种植等方面看死。而是要把它们看活。只有这样，所制定出来的农业区划才有真正的科学基础，才能起到应有的指导作用。这也就是说，当我们分区划片时，既要看到这些地区的农业生产条件、部门结构、作物布局、生产水平以及熟制等方面的过去和现状。同时，也一定要考虑到，随着各种条件的变化，上述各方面将要发生新的变化。应当充分认识到，一个地区的部门结构和作物种植方向的各种变化是反映了在一定的生产关系之下生产力水平的变化；农业生产熟制、复种指数和产量的高低，是生产力水平高低的反映。随着我国四个现代化建设的发展，农业生产力必将持续向前发展，农业生产水平将不断提高，农林牧副渔的部门结构也必然发生很大变化。而农业区划工作也必须在反映这个现实的基础上，适应我国社会主义大农业的要求，继续不断地解决生产力现状水平与计划产量要求之间的矛盾。因此，农业生产和农业

---

① 《毛泽东选集》1 卷 275 页。
② 自然因素：主要是指地貌、气候、水文、土壤、植物等而言。
③ 社会因素：主要指人口密度大小、劳动力保证程度、水利设施、工业布局、交通运输状况而言。

生产区域不是凝目静止的，它们时刻在运动发展和变化，而且这种变化是绝对的。农业区划工作也是永远做不完的。当前，河南省所划出的七个省一级的综合农业区，也只能说是一个初步的意见，是否全部反映了客观实际，还需要作大量的调查研究，还有待在实践中来验证。当然，在这里也必须看到，农业生产和农业生产的地区差异也还有相对稳定性的一个方面，它的发展具有一定的阶段性和相对静止的状态。如果从一个地区的发展变化来看，在生产条件和生产水平不断变化的同时，也可以看到它的阶段性是很明显的。例如辉县解放以来，农业生产发展的过程大体可分为以下几个阶段：第一阶段是解放初期，水土流失，土质瘠薄，旱灾严重，耕作粗放，粮食平均亩产只有百斤左右；第二阶段是合作化时期，开始改善了部分生产条件，采用了部分新式农具，粮食平均亩产100多斤；第三阶段是公社化后至1966年，大力开展以增施肥料、改良土壤和兴修水利为中心的农田基本建设，粮食平均亩产达248斤，第四阶段是1967年以后，全县人民在不断排除林彪、"四人帮"的干扰和破坏下，由于采取了主攻水土、综合治理的措施，粮食平均亩产大大提高，到1975年粮食平均亩产达700多斤。党的十一届三中全会以来，由于农村各项政策进一步落实，粮食生产水平又有很大提高。固然，各个地区农业发展的不同阶段有快有慢，不应机械地同等看待，但农业生产发展过程却存在着相对稳定的阶段性，因此在农业生产的分区划片时，也必须科学地处理好它们的变动性和稳定性的关系，也只有这样才能反映出农业区划对农业生产切实可用。

四、妥善地解决农业区划的实践性和理论性的关系

我们知道，理论与实践的关系是马克思主义理论中早就解决了的一个重大问题。理论产生于实践，反过来，理论对实践也有重要的指导作用。这种普遍性的真理适用于各个方面的工作。作为综合性很强的农业区划来说，也毫不例外。从农业区划的发生、发展来看，也充分证明了这个道理。远溯两千多年前在我国古代的名著"禹贡"里，曾把全国领土分为九州，对各州土壤、物候、农产、田赋均有记载。可以说这就具有了划分农业地理分区的启蒙思想。但在世界各国地理著述中，比较科学地进行农业区域的划分，还是到20世纪初期以后才开始广泛引起重视和开展。以后，从世界上各个国家来说，又都经历着几个不同的社会经济发展阶段，农业区域的划分理论才得以发展和完善起来。从我们新中国的情况来看，也是如此。新中国成立初期，人们对外国传来的有关农业区划的理论、内容和方法曾引起了很大的争论。然而，实践出真知。通过50~60年代国内的大量实践，我国农业区划从目的、内容到工作方法都突破了外国农业区划的框框，有了我国自己的创新，从而使农业区划在我国生产实践中扎下根来。不仅如此，从我国1949年以来开展的大量农业区划工作三次高潮的情况来看，一次比一次高，而每一次都是来自因地制宜指导农业生产的实践要求。总之，世界各国的农业区划发展的历史，尽管有所不同，但是它们具有一个共同的特点，那就是农业区划的产生和发展，都是来自于生产实践要求的结果。为什么农业生产实践广泛要求农业区划呢？这主要是由农业本身的特性所决定的。既然农业区划来源于生产实践的要求，那么作为农业区划工作来说，也必须适应这个要求，只有这样，才能对农业生产的发展切实有用。否则，农业区划将会失去它的强大生命力。为

此，在整个农业区划工作中，必须坚持实践观点，要突出它的实践性。坚持实践观点，就是在整个农业区划工作中，要不断深入实际，深入群众，大力开展调查研究。只有通过大量而系统的调查研究和综合分析，才能正确地认识农业生产的客观规律性。也只有这样的农业区划才能为因地制宜地做好农业生产规划和领导好农业生产，提供系统的资料和科学论证。反之，我们关在房子里，单凭统计资料、文字资料和老经验，就提出每个农业区发展农业的途径和措施，都是脱离实际的，也是不科学的。即使是提出来一套农业区划，放到农业生产当中去，也是经不起实践的检验。解放后，河南一些单位和个人在农业区划工作方面，也确实做了不少工作，取得了一定的成绩，但是，也有不少值得总结的沉痛教训，主要是制定出来的农业区划缺乏实践基础。实践不仅是农业区划工作的出发点，也是检验农业区划理论是否正确的唯一标准。因此，我们在今天的农业区划工作中，必须紧紧地把握住这一点。要重视农业区划的实践性。我们在农业区划工作中坚持实践第一的观点，这是不是就否定了农业区划理论的作用呢？不是，理论虽然是在实践的基础上产生的，但是它的理论产生以后，反过来又对实践具有巨大的反作用，成为农业区划的重要理论基础和指导思想。它的指导作用，主要表现在它能够指导我们正确的行动。它是我们开展农业区划工作的依据。正确的区划理论是人们对客观存在的农业区发展规律性的正确反映。有了这种规律性的认识，就可以拿它作为一种方法来指导我们的区划工作。比如，我们依据了从反复实践中总结出来的农业区划的划区原则、指标等方面的理论，结合河南的自然、经济状况的实际，能够初步将全省划出了7个省一级的综合农业区。就充分显示了理论的指导作用。此外，理论的指导作用，还表现在它能够在区划实际工作中具有科学预见性。理论对实践之所以能起指导作用，归根结底还是因为理论来源于实践，并经过实践的检验。理论愈是依靠实践，不断接受实践的检验，就越能正确地反映事物的本质及其属性，从而更好地发挥理论的指导作用。这就进一步要求我们在整个农业区划工作中，除了首先要重视它的实践性外，还要注意它的理论性。重视理论作用，主要在于我们不仅在农业区划工作实践中，很好地按照区划的目的、内容、原则、方法等要求来分区划片，为因地制宜地发展农业生产提出系统的科学依据，而且还应当在不断的区划实践的基础上，善于将调查研究中所获得的有关农业生产和农业地区分异的感觉材料，经过去粗取精、去伪存真、由此及彼、由表及里地进行分析与综合，逐步形成完整的概念和系统的理性认识，从而进一步充实和丰富农业区划的新理论、新内容。然后，再应用这些理论去指导我们的农业区划工作，这样才能使我们的区划工作沿着科学的轨道向前发展。

以上分析说明理论要靠实践结果来丰富和完善，实践要有理论来做指导。理论和实践相互促进，密切不可分割，这是辩证唯物论的认识论在农业区划工作中的具体表现。因此，搞区划实践多的同志应当多重视理论研究，要对理论研究多下些工夫，离开理论的指导，实践就会陷入盲目的行动状态。反之，搞区划理论多的同志，也不应该轻视实践，要在区划理论研究过程中，多在实践上狠下工夫，离开了实践，理论将会变成无源之水，无本之木，搞出来的区划也必然是纸上谈兵。因此，我们在整个农业区划工作中，一定要妥善处理好理论性和实践性的关系。

综上所述，农业区划中的农业区和农业区划的关系，农业区划的地理性和社会性的关系，农业区划的变动性和稳定性的关系，农业区划的实践性和理论性的关系等问题，其中心是如何用辩证唯物主义的观点来指导农业区划工作的问题，这是一个重要的方法论问题，也是一个重要的现实问题。因此，在当前的农业区划工作中，必须不断地开展这方面问题的探讨和研究。唯有这样，才能使我们的农业区划工作沿着正确的道路发展。

参 考 文 献

[1] 毛泽东．实践论．见：毛泽东选集．北京：人民出版社，1971，259~273页．
[2] 周立三．试论农业区域的形成演变、内部结构及其区划体系．地理学报，1964，第30卷，第1期．
[3] 邓静中．中国农业区划方法论研究．北京：科学出版社，1960．
[4] 邓静中．农业区划的回顾与展望．中国科学院地理研究所，1978．
[5] 余之祥．江苏省农业区域发展的新特点与农业生产布局的新问题．南京地理研究所，1978．
[6] 周立三．农业区划问题．文汇报，1963-5-6．
[7] 周立三．论省级农业区划的几个问题．江苏农学报，1965，第3期．
[8] 张维邦．论农业区划原则和标准．地理知识，1962，第1期．
[9] 河南省农业区划办公室．河南省综合农业区划．河南省综合农业区划编写组，1980年3月．
[10] 祝卓．对农业区划理论的几点看法．中国人民大学计统系生产布局教研室，1979年9月．

原文刊载于河南师范大学科研处出版的1980年度"科学讨论会论文集"刊物上

（内部刊物）

6. 关于综合农业区划的几个问题

李润田

胡耀邦同志在《全面开创社会主义现代化建设的新局面》的报告中，提出了在不断提高经济效益的前提下，本世纪末力争使全国工农业的年总产值翻两番的战略目标，并把农业作为经济发展的战略重点，要求"一定要牢牢抓住农业"。这是党中央在新的历史时期赋予我们的伟大任务。开展农业资源调查和农业区划、合理布局，是依靠科学搞好农业的一项基础工作。它通过对土地、水、气候、生物等自然资源和社会经济条件的调查和评价，提出不同地区的生产布局、增产措施和发展方向的建议，指导生产活动，使农业生产能够持续、稳定的全面发展，并获得最佳的经济效果。因此，农业区划是因地制宜领导和规划农业生产的手段，是实现农业现代化不可缺少的重要环节。本文就综合农业区划的几个问题，作如下初步探讨，以求教于大家。

一、综合农业区划的概念和内容

农业区划就是在党的方针政策指导下，根据生产发展的需要，按照农业生产地区分布的客观规律划分农业区。或者说，农业区划就是科学地揭示农业生产的条件、特点和发展途径的地区共同性和区间差异性的一种手段。从这个概念出发，要想使这种手段能够充分反映出自然、经济、技术条件的地域差异，就必然要求作出相应的区划。因此，农业区划不是一种，而是一整套（一种是横的体系，一种是垂直的体系。前者可以说是块块系统，即一个地区以综合农业区划为主体，与农业自然条件区划、农业部门区划、农业技术改革措施区划所构成的单项与综合相结合的区划系统；后者是条条的系统，是指从县、省到中央的三级区划系统）。综合农业区划，主要是指在综合分析研究农业发展条件区划、农业部门区划、农作物区划、农业技术措施区划等单项区划的基础上，根据生产发展的需要，本着一定的划区原则和指标，用差异性相区别、共同性相归纳的方法，把一个省、一个地区或一个县划分为不同等级而又能反映出各单项区划内容的农业区。这样的农业区的划分，就是我们所说的综合农业区划。虽然农业区划和单项区划都是属于农业区划的组成部分，但它是农业生产的综合反映（单项区划的内容只反映农业生产的某一个侧面），回答的是整个生产过程中客观规律的问题。

综上所述，可以明显地看出，综合农业区划与农业区划尽管有着密切的关系，但在科学的概念含义上还有着不同之点，完全看成为一个概念是不确切的。

综合农业区划包括的内容较多，但主要的有以下几个方面。

(一) 农业自然条件、自然资源的综合评价

大家熟知，研究综合农业区划，最根本的任务之一，就是要认识和掌握各个农业区的地区差异，掌握其地理分布的规律，以及掌握各农业区内各种自然条件的特点及其对农业生产的影响，以便因时、因地制宜地发展农业生产。这就决定了综合农业区划的首项内容就是对农业自然条件、自然资源进行综合评价。应当说，这是综合农业区划一项重要的基础工作，忽视了这一点就将失去综合农业区划的客观基础和它的科学性。

农业自然条件、自然资源的综合评价，主要是指应用自然资源各专业组的调查资料和成果，在深入分析单项自然要素的基础上进行综合分析，还要抓住主导因素，本着因时、因地制宜的原则，分区评价有利与不利的自然条件，分析增产的自然潜力，提出利用、改造自然的具体措施。

评价的基本内容是：①自然条件、自然资源的数量与质量特征，及其对农业生产的适合程度和保证程度——任何自然条件和自然资源都有数量和质量两方面的特征，不同的数量、质量特征对于农业生产的适合程度和保证程度是不一样的。②自然条件的地理分布和地域综合特征，及其对农业生产发展和生产布局的影响——查明与农业生产部门有关的自然条件的地理分布状况，同时，还要研究每项有关条件的分布和作用以及它们在一定地域上的结合，主次关系和作用。③自然条件合理开发利用的可能方式与方向，及其技术经济前提。④自然条件开发利用的预期经济效果，及其可能引起的自然条件的反作用对生产后的估计，也就是原有自然生态平衡破坏后可能向有利或不利方向的发展趋势，及其预防措施。

在评价方法上，关键的问题是在"综合"上要狠下工夫。这就是说，在评价自然条件、自然资源时，应当注意从各自然条件本身的相互关系、彼此制约之中，分清主次、明确关键、抓住主要矛盾。只有这样，才能真正抓住影响农业生产的主要自然因素，并掌握它的规律性，从而为提出针对性的方向性意见和增产措施提供可靠的依据。河南省一级综合农业区划就是抓住了影响农业生产条件的气候、地貌等主要因素而分区划片的。但据初步了解近两年来有的县搞出来的县级综合农业区划方案还有待进一步完善和提高，主要是他们在自然条件、自然资源的分析与评价时，没有按照综合分析的原则来进行。在此情况下，就很难准确地保证一个地区鲜明的农业生产特点、合理的农业结构、明确的农业发展方向，从而也就难于从综合和宏观的角度考虑一个地区长远农业发展的整体部署和战略布局等问题。为此，必须加强这一薄弱环节，以便实现已制定出来的综合农业区划的实用价值。

(二) 农业生产的特点和存在的主要问题

农业生产的特点主要是指农业生产发展水平、农作物布局、农业部门结构、商品基地的现状等方面所表现出来的地区差异性。存在的主要问题是指影响当前农业生产发展、阻碍农业现代化进程的关键性问题。由于这两方面的问题抓得准确与否，对于科学地论证农业发展方向有着直接的关系，为此，必须以科学的态度，从历史条件、国家需要、自然条件等方面，深入实际，调查研究，综合分析，找出切实反映客观实际的特点和影响生产的

关键性问题，并加以阐述和论证。

(三) 确定、论证地区农业的发展方向和建设途径，提出确保实现方向的关键性措施

在抓准农业生产特点和存在的主要问题的基础上，可根据国民经济发展的需要、历史基础、现有农业生产水平、自然条件提供的可能、自然资源的潜力以及经济效益对比等方面，进行综合分析、认真研究、多方案比较、确定地区农业生产发展方向和建设途径，并进一步论证实现方向的阶段、步骤和相应的关键措施。这项内容论证的是否合理，是否科学；提出的关键性措施是否准确，是否具体，对于保证综合农业区划的实用价值具有举足轻重的作用。为此，在论证农业发展和提出关键性措施上做到"合理"，必须对农业生产诸条件进行深刻分析和研究。否则，将使论证失去牢固的基础。

(四) 因地制宜，分区发展

应当指出，农业区是在一定的自然经济条件下形成的，是客观存在的。因此，综合农业区划就是通过分类划区来认识客观规律的科学工作。人们要认识它，并在认识客观规律的基础上，实现因地制宜，分区发展的目的，必须对各农业区的形成条件、生产特点、问题、生产潜力、发展方向和今后采取的主要增产措施进行系统调查和科学分析。

(五) 展望农业现代化的发展远景

综合农业区划工作能认识自然规律、经济规律，提高人们利用和改造自然界的主观能动性，有助于科学预见农业发展的远景，也就有可能展望农业现代化发展的前景。因此，综合农业区划工作不仅要从当前生产出发，提出发展农业生产的建议，加速农业现代化的步伐，而且还必须提出远景规划和设想。但如果没有当前的区划，现代化这个远景也不可能实现。不过，远景也绝不是一种空想。

二、综合农业区划的指导思想

综合农业区划工作中的指导思想，应当有以下几个方面。

(一) 要坚持辩证唯物主义观点

在制定各级综合农业区划方案时，一定要从当地实际情况出发，注意发现新问题，解决新问题，提出的主要观点和重大措施等要有科学依据。只有这样，才能使制定出来的方案最大限度地反映客观发展规律，从而有利于解决实际问题。比如，灵宝县的地貌特点是"七山二原一分川"，宜林地面积占总面积的51%，牧坡占10.6%，过去只抓小农业，忽视林、牧、副业生产，林业产值占农业总产值的5.6%，牧业占4.5%，结果五业比例失调。他们在总结历史上的经验教训的基础上，制定全县综合农业区划方案时，由于坚持了从实际情况出发这条原则，重点分析了全县的自然条件特点和研究了林、牧业的发展条件、发展方向、合理布局等问题，在决不放松粮食生产的同时，把林、牧生产调整到重要

地位上。结果林业产值上升到占农业总产值的30%，牧业产值提高到10%～15%。全县出现了五业兴旺、生态平衡的新局面。

(二) 要坚持政策观点

主要是指在制定各地区综合农业区划方案时，当考虑确定农业生产结构和明确农业发展方向时，除了要贯彻因地制宜的原则外，更要以党的有关发展农业生产的一系列方针政策为准则。比如"决不放松粮食生产，积极开展多种经营"的方针，就是当前逐步调整不合理的农业结构和生产布局的重要依据。新乡刘庄大队和郑州郊区白庄大队近年来由于贯彻了这一精神，农民的收益有了比较显著的提高。

(三) 要坚持生产观点

主要是指在整个综合农业区划工作过程中，一切都要紧密围绕当地农业生产条件、特点同农业生产中存在的关键问题进行研究，并提出解决生产问题的正确途径，从而通过区划的制定确实达到发展当地农业生产的目的。但是有的同志片面认为综合农业区划的主要任务是摸条件、查资源、找规律，为领导和规划农业生产提供系统的参考依据，至于解决不解决生产中存在的问题，则是生产部门的事。按照这种认识和做法来开展区划工作，必将导致制定出来的区划方案，将成为"纸上谈兵"的废纸。据了解，唐河县农业区划的特点之一就是自始至终地坚持了生产观点，区划方案"有用可行"。为此，应当根据农业现代化对农业区划提出新的要求和任务，从各地实际情况出发，在综合农业区划方面，开辟出一条新路子，总结出一点新经验。坚持生产观点是十分重要的，但是也要注意远近结合（当然以近为主）。这就是说，既要从农业生产的现状出发，又要展望发展的远景，把长远的目标和近期需要结合起来，为当前生产服务，为制定长远规划服务，为农业调整服务。

(四) 要坚持综合观点

不论哪一级（中央、省、县）的综合农业区划既是同级整个资源调查和各部门专业区划成果的综合反映，也是专业区划的集中概括和提高。它关系着整个区划的全局，是衡量农业区划工作好坏的重要标志。这就决定了综合农业区划方案，自始至终要贯穿综合分析、综合研究的观点和方法。加强综合首先要注意从以下几个方面内容下手：①自然条件、社会经济条件和技术条件的综合评价。②大农业、小农业的综合平衡（大农业即农、林、牧、副、渔五业之间的综合，小农业即粮、棉、油、麻、丝、茶、糖、菜、烟、果、药、杂"十二个字"之间的综合）。把农业作为一个整体进行纵向和横向的综合，既考虑农业各部门之间的有机联系与合理结合，又考虑各业内部之间的比例关系，使各业互相促进和不断发展。③农业区划本身的综合，如农业部门区划与农业技术改革区划之间的综合和单项区划与综合区划之间的综合。其次，进行综合分析评价时，还要注意加强大农业、大粮食的观点和宏观的经济观点。这样不仅可以突出主导部门，而且可以注意全面发展。同时，也可以取得综合的经济效果。

(五) 要坚持生态系统平衡观点

主要是指在制定综合农业区划方案过程中，当考虑和确定农业生产结构和生产布局时，一定使它有利于保持生态系统平衡。这样，结构和布局就合理，就有利于使生产和建设获得最佳的经济效果，如果违背了这条原则，则不但难以获得理想的经济效益，更会受到严厉的惩罚，造成无可弥补的损失。比如，河南省伏牛山区前些年，由于片面理解"以粮为纲"，重粮轻林，重砍轻造，毁林开荒不断，忽视了生态系统平衡的观点，结果不仅引起了森林资源的急剧消耗，而且进而导致水、土、气等条件的恶化。历史上一向是"天不旱卢"，近年也出现旱灾。

三、综合农业区划的原则、指标及其运用

一般说来，综合农业区划的原则是在长期的农业区划过程中，经过人们的反复实践，逐步认识农业区域的分异规律的基础上，加以分析、综合，最后总结概括出来的分区划片的准则。这个准则确定得是否恰当，直接关系着农业区分区界线划得是否合理，作出的农业区划方案是否"有用可行"。所以，综合农业区划的原则问题是整个农业区划工作中的一个十分重要的问题，也是一个相当复杂的问题。正因为如此，50年代后期到60年代初期，经济地理学界在区划原则问题上，曾有过较大的分歧，后来到60年代中期，通过一段区划工作实践后，原来分歧的意见逐步趋向一致。70年代以来，特别是近几年来，由于区划工作的逐步开展，在不断实践的基础上，对区划原则的认识和体会上，比过去有了更加深化和完善。另一方面，对区划原则的看法尚存在着一定的分歧。根据过去自己的实践体会，区划原则可以概括为以下三条。

(一) 农业生产条件和主要农业生产特点的相似性

农业生产条件包括自然条件和社会经济条件，在自然条件（地貌、气候、土壤、水文、植被等）中，大地貌、热量带等比较稳定的因素对农业地域差异的形成，起着显著的作用，其他自然因素的影响作用，也不能低估。就河南省大地貌来说，可分为截然不同的东、西两大片：西部为丘陵与山地，东部则为黄淮海平原的一部分。这是形成河南全省东、西两大片农业区域差异的一个极为重要的因素。从水热资源和作物分布来看，河南全省又可以分为差异十分明显的南北两大带，由于水热条件的不同，农作物种类、构成和耕作制度都很不一样。所以，气候因素对农业地域差异的形成也具有很大的作用。因此，在农业区划工作中，要着重分析与农业生产密切相关的自然因素，并从中找出主导因素。但是应该指出，农业区域尽管反映自然条件的区域差异，但不能理解为单纯地依赖自然，而在于使人们认识自然，并能动的改造自然。

社会经济条件（包括人口、劳畜力、农业"四化"水平以及其他技术经济因素）和农业生产特点（农业部门结构、农业经营方式、耕作制度等）也具有区域差异性，对农业区的形成、发展也有较大的影响。因此，应根据主导因素和其他自然、经济各因素的相互联系、相互制约、综合表现出来的地区差异性，把生产条件和主要生产特点相似的地区划为一个区。在大地区内，如果差异性仍比较明显，可再划分为二级区。

(二) 农业生产上存在的主要问题和发展方向的相似性

作为指导农业生产实践的综合农业区划，应当把农业生产中存在的主要问题及其发展

方向作为区划的原则和依据。因为不同的农业区存在着不同的矛盾和问题，需要采取不同的措施和方法去解决。即每个农业区都有其特殊的矛盾以及解决矛盾的措施和方法。比如，最近制定的河南省综合农业区划初步方案中的豫东、豫北沙地农林间作区，本来全区所跨的范围（商丘专区、开封专区、周口专区的大部和豫北京广线到卫河以东等地区）很大，但是，由于他们共同存在着风、沙、旱、涝、碱等自然灾害和今后要在本区积极建设全省的花生基地，大力营造农田防护林、固沙林，实行桐粮间作、枣粮间作等以及抓好排涝治碱、以排定灌、井渠结合、深沟排水等共同性的发展方向和解决矛盾的措施、方法，因此，就应当把它们划分为一个较大的农业区。

（三）适当照顾行政区划的完整性

农业区划的目的是为农业生产服务，为了便于行政领导指挥生产，下达任务，各级农业区划都要适当照顾行政区界线的完整性。一般地说来，省一级综合农业区划，都应该保持公社级行政界线，县级农业区划可保持生产大队界线的完整性。但是，这条原则在实际应用中不是那样容易，因为在一个县或一个公社之间，自然条件都十分错综复杂，差异性很大，如果要保持县、社界线的完整，往往就很难反映出客观存在的差异性。在这种情况下，就只能本着求大同，略小异，来划分农业区。这也就是说，要善于根据主导因素来确定其归属。这样就可以力争不打破基层行政区界线的完整性。

上述三项原则，就其内容和要求来说，是不相同的，各有其自身的特性，但就其目的性来说，还是一致的，彼此间也是存在着密切联系的。因此，当我们运用这三项原则进行分区划片时，都应当坚持综合分析的观点。所谓综合分析，也就是指在已掌握了一省、或一个地区的全面性农业生产方面的资料和图表以及各种单项区划研究成果的基础上，进行鉴别区域差异和确定分区界线时，一定要以上述三项原则为依据，决不能单凭一项原则或两项原则为依据。否则，将会得出错误的结论。一般地说，三项划区原则的各项内容，在地区的反映上，通常表现是一致的。例如，有什么样的水热条件，就适宜栽培什么作物。但是，有的也表现得不一致，如某些地区，自然条件虽然相似，但由于各地区国民经济发展的需要不同，往往也就导致了农业生产现状和历史基础方面的不同，从而造成经济条件也就各有差异。这样，在分区划片时，也就出现了新的矛盾。当然，区域的分界线也就难以划出。正确的解决途径，应该是以经济条件的相似性为主要依据。另外，当三项原则相互矛盾时，应当以第一项原则为主要依据。这也就是说，要善于抓好主要矛盾。

有了区划原则，并不可能一下子划出农业区来，还必须有划区的指标（或者说划区的尺度）。因此，指标的问题，也是农业区划中极为重要和复杂的问题。为了保证农业区划方案的科学质量，消除在划区时的任意性错误，有必要确定统一的划区标准。一般说来，对综合农业区划有重大意义的指标共有两大类。一类是反映农业生产条件的指标。其中包括有自然条件指标和社会经济条件指标。自然条件指标，包括有地貌类型、海拔高度、坡向、坡度、地表组成物质、地面切割程度等；气候带、积温、热量、光照、降水量及季节分配等；地表水源、地下水源及它们的季节分配等；土壤类型、理化性质、肥力水平等。社会经济条件指标，包括人均耕地面积、每一劳力平均负担耕地、每百亩耕地拥有大牲畜头数等。另一类是反映农业生产特征的技术经济指标，包括的内容有大农业各部门的土地利用构成、耕作制度、农作物复种指数的高低、农作物播种面积占耕地面积比重大小、农业生产水平的高低等。

总之，综合农业区划的划区指标，不仅分类较杂，而且指标也多，这就给从事区划工作的同志，提出了一个十分尖锐的问题，那就是在分区划片时，到底应当怎么选择和确定划区的指标。这个问题确定不下来，或者确定的不准，都势必把反映主要差异性的区划线与反映次要差异性的区划线等同起来。结果，将会造成主区和副区混淆的错误。比如，在河南省综合农业区划初步方案讨论会上，就省一级区划来说，就出现过将全省划为4大区、9大区及7大区的3种不同方案。所以能提出几种方案来，从某种意义上来讲，关键的问题在于大家对区划的原则和指标，特别是指标的理解和掌握上，缺乏统一的认识。为此，必须在这个问题上，狠下工夫。为了解决好这个问题，应当注意以下几点。第一，除了要把指标的含义搞清楚外，还要把指标本身的内容吃透。第二，在对各项指标综合分析研究的基础上，要善于抓主导指标（或称为关键指标），要以主导指标为依据，可适当参考一般指标，这样就可以消除划区时的任意性。第三，确定指标时，也要坚持从一省、一地区的实际情况出发，避免主观片面。第四，要注意室内外相结合，这就是说，除了在室内依靠文字资料、统计资料以及各种图表作为确定划区指标的重要条件外，还要进行野外调查和访问，这样将使确定的指标能够更好地反映农业区域主要差异和次要差异的真实性。最后划出来的综合农业区，也就有可能更接近客观实际。结合河南的实际情况和过去实际工作的体会，省一级区划应以水热条件，大地貌和农林牧等部门结构（产值）比重及其发展方向等为主导指标。省二级区划，应以微地貌、土地类型、作物组合、主要农作物的产量水平等为主导指标。

原文刊载于《中州学刊》，1983年第3期

7. 关于地表水资源农业评价问题的初探①

李润田

"水利是农业的命脉"。我们要使农业高速度发展，必须把水资源，特别是地表水资源的底码——数量、质量、时空分布规律等摸清，根据农作物生长和作物布局以及土地利用方式等不同方面对水资源的要求进行分析与评价，为合理的作物布局和合理开发利用地表水资源等提供重要的科学依据。既然如此，积极而深入地开展地表水资源农业经济评价问题的探讨和研究是十分必要的。据初步了解，地表水资源农业评价问题尽管重要，但无论国内或国外对这一问题的探讨和研究尚不够广泛，看法也很不一致，应当说还是一个新课题，有待大家共同讨论和研究。基于这个基本想法，愿将自己对这个问题的一点极为粗浅而又不很成熟的看法提出来向同志们求教。肯定地讲，文中会有不少的错误和不当之处，敬请同志们予以批评与指正。

一

水资源与其他资源最大的不同之处是具有可恢复性——在水循环过程中不断地得到恢复。人类开发利用的水源，主要包括河流、湖泊、冰川和浅层地下水等水体。

和土地、矿藏、森林、渔业等资源一样，它也是发展国民经济不可缺少的自然资源之一。如果说土地、矿藏、森林等自然资源是人类赖以生存的必要条件，那么水资源就是人类赖以生存的前提条件。这主要表现在它的服务对象是相当广泛的，它不仅用于居民和工业的供水、航运、发电和水产养殖等各方面，而且是发展农业灌溉不可缺少的条件。这是因为水是农作物生长的基本因素之一。要保证农作物的正常生长发育达到高产稳产，必须根据不同作物对水分条件的要求，保证适时适量的水分供应。在干旱、半干旱、甚至半湿润地区光靠雨水是无法耕种的，可以说没有灌溉就没有农业，即使在湿润地区也只有发展灌溉才能保证农作物适时适量的需水要求。在国民经济各部门中，农业用水是相当可观的。世界上不少国家，尽管工业用水量很大，但是用于农田灌溉的水量远远超过工业用水量，如美国和日本的农业用水量，通常大于工业用水量的 $2 \sim 3$ 倍，1970 年日本总水量约为 806 亿吨，其中农业用水量为 534 亿吨，占总用水量的 60% 以上。可见，农业用水量在地表水中占有极为重要的地位。既然如此，在发展农业生产和进行农业生产布局以及正在开展的农业区划工作中，都必须重视地表水资源的农业经济评价问题。

---

① 本文是笔者多年来参加省内自然区划、农业区划与规划的调查实践过程中，在积累了一定资料的基础上写成的。在撰写过程中，不仅参阅了不少有关资料，且还向河南水利厅总工程师室诸同志进行了请教和座谈；初稿完成后，又承蒙王建堂副教授、汪秉仁、丁兰璋诸同志提出不少宝贵修改意见，在此一并致谢！

地表水资源农业经济评价的重要意义、内容以及评价的方法等一系列问题确实是个比较复杂和难度较大的问题。据初步了解，目前国内外对于这个问题尚没有一个完全统一的认识。一般地说，地表水资源的农业评价主要是通过对某一个地区地表水资源条件的全面分析，明确地表水资源的数量、质量特征，研究地表水时空分布的特点、变化规律，分析农业生产和布局的有利与不利因素，为研究继承、调整现有的农业生产布局和确定远景性的农业生产发展方向提供地表水条件与技术上的依据，从而达到最合理地利用地表水资源和保证获得稳定收成的目的。因此，地表水资源的分析与评价就必须从不同地区的特点出发，对组成地表水资源的各项条件进行具体分析，其中特别是地表水资源的数量、时空分布特点、质量与修建储存、调节水利工程条件的分析，更是农业评价的主要内容。

二

(一) 地表径流量的分析评价

评价一个地区地表水资源条件对该地区农业生产发展和作物布局到底有利与否，首先要弄清这个地区地表径流量到底有多少？一般地说，一个地区的地表径流量如果很丰富，则表明它的地表水资源对这个地区的农业生产的发展和农作物合理布局提供了有利条件，反之，其地表水资源对农业生产的发展和农作物布局就不利。因为作物生长与发育要消耗大量的水分（表1）。

表1 我国几种主要作物全生育期内田间需水量的变化范围

（单位：立方米/亩）

作物	地区	年份		
		干旱年	中等年	湿润年
一季稻	东北	250~550	220~500	200~450
	黄河流域及华北沿海	400~600	350~550	250~500
	长江流域	400~550	300~500	250~450
中稻	长江流域	500~700	450~650	400~600
一季晚稻	长江流域	300~450	250~400	200~300
双季早稻或双季晚稻	华南	300~400	250~350	200~300
冬小麦	华北	300~500	250~400	200~350
	黄河流域	250~450	200~400	160~300
	长江流域	250~450	200~350	150~280
春小麦	东北	200~300	180~280	150~250
	西北	250~350	200~300	
棉花	西北	350~500	300~450	
	华北及黄河流域	400~600	350~500	300~450
	长江流域	400~650	300~500	250~400
玉米	西北	250~300	200~250	
	华北及黄河流域	200~250	150~200	130~180

从某种意义上讲，农业生产的发展水平基本上取决于水分的保证程度。从河南的实际情况来看也是如此。三十多年来河南农业生产之所以能够取得很大成绩，除了其他原因以外，与全省拥有比较丰富的地表径流资源是分不开的。据初步估算河南境内年径流总量为361亿立方米，相当于全国径流量（26140亿立方米）的1.3%。

要弄清一个地区地表径流量到底是多是少固属重要，但不能单凭这一点就对一个地区的农业生产发展的布局做出有利与不利的结论，因为这里所说的多少尚缺乏一个客观衡量的标准。为此，要分析与评价一个地区地表径流资源对农业生产和布局所提供的有利与不利，必须在弄清该地区地表径流量多少的基础上，结合不同地区农作物对水量的要求进行分析与评价，只有这样所做出的有利与不利的结论才是有充分根据的。因为不同地区不同作物的需水量是不尽相同的，也就是各有灌溉定额（表2）。

表2 引黄灌区主要作物灌溉制度表

作物	灌水次序	生育阶段	灌水定额（立方米/亩）	灌溉定额（立方米/亩）
小麦	1	播种	50	300
	2	冬灌	50	
	3	返青	50	
	4	拔节	50	
	5	灌浆	50	
	6	麦黄	50	
棉花	1	播种	60	160
	2	现蕾	50	
	3	吐絮	50	
晚秋	1	播种	50	100
	2	灌浆	50	

表3 广利灌区主要作物灌溉制度表

作物	灌水次序	生育阶段	灌水定额（立方米/亩）	灌溉定额（立方米/亩）
小麦	1	播种	100	258
	2	冬灌	50	
	3	返青	50	
	4	抽穗	58	
玉米	1	播种	100	226
	2	幼苗	38	
	3	抽穗	38	
	4	灌浆	50	

从表2、表3可以看出：同一个地区作物不同，它们在各生育阶段所需水量是不同的，有的多，有的少；不同地区同一类作物的生育阶段所需要的水量也是不完全一样，有的

高，有的低。这就决定了我们评价一个地区地表径流是多是少以及它对农业生产发展和农作物合理布局所提供的条件是否有利，必须从不同地区不同作物的实际情况出发，决不能脱离开这个具体情况而笼统地说它的径流量是丰是欠。假如一个地区地表径流量超过了该地区农业用水量的总和，不仅表明这个地区地表径流资源是丰富的，而且也进一步说明这个地区地表水资源条件对它的农业生产发展和农业布局是有利的。反之，如果这个地区的地表径流量满足不了该地区农业用水量的要求，则表明这个地区地表径流资源不够丰富和它对该地区农业生产和发展也是不利的。但这里必须明确指出的是当分析与评价一个地区农业供水水资源条件的优劣时，要看到地表水资源仅是水资源中的一部分，而且往往它所占的比重也不是很大，因此也应当把大气降水天然满足部分（有效降水）以及地下水等方面水之和与农业用水量统一起来考虑更为切合实际。总之，通过上述的初步分析与评价，对于地表径流量丰富的地区，可以本着发展优势，扬长避短的原则，选择最有利的作物或品种进行合理的作物布局，从而达到因地制宜地种植和充分利用地表水资源的目的。对于地表径流不够丰富的地区，通过分析评价以后，也可以选择耐旱程度强的作物进行适地适种。同时，也可以根据地区特点和当地作物的具体要求，修建相应的农田水利工程。

总之，通过对一个地区结合作物需水量对地表径流量的分析与评价，不仅对该地区合理地进行作物布局可以提供一定的科学依据，而且对该地区适当地安排农田水利工程也有着一定的意义。

(二) 地表径流时间分布条件的分析与评价

评价一个地区地表水资源对它的农业生产发展和布局的影响好坏，单凭它拥有的年径流量多少就下结论是不够充分的，更重要的是分析与评价这个地区的地表径流的年内变化和年际变化的大小。因为径流的集中和分散情况决定着径流利用的经济价值。更具体地说，即令地表径流量能满足农业用水的要求，但由于作物生长需要过程并不完全与径流变化时间一致，而且各个生长阶段需水不同，所以更直接、更有效地影响作物生长与布局的还是生长期供水和作物发育阶段用水的结合。为此，在分析与评价了一个地区地表径流量的基础上，必须抓住地表径流的年内变化和年际变化，特别是年内变化这一重要条件予以分析和评价。一般地说，一个地区的地表径流在年内变化和年际变化上如果比较均匀的话，可以说它对该地区农业生产的发展和布局是有利的。反之，它对农业生产发展和布局就会带来一定的困难和不利。这种困难和不利影响主要表现在：如果年内分配不均和年际变化过大，不仅使作物得不到合理布局，而且将会不断产生旱涝的自然灾害和农业收成不稳定的现象。以全国为例，我国河流大部分处于季风区内，由于供水季节分配不均，河川径流季节分配也很不均匀，洪枯流量相差很大，汛期水位暴涨，容易泛滥成灾，枯水季节水源匮缺，因而必须进行季节性径流调节，即修建水库拦蓄洪水以供枯水季节使用。其次，全国地表径流的年际变化也很大。由于大部分地区河川水量主要靠雨水补给，因而径流年变化大体与降水的年变化相一致。中等河流的水量年际变化略大于降水量，地区分布规律也大致和年降水量的变化相似，在长江以南，大部分地区的年径流离差系数较小，东南沿海一带因受台风影响，离差系数随之增大。在长江以北的大部分地区，中等河流的年径流离差系数较大，特别是其中黄淮海平原地区离差系数就更大。一般说来，径流离差系数较小的地区，其农业生产比较稳定；径流离差系数较大的地区，其农业生产就不稳定，属于旱涝威胁严重的地区。以河南省为例，全省地表径流受降雨影响，年内分配很不均匀，主要集中在丰水的7、8、9三个月，一般年份占全年的70%左右。这对春作的拔节、开花、抽穗和秋作的灌浆与完熟十分有利。夏季正是春播作物的营养生长期和秋播作物的繁育生长期，对水分要求最大。但是夏季高温，相对湿度小，蒸发量大，如果供水稍欠，持续时间稍长就会出现旱象。而且夏季也多暴雨，暴雨是广大地区形成洪水暴涨的直接原因，这是问题的一个方面；另一方面更为重要的问题是由于径流年内分配不均造成冬春季节枯水，特别是春季更为突出。一般来说，春季为春播作物的种子发芽和幼苗形成过程，也是秋播作物根系形成时期，这时需有一定的水分供应，不然作物就不能得到正常生长。比如，豫东平原地区每当冬小麦拔节——开花需要较大水量（约需102毫米）时，其供水量尚不及一半，因此经常出现严重的春旱，给小麦生产带来很大的威胁。河南地表径流的年际变化也很大。径流的年际变化大小通常采用离差系数来表示。它说明径流年际变化的剧烈程度。C_v值大，年径流的变化大，不利于水资源的充分利用；C_v植小，径流的年际变化和缓，对水资源的利用是有利的。本省C_v值的变化范围为0.5~0.8，可见地表径流的年际变化也是较大的。根据河南全省四大水系若干河流代表站实测水文系列统计分析，各水系年径流均有明显的丰枯水年组交替出现，但周期不固定。丰水年组长者可达八年之久。枯水年组出现连续三年以上的占总枯水年组的72%以上，长者可达九年以上。这样连续枯水和连续丰水年组的出现，为河南全省带来了干旱不断、涝灾频繁的自然灾害。它影响着河南全省农业生产水平的提高和发展速度。

总之，不论大范围地区或小范围地区，如果不尊重客观的自然规律，不根据水资源的时间分布条件盲目进行种植，其结果必然招致失败。这方面的教训是不少的。比如，1958年在水资源欠缺、种植旱作水源不足的豫东、淮北平原，却脱离实际地大搞稻改，结果受到很大的损失。不仅如此，更引人注意的是近些年在豫西部分地区由于不注意客观上水资源条件的可能与否，却主观地在旱薄地上大种需要高水肥的玉米和高产品种的小麦，结果不仅不能获得高产，反而低产也难以保证。

上述大量例证充分说明一个地区地表径流量的年内分配不均和年际变化过大对它的农业生产发展、作物生长及其合理布局的影响都是很大的。因此，通过对一个地区地表水径流量年内分配和年际变化等状况的具体分析和评价，可以根据各个地区不同作物发育阶段用水与供水的适应程度和矛盾，进一步确定和选择相宜的作物种类、组合和轮作倒茬制度，以及相应的水利措施。比如，河南省豫东平原地表径流量的年内分配主要集中在夏季，而冬季和春季则较小，特别是春季尤为突出。这样一个客观实际情况通过分析评价以后，就可以在此基础上，为确定早春作物与晚春作物以及耐旱、耐湿作物比例提出重要的科学依据。通常在水分供应条件欠好的地区，早春作物的比重应小，晚春作物的比重宜大，如果是水分条件供应较好的地区，则应考虑扩大早春作物面积，这样即使在后期雨量不足，早春作物也比晚春作物抗旱，特别是在春旱较严重的地区，应扩大耐旱性较强的作物面积，并巧妙的安排播种时期，以避开春旱威胁。

(三) 地区分布条件的分析与评价

地表径流的地区分布也是影响农业生产发展和作物布局的一项重要因素之一。因此，它也是评价地表水资源的主要内容。一般地说，地表径流的地区分布如果比较平衡，往往对一个地区的农业生产发展和作物的合理布局都是有利的。反之，则是不利的。比如，从全国范围来看，地表径流分布趋势同降水量的分布趋势基本一致：南方多水，北方少水，近海多于内陆，山地多于平原。径流的地区分配极不平衡；东部及西南部外流流域，面积占全国总面积63.76%，而年径流量却占全国径流量的95.45%，西北内陆流域面积占全国的36.24%，而年径流量却只占全国的4.55%。在外流流域中占全国年总量83.46%的径流，又集中于长江流域及其以南地区，其中长江年径流总量达9793.50亿立方米，占全国年径流总量的37.85%。全国地表径流地区分配极端不平衡，给全国农业生产的地区分布带来极大的不良影响。从河南的情况来看，也是如此，在空间分布上也表现的很不平衡，约有60%的水量集中在山地丘陵地区，而这些地区耕地面积只占25%，很丰富的径流资源得不到充分而合理的利用，甚或是白白浪费。而东部平原地区，耕地面积虽大，水量只占40%，而且开发条件差。根据多年实验的结果，东部平原多年平均径流深为166毫米左右，每亩合水量106.7立方米，不能满足作物用水要求，经常出现春旱、初夏旱等自然灾害，从而使这个地区的农业生产水平得不到较迅速提高，成为全省农业发展较缓慢的地区。有的地区如黄河两岸、马颊河上游地区更为严重，多年平均径流深仅有40～50毫米。每亩折合径流量只有30～40立方米。更具体一点来说，根据径流分布情况，河南全省分成了三个相对径流高区和两个相对径流低区。一般地说，相对径流高区的农业生产水平较高，生产较稳定；相对径流低区的农业生产水平较低，生产不够稳定。总之，根据各地区地表径流分布情况的具体分析与评价，可结合当地主导作物生长发育对径流资源的要求，计算出水量的剩余和不足情况，进而考虑增减作物的可能性，以及选择相宜的作物品种与采取补救措施都具有重大意义。同时，通过对各地区水量保证程度的分析与评价后，也可为因地制宜地提出水利措施，为更充分地利用地表水资源提供可靠的依据。

（四）对地表水水质方面的分析与评价

一个地区地表水径流量大小及其时空分布的是否均匀对农业生产和农业布局的影响固属重要，但这只能是问题的一个方面。另外，地表水的水质好坏对农作物的生长关系也有着密切的关系，因此，地表水水质的高低也是评价水资源的一个极为重要的内容。

分析与评价一个地区地表水水质好坏主要是从以下几个方面入手。

（1）矿化度大小：矿化度对农作物的影响很大，因此，水的矿化度是确定水质能否用于农田灌溉的重要标志之一。一般地说，矿化度小于1克/升的水，在所有条件下都可用于灌溉。如矿化度大于1克/升，就容易造成土壤盐碱化。如灌区排水条件不好或土壤渗透性较差时，灌溉用水的矿化度最高不能超过1.5克/升。排水条件较好或土壤渗透性较强的灌区，灌溉用水的矿化度可允许达到3克/升。很明显，水的矿化度大小对农业生产和作物生长都具有十分重要的影响。比如，河南地表水径流的矿化度一般低于0.3克/升，是钙离子型水，属于良好的灌溉水源；而温县、荥阳、尉氏、太康、鹿邑一线以北，矿化度则逐渐增高，原、延、封一带可达0.6～0.7克/升，且含有钠离子，水质略差（表4）。

表4 矿化度与作物生长的关系

水的矿化度（克/升）	作物种植及生长情况
<1	一般作物均能正常生长
1~3	水稻、棉花正常生长，麦类受抑制
5	灌溉水源充足，水稻可生长；棉花显著抑制；麦类不生长
20	作物不能生长，长少量的耐碱牧草，大部分为光板地

（2）在分析评价地表水水质好坏时，也要注意其中泥沙的含量高低。一般来说，灌溉水中是允许有泥沙的，但泥沙颗粒大小及其作用是不同的。直径<0.005毫米的颗粒，含有丰富的养料，但易堵塞土壤孔隙，使土壤的通透性不良。0.005~0.2毫米的颗粒，含养料较少，但可作为土壤骨架，防止上述不利影响。>0.2毫米的颗粒则可阻塞渠道，恶化土壤特性，不允许输入渠道。所以若灌溉水中含砂颗粒过大或含砂量过高时，不宜用于浇地。

（3）酸碱度的大小与农作物的生长好坏也有很大的关系，因此也是评价地表水水质高低的重要内容。我们知道，不同的作物对水中酸碱度有不同的反映和要求。如马铃薯就比较喜欢酸性反映的水；小麦、水稻、玉米等农作物则喜欢pH在6~7的中性水；红薯、西瓜、茄子等则喜欢pH在5~6的弱酸性水；苜草、棉花、甜菜等则喜欢pH在6~8的弱碱性或弱碱性水。亚硝酸盐、磷、钾等，对作物生长有利，可作为土壤矿物肥源。

（4）水温的高低对植物的发芽率和幼苗的生长有极大影响。因此，分析与评价地表水水质优劣时，也应予以足够的重视。一般地说，灌溉用水对水温的要求能使土壤的温度接近于植物的生长最需要的温度，要求灌溉水能使低温土壤变暖，热的土壤降温，但应避免灌溉水与土壤温度相差太大。要二者接近为宜，这样有利于作物的生长和满足作物对土壤热状况的要求。由于各种作物发芽和幼苗生长所需要的温度也不一样，因此在水质评价时，也不能笼统地认为水质是好是坏，一定要坚持从不同作物的具体要求出发，并结合水质温度的高低予以分析和评价（表5）。

表5 主要农作物种子发芽最适宜的水温

作物名称	水温（摄氏度）		
	最低	最适宜	最高
小麦、大麦	1~2	20~25	28~32
玉米	8~10	25~35	40~44
水稻	12~14	30~32	36~38

（5）人类生产活动对农作物的生长和发育影响也比较大。其包括的范围十分广泛，诸如矿山的建设和开采，工业生产活动排放的废水和废渣，农田喷洒的农药和大量投施单一化肥，城镇生活污水等等都可以引起地表水的污染，使天然水体不仅逐渐失去原有的价值和作用，且直接影响了农作物生长，最终对人体健康产生不良影响。为此，当遇到已遭受污染的地表水资源，需要进行分析与评价时，主要是要查清灌溉水中含有的污染物质如汞、镉、铅、铬、磷、有机氯农药、聚氯联苯、氟化物等的含量多少。因为这些污染物质

当超过允许的最大浓度,都将给农作物带来极大的害处。对污染水体的评价方法,从目前来看,多采用分类的方法进行。一般地说,把被污染水体根据一定的指标分成严重污染、中度污染、轻度污染三类。这是以水中溶解氧和耗氧量为指标,以水中有机质的污染为主进行划分的。

(五) 修建储存和调节水利工程条件的分析与评价

对于一个地区地表水资源的分析评价不仅要考虑它本身在量与质两个方面条件的有利与不利,而且还应当在分析评价了上述两个方面条件的基础上继续对该地区修建储存和调节水利工程条件难易程度加以分析评价。这是因为一个地区地表水资源尽管在量和质的方面都能满足当地农业用水的灌溉要求,但往往由于年内分配不均或年际变化过大,其结果也往往会造成春旱伏涝等各种严重的自然灾害的反复出现,甚至使农业生产遭受到重大损失。为了减少和消除这种严重灾害的出现和使有用的地表水资源得到充分的利用,必须采取储存和调节性质的各种农田水利工程措施。为了实现这一目的,对于在该地区修建地表水资源储存和调节农田水利工程的条件好坏就成为头等重要的问题。评价一个地区修建储存和调节水利工程条件的有利与不利,主要是要结合各种不同农田水利工程的要求,查清地貌条件和工程地质条件所提供的可能性如何,并在此基础上予以分析和评价。一般地说,从修建储存和调节农田水利工程对地貌和工程地质条件的要求上来看,山地丘陵地区的有利条件多一些,而平原地区的不利条件多一些。比如,从河南省的情况来看,也是如此。全省绝大多数的大、中型农田水利工程多数集中在豫西山地和豫南的大别、桐柏山区。相反的,豫东的广大平原地区水利工程就比较少。但也不能就此做出笼统的结论。因为,平原地区天然存在的湖泊、洼淀、坑塘、河网以及地下水库、植树造林等也都是调节利用地表水资源行之有效的主要措施。因此分析与评价平原地区储存与调节水利工程条件的有利与不利时,必须从平原地区的具体特点出发。另外,也要注意从不同性质、不同类型的农田水利工程对地质地貌条件的具体要求去考虑问题。假如我们准备修建一座中、小型水库,首先考虑的是一定要选择一个比较好的库区和坝址。而一个理想的库区和坝址,它的基本要求是必须具备有优越的地貌、地质条件以及足够的筑坝材料等。坝址选好,就能做到"费省效宏"。这里指的是优越的地貌条件,主要是指坝址应当选在"口小肚大底平"的河段上。"口小",主要是要选河谷狭窄的地方,这样坝身长度比较短,工程量也比较小。"底平",就是在紧接坝址的上游要有一块平地,要求库区地形比较平缓。坝址以上要求要有足够大的集雨面积。在地质条件要求方面更为严格,不仅要求在坝址处应该没有大的地质构造问题(如大断层、大溶洞等),而且岩石应该比较完整、坚硬。坝址应筑在透水性比较小或透水层厚度不大的地基上,尽量避免在强透水地基(如沙、和沙砾层地基等)上建坝。同时,还要搞清库内有没有古河道。总之,一个地区内具备或者基本具备修建储存和调节地表水资源水利工程的地质、地貌条件时,则表明这个地区修建开发合理利用水利工程条件有利。反之,则表明这个地区修建开发合理利用水利工程条件差。

在分析与评价一个地区地表水资源条件对农业生产发展和作物布局所给予的有利与不利影响时,除了上边提到的几个方面的基本内容外,还应当对距离供水地区的远近和资源重复利用的可能性条件的优劣给予一定的分析与评价。

总起来说，为了对一个地区地表水资源的农业经济价值有个整体的概念和全面的认识，除了对上述各项条件逐项予以分析评价外，还应当注意采用分类分级分区的综合方法进行评价，以便为合理开发利用地表水资源提供一定的科学依据。只有这样，提供的依据更充分，使用的价值更高。比如，栾城县农业现代化实验基地在开展全县地表水资源普查过程中，对地表水资源进行农业评价时，曾采用过这种方法（表6）。

表6　栾城县农业现代化实验基地水资源评价

类别	地区别	评价内容	备考
一	森林和草地覆盖率达0.7以上的高原山地的地表水资源	年际和年内变化较小，年径流变差系数小于0.5，水质较好，具有储存和调节的地貌地质条件，可进行重复利用	在每一类中尚可以根据情况，按照蓄水调节工程的修建情况分为亚类
二	山地丘陵区的地表水资源	年际和年内变化较平原小，年径流变差系数在0.8左右，水质较好，具有储存和调节的地貌地质的条件，可进行重复利用	
三	平原区的地表水资源	不具备储存和调节的地貌地质条件，水质一般较差，年际和年内变化较大，年径流变差系数在1.0以上	

表中分级、分类、分区的评价方法比起单项评价方法更具体，更明确，也带有一定的综合性，使用起来较为方便，具有一定的参考价值。但采用这种方法时，必须结合各个地区的实际情况进行。

总之，分析与评价一个地区的地表水资源农业经济价值如何，不仅要从定性上进行分类评价，而且应当尽可能地搜集各方面的有关资料进行定量分析，这样才能取得更有用的科学结论。

三

综合上述可见，一个地区地表水资源条件的分析与评价，不仅是一个新的课题，而且也确实是一个极为复杂和难度较大的问题，因为涉及的内容十分广泛和庞杂。为此，当我们分析与评价一个地区的地表水资源对农业生产发展和作物布局所提供的可能条件到底有利与不利时，不仅要坚持从各地区各种作物对农业用水的要求出发做好单项要素的分析与评价，而且一定要注意做好在单项评价的基础上的综合评价。综合评价时还要善于根据各地区的具体情况抓住其中的起主导作用的因素。不仅如此，在分析与评价一个地区地表水资源的农业评价过程中，还应当坚持地表水和地下水统一评价的原则。因为在水资源中的地表水只是水循环过程中的一个环节，它和天然降水、地下水等构成了自然界中统一的水体。当然，地表水、地下水的评价也应当统一进行。只有这样评价的结论才更为确切。但是，由于多种原因，不论国内还是国外，对于地表水和地下水相互联系的研究尚不够充分。由于自己的水平和资料等条件的限制，本文也没有做到这一点，有待今后继续研究和探讨。

原文刊载于《河南师范大学学报》，1982 年第 1 期

8. 气候条件农业评价问题的探讨[①]

李润田

一

农业生产的特点决定了它与气候条件有最密切的联系。马克思、恩格斯在《德意志意识形态》中指出:"植物的'枝叶、花朵和果实'等特性密切地依赖于'土壤'、'热度'等等,一句话,是依赖于它所生长的气候和地理条件的"。就自然因素而言,农作物的产量是作物、气候、土壤等因素综合作用的结果。土壤和气候是农作物生产力基本的和最重要的因子,是形成产量的首要和必要条件。同时,土壤条件在很大程度上决定于气候条件,陆地上的水资源也是由气候资源衍生出来的。因此,在对农业生产有实践意义的所有主要自然因素中,气候因素起着主导作用。既然如此,在分析与评价一个地区自然条件是否有利于该地区农业生产的发展时,必须把气候条件的评价放到重要的位置上。

气候条件对农业生产和布局的影响是具体的,也是多方面的。如农作物的生长与成熟,农作物的播种、田间管理、收割与贮藏,农业生产的地区差异与部门结构等等。所以根据各地区不同的气候特点,因地、因时的进行农业生产布局,是保证获得最大国民经济效益的有效措施之一。

在农业生产布局中进行气候条件的经济评价,主要是通过对一个地区的具体气候条件的分析研究,明确该地区气候特点、变化规律以及对农业生产的布局带来的有利与不利因素,以便科学地了解该地区气候条件对农业生产与布局现状产生作用,并为确定农业发展方向提供气候条件方面的重要依据。为了使气候条件经济评价建立在最可靠的基础上,必须首先具体分析各项气候因素,然后从它们之间的相互结合进行综合评价。只有这样才能充分论证各地区气候条件对农业生产和布局提供的可能性、有利因素与不利因素,才能最合理的利用气候条件,提高农作物的单位面积产量,获得稳定的收成。因此,气候条件的评价必须从不同地区的实际出发,对各项气候因子进行具体分析。由于气候资源包括的主要因子是光、热、水,因此,它们便成为气候条件评价的主要内容。

[①] 本文在写作过程中,曾参阅了齐绍崑、梁喜新等同志的有关气候资源农业评价的文章,初稿完成后,又承蒙李克煌、司锡明、王建堂、陈波涔诸位同志提了许多宝贵意见,在此一并表示衷心感谢。

二

(一) 光能资源条件的分析与评价

太阳辐射是最基本的气候因素,植物叶绿素制造碳水化合物必须以太阳辐射为能源。因此在分析一个地区气候资源是否有利于该地区农业生产发展和布局时,应重视辐射资源条件的分析评价。知名的气象学家竺可桢曾指出,太阳辐射总量、温度和雨量是影响粮食生产最基本的气候因素。他在比较了我国与西欧、日本等国家或地区太阳辐射年总量之后,认为我国是一个辐射资源丰富的国家,对农业生产发展十分有利。

分析与评价一个地区太阳辐射资源对该地区农业生产发展与布局是否有利,主要是看该地区全年太阳总辐射量的大小。一般来说,一个地区全年太阳总辐射量大,则表明它对该地区农业生产和布局是有利的。反之,它对该地区农业生产和布局是不利的。比如河南全年太阳总辐射值为 110~125 千卡/平方厘米,而四川省全年太阳总辐射值仅为 80~100 千卡/平方厘米。这就表明河南辐射资源条件要比四川省优越。在分析了一个地区全年太阳总辐射量大小之后,还必须注意分析其年内分配情况。因为全年太阳总辐射量尽管很大,但其年内分配不当,也不一定对农业生产有利。反之,如果全年太阳总辐射能量不大,但其年内分配适宜作物的要求,也不能说对农业生产和布局不利。比如河北省全年太阳总辐射量在 110~130 千卡/平方厘米,其数值并不算太高,但由于辐射量的年内分配是以夏季比重为最大,相当于全年的 1/3 左右,春秋次之。这样的分配对作物生长是很有利的。

在分析评价太阳辐射资源时,还要注意一个地区光合有效辐射状况。一般来说,一个地区光合有效辐射比例高,表明该地区农业生产上可利用的辐射资源潜力大。反之,表明该地区农业生产上可利用的辐射资源潜力小。比如河南光合有效辐射约占总辐射的一半,即 55~62 千卡/平方厘米。这一数值是大于南方而小于北方,但与北方相比,河南光合有效辐射与温度条件配合的较好,大约只有 10% 左右的光合有效辐射是在温度小于零度期间而不能为大田作物所利用。因此,从整体来看,河南尚属于可利用辐射比例较高的地区之一。

日照是作物生长与发育的重要条件之一。光照数量的多少对农作物的产量和质量有着直接的影响,通常在光照条件不足的情况下,对作物的形态结构有很大影响,茎叶黄化,茎秆细弱,芦间拉长,作物体内机械组织和输导组织退化,根系不发达,引起作物倒伏。同时也会使作物籽粒的灌浆和成熟受到阻碍。因此,当分析与评价一个地区气候条件对农业生产发展和布局有利与不利时,应当考查该地区日照时间的长短情况如何。一般说来,一个地区日照时数多,表明日照条件对该地区农业生产发展和布局是有利的。反之,对农业生产发展和布局是不利的。比如,河南省每年日照时数约 2100~2600 小时,相当于日照时间的 45%~55%。与全国相比,日照时数属于中等,多于长江流域,而少于华北和青藏高原及西北地区。这就说明全国日照条件最优越的地区是西北和青藏高原的几个省、自治区。但是光照过多也不一定有利于农作物的生长和发育,这要进行具体分析才行。

根据各种作物对日照时间长短要求的不同，可分为三种类型：①长日照作物，如小麦、大麦、亚麻、油菜、马铃薯等原产于温带或寒带地区的作物；②短日照作物，如玉米、水稻、棉花、大豆、高粱等原产于热带或亚热带地区的作物；③中光性作物，如水稻的早熟品种、特早熟的大豆品种、番茄、四季豆、花生等作物。既然如此，在作物布局中，要根据各地区的照度量、光照时间长短来考虑选择相应的作物或不同的品种，是合理进行作物布局的重要参考依据之一。很明显，棉花是一种喜阳性作物，在我国长江以南各省就不如长江以北各省区有利（南部日照时数较少，北部日照时数较多）。甜菜喜温凉和要求充足的日照，种植在华中、华北就不如东北北部和内蒙古有利。

但是，由于日照状况受位置、地表形态的影响，如纬度的高低、距海的远近，山地的高度、阳坡和阴坡，阴天日数的不同，在具体不同地区的光照条件，日照时数，日照率的差别很大，因此在农业布局工作中应当结合地区的具体条件来研究光照的分布状况，特别在小区域内进行作物布局就显得格外重要。如河南省伏牛山北坡一些地区受地形影响，作物较平原地区提前半月播种，而阳坡较阴坡可提前六、七天播种。这就为合理地安排农活或采用不同品种提供了可能。在作物布局中，应当论证由其他地区引入的新品种对光照长度、强度、日照率要求的指标，在适宜的地区、配合其他条件有计划地发展。如春小麦为长日照作物，向北推移有它的广阔前途，尤其东北地区北部夏季昼长，光照充足，可以促使小麦很快的结实，从而缩短生长期弥补北部积温不足的缺陷。相反，短日照的棉花向黑龙江省推广不仅积温不足，而且在长日照条件下会使发育迟缓，在短促的夏季不能完成生长发育过程。

（二）热量资源条件的分析与评价

热量是作物生活中最重要的因素之一，是影响作物生长发育的决定性条件，在农作物生活中起着主导作用。因此，热量是气候条件农业评价的最重要内容。

任何一种作物的生命活动，都必须在一定的温度条件下进行。温度直接制约着作物光合作用和呼吸作用，影响着作物的干物质积累。不同作物、同一作物的不同品种、各种作物的不同生长阶段，对温度的要求都不相同。当气温低于适宜的热量值，作物生长缓慢。如果气温低到一定程度，作物停止生长，但不死亡，这一温度称为最低热量极值，又称生物学下限温度，是农作物有效生长的温度下限。当气温高于适宜的热量值，作物生长也变得缓慢。如果当气温高到作物停止生长但不至死亡时，这一温度称之为最高热量极值。例如棉花蕾期气温在 25~30 摄氏度为适宜温度，超过 30 摄氏度以上，现蕾反而缓慢，甚至停止生长。上述最低热量极值、最高热量极值以及适宜的热量值，亦称为农作物的三基点温度。因此，根据不同种类作物和不同的品种，以及各个不同生长发育阶段对热量极值适应情况的分析，查明地区最低、最高热量极值和适宜热量值的出现日期、持续时间及地区分布情况，是农业布局中选择最有利作物和品种，确定主导作物与一般作物的比例，以及正确的继承、调整和变革作物布局现状的重要参考依据。由于各种作物生长发育阶段不同，对热量极值与适宜热量值的要求也不尽相同，因此一定要结合地区主要作物各生长阶段对热量的需要，掌握地区热量变化规律，以及与主要作物的适应情况，以便大力推广某些有利的作物。同时还可以根据主要作物最低与最高热量极值出现时间与频率，适当地变革现有作物布局或为防霜冻等提供重要依据。

在低温频率出现较大地区，可根据低温在时间与地区的分布规律，选择适应性强的作物或品种，巧妙地安排作物种植时间和合理搭配作物品种，克服和避开不利温度条件和灾害性天气的威胁。如四川省往往四月初，有寒潮入侵，影响小麦开花受精，但选择开花较迟的品种就可以避开寒潮的危害，保证小麦稳产增产。

农作物生长发育需要一定数量的积温。积温是温度在时间上的积分，包括温度的强度和持续时间。根据农作物生长发育的需要，通常是把日平均温≥0摄氏度的持续时间称作温暖期，≥5摄氏度的持续时间为植物生长期，≥10摄氏度为植物生长的活跃期，≥15摄氏度为喜温作物生长发育最为需要时期。其中，≥10摄氏度的活动积温是度量一个地区热量多少的重要指标，对农业的改制、引种、合理布局和分析各种农作物在生长发育过程中对热量条件的要求都具有很大的参考价值。因此，在分析和评价一个地区热量条件对该地区农业生产和布局有利与不利时，必须首先对活动积温进行分析，并要弄清该地区热量的分布状况，在此基础上结合各种不同作物对活动积温的需要，然后确定与当地农业生产有关的积温等值线，划分出作物适种区。实际上这是为结合国民经济发展需要和参考其他条件，种植与地区热量总和及生长期长度相适应的作物，进行地区作物布局的重要依据之一。从河南全省的积温分布情况来看，稳定通过10摄氏度的活动积温为4200～4900摄氏度，无霜期多年平均为190～230天。大部分地区可以满足一般作物两年三熟或一年两熟生长发育的需要。各地热量不同，一般是自北而南、自西而东递增。大致形成几个不同积温区。在4800摄氏度等值线以南，大部地区一月均温在0摄氏度以上，七月均温28摄氏度左右，平均温约15摄氏度。全年日均温≥0摄氏度的"温暖期"320天以上，累积温度4700～5000摄氏度，各地无霜期多在220～240天。热量条件可以满足水旱（如稻麦）两熟甚至双季稻的需要，适于马尾松、杉木、油桐、油茶、茶叶等多种亚热带林木的生长。特别是豫西南淅川一带，因有伏牛山阻挡北来寒流，年均温可达15.8摄氏度，冬季日均温<-1摄氏度的日数平均不到一天，日均温≥10摄氏度的积温可达5100摄氏度，是全省热量资源最丰富的地区，有些谷地可种柑橘。在4800摄氏度等值线以北，大部地区的热量条件可以满足麦杂两熟和稻麦两熟的需要，对于二年三熟更具有较充足的热量保证。但由于地域辽阔，地形复杂，各地热量又有明显差异。东部平原地区，一月均温-3～0摄氏度，七月均温27～28摄氏度，年均温13～15摄氏度，适于小麦、棉花、水稻等多种作物的生长。大部地区全年日均温≥0摄氏度的"温暖期"300～320天，累积温度4300～4700摄氏度。中部山区丘陵与平原交接的地带以及豫西黄土丘陵的河谷地段，由于地形影响与焚风效应的关系，较同纬度的东部地区气温偏高。如郑州，年均温14.2摄氏度，日均温≥10摄氏度的"生长活跃期"216天，积温4600摄氏度；洛阳年均温14.5摄氏度，日均温≥10摄氏度的"生长活跃期"218天，积温4700摄氏度；而同纬度的商丘年均温只13.9摄氏度，日均温≥10摄氏度的"生长活跃期"只有212天，积温只4580摄氏度。西部山区，因地势高峻，气温较同纬度的东部地区偏低。如卢氏、栾川一带，年均温12.1～12.7摄氏度，≥10摄氏度的"生长活跃期"187～197天，积温3500～3700摄氏度，是全省热量资源最少的地区。这些地区只能二年三熟或一年一熟。

根据积温适种区的积温分布与积温总和的数值，结合当地主导作物生长发育对活动积温的要求，计算积温的剩余量和不足情况，以便考虑增加积温和更换田间作物可能性，以及选择相宜作物与品种或采取补救措施。如信阳地区的潢川、固始一带，目前在熟制上主要是两年三熟。当地≥10摄氏度的积温是4900摄氏度，主导作物为水稻，积温尚有剩余，如果轮作冬小麦（1600摄氏度），实行一年两熟制，从积温来看是可以满足要求的。应当指出，在一些地区活动积温不能满足某些作物要求时，不宜强行种植。

总之，在上述分析中，一定要结合不同地区和不同品种对活动作物品种的特点。因为同一种作物的不同积温要求不同，而活动积温相近似的两个不同地区生长期长度和温度强度可能相差很大。

考虑到气温周期变化和作物对温度的反应，这两者的错综复杂关系，在生产实践中用一些共同意义的温度指标（称为农业界限温度）来指导农业生产活动也是十分重要的。因此对≥0~5摄氏度、≥5~10摄氏度，以及≥15摄氏度日平均温度的总和和持续时间的分析与评价，也是不可忽视的。特别是对≥15摄氏度积温的分析更为重要，因为不仅喜温作物要求较长时期≥15摄氏度日平均温度的持续时间，而且一般谷类在拔节、孕穗、扬花时也都需要一定的高温。≥5~10摄氏度日平均温度的持续时间与日期，与作物播种、收割也有着密切的关系，它是作物播种期、成熟期的重要指标之一，日均温5摄氏度的到来也是木本植物与越冬作物开始生长的标志，准确地掌握这些指标的变化规律可以为合理地安排农活，提供一定的依据。≥0~5摄氏度日均温的分析，也是备耕、秋翻的重要参考依据。

在热量资源农业评价中还应当注意对多年生作物越冬条件的有利与不利条件进行综合分析，这些分析对冬夏气温条件差别过于悬殊的地区显得更为重要。比如东北地区的辽宁省冬季漫长而严寒，热量极低，变动振幅甚大，对越冬作物的安全越冬影响很大。在我国南部冬季气温虽然比北部为高，但往往由于寒潮突然袭击，温度骤然下降，以致危害作物冬作。在一个地区作物布局中对越冬条件的分析，主要是弄清各个地区最低温度的分布与变化规律，然后根据作物越冬条件等级及不同作物对越冬条件的要求进行布局。根据苏联气候学家舒尔金的研究，以绝对最低热量平均值所划分的苏联越冬作物区：在温度高于-12摄氏度的地区具有草本作物与多年生木本作物越冬有利条件，在-12~-16摄氏度等值线间，越冬作物受害较多。在低于-16摄氏度地区则对越冬作物不利，但在个别地区还可种耐寒品种的冬黑麦。从河南省来看，主要越冬作物是冬小麦和多年生的果树等，全省最冷月平均气温，大部地区在-12~-14摄氏度，不少地区可达-20摄氏度左右，对亚热带植物越冬有一定妨碍，特别是在豫南大别、桐柏山区，对多年生亚热带木本植物的越冬有较大威胁。例如，对热量条件要求较苛刻的亚热带木本植物柑橘，在这些地方只有在选择有利地形、采取防冻措施的条件下，才能安全越冬。油茶、油桐、茶叶等在多数年份能正常生长，安全越冬，而在少数年份遇到-10摄氏度以下低温，视其寒冷程度和低温持续时间的长短，也会出现不同程度的冻害。如1977年1月下旬的一次寒潮入侵，极端最低气温在大别、桐柏山区，普遍降至-17摄氏度以下，亚热带多年生木本植物遍遭冻害，桐柏县城关茶场的部分不耐寒茶树被冻死。从上述例证可以明显看出，在区域农业布局中，研究越冬条件要求较严的作物时，仅根据平均最低温度和越冬等级是不够的，还必须结合不同地区分析它的绝对最低温度及其越冬条件。比如从平均最低温度来看，在我国华南许多地区是可以种植橡胶树的，但是冬季寒潮的长驱直入，使许多地区气温降到 0 摄氏度下，从而使橡胶树遭到严重的冻害。

(三) 降水资源条件的分析与评价

水分也是作物生活不可缺少的重要因素之一。作物生长与发育要消耗大量的水分，玉米生产 1 公斤干物质需水量 368 公斤，小麦 513 公斤，水稻 710 公斤，在干旱条件下还要增加 2/5 左右。在无水或缺水时，作物就很难生长和生育，以致全部死亡，所以在光、热及其他生活因素足够的条件下，农作物的产量基本上取决于水分的保证程度。不仅如此，在具有相同的光、热条件的地区，往往由于水分条件的差异和作物需水保证程度不同，导致各地作物的种类和品种以及作物的组合等方面，均有显著的差异。

在陆地生态环境中，降雨是主要的水分形式，不仅直接影响土壤水分、空气温度，而且影响整个农业气候和水文环境。降水量的多少，对农业发展有极其重要的意义。既然如此，在农业生产发展和布局中，必须对其降水条件做出恰如其分的分析与评价。在分析评价一个地区降水资源条件的有利与不利时，最主要的是结合不同作物需水总量指标，查清地区降水总量，季节分配，降水量变率及补充水量的可能，考虑作物的分配与组合，轮作倒茬制度，以及相应的水利措施。但是由于作物生长过程并不完全与降水时期一致，而且各个生长阶段需水不同，所以更直接影响作物生长与布局的还是生长期的降水和作物发育阶段用水的结合状况。特别是我国是个季风气候国家，有利的一面，强盛的季风带来丰富的雨水，降水主要集中于夏季。使我国不少地区由于炎风暑雨，水热共济，成为富饶的鱼米之乡。但是季风气候也有很大的缺陷，降水的季节变化和年际变化十分明显。在北方广大地区降水变率很大，有效雨量小。同时在耕作制度上又以春播为主，秋播为辅，所以结合这种特殊情况对降水进行分析评价就更为重要。

春季降水：春季为春播作物的种子发芽和幼苗形成、秋播作物根系形成的时期，为了使土壤耕作层有一定的湿度，需要有一定的水分供应。当土壤耕作层有效水分储量在 5 毫米以下时（一般都以 0～20 厘米土层作为供水层），就不能出苗，有效水量在 5～10 毫米时，作物生长十分缓慢，有效水量超过 20 毫米时，才能保证作物正常出苗，根据上述指标分析春季降水总量及有效雨量，是考虑一个地区种植不同作物和作物组合以及不同播种时期的重要依据。特别是我国北方不少省区在雨水不多，有效雨量过少的情况下，根据春播作物各发育阶段对水分的要求，摸清春季降水总量及有效雨量的多少显得格外重要。从河南省情况来看，每年春季正是越冬作物开始旺盛生长和春作物播种育苗期，急需降水，但这时除淮南地区开始受到夏季风的影响雨量稍增外，其他大部分地区，特别是北半部降雨很少，加上降水变率高，结果造成严重的春旱。当地群众有"春雨贵如油"之说。因此，具体查清一个地区春季降水量、次数、时间及每次降水量多少才是确定一个地区早春作物、晚春作物以及耐旱、耐湿作物比例的重要科学依据。一般说来，当一个地区的土壤水分少于一般水平时，安排作物布局应将早春作物的比重降低，晚春作物的比重提高；如果土壤水分较高，则就考虑扩大早春作物面积，这样的安排即使后期雨量不足，早春作物也比晚春作物能抗旱，特别是在春旱较严重的地区，应扩大耐旱性较强的作物面积，并宜巧妙地安排播种期，以避开春旱的威胁。

夏季降水：我国雨量主要集中于夏季，在北方各省区一般为年降水量的60%~70%，这对春作物的拔节、开花、抽穗和秋作物的灌浆与完熟，都是十分有利的。夏季正是春播作物的营养生长期和秋播作物的生殖生长期，对水分的要求最大。一般从水分鉴定来看，当1米土层内有效水分储存量低于80毫米时，就影响作物对水分的正常需要，而超过180毫米时，就会使作物通气受阻，以致倒伏、涝死或发生传播病虫害，因此对夏季降水总量、干旱日数及暴雨情况的分析也是十分重要的。从河南省情况来看，全年降水量主要集中在6~8月。这三个月的降水量占全年降水量的50%~60%以上。有利的一面是多雨与高温相结合对作物生长发育十分有利。但是夏季高温，相对湿度小，蒸发量大，如果降水稍微不足，持续时间稍长就会出现旱象，轻微的夏旱也会影响作物产量。特别是此期间多暴雨（全省暴雨平均强度61~92毫米，一般在70~80毫米），它是造成严重的洪涝灾害和豫西黄土丘陵区水土流失的直接原因。因此，在评价一个地区夏季降水状况有利与不利时，必须首先对该地区的夏季降水规律、暴雨情况进行深入调查与分析，然后在此基础上进行作物安排和确定相应的水利工程措施。

秋季降水：对春播作物的籽粒增重与完熟和秋播作物的出苗率以及幼苗生长状况关系极为密切。我国大多数地区秋季土壤水分不缺乏，往往因夏雨多，土壤湿度大，一经降水即达饱和，增加径流造成涝灾。根据秋雨情况，可考虑排涝、安排播种期与确定秋播比重。而且，这时好多作物正处于腊熟、完熟阶段，降水过多也会影响质量与产量。因此对秋季降水规律的分析评价，也可为合理安排作物收割，解决沥涝过多问题提供重要依据。

冬季降水：这个季节的降水对农作物的影响虽然不像春、夏、秋三季那样直接和重要，但在我国南方冬季仍以降雨为主，对冬作物的生长和发育有着一定的影响。北方则以降雪为主，对冬作物起着覆盖保温作用，尤其是春小麦和冬小麦过渡地带冬季干冷，往往绝对最低温度降低到冬小麦耐寒点以下，所以冬季积雪的情况，往往会成为冬作推广界线的重要依据。因此，在进行作物布局中，也必须对一个地区冬季降水条件进行必要的分析和评价。

众所周知，年降水量和生长季的降水量是保证作物水分的基本依据，但不能完全作为水分保证率的指标。因为在地面的水分还有大量的蒸发过程，因此正确评价水分保证程度，必须把降水与蒸发之间的相互关系考虑在内，也就是用可能蒸发量与降水量之比（即干燥度）或其倒数（即湿润系数）做指标。正确计算其地区分布，并参考地形、土壤和作物现状划分潮湿、湿润、半湿润、半干旱、干旱等不同类型的湿润区，这是合理选择与当地湿润状况相宜的作物种类和品种，以及提出水利建设技术措施的重要依据。如根据年湿润系数值和年降水量以及生长季旱期日数指标，可把河南省划分成半干旱、半湿润和湿润三个地带[①]。

（1）半干旱地带：主要包括豫北平原、中部丘陵和豫西黄河两岸及伊洛河谷地区，南以湿润系数0.6、年降水量700毫米和生长季旱期日数150天等值线的平均位置与半湿润地带分界。该区年湿润系数≤0.6，年降水量≤700毫米，生长季旱期日数150天以上，常年平均水分不足，季节性干旱经常发生。春季升温快且多风，加之前期雨雪稀少，土壤水

---

① 参考时子明先生《河南自然条件与自然资源》一书的气候部分。

分贫乏,极易形成旱象,威胁小麦生长,夏季降水虽较丰富,但多暴雨、阵雨,易形成间歇性旱涝;秋季雨量渐减,气候湿润程度随之降低,旱象也经常发生。由此可见,本地带的主要气候特点是常年降水量不足,春秋季节多干旱,在农业生产中应特别重视防旱抗旱。

(2) 半湿润地带:包括豫东平原、南阳盆地和伏牛山东麓低山丘陵,北与半干旱地带相连,南以湿润系数为1.0、年降水量1000毫米和生长季旱期日数50天等值线的平均位置与湿润地带分界。其年湿润系数为0.7~1.0,年平均降水量700~1000毫米,其中的80%降落于日平均气温≥10摄氏度期间,有利于作物的生长发育。但由于降水变率大,加之局部地形影响,往往出现旱涝交错的现象,大大限制了降水量的有效作用。该地带东部平原,春季多风,夏秋易涝,伏牛山东麓浅山丘陵区旱象较频繁,南阳盆地秋旱多于春旱。从常年平均情况看,水分不足。所以,适时灌溉乃是保证该地区作物稳产高产的必要措施。

(3) 湿润地带:主要包括淮河两岸丘陵、平原和大别、桐柏山地区。常年平均水分收入大于支出,年湿润系数>1.0、年平均降水量在1000毫米以上。由于年内降水分配未必与作物需水规律相符合,所以容易造成水分的相对过剩或不足,因此,适当的灌溉和排水,仍是保证本地带作物稳产高产的前提。

(4) 伏牛山山地湿润区①:以伏牛山山地为主体,包括栾川、南召、西峡等县的部分山区,年湿润系数<1.0,年平均降水量接近1000毫米,常年湿润程度较高。

三

总起来说,光能、热量、降水等资源条件的分析都是以分析一个地区气候资源条件对农业发展和农业布局有利与不利为主要内容的。但这绝不是说其他气候因素对农业生产和农业布局就不重要。相反,如大风、大气湿度和霜冻、冰雹、寒潮等各种灾害性天气同样都不同程度的影响着农业生产发展和农业布局,甚至在一定的时间、一定的范围内还起着极其重要的作用,因此在进行气候条件农业经济评价时,也必须把上述的几项内容列入其中。其次,在农业生产发展和农业布局中对气候资源条件进行农业评价时,不仅先从气候的个别因素逐个予以分析评价,而且还必须注意在此基础上进行综合评价,只有这样才能更全面、更深入、更合理的为安排不同作物和作物组合以及科学的轮作倒茬等提供重要依据。但这里必须明确指出的一点是在进行气候资源条件综合农业评价时,又不能对气候各个要素等量齐观,一定要善于抓住其中的主导因素进行分析与评价,只有这样,才能为农业生产布局提供可靠的依据。

原文刊载于《河南大学学报》,1987年第3期

---

① 伏牛山山区,由于海拔高,气温低,水分收入除抵偿可能蒸发量消耗外,还有剩余,年湿润系数>1.0,生长季无旱期,年降水量近1000毫米,应划入湿润地带,但考虑到地区的不连续性,为便于说明起见,将该区单独划出,称为"伏牛山山地湿润区"。

9. 地下水资源农业评价问题的初步探讨[①]

李润田

一

地下水是蕴藏在地下的一种重要的自然资源，是水资源的重要组成部分，在不超采情况下，能够得到补给平衡。就补给来说，地下水资源随时间、地点、条件而变化，与周围环境的联系密切。在进行国民经济建设中，特别是农业生产和布局过程中，必须把地下水资源的数量、质量、分布规律等摸清，根据农作物生长和作物布局以及土地利用方式等不同方面，对其进行分析与评价，为合理的作物布局和土地利用方式等提供重要的科学依据。一般地说，地下水资源的农业经济评价主要是通过对一个地区地下水资源条件的全面分析，明确地下水的埋深、水量、水质和分布的特点、变化规律，及其对农业生产和布局所提供的有利与不利因素，为研究和继承现有的农业生产、布局和确定远景性的农业生产发展规划提供地下水资源条件和技术上的依据，从而达到最合理的利用地下水资源，保证获得农业稳定收成。

我国地域辽阔，地理条件差异很大，各地农业生产特点和结构也不尽相同，因而对水分的要求也千差万别，这样就决定了地下水资源的分析与评价必须从不同地区的实际情况出发，对组成地下水资源的各项因素进行具体分析与评价，其中较为重要的是地下水资源的数量、质量、分布情况等几个方面，特别是要把地下水量作为重点。这是因为水量的变化，直接影响到地下水位的升降，也影响到水质、水温及其分布的变化。此外，也决不能忽视其他因素的评价。

地下水资源评价，对水利部门来说，首先有关的是水利规划，特别是其中以农业灌溉为主的井灌规划。农业灌溉面广而量大，需开采的地下水量远比其他部门大的多。我国北方干旱和半干旱区，主要靠井灌，有了地下水，才能稳产高产，保持农作物持续丰收。因此，地下水资源评价工作，一定要认真做好。

[①] 本文在写作过程中，得到了黄春海教授、丁兰璋、汪秉仁副教授的大力支持和帮助。初稿完成后，又蒙司锡明教授提出了许多宝贵意见，且协助做了不少增删工作，在此一并表示衷心的感谢。

二

(一) 地下水水量的分析与评价

山区地下水多供人畜饮水,很少用于农田灌溉,有时以泉的形式补给河流。深层地下水由于种种条件所限,不易开采,仅限于工业用水及城市供水和个别地区农田灌溉。目前较为普遍的农田灌溉,主要开采浅层地下水。分析评价一个地区地下水资源条件对该地区农田灌溉需水量的保证程度,首先要查清这个地区地下水储量(静储量、动储量、调节储量、开采储量等),主要是开采储量。开采储量是在一定的技术经济条件下,通过各种取水设施,能从含水层中提取的水量。其计算公式为 $W_4 = nqs$,式中 W_4 为开采储量(单位立方米),n 为计算区内开采的井数,q 为井的单位涌水量,即每降深1米的每小时出水量(单位立方米/时·米),s 为设计的抽水降深值(米)。一般地说,一个地区地下水开采储量如果很丰富,则表明它的地下水资源对这个地区农业灌溉需水保证程度提供了有利条件。反之,其地下水资源条件对该地区农田灌溉用水条件提供了不利因素。因为农作物生长与发育要消耗大量的水分①。以河南为例,它之所以成为全国的重要农业产区之一,是与它有丰富的地下水资源分不开的。目前全省已拥有机井60万眼以上,井灌面积达到4,500多万亩,年开采总量达84.8亿吨以上,在水资源利用上,其重要性远胜于地表水。其中,又以新乡地区地下水开采量为最高,几年来的地下水开采量都达22.40亿吨,正因为这样,这个地区成为河南省小麦单产最高的地区之一。可见,一个地区农业生产水平的高低与地下水资源的保证程度如何有着直接的关系。然而,近几年该地区地下水由于过度开采,地下水位有下降趋势。

一个地区地下水开采储量的多少固属重要,但不能单凭此就做出这样的结论:量越大就越有利于农作物的生长发育,反之就越不利于农作物的生长发育。还必须在查清地区地下水资源可采储量多少的基础上,结合不同地区不同的土地利用方式或不同品种的农作物对地下水水量的具体要求进行分析与评价。只有这样,所做出的有利与不利的结论才比较切合实际,因为不同地区的不同土地利用方式和不同的农作物种类对水分的要求都是不完全相同的。比如河南省引黄灌区小麦播种阶段的灌水定额为50立方米/亩,而广利灌区的小麦播种期灌水定额则为100立方米/亩。这不仅决定了我们分析评价一个地区地下水资源可采储量是多是少以及它对农业生产发展和农作物合理布局所提供的条件是否有利,必须从不同地区作物的实际情况出发,决不能脱离开这个具体情况而笼统地说它的可采储量是多是少。而且,也明显地说明在一个地区进行农业生产布局或作物布局时,也一定要把上述因素考虑在内,不然就会犯违背自然规律的错误。另外,这时还必须明确的一点,就是当分析评价一个地区农业供水水量的优劣时,还要看到地下水资源仅是水资源中的一部分,而且往往它所占的比重随各地区的具体情况不同,也不一定都是很大。因此,也应当

---

① 以华北地区冬小麦为例,根据典型地区的调查,小麦全生育期内田间需水量干旱年为300~500立方米/亩;中等年250~400立方米/亩;湿润年200~350立方米/亩。

把大气降水天然满足部分（有效降水补给）以及地表水、灌溉回归水等方面水之总和与农业用水量统一起来考虑更为实际。总之，通过上述的初步分析与评价，对于地下水可采储量丰富的地区，可以本着发挥优势、扬长避短的原则，选择最有利的作物或品种进行合理的布局，从而达到因地制宜地种植和充分利用地下水资源的目的。对于地下水可采储量不够丰富的地区，通过分析评价以后，也可以选择耐旱程度强的作物进行适地适种。同时，也可以根据地区特点和当地作物的具体要求，修建相应的农田水利工程。

评价一个地区地下水资源对它的农业生产发展和布局的影响好坏，单凭它拥有的每年可采储量多少就下结论也是不够科学的，还必须注意分析与评价这个地区地下水水位的年内升降变化和年际升降变化的大小。因为水位升降幅度大小直接影响着水资源利用的效益高低。更具体地讲，即令地下水可采储量能满足农业用水的要求，但由于作物生长需水过程并不完全与水源水位变化时间相一致，各个生长阶段需水不同，所以更直接、更有效地影响作物生长与布局的还是生长期供水和作物发育阶段用水的结合情况。为此，在分析与评价了一个地区地下水可采储量的基础上，还必须把水量水位的年内、年际升降变化，特别是年内升降变化这一重要因素作为分析与评价的重要内容之一。因为年际、年内变化过大，不仅造成供水过程和农业用水过程极不适应，且会给生产上带来严重的自然灾害、农业生产量低而不稳的局面。为此，在分析与评价一个地区地下水可采储量大小时，一定要对其年际和年内的变化给予足够的重视。一般说来，一个地区的地下水可采储量的年际和年内变化较小，应该说这里的地下水资源条件对该地区农业生产的发展和布局是有利的，反之则是不利的。

（二）地下水资源地区分布条件的分析与评价

地下水可采储量地区分布情况也是影响农业生产发展和农作物布局的重要因素之一。因此，当评价了一个地区地下水资源可采储量多少后，紧接着要分析与评价其在地区分布上的情况如何。一般来说，地下水资源可采储量的地区分布如果比较平衡，往往对整个地区的农业生产和作物的合理布局都是有利的，反之，都是不利的。比如，从全国的情况来看，在地区分布上表现的很不平衡。据调查分析，全国地下水比较丰富的地区主要集中在几个大型的冲积平原：松辽平原（694亿立方米/年）、黄淮海平原（475亿立方米/年）、长江中、下游冲积平原以及塔里木、准噶尔、四川盆地等大型盆地的山前平原。广大基岩山区则地势起伏悬殊，地质构造和含水层变化大，通常地下水埋藏深且贫水。全国地下水资源可采储量地区分布不平衡状况，给全国农业生产的地区分布带来极大的不良影响。河南的情况也不例外，全省约有70%以上的地下水可采资源分布在广大的黄淮海大平原地区，这些地区又集中了全省75%的耕地，加上地下水开采条件也好，因此黄淮海平原地区也成为河南重要的农业地区之一。尽管从整体上看黄淮海平原是地下水资源较丰富的地区之一，但由于冲积平原内部因黄河多次泛滥、改道，黄河所带来的泥沙与淮河水系及海河水系沉积物交错叠置，致使平原上各个地区的富水性也很不平衡。根据各地区机井的单井出水量又可分为三种不同类型区：①浅层地下水丰富的地区。单井出水量大于60吨/小时，主要分布在太行山前缘洪积扇群，沁河以北洪冲积砂砾石层分布区，卫河以西、惠济河北岸、沱河南岸一带，洪河和汝河的河间地块及唐白河沿岸。主要含水层为沙、砂砾石及砂卵石层，含水层总厚度为 15~20 米。②浅层地下水中等富水区。单井出水量 40~60 吨/小时。主要分布在金堤河以南、涡河南部、颍河中下游地段及淮河南岸的冲积平原区。主要含水层为中细沙及亚黏土，层中含有连续集块状砂姜层，含水层总厚度 10~20 米。③浅水层地下水贫乏的地区。单井出水量小于 40 吨/小时，除上述两种类型外的平原区均属此类，主要分布在商丘北部，沁阳县的柏香至木楼一带，安阳和新乡两地区的东部，黄河大滩地和淮阳、项城、柘城、上蔡、新蔡等县的部分地区。主要含水层为粉细沙、亚沙土、泥质细沙及其裂隙的黏土层、含水层较薄，一般 10 米左右。总起来说，地下水资源可采储量丰富的地区，农业生产水平较高，生产较稳定，地下水资源可采储量贫乏的地区，农业生产水平较低，生产不够稳定。对一个地区进行地下水资源可采储量地区分布情况分析与评价时，一定要在对地下水资源分布的具体情况分析的基础上，结合当地主导作物生长发育对地下水资源水量的要求，计算出水量的剩余和不足情况，进而考虑增减作物的可能性，以及选择相宜的作物品种，同时，通过对各地区水量保证程度的分析与评价后，也可为因地制宜地提出水利措施，更充分地利用地下水资源提供可靠的依据。

(三) 地下水温与水质条件的分析与评价

一个地区地下水可采储量的大小及其分布状况固然对农业生产和农业布局有很大的影响，但这只是问题的一个方面，地下水温与水质情况对农作物的生长和布局也有着极其重要的作用，因此，地下水水温与水质的条件也是评价地下水资源的重要内容之一。

水温与农作物的生长有着密切的关系。一般比较适宜的灌溉水的温度为 15 摄氏度左右。水温过高或过低都不适宜农作物的生长。

矿化度对农作物生长的影响很大，因此，水的矿化度是确定水质能否用于农田灌溉的重要依据之一。一般地说，农业用水的矿化度不宜过高，但其上限并没有统一的标准。有些地区把矿化度 2 克/升定为咸、淡水的分界，也有的认为矿化度 1.5~2.4 克/升是较好的灌溉区的上限。苏联曾有人提出上限是 1.1~1.7 克/升。我们知道，矿化度是指水中溶盐的总含量而言。而溶盐的总含量中包含着多种成分。其中钠盐成分对作物有害，钙盐成分对作物无害，而硝酸盐和磷酸盐不但无害，而且还有益，有助于农作物的生长。因此，如果有害盐分含量多，尤其是 Na_2CO_3 含量多时，即使水的矿化度比较低，也会对作物产生不良的影响，相反，无害盐类含量较高，水的矿化度的上限就可以提高。按照盐分对农作物生长的危害程度，大致有以下排列：$MgCl_2 > Na_2CO_3 > NaHCO_3 > NaCl > CaCO_3 > MgSO_4 > Na_2SO_4$。一般盐害指 $NaCl$、Na_2SO_4，对农作物危害形成盐土；碱害指 Na_2CO_3、$NaHCO_3$，对农作物危害形成碱土。综合危害除上述盐、碱外，还有 $CaCl_2$、$MgCO_3$ 等。以上几种盐类都对作物有害，含量不应大于 3 克/升，无害成分有 $CaSO_4$、$MgCO_3$、$CaCO_3$ 等。当然还要看农作物抵抗程度，一定要因地制宜，依长期用某种水灌溉后作物的反映而定。

关于灌溉水质的评价方法，过去比较广泛采用 "灌溉系数 (Ka)" 作为指标。按照灌溉系数的计算方法计算以后，可以将灌溉水分为四级 (表1)。近些年来，不少科研、生产部门在大量调查研究的基础上，提出了适合我国具体情况的灌溉水质的评价方法 (表2)。

表 1　水质的灌溉系数分级

Ka>18	淡水
Ka=6~18	适用的水。在排水条件不良时，要防止土壤逐年积盐
Ka=1.2~5.9	不太适用的水。要加强排水方能防止土壤积盐
Ka<1.2	不能使用的水。

表 2　灌溉用水水质评价指标

危害类型及表示方法		水质类型			
		好水	中等水	盐碱水	重盐碱水
盐害	碱度为零时盐度（毫克当量/升）	<15	15~25	25~40	>40
碱害	盐度小于10时碱度（毫克当量/升）	<4	4~8	8~12	>12
综合危害	矿化度（升/克）	<2	2~3	3~4	>4
灌溉水质评价		长期浇灌对主要作物生长无不良影响	长期浇灌或灌溉不当时，对土壤主要作物有影响，但合理浇灌能避免土壤发生盐碱化	浇灌不当时土壤盐碱化，主要作物生长不好，必须注意浇灌方法，方法得当，作物生长良好	浇灌后土壤迅速盐碱化，对作物影响很大，即使特别干旱时，也尽量避免过量使用
备注		1. 本指标适用于非盐碱化土壤，对于盐碱化的土壤可视盐碱化程度调整使用 2. 本指标是根据豫东地区主要作物：小麦、高粱、玉米、棉花、黄豆等灌溉后的反映程度确定的。对于蔬菜、果树类，应视地区具体情况调整指标使用			

　　凡是属于盐碱害类型的灌溉水，可按表 3 双项指标进行评价。

　　肥水是指含有一定数量氮素肥料的地下水，是一种宝贵的地下肥源。因为它对提高农作物产量具有相当重要的作用。根据陕西省关中地区的调查，肥水浇小麦可增产 23%~116%，玉米增产 37%~100%，棉花增产 30%，谷子增产 48%~124%。一般地说，把地下水中硝态氮含量大于 15 度作为划分肥水与一般灌溉用水的界限。

表3　盐碱害类型双项评价指标

盐度	碱度	水质类型
10～20	4～8	盐碱水
	>8	重盐碱水
20～30	<4	盐碱水
	>4	重盐碱水
>30	微量	重盐碱水

(四) 地下水储存和开采的工程条件的分析与评价

分析评价一个地区地下水源条件的好坏，不仅要考虑地下水本身量与质以及分布状况，而且还应当在分析与评价了上述几方面基本条件以后，再进一步对该地区地下水储存和开采的工程条件难易程度进行一定的分析与评价。要开采地下水必须选择有利的地貌和工程地质条件。对不同类型的地下水、距离富水地区的远近等条件的好坏也要给予一定的分析与评价。

总起来说，为了对地下水资源的农业评价有个整体系统的认识，还应当采用综合分区的方法进行评价，这样评价的结果应用的价值更高，更适宜。

三

综上所述可见，对一个地区进行地下水资源评价时，除了必须注意搜集充分而可靠的基本资料（如水文、地质、土壤、水文地质、农业、水利以及有关的社会经济等）之外，还需要考虑和解决与评价密切相关的几个问题。

第一，要注意解决好地下水与地表水的关系问题。众所周知，水资源中的地下水只是水循环过程中的一个重要环节，它和天然降水、地表水等构成了自然界中的统一水体。它们的关系十分密切，可以相互补给和相互转化。一般说来，丰水期，地表水补给地下水；枯水期，地下水补给地表水。特别是人类的经济活动，对地下水、地表水等的影响是巨大的。比如，在河道中筑闸蓄水，把本来自然流走的水蓄存于闸上河道之中，抬高河道和与其相通的各河渠的水位，使水体经过河渠侧渗，补给地下水。又如，大型水库的兴建，湖塘的开挖以及矿藏的开发等等，都会影响和改变地下水与地表水之间的相互关系。这些事例，充分证明在评价地下水资源时，必须按照统一的原则进行。

第二，要注意解决好浅层地下水与深层地下水的关系问题。众所周知，浅层地下水的突出特点是它与地表接近，补给容易，开采方便，成井技术不难。这些特点就决定了凡是在浅层水量丰质佳、开采条件良好的地方，就应优先开采浅层地下水，并把它作为主要的开采对象。在这类地区，一般可用均衡的概念，即取多年平均补给量的方法来评价其开采量。如果需要，并且有可能，可适当地开采深层水，这时可一起进行分析与评价。

一般说来，深层水源远，补给不易，提取不便，开采过程中所取出的水，主要为弹性释放水及越层补给水，水量不大。根据上述情况，在以浅井为主的开采区，只能根据具体情况酌量开采深层地下水，以此补充浅层水的不足。在以深层水为开采对象的地区，除了天然补给之外，还要千方百计扩大补给来源，如人工回灌和利用浅层水补给等。进行分析与评价时，一定要根据补给的具体情况进行。

此外，由于越层补给的存在，深层地下水和浅层地下水可以在一定条件下相互转化。因此，在进行分析和评价时，必须给予充分的考虑和注意。

第三，要注意解决好以丰补歉的关系问题。在进行地下水资源分析与评价时，要求地下水量在一定时间（应当考虑较长的时间，如一年或多年）内尽量达到补给与消耗的相互平衡。要做到这一点，我们必须处理好以丰补歉的关系。尽人皆知，一年之内，有多雨期和少雨期之分。这样如果我们用少雨期的补给量来评价地下水开采量，当然全年都会有补给的保证。但是到了多雨期，补给量也多，则多余的补给量会浪费消耗掉，结果不能使水资源得到充分的利用。又如我们用年总补给量来作为年开采量，就是用年平均补给量来做评价，那么多雨期是有补给保证，除供开采之外，尚有多余，可以蓄存起来。而少雨期出现补给不足，其不足部分可由多雨期的蓄存来调节补足。所以在分析与评价时，一定要进行年内调节。有了年内调节还不能完全达到合理评价的目的，还必须坚持从多年调节的概念来进行评价。在多年期内，又有丰水年、平水期和枯水年之分。同样应该把丰水年多余下来的水蓄存起来，以备枯水年之用。只有这样，才能做到多年均衡。才能使地下水更经济和更合理地发挥最大的作用。

第四，要注意水资源保护，做到合理开发、防止污染。近些年来，由于气候反常，雨量偏少，不少地区已经超采，出现地下水位漏斗和泉水干涸现象。有的地面坍陷，污水倒灌；有的工厂污水排放，污染地表水、地下水；有的用污水灌溉后，大米、玉米、小麦含有致癌物质。此外，还需注意的一个问题是当前全国在地下水开发利用上普遍存在的问题是富水区、较富水区拼命开采，使地下水位普遍地大幅度地下降，长期得不到恢复，有的下降漏斗很严重，年年超采，有的工农业用水矛盾，建立工厂夺农田用水。贫水区、较贫水区，有的缺水严重，有的开发不够，尚有剩余，有潜力可挖，因此不能把着眼点局限于平原，尤其是集中于富水区，忽略贫水区，解决贫水区人畜饮水、点种，同样是评价时需要考虑的问题。

原文刊载于《河南大学学报》，1988年第3期

10. 关于农业综合开发若干理论问题初探[①]

李润田

一、农业综合开发的基本概念

关于农业综合开发基本概念的理解，目前存在着以下几种看法。

（1）有的同志认为，所谓农业综合开发，就是采取科学配套的措施，对农业资源进行广度和深度的开发利用，它集"综合"和"开发"的双重任务，源于农业开发，而高于农业开发。

（2）有的同志认为，农业综合开发是在特定的农业生态经济地域内，针对未被利用、利用不充分或利用不合理的资源，通过技术、生产和经济活动，进行相应的再投入，使其形成新的生产能力，发展新的产业和产品，从而产生形成良好的经济、社会、生态协调发展模式。

（3）有的同志认为，农业综合开发，就是对目前利用不够充分或尚未利用的农业资源，进行深度和广度的开发利用。它是以农业资源的内涵开发和外延开发为内容，以相应的物质、技术、资金、劳力投入为手段，以发展商品经济使农民尽快富裕为目的，挖掘资源潜力，实现生产要素合理配置的新途径和新形式。

（4）有的同志认为，农业综合开发应以大大提高农业的综合生产能力和农业生产商品率为目标，以全面提高粮、棉、油、糖、菜、果、奶、蛋等农业产品的产量为内涵，实现山、水、田、林、路综合治理，做到农业生产的经济效益、社会效益和生态效益的优化组合。

以上几种看法尽管说法不同，但对综合开发的涵义都阐述得较清楚，基本上反映了客观实际。但作为基本概念来衡量，阐述和概括得还不够完整、全面。本人认为，农业综合开发就是综合利用农、林、牧、副、渔各种资源，采取工程措施、生物措施、技术措施等各种手段，实现资金、物质、技术、劳力综合投入，进行山水田林路综合治理，以取得经济、生态和社会的综合效益。

[①] 本文在写作过程中，曾参考和引用艾云航、田建民、刘兆忠、周震函、宋长利、林富瑞、王志电等同志的有关研究成果，在此一并表示衷心感谢。

二、农业区域综合开发的重要意义

1. 有利于解决我国农产品供求矛盾

人多地少是我国的基本国情,更为严重的是耕地面积仍在逐年减少,人口却不断增加。1990 年人口普查表明,我国人口已超过 11 亿,到本世纪末可否控制在 13 亿尚是未知数。然而,我国的耕地却亮出了黄牌。建国以后的 1957 年我国耕地面积达到历史最高水平,为 16.77 亿亩,以后逐年减少,到 1986 年全国累积减少耕地面积 6.11 亿亩,29 年间平均每年减少 807 万亩。1986 年以后,每年仍以 600 万~700 万亩的速度减少,近 10 年共减少耕地 5500 万亩,相当于一个山西省的面积。人口增多和耕地减少的结果,必然造成人均耕地数量的减少。目前,我国人均耕地面积仅 1.31 亩,只有世界平均值的 29%。这种现象持续下去,必然导致农产品供需矛盾的加剧,因此,必须珍惜每一寸土地,对农业进行综合开发,提高土地的生产力。

2. 可以进一步挖掘农业资源潜力,提高农业生产能力

农业开发既不同于单项开发、系列开发,也不同于"小而全"、"大而全"式的经营,而是以区内资源的外延开发和内涵开发为内容,以相应的劳力、资金、技术投入为手段,以发展商品经济、增加农产品供给和提高农民收入为目的,挖掘资源潜力,实现要素合理配置的一种新的开发方式。因此,它不仅可以进一步挖掘农业资源潜力,而且可以大力促进农业生产能力的提高。

3. 可增强农业的防灾减灾能力

可使农业防灾能力不断加强,防灾能力是农业综合生产能力的一项重要标志。在农业综合开发中,工程建设和改造是一项主要措施,尤其是水利建设①。水利工程的实施,可以改善农业生产的条件,使农业的灌溉和排涝能力得到进一步加强,从而保证农业的稳定增产。

4. 对农业生产要素的改进、优化组合以及调整结构、合理布局等起到重要推动作用

长期以来,我国农业生产要素不能实现有效合理配置,作物布局不合理,这些都是限制农业发展的主要障碍。如在施肥中,氮、磷、钾比例和化肥与有机肥比例不能协调施用,影响增产效果。又如种植业结构、作物布局不优化,影响了农业生产效益的提高。农业综合开发的最大特征就是综合投入,一方面在投入时坚持综合原则,实行生产要素合理搭配投入;另一方面可根据农业生产的实际情况,对一些短缺或限制要素重点投入,使要素总体得以最佳发挥,达到增产增收的目的。

---

① 包括新的水利工程建设和原有水利设施的改造、配套、完善。

三、农业综合开发的主要特点

1. 科学性

农业综合开发是一项新的事业，也是一个系统工程，加上开发时间短，涉及面广，这就需要准确、系统、深入地开展好这项工作。明确地讲，就是要讲科学性，比如，当确定农业综合开发项目时，必须深入实地调查研究，全面分析自然、社会经济条件，在此基础上寻找出开发规律，然后再进行科学论证，只有这样才能为开发提供科学的方案。

2. 综合性

由于农业综合开发既要综合利用各种农业资源，实行综合投入，进行综合治理，采取综合措施，又要取得综合效益，这就决定了这门学科具有高度的综合性。

3. 商品性

农业综合开发的最终目的是发展商品生产，满足人民生活水平日益提高的需要。具体来说，农业综合开发的产品要尽量转化为商品，走向国内外市场进行竞争，使其为国家创造更多的财富。因此，它带有很强的商品性。

4. 群众性

进行大规模的农业综合开发，必须有一定的资金作保证。国家适当扶持是必要的，但投入的主要是农民群众。许多地方明确指出，农业综合开发要实行"公办民助"。为了充分调动农民开发的积极性，除了广泛向农民宣传农业综合开发的重要意义及搞好开发示范点外，各地还应制定出有关农民搞开发的各种优惠政策。

四、农业综合开发的基本原则

1. 择优开发的原则

农业综合开发不仅是一项生产规模比较大、专业化程度比较高的系统工程，而且也是投资比较大的事业。这就决定了确定开发地区时，必须坚持择优开发的原则。具体来说，哪个地区投资少、见效快、效益高，就可以确定为优先开发区。如确定黄淮海农业综合开发示范区就是明显的例子。

2. 因地制宜、发挥优势的原则

由于各地区自然条件和社会经济条件以及发展水平的不同，各地区的优势也不一样。因此，在农业综合开发中，必须坚持因地、因时制宜的原则，扬长避短，发挥主导产业和产品优势，做到宜粮则粮，宜林则林，宜牧则牧，宜果则果，避免一刀切的错误做法。如河南省有的农业开发就很好地贯彻了这一原则，对于广大中低产区，积极利用抗旱、耐涝、耐盐碱的作物品种，中产区则以两年三熟为主，推广小麦套种玉米、玉米间作豆类和麦棉套作等方式，建立了作物与环境的稳定协调的关系。

3. 实事求是、量力而行的原则

由于农业综合开发区经济发展水平和经济实力的不同，给农业综合开发项目的投资能力和投资规模也不一样。因此，进行农业综合开发，一定要坚持实事求是，量力而行的原则。即绝不可脱离本地实际，贪大求全，盲目行事，否则，必然带来严重的后果。为了节约有限的资金，一定要安排好开发的顺序，把有限的资金首先投入到投资效果好、周期短的项目上来。

4. 坚持经济、社会、生态效益并重的原则

中共中央、国务院在关于1991年农业和农村工作通知中明确指出：农业综合开发要"以增产粮棉油肉为中心，农林牧副渔全面发展；实行山水林田路综合治理，把经济效益、社会效益、生态效益结合起来……"。这实际为农业综合开发指出了一条必须遵循的原则。根据这一指导思想，农业综合开发的效果如何，一是要看它为国家提供农产品数量的多少和投入与产出的比例大小；二是要看它对区域经济发展推动作用的大小；三是要看它对区域生态环境影响大小，是不是有利于维护生态平衡。

五、搞好农业综合开发应注意的问题

1. 制订好开发规划

农业综合开发规划是根据需要和可能，对一定空间和时间内农业资源开发、利用、保护和整治所做的统筹安排和总体布局，它是保证开发决策科学化、民主化的基本前提。要想制订出一个科学的规划，应本着立足当前，着眼长远，局部服从整体，整体兼顾局部，突出专业化部门，坚持综合发展的原则，对各种开发活动作出最佳的选择和安排。

2. 开发一定要分级分区、分期分批地进行

农业综合开发是把我国农业综合生产能力推上一个新台阶的战略措施，各级政府和有关部门都应将此作为今后10年发展农业的重点工作。就国家来讲，对此应有统一安排，但这些安排最终要由各级政府和有关部门具体落实实施。因此，各级政府应在国家统一安排指导下，结合本区实际作出自己的安排。针对具体的开发地区和开发项目，要根据开发的效果，结合实际需要，确立重点开发区和重点开发项目。

3. 要采取多渠道、多形式筹集好资金

进行农业综合开发，必须有一定的资金来保证。资金可以通过多种渠道，采取多种形式来筹措，如国家贷款、群众集资、与外地合资等，这些都是筹集资金的有效方式。但是，资金筹措必须贯彻国家扶持为辅、民间集资为主的原则，尽量减少对国家的依赖。

4. 注意开发规模和开发方式

随着我国农村庭院经济的发展和农业生产的不断深入，一定要注意解决好规模经营问题，特别是在规模大的农业综合开发中，更要十分注意开发的规模效益，确定合理的开发规模及有效的开发方式，使有限的资金产生出最大的投资效益来。

参 考 文 献

[1] 方天堃. 农业综合开发的意义. 农业经济，1991，第3期.
[2] 于贵瑞. 农业综合开发的理论探讨. 农业系统科学与综合研究，1992，第1期.
[3] 李荣仁. 河南省农业区域开发贵在综合. 地域研究与开发，1992，第2期.

原文刊载于《地理学与农业持续发展文集》1993年由气象出版社出版

11. 河南农业资源的现状、潜力及可持续利用对策

李润田

众所周知，人类生活离不开农业生产，人们每日吃、穿、用的绝大部分是直接或间接来自农业生产，而农业生产必须利用各种农业资源。可见，农业资源是人类赖以生存的物质基础。从河南来看，尤为如此。河南不仅是人口大省，而且又是农业大省。绝大部分人口从事农业生产活动，基本生活资料依赖于农业生产，来自农村的轻工业原料占70%。由此可见，河南农业资源的开发利用合理与否对河南农业发展以及整个国民经济的发展具有极为重要的意义。既然如此，趋利避害，因地制宜，合理开发利用农业资源，是促进河南农业持续发展和整个国民经济持续、健康、稳定发展的关键所在。

一、农业资源的现状

（一）气候资源

我们知道，太阳光能的多少和利用率的高低对农作物产量影响极大。据有关部门统计，河南全年太阳照射累计数为4428～4432小时，其中实际日照时数约2000～2600小时，日照百分率为45%～59%。全省太阳总辐射量约为107～124千卡/平方厘米。此值与我国其他地区相比，仅低于青藏高原及西北等地区，但远高于江南各地，热量资源较丰富。河南年平均气温绝大部分地区为13～15摄氏度，日均气温稳定通过10摄氏度的活动积温为4200～5000摄氏度，多年平均无霜期为190～230天。全省大部分地区可满足作物一年两熟或两年三熟生长发育的需要。由于气温随着纬度增加和海拔高度上升而降低，因此各地热量差异比较大。一般说来，自北向南、自西向东呈递增趋势。降水资源方面，河南省多年平均降水量为600～1200毫米，其地区分布趋势自东南向西北渐次递减。淮河以南地区年降水量可达1000～1200毫米，黄河两岸及豫北平原区可降至600～700毫米。由于受季风影响，年降水量季节分配不均，夏季在湿润的海洋气团控制下，水汽充沛，降水量可达300～500毫米，约占全年降水量的45%～60%，尤以7、8月降水最多。4～10月间豫西北丘陵区降水量可达450毫米左右，黄河两岸为500毫米上下，淮河干流以南地区可达800～1000毫米，均可占当地年降水量的80%～90%。从作物生长与降水量的关系分析，在此期间丰沛的降水配以足够的光照条件，水热同期，对农业生产十分有利。

河南气候资源的主要特点：一是农作物生长期热量南北差异大；二是雨热基本同季，有利于发挥气候资源的生产效率；三是气候大陆性强，气温年较差大，造成全省夏季炎热，冬季寒冷；四是一些主要的气候要素年际变化大，农业灾害多。

存在的突出问题是农业气象灾害种类多、频度大、区域性与季节性强,造成的损失严重。主要的气象灾害有旱、涝、大风、冰雹、低温、干热风、连阴雨等,其中以旱涝两大灾害最为严重。比如,根据资料统计,建国以来,河南每年平均因干旱受灾面积有109万公顷,其中成灾面积71万公顷。又如,据统计资料,新中国成立以来河南省每年平均洪涝受灾达106.3万公顷,成灾86万公顷。

(二) 水资源

河南是水资源紧缺的省份。全省水资源总量约为414亿立方米,占全国水资源总量28000亿立方米的1.5%,居全国第19位。

河南水资源的主要特点:一是人均、亩均资源少。按1990年全省人口和耕地计算,人均占有水资源量为483立方米,亩均水资源量为近400立方米,相当于全国人均、亩均资源量的1/5,居全国第22位。二是时空分布不均,南多北少。三是水资源年内、年际变化大,水旱灾害频繁。

水资源利用中存在的突出问题:一是水资源短缺与浪费严重并存。根据河南省1996年编制的《河南省水中长期供求计划》,按照水利工程完好和不考虑污染的条件,在一般情况下,全省可供水量为241亿立方米,而需水量却要284亿立方米,缺水量43亿立方米,缺水率15%。全省17个市(地)全部缺水。二是水涝灾害严重。三是水污染严重,水环境日趋恶化。四是乱开滥采地下水,造成水位持续下降,漏斗面积不断扩大。据统计,全省浅层地下水由于长期超采而形成的漏斗区总面积达17000平方公里。

(三) 耕地资源

河南省土地总面积为1655.95万公顷。其中耕地面积811.16万公顷,占全省土地总面积的48.99%,占全国耕地总面积的7.2%,仅次于黑龙江省,居全国第二位。但河南人口多,特别是农村人口多,使人均耕地占有量较少,只有0.08公顷,为全国平均水平的75%。

河南耕地的主要特点:一是整体质量不高,优质耕地较少,劣质耕地较多;二是中低产田多;三是可灌溉面积大;四是耕地资源分布不均匀;五是耕地后备资源不足。

耕地资源利用中存在的主要问题:一是耕地资源的持续减少,尤以近几年为甚,到1996年人均耕地面积仍不足0.09公顷,结果导致人地矛盾越来越突出;二是耕地经营管理粗放,对光照、热量、降水等具有恒定性质的气候资源利用程度较低,而对浅层地下水已局部超采,因而农作物的复种指数仅停留在170%上下,没有达到理想的水平,在一定程度上制约了土地利用效益的提高;三是大部分耕地存在着地力下降的趋势,土壤有机质含量小于1%的就有446.67万公顷。

另外,根据最近公布的统计数字,河南省湿地面积为100多万公顷。湿地不仅是地球上一种独特的生态系统,且与农田、森林并列为世界三大生态系统。同时也是一种重要资源。尽管如此,但开发利用的很不充分,需要进一步开发。

(四) 森林资源

河南省总土地面积1655.95万公顷,其中林业用地面积380.12万公顷,占22.8%,

森林覆盖率为16.35%。

森林资源的主要特点：一是有林地覆盖率低，无林地面积大，荒山造林绿化任务繁重；二是幼、中龄面积大，亟待抚育；三是林业用地中有林地比重小，林地生产力低；四是森林资源分布不均衡。

森林资源利用中存在的主要问题：一是森林资源不足（以用材林为甚），结构不合理，分布不均匀；二是森林生产力低，质量差；三是生态环境恶化，如水土流失严重，全省每年水土流失面积605.7万公顷，每年流失土壤12000万吨。另外，平原绿化滑坡也很严重；四是丰产林建设速度慢。

（五）草地资源

河南省草场总面积443.4万公顷，其中可利用面积404.3万公顷，生长着各类牧草800多种。按每公顷产鲜草1125~2250公斤计，可年产鲜草1643.5万吨，折干草596.57万吨，理论载畜量（8个月）为1521.8万只绵羊单位，折217.9万个黄牛单位。

另外，作为农业大省的河南省农作物产量大、种类多，因此给畜禽提供的饲料资源比较充足。根据调查，全省每年可提供饲料粮720万吨左右，饲草资源可提供5000万~6000万吨左右。

草地资源的特点：一是草场面积大，分布广，主要集中在山区；二是草地类型多。

草地资源利用中存在的主要问题：一是经营粗放，生产力水平低；二是草地利用程度低。

（六）渔业资源

全省水域面积123.6万公顷，占全省土地总面积的7.5%，全省可人工利用渔业水面20.5万公顷，约占全省耕地面积的3%。水生经济植物多在湖泊、水库及低洼易涝地，在河南省的总面积达3.69万公顷。虽然水生经济植物在全省各地均有分布，但总体上以淮河以南居多，淮河以北次之。

渔业资源的特点：一是水产品产量南高北低，差距悬殊；二是沿黄渔业综合开发形成一个高产高效渔业新区；三是地区间发展不平衡。

渔业资源开发利用中存在的主要问题：一是渔业生态环境严重恶化；二是渔业持续发展的后劲不足；三是渔业综合开发启动无力。

（七）物种资源

河南植物资源多种多样，据有关资料，全省高等植物（除苔藓外）约有197科，3600多种，其中草本植物约占2/3，木本植物占1/3。植物资源中除有各种各样的经济作物具有较高的经济价值外，还有不少种属在全国具有较为突出的优势。另外，还有不少亚热带经济林。

河南动物资源也很丰富。河南动物资源同样具有南北过渡的特征，在全国动物地理区划中，分属华中动物区和华北动物区，两区沿淮河—伏牛山一线相接。根据现有资料，全省各类陆栖动物有420种左右。鱼类资源和畜禽资源也相当丰富。

物种资源的主要特点：一是物种资源具有多样性；二是过渡性比较强。

物种资源利用中存在的主要问题：一是开发利用水平低；二是生态环境恶化；三是保护措施不利；四是物种资源底数不清。

另外，根据历时5年的河南湿地调查，全省湿地生物资源近2000种，在900多种动物中，属国家二级以上重点保护动物有40多种。因此，加强湿地生物资源的开发与保护，也是当前河南省物种资源保护的一项重要任务。

二、农业资源潜力的分析

河南省农业自然资源组合良好，可持续利用的潜力较大。

(一) 气候资源的潜力

气候资源主要表现在光能和风能方面，其中太阳能开发利用潜力最大。相对其他气候资源，可以说太阳能是用之不尽、取之不竭的恒定性能源。河南不仅太阳辐射和光照充沛，且有良好的热量和水分条件相配合，为在天然状态下充分利用光能资源与提高植物的生物产量奠定了可靠的自然基础。植物光合作用利用的光能是太阳辐射中的光量子能，即光合有效辐射。光量子能与植物干物质的产量成正比关系，一般最大利用率为7%～10%。目前全省实际光能利用率很低，除太行山前部分地区接近2%外，绝大部分地区光能利用率不到1%。由此可见，全省持续光能利用潜力很大。

(二) 耕地资源的潜力

耕地资源的潜力主要表现在：一是尚有25.67万公顷的后备耕地资源可供开发；二是中低产田增产潜力巨大，现有中、低产田占总耕地面积的60%左右，全部改造一遍，可大量增产粮食。

(三) 森林资源的潜力

森林资源的潜力主要表现在：一是有150.2万公顷的宜林荒地资源有待开发；二是通过强化经营管理，不仅可以抓好122.21万公顷幼、中龄林间伐，而且可以提高森林每公顷生长量和森林每公顷蓄积量。这样可以改变林地生产力低水平状态；三是浅山丘陵区由于多为疏林地、迹地和幼林地，也具有很大的发展潜力。

(四) 畜牧资源的潜力

畜牧资源的主要潜力表现在：一是全省尚有可利用的草山、草坡286.7万公顷；二是饲草、饲料资源尚有一半没有开发利用；三是部分牧草地处于退化、半退化状态，经营粗放，单位面积载畜量很低。

(五) 渔业资源的潜力

渔业资源潜力较大：一是尚有大片的荒水、荒滩地未被开发；二是淮河以北尚有2.44万公顷可以养鱼水面和大片洼涝地；三是淮河以南地区养鱼池塘蓄水量标准过低，进一步提高的潜力很大；四是水面利用率低，单位面积产量不高。

(六) 物种资源的潜力

从全省当前物种资源的开发利用来看，尚处于低水平状态，尚具有极大的潜力有待开发。

三、农业资源可持续利用的对策与途径

河南省改革开放20年来，尽管在社会经济各个方面取得了极其辉煌的成就，但仍然面临着经济快速发展和资源紧缺、生态环境脆弱的矛盾。从河南省资源可持续利用的角度看，农业资源的开发显得尤为重要。比如土地资源和水资源就是如此。在这种情况下，对农业资源的开发利用只有遵循可持续发展的战略思想和人口、资源、环境协调发展的理念，才能逐步实现全省社会经济持续、快速、健康的发展。在全省人口数量得到控制、环境逐步得到保护的同时，资源将成为整个社会经济发展的基础，特别是可再生的农业资源尤为如此。既然这样，那么就必须针对上述全省农业资源开发利用中存在的突出问题，采取相应的对策与途径逐步予以解决。

(一) 认真贯彻中央有关保护资源的一系列方针政策

一是转变发展战略，走可持续发展道路，尽快改变经济发展以大量消耗资源和粗放经营为特征的传统发展模式，这是加速我省经济发展、解决资源问题的正确选择。要把有关保护农业资源的一系列方针政策落到实处；二是农业资源问题是直接关系到人民群众的生活和现代化建设的大事，要加强宣传，努力提高全省人民的资源意识，动员千百万群众参加保护农业资源的工作；三是党的十五大报告就明确指出："资源开发和节约并举，把节约放在首位，提高资源利用效率"。因此要着重做好资源节约这篇文章，依靠科技进步，积极发展节水、节地等资源节约型产业和技术，最大限度地提高资源的综合利用效率，减轻对自然资源的依赖程度。

(二) 加快农业资源管理立法建设和强化农业资源管理

要积极利用和创造条件，尽快制订和出台《河南省农业资源管理条例》，使资源的可持续管理工作纳入到法制轨道上来，以引起各级政府部门和全社会的重视。

在经济发展水平低、资源投入有限的情况下，健全管理机构，依法强化管理是保护资源的一项有效手段。国家制订的众多的法律对保护资源起了重要作用，但随着经济发展、市场体制的建立，一些法律条款已不适应发展的现实情况，相关的法律法规需要进一步健全。因此，我们需要认真总结资源法实施中的经验和存在问题，并在此基础上进一步完善。此外，保护资源的执法机关还不够健全，体制还不顺，信息、手段还比较落后，也给已有法律有效实施增加了难度，这种状况必须改进。

加强农业资源管理，实行资源可持续管理，是功在当代、利在千秋的工作，是实现河南省社会经济持续、快速、健康发展的基础工作，必将被社会所接受，被实践所证实。

(三) 加强农业资源的经济评价工作

如前所述，资源是社会经济发展的物质基础，且具有稀缺性，因此，它是有价值的，但在过去的计划经济体制下，我国农业资源普遍存在着资源无价或价格偏低的倾向，对资源的保护十分不利。改革开放以来，我省国民经济的快速增长，很大程度上是以资源不合理的开发和破坏环境为代价的。追其原因是没有把资源的价值纳入国民经济核算体系。在今天市场经济条件下，资源的价格如果再不能反映出它的稀缺程度和在生产中的相对地位，那么这种资源就不可能得到经济有效的利用。既然如此，今后必须大力加强农业资源的经济评价工作。资源评价不仅可以促进资源经济有效的利用，还可以对稀缺资源起到保护作用，这是因为某种资源十分短缺时，它的市场价格会变得很高，资源使用者将减少它的使用量，改用替代资源，从而对稀缺资源起到保护的作用。

(四) 依靠科学技术进步，不断拓宽农业资源领域

众所周知，我国人口增长、经济发展与资源有限性的矛盾最终要依靠科技进步来解决。因此，我们必须依靠科学技术，从大农业的观点出发，研究新资源、新食物，寻求稀缺资源的替代品；研究节水、节地以及节约其他资源、清洁生产的新技术、新工艺；要把生物技术应用于农业生产，提高农业资源的利用率和产出率；要研究解决土地退化、草场退化、水质恶化、水旱灾害等的新技术、新方法。只有这样，才能不断拓宽农业资源的领域和提高农业资源的价值。

(五) 加快农业资源利用的转型步伐

我们知道，河南省是人多地少的省份，继续走扩大耕地面积、劳动密集型的农业发展道路是行不通的。因此，必须大力探索和推行集约、高效和内涵型农业资源利用模式，实现由粗放型向集约型转变，以解决当前全省农业面临的重大战略抉择。为此，一是进一步加强农业生产基地建设，逐步推进区域化、商品化、专业化、集约化的农业资源开发新走势；二是继续优化农业资源开发利用的时空配置，大力调整农业产业结构，提高农业的综合效益；三是积极推进农业资源开发的产业化进程，大力推进农业生产的专业化、布局的区域化、经营一体化和服务社会化等；四是加强农业资源的产业化管理工作。

(六) 努力挖掘土地资源潜力，提高粮、棉、油综合生产能力

一是加强中低产田改造，通过平整土地、机械深耕等技术手段，增施有机肥料，加强农业技术服务体系建设以及基础服务设施建设，提高粮、棉、油综合生产能力；二是推广节水技术，发展节水农业；三是集中力量建设商品粮、棉、油基地。如黄淮海平原粮棉油

基地；四是积极而有计划地建立耕地保护区，这是阻止耕地资源继续减少的有力措施之一；五是充分利用全省光能潜在的有利条件，努力提高粮、棉、油等作物的产量。另外，也要有计划地进一步加强湿地资源的开发、利用与保护。

（七）继续发挥山区优势，加强山区林业综合开发

一是加强森林资源培育，扩大用材林资源的培育面积；二是积极建设生态屏障，努力建立良好的生态环境；三是加快荒漠化治理和沙区综合开发步伐；四是进一步优化产业结构，加快林业产业化进程；五是通过强化经营管理，抓好中幼林的抚育间伐，提高林地生产力；六是在不断改善山区生态环境的基础上，因地制宜地建立多种果品和经济林基地，大力发展林果业。

另外，根据河南省情，重点搞好长江中上游、淮河上游、黄河中游防护林工程体系和平原农田防护林工程体系以及"京九"绿色工程建设。同时，也要继续建设好平原地区以农田林网为主体，以防护林带、农林间作、四旁植树等为带、片、点相结合的综合防护林体系以及城市的林业建设。

（八）充分挖掘饲料资源潜力，提高畜牧业生产力

一是加强对草地的改良和保护，努力提高载畜量和畜产品的产量；二是充分、合理利用全省丰富的农作物秸秆资源（全省年产4500吨左右）和广大的山区草地资源；三是进一步优化资源配置，根据资源分布特点，按照统一规划、合理布局、相对集中、高产高效的原则，建立各具特色的畜牧业生产基地；四是积极加快畜牧业产业化进程。

（九）多途径、多层次开发利用渔业资源

一是积极实施综合开发战略，加大全省荒水荒滩等宜渔资源开发力度，争取最短时间，积极开发建设精养鱼塘，进一步扩大全省渔业基地面积；二是在沿黄地区大力发展名特优水产养殖（如黄河鲤鱼），在淮河以北平原地区，充分利用可养鱼水面和大片洼涝地推行渔业综合开发模式，如挖精养塘、台高产田和一家一户以名特优水产养殖为主的庭院渔业经济，在淮河以北地区抓好淮河鲫鱼规模开发；三是加快水库渔业资源开发的步伐；四是加强全省渔业生态环境的管理和保护。

（十）进一步加强生物多样性和野生动植物资源的保护和管理

一是要搞好已建立的全省自然保护区，增加投入，加强管护；二是积极开展全省野生动植物资源的本底调查，摸清家底，为制定全省正确的保护和开发利用规划提供依据；三是要有计划地建设野生动物类型自然保护区；四是积极开展自然保护区的科学研究工作；五是要加强湿地动植物资源的保护和利用。

参 考 文 献

[1] 中国21世纪议程. 中国21世纪人口、环境与发展白皮本. 北京：中国环境科学出版社，1994.
[2] 刘书楷. 农业资源经济学. 成都：西南财经大学出版社，1989.

[3] 刘书楷等. 农业资源可持续利用与综合管理基础研究刍论. 生态农业研究, 1999, 第2期.

[4] 金敏毓等. 加强农业自然资源管理促进农村可持续发展. 中国农业资源与区划, 1999, 第20卷, 第3期.

[5] 李飞等. 我国农业资源的现状与潜力及利用对策. 科技导报, 1996, 第5期.

[6] 李润田等. 河南人口、资源、环境丛书. 郑州: 河南教育出版社, 1994.

[7] 王国强等. 河南农业自然资源. 郑州: 河南教育出版社, 1994.

[8] 李润田. 河南农业的可持续发展. 郑州: 大象出版社, 1999.

12. 河南农业发展简史的回顾与启示

李润田

马克思曾说："历史不外是各个时代的依次交替。每一代都利用以前各代遗留下来的材料、资金和生产力；由于这个缘故，每一代一方面在完全改变了的条件下继续从事先辈的活动，另一方面又通过完全改变了的活动来改变旧的条件。"① 从这个精辟论述来理解，我们在研究每一个国家或一个地区当前的经济发展水平和今后的经济发展趋势时，都不可能脱离它过去的长期历史发展的背景。否则，就不可能得出正确的结论，因为那是不符合马克思列宁主义的辩证历史唯物主义观点的。基于这种认识，在研究、分析当前和今后河南农业发展问题时，不能不对其几千年的农业发展历史状况作个简单的概括与分析。

河南自上古至新中国成立后"八五"期间，农业生产发展的过程，大致可分为七个阶段。

一、原始农业时期

这个时期是指从新石器时代至夏商原始社会和奴隶社会相对稳定的时期而言。由于原始社会时期，河南境内的自然条件比较优越，我们的祖先就在今天河南省的西部和西北部河谷、平原从事劳动和生息，开始创造中华民族的文明。这从河南省所发现新石器文化遗址之多（达千处）就可以充分予以证明。如洛宁县城东约30公里内发现13处新石器时代遗址②。特别是到了氏族公社解体，人类社会进入奴隶制社会第一个王朝夏代后，由于当时河南西部地处黄土冲积地带，土质疏松肥沃，加之生产工具的改善以及注意了发展水利事业，因而出现了农牧结合的原始农业。同时，炼铜、制骨和烧制陶器等手工业已达到相当发达的水平，特别是青铜器的发明是夏代手工业的最大成就。青铜器的出现不仅标志着社会生产力的重大飞跃，而且也进一步促进了农业生产的发展。如耕作技术进一步改进，施肥、除草等技术相继出现以及原始灌溉系统的形成等，这一切都充分表明当时中原地区农业发展的水平。当时，农作物品种很多，有禾、黍、麦、粟、稷、麻等；生产部门还有畜牧业，如饲养牛、马、羊、猪等；狩猎业，主要有鹿、狼、兔、雉、象等。在原始手工业的基础上，商代已逐步建立了手工业作坊。当时主要有炼铜、制陶、纺织等。同时，还出现了货币贝壳和商品交换。

---

① 马克思、恩格斯：《费尔巴哈》，《马克思、恩格斯选集》第一卷，人民出版社1972年版，第51页。
② 李建永等：《洛宁县洛河两岸古迹遗址调查简服》，《考古通讯》，1956年（2）。

二、农业初步发展时期

　　这个时期是指从周秦至两汉封建社会相对稳定的初步发展时期而言。这个时期的东周①，河南境内不但是封国林立，而且是当时全国各封国之间进行政治、经济活动的必经之地。东周战国时期，河南恰居各大国之中，七大霸主逐鹿中原。河南这种"居中"的位置实际成了各路诸侯群雄兼并争王称霸的战略要地。当时，河南属周的畿邑，境内还有宋、郑、卫、陈、蔡诸国。战国时期属魏、韩、赵诸国。这时奴隶制开始解体，封建制度开始形成。从新郑县"郑韩故城"出土的大量生产工具，结合其他战国墓出土的铁器联系起来看，当时河南境内已普遍使用了铁制工具。与此同时，牛耕开始出现。原来的耕作工具由木制改为铁制，后来又演变成犁，至此人们开始用牛犁耕田代替人力耕田。这标志着生产工具的革命。铁器的使用使社会生产发生了根本变革。春秋战国时，铁器最主要使用在农业上，铁器具有坚硬、锋利和耐用的优点。它的出现取代了木器、石器和青铜器，为农业提供了新的劳动手段和技术条件。这样就必然使农业生产力进一步提高。农业生产力水平的提高，使人类控制自然、改造自然的能力大大增强。正因为如此，人们不仅能够进一步充分利用土地资源，增加耕地面积，而且还开始防治水患、大兴水利、开凿运河。比如，沟通黄河与淮河之间的鸿沟水系就是在这时候开通的。这条运河的开通进一步加速了农业的发展。这时的农作物，据《周礼·职方式》记载，豫州（主要区域为今河南省）不仅是黍、稷的主要产地，而且和兖州、并州同为麦的主要产地，与并州同为菽（豆类）的主要产地。《战国策》的记载表明，战国时期洛阳一带已开始利用水利灌溉水稻。此外，西周时兴起的桑、麻种植，此时又得到新的发展。

　　随着农业的发展，人口也比战国初期有所增加，且多集中在黄河中下游地区。农业生产的发展也进一步加快了手工业、交通运输、商业、城镇的发展。当然运河的开通也有不利的一个方面，那就是由于河南地处鸿沟水系中枢，是东西南北交通必经之地，这样在战国时期，这块土地便成为各方东征西讨、南征北战、拼命争夺的战略要地，从而对河南政治、经济破坏很大。

　　总之，先秦时期，作为全国主要经济区的黄河流域，已初步得到开发，开始打破原始状态。但毕竟由于人口还很少，农业区的范围比较狭小，开发的程度也比较低。

　　到了秦汉时代，封建制度得到了进一步发展，以汉族为主体的封建统治阶级，建立了空前统一的强大国家。河南便成为封建国家政治经济的中心地域。公元前221年，秦统一全国后，在河南置三川（今洛阳）、颍川（今禹州）、南阳（今南阳）诸郡，属于近畿地方，汉属豫州及司隶，是京畿（都城在洛阳）地方。这个阶段，特别是西汉时期，十分重视水利工程的修建。汉武帝曾说"农，天下之大本也，泉流灌浸，所以育五谷"②。可以说，当时西汉时期中原地区水利灌溉工程很兴盛。据统计，河南汉代完成水利工程19

---

　　① 公元前770年，周平王迁都洛邑（今洛阳），开始了东周时期。东周又分春秋（公元前770~前476年）和战国（公元前476~前221年）两个时期。
　　② 《盐铁论·水余篇·禁耕篇》。

项①，与陕西同为汉代水利事业发达的省份。如豫北地区的丹西渠、丹东渠、广利渠，豫西地区的阳渠（洛阳附近）等。不仅如此，各地的井灌、池塘灌溉也有较大发展。此外，南郭的淮河流域，修筑了大量的塘陂（如汝南的洪却陂、塘陂等），灌田竟达几十万顷。与此同时，生产工具和生产方法也都有了进一步的改进，从而大大推动了农业生产的发展。不仅表现在全国农业区仍集中在黄河流域（河南是当时的重要区），而且当时农作物种类也大大增加，粮食作物中有稻、粟（谷子）、菽（豆）、麦、黍、稷等，经济作物中有麻、香桑等，蔬菜中有葱、韭、瓜等，果品中有桃、李、梅、枣等。此外，还有从西域移入的苜蓿、葡萄、胡麻（芝麻）等。农业的发展为手工业的发展提供了有利条件。主要有冶铁业，丝、麻、纺织、兵器制造和农具修配等，其中以冶铁业较为重要。

但是，值得指出的是，这个时期以来黄河决溢次数比先秦时代明显增加，经常发生泛滥与改道，因此，对河南农业生产的破坏很大。据陈代光先生研究，从春秋到秦汉，黄河先后发生了几次较大的决口改道：周定王五年（公元前602年），河徙宿胥（今浚县西），东行会渚河，由天津入海；汉文帝十二年（公元前168年），河决酸枣（今延津县西）；汉武帝元光二年（公元前133年），河决瓠子（今濮阳县西南）。这些决口、改道，对河南东北部地区农业生产影响很大。但到了明帝永平十二年（公元69年），王景主持大规模治理黄河，从荥阳到千乘（今山东滨县）筑长堤500公里，使黄河、汴河分流，从而使黄河水患得以控制，黄河出现了一个比较安定的局面，社会经济又得到了恢复与发展。

三、农业第一次衰落时期

这主要是指从西晋到南北朝封建社会南北分裂时期而言。公元280年西晋统一全国，长期分裂的局面稍加安定。这是因为西晋初年，统治者为巩固其统治地位，实施了不少有利于发展生产的措施。如广置屯田，鼓励开荒，大兴水利等，从而推动了农业生产的恢复与发展。但统一安定的局面并没有持续多久，经济的恢复与发展也只是昙花一现而已。这主要是由于西晋统治者的极端腐败造成的。公元291年就爆发了"八王之乱"，前后竟达16年之久，使社会又一次陷入了动乱的时期。其次是由于西北少数民族不断侵入中原地区，造成农业生产不断遭受破坏。当时这些少数民族还处于部落、部落联盟的低级阶段，长期过着游牧、掠夺的生活。他们进入了中原地区以后，不仅迫使晋室南迁（东晋），政治中心南移，形成了南北对峙的分裂局面，而且由于当时民族矛盾的尖锐，少数首领将民族仇杀引入兼并战争，加上南北对峙的形势，东晋和北方政权之间的纷争扰攘，战祸炽烈。在这种战事频繁的格局下，必然导致水利设施遭到严重破坏，大片土地荒芜，人民流离失所，民族构成发生显著变化，出现了"白骨蔽于野，千里无人烟"的悲惨局面。正如史载："百姓流亡，中原萧条，千里无烟，饥寒流陨，相继沟壑。"② 这是河南农业历史上遭受的第一次大破坏，也是河南农业出现首次衰落时期。当然这个时期出现的农业衰落是在历史前进中的相对衰落，即相对缓慢发展时期。虽然战争严重影响了农业经济的发展，

---

① 冀朝鼎：《中国历史上的基本经济区与水利事业的发展》，中国社会科学出版社1981年版，第36页。
② 房玄龄等撰：《晋书》卷一〇九，中华书局1974年版，第2823页。

但在良种选育、绿肥轮作、作物栽培、家畜饲养、农牧结合、农产品加工诸多方面还是有了一定的发展。

四、农业相对稳定发展时期

这个时期是指从隋唐到北宋时期而言。隋唐的兴起与建立，结束了魏晋南北朝时期长达几百年的混乱局面，开始走向封建社会相对稳定的发展阶段。这不仅因为隋代开凿了沟通黄淮两大水系的通济渠（唐为广济渠，即汴河），而且也由于隋朝初年推行了"均田制"以及积极开垦、兴修水利等措施起了积极的作用。据《新唐书·地理志》等书记载：唐代全国修建较大的水利工程269处，其中河南道境内就有39处，居全国各道第三位。由于地面水源充足，当时中原地区水稻种植很多，同汉代一样成为北方重要水稻产区。不仅如此，当时中原地区历史悠久的蚕桑业也得到了进一步的恢复，分布比较广泛，从淇河流域到淮河流域的广大地区均有种植。经过百余年的恢复与发展，到唐代开元时期，中原地区的农业进入了恢复兴盛时期，黄河以北的淇水流域相州、怀州，洛阳附近的伊洛河流域，黄河以南的汴河、颍河等流域都是当时农业生产的发达地区。今河南省的泌阳、淇县、安阳、郑州、洛阳、开封、商丘、许昌、汝南等地都是当时河南道的主要粮食产区。

在农业发展的基础上，中原的手工业在隋代和唐前期都得到恢复和发展，具有自己的优势和特点。比如，丝织业就是当时主要的手工业部门，这是源于蚕桑业的发达和传统丝织技术的传续。尽管如此，从整个中原地区的经济发展与恢复状况来看，还不够平衡。如南北朝时期遭受严重破坏的农业生产一直没能得到完全恢复，一直处于停滞不前的局面，生产水平十分低下，特别是豫西的山地丘陵地区，如今天的卢氏、灵宝等地，居民多数是以狩猎为生，不从事农业生产，过着迁徙无常、随处择居的流动生活，称为山棚。这种状况一直延续到唐朝末年。中南部地区的许（今许昌）、汝（今临汝）、唐（今唐河）、仙（今叶县）、豫（今汝南）诸州，虽然土地比其他地区肥沃，但人口比较稀少。

进入晚唐时期，由于当时统治者加重了对人民的压榨，终于迫使人民推翻唐朝统治，相继出现了五代十国的割据局面。尽管这期间也有短期的农业恢复，但总的来说，破坏大于发展。直到宋朝的建立，才结束了唐末及五代的局面，使农业经济得到了恢复和发展。

五、农业的第二次衰落时期

这个时期主要是指从南宋至明清封建社会后期而言。北宋末年到金统治100多年间黄河的灾害持续加重，黄河中游地段的森林资源受到的破坏也更为严重，加上金兵南侵与金初10多年宋金战争带来的严重破坏，使中原地区整个社会与经济受到极大的摧残。这主要表现在人口大量减少和土地成片荒芜以及农业、手工业陷入了停顿和萎缩状态。尽管到了金中期以后，社会经济也有一定的恢复，但大部分地区尚没达到北宋时期所达到的最高水平。特别是当河南进入封建社会后期，即自元朝开始，政治中心北移至北京一带后，从此，1000年来一直是全国政治、经济中心或靠近全国政治经济中心的中原地带的有利条件不复存在，从而大大影响了社会经济和文化的发展。元朝建立以后，结束了长时期以来宋金对峙的局面，完成了全国的统一，在客观上为多民族国家的巩固和发展提供了有利条件。但是，元朝统治时期的民族压迫和民族矛盾都是十分严重的，因而农民起义不断发生，此起彼伏，局面混乱，不可能对农业的发展起很大的促进作用。

朱元璋建立明朝以后，为了巩固其统治，尽快恢复和发展社会经济，不仅大力鼓励垦荒，而且在全国组织大规模的屯田。同时，还对治理黄河下了很大工夫，农业生产得到了较快的发展。如经济作物棉花有了大面积种植，粮食作物玉米、番薯等新品种的积极引进和推广等方面，都有了极其明显的改进和发展。随着农业生产的迅速发展，手工业也有了相应的发展。但是，好景不长，明中叶以后，由于采取了封诸子为王的措施，造成了大量土地高度集中在贵族皇室手中，他们靠榨取人民的血汗过着骄奢淫逸的生活，给河南人民带来极大的灾难，严重阻碍了当时农业经济的发展。元明时期，从河南境内的经济发展来看，存在着十分明显的地区差异。主要表现在河南西部广大地区仍是地广人稀，原始森林密布，农业生产水平比较低下，而东部平原地区农业生产不仅集中，且较发达。这个时期粮食作物主要产区有豫东北平原、南阳盆地等。其中稻谷比较集中分布于今信阳地区的东部。经济作物主要有大豆、芝麻、烟叶等，其产区分别为淮河流域和许州（今许昌地区）以及南阳盆地等。棉花种植，主要分布在伊洛河谷地和豫北卫河流域。清朝建立以后，为了巩固其统治，对内采取了限制宦官职务制度并创置封爵制度，这在客观上为治理各种水患、加强水灾防治打下了很好的基础；对外采取了征服外藩和与邻国加强友好等方针和政策，从而曾出现了康（熙）、雍（正）、乾（隆）三朝大清帝国的最盛时期，促进了农业生产的快速发展。但是，由于民族矛盾不断加剧，反清情绪日益高涨，加上清王室内部腐败无能，对外屈膝投降，这样也必然导致农业发展不快，处于相对衰落的缓慢发展时期。

六、农业畸形发展时期

这个时期主要是指从清末至民国半封建、半殖民地社会畸形发展时期而言。从1840年鸦片战争开始，河南进入了半封建、半殖民地社会新的经济缓慢发展时期。鸦片战争以前，河南的自然经济十分稳固，基本上是自然经济占据统治地位，但也有一定的商品经济，不仅手工业部门中简单商品生产有一定扩大，而且商品性农业也有所扩展。比如棉花生产就是一例。不过与沿海各地相比显得极为落后。直到19世纪至20世纪初，帝国主义经济侵略活动的扩展延伸，使一向处于封闭状态的河南的门终于被打开。这主要因为帝国主义先后获得了修建铁路的权力，为他们侵入河南创造了前提条件。如1902~1905年，法国和比利时合资修建京汉铁路，南北贯穿了河南全境。1908年修建汴洛铁路，1913年以后东西分别延长到徐州和西安，从此就统称为陇海铁路，同时与通往南北的京汉铁路相会于郑州。这样一来，河南便成了上海、天津、汉口的帝国主义侵略者三大据点的势力范围，进而使河南在政治、经济、社会方面受到极为深刻的影响从而对农业生产产生了巨大破坏。这个时期最突出的表现为农村自给自足的经济发展模式被彻底破坏，这不仅使整个农业遭到了破坏，也造成大批农民流离失所，且使整个河南成了外国资本主义原料、劳动力的供应基地和倾销商品的市场。特别是1929年全省大旱，大批难民逃到东北，仅安阳、汤阴、巩县等地经京汉铁路到东北的就达11600人，占全省外流人口总数的11%。另一方面，为了适应帝国主义的需要，省内铁路沿线广种棉花、花生、烟叶等，使河南农业生产开始走向片面专门化道路。芝麻、大豆等油料作物为了输出，也畸形发展，从而使河南成为地道的帝国主义者的原料产地。不仅如此，更为严重的是1860年，帝国主义者又将罂粟输入河南，首先在伏牛山区种植，以后又以遍及豫东平原和南阳盆地，结果河南又成了全国鸦片的重要产区之一。蚕丝业在河南尽管已有一定规模，但终因受整个世界市场竞争的影响开始衰落下来。这时河南粮食作物中的小麦也变成商品，作为面粉工业原料而大部分远销长江流域。其他如红芋、谷子和高粱便成了广大农民的口粮。自民国以来，加上军阀混战，连年不息，水、旱、蝗等自然灾害的不断袭击，这就更加影响了河南农业经济的发展。特别是黄河自1855年铜瓦厢决口北徙以后，仅在下游段决口改道便达70余次，大决口达4次，其中在河南境内就有3次，这对河南全省经济的破坏作用是极大的。1936年大旱，据统计受灾县达90多个，真是赤地千里，目不忍睹。此后，1938年国民党炸开花园口大堤，决黄入淮，到1947年堵口，长达9年之久，形成一望无际的黄泛区，受灾县达20多个。总计，自1937~1947年期间，河南死于水旱灾害的共达620万人，荒芜耕地占总耕地的45%，粮食总产量下降57%，棉花下降达26%，人民生活陷入了十分悲惨的境地。到1949年，河南粮食总产量只有71.4亿公斤，每人平均171公斤，亩产量仅45公斤；棉花总产量6291万公斤，亩产量还不到9.5公斤；油料总产量24274万公斤，每亩产量也不过29公斤；烟叶总产量2764万公斤；农业总产值36.6亿元，全省每人平均80多元（按1980年不变价格计算）。总之，到新中国成立前夕，河南农业几乎处于全面崩溃的境地。

七、农业迅速发展繁荣时期

这个时期是指中华人民共和国成立到建国以后的第八个五年计划完成的时期而言。这个时期尚可分为两段：前段即1950~1976年，后段即1977~1996年。

（一）前段（1950~1976年）

新中国成立以后，在党和政府的领导下，河南农业开始得到迅速的恢复和发展，农业生产发生了巨大的变化，农业总产值和各种农作物的产量都创造了历史最高水平。

1. 三年恢复时期（1950~1952年）

在中国共产党的领导下，全省人民奋发图强，艰苦奋斗，经过三年的努力，使被战争破坏得满目疮痍的农业生产得到了恢复和发展。据统计，1952年农业总产值达到58.98亿元，比1949年增长61%；粮食总产量达到100.8亿公斤，比1949年增产29.4亿公斤，增长41%；棉花总产量13216万公斤，比1949年增产6925万公斤，增长110%，翻了一番；油料总产量33498万公斤，比1949年增产9225万公斤，增长38%；烟叶总产量7288万公斤，比1949年增产5024万公斤，增长221.8%，翻了一番多。

2. "一五"时期（1953~1957年）

在恢复国民经济的任务胜利完成以后，1953年，河南开始实施发展国民经济的第一个五年计划，进入了有计划的社会主义建设和改造时期。在党中央和中共河南省委的正确领导下，全省坚持从实际情况出发，按照自然、经济规律办事，认真贯彻了党中央提出的过渡时期的总路线和总任务，促进了农业生产的迅速发展。据统计，1957年农业总产值达到72.23亿元，比1952年的58.98亿元增加13.25亿元，增长22.46%，年递增4.1%；粮食总产量118亿公斤，比1952年的100.8亿公斤增产17.2亿公斤，增长17.2%，年递增3.2%；棉花总产量17661万公斤，比1952年的13216万公斤增产4445万公斤，增长33.6%，年递增5.9%。

3. "二五"时期（1958~1962年）

从1958年开始，河南国民经济发展进入第二个五年计划时期。这一时期，随着"大跃进"和"人民公社"运动的发动，以高指标、瞎指挥、浮夸风、"共产风"为主要标志的"左倾"错误严重泛滥起来，"人有多大胆，地有多高产"的口号在全省流行，加上严重的自然灾害和苏联政府背信弃义的撕毁合同，整个国民经济比例严重失调，农业生产大幅度下降，全省农业生产受到了极大的破坏，人民生活水平急剧降低，局部地区到了难以为生的地步。

4. 三年调整时期（1963~1965年）

1961~1962年根据中央决定对国民经济实行"调整、巩固、充实、提高"的方针，河南人民在省委、省政府的领导下，坚决贯彻执行了中央制定的"八字"方针，团结一致，同甘共苦，克服重重困难，使农业生产得到恢复和发展。据统计，1965年农业总产值达到70.32亿元，比1962年增加23.51亿元，增长50.22%，年递增14.5%；粮食总产量发展到116.6亿公斤，比1962年增产26.3亿公斤，增长29.1%，年递增9%；棉花总产量发展到13591万公斤，比1962年增产9549万公斤，增长236%，年递增49.2%；油料总产量发展到12694万公斤，比1962年增产2476万公斤，增长30.6%，年递增9.3%；烟叶总产量达6015万公斤，比1962年增产1808万公斤，增长42.9%，年递增12.6%；水果总产量28442万公斤，比1962年增产4298万公斤，增长43%；生猪年末存栏706.5万头，比1962年增加58.1万增头，增长9%。

5. 十年动乱时期（1966~1976年）

1966年开始的"十年动乱"使河南国民经济受到了建国以来最为严重的挫折和损失。所谓的"以阶级斗争为纲，抓革命促生产"，实际上是以政治斗争冲击经济建设。全省经济建设不仅走了一条高积累、高消耗、低效益、低收入的歧路，而且经历了"三起三落"的曲折过程。具体来说，1966年对国民经济的影响总的来说是局部的，当年农业生产增长尚达14.9%。由于"文化大革命"的进一步发动，1967~1968年，国民经济状况急剧恶化，农业生产急转直下，农业生产下降7.5%。

1969年以后，由于广大群众、干部的努力和政治局势趋于相对稳定，河南农业生产逐渐出现了转机，农业生产呈现上升趋势。但1974年的"批林批孔"运动的开展，使刚刚趋于稳定的局势又陷于动乱。农业生产总产值仅与上年持平。

1975年，由于贯彻了全面整顿的方针，河南国民经济有了新的起色。这一年全省工农业总产值比上年有所增长，其中农业增长达3.1%。1976年的"反击右倾翻案风运动"，又使刚刚回升的农业生产遭到严重破坏。

总起来说，"文化大革命"对河南全省的农业生产造成了极其严重的恶果。

（二）后段（1977～1996年）

粉碎"四人帮"以后，河南广大人民群众和干部，与全国人民一样以极大的热情投入各项经济建设工作，国民经济上下波动和停滞的局面迅速扭转。特别是1978年12月，党十一届三中全会胜利召开以后，中央河南省委适时果断地把工作重点转移到经济建设上来。1979年4月，中共中央正式提出对国民经济实行"调整、改革、整顿、提高"的方针。根据这一方针和中央的部署，河南的农业调整在经历了三个阶段的基础上，从1983年开始，由以调整为中心转向以改革为中心，先后经过"六五"、"七五"、"八五"三个五年计划以后，使河南国民经济特别是农业生产走上了健康、稳定发展的轨道，取得了显著的成绩。总起来说，到1996年底，河南的农业呈现出全面发展的良好态势，主要表现在农业生产条件不仅有了较大变化，抗御自然灾害能力得到了进一步加强，农产品产量也有较大幅度提高。"八五"期间，河南的农业总产值年均增长4.8%，5年累计生产粮、棉、油为16347万吨、357万吨、916万吨，分别比"七五"时期增长12.5%、28.4%、52%。河南的肉类总产量为1046万吨，比"七五"增长98.9%。农民人均纯收入由1990年的527元，上升到1995年的1000多元，增长近2倍，贫困人口占农村人口比重由20%下降到9.95%。农业结构得到了进一步优化，造林事业也有了较大发展等等。

从以上对河南农业发展历史概括的回顾，可以初步得出以下几点启示。

第一，河南是中华民族的发祥地之一，也是我国农业开发最早的地区之一。为什么能够如此？原因尽管很多，但其中最主要的一条就是当时优越的地理条件起了第一位的作用，或者说起了决定性的作用。这种作用主要在于人类发展的初期阶段，生产力发展水平极端低下，人们同自然关系十分简单，基本还只会利用天然赋予的手段，向自然索取天然生活资料和初步利用天然劳动资料。因此，这个时期的地理条件对人类社会生产起着决定性的支配作用。正如马克思在论述自然条件与人类社会生产的相互关系时所提出的那样："……在文化初期，第一类自然富源具有决定性意义；在较高的发展阶段，第二类富源具有决定性意义。"①

第二，河南人民在几千年的历史发展过程中，不仅与历代统治阶级和外来的帝国主义者进行了你死我活的斗争，而且在发展农业过程中也与自然界进行了长期不懈的斗争。这种与自然界长期斗争的过程，一直是遵循着从低级到高级，从简单到复杂，从不协调到逐步趋向协调的总规律进行的。当然从另外一方面来看，或者从保护自然环境和自然资源角度来看，也有不少沉痛的教训，如森林资源的严重破坏，水土的过度流失等。总之，不论是历史的经验还是教训，都是十分宝贵的。它们是当前和今后农业发展的重要历史借鉴。

第三，在漫长的封建社会里，由于历代统治阶级置人民生死于不顾，忽视农业生产条

---

① 马克思：《资本论》，第一卷，人民出版社1975年版，第560页。

件的改造和建设，因而使河南长期成为水、旱、蝗等自然灾害特别严重的地区。其中黄河的泛滥、改道，对河南历史上农业发展不仅威胁很大，而且产生过极为不利的深刻影响。建国50年来，尽管在党的领导下，河南在战胜自然灾害方面也取得了巨大的成就，但直到现在，自然灾害的危害仍是河南省农业生产发展的制约因素之一。因此，必须下最大决心，采取最有力措施，把历史上延续下来的自然灾害逐步予以解决。在战胜自然灾害过程中，尤其要把影响农业生产发展的黄河、淮河的严重水灾的治理以及旱灾的防治等放到头等重要的位置上。否则，河南的农业生产很难保持其稳定的持续发展势头。当然在治理黄河、淮河灾害的同时，我们也要看到其有利的一方面，并充分开发、利用其已有的优势。

第四，河南不仅农业生产经验丰富、耕作业基础好，而且又是有史以来全国粮食（粟、黍、稷、小麦、水稻等）的主要产地。因此，在当前和今后河南区域经济发展中，如何进一步根据社会主义市场经济体制建立的需要，充分发挥原有的上述历史地理优势也是亟待研究和解决的重要课题之一。

第五，发展农业生产，必须依靠正确的政策。党的十一届三中全会以来，全省农业之所以有了大踏步地前进，出现了历史性的转折，最重要的一条就是认真贯彻执行了党中央"解放思想，实事求是"和"放宽政策，搞活经济"的指导方针，全面实行了多种形式的联产承包责任制，执行了中央关于提高农副产品收购价格，开放市场，发展商品生产，保护和鼓励"两户一体"，允许一部分农民先富起来等一系列重大政策，改革了农村的经济体制，充分调动了农民的生产积极性，解放和发展了生产力。特别应当着重提出的作为党的农村政策的核心内容——家庭联产承包责任制，10多年来它在全省农业生产迅速发展中起了决定性作用。这是因为这种制度既坚持了土地等生产资料的公有制，又通过生产资料所有权与经营权的分离，实现了生产资料与劳动者的紧密结合。这种政策既赋予了农民生产经营的自主权，调动了农民生产积极性，又发挥了集体统一经营的优越性；既体现了多劳多得的分配原则，又理顺了国家、集体、个人三者利益关系，并由此带动了整个农村经济体制的改革，保证了农业生产的持续发展和农民生活水平的提高，促进了农村社会的全面进步。随着联产承包责任制的不断完善和商品生产的不断发展，广大农民将会打破自给半自给性生产的格局，使农村经济向着专业化、商品化、现代化的方向转化，从而展现出具有中国特色的社会主义农业发展的光辉前景。可见，要想使全省农业生产不断得到持续、稳定、健康的发展，必须坚决贯彻党中央下达的有关农业的各种方针政策。

第六，发展农业生产，必须依靠科学技术。科学技术是第一生产力。多年来国内外大量的实践证明，农业生产力每前进一步，都离不开利用先进的科学技术。特别是进入90年代以后，它的作用将显得更为重要。因此，普及科技知识，推广先进技术，走科技兴农的道路，是我国、我省加快农业发展的根本所在。建国近50年来，特别是党的十一届三中全会以来，由于河南坚持了上述道路，从而使全省农业生产取得了可喜的进步和巨大的成绩。尽管如此，与全国先进省区相比，差距还是相当大的。因此，全省人民特别是各级领导除进一步树立和强化农业必须依靠科技的意识和完善全省科技管理体制外，还应增加科技投入，加速科技成果的开发、推广应用，加强科技立法，进一步加强农业科技队伍建设和开展普及科学知识活动。

第七，以社会主义市场经济为导向，不断调整农业经济结构，搞好作物布局，是加快农业发展的重要措施。多年来，河南农业经济结构的状况是：占全省总面积43%的种植业的产值，占农业总产值的70%以上，而以57%非耕地为主的林牧副渔业的产值，只占农业总产值的28%多一点。这种以解决吃饭问题为主的落后的结构形式，不仅影响了农业自然资源的合理开发和利用，而且阻碍了商品生产的发展和农业经济效益的提高。党的十一届三中全会以来，全省认真贯彻执行了中央"决不放松粮食生产，积极开展多种经营"的方针，本着正确处理粮食作物和经济作物，农业和林牧副渔各业相互关系的精神，因地制宜，全面规划，调整了作物布局和生产结构，促进了农林牧副渔各业的全面发展。调整结果是粮食面积虽然有所减少，但总产量仍然大幅度增加，经济作物发展速度更快，棉花、油料都突破了5亿公斤大关，这就使农业生产的商品率有了明显的提高，农民的经济收入显著增加。

第八，坚持不懈地进行农业基本建设，是农业生产持续发展的重要条件。比如，1996年全省农业机械总动力达3557.48万千瓦，每公顷耕地平均5.24千瓦；1996年化肥施用实物量1416.47万吨，平均每公顷耕地2088公斤；1996年农村用电量103.66亿千瓦，平均每公顷耕地用电量达1527.5千瓦小时。水源和其他能源一样，属于国民经济的基础，与国民经济各部门和城乡人民的生活有着密切的关系。水旱灾害的频繁出现，是我们河南农业生产很不稳定的重要原因之一。因此，兴修水利、整治江河是历代安邦定国的重大措施。几十年来。我们党和政府十分重视水利建设事业，用于水利基本建设的投资达50多亿元，占农业总投资的46%。据统计截至1996年年底，全省已建成各类水库2407座。其中大型水库19座，中型水库97座，小型水库2291座，总库容265.11亿立方米，控制山区面40%。平原地区120多条大中型河道得到初步治理。修建滞洪区10处。全省建成水库灌区和引河灌区8600处。配套机电井有83.42万眼，占机电井总数的90.1%，全省累计发展有效灌溉面积419.1万公顷。其中旱涝保收田面积为330.7万公顷。治理水土流失面积3.44万平方公里。这些农田水利建设，对近几年来的农业发展起了很大作用。

第九，要始终把稳定粮食增产作为农业可持续发展中的重点。众所周知，农业是发展国民经济的基础产业，承担着社会发展与人类生存的重大使命。而粮食又是基础的基础，因此，在农业可持续发展中必须把稳定粮食增产放到首要的位置，具体到河南省来说，不仅是现实和今后的迫切需要，也是历史所给予我们的沉痛启示。

第十，充分合理利用、保护农用土地资源①，努力加强生态环境建设。我们知道，农用土地是一种宝贵资源，是人类赖以生存的"生命线"。河南在这方面有许多正反两方面的经验与教训值得借鉴。特别应当看到河南是一个人多地少的省份。如何充分合理利用和保护好农用土地资源以及做好生态环境建设工作是涉及全省农业能否逐步实现可持续发展的大问题。

---

① 农用土地资源包括可耕地、牧场、草地、森林等资源。

13. 对中国农业资源与环境问题的初探

李润田

众所周知，农业资源和环境是人类生存和发展的基本条件，是经济社会发展的基础，而农业又是以土地、水、能源和生物等自然资源和环境资源为基础的产业。这些资源的量与质以及环境状况对农业生产、发展以及整个国民经济的发展都是至关重要的。正因为如此，利用好这些资源和建设环境，实现可持续发展，已成为我国现代化建设必须坚持的一项基本方针和实现跨世纪宏伟目标的一项重大战略部署。同时，也是履行有关国际公约的实际行动和对世界文明应做出的重要贡献。

建国以来，我国各族人民在中国共产党的领导下，发扬艰苦奋斗精神，在农业资源利用和环境建设管理上，都取得了很大成绩，并积累了大量的经验。特别是改革开放以来，把我国农业资源和环境工作，在原有的基础上又向前推向了一个新的高度。我国在不到世界7%的耕地上，解决了世界上22%以上人口的吃饭问题；我国在全世界发展中国家森林衰退的国际背景下，能逐渐做到采伐量与生长量大致持平，以及国家先后实施"三北"防护林、长江中上游防护林、沿海防护林等一系列林业生态工程，开展了长江、黄河等流域水土流失综合治理等等一系列工程。这充分说明，我们所取得的成就是了不起的，也是举世公认的。

一、当前中国农业资源与环境面临的问题

我们知道，20世纪以来，出现了世界人口快速增长、气候变暖、农业资源贮量快速消耗、生物多样性减少、农业生态环境恶化等一系列重大的资源与环境问题，不同程度地困扰着世界各国农业的可持续发展进程乃至影响到政治稳定。我国也不例外，一个多世纪以来，悄然产生和急剧发展的人口与资源、环境的矛盾，越来越显示出它对农业生产发展以及整个国民经济的发展的限制作用。概括起来当前面临的主要问题表现在以下两大方面。

（一）人口基数大、增长快与农业资源稀缺的矛盾

中国不仅人口基数大，而且增长较快。据统计，1994年底全国总人口达11.98亿人，1995年2月15日被确定为"中国12亿人口日"，且继续保持着增长的势头。据王尔大先生的预测研究，到20世纪末，我国人口的数量将达到12.79亿，2010年将达到14.23亿，2020年达到15.67亿。由此可以明显看出，随着我国人口的逐年增长，人均农业自然资源的拥有量将进一步减少，资源的奇缺程度也会日益加剧。

1. 耕地资源

我国现有耕地为1.2亿公顷，人均耕地为0.1公顷，仅为世界人均耕地的1/3，澳大

利亚的 1/34，加拿大的 1/20，美国和俄罗斯的 1/9，印度的 1/2。不仅如此，目前我国人口每年又以 1500 万人的速度增加，耕地却以 50 万～100 万公顷的速度减少。尤以近几年为甚，表现在以下两点：一是优质耕地减少，劣质耕地增加；二是近几年来耕地总体数量不断下降，平均每年下降 22.09 万公顷。

2. 森林资源

我国目前森林面积为 1.337 亿公顷，森林覆盖率为 13.92%。人均森林面积为 0.11 公顷，人均木材蓄积量为 9.0 立方米，分别只占世界平均的 11.3% 和 10.9%，远远达不到国民经济需求和彻底改善森林状况的指标要求。因此森林资源短缺的形势仍是我们当前面临的严峻问题。

3. 草地资源

据有关部门统计，我国人均占有草地资源 0.233 公顷，相当于世界平均数的 38.1%，即使这些草场不再继续丢失，到 2025 年人均占有草地的数量要比现在少 40% 左右，约为 0.135 公顷。大家知道，我国北方干旱半干旱地区拥有很多辽阔的天然草场，但长期以来由于不合理开垦和过度放牧以及重用轻养等掠夺式的经营方式，破坏了草原的生态平衡，草原的生产力已下降 30%～50%。全国已有退化草原 0.87 亿公顷，预计矿产开发、公路建设、农业开垦和造林，还将占用草地 0.35 亿公顷，草原退化还将进一步加重。

4. 水资源

众所周知，我国的水资源就其总量而言并不算少，河川平均年径流量为 2.6 亿立方米，在世界上仅次于巴西、加拿大、美国。地下水资源约有 8000 亿立方米。但人均占有水资源仅为 2400 立方米，相当于世界平均数的 30.9%，此外水资源在空间和时间上分布又非常不平衡，全国水资源的 81% 集中分布在耕地面积仅占全国 36% 的长江流域及其以南地区，19% 的分布在耕地面积占全国 64% 的海河、黄河、淮河流域及其以北地区。目前每年农业缺水 5000 亿立方米，受旱面积 2000 万公顷，饮水困难 8000 万人口。到 2030 年，我国人均水资源的占有量将比现在少 40% 左右，即为 1440 立方米。

（二）农业环境呈日益恶化的趋势

如上所述，40 多年来，特别是改革开放 20 年来，尽管我们在保护、建设环境方面作出了种种努力，正在并将继续对农业生产发展和整个国发经济产生积极的影响。但是，应当清醒地看到，农业生态环境恶化的趋势还没有得到遏止。根据国家计委组织有关部门制定的《全国生态环境建设规划》和有关专家的调查研究，我国农业环境恶化主要表现在以下几个方面。

1. 水土流失严重

全国水土流失面积达 367 万平方公里，约占国土面积的 30%，以黄土高原、长江流域和南方丘陵地区较为突出，其中严重的省、区有山西、陕西和宁夏。近年来，引人注目的是不少地区水土流失面积、侵蚀强度、危害程度均呈加剧趋势。据统计，全国平均每年新增水土流失面积达 10000 平方公里，由于流失面积大和速度快，每年从土壤中带走农作物生长所需的氮、磷、钾等养分的数量是十分惊人的，从而给农业生产带来了极大的危害。

2. 荒漠化土地面积持续扩大

据统计，全国荒漠化土地面积已达 262 万平方公里。其中北方沙漠化土地面积约 33.4 万平方公里。不仅如此，更为严峻的是每年正以 2460 平方公里的速度扩大，"沙进人退"的形势十分严峻。

3. 大面积的森林遭到乱砍滥伐，环境破坏严重

森林是我国重要的农业资源，具有防风固沙、蓄水保土、涵养水源、净化空气、保护生物多样性等多种生态功能。因此，必须保护好这一生态环境，才能有利于全国农业生产的发展和现代化农业的建设。但近些年来，大面积的森林遭到了破坏，进一步加重了自然灾害的袭击。

4. 草地退化、沙化和碱化面积逐年增加

近些年来由于人们缺乏环境意识和热衷于短期行为和掠夺性开发，不断出现草地退化、沙化和碱化等现象，"三化"面积逐年扩大。据了解，全国已有"三化"面积 1.35 亿公顷，约占草地总面积 1/3，并且每年还在以 200 万公顷的速度增加。

5. 生物多样性遭到严重破坏

我国不仅物种繁多，而且复杂多样，多年来由于种种原因，已有 15%～20% 的动植物种类受到威胁，高于世界 10%～15% 的平均水平。比如，我国濒危种类达 4000～5000 种之多，列入濒危植物名录中的有 5%，若无保护措施，将在近 10 余年内绝灭。

6. 农业环境污染日益加重

一是水体的污染。据不完全统计，我国每天排放污水约为 7000 多万立方米，就地区而言，长江的排放量最大，约占全国的 45%。由于水质被污染，已影响到大江大河和湖泊水质。从目前看，我国湖泊普遍受到氮、磷等营养物质的污染，部分水体已出现了富营养化问题。占全国天然捕捞量 90% 的七大水系，已有约 5000 公里的河段（1993 年）水质不符合渔业水质标准，2400 公里河段鱼虾绝迹，近海渔场因污染使荒废面积逐渐扩大，渔业资源衰退。二是耕地的污染。人类 88% 的食物来自耕地，但是当前耕地受污染的情况极为严重。我国受污染农田已达 2666.7 万公顷，由于不适当地利用污水灌溉，已使 66.67 万公顷耕地受到金属和有机化学物质的污染。根据不完全统计，我国每年因农业环境污染造成农作物减产损失达 150 亿元，农畜产品污染损失达 160 亿元，两项之和约为 1994 年全国农业总产值的 2%。

二、逐步解决我国农业资源短缺和环境脆弱的对策措施

(一) 有利条件

1. 政策法规不断完善

我国政府一贯重视对农业资源的合理利用和环境保护,先后制定了一系列的政策、法规,特别是1992年世界环保大会召开以后,中国政府及时颁发了《中国21世纪议程》白皮书,为我国逐步解决农业自然资源和环境脆弱的问题提供了有利契机。

2. 资源开发的潜力较大

我国农业自然资源短缺形势虽然严峻,但门类齐全、总量丰富、综合实力强,在进一步开发上仍有较大的潜力。据李文华教授调查研究,我国尚有0.333亿公顷宜农土地与1.133亿公顷荒山草坡,可供发展农、林、牧业;目前农业产量只有气候生产潜力的30%~60%,特别是耕地中占2/3的中低产田还有提高产量的潜力;灌溉水有效率可提高20%~39%左右。

3. 人力资源丰富

我国是世界上人力资源最丰富的国家。今后10年我国劳动力还会增长,年轻的劳动力,特别是16~29岁的人群约占总人口的27%,随着教育的发展,他们的文化教育水平也会得到提高,这样一批年富力强并具有一定文化素质的劳动大军,将为我国农业的发展提供重要的人力保障。

4. 规划引领性强

国务院制定和公布的《全国生态环境建设规划》,为全国进一步解决好日益恶化的生态环境问题提出了一套具有指导意义的全面、系统、完整的建设方案,为广泛发动群众,大力开展生态环境建设活动奠定了坚实的思想基础。

(二) 政策措施

1. 大力加强宣传教育力度,使自然资源的合理开发和保护成为全国人民的共同行动

我们知道,社会上长期以来形成的"资源无价,环境无限,消费无虑"的错误思想,对我国资源的合理开发和保护产生了极大的危害。为了扭转这种局面,我们必须大力提高保护环境和可持续发展的宣传教育力度,逐步改变人们长期形成的错误认识,使资源环境意识深入人心,把合理利用资源、保护环境、维护全人类的未来,变成每个公民的自觉行动。

2. 积极的有计划的制定可持续发展的整体战略

为了把中央提出的可持续发展战略逐步落到实处,必须以可持续发展的基本原则为指

导，紧密结合我国国情，制定全国可持续发展的整体战略。在制定整体战略过程中，一定要注意以下几点：一是一定要加强对国内外有关自然资源的数量、质量的调查、监测以及预报系统的建设，为制定自然资源的战略提供重要、可靠的科学依据；二是要坚持从环境与发展的整体关系出发，打破各部门间的分割与限制，依照已定的目标与要求，构筑中国21世纪持续发展的总体框架；三是要在各部门之间进行综合平衡，根据问题的轻重缓急以及资金来源的情况进行项目的确定。

3. 大力加强资源系统的法制管理和必要的行政管理

尽管我国已颁布了《中华人民共和国土地管理法》、《中华人民共和国森林法》、《中华人民共和国水法》、《中华人民共和国矿产资源法》、《中华人民共和国海洋环境保护法》、《中华人民共和国草原法》、《中华人民共和国环境保护法》等一系列法律和法规，在资源管理上也取得了不少成绩，但还存在着不少问题。一是执法不严；二是有些法律尚不够健全。因此，必须进一步加强这方面的工作力度。首先，对执法情况要加强监督、检查，不断完善，并要地方化和具体化。其次，各种资源都是相互联系、相互影响的一个有机的整体——资源系统，因此，与此相适应的资源法制管理也应形成一个系统——资源法规系统。要使资源得到全面、系统的管理，必须协调各种资源之间、资源再生产与开发利用之间的关系，制定一部资源通法，加强资源系统的法制管理。

另外，实现资源产业化也要进一步加强计划和必要的行政管理。资源产业化就是把自然资源作为一种资产，对其实物量和价值量进行清查，建立核算体制，并进行管理；随着资产所有权和经营权的分离，将出现许多资源企业，并按市场经济规律运行，使资源资产得到保护和增值。因此，除了加强法制管理外，还要加强资源开发利用规划、计划，采取必要的行政管理手段，对资源产业实行宏观调控。

4. 大力开展对资源持续发展有重大影响的重点项目的研究

5. 加强可更新资源的建设与保护

众所周知，对生物资源的开发应不超过其生态系统耐性和稳定性的阈值，以保持其更新能力。为此，我们在可更新资源利用中必须打破部门的界限，把农、林、牧、渔及加工业等进行合理配置，综合发展，形成高效、低耗和无污染的经营体系，其中包括生态农业、混合农林业和生态县建设等，实现可更新资源的持续利用。

6. 积极参加国际合作和交流活动

为了逐步克服和改变我国长期以来资源发展的封闭、被动局面，必须使我国自然资源的研究和发展战略尽早与国际接轨，参加到国际的大循环中去，利用国际国内两种资源、两个市场来发展自己。同时，还要积极履行我国在全球变化及全球公有资源开发与保护中的权力与义务，加强自然资源领域的信息交流与合作，促进自然资源的可持续发展。

原文刊载于2000年由科学出版社出版的《中国农业地理》第八章第二节

14. 关于农业产业化几个基本问题的思考

李润田

农业现代化,是我国整个现代化进程中最艰巨的任务,要实现农业的现代化,必须积极推进农业产业化。通过农业产业化可以使农业的产业结构高度灵活地适应市场经济的要求,使农民真正进入市场,确保农产品的有效供给和农民收入的不断提高,进而实现农村经济持续稳定的发展。江泽民总书记最近指出:"引导农民进入市场,把千家万户农民与千变万化的市场紧密联系起来,推动农业产业化,这是发展社会主义市场经济的需要,也是广大农民的迫切要求"。为了认真贯彻落实江泽民总书记这一重要指示精神,必须对关系到农业发展的全局性根本问题——农业产业化,进一步提高认识,深入理解和加强研究,这不仅具有重要战略意义,而且也有深远的现实意义。

一、农业产业化的内涵

农业产业化的思路提出之后,学术界、农业科技工作者以及政府部门都对其科学内涵做了表述,但到目前尚没有一个最权威的定论。根据陈吉元教授的研究和其他人的一些观点,对农业产业的内涵有以下一些论述。

(1) 农业产业化"是以国内外市场为导向,以提高经济效益为中心,对当地农业的支柱产业和主导产品,实行区域化布局、专业化生产、一体化经营、社会化服务、企业化管理,把产供销、贸工农、经科教紧密结合起来,形成一条龙的经营体制。""简言之,这就是指改造传统的自给、半自给的农业和农村经济,使之与市场接轨,在家庭经营的基础上,逐步实现农业生产的专业化,商品化和社会化。"[①]

(2) "农业产业化的基本含义是:在市场经济条件下,通过将农业生产的产前、产中、产后诸环节整合为一个完整的产业系统,实现种养加、产供销、贸工农一体化经营,提高农业的增值能力和比较效益,形成自我积累、自我发展的良性循环的发展机制。在实践中它表现为生产专业化、布局区域化、经营一体化、服务社会化、管理企业化的特征。"[②]

(3) 农业产业化是"以市场为导向,以效益为中心,优化组合各种生产要素,对农业和农村经济实行区域化布局、专业化生产、一体化经营、社会化服务,形成以市场为龙头,龙头带基点,基地连农户,集种养加、产供销、内外贸、农科教为一体的经济管理体

---

① 《论农业产业化》,1995年12月11日《人民日报》社论。
② 农业部,《农业发展报告》(1995),第159~160页。

制和运行机制。"①

（4）"按产业来组织和发展农业，即农业产业化。"②

（5）"对于农业产业化的含义，可以从不同的角度来理解、概括。从最一般意义上，农业产业化就是以市场经济为导向的农业现代化。"③

（6）"农业产业化即农业的工厂化生产。这好像是国外的一种理论，可中国目前的农业尚不到这个阶段。具有中国特色的农业产业化正在实践中，它是动态的行动，但见诸大众传媒中，还是让大众易看懂和听得明白为好。"④

（7）"农业产业化是在更大范围内和更高层次上实现农业资源的优化配置和生产要素的重新组合。""农业产业化只有在市场化和集约化这两个前提下才能得以顺利进行。"⑤

（8）"农业产业化，目前较严谨的说法是'农业产业系列化'。就是把一个农产品开拓为一个系列，使农业成为包括种植、养殖、加工、流通在内的完整的产业系列。"⑥

（9）"农业产业化是市场化、社会化、集约化的农业。所谓市场化农业，就是以市场为导向，依据市场的需要调整农业的产业构成及其产量。所谓社会化农业，依据社会化的概念，即分散的、互不联系的个别生产过程转变为互相联系的社会生产过程，"⑦建立社会化农业就要求逐步扩大农业的生产经营规模，实行农业生产的专业化分工，以及加强农业生产、加工和流通等再生产诸环节的内在有机联系，直至达到一体化。"至于所谓集约化的农业，则是相对于粗放农业而言的，包括要求有更多的资金、技术和科学的投入，通过结构优化、技术进步和实施科学管理，提高农业经济效益。因此，实行农业产业化，是同由计划经济体制向市场经济体制转变、由粗放增长方式向集约增长方式转变的总要求完全一致的，既包括生产关系的调整，也包括生产力水平的提高。"⑧

此外，对农业产业化的内涵的界定还有以下几种看法。

（1）"农业产业化是以市场为导向，以效益为中心，依靠龙头带动和科技进步，对农业和农村经济实行区域化布局、专业化生产、一体化经营、社会化服务、企业化管理，形成贸工农一体化、产加销一条龙的农村经济的经营方式和产业组织形式。"⑨

（2）农业产业化基本内涵可以表述为"以市场为导向，以加工企业为依托，以广大农户为基础，以科技服务为手段，通过把农业再生产过程的产前、产中、产后各个环节联结为一个完整的产业系统，实现种养加、产供销、农工商一体化经营，把分散的农户小生产转变为社会大生产组织形式。"⑩

---

① 农业部部长王大海等关于农业产业化的定义，转引自艾丰等：《造就一种新关系新格局》，《人民日报》1995年12月13日。
② 吴亦侠等，《山东农村考察报告》，《农村经济文稿》1994年第12期。
③ 姚中利等，《农业产业化与海南农业》，《中国财经报》1996年1月16日。
④ 潘耀国，《也谈产业化》，《农民日报》1996年1月11日。
⑤ 熊学刚，《产业化：关于中国农业发展的思考》，《光明日报》1996年4月6日。
⑥ 王学习，《农业产业化发展若干问题研究》，《改革与试验》1996年第3期。
⑦ 陈吉元，《农业产业化：市场经济下农业兴旺发达之路》，《农业产业化：中国农业新趋势》1990年5月。
⑧ 陈吉元，《农业产业化：市场经济下农业兴旺发达之路》，《农业产业化：中国农业新趋势》1990年5月。
⑨ 艾云航，《加快农业和农村经济的有效途径——农业产业化研究》，《农业经济》，1997年第4期。
⑩ 农业经济编辑部，《农业产业化实践进展剖析》，《农业经济》1997年第10期。

（3）农业产业化的内涵表述："以市场导向，以农户为基础，以效益为中心，以科技为先导，以龙头企业为纽带，以合作经济为载体，在坚持稳定家庭联产承包责任制的前提下，对农业和农村经济的重点产品、主导产业，按照产供销、种养加、贸工农、经科教一体化的要求，实行多层次、多形式、多元化的优化组合，形成各具特色的龙型经济实体，以达到区域化布局、专业化生产、一体化经营、社会化服务、企业化管理。"①

（4）"农业产业化是在社会主义市场经济条件下，通过实施区域化布局，专业化生产，社会化服务，企业化管理，市场化经营，将农业生产的产前、产中、产后诸环节连接在一个完整的产业系统，实现种、养、加、产、供、销一体化经营。"②

总体来说，上述专家、学者对农业产业化科学内涵所作的各种界定和提法，多种多样，这是不难理解的，对一个新生事物出现的争议是难免的。不过，他们对农业产业化的基本内涵的理解和认识还是大同小异的，都有自己的道理，主要是侧重点不同，内容的繁简不一，表述的风格不尽一样。本人的看法是，阐述农业产业化的基本内涵首先应注意以下两点：一是一定要把农业产业化最本质的内涵揭示出来，不能似是而非；二是尽可能高度概括一些，不能过于繁琐和通俗。基于上述两点依据，本人认为对农业产业化基本内涵，是否可以作这样的阐述："以市场为导向，以提高经济效益为中心，根据当地资源条件，择优确定农业的主导产业，通过实施区域化布局，专业化生产，社会化服务，企业化管理，市场化经营，将农业生产的产前、产中、产后诸环节连接成一个完整的产业系统，实现种、养、加、产、销一体化经营。"

二、农业产业化形成背景分析

对农业产业化形成的背景，和农业产业化科学内涵的界定一样，也有不少不同的看法，这里不准备一一赘述，仅谈谈个人极不成熟的意见。首先，从国际方面看，翻开世界农业发展的历史，明显可以看出，农业产业化是第二次世界大战后发达国家最先兴起的一种农业发展的组织经营模式，它主要是依靠经济和法律手段，由农业及其相关的工商服务行业联合而成。我们知道发达国家的现代农业，大多数都是走的农业产业化道路。比如，美国从50年代初就创办了农工商联合体，后来这种经营形式很快就传入西欧、北美和日本等国。又如韩国兴起的"农协"组织，也是农业产业化经营的一种形式。应当说从那时候起，他们的经济作物、畜牧、水产、林业等各种产业，都开始比较普遍地推行农工商一体化的经营体制，其组织形式也大都是采用合作社模式或公司加农户模式，在此基础上组成跨国公司。这些跨国公司的发展实力是很强大的，进入80年代以后，他们对世界各国农业发展的影响越来越大。对中国来说，也不例外。像中国这样比较典型的千家万户分散经营方式的国家，要想从一个农业大国跨入世界农业强国之列，也必须坚持走农业产业化道路。其次，从国内方面看，一是由我国国情所决定。我国是一个农业大国，但不是农业强国。尽管改革开放20多年，我国农业和农村经济有了很大的发展。但农业的基础地位

---

① 张永泰，《山东农业产业化的理论与实践探索（上）》，《农业经济问题》，1997年第10期。
② 林泰学，《关于农业产业化问题》，《产业化——中国农业新趋势》，1997年5月。

还比较脆弱，比较现代化的工业和仍然比较落后的农业组成的"二元结构"并没有得到根本改变，工农产品剪刀差仍然存在，农业在短期内还不能摆脱这种社会效益大、自身效益低的局面。要彻底改变这种局面必须找出一种自我积累、自我发展、自我约束的机制和途径，这就是走农业产业化道路。二是我国农业本身虽然是一个产业，但由于长期受传统计划经济体制的惯性影响，它仍然是一个不完整的产业。主要表现在农业产前、产中和产后各个环节都是独立的社会生产部门，各自都是不同的利益主体，它们之间缺乏商品交换和产权转移联系关系。农业产业化就是要在发展现代化农业过程中打破部门分割，使其逐步成为一个完整的、现代意义的产业。总体来说，由于上述国际和国内背景的存在，促成了今日我国农业产业化的形成。

三、农业产业化的意义和作用

在传统农业向现代农业转变的过程中，农业产业化具有重大的意义和作用。

(一) 有利于引导、帮助分散的农户走向市场

在家庭联产承包责任制下，我国95%以上的农户实行分散的家庭经营，加上他们素质不高，这样的经营格局必然出现以下一系列的问题和矛盾：一是生产规模过小，产品无法进行批量生产，农民难以进入市场。农户势单力薄，不可能抵御市场竞争而带来的巨大风险。二是农民难以真正掌握市场行情和最新信息，即使生产出大批量的农产品，也会因信息不灵，流通不畅，而造成销售困难，丰产不丰收。三是组织化程度低，商品交易方式落后，流通费用过大。由于农民在市场上处于不平等地位，往往低价出卖农产品而高价买入生产资料，结果使得农民应当得到的利益大量流失。实行农业产业化经营，可以通过龙头企业、专业市场和中介组织，在分散经营的农户与大市场之间架起桥梁，建立龙头公司与农民之间比较固定的利益关系。这样农民就可以一心一意的生产，而不需分散过多的精力去专门注意产品的销售状况，这不仅可以减少单个农户去闯市场的盲目性，而且也可以解决上述存在的几个突出的矛盾和问题。

(二) 有利于提高农业总体收益和农民的收入

长期以来，我国农业始终未能彻底摆脱困境，除了一些指导思想、政策失误之外，究其原因，主要是由于农业比较利益和农业的整体效益低。正因为如此，农民受利益的驱动，很容易弃农而去务工经商，结果把农业变成了一种"辅业"。但实施农业产业经营以后，通过农产品的深、精加工，可以实现农产品的多次转化增值，进而大幅度提高农产品的商品率和创汇率，以及从粗放经营向集约化经营转变，其实质是改变农业的弱性，提高农业经济的质量和效益，加快传统产业向现代化农业转变。其结果使农业生产各个环节都能得到整个链条的平均利益，这样必将促进广大农民收入的大幅度增加。

(三) 有利于调整和优化农村产业结构

由传统农业向现代化农业转变的中心问题是结构的转变。结构分为所有制结构、经营

结构、技术结构、产业结构等等，但其中产业结构是最主要的内容，因为经济增长必然导致资源的转移和重组，进而表现为产业的重构。几十年来。我国农村产业结构尽管发生了很大变化，但直到目前为止，农村产业结构仍然不够合理，不适应社会主义市场经济发展的需要。实行农业产业化经营以后，就可以能动地以市场需求为导向，以经济效益为中心，充分发挥区域化比较优势，合理配置资源，优化产业结构，进而逐步建立起高效农业体系。

（四）有利于增加对农业的投入

近年来，我国农业投入严重不足，大部分地方处于简单再生产状态，这是困扰我国农业进一步发展的严重障碍。大量事实证明，实行农业产业化经营以后，农业比较效益可以得到进一步提高，农民收入也可以大幅度增加。这样不仅增大对农业的吸引力，也可以进一步拓宽对农业投入的渠道。如此一来，不但农民会增加对农业的投入，而且农村金融部门也会增加对农业的信贷投入，农业产业化这就成为了农村经济新的增长点。

（五）有利于促进农业劳动力的转移和加快城乡一体化进程

农业产业化经营，一方面主要是以建立高效益农业体系为核心，延长农业产业链，这样就可以吸纳大量农村劳动力，有利于农村劳动力的分流；另一方面，农业产业化的发展还可以为小城镇建设和农村基础设施建设积累资金、技术，为加快农村工业化和城乡一体化创造了条件。无数事实已充分证明，凡是产业化发展快的地方，它的城镇工业、交通、商业等各种相关产业也都很发达。从以上可以明显看出，农业产业化的发展确实有利于促进农业劳动力的转移和推进城乡一体化的进程。

此外，推进农业产业化的不断发展，也必然有利于促进农村乡镇企业的进一步发展。

四、我国农业产业化发展中存在的问题及其对策

（一）存在的问题

农业产业化是我国社会主义市场经济条件下，实现由传统农业向现代化农业转变的新型经营方式。它的产生和发展，不仅对全国农业和农村经济健康发展起到了积极的推动作用，而且也显示出较强的生命力和良好的发展前景。但由于它是新鲜事物，在发展中还存在着不少有待解决的问题。

1. 对农业产业化的理解尚有偏差

比如，农业产业化是商品经济发展到一定阶段上的必然产物，或者说它是经济体制深化改革和农业市场化发展的必然产物。既然如此，我们必须充分认识到它在当前我国农业和农村经济发展中的关键地位和核心作用。同时，我们也必须看到，它是商品经济发展到一定阶段的产物，它的发展需要有一定的物质基础、组织基础和文化基础。因此，农业产业化也必须因时、因地循序渐进的发展，决不能凭主观上的冲动来发展，那样会造成严重

后果。又如，由于对农业多样化经营的市场缺乏足够的认识，往往有些地方在抓龙头、建基地、上加工、铺摊子上下工夫很大，却忽视了对市场的调研，结果经营的项目因无销路只好下马。

2. 产业化发展水平比较低

自从我国实施农业产业化以来，虽然全国农业的社会化、专业化、商品化程度有了较大提高，但产业化发展程度还较低。比如，真正按照产业化要求建立起来的农产品生产经营实体和生产经营体系，只是少数企业单位，且大部分分布在经济发达地区且集中在养殖业的项目上。产业化经营水平不高和许多方面不够完整，尤其是在提高产品质量和增强市场竞争力等方面还存在不少问题。

3. "龙头"企业少，且规模过小

我们知道，农业产业化最关键的问题是要有一批生机勃勃的"龙头"企业，且具有一定的规模。只有这样，它才具有开拓市场、引导生产、深化加工、搞好服务的综合功能。事实上，从当前全国农业产业化现状看，"龙头"企业少，规模又不大。结果难以在农业和农村产业化发展中起龙头作用。

4. 区域化布局不尽合理

从整体上看，全国农业产业化经营处于"星星之火"的"被燃"状态，表现在布局上不少都在"各自为战"，过于分散的特点十分突出。这样的布局状况难以起到带动较大规模产业化"面"的作用。这充分说明农业产业化在很多地区之间，产业没能相互联结在一起，形成优势互补、结构衔接、互相促进的大区域整体产业优势，或者尚未完全形成大的产业链条、大的产业群。其结果必然难以达到逐层增值的目的。造成这种局面的原因很多，但其主要原因是传统的行政体制和管理方式等造成的。

5. 缺乏统一的、长远的整体规划

众所周知，农业产业化经营十分强调"依据市场需求，立足本地资源，确定主导产业，形成区域经济优势"的正确思路，然而从全国范围来看，由于全国和不少地区缺乏总体规划，因此出现了不少生产结构"同构化"的低水平重复现象。如不予以及时克服，极有可能走上新一轮重复建设的道路。

6. 农业产业化经营的综合服务严重滞后

如前所述，农业产业化作为一个长产业链条，它必然在客观上要有一套完整和高效的综合服务体系。从全国看，近几年农业产业化虽然发展很快，但服务远远跟不上。这不仅给企业增加了负担，而且还会因增重成本而削弱企业的发展能力，同时也会进一步制约农业产业化经营的发展。

此外，还存在市场规模小，机制不健全，辐射功能弱以及产业政策不配套等问题。

(二) 主要对策和措施

为了把全国农业产业化推向新的发展阶段，必须采取以下有效对策和措施。

1. 不断更新观念，继续提高认识

农业产业化是我国农村继家庭联产承包责任制之后的农业经营方式的又一次重大转变，是对传统农业的一次革命性的重大改革。同时，它也是当前农业发展的关键和我国增加农产品有效供给以及增加农民收入的最佳途径。因此，在推进农业产业化过程中，各级领导干部和广大农民群众，在思想观念上应有一个深刻的转变。首先就是要牢固树立起商品农业、市场农业、效益农业的新观念，既要考虑到粮棉产量的提高，又要不断增加广大农民的经济效益，达到增产增收的双重目标，使广大农民尽快走向富裕的道路。其次，在农业产业化发展过程中，要尊重自然规律和经济规律，坚持从实际出发，本着既积极又慎重的原则不断推进其向前发展。

2. 抓好龙头企业的建设

龙头企业主是要指基础雄厚、辐射面广、带动力强的农副产品加工、销售企业或企业集团，它在农业产业化经营中的作用是很大的。概括起来说，它的重要功能不仅在于上联国内外市场，下联千家万户，而且可以横向推动中间产品、辅助产品及印刷、包装、储藏、运输、销售、流通等相关企业的发展，为区域经济撑起一大批产业。几年来全国农业产业化过程中发展龙头企业的大量实践也有力证明，积极培植和建设龙头企业，是实施农业产业化经营成败的关键。把龙头企业建设好了，就能拓宽农产品的销路，带动农户和基地生产健康、稳定的发展。因此，我们必须把龙头企业建设作为农业产业化的关键环节来抓。在发展龙头企业时，应当树立起一个正确的思路：一是要根据本地资源特点和市场消费导向来兴办龙头企业；二是要坚持谁具备龙头企业的条件和能力就让谁当龙头企业，谁当龙头企业就扶持谁的原则；三是要搞好现有企业的改造，并积极鼓励和扶持他们在竞争中逐步完善机制，尽快使他们形成龙头企业。总起来说，应在现有发展的基础上，大力加强龙头企业的建设，扩大企业总体规模，增强对农户的辐射能力和对市场风险的抵御能力。

3. 确定和扶持好主导产业，规划和建设好商品基地

主导产业是农业产业化的基础。它是一个地区农业发展中的战略重点，也是一个地区农业产业结构的核心和结构演化的主角，具有极强的关联效应，能带动一批基础产业的发展，并逐步形成种养加、产供销、技工贸相结合的产业群体。因此，确定和扶持好主导产业是推进农业生产向产业化纵深发展的关键所在。主导产业的选择必须坚持以下几个原则：一是市场需求原则；二是经济效益原则；三是比较优势原则；四是科技进步原则；五是生态环保原则等。抓好商品基地的规划与建设，是农业产业化龙头企业和主导产业的重要依托。因此，只有形成较大规模的商品基地，才能保证农副产品成批量的均衡上市，提高市场占有率、供应企业加工。建设商品基地，应当本着发挥资源优势，合理区域布局的指导思想来进

行。具体来说,应按照"围绕龙头建基地、突出特色建基地、连片开发建基地"的原则,把基地建设与主导产业、龙头企业等紧密结合起来。同时,在基地建设中,还要注意两手抓,一手抓好对原有商品基地的巩固与提高;另一手要下大力气并有计划地开辟新的商品基地的建设,重点应放在名、优、特、稀农产品的开发上,大力发展创汇农业。

4. 依靠科技进步,不断提高农业产业化的科技含量

农业产业化是一种新的运作机制,它的完善和发展,除了依靠政策、投入等因素外,更重要的是靠先进的科学技术。应当说科学技术是影响和决定农业产业化水平高低的重要因素。因此,首先,必须把加速科技成果的转化应用贯穿于农业产业化的全过程,全面提高科技含量;其次,要大力培育科技先导型的龙头企业,开发高科技含量、高附加值、高市场占有率的优势农副产品及其加工品;第三,在加大对农业科技的投资力度的同时,还要利用现有技术推广体系,大力推广成熟的先进实用技术;第四,继续推行科教相结合,围绕地方主导行业开展职工技术教育和技术培训工作,提高农民科学文化素质。

5. 强化市场体系建设

农业产业化经营的好坏,最终取决于市场,强化市场体系建设便成为推进农业产业化的重要环节。在市场体系建设中应当抓好以下几项工作:一是要坚持以初级集贸市场为基础,以批发市场为中心,逐步建成一个结构比较完整、功能能够互补的市场网络;二是要积极、稳妥地发展资金市场、技术市场、劳务市场等生产要素市场,为大力推进农业产业化创造一个良好的外部环境;三是要发展市场中介组织,大力培育和发展农村集体、私人等资产经营公司、社区性合作经济组织等各类市场中介组织,积极协助农民进入流通领域,为推进农业产业化注入新的活力;四是要充分发挥龙头企业市场开拓能力强、信息来源广等固有的优势,不断扩大对国内外市场的覆盖面。

6. 进一步健全社会化服务体系

农业产业化使农业原来的单一生产扩展到加工、销售、贸易等领域,交叉增多,综合性大大增强,对社会化服务提出了更高、更多的要求。如何才能满足上述要求呢?关键的问题是积极建立健全社会化服务体系,强化社会服务功能,只有这样,才能推进和保证农业产业化的健康发展。从当前和今后的一个时期来看,最主要的是要健全和完善以下几个方面的服务,即信息服务,科技推广服务,物资服务,良种繁育服务,融资服务,运销服务等。并要解决好以下两个问题:一是要树立"改造官办组织,强化集体组织,发展新型合作组织,扶持引导民办组织,规范混合型和一体化组织服务"等指导思想,发挥各类服务组织的作用,强化各类组织的服务功能,力争做到多形式、多层次、全方位形成合力抓好服务;二是要进一步加强原有的公共服务组织建设。

此外,还要进一步完善好经营体制和产业组织,建立适应社会主义市场经济要求的运行机制,打破地域和部门所有制界限,以形成有区域特色的经济开发和农业产业化模式。

原文刊载于2000年由科学出版社出版的《中国农业地理》第八章第三节

15. 社会经济技术条件与农业发展

李润田

一、非自然性因素及其对农业的影响

众所周知，农业生产过程是生物的再生产过程。生物（特别是植物）生长过程中需要吸取光、热、水分和养分，这些都直接或间接地从自然界取得。因此，农业生产和自然环境的关系极为密切，对自然条件的依赖性较大。正因为这样，自然条件的变化状况严重影响着农业的收获状况。历史上世界各国各地区的大歉收，几乎无一例外的与天时不正有关。马克思指出："经济的再生产过程，不论它的独特社会性质如何，总会在这个范围（农业）之内，同一个自然的再生产过程密切联系在一起。"这个科学的论断，不仅揭示了农业生产的基本特点，而且明确指出由于农业生产有一个自然再生产过程，也就是栽培植物和家畜的生长、发育和繁殖的生理过程，同周围的自然环境有着不可分割的联系，它的全部过程都受到各自然条件的制约与影响。这些自然条件主要包括地理位置条件、地貌条件、光热条件、水分条件、土壤条件、自然条件地域组合等。这些自然条件对农业生产的持续发展与现代化农业建设具有十分重要的影响，因此，在农业生产发展过程中，必须给予高度的重视和科学的分析与评价。所以，重视正确评价自然条件对农业生产发展和布局的影响是十分必要的。只有这样，才能更好地利用有利的自然条件，改造不利的自然条件，使农业生产发展符合自然规律，从而提高农业生产和布局的经济效益、社会效益和生态效益。

但是，必须强调指出，农业这个生物再生产和野生生物自然生产不同，后者是纯自然的再生产，而农业再生产不是纯自然的再生产，是人类的经济活动。实际上，农业生产从一开始就是社会生产的一部分。农业作为国民经济的主要部门之一，其生产过程当然也是经济的再生产过程。因此，它的活动和发展也必然受到非自然性因素的支配。影响农业生产和布局的非自然性因素很多，归纳起来，主要有以下几方面：历史因素、经济因素、社会因素、技术因素等。这些因素都属于人类的经济活动，人类通过上述这些活动，改变着生物本身，调节和改变着生物所赖以生存的自然条件，从而使生物的再生产过程按着人类的目的和要求来进行。因此，我们在研究农业生产发展和布局过程中，必须对其社会经济技术条件分别进行辩证地分析与评价。

二、社会经济技术条件分析与评价

农业是国民经济的基础。实践证明，农业的稳定、健康、持续的发展能为整个国民经济和社会发展做出重大贡献。新中国成立40多年来，特别是党的十一届三中全会以来，尽管农业的发展存在一些问题，但仍得到了空前的发展，农民开始走上致富的道路，农业也由此进入了一个新的发展时期。

(一) 有利的社会经济技术条件

1. 有利的经济环境和制度

改革开放20年来，中共中央、国务院对农村和农业工作的高度重视，相应制定了一系列有利于农村、农业经济发展的方针、政策，以及通过深化农村、农业改革为农业经济发展形成了制度保障。首先，家庭联产承包责任制的全面推行，再造了农村经济组织的微观结构，使中国农民不仅获得了对土地的使用权和生产决策的自主权，而且从这种权力中取得了相对自由的就业选择权；而农副产品"统购"制度的取消，结束了国家变相地无偿占有农业剩余的历史，从而极大地调动了农民的生产积极性。其次，党中央和国务院出台了一整套促进农业、农村发展和提高农民收入的政策法规。比如，1990年12月中共中央、国务院专门就1991年农业和农村工作发出通知，拉开了"八五"期间中国农业和农村工作的序幕。又如，1991年11月，中共中央十三届八次会议通过了《中共中央关于进一步加强农业和农村工作的决定》。1992年12月，在全国农业工作电视电话会议上，中共中央、国务院决定采取十项重要措施，保护农民的积极性，保持农业稳定发展。此后，从1993年10月到1996年1月，中央召开了多次农村工作会议，每次会议都强调农业和农村工作的重要性。不仅如此，"八五"期间相应出台了一系列旨在促进农业和农村发展的法律法规，如全国人大常委会通过的《中华人民共和国农业法》（1993年7月）、《中华人民共和国农业技术推广法》（1993年7月）等法律法规，以及1992年9月《国务院关于发展高产优质高效农业的决定》，1993年8月国务院常务会议通过了《90年代中国农业发展纲要》等。与法律法规相配套的，是一些保护农业的具体政策措施，如1991年11月国务院颁布的《农民负担费用和劳动管理条例》。特别是1998年10月14日中国共产党第十五届中央委员会第三次会议又通过了《中共中央关于农业和农村工作若干重大问题的决定》，为我国农业实现跨世纪宏伟目标提供了十分重要的保障。总之，所有以上这些举措从宏观上营造了一种举国上下重视农业的大环境。具体到微观生产上，一方面使农民从事农业生产的非生产性成本的上扬得到了抑制，另一方面使农民对于土地资源使用有了较稳定的预期，并从农产品的出售中得到了一些实惠，从而稳定了人心，在一定程度上调动了农民的生产积极性。

2. 优越的经济地理位置

我国不仅自然地理位置良好，而且经济地理位置相当优越。首先从农业自然资源角度来看，由于中国疆土大部分位于中纬度，具有跨温带、暖温带和亚热带的地带性特点，不仅各种农产品兼备，品种繁多，具有不同气候带市场最近的有利条件，而且在相同类型的产品中，可使亚热带产品较南方晚熟，暖温带产品较北方早熟，这就为利用应市时间，满足不同气候带市场对农产品的需要提供了条件。其次，从全世界形成的地区经济格局和未来经济发展趋势来看,世界经济活动中心将逐步转向亚太地区,而中国正位于亚太地区的中心,这种区位优势无疑将有助于中国经济建设,特别是农业生产的进一步发展。

3. 良好的工业基础

良好的工业基础是发展农业的重要经济条件之一,它不仅为农业现代化提供技术装备,而且还为农业的发展提供必要的动力支撑。因此农业的发展及其现代化过程,必须依靠工业的支援与配合。由此可见,一个国家工业条件的好坏对其农业的健康、迅速的发展具有举足轻重的作用。

我国自50年代开始进行工业化建设,直到70年代末期的30年间,经历了许许多多的坎坷和曲折。而自从党的十一届三中全会召开以后,我国工业化建设的速度、规模和深度才走上了正常的轨道。农用工业规模也不断扩大,例如,1996年农用氮、磷、钾化肥产量达到2809万吨,其中氮肥为2136万吨,分别比1978年增长2.2倍和1.8倍。特别是进入90年代中期,工业增长的速度进一步加快,工业结构得到了进一步的优化调整,形成了结构以基础工业为主,轻重工业协调发展,产品以面向国内市场为主,国外市场为辅的发展态势。

总之,建国以来,尤其经过改革开放20年来的发展,在原来工业极端薄弱的情况下,建立起了今日规模宏大的工业生产体系,不仅基本上满足了我国国民经济和社会发展以及国防现代化的需要,成为日益强大的综合国力的坚实基础,而且为我国农业健康、稳定、持续的发展,提供了极其重要的保障和强有力的支持。

4. 发达的交通运输条件

交通运输,一方面可以为农业生产输送各种必要的生产资料,另一方面它又可以把农业自然资源及其加工产品送到广大消费区。所以,便利的运输条件,不仅是促进农业生产合理布局的必要条件,而且对农业生产地域分工和实现农业产业化也具有十分重要的作用。

新中国成立以来,特别是党的十一届三中全会以来,我国交通运输业得到了空前的发展。在铁路方面,到1995年中央铁路营业里程已发展到5.46万公里,正线延展里程达7.29万公里,地方铁路营业里程0.62万公里,近几年又有了新的增加和发展。在公路、内河航运方面,公路里程已达115.7万公里,内河航道已达11万公里。在管道运输方面几乎从无到有,输油气管道已发展到1.74万公里。在航空运输方面,民航线路已拥有112.89万公里。总体来说,经过近半个世纪的建设,我国各种运输方式线路都有了较大的延伸,从全国范围来讲,已通达到绝大部分地区。具体说铁路网已通到西藏以外的各个省、市、自治区。现在全国640个城市中75%都有铁路相通,公路已通到全国所有的城市和县城,并通达98%的乡和80%的村。具有航空设施的城市已达130多个,并可较为方便的服务于周围邻近城市和农业生产发达的地区。由于全国各种线路的畅通,为全国信息传播和通邮提供了有利的条件,现在全国通邮乡(镇)已占95.5%,通邮的行政村也占96.2%。在此基础上,各种运输方式的作用都逐步得到了较充分的发挥。比如铁路在整个运输中仍占主导地位;公路则在短途客货运输中发挥了越来越大的作用;内河运输(与铁路）在大宗货物长距离运输中继续发挥着作用；沿海水运和远洋运输继续承担 90% 以上的进出口的货物运输。如今，我国已构成了一个综合运输网骨架，且已初具规模（全国已有 82 个综合运输枢纽）。

此外，应当特别提到的是，中国有铁路和周边国家朝鲜、俄罗斯、蒙古、哈萨克斯坦、越南等国家相连接，有公路和巴基斯坦、缅甸、尼泊尔、老挝等国家相通。至于航空运输就更为方便，到 1995 年中国的航空公司已开辟连接世界上 30 多个国家的国际定期航线达 60 多条。这一切为中国的进一步改革开放，广泛进行国际贸易，提供了条件。

综上所述，我国四通八达的交通运输条件，为全国农业自然资源的充分开发利用和农业商品经济的流通以及农业生产的合理布局，提供了十分有利的条件，并起到了重要的促进作用。

5. 农业装备水平和现代化程度有了较大的发展

我国农业尽管有着悠久的发展历史，但新中国成立以前农业基本上是沿用数千年以来的传统耕作方法，农业科技水平十分低下。新中国成立以后，特别是改革开放以来，全国各地在中央一系列有关发展农业方针政策的指引下，把农业和农村经济发展转移到依靠科技进步和提高劳动者素质的轨道上来，坚持把科技作为发展农业新的增长点，全面实施了科教兴农战略并采取了以下措施：一是不断提高物质装备水平和现代化程度。比如根据顾海兵先生调查研究，1995 年农业机械总动力达到了 36069 万千瓦，比 1990 年增长 25.6%，其中各种小型农用拖拉机 863.8 万台，比 1990 年增长 23.8%；农用载重汽车 80.5 万辆，比 1990 年增长 29.5%；排灌机械总动力 8071 万千瓦，比 1990 年增长 13.2%；化肥施用量（折纯）3571 万吨，比 1990 年增长 37.9%；农村用电量 1628.2 亿千瓦·小时，比 1990 年增长 92.8%；农田有效排灌面积 4937.5 万公顷，比 1990 年增长 4.2%。二是狠抓了农业教育的发展，其中着重抓了农业科技人员及农民的培训教育工作。三是全国积极开展了各乡（镇）农业技术推广站的"三定"工作，完善基层农技推广体系，稳定农业科技队伍。同时，也组织了重大农业科技攻关，先后取得了一大批有较高水平的农业科技成果。总之，上述成绩的取得，不仅加快了改革开放 20 年来农业和农村经济发展的步伐，而且为今后全国农业和农村的发展提供了十分有利的社会经济条件。

（二）社会经济技术条件中的不利因素

1. 农业历史发展基础过于薄弱和落后

众所周知，历史发展基础因素是影响各种生产发展和布局的重要因素之一。马克思说过："人们不能自由选择自己的生产力——这是他们的全部历史基础，因为任何生产力都是一种既得的力量，以往活动的产物。"所以必须尊重历史赋予的生产发展和布局的基础。既然如此，在农业生产发展和布局时，也必须高度重视这一重要因素的作用。历史因素包括长期积累的经济财富（已开垦的土地、农田水利设施等）、原有的农业生产结构、农产品的供求关系以及人们在长期实践中形成的农业生产经营水平等。

我国是世界上农业生产发展最早的国家之一。远在公元前 2000 年以前，我们的祖先就在辽阔的土地上从事原始的农、牧、渔业生产。尽管如此，但在解放以前，全国的农业生产，由于遭受长时期的封建统治和帝国主义的侵略，生产水平十分低下。尤其在解放以前的几十年中，连年不断地遭受自然灾害的袭击和长期战争的破坏，农业生产水平不仅低下，而且农业生产结构极端不合理，农业生产布局十分不平衡，农田水利基础设施更是损坏殆尽。这一切的一切，给建国以后的农业发展带来了无法估量的不良影响，而且，这种不良影响直到今天还在不少方面起着消极的作用。

2. 人口多，增长快，素质较低

人，既是物质资料的生产者（从农业生产角度讲，即农业生产劳动力），又是物质资料的消费者。我们知道，发展社会生产力的目的，就是为了不断满足人们日益增长的物质、文化需要。但也必须看到这种需要的增长又同两个方面的增长相伴随，一方面是物质资料生产的不断增长，另一方面是人口的不断增长。马克思人口论的一个基本观点是物质资料的生产和人类自身的生产必须相互适应，相互协调。从这个观点出发，衡量一下我国的人口条件（含数量、质量、性别、年龄、分布、民族构成等）中的数量与质量两个因素，对我国农业生产发展与布局的利弊，可以肯定地讲，这是不利的。首先从人口的数量方面来看，1949~1995年，中国人口由5.4亿增长到12.1亿，增幅竟达124%。在此期间，尽管我国农业生产获得了举世瞩目的成就，农民生活水平有了显著的提高，综合国力有所增强，但终究由于人口总数庞大，人口增长过快，给我国农业生产的持续发展和整个国民经济的健康、持续发展带来一系列的消极影响。这种消极影响，对农业生产发展来说，归纳起来有以下几点：一是不利于更多地增加农业积累和提高农民人均消费水平。二是导致人多地少的矛盾日趋尖锐，全国人均占有耕地面积已由1952年的0.188公顷锐减到1995年的0.078公顷，减少近六成，这在世界上也是罕见的，与世界人均耕地面积相比，仅为世界平均值的三分之一。不仅如此，人多地少的矛盾，还带来其他方面的负面影响。三是不利于提高全国广大农民的文化素质。四是显著地加大了对农业资源和农业生态环境的巨大压力和破坏，如水土流失、植被破坏、风沙侵蚀等，进而影响了全国可持续发展战略的贯彻与实施。

人口素质主要指人们的身体素质和文化教育素质，这些素质决定着人类自身的能力，包括科学技术水平、经济管理水平等和各种反应能力等。若人口素质这些方面水平都很高，它在农业持续发展中就可以起着极其重要的促进作用。反之，人口素质不高则对农业生产的发展就会起着消极的作用。从我国的实际情况来看，尽管40多年来，在人口数量上由于坚持实施了计划生育政策，使人口数量的增长和速度有所遏制，并取得了很大成绩。在人口文化素质上，也取得了明显的改善和提高，但毕竟由于原来人口基数过大和国家财力所限，与先进国家相比，在人口素质方面，还存在着很大的差距，总体水平还较低。因此可以说，人口数量大、增长快和人口素质低，是我国农业生产发展的一个突出的限制因素。

3. 农业投入不足，缺乏发展后劲

加强农业基础地位，固然要从多方面下手，但其中很重要的一点就是要切实加强对农

业的投入。正如中央一再指出的那样"发展农业一靠政策,二靠科技,三靠投入"。尽管国家对农业投入给予了高度重视,并采取了相应的措施,但由于国家财力不足等方面的原因,总的看农业投入水平是低的。我国目前对农业资金投入水平不高主要表现在以下两个方面:一是农业投入偏低;二是投入不稳定、不持久,有时甚至有减少的趋势。根据江宁先生的调查研究显示,1978年国家计划内对农业投入占总投入的10.6%,1984年锐减到6.21%。在1993年的投资结构中,农业投资由上年的2.8%降到2.2%,1994年进一步下降到1.9%。由于农业投入存在上述两方面问题,给农业生产发展带来一系列影响:一是影响了全国农村的农田水利基本建设;二是引起农业科学技术的严重削弱;三是影响了农业科技推广和农业科技队伍的建设以及农业科技研究部门的顺利发展。不仅如此,更为重要的是我国中长期基础性投资同发达国家及一些发展中国家相比显得很薄弱,这一点不能不令人担心。总之,上述种种状况如果不逐步加以改变,我国农业的发展将会因缺乏后劲而长期滞后于国家整个社会和经济的发展。

4. 农业基础设施严重落后

农业基础设施是农业生产的基础。目前,不同国家或不同观点的学者对它的内涵有不同的解释。从广义上讲,农业基础设施大致可以分为两大类:一大类是物质(有形)基础设施,即狭义的农业基础设施,包括农业机械设施、农用水利设施、农用电力设施等;另一大类是社会(无形)基础设施,包括农业教育设施、农业技术推广设施等。这部分前边已作分析,这里不再重述。下边仅就狭义农业基础设施进行分析。从我国目前这方面的情况来看,确实是相当脆弱和落后的。突出表现在以下三个方面。

(1) 我国农业机械化水平严重偏低

现代农业发展的标志之一就是农业机械化。虽然,各国由于国情不同,对农业机械化程度的要求不同,但有一点是共同的,这就是在农业总动力中,机械动力要占到60% ~ 70%以上。根据顾海兵先生的研究调查,我国机耕面积仅占耕地面积的50%左右,机械播种面积仅占总播种面积的17%左右,机械收割牧草仅占总收割牧草的33%,机剪羊毛仅占总量的3.2%,农民人均拥有拖拉机的马力(1马力=735.499瓦,下同)大致在0.15马力(按7亿农民计算)。这不仅不能与农业机械化发展较早的美英国家相比,就是与农业机械化发展较晚、人均耕地更少的日本相比,也是相差甚远。日本人均拥有拖拉机的马力高于我国2倍以上,其机耕、机播、机收面积占总面积的比重在80% ~ 90%以上。

(2) 我国农田水利设施落后,农地数量少,质量差

新中国成立后,特别是党的改革开放20年来,农田水利建设虽有进一步的加强,无论灌溉面积、除涝面积还是治碱面积等都有了很大的增加,但与农业作为国民经济基础产业的战略地位相比,与国民经济快速的发展和人民生活不断提高的要求相比,我国农田水利建设的现有设施相对滞后和农业生产不相适应的状况是十分明显的。根据调查统计,全国灌溉面积尚不足耕地面积的一半;耕地面积中易涝面积占1/4以上,盐碱地占7%;不仅如此,还有近一半以上的耕地质量较差,2/3的耕地属于中低产田,水土流失面积及沙漠化土地分别已达到国土总面积的1/6以上;人均耕地由40年前的3亩(0.2公顷)下降到现在的仅1亩多(即0.067公顷,为世界平均水平的1/3),人均草地3.2亩(约0.213

公顷,为世界平均水平的1/3),人均林地面积不足2亩(即0.133公顷,位居世界120位之后)。这种落后局面直接导致了抗灾能力的下降(受灾面积每年达0.5亿公顷,占耕地面积的一半;成灾面积占受灾面积的一半以上)。同时,也进一步引起生态环境的恶化和水土流失的加剧等,使我国农业长期不能摆脱低速增长的局面。这也是我国现在仍有5000万贫困农民没有解决温饱问题的主要原因之一。特别是90年代以来,1991~1994年成灾面积已超过3年自然灾害时期的水平,经济损失高达上千亿元(《经济日报》1994年8月13日)。总之,可以明显看出,我国抗旱防洪能力极弱,很大程度上还是靠天吃饭的生产格局,现在不但没有改变,反而有加重的趋势。

(3) 我国农用电力过少,农业储运系统严重落后

据统计,占我国人口70%的农民,其生产与生活用电量仅占全国用电量的15%,同时,农用电的实际电价偏高。我国农产品的储存能力也比较低,与占世界人口不足10%的发达国家相比差距很大,其农产品储运能力占世界的一半以上。由于农产品储运能力低下,使我国农产品生产及供给的年际变化不可避免地处于不稳定状态,而且也影响了农业的健康、快速发展。

5. 农业生产经营过于分散,劳动生产率低下

家庭联产承包责任制作为一种农业经营制度,事实上是农民自我创造的产物,由于它对农业生产的巨大推动作用,使其在全国范围内得到了普遍的推广。不仅如此,还进一步带动了一系列经济体制改革措施的实施。从这一点来看,家庭联产承包责任制也可以说是中国经济改革的先导。但随着改革的深入及经济发展水平的不断提高,这种小型家庭分散经营(除我国耕地面积2%左右的国有农场与少部分城郊农业及发达地区农业外),80%~90%属于传统小农经济。这种分散经营的突出弱点,使它适应外部条件的能力相当低下和脆弱。具体来说,它的弱点可以表现在以下几方面:第一,小规模分散生产使农业劳动生产率很低。我国有2亿多农户,3.4亿个农业劳动力。从产出看,平均每个农业劳动力仅生产粮食1300公斤左右,1个农业劳动力仅能供养3个人的粮食。从投入看,每百公斤粮食需投入标准劳动日6~7个,每亩土地需投入标准劳动日15个,一个农业劳动力每年需投入60~70个标准劳动日。这些劳动日在一年中并不均匀分布,农忙季节投劳强度大,农闲季节无活可干。在农忙季节,这种过低的劳动生产率使农业生产往往不能在较短的时间内收到较好的效果,甚至导致农业生产成果的损失。而在农闲季节,农业劳动力又大量闲置浪费。第二,由于过度分散经营规模不经济,单位产品成本支出高,农业技术难以推广,因而农业经济效益低下。据顾海兵先生调查研究,我国农技推广站数量在整个80年代基本处于下降态势。第三,过度分散经营损坏了农业生产的协调性。比如,在灭虫季节,分散的农户往往难以统一施药,结果灭虫效果极差,造成了农产品成果不应有的较大损失。第四,过度分散经营,每个农户势单力薄,难以有力量解决农业发展的一些基础设施问题,如水利建设、大型农机利用等。第五,过度分散经营使得农业的社会化服务体系难以发展。农业的社会化服务包括产前的种子服务、信息服务,产中的化肥、农药服务等,产后的加工储运服务等,所有这些社会化服务要求农业必须有适度的规模。否则,农业的稳定生产能力只能处于弱化状态。第六,由于过于分散,我国的农业信息传递极为

不畅。

总起来说，大量实践证明，任何一种产业都必须有一定的规模，都必须有一定的集中度，通过这种集中化才可实现专业化。只有专业化分工，才能提高劳动效率，才能有利于充分利用自然条件，充分利用农业机械，充分利用农业科技，充分利用包装、运输、仓储等第二、第三产业来为农业服务，最终提高农业生产经营者的竞争能力。国内如此，国外也是如此。比如，德国、日本都曾长期以小农户占统治地位，但第二次世界大战以后，农业的专业化、集中化有了很大的发展，从而扭转了农业严重脆弱的状况。

6. 农业科技水平偏低

随着生产的发展，农业科学技术在生产中的作用越来越大。20世纪初，一些经济发达国家的农业生产率增长量中只有20%是靠科学技术进步实现的，而到了70年代，这个增长量中60%~80%归功于农业技术进步的作用。1929~1972年期间，美国农业产值中的81%和劳动生产率增长中的71%归功于农业技术进步。据测算，1972~1980年期间，我国农业总产值的增长量中科技贡献度大约为27%，经过"六五"、"七五"、"八五"15年的努力，到目前为止，农业生产率增长量中只有40%是靠科学技术进步实现的。这说明，我国农业技术进步不仅速度慢，而且总体水平也是相当低的。仅从80年代后半期以来的情况来看，与过去的杂交水稻、杂交玉米、地膜覆盖等重大技术成就相比，我国在农业科学研究和技术推广等方面没有出现重大突破，一些制约农业进一步发展的关键性技术仍然没有得到较好的解决。近几年来，虽然中央高度重视和采取了不少重大政策措施以及明确提出"科技兴农"的口号，但还需要经过一个过程，才能显示出农业科技的强大生命力。

不仅如此，在我国农业技术进步中，技术推广的作用也发挥得不够，根据冯海发先生的调查研究，我国每年取得6000多项农业科技成果，但推广的只有30%~40%，真正形成推广规模的不到20%。其中种植业技术平均推广率为40%左右；土肥类技术推广率为44%，推广度只有30%；栽培类技术推广率为60%，推广度只有45%；畜牧业技术的平均推广率高于60%，平均推广度尚低于45%等等。上述事实充分说明，我国当前尚有相当大比例（60%~70%）的农业技术没有及时地、广泛地推广使用，显示了农业科技转化水平过低；同时也反映出我国科技成果的推广应用还有着极大的潜力。而且更重要的是，科技进步水平低下已成为当前和今后制约我国实现农业可持续发和农业现代化的一个关键性因素。

7. 农村市场体系发育不健全

众所周知，市场因素的有利与不利，对农业生产发展和布局的影响是至关重要的。为此，对于一个国家或地区的农业生产发展的社会经济技术条件予以分析与评价时，必须把市场这一因素放到重要的位置。对市场因素的分析评价，一般说来应从以下两方面来进行：一是看市场发展程度是高是低；二是要看市场流通渠道是通畅还是不畅。这二者关系也是相辅相成、相得益彰的。从这个观点出发紧密联系我国实际的话，比较确切地讲，中国市场这一因素对全国的农业生产发展和布局的影响是不利的。它对我国当前农业生产的发展不仅没有完全起到积极的推动作用，反而起到一定消极的作用。消极影响的主要表现是农村市场体系发育不完善，市场流通不畅。具体来说，一是市场发育程度比较低，专业批发市场尚处于萌芽时期，辐射面小，成交额少。二是对市场缺少有效的干预手段，如预测需求，提供信息，组织和引导产销衔接等方面的服务跟不上。农产品基本上停留在现货交易上，农民往往凭着感觉走，看到什么好卖就一拥而上，结果造成供大于求，价格下跌，然后生产大幅度缩小，价格又陡然上升，从而给农民带来不少问题和困难。三是农村的要素市场发育更加滞后，尚处于起步阶段，其中尤其对农业生产发展特别重要的土地市场和劳动力市场尚停留在农民的自发行动中。这一点极为不利，因为从农业可持续发展角度，或从长远的观点来看，要素市场比培育产品市场更为重要。因为没有要素市场，不仅资源的优化配置不易实现，而且将会由于要素市场发育滞后，将给家庭承包者和乡镇企业寻求资金、人力、原材料等造成极大的困难。四是农产品流通的主渠道不活，多渠道不稳；"地区封锁"的局面未能彻底解决；农产品流通的基础设施比较落后，比如储藏设施不足和全国农业信息网络不健全，信息服务跟不上等等。这一系列问题的出现，必然导致买难、卖难的困难局面和农民利益得不到保证，生产积极性得不到充分发挥，以及影响农产品顺畅地进入国内大市场循环等。

总起来说，由于当前我国农村市场体系发育不完善，其结果必然形成全国农业生产发展和实现农业现代化的一个极为不利的因素。这是因为市场体系是农村市场经济运行的基础和条件。为了解决好这个根本性矛盾，加快农业生产的发展和农业现代化的步伐，就必须加速培育农村市场体系，强化市场机制。

参 考 文 献

[1] 郭熙保. 农业发展论. 武汉：武汉大学出版社，1995.
[2] 顾海兵. 90年代中国农业发展的监测预警与对策. 北京：中国计划出版社，1995.
[3] 全国农业区划委员会编. 中国农业自然资源和农业区划. 北京：农业出版社，1989.
[4] 吴传钧，刘建一，甘国辉. 现代经济地理学. 南京：江苏教育出版社，1997.
[5] 吴传钧主编. 中国经济地理. 北京：科学出版社，1998.
[6] 徐樵利，谭传凤，胡昌明. 国土资源评价方法论. 武汉：华中师范大学出版社，1989.
[7] 中国自然资源研究会编. 自然资源研究文集. 北京：科学出版社，1991.

原文刊载于2000年在科学出版社出版的《中国农业地理》第三章

16. 河南省山区建设方向途径问题的探讨[①]

李润田

积极开发和建设山区,不仅是发展国民经济的重要组成部分,而且也是一项重大的战略措施。同时,又是逐步实现生产力合理布局的必然步骤之一。

一般说来,我国山区资源丰富。把山区建设搞上去,一方面可使山区资源得到充分、合理的利用,造福于人民;另一方面,又可以控制水土流失,减少自然灾害,改善山区生态条件,为平原地区农牧业生产发展创造良好的自然环境。山区也是战略的后方,建设好山区,既可以增强国家经济实力,促进安定团结的局面,又有利于巩固国防,使其成为我国重要的战略后方。

由此可见,搞好山区的国土建设,不论从政治上、经济上、战略上都具有十分深远的意义。

河南省位于我国中东部,大致在北纬31°24′~36°20′,东经110°19′~116°20′之间,面积约有166500平方公里。山地丘陵面积约占全省总面积的43.6%,耕地和人口各占1/3左右。山区资源比较丰富,经济潜力大,不少地方又是革命老区,搞好山区建设,对繁荣全省国民经济,加快四化建设,开创社会主义新局面都具有十分重要的意义。

一

河南山地地形较为复杂,总的特征是山脉呈扇形向东展开,地形自西向东逐渐降低(图1)。太行山地分布在河南西北部,大致为西南—东北走向,为一条向东南突出的弧形山带。主要地貌类型有中山、低山、丘陵和山间盆地。中山海拔一般为1000~1500米,由于断层构造的影响,山势十分高峻,多峭壁悬崖,加以河流切割,形成不少的深窄峡谷,这种地貌特点不利于耕作,而有利于发展林副业生产。东部的低山丘陵地貌,海拔高度不超过800米,又多有平缓的山谷和小盆地,对发展耕作业和牧业提供了较有利的条件。

豫西山地位于河南西部,大致北至嵩山、熊耳山和崤山的北麓,与黄土分布区相接,东部大致以200米等高线与豫东平原为界,南到南阳盆地北缘,西至省界。

本区山地是秦岭的东延部分,整个山势宛如扇形,熊耳山和崤山向东北延伸,伏牛山脉则向东和东南伸展,各山脉在本省西部汇集,构成海拔达2000米以上的雄伟山岭,向

[①] 本文是在多年来参加太行、伏牛、桐柏、大别山等地的野外地理调查和参阅了不少文献资料的基础上写成的。由于水平和时间所限,肯定会有不少错误和不当之处,望同志们批评与指正。本文完成后,承蒙王建堂、陈波涔、金学良、潘淑君诸同志提出许多宝贵意见。文中附图由王新光同志绘制。在此,一并致谢。

东和向南山势逐渐降低而分散，形成低山和丘陵。区内主要地貌类型有中山35%，低山40%，丘陵15%，平原10%。这种地貌类型组合为发展林、牧、副业提供了有利条件，但对耕作业发展增加了一定困难。其次，由于地貌类型和海拔高度不同，山区生产不但有区域差异，而且有明显的垂直分布特点。

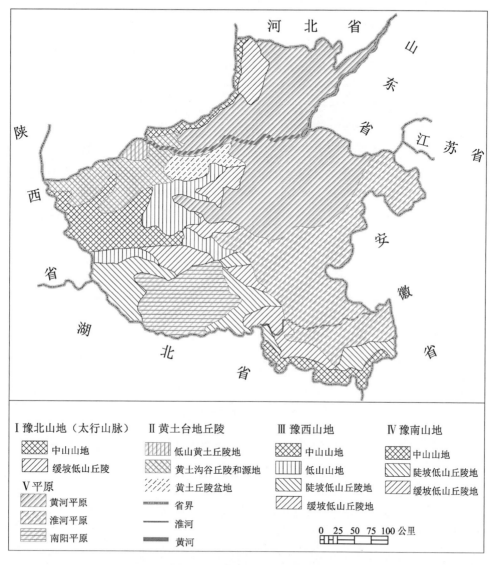

图1 河南省地形分区略图

豫西黄土丘陵区主要位于郑州以西的黄河南侧，大致包括黄河与洛河间的广大地区，嵩山以北地区和济源县的西南部。黄土丘陵区突出的特点之一就是分布着面积广大的黄土层，最厚的达40米以上。地貌类型主要有黄土阶地、黄土塬和黄土丘陵。此外，还有局部的石质中山和一些冲积平原等地貌类型。黄土阶地和黄土塬，地势平缓，土地肥沃，有利于耕作业发展。但另一方面，由于黄土分布区沟谷发育，地面破碎、水土流失严重，给发展农业带来一定缺陷。

桐柏、大别山地区位于本省南部边缘，包括桐柏山脉大部、大别山脉北部和南阳盆地东侧丘陵地带，大致以200米等高线与平原为界。海拔高度一般800米左右，低山、丘陵占75%，中山占15%。由于山地丘陵面积广大，虽对发展耕作业有一定局限性，但对林、牧、副业等多种经营的开展却十分有利。加上亚热带气候的影响，发展用材林和经济林的前途十分广阔。

河南省位于中纬度季风区。山区气候不但与纬度和季风有关，而且还受地形的影响。山地的位置、高度、走向、坡向以及地貌类型组合特点等多样性因素，对季风环流有一定程度的影响，削弱了气候的地带性分布规律。例如，太行山地处在山西高原边缘，冷空气从高原下沉，发生焚风效应，使东南山麓地区气温升高，一月均温高于同纬度地区；而在夏季，东南季风顺太行山东侧上升，促使山区水量多于平原。伏牛山脉大致呈东西走向，海拔较高，对南北气流均有阻挡或削弱作用，使山南和山北的降水量相差约100～200毫米，日温≥10度活动积温相差约500～1000度，不论在水分和热量方面都有明显差别。向东呈扇形状展开和山脉排列形势，便于东南季风侵入，同时由于地形对气流的抬升作用，在伏牛山东侧形成河南的多雨中心。桐柏、大别山脉位置偏南，气温高降水多，但山脉以北是广阔的大平原，冬季下来的冷空气畅行无阻，因而山麓的气温比同纬度地区偏低。

山地的热量条件比平原差，但水分状况比平原好。河南山地的地表径流，大约与降水分布相等。大别山地年降水量最多，约1200～1500毫米，年平均径流深度也最大，约500～600毫米；桐柏山地年降水900～1200毫米，径流深度为400～500毫米；伏牛山区年降水800～900毫米，径流深度在200～300毫米以上；太行山地为600～700毫米的年降水量，径流深度稍高于200毫米。山地地表水量比平原较充足，为发展林、牧业，促进植物生长发育，提供了有利条件。从水分和热量对比来看，山地比平原具有较为冷湿的特征。

由于河南山地气候表现出南北分类的区域差异性，所以也出现了两个不同的植被地带，即暖温带落叶阔叶林和灌丛草原地带与北亚热带含有常绿阔叶树种的落叶阔叶林地带。

在气候、植被和地貌等因素的综合作用下，河南山地土壤则具有明显的垂直带谱。

上述土地自然因素是紧密联系和相互作用的。这些因素综合作用的结果，就形成了河南山地自然综合体。

自然条件为山区土地合理利用提供了各种可能性，但如何把这种可能变为现实，则受社会经济条件的制约。

河南劳动力十分充足。全省农村现有劳动力2505.4万，平均每一劳动力负担农业用地约8亩，负担耕地约4.3亩，均低于全国平均数。众多的劳动力是河南耕作比较集约的重要因素之一。同时，也是进一步合理开发利用山地的有利条件。

河南是我国经济开发最早的地区之一，农垦历史悠久，因此广大农民在开发山区、利用山区方面，积累了丰富的经验。这给不断提高山区土地利用和进一步发展多种经营奠定了重要基础。

工业条件的好坏，对山区土地资源的合理开发、利用以及不利条件的改造，都有着直接促进的作用。现在，河南已发展成为全国重要的煤炭、机械制造、纺织等工业基地之一。在大工业的支援下,山区各县、社也建立一定规模的机械修配、农副产品加工等地方工业部门,这对全省山区资源的合理开发与利用,起了十分有益的作用。尽管如此,但从当前河南的工业结构、布局和山区中小型工业建设来看,都还不能适应全省进一步开发、利用和改造山区的需要。

河南地处中原,有京广铁路和陇海铁路通过。新建的焦枝铁路贯穿全省西部,在洛阳与陇海铁路交会。这些铁路线是与外省区联系的干线,也是省内交通网的骨干,交通位置十分有利。许多公路线从铁路沿线通向省内各个角落,内河航运除西南部地区外也多与铁路相联接。尽管如此,但由于省内交通运输线还分布不够均匀,东部平原较发达,而山区不仅铁路线少,公路网也不够发达,这对全省山区土地资源的开发与利用带来一些不利的影响。

总起来讲,河南山区的自然条件和社会经济因素,对河南的山区开发的布局,正在起着显著的促进作用。但也有其不利的因素,这些不利的因素将会随着经济发展水平的提高和改造自然措施的加强逐步得到克服。

二

河南山地、丘陵广泛分布在安阳、新乡、洛阳、许昌、南阳、信阳等六个专区的50多个县市境内,占全省总面积的43.6%左右。这片广阔的山地、丘陵不仅蕴藏着丰富的矿产资源、植物资源和动物资源,而且为发展农、林、牧、副、渔等五业(特别是林、牧、副业)提供了极为有利的条件。但是,新中国成立前,由于半封建、半殖民地的社会性质,广大的万宝山却成穷山恶水,劳动人民过着逃荒要饭的流浪生活。新中国成立后,在党的领导下,全省山区建设有了较大发展,群众生活也有不少提高,但由于"左"的错误影响,单一抓粮,毁林开荒,造成生态不良循环,严重地影响了山区生产建设的发展速度。党的十一届三中全会以来,由于省委认真贯彻党的路线和一系列方针、政策,对山区又采取了一些切实可行的特殊措施,如有计划、有步骤地调整了山区的农业生产结构和作物布局,调动了山区广大群众的积极性,从而进一步促进了山区经济建设的发展。几年来,全省山区、丘陵造林800万亩,四旁植树2.5亿株,建立了一批林业生产基地,森林覆盖率达到了24%,林材蓄积量3500万立方米,特别是经济林得到较快的恢复和发展,木本粮油和干鲜果等林产品数量都有显著增加。大牲畜已达5.43万头(1981年),比1978年增加2.5万头。1981年11个以林为主的县的农业总产值比1978年增加22%,其中林牧副渔多种经营增长速度更快。特别是有些山区建设的先进典型发展更为迅速。如光山县近几年造林35万亩,加上封山育林40万亩,森林覆盖率达27%,全县自然生态环境明显改善,水土流失大大减轻,三年来粮食每年增产4000万斤以上,1981年总产突破5亿斤大关,贡献突破1亿斤,农业总产值突破1亿元。

尽管如此,但也必须清楚地看到全省山区开发建设中还存在不少问题,主要有以下几个方面:

(1) 开发建设山区的方针、方向有些地区不够明确。

(2) 农业资源受到严重破坏。①森林资源破坏严重,覆盖率下降。林业由于长期实行一条以原木生产为中心的方针，没有转到以营林为基础的轨道上来，造成采育失调。特别是多年来不少山区违背山区特点，片面执行"以粮为纲"的方针，重粮轻林，不断毁林开荒，山林破坏极其严重。如伏牛山北坡林区较解放初期后退20~30公里，深山区森林覆盖率由1957年前的80%下降到35%左右，成林面积缩小50%，木材蓄积量减少70%，栾川、西峡森林蓄积量只相当于1957年前的1/4。森林资源的急剧消耗导致水、土、气候条件的恶化。②动植物资源锐减。由于对资源只利用不抚育和保护，并采取"竭泽而渔"的掠夺生产方式，再加上毁林开荒等人为活动，使不少山区的动植物资源不断遭到严重破坏，有些甚至濒于绝种。如深山区的珍贵连香树、金钱松等，分布范围和密度已大大减少；许多珍贵的大鲵、长尾雉、水獭等动物，有的处于绝灭的边缘。③水土资源破坏严重，地力减退，产量下降。全省山丘地区还有水土流失面积22500平方公里，坡耕地1400万亩，有待治理改造。已初步治理的面积，大部分标准不高，控制水土流失的效能较低，需要进一步巩固提高。

（3）经营单一，农业内部结构和土地利用方式不够合理，经济基础薄弱。主要原因是经营单一，农、林、牧配置的比例不合理，片面强调种植业，忽视其他各业（表1）。

表1 河南省山地利用现状构成表

类型	面积（万亩）	构成（%）
全省山地丘陵	11100	100.0
农业用地	3774	34.0
林地	954.6	8.6
牧地	1110	10.0
宜林荒山	1176.6	10.6
其他用地	4084.8	36.8

（4）山区生产的垂直和水平布局不尽合理。

（5）山区交通不够发达，各种资源利用的不够充分合理。

总之，几年来全省山区建设和布局虽有较大发展和改善，但从全省来看，无论在开发、建设山区，或在保护山区资源上，都还存在着很多问题。归纳起来，最主要的问题不外乎两个方面：方向和途径。

三

要进一步搞好山区建设，繁荣山区经济，必须有一个明确的方针和方向，这是合理开发、建设山区的先决条件。同时，也必须解决好开发、建设山区的途径。

（一）一定要进一步明确和坚持山区建设的正确方针和方向

胡耀邦同志在视察河北省易县山区时，曾明确指出，我们的农业生产建设要有两个转变：一是从单纯地搞粮食转变到搞粮食的同时要抓多种经营；二是从单纯搞水利建设转变到同时注意搞水土保持与改善大地植被。这两个转变就是搞好山区建设，繁荣山区经济的正确方针和方向。因此，今后我们在山区建设上一定要坚决贯彻这两个转变的指示。

长期以来，为了搞粮食生产，山区毁林开荒、陡坡开荒，破坏了生态平衡，水源减少，自然灾害增多，水土流失现象十分严重①。现在要把恶性循环逐步转化为良性循环，就必须从指导思想上来个根本的转变。根据这个要求，结合河南省的实际，今后全省在山区建设上一定要贯彻好因地制宜，合理布局的原则和从建立合理的农业经济结构以及良好的农业生态体系这个总的目标出发，实现农业高速增长的发展目标。具体来说，中山区必须坚持以林为主，低山区一般应实行林粮牧并举，丘陵区要以农为主，农林牧结合。总之，不论中山、低山和丘陵，都应有主有从，多种经营，全面发展。同时，要正确处理农林牧副的关系，在决不放松粮食生产的同时，积极发展林牧副业，不断扩大林牧副业在农业总产值中的比重；正确处理林业与牧业的关系，合理划分林地和草山、草场，保证畜牧业的发展，以牧促林，做到林茂、畜旺、粮丰。在山区水利建设上，当前要把水土保持作为山区水利建设的重点。要认真贯彻执行《水土保持工作条例》，按照当地自然条件，以小流域为单元，采取林水土综合治理，工程措施和生物措施相结合。治沟与治坡相结合，封山育林与造林管林相结合。同时，努力提高粮食自给率。

山区建设的正确方针、方向的实质，就是用一切办法建立起良性循环，加快经济的发展。从这个意义上来讲，它也反映了整个山区建设总的目标。

（二）加快山区开发、建设的主要途径

1. 建立合理的山区农业经济结构

衡量山区的农业经济结构是否合理，主要看林、牧、副、渔所占的比重大小和增长的快慢，这是改变山区面貌的一个关键问题，也是能不能改变过去生态平衡遭到破坏而造成的恶性循环的一个重要问题。根据河南山区的基本特点和参考国外发展山区经济的经验，我们应当把建立合理的山区农业经济结构作为加快河南山区国民经济发展的首要途径之一。日本战后经济的发展，使他们认识到要抑制经济和人口向大城市集中，必须大力发展山区经济，开发落后地区。为了实现这个目标，他们近20年来所推行农村"复合经济"所取得的效果是值得重视和借鉴的。以前，日本山区搞的主要是单一经济，农民收入很低，推行"复合经济"以后，变化很大。到了1974年，日本山区经济结构中，林业占38%，种植业占31%，牧业占22%，其他占9%，基本上形成了以林为主，多种经营的新局面。目前，从河南山区经济结构来看，却不完全是这样。根据11个深山区县的不完全统计，1978～1981年农业总产值增长22%，其中，农业增长18%，林业增长18%，牧业增长17%，副业增长48%，渔业增长18%。农、林、牧、副、渔各业都是增长的，但是在总产值中各业所占的比重不仅没有达到合理的程度，而且变化的速度是比较慢的。农业由64.4%下降为62.6%，林、牧、副、渔占的比重由35.6%提高到37.4%，三年共提高了1.8%，每年平均提高0.6%。事实不仅说明现在全省合理的山区经济结构尚没完全建

---

① 全省每年流失沙土约1.2亿吨，流失肥力相当于山区使用化肥的总量。据陆浑、白沙、昭平台、薄山四个水库调查，库容已淤积1.1亿立方米，等于淤掉一个大型水库。

立起来，而且也反映了全省山区的优势还没有得到充分的发挥。因此，必须很快从单纯搞粮食转变到搞粮食的同时把林牧副渔多种经营抓上来。唯有这样，才能有计划、有步骤地建立起全省合理的山区经济结构。

为了逐步实现和建立起来合理的山区经济结构，首先应把发展林业放在主要位置，做到以林促农、以林促牧、以林促副、以林促渔、互相结合，这样才能夯实合理的山区经济结构的坚实基础，山区经济才能得到稳步的发展。

河南山区林业发展缓慢，是林业建设中最薄弱的环节。根据全省荒山面积大，坡陡、土薄、水土流失严重，生态平衡十分脆弱的特点，必须加快山区造林步伐，有计划地限期完成迹地更新和次生林改造。在树种构成上，应当注意长短结合、乔灌木结合，有计划地营造用材林、水源涵养林、经济林、薪炭林等。特别是要把用材林和水源涵养林放在重要地位。同时，更要重视发展果树、茶树、漆树、油桐树和板栗、核桃、山楂、竹子等经济林。在布局上一定要贯彻因地制宜，合理布局的原则，逐步扭转过去不顾环境条件的差异，片面强调连片，搞一刀切的错误做法。具体来说，第一，要建设好豫西、豫南山区用材林基地。这是解决河南全省森林资源贫乏，分布不均，扭转山区恶性生态循环的一项战略性措施。第二，在大别山、桐柏山、伏牛山地要大力营造和保护水源涵养林。上述山地均属黄河、淮河、汉水三大流域支流的发源地，要改变和控制水土资源的大量流失，必须大力营造水源林，这是一项有益当代、造福后代的事业。第三，在南方、北方都要注意发展经济林的优势。第四，由于毁林开荒的现象相当严重，今后不但要严加制止，而且对毁林开荒的陡坡地，也要退耕还林。从全省来看，应力争1990年前把全省全部荒山绿化起来。第五，要有计划地在省内四大山系的代表性地区，按照建立自然保护区的条件和要求，分别设立自然保护区，以利于保持原有天然林生态环境，保护山区动植物资源。

其次，要大力发展畜牧业，做到林牧结合。河南有宜牧草山草坡2000多万亩，除了林地有牧草外，还有各种农作物的秸秆饲料，这些均为山区大力发展畜牧业提供了有利条件。但是，当前全省山区畜牧业极其落后，其产值在山区农业中所占的比重很低。从河南的实际情况来看，充分利用山区的有利条件，发展畜牧业是建立合理的山区经济结构的重要方面。为了很快把山区畜牧业生产发展起来，今后必须解决好以下几个问题。首先在畜牧业内部，特别是畜群品种结构上要适合山区特点，贯彻以发展草食牧畜为主，全面发展家畜家禽的原则。其次在布局上，除了根据各山区的特点，发展适宜的畜种（如在太行山区发展青羊，黄土丘陵区发展细毛羊）外，还应当选择在生产基础好、饲草、饲料资源比较丰富的地区，建立一批畜牧业生产基地。为了实现上述目标，必须采取以下几种措施。第一，一定要搞好饲料基地建设；第二，要退耕还牧种植牧草；第三，充分利用农林副产品，建立饲料加工厂。

再次，要充分利用山区资源，积极开展多种经营。由于山地面积广阔，南北纵跨北亚热带和暖温带两个地带。复杂的山地地貌和气候，引起了山地植被、土壤和水文状况等一系列自然条件的地区差别和垂直变化，加上人类长期经济活动的影响，就形成了山区资源丰富多样和生产门路繁多的特点。据调查：仅西峡县所属山区，除农林牧业以外，还出产几百种土特产，最低年产量可达1亿斤。由此看来，正如群众所说："山是万宝山，树是摇钱树，地是聚宝盆"。既然如此，在山区实行多样性生产，发展多种经济，既有利于提高农民经济收入，活跃山区经济，也是发展国民经济所必需的，更是合理利用山区的客观必然性。因此，必须积极开展多种经营。在发展多种经营方面，除了要根据当地的资源条件，有计划地积极发展种植业、养殖业外，还要本着因地制宜、适当集中的原则，做到当前与长远结合，抓住产量大，商品率高，经济效益大的项目，实行专业生产，建立一批茶叶、木耳、柞蚕、桐油、生漆、猕猴桃、板栗、苹果、核桃、山楂、山茱肉等山货土特产品生产基地。

最后，山区虽然有发展林、牧、副等多种经济的有利条件，但是山区经济能否很快发展，还要受粮食生产发展程度的制约。从全省来看，目前中山区仍有一些社队群众口粮标准很低。因此，直接影响了贯彻以林为主的方针的落实，这样不仅不能很快发展林牧业，而且还制止不了毁林开荒，确保不了退耕还林措施的实现。因此，必须解决好山区群众缺粮的问题。解决办法除了要按照因地制宜发挥优势的原则，挖掘土地潜力，提高粮食的自给水平外，主要是搞好山区农田基本建设，加强粮田管理，提高单位面积产量。其次，为了增产粮食、提高单产，也应在调整作物结构和作物布局上多下工夫。比如，在桐柏、大别山区要想进一步提高粮食单产，增加总产，必须在肥料不足的地区，适当压缩小麦种植面积，扩大春稻种植面积。又如，在豫西黄土丘陵旱薄地区为了提高粮食单产，在作物结构和布局上，应适当压缩玉米种植面积，扩大谷子、豆类等耐旱作物种植面积。再次，要多生产、交售山货和土特产品，也可以多得些粮食。

要建立全省山区合理的经济结构，除了要解决好以上几个问题外，从整体来看，还要注意以下方面的问题：一方面要树立生态观点，即要把农、林、牧、副、渔以及山、水、田、林、路、居民点等，作为一个生态系统来考虑，使它们保持相应的平衡关系，能够互相促进，共同发展。根据这个要求，在建立合理的山区经济结构过程中，一定要因地制宜，合理安排，使各业在大农业结构中有个合理的比例关系，充分发挥各方面的优势和潜力，进而达到满足国家建设和人民生活需要的目的。另一方面要树立战略观点，或者说是长远的观点。众所周知，农业生产周期长，并受自然条件的约束程度大，因此，不可能一下子就能建立起合理的农业生产结构，当然也不可能在短期内就能收到巨大的经济效益，但决不能因此而放松步伐，必须持一种积极的态度，千方百计地为建立山区的合理经济结构而努力。

2. 调整和改造山区现有土地利用方式，合理利用山地资源

要建立全省合理的山区经济结构，必须在原有基础上对不合理的土地利用方式进行调整和改造。在调整和改造山区现状过程中，为了达到投资小，收效大的目的，必须坚持从当地自然、经济条件特点出发，从国家经济建设需要和群众生活需要出发，明确远近期的利用方式与途径，研究生产的地域组合和部门比例。这样既可以体现国家需要和因地制宜相结合的原则，还可以更好地做到生产上合理的地域分工。以占全省土地总面积12.6%的豫西黄土丘陵区为例，在开发利用方式上目前还存在很多不合理的现象，如毁林开荒、陡坡开荒、顺坡开荒和作物布局不合理等等，已造成了明显的恶果。豫西黄土丘陵区的特点是坡度大，黄土层厚（20～100米），天然肥力较好，疏松易耕，适耕期长，适于多种作物、果树和林木生长，但当森林植被遭受破坏后，便容易引起水土流失，除30%左右的梯田外，70%的地区水土流失现象相当严重。每平方公里每年侵蚀量在2000吨以上，三门峡库区822平方公里范围内，每年进入水库泥沙约800万吨，因而导致这一带土层变薄，土壤变瘦，也影响到下方的阶地、平原和河流。造成这一地区水土大量流失的原因之一就是陡坡开荒的现象比较突出。一般地说，本区丘陵山坡耕垦指数高达40%~50%，严重地破坏了天然植被，加以黄土抗蚀力弱，保水力差和雨量过分集中，有的甚至开荒到顶，结果使林牧业基础受到很大破坏。不仅如此，太行山、伏牛山南坡的丘陵地区，也不同程度地存在着这种现象。因此，全省山区现有土地利用方式的调整和改造应把丘陵作为重点。因为在整个山区建立合理的经济结构中，如果平原、阶地，特别是丘陵的生产布局调整和改造好了，低山和中山的开发利用也就比较容易解决。

在对全省的山区中的丘陵地进行调整和改造过程中，首先，应根据不同的坡度，确定不同的土地利用方式和安排作物的种植，决不能搞一刀切。根据豫北太行山地一些丘陵区的历史经验，应当本着宜农则农、宜林则林、宜牧则牧的原则，划分宜林、宜牧、宜农区，凡地面坡地在25度以上，土层薄，灌溉困难的地方，一般应划为林业用地。距水源较近，草本植物生长条件好的地方，可划为牧地。对于已经开垦的宜林宜牧地，凡利用不合理的，要逐步退耕还林还牧。从日本岩手县卷葛山地丘陵区在确定土地利用方式的经验来看①，也是如此。其次，除搞好生物措施外，最重要的是搞好水平梯田，加深耕层。修筑梯田确实可以起到保水、保土、保肥的作用。

山间平原或盆地和阶地部分在土地利用方式中也存在着严重的不合理现象，如占地盖房和修建工厂、公路以及"三废"的严重污染等等，这些也需要逐步地进行调整和改造。

3. 科学安排山地生产的垂直和水平布局

农业生产的垂直布局，是合理利用山地的最基本特征之一。对于山区的农业生产，如果从生产的发展要求出发，根据山地自然景观的垂直地带分异，各个农业生产部门的特点和各种作物的不同生态要求，正确、合理地安排垂直布局，不仅可以更好地发挥山地利用的经济效益，还可以使山地利用的内容丰富多样。河南山区，一般也是由山地、丘陵和盆地（或平原）等几种自然单元组成的。山地为主体，它按高度又分为中山和低山。这些自然单元由于所在的地理位置、地貌特点和热量、水分条件的不同，也呈现出一个明显的特点，那就是由平原至阶地、至丘陵、至低山、至中山，地势逐级升高，层次比较分明。这就决定了立体利用方式，不妨举例加以说明。根据对信阳南部地区的综合考察，在省境最南部的大别山区，因其位于北亚热带的北边缘，具有较好的水热条件（降水量1100毫米，≥10摄氏度的积温4000摄氏度），农业垂直布局有着独特之处。在低山丘陵区，一般是谷广坡缓，土层深厚，土地利用以耕地为主，耕地分布的一般规律是：坡麓的谷地（畈和冲）为水稻田，向上依次为塝田和小片山坡地，以种植旱作为主。耕地以上，根据坡度、坡向、土层和湿润条件，分别辟为茶园、蚕坡、竹园或牧坡、疏林地，在深山区，由于山高谷深，地形切割度大，土层薄，土地利用以林牧用地为主。一般相对高度在300米以下

---

① 他们规定坡度8度以下作为水田；8~15度种植小麦、大豆、番薯、经营旱作；15~20度栽培牧草或发展果树和蚕桑；25度以上限制开垦，主要用于植树造林。

的缓坡或冲积锥和河岸冲积阶地上，多辟为耕地，旱作比重大，水稻田呈点线状分布，并有放牧地穿插其间。在300~800米的地段，生长着大面积的马尾松、麻栎、栓皮栎等纯林或是马尾松、栎类或黄山松、槭树组成的混交林，杉木多呈片状单纯林分布，也有大片牧坡错落其间。800米以上，油松占优势，常与栎类、拐枣、槭、椴组成混交林，并有大油芒、映山红等组成茂密的群落。又如，位于省境中西部的伏牛山北坡，其自然经济条件，特别是水热条件不同于大别山，土地利用规律也各有不同。在低山丘陵区，山势不高，坡度不大（15~30度），加以人口密度较大，人类经济活动频繁，土地利用构成中耕地为主。河谷平川耕地都是旱作，间有零星水田分布。丘陵、台地上，凡属土层深厚、起伏不大的地区，多垦为梯田。丘陵上部，除少数坡田外，大部为荒山、牧坡、土地利用程度不高。在中山区，一般是山高坡陡（多在30度以上），地形比较复杂，土地利用方式以林牧用地为主，农田呈点线分布，在山区经济结构中不占重要地位。林木垂直分布的规律，大体是这样：600米以下，主要是毛白杨、侧柏、麻栎、松、洋槐、臭椿等树种，并有枣、柿、梨、桃、李、杏等果树，牧坡分布也较广。600~1000米，有栎类、毛白杨、侧柏、胡枝子等。1100~1500米，有栓皮栎、槲栎、山杨、油松、华山松等。在1500米以上，基本上，是华山松、槲栎、油松、椴树等。

　　从以上例子可以看出，要想把山地资源充分而合理地利用起来，就必须从山区的实际情况出发，善于根据生态目标和经济目标的统一的要求，安排好山地生产的垂直布局，从而取得更大的经济效益。

　　从大的水平布局来看，也要十分注意贯彻因地制宜与经济效益一致的原则。比如，全省茶树的布局就应当根据茶树的生态要求和全国划分的茶叶区来考虑。从这个观点出发，河南省茶树基地就应当放在新县、光山、信阳、罗山等大别山区，使这些地方逐步形成为全省的重要茶树生产商品基地。伏牛山北坡和淮河以北地区就不应当盲目栽培。又如，在林业布局上也应如此，应把大别、桐柏山区建成全省用材林基地；把伏牛山地建成为全省坑木林和用材林基地。同时，这两个山区又可分别建成全省的经济林基地。总之，从水平布局来看，也要注意其合理性。

4. 大力加强山区交通建设、积极发展地方工业和社队企业

　　如上所述，全省山区资源丰富，有大量的植物资源、动物资源、矿产资源和土特产品。这些物资多属商品性质，需要大量调出，满足国家经济建设和城乡生产、生活的需要。另一方面，要进一步开发山区以供应山区人民的需要，还要从外地调进大批生产、生活资料。产品的调出和调入，都必须有一定的运输条件作保证。新中国成立以来，全省山区的交通运输状况已有了很大改善。但是，目前不少中山区的交通条件和经济发展的要求极不适应。现在，全省尚有30%的大队不通公路，个别中山县60%以上的大队不通公路。由于交通不便，运输工具少，很多地方的山货运不出来，工业品运不进去，影响山区经济的发展。为了进一步加快山区国民经济建设的步伐和活跃山区经济，必须大力加强山区的交通建设。在加强山区交通建设方面，重点应当放在公路建设上，公路是山区的动脉，有了公路，山区的经济面貌就会大大改观。在加强公路建设方面，除了着重提高现有公路线质量外，还应根据需要建设一些新的公路线（如沟通物资集散点和农副产品集中的大队的

公路线）和一些通架子车的路。

山区大办社队企业，实行农工副综合发展，是实现农业现代化的必由之路，也是发展山区经济的重要途径之一。同时，也正如上所述，河南全省山区农、林、牧、副、渔和其他土特产品，不仅种类多，而且产量大，这一切为发展农副产品加工业提供了充足的原料。在发展山区社队企业和地方工业时，除了要注意发展一些利用当地资源，产品有销路又不与大厂争原料的企业部门（如小水电和面粉、碾米、榨油、竹木器、编织等农、林、土特产品加工业，以及采矿业、建筑业等等）外，在布局上要注意节约用地，尽量使生产区接近原料地和交通方便的地区。

四

（1）要进一步加强山区建设，首先要提高对山区建设重要意义的认识，建设山区不仅是广大人民的迫切要求，也是国土综合开发的重要组成部分，同时，又是发展国民经济的战略重点之一。

（2）合理开发、建设山区，全面发展山区经济，除了要进一步建立和完善生产责任制外，关键问题是要坚持建设山区的正确方针和方向。

（3）要使山区面貌逐步从根本上改变，首先要有计划地建立起一个合理的山区农业经济结构。这个结构应当是能够保证农、林、牧、副、渔都得到全面发展，而彼此间又能够组成一个协调的统一整体。

（4）在建立合理的山区农业经济结构过程中，除了把发展林业放在主要位置外，而且还要树立生态观点、长远观点、因地制宜的观点，以便最后实现生态目标和经济目标的统一。

（5）为了把建设山区、开发山区落到实处，必须科学地在搞好山区农业资源调查和农业区划的基础上，制订出切实可行的山区总体规划和具体年度计划。

参 考 文 献

[1] 尚世英，李润田．河南省土地利用的几个问题．中国地理学会，1963年经济地理年会论文集．北京：科学出版社．

[2] 张光业，张金泉．河南省垂直自然带的分类及其基本特征．中国地理学会，1963年自然地理年会论文集．北京：科学出版社．

[3] 张光业．河南省地貌区划．开封师范学院学报，1964，1期．

[4] 发挥山区优势，加速山区建设．河南日报，1982-7-21．

[5] 河南省综合农业区划编写组．河南省综合农业区划（铅印稿）．1980年7月．

[6] 赵昭昞．福建山区要建立立体结构的大农业．福建论坛，1982，4期．

原文刊载于《河南师范大学学报》（自然科学版）1983年第3期

17. 河南省山地开发利用初探

李润田

一

河南山地、丘陵广泛分布在安阳、新乡、洛阳、许昌、南阳、信阳等六个专区的50多个县、市境内，约占全省总面积的43.6%左右。这片广阔的山地、丘陵蕴藏着丰富的矿产资源、植物资源和动物资源，为发展农、林、牧、副、渔等五业（特别是林、牧、副业）提供了极为有利的条件。但是，解放前，由于半封建、半殖民地社会性质的决定，广大的万宝山都成了穷山恶水。解放后，特别是党的十一届三中全会以来，由于省委认真贯彻党的一系列路线、方针和政策，对山区又采取了不少切实可行的措施，使全省广大山区生产获得了全面而迅速的发展，农业生产结构也开始有所变化。但另一方面也必须清楚地看到这些变化与社会主义经济发展的需要还是有很大的差距。从全省山区土地资源利用现状构成表就可以一目了然（表1）。

表1 河南省山地利用现状构成表

项目 类型	面积（万亩）	构成（%）
全省山地丘陵	11100	100.0
农业用地	3774	34.0
林地	954.6	8.6
牧地	1110	10.0
宜林荒山	1176.6	10.6
其他用地	4084.8	36.8

从上表可以看出，全省林牧用地所占的比重过低，而耕地和其他用地所占比重过高，充分说明山区的各种资源利用的不够充分和合理。不仅如此，从全省各山区土地利用的现状、特点和问题来看，也深刻说明了这个问题（表2）。

---

① 作者多年来曾先后在太行山区、伏牛山地、桐柏山和大别山等地进行过野外实习调查和经济地理、自然地理调查，根据调查资料和有关文献，写成此文。由于时间和水平所限，肯定会有错误和欠妥之处，希望同志们批评指正。本文初稿完成后，承蒙王建堂、金学良、潘淑君诸同志提出许多宝贵意见。文中插图由孙玉秀同志绘制，在此一并表示致谢。

表2 河南省山地、丘陵土地利用现状、特点和存在的主要问题简表

山地名称	包括的主要县市	利用现状和主要特点	存在的主要问题
太行山区	林县、安阳、淇县、沁阳、博爱、济源、修武、辉县、鹤壁市等	(1) 地势陡峻，大部地区不宜耕作。垦殖指数约15%；发展林、牧、副业的潜力较大 (2) 丘陵地和山间盆地耕作条件较好。垦殖指数约30%；但干旱缺水。多一年一熟，主要作物有小麦、棉花、杂粮	植被稀少，水土流失严重。土薄石厚，水流奇缺。林牧业生产比较落后，土地资源利用的不够合理
伏牛山区	卢氏、栾川、嵩县、西峡等县全部和淅川，南召等县大部以及洛宁、汝阳、陕县、鲁山、镇平等县的一部分	(1) 山高坡陡，耕作业不够发展。耕地主要分布在山间盆地和劣地。主要作物有小麦、玉米和薯类。单产水平低，且不稳定 (2) 山区生物资源丰富；饲料充足，适宜发展林牧业 (3) 全区"立体农业"特点显著	(1) 森林资源破坏严重，气候条件较恶化，生态系统失去平衡 (2) 农业生产部门结构不合理，多种经营受到破坏 (3) 居民点分散，交通不够发达
黄土丘陵区	新郑、密县、登封、巩县、荥阳、偃师、孟津、宜阳、宜川、临汝、渑池等县和三门峡市、洛阳市的全部以及灵宝、陕县、洛宁等县一部分	(1) 黄土阶地和黄土塬土地利用程度高，耕作业较发达。粮食作物有小麦、玉米、小米等；经济作物有棉花。作物单产水平较高 (2) 红土丘陵区的土质黏重瘠薄。荒坡、荒沟利用不够，发展林牧业潜力大	(1) 干旱缺水，水土流失较严重 (2) 农业生产较单一，土地资源利用的不充分合理 (3) 水利措施和生物措施结合不好 (4) 山区交通不够发达
大别桐柏山区	信阳市、信阳、光山、罗山、潢川、商城、固始、新县等县全部和息县、淮滨、桐柏、正阳、确山等县一部分	(1) 山地面积广，耕作业发展水平不够高。耕地面积占全区25%，大部为梯田。耕地以水田为主，是河南水稻主要产区 (2) 用材林和经济林发展潜力大 (3) 山间谷地开阔，沿岸洼地、阶地为主要耕作区	(1) 农、林、牧、副、渔五业的潜力未充分发挥 (2) 水土流失较严重 (3) 农田水利建设不够配套 (4) 山区交通不够发达

总之，几年来全省山区建设和布局虽有较大发展和改善，但无论从山区资源的开发、利用还是保护方面看，都还存在不少问题。归纳起来，最主要的问题不外乎以下两个方面：①开发、利用山区的方向不够十分明确；②开发、利用山区的主要途径抓的不准、不力。

二

(一) 一定要进一步明确山区建设的方向

最近，胡耀邦同志在视察河北省易县山区时，曾明确指出，我们的农业生产建设要有两

个转变：一是从单纯地搞粮食转变到搞粮食的同时要抓多种经营；二是从单纯搞水利建设转变到同时注意搞水土保持与改善大地植被。这两个转变就是搞好山区建设，繁荣山区经济的正确方针和方向。因此，今后我们在山区建设上一定要坚决贯彻这两个转变的指示。

长期以来，为了搞粮食生产，山区毁林开荒、陡坡开荒，破坏了生态平衡，水源减少，自然灾害增多，水土流失现象十分严重。现在要把恶性循环逐步转化为良性循环，就必须从指导思想上来个根本的转变。根据这个要求，今后全省在山区建设上一定要贯彻好因地制宜，合理布局的原则，搞好农业经济结构，明确自己的主攻方向。具体说来，中山区必须坚持以林为主，低山区一般应实行林粮牧并举，丘陵区要以农为主，农林结合。总之，不论中山、低山和丘陵，都应有主有从，多种经济，全面发展。同时，要正确处理农林牧副的关系，在决不放松粮食生产的同时，积极发展林牧副业，不断扩大林牧副业在农业总产值中的比重；正确处理林业与牧业的关系，合理划分林地和草山、草场，保证畜牧业的发展，以牧促林，做到林茂、畜旺、粮丰。在山区水利建设上，当前要把水土保持作为山区水利建设的重点。

（二）加快山区国民经济发展的主要途径

1. 建立合理的山区农业经济结构

衡量山区的农业经济结构是否合理，主要看林、牧、副、渔所占的比重大小和增长的快慢，这是改变山区面貌的一个关键问题。目前，从河南山区经济结构来看，却不是这样。根据11个深山区县的不完全统计，1978~1981年农业总产值增长22%，其中，农业增长18%，林业增长18%，牧业增长17%，副业增长48%，渔业增长18%。农、林、牧、副、渔各业都是增长的，但是在总产值中各业所占的比重不仅没有达到合理的程度，而且变化的速度是比较慢的。农业由64.4%下降为62.6%，林、牧、副、渔占的比重由35.6%提高到37.4%，三年共提高了1.8%，每年平均提高0.6%。事实不仅说明现在全省合理的山区经济结构尚没建立起来，而且也反映了全省山区的优势还没有得到充分的发挥。因此，必须很快从单纯搞粮食转变到搞粮食的同时把林牧副渔多种经营抓上来。唯有这样，才能有计划、有步骤地建立起全省合理的山区经济结构。

为了逐步实现和建立起来合理的山区经济结构，首先应把发展林业放在主要位置，做到以林促农、以林促牧、以林促副、以林促渔、互相结合，这样才能夯实合理的山区经济结构的坚实基础，山区经济才能得到稳步的发展。

为了使林业在山区大农业中起到主导作用和处理好农、林、牧、副业之间的关系，必须有计划地解决好以下一系列问题。第一，认真落实林业政策和一系列林业生产措施。目前，全省山区宜林地的半数以上尚未绿化，而且大部分又具坡陡、土薄、水土流失严重的特点。因此，在树种构成上，应当注意长短结合，有计划地营造用材林、水源涵养林、经济林、薪炭林等。特别是要把用材林和水源涵养林放在重要地位。同时，更要重视发展果树、茶树、油桐树和板栗、核桃、山楂、竹子等经济林。在布局上一定要贯彻因地制宜、合理布局的原则，逐步扭转过去不顾环境条件的差异，片面强调连片，搞一刀切的错误作法。又如，毁林开荒的现象相当严重。今后不但要严加制止，而且对毁林开荒的陡坡地，也要退耕还林。从全省看来，应力争1990年前把全省全部荒山绿化起来。另外，要有计划地在省内四大山系的代表性地区，按照建立保护区的条件和要求，分别设立自然保护区，以利于保持原有天然林生态环境，保护山区动植物资源。

第二，要大力发展畜牧业，做到林牧结合。河南有宜牧草山草坡2000多万亩，除了林地有牧草外，还有各种农作物的秸秆饲料，这些均为山区大力发展畜牧业提供了有利条件。但是，当前全省山区畜牧业极其落后，其产值在山区农业中所占的比重很低。从河南的实际情况来看，充分利用山区的有利条件，发展畜牧业是建立合理的山区经济结构的重要方面。为了很快把山区畜牧业生产发展起来，今后必须解决好以下几个问题。首先要贯彻以发展草食牲畜为主，全面发展家禽的原则。其次在布局上，除了根据各山区的特点，发展适宜的畜种（如在太行山区发展青山羊，黄土丘陵区发展细毛羊）外，还应当选择生产基地好，饲草、饲料资源比较丰富等地区，建立一批畜牧业生产基地。

第三，要积极开展多种经营。由于山区面积广阔，南北纵跨北亚热带和暖温带两个地带。复杂的山地地貌和气候，引起了山地植被、土壤和水文状况等一系列自然条件的地区差别和垂直变化，加上人类长期经济活动的影响，就形成了山区资源丰富多样和生产门路繁多的特点。据调查：仅西峡县所属山区，除农林牧业以外，还出产几百种土特产，最低年产量可达1亿斤。既然如此，在山区实行多样性生产，发展多种经营，既有利于提高农民经济收入，活跃山区经济，也是发展国民经济所必需的，更是合理利用山区的客观必然性。因此，必须积极开展多种经营。

第四，山区虽然有发展林、牧、副等多种经济的有利条件，但是山区经济能否很快发展，还要受粮食生产发展程度的制约。因此，必须解决好山区群众缺粮的问题。解决办法主要是搞好山区农田基本建设，加强粮田管理，提高单位面积产量，增产粮食。其次，多生产、交售山货和土特产品，也可多得些粮食。再次，从布局上来看，除了要选择一些平原、阶地作为种植业区外，一定要注意社队企业和居民点的合理布局，防止更多的占用耕地。

2. 调整和改造山区现有土地利用方式，合理利用山地资源

要建立全省合理利用山区经济结构，必须在原有基础上对不合理的土地利用方式进行调整改造。在调整和改造山区现状过程中，为了达到投资小，收效大的目的，必须坚持从当地自然、经济条件特点出发，从国家经济建设需要和群众生活需要出发，明确远近期的利用方式与途径，研究生产的地域组合和部门比例。这样既可以体现国家需要和因地制宜相结合的原则，还可以更好地做到生产上合理的地域分工。以占全省土地总面积12.6%的豫西黄土丘陵区为例，在开发利用方式上目前还存在很多不合理的现象，如毁林开荒、陡坡开荒、顺坡开荒和作物布局不合理等等，已造成了明显的恶果。豫西黄土丘陵区的特点是坡度大，黄土层厚（20～100米），天然肥力较好，疏松易耕，适耕期长，适于多种作物、果树和林木生长，但当森林植被遭受破坏后，便容易引起水土流失，除30%左右的梯田外，70%的地区水土流失现象相当严重。每平方公里每年侵蚀模数在2000吨以上，三门峡库区822平方公里范围内，每年进入水库泥沙约800万吨，因而导致这一带土层变薄，土壤变瘦，也影响到下方的阶地、平原和河流。造成这一地区水土大量流失的原因之一就是陡坡开荒的现象比较突出。一般地说，本区丘陵山坡垦殖指数高达40%～50%，严重地破坏了天然植被，加以黄土抗蚀力弱，保水力差和雨量过分集中，有的甚至开荒到顶，结果使林牧业基地受到很大破坏。不仅如此，太行山、伏牛山南坡的丘陵地区，也不同程度地存在着这种现象。因此，全省山区现有土地利用方式的调整和改造应把丘陵地作为重点。因为在整个山区建立合理的经济结构中，如果平原、阶地，特别是丘陵地的生产布局调整和改造好了，低山和中山的开发利用也就比较容易解决。

在对全省山区中的丘陵地进行调整和改造过程中，首先，应根据不同的坡度，确定不同的土地利用方式和安排作物的种植，决不能搞一刀切。根据豫北太行山地一些丘陵区的历史经验，应当本着宜农则农、宜林则林、宜牧则牧的原则，划分宜林、宜牧、宜农区，凡地面坡地在25度以上，土层薄，灌溉困难的地方，一般应划为林业用地；距水源较近，草本植物生长条件好的地方，可划为牧地；对于已经开垦的宜林宜牧地，凡利用不合理的，要逐步退耕还林还牧。

山间平原或盆地和阶地部分在土地利用方式中也存在着严重不合理现象，如占地盖房和修建工厂、公路以及"三废"的严重污染等等，这些也需要逐步地进行调整和改造。

3. 科学安排山地生产的垂直和水平布局

农业生产的垂直布局，是合理利用山地的最基本特征之一。对于山区的农业生产，如果从生产的发展要求出发，根据山地自然景观的垂直地带分异，各个农业生产部门的特点和各种作物的不同生态要求，正确、合理地安排垂直布局，不仅可以更好地发挥山地利用的经济效益，还可以使山地利用的内容丰富多样。河南山区，一般也是由山地、丘陵和盆地（或平原）等几种自然单元组成的。山地为主体，它按高度又分为中山和低山。这些自然单元由于所在的地理位置、地貌特点和热量、水分条件的不同，也呈现出一个明显的特点，那就是由平原至阶地、至丘陵、至低山、到中山，地势逐级升高，层次比较分明。这就决定了立体利用方式，不妨举例加以说明。位于省境中西部的伏牛山北坡，其自然条件，特别是水热条件不同于大别山，土地利用规律也各有不同。在低山丘陵区，山势不高，坡度不大（15～30度），加以人口密度较大，人类经济活动频繁，土地利用构成中耕地为主，河谷平川耕地都是旱作，间有零星水田分布。丘陵、台地上，凡属土层深厚、起伏不大的地区，多垦为梯田。丘陵上部，除少数坡田外，大部为荒山、牧坡、土地利用程度不高。在中山区，一般是山高坡陡（多在30度以上），地形比较复杂，土地利用方式以林牧用地为主，农田呈点线分布，在山区经济结构中不占重要地位。林木垂直分布的规律，大体是这样：600米以下，主要是毛白杨、侧柏、麻栎、松、洋槐、臭椿等树种，并有枣、柿、梨、桃、李、杏等果树，牧坡分布也较广；600～1000米，有栎类、毛白杨、侧柏、胡枝子等；1100～1500米，有栓皮栎、槲栎、山杨、油松、华山松等；在1500米以上，基本上是华山松、槲栎、油松、椴树等。

4. 调整现有山区居民点的布局

一般山区大多是村多户少，一村几户，甚至一、两户，这主要是为了适应山区生产的需要长期形成的。由于过去"左"倾思想的影响，省内部分山区曾不适当地强调集中生产，合并一些居民点丢弃了部分山村。其结果造成耕地面积减少，多种经营受到严重损失，农田基本建设失修，山区资源得不到充分而合理的利用。关于山区居民点究竟是集中一些好还是分散一些好，根据历史的经验和当前农村大好形势发展的需要以及从山区自然、经济的特点出发等方面来看，还是以适当分散一些为好。其优越性主要在于：第一，便于就近种植和加强田间管理以及调整山区现有的土地利用方式。第二，便于全面利用山区资源，发展多种经营。山区资源具有多样和分散的特点，居住分散一些有利于采掘、培育和经营管理各样资源的生产，从而节约一些劳动力，以便在种植业、饲养业、林业等方面更合理地分配劳力，进一步促进山区经济的全面发展。第三，可做到用山、养山相结合。对于山区资源，不能只强调开发和利用，还要特别注意山区资源的保护和发展，只有把二者辩证地结合起来，山区资源才能采用不竭，做到青山常在，永续利用，逐步实现生态系统的良性循环。总之，在调整居民点时，不论是恢复旧山村或建设新山村、新集镇，除了要同山区生产规划和生产布局紧密地结合起来外，还要贯彻节约用地的原则，决不能使耕地面积进一步缩小。

5. 大力加强山区交通建设，积极发展地方工业和社队企业

全省山区有大量的植物资源、动物资源、矿产资源和土特产品。这些物资多属商品性质，需要大量调出，满足国家经济建设和城乡生产、生活的需要。另一方面，要进一步开发山区和供应山区人民的需要，还要从外地调进大批生产、生活资料。产品的调出和调入，都必须有一定的运输条件作保证。新中国成立以来，全省山区的交通运输状况已有了很大改善，但是，目前不少中山区的交通条件和经济发展的要求极不适应。现在，全省尚有30%的大队不通公路，个别中山县份60%以上的大队不通公路。由于交通不便，运输工具少，很多地方的山货运不出来，工业品运不进去，影响山区经济的发展。为了进一步加快山区国民经济建设的步伐和活跃山区经济，必须大力加强山区的交通建设。在加强山区交通建设方面，重点应当放在公路建设上，公路是山区的动脉，有了公路，山区的经济面貌就会大大改观。在加强公路建设方面，除了着重提高现有公路线质量外，还应根据需要建设一些新的公路线（如沟通物资集散点和农副产品集中的大队的公路线）和一些通架子车的路。

山区大办社队企业，实行农工副综合发展，也是发展山区经济的重要途径之一。同时，也正如上所述，河南全省山区农、林、牧、副、渔和其他土特产品，不仅种类多，而且产量大，这一切为发展农副产品加工业提供了充足的原料。在发展山区社队企业和地方工业时，除了要注意发展一些利用当地资源、产品有销路又不与大厂争原料的企业部门（如小水电和面粉、碾米、榨油、竹木器、编织等农、林、土特产品加工业，以及采矿业、建筑业等等）外，在布局上要注意节约用地，尽量使生产区接近原料地和交通方便的地区。

三

（1）要进一步加强山区建设，首先要提高对山区建设重要意义的认识，建设山区不仅是广大人民的迫切要求，也是国土综合开发的重要组成部分，同时，又是发展国民经济的战略重点之一。

（2）合理开发、利用山区，全面发展山区经济，除了要进一步建立和完善生产责任制

外，关键问题是要坚持建设山区的正确方针和方向。

（3）要使山区面貌逐步从根本上改变，首先要有计划地建立起一个合理的山区农业经济结构。这个结构应当是能够保证农、林、牧、副、渔都得到全面发展，而彼此间又能够组成一个协调的统一整体。

（4）在建立合理的山区农业经济结构过程中，除了把发展林业放在主要位置外，而且还要树立生态观点、长远观点、因地制宜的观点，以便最后实现生态目标和经济目标的统一。

（5）为了把建设山区、开发山区落到实处，必须科学地在搞好山区农业资源调查和农业区划的基础上，制订出切实可行的山区总体规划和具体年度计划。

附：河南省地形分区略图

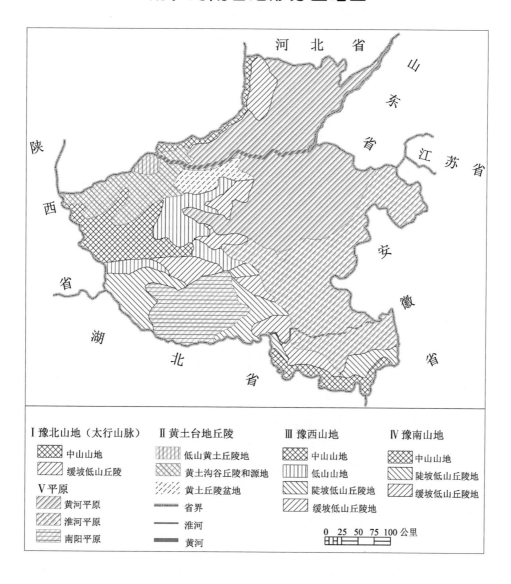

参 考 文 献

[1] 尚世英，李润田．河南省土地利用的几个问题．中国地理学会，1963年经济地理年会论文集，北京：科学出版社．

[2] 张光业，张金泉．河南省垂直自然带的分类及其基本特征．中国地理学会，1963年自然地理年会论文集，北京：科学出版社．

[3] 张光业．河南省地貌区划．开封师范学院学报，1964，1期．

[4] 发挥山区优势，加速山区建设．河南日报，1982-7-21．

[5] 河南省综合农业区划编写组．河南省综合农业区划（铅印稿），1980年7月．

[6] 赵昭昞．福建山区要建立立体结构的大农业．福建论坛，1982，4期．

第二篇 工业地理与区域开发

18. 人民公社工业化问题的初步探讨

尚世英 李润田 王建堂

在 1958 年下半年和 1959 年上半年，地理系、地理研究所部分人员和高年级学生对遂平嵖岈山、信阳狮河港、禹县薛沟、开封市东京等人民公社的自然、经济情况进行了综合调查和考查，并制订了经济发展规划。1959 年下半年，我系、所部分教师和研究人员又到嵖岈山、七里营两个人民公社，对社办工业进行了调查研究，并收集了以上几个人民公社有关的资料，在此基础上写出了"人民公社工业化问题的初步探讨"一文，包括五个组成部分：①人民公社工业的意义；②人民公社工业的部门；③人民公社的工业布局；④人民公社的体制；⑤人民公社工业化途径与标志。作者撰写此文的目的是想通过对公社办工业问题的探讨，找出公社工业发展及其合理配置的规律，进一步推动公社工业多快好省的向前发展。但是，由于我们理论水平和研究能力有限，加以时间过于仓促，因而对问题的探讨和研究不够深入细致，甚至有错误的地方，希望读者指正。

一、人民公社办工业的意义

巩固和发展人民公社的中心环节是发展生产。在发展生产中，由于工业和农业是国民经济最基本的两个部门，他们之间又必须保持协调的比例关系，这就决定了大力发展目前仍以农业生产为主的人民公社的工业。从全面提高公社生产力来说，发展公社工业就显得格外重要了。不仅如此，发展公社工业还有着更为深远的意义，因为它可以加速国家工业化，促进在农村中全民所有制的实现，缩小城市和乡村的差别等。正因为如此，党的八届六中全会关于人民公社若干问题的决议中，就明确的指出："人民公社必须大办工业。"人民公社必须"有计划地发展肥料、农药、农具和农业机械等轻重工业生产。"同时又在决议中指出："公社工业的发展不仅将加快国家工业化的过程，而且将在农业中促进全民所有制的实现，缩小城市和乡村的差别。"总之，人民公社大办工业的意义十分重要，归纳起来，有以下几个方面。

（一）促进农业生产的迅速发展

我国农业生产正在高速度的发展，也正在向着机械化、水利化、电气化和化学化的伟大目标前进。为了适应目前发展的需要和早日实现农业的技术改造，没有相当雄厚的工业基础是不行的。同时，没有大量的工业来制造化学肥料、农药和农具机械、动力机械等也不可能加快农业生产发展的速度。由于目前国家工业的基础还不够十分强大，不可能充分的满足所有人民公社在这方面的需要，只有在公社中建立起来自己的工业以后，再加上国家工业的大力支援，才能真正地达到以工业武装农业和迅速提高农业生产率的目的。一年多来，无数的生动事实已充分证明了这一点。如新乡七里营人民公社在兴建工业一年来，在"三就""四服务"方针的指导下，显示了公社工业对加速农业生产的巨大作用，从1958年8月起，到1959年2月止，仅在7个多月的时间内就生产化肥70余万斤，解决了1万亩农田肥料不足的问题。机械、铁木、修配厂共制出拖拉机零件、汽马车轴、打稻机、播种耧、深耕犁、轴承等148530件，为公社节约资金24300元，有力的支援了农业生产。同时，也为进一步实现农业机械化、电气化、水利化、化学化奠定了有利的基础。

（二）相当的满足广大社员生活的需要

随着社员生活水平的不断提高，对生活用品的需要也就越来越多。为了满足社员日益增长的需要，所有的生活用品都依靠国家工业来供应，显然是不切合实际的，必须通过公社办工业帮助解决。公社工业不仅能生产出更多的生活用品来满足社员生活上的需要，同时，由于公社工业都有一定比重的商品性生产，这就可以用自己的商品换回自己不能生产的物资和现金，从而对于社员的工资和供给标准逐步增长均起着重要的作用。例如，舞阳县武功人民公社过去没有织布厂、被服厂和制鞋厂，因而所需要的棉布、鞋子等都依靠外地供应，给生活上带来很多不便。一年来由于公社建立了织布、被服、制鞋等工厂，共生产棉布31000米，布鞋254800双，从而满足了社员生活上大部分的需要。此外，还建立了冶炼、炸药等工业，为外地生产低碳钢120吨，炸药28000斤，增加了公社积累，提高了社员收入。1958年刚建社时，以每个社员收入为100元，到1959年8月，每个社员的收入就提高了201%。

（三）有力地支援社会主义经济建设

公社工业还要为社会主义大工业和市场（包括出口）服务。因此，就必须根据资源条件发展商品性生产。商品性生产不仅可以促进大工业的迅速发展，而且还可满足城市人民生活日益增长的需要。例如镇平县杨节人民公社，一年多以来，直接为社会主义市场生产的工业品和出口商品不下几十种，其中较重要的有玉雕124件、长绸638435米、水泥150吨、粉丝256吨等，有力地支援了社会主义建设。同时换回钢材14449万吨，从而增加了公社的资金积累，为扩大再生产提供了有利条件。

（四）开始缩小城乡之间和工农业之间的差别

人民公社由过去单一的经营农业发展到今天的工农业同时并举，这就为缩小城乡和工农间的差别创造了前提。公社有了工业，就可改变过去工业产品依赖城市的局面，同时也提高了公社工业产值的比重，在广大农村出现了工业中心，乡村也在逐渐城市化。由于公社工业的大力发展，农民开始走向工厂参加工业生产，农村人口中工业人口所占的比重逐渐发生变化，加速了农村城市化的过程。例如，舞阳县武功人民公社在1958年刚建立人民公社时，只有3个工厂，工业总产值在工农业总产值中所占的比重为21.6%，工人只有155人；但到1959年8月止，工厂已达54个，工业总产值在工农业总产值中的比重上升到47.58%，工人增长到1393人，这些事实充分说明了城乡之间和工农之间的差别正在开始缩小。

（五）加快集体所有制向全民所有制过渡和将来由社会主义向共产主义过渡的进程

人民公社大办工业不单纯是为了发展工业、促进生产与满足人民生活的需要，更重要的是加快了我国农村由集体所有制过渡到全民所有制和将来由社会主义过渡到共产主义的进度。因为社办工业的发展过程是从小到大、从土到洋的过程，也是促使公社积累从无到有、从少到多的过程。这实质上也就是在现在的集体所有制经济的基础上逐步增加公社生产资料的全民性部分，因而也无疑的是在加速由集体所有制向全民所有制过渡。

总之，人民公社大办工业的结果，将会使工业产值超过农业产值，对早日实现社会主义工业化和人民公社工业化具有深远的历史意义。

二、人民公社工业的部门

党的八届六中全会"关于人民公社若干问题的决议"中指出："人民公社发展生产的正确方针应当是：根据国家统一计划和因地制宜的原则，根据勤俭办社的原则，实行工业和农业同时并举，自给性生产和商品性生产同时并举。"决议还指出："人民公社的工业生产，必须同农业密切结合，首先为发展农业和实现农业的机械化、电气化服务，同时为满足社员日常生活需要，又为国家的大工业和社会主义市场服务。"

根据党中央的正确指示，结合我们对几个人民公社的调查研究，按照目前人民公社所建立起来的工业企业、工业产品的性质和服务对象，将公社办的工业分为7个部门——为农业生产服务的工业、为社员生活服务的工业、农副产品加工工业、建筑材料工业、动力工业、采掘和冶炼工业、特种手工艺品等。划分工业部门的目的在于突出重点工业部门（中心工业部门），在保证重点工业部门优先发展的前提下，相应地发展次要的和辅助的工业部门。这样，就可以做到主次分明，主次部门有机配合、相互协调、共同发展，也必然会促进公社农业获得更高速度的发展和不断满足人民生活日益增长的需要。

（一）为农业生产服务的工业

1958年我国农业生产获得大丰收，人民公社化后，农林牧副渔业全面跃进，出现了劳动力紧张状况。在这种状况下，农业生产就迫切要求工业大量供应水利机械、农具和农业机械、化肥、农药以及运输工具等。而这些东西，按照国家现有的工业生产能力，是不能充分供应的。在这种情况下，各地人民公社在党所颁布的公社办工业的方针指导下，围绕公社主导的生产部门——农业，兴办了农具、修配和农业机械、化肥、农药等一系列服务于农业生产的工业。

农具、修配和农业机械工业的建立和发展，促进了农村运转工具轴承化、运输车子化、绳索牵引机械化和水利机械化的实现，迅速地改变着我国历史上遗留下来的农业技术落后状况，大大提高了农业劳动力的技术装备水平和劳动生产率。根据我国1/3人民公社统计资料，在第一个五年计划期间每个劳动力的技术装备水平平均每年增长3.3%，但由于1958年公社大办农具、农业机械等工业后，新式农具和农业机械设备大大增加，每个劳动力的技术装备水平有了显著提高，一般来说都比 1957 年提高 13% 以上。由于技术装备水平的进一步提高，农业劳动生产率也空前的增长，1958 年比 1957 年增长 26%。化肥、农药等工业的建立和发展，促进了各地人民公社大量施用土制化肥和农药，提高了土壤肥力，减少了病虫害对农业生产的危害。这样一来，就进一步保证了农业稳定丰收和生产率的不断增长。

由上可知，为农业生产服务的工业发展充分与否，直接影响到公社农业生产和跃进速度。因之，在今后若干年内，公社仍以农业生产为其经济中的主导部门的条件下，为了保证主导部门的高速度发展，不断地提高劳动生产率，就需要把大部分手工操作的劳动逐步提高到新的现代化大生产的技术水平上，实现以较少的劳动力和较短的劳动时间，获得更大的成果。为此各人民公社还应从工业积累中拿出更多的资金以及人力、物力继续发展并扩大这种工业，加强它在各部门工业中的地位，使之逐步成为公社工业生产中的主要部门。

在现阶段，该种工业生产应该紧紧围绕农业生产季节来确定各个时期的生产任务。例如农具修配和农业机械工业，在夏收、夏种时期应该以制造小件农具和大农具的修理为中心，在秋田管理时间应以制造中耕器为中心，并大搞滚珠轴承生产，在秋收、秋种时期应以制造打谷机、脱粒机、密植耧、犁、耙为中心，在冬季大搞水利时期应以制造水利工具为主。这样做，工业和农业就可以相互促进，共同发展。否则，不但对农业生产起不到及时的支援作用，而工业本身也必然会因生产方向不明确，而招致人力、物力的极大损失和浪费。

一般条件下，为农业生产服务的工业不必要进行商品性生产，应该以自给性生产为主，满足社内农业生产发展的需要。目前阶段，在人民公社资金、技术设备、人力等不足的情况下，这种工业生产仍应以小型为主、土法生产为主，决不可以在条件不具备的时期因搞大的、洋的生产而给公社经济造成困难。这种工业的规模只有在国家工业器材供应条件改善和公社本身技术力量成长壮大以后，才可以逐步扩大其规模，改进设备，提高劳动生产率，逐步转向比较现代化的生产。

(二) 为社员生活服务的工业

随着农业大丰收，社员的现金收入普遍增长，社会购买力大大提高。同样，国家生产生活资料的工业也同生产生产资料的工业一样，因生产能力有限，产品还不能满足广大农村生活日益提高的需要。特别是公社化后，农村广大妇女从家务劳动的束缚中解放出来，参加了工农业生产，从而这一矛盾表现的就更为突出。为了解决这个矛盾，人民公社根据中共中央指示在发展为农业生产服务工业的同时而兴办了为人民生活服务的各种工业——缝纫、被服、制鞋、碾米、面粉和食品加工等工业。这些工业的建立不仅就地供应了社员的日常生活用品，而且可使农村妇女劳力进一步得到解放。例如嵖岈山人民公社，由于全社实现了面粉加工化，每天可省出 782 个妇女劳动力和 800 个畜力；又如它在未举办被服、缝纫厂之前，根据计算，每人每年穿大小衣服八件，人工作需要 12 个劳动日，缝纫、被服厂建立后，衣服全用机器加工，只需 1.5 个劳动日，仅此一项全社一年就可节省 40 万个劳动日。公社将节省的劳力，用于农业生产上，保证了农业生产率的不断增长和继续跃进局面。

今后人民公社在继续发展工业中应把为社员生活服务的工业列为重点部门之一，在劳动力安排、生产投资、产值、收入等方面应仅次于为农业生产服务的工业，占第二位。众所周知，这种工业发展充分与否直接影响到社员生活水平的提高，生活问题解决的好坏又影响到劳动生产率的提高和工农业生产率的增长。

为社员生活服务的工业也应以自给性生产为主，密切结合社员的需要，生产直接为社员所消费的产品，不可以生产那些超出社员购买力范围和目前不急需的产品。同时，也不可以发展那种国家工业能够充分供应，与国家工业争夺原料或本地无原料，而到很远地方去取原材料的工业。

(三) 农副产品加工工业

1958年以来的农业大丰收，各公社农产品增长几成、甚至几倍，需要加工的任务很大，只靠原来城市的一些加工工业是远远不能适应需要的。同时，把大批农副产品运到城市去加工，然后再把产品运回农村，不但会造成人力的大量浪费，增加运输困难和原料损耗，而且会增加产品成本，对公社生产、生活都会起到不良影响。农村人民公社化前后，由于农业社和部分公社对农副产品加工工业的发展没有予以相应的发展，因此这种工业的生产设备和生产能力不足，对于丰收后的农产品不能及时处理，常造成积压现象，甚至有的公社在国家调拨原料急迫的时候，动员人力用双手来处理农产品。如嵖岈山人民公社，1957年和1958年的一部分棉花就是用人工脱籽的，结果浪费了人力，损耗一定数量的棉花。这个公社还出产大豆，由于没有举办榨油工业，所以常把大豆运到信阳、漯河等地加工，加工后的油饼和部分豆油再运回来供生产、生活之用，其结果是成本大大增加，如从农民那里收购的大豆每斤只有8分，而出售给农民的豆饼却高出大豆的收购价格。1958年下半年和1959年上半年这个公社和全国其他公社一样，为了扭转工农业生产的不协调现象，巩固农业丰收果实，围绕农业生产和野生植物资源，兴办了各种加工工业——粮食、棉花、药材、榨油、酿酒等。目前这些加工工业的规模和生产能力基本上满足了公社的需要，做到了对农产品的及时加工，1959年嵖岈山人民公社生产的棉花可在年底全部用轧花车加工出来。

人民公社在发展农副产品加工工业时应注意农副产品的综合利用。综合利用农副产品不仅可以大大改善劳动力的利用情况，而且会增加公社的现金收入。如七里营人民公社是个植棉区，在过去除了把棉花出售给国家以外，棉籽没有充分利用，棉秆皮都被烧火和沤肥。今年该社根据就地取材的原则围绕棉花生产扩大了棉花加工工厂，新建了棉籽榨油、棉油肥皂、棉皮麻袋和棉秆纤维板等工厂，使棉花各部分得到充分利用。根据估算，在靠近综合利用工厂的各大队，由于棉籽、棉秆皮综合利用的结果，每亩棉产地的现金收入与棉花单产相同而比远离工厂的各大队平均高40%~50%。又如嵖岈山人民公社年产600万~700万斤的山红果，过去一向认为经济意义不大，没有加以利用，年年都丢弃到山沟中，1958年公社办了酒厂，山红果被用来作酿酒原料，酿酒后剩下的酒糟用来饲养牲畜，结果给公社增加了经济收入。

事实证明，不论是农副产品加工或原料的综合利用都必须根据公社农业经营方针，经济情况和原料的多少来确定公社加工工业的形式和规模。一般来说，在粮食产区应多建粮食加工、饲料加工、榨油、酿酒及副产品（麦秆、稻草）综合利用等工厂；在经济作物产区应多建棉花加工、麻类加工、榨油及经济作物产品废料（棉秆皮、麻秆等）综合利用等工厂；在山区多搞野生植物加工和造纸等工厂。当然，各公社的加工工业形式和规模不是一成不变的，而是随着公社农业经营方针和经济情况的变化而变化。这种因地制宜、就地取材而举办的各种农副产品加工和综合利用工厂，不但原料有保证，生产计划能够实现，而且还会节省大量资金，用较少的人力、物力，取得较大的经济效益。相反，如果不根据这个原则，跑到很远地方去取原材料，纵然勉强维持生产，终会造成人力、物力上不应有的损失。人民公社这种工业除了满足公社生产、生活需用以外，还必须为国家大工业和社会主义市场服务，贯彻自给性生产和商品性生产同时并举的方针。发展农产品和农副产品加工工业，是发展人民公社商品生产的一个重要方面，因为许多农产品和农副产品必须经过加工才便于在市场上出售。这种经过加工后在市场上出售的农产品和农副产品，一般比没有经过加工的产品的价值高，因此也就更能增加公社商品生产的收入。应当指出，不论是自给性生产或商品性生产，都应该根据全国一盘棋的方针进行，凡是国家不用的原料可以大搞，用的少搞，力求避免与国家大工业争夺原料。

（四）建筑材料工业

为了促进人民公社经济的进一步高涨，需要大力兴修水利（水库、渠道、井、涵闸、拦水坝等），建设新的标准畜舍、机器、农具和粮食储藏室以及社员住宅等，修建和新建各种经济和文化建筑物等。为此各地人民公社都需要发展建筑材料工业——砖瓦、水泥、石灰、玻璃、陶瓷等，满足公社建筑需要。当然各地人民公社在发展建筑材料工业时应遵循就地取材，有啥原料办啥工业的原则，决不可以举办那些原料没有保障的工业。例如，在山区特别是石灰石产地应多发展石灰、水泥工厂，在平原地区不建或少建这种工厂。

这种工业除满足社内需要以外，还应该根据公社所在地区的经济地理位置，发展不同程度的商品性生产，在城市和大的水利工程附近以及交通沿线的各人民公社尽可能地扩大该种工业的规模，增加商品生产，支援城市、大工业和水利基本建设工程，解决当前基本建设物资供应不足的现象。例如，安阳县曲沟人民公社，离安阳市较近，本身又有丰富的建筑原料，在此基础上建立了4个水泥厂，日产高标号水泥40吨，建立了2个耐火砖厂，日产耐火砖4000块，此外还建立了砖瓦、石灰等厂。上述工厂的产品除社内自用外，耐火砖、水泥还供应安阳钢厂和金钟烟厂用，砖瓦、石灰大部分供应安阳市基本建设用。这样一来，曲沟人民公社建筑材料工业不仅满足了社内生产、生活需要，而且支援了国家建设，大大增加了公社的现金收入。应当指出，在远离城市和水利建设工程以及交通不便的地区，建筑材料工业以满足本社需要为主，不必过于强调商品性生产。

（五）动力工业

根据因地制宜、就地取材的原则大力发展动力工业是人民公社办工业的一个重要方面。发展这种工业，不仅能代替人力、畜力直接带动各种作业工具，解决人畜力不足的现象，而且可以大大减轻体力劳动，提高劳动生产率，促进农村电气化的早日实现。

各地人民公社都有这种或那种动力资料，如煤、水、风、气（沼气、天然气）、潮汐等。在水力、风力，特别是水力蕴藏丰富的人民公社，应设立规模较大的发电站，除吸引一批工业到它的周围，发展成为公社的工业中心以外，也可以将多余的电力供应邻近缺乏动力的公社。火力发电站应根据原料和运输条件确定其规模，并应建立在耗电较多和经济发达的居民点附近。上述两类发电站的规模亦要考虑到目前我国技术装备水平和原材料供应情况，决不可以脱离现实来考虑规模。沼气动力及其发电站，应在居民点或畜牧场附近建立，因为那些容易取得原料。

（六）采掘和冶金工业

不少人民公社地下蕴藏有分散的、少量的、大工业不便利用的煤、铁以及其他矿产资源。在这种公社，还应大办采煤、炼铁、炼铜和其他采掘工业。因为这种工业可以为公社农具、农业机械、加工工业等提供原料，促进农村电气化和农业机械化的发展。同时，这种工业可以为国家大工业提供宝贵的原料和材料，加速国家工业化的进程。

为了更好地发展采掘工业，并提高开采率，节约劳动力，还必须举办火硝、炸药工业。无疑举办这种工业对公社水利和交通建设事业的发展也有极其重要的意义。

（七）特种手工艺品

我国农村手工业历史悠久，各地劳动人民都有这种或那种手工业生产技巧和经验，如草帽辫、花边、竹器、编制、药材炮制等。生产这种产品不仅能满足当地人民生产、生活需要，而且能为社会主义市场提供大量的商品，同样不少产品在外国也有广泛的销售市场。为了当地人民生产、生活和社会主义市场需要，以及为了组织出口，给国家换取外汇，支援社会主义建设事业，各地人民公社应根据本身条件和劳动人民特有的生产技巧，继续发展这种工艺品生产。

三、人民公社工业的布局

工业布局直接影响着工业生产的发展速度，布局合理了不但有助于公社农业生产的发展和社员生活水平的提高，更重要的是充分体现了因地制宜、就地取材的原则，工业生产可以更充分地利用该地区的各种自然资源和其他有利条件，使工业生产多快好省的向前发展。因此，在公社范围内有计划的合理的配置工业生产力是公社生产发展中具有长远性质和全面性质的问题，但公社工业怎样布局才算合理？这还是在发展公社工业生产中一个新的问题，也是一个争论未决的问题，不过就根据所调查的几个人民公社情况来看，一般地说，在公社工业布局上应当遵循以下几个原则。

公社工业的布局，首先就是既要适当的分散，又要一定的集中，就是说要贯彻分散与集中相结合的原则。这是公社工业布局中的主要原则。所谓"分散"主要是指公社所属的各生产大队都要从自己从生产和生活需要出发，并在充分利用当地各种资源和结合到本队生产特点的基础上建立起来的工业。所谓"集中"主要是指社营工业和队营工业在地理配置上不宜过于分散，适当紧凑集中，形成一个或大、或小的工业集中点。

公社工业的布局为什么要保持一定的分散呢？主要的原因不外乎是，一方面是由于人民公社都具有一大二公的特点，不仅所辖地区广大，而且资源丰富多样，为了使工业能够充分利用各地的资源，使之接近原料、燃料产区和消费地，达到有利于产销的结合，就必须在地区配置上保持一定的分散，才能够实现上述的目的，否则由于运输距离的加长，就会造成生产、生活上的不便和劳动力的浪费。另一方面，由于长期历史发展的结果，社内各区域之间在经济发展水平上存在着一定程度的差别，为了彻底消灭这种历史上遗留下来的差别，使公社各地区的经济发展都能赶上先进水平，穷队赶上富队，也只有通过在广大地区多建立起来一些工业点以后，才能促使经济得到全面发展，从而适应当前社会主义工业化的要求。不仅如此，公社工业的适当分散配置也是逐步消灭城乡差别和工农差别逐步向共产主义过渡的必要条件之一。中共中央关于在农村建立人民公社问题的决议中指出："看来共产主义在我国的实现已经不是什么遥远将来的事情了。我们应当积极地运用人民公社的形式摸索出一条过渡到共产主义的具体途径。"过渡到"各尽所能、按需分配"的共产主义时代需要具备很多条件，如社会产品的极大丰富，人民的共产主义觉悟和道德品质的普遍提高等等。但促进这些条件实现的重要因素之一，就是工业在农村广泛发展和均衡分布。正像恩格斯在"反杜林论"中曾经说过："工业在全国的尽可能平衡的分布，是消灭城市和乡村的分裂的条件"。此外工业配置的适当分散也可以直接取得广大地区人民群众在人力与物力方面的支持，发挥人民群众对于经济建设的积极性，并使劳力、物资得到合理的使用，也可以更好地带动当地经济的全面发展。同时，工业生产力配置的适当分散对于增加农民收入和增强工农联盟也有着重要的作用。

目前分散的工业一般说来都是属于投资和需用劳力较少，技术水平较低，规模较小，季节性较强，不够定型和原料取自当地，产品自销的工业。例如，机械修配、铁木、土化肥、土农药、面粉、榨油、缝纫、林副产品加工等。这些工业尽管是规模小、不定型、技术水平低，但直接为当地农业生产和社员生活服务方面发挥了很大的作用。例如嵖岈山人民公社的每个生产大队都设立有上述各种工厂，担负着满足全大队农业生产和社员生活需要的重要任务，其中第一生产大队所设立的铁木工厂1958年所制造出来的铁木器具已能满足该大队所需要的70%左右。

为了合理均衡地配置公社的工业，公社的每个生产队都应根据因地制宜、就地取材、就地销售的原则大力兴办工业，以达到有利于生产，有利于生活的目的，采取这种适当分散的配置原则，应该说是恰当的。但在公社的中心居民点（公社管理委员会所在地）或条件较优越的地点，集中的建立一批规模较大，技术水平较高以及不适于生产队所举办的工业，也是十分必要的。同时，就是生产队的工业也应该比较集中地配置在队部所在地或其他地点，因此把社营或队营工业分别进行集中配置具有较多的优越性：①便于劳动力和生产资料在更大的范围内进行统一的安排和调度；②便于传布技术和推广先进经验；③便于加强生产管理和技术指导；④便于集中群众智慧和综合地利用资源；⑤便于集中的使用动力资源；⑥便于厂际间的协作。这种协作，主要表现在以下几个方面。

第一，产品原料的互相协作。例如在靠近钢铁厂的附近，一般都配置有机械厂，钢铁厂可为机械厂提供原料，而机械厂产品又可以及时地给钢铁厂及其他工厂提供技术装备或进行技术指导。

第二，副产品与废渣回收利用的协作。例如稻谷经过碾米厂加工分出来的粗糠，交给饲料厂加工粉碎，当作饲料；碾米厂加工出来的细糠，由榨油厂榨米糠油；榨油厂榨油后的糠饼又交给酒厂酿酒，或制造成饴糖；剩下来的油脚、酒糟和醪糟，又加工成为混合饲料，供给养猪场喂猪。这就真正做到了一物多用，不浪费一点物质资源。

第三，在用电、用水及辅助工厂（一般工厂都有机修铁木等辅助车间）方面进行协作，可以达到节省投资的目的。总之，在公社范围内的工业布局中使其有分散，有集中，并使分散与集中密切地结合起来构成一个工业网，这就必然会多快好省的加速人民公社工业化的进程。

正因为工业配置的适当集中具有上述的优越性，所以，目前公社一级和生产队一级所管理的工业企业都根据这种原则进行了布局。例如嵖岈山人民公社的社营工业大部分都集中在公社管理委员会附近的土山镇，这里包括以农业机械为中心的电力、钢铁、化肥、农药、农副产品加工以及其他轻工业。生产队一级的工业，在分布上也是比较集中的，如七里营人民公社每个大队的工业点，在分布上几乎把所有的工厂都集中在一起，形成以农具修配、化肥为中心的工业点，并把它叫做综合工厂。

集中配置的工业，除了各生产队所领导的工业都是规模较小、技术水平较低外，凡是由公社领导的都是投资较大、用工较多、技术水平较高、规模较大、商品性较强的工业。从工业部门构成上看主要包括钢铁、机械、电力、煤炭、化工等以及规模较大的生活日用品和农副产品加工工业。这些工业由于规模较大、技术水平和综合发展程度较高，这就有可能使公社工业在普及的基础上不断提高，在提高的指导下不断普及，从而加速公社经济的全面发展。不仅如此，随着社一级所有制成分的不断增长，社营工业的规模、部门和生产体系必然会日趋扩大和完善，它对公社工业所起的支柱与核心作用也同样会日益显著的增长。

公社工业布局的适当集中固然有其很大的优越性，但由于各种工业的特点不同，也不能要求任何工业都必须集中在一起，这样做事实上有困难，也不利于生产。例如耐火材料厂、砖瓦厂、采矿场等，由于原料运输不便，厂址最好设在靠近原料产地。又如造纸厂需水较多，有时会设置在距离工业点较远的河流和水电站的旁边，这些事例都说明在规划社、队营工业布局的过程，对于个别工业部门根据其生产特点和产品性质慎重选择适当厂址，不能强求集中。

总之，人民公社工业的布局，要求既有分散也有集中，这是两个相互对立的方面，也是一个统一的整体。因此，在进行布局时，不能偏废一方，否则，就可能给公社经济的综合发展造成不应有的损害。

公社工业的布局也同样要求生产接近原料、燃料产地和产品消费区，避免不合理的运输，以达到充分利用资源、降低产品成本和运销经济合理的目的。

无论社营或队营工业，在进行工业布局时，都必须注意运输条件，保证原材料或产品运销；尤其是属于量大而值小的原料或产品，更需要考虑运输条件的通畅。同时，也应当注意运输方式，最好是利用运费低廉的水道运输。

社营工业或队营工业都应当与居民点、耕作区的分布相一致。一般说来，凡是属于公社级所领导的，属于生产资料生产和技术复杂、规模较大的商品性生产的工业，应尽量配置在公社管理机构所在地或者交通条件较好和具有一定工业基础的中心居民点附近，这样，既便于统一领导和管理，又便于设置代管机构。凡是直接为生产、生活服务的自给性生产和规模较小的加工工业、修配工业等，应配置在生产队管理机构所在地的附近或是队内中心居民点。在选择具体厂址的时候，也应当照顾到交通方便和劳动力比较充足的地区。唯有这样，才有利于生产，有利于生活。由于居民点与耕作区在分布上往往是一致，因而工业分布既照顾了居民点，实际也就照顾了耕作区。

根据以上几项原则，公社工业的主要部门在具体进行地理配置时，还应当注意以下几个方面。

(1) 动力工业

公社动力不外乎是蒸气、电力、水力、风力、沼气和畜力等，尽管种类很多，但具体到目前每一个公社兴建动力工业时，应当本着有啥办啥的原则，那就是说，有煤用煤，有水用水，有风用风等，唯有这样才能多快好省的把动力工业部门建立起来。同时也应当尽量根据综合开发自然资源的原则来办动力工业。在规模上应力求建立小型的动力电力站。地区分布上也应力求适当集中。总之，应当大搞各种自然动力资源，用以代替人力、畜力直接带动各种作业工具，这不但可以解决劳力的不足，减轻劳动强度，也是推动公社工业全面发展的一个重要步骤。

(2) 冶金、机械工业

由于冶金工业需要大量的原料、燃料和足够的水源、电源，因此在进行配置这种工业时候，必须使之靠近原料基地，从而节省运输费用，降低产品成本。同样，靠近水源、电源，才可以大大减少基建和线路投资，这不但会降低产品成本，又能保证工厂的正常生产。另外，在进行钢铁厂配置时，也应当注意污浊空气的炼铁工厂、焦化烧结车间等不要配置在居民点的上风方位。

机械工业耗费原料较多，同时又是技术较复杂的一个工业部门。因而，在进行配置时，除了照顾接近原料产区外，还应当选择交通条件比较方便和具有一定技术力量的居民点。另外，由于机械工业是装备农业的主要部门，在配置上也必须根据不同地区的特点与要求，建立不同规模的机械制造厂、修配厂、修配站、修理小组等，这样才能保证农业生产的发展。

(3) 化学肥料工业

洋法生产的小型化肥厂，一般说来应配置在农业地区或原料地。若是从邻近地区供应原料，应把工厂尽量设置在交通比较方便和离消费区较近的地区，这样就可达到既接近原料地，又接近消费区。另外由于工厂需水和耗水量比较大，厂址应设置在接近河流的地带，同时为了保证排出的污水可以稀释，污水排入河流的流量要比较大，工厂的附近最好有低温和水质清澈的地下水、泉水或没有受到污染的水源。

(4) 服务于人民生活的工业

一般说来，对于人民需要量大，并且原料分布比较普遍的面粉、榨油等工厂，以配置在中心居民点为宜。

四、人民公社工业的体制

人民公社工业布局的特点是：分散与集中相结合，大中心与小基点相结合。其所以如此，与当前公社工业的管理体制是有着紧密关联的。大部分人民公社的工业是实行三级办、三级管和三级核算。所谓三级，就是公社、管理区（或生产大队）和生产队。但没有生产小队这一级，因为从一般的情况来看，生产小队没有办工业的力量，也没有办工业的必要，主要是以发展农业为主，是包产单位。不过，生产小队根据自身条件，可以发展不便于生产队经营的季节性较强的、分散的小型副业生产。

根据 7000 个人民公社工业生产单位的调查（见人民日报 1959 年 10 月 26 日），属于公社管理委员会直接领导和两个公社以上合办的工业，约占合部公社工业总产值58%，管理区领导的占23%，生产队领导的占19%。从这里可以看出，公社一级的所有权是基本的，这样，就有利于人民公社从目前社会主义集体所有制逐步地过渡到社会主义全民所有制。管理区一级，大多是接受公社管理委员会或是生产队的委托，代为经营一部分工业，自办自营的工业只是一部分。所以，在工业的三级管理体制中，主要是公社和生产队这两级，管理区一级实际上只起辅助作用。

根据统一领导、分级管理的原则，合理划分人民公社工业的隶属关系和经营范围是非常必要的。因为，它可以最大限度地发挥和调动公社管理委员会、管理区、生产队各级办工业的高度主动性、因地制宜的灵活性和一切有利因素，促进公社工业的持续大发展。公社和生产队两级经营的工业必须明确划分范围，如果经营范围不清，就难免发生矛盾。虽然，无论社营或队营都是属于集体所有，矛盾容易解决，但由矛盾发生到矛盾解决的过程中，生产总会受到一定影响。划分各级经营工业范围的原则，根据公社工业的目前现状和今后发展，大体上可以作这样的确定。凡是投资大，用工多，技术要求比较高，生产周期比较长，规模比较大，经营业务比较复杂，产品销售范围比较广（关系到全社群众生产和生活或超出公社范围以及为大工业服务的），集中经营又比较分散经营更为有利的工业，应该由公社管理委员会直接经营。这也是公社集体经济的重要组成部分。至于投资少，用工少，直接为生产队的农业生产和社员生活服务的，需要就地即时加工的，分散经营比较集中经营更便于就地取材和节省运输力的，以及生产的季节性较强，属于亦工亦农性质的，都应该由生产队直接经营。总之，社营和队营工业范围的划分，应该从有利于生产和便利群众出发；并以资源分布、劳动力多少、行政区划、交通运输情况、主业与副业的配合等条件为依据。

有些人民公社（如新乡七里营人民公社）的部分社营工业，公社管理委员会直接领导不方便，适于管理区领导的，公社可以委托管理区代管。另有一种情况，就是由几个生产队联合举办的工业，几个生产队联合领导不方便，而又愿意交管理区代管的，也可以由管理区负责经营。还有一种情况，就是为了充分利用资源和扶植穷管理区，在资源比较丰富而又较穷的管理区，也可以由公社投资，管理区投劳力合办工厂，收入三七分（社三成、管理区七成），加速发展穷区生产，使其更快的赶上富区。管理区这一级除经营上述三类工业以外，根据自己的条件和实际需要，也可以适当举办一部分工业。

社营工业是全社工业的主力和骨干,是技术中心,它在许多方面对管理区和生产队办的工业起着技术指导作用,对于生产队新建工厂以及在生产过程中,经常在机械修配和技术设备上给予一定的帮助。队营工业根据所在地区的资源特点,常常进行某些原料的初步加工,制成半成品,供给社营工厂生产的需要。例如,遂平嵖岈山人民公社,凡是产稻谷的生产大队,都把稻草加工成纸浆,供应社营造纸厂。当社营工业生产任务较大的时候,有时也把某些生产任务交给队营工厂协助加工。总之,公社各级所经营的工业都充分体现了彼此在生产上相互支援的共产主义大协作关系。

公社所有的厂矿企业都必须在公社党委和公社管理委员会的统一领导,统一规划,统一安排的前提下,实行分级管理、分级经营和分级核算。同时,公社工业只有实行"三统一",才能根据以下四项要求,把社营工业逐步纳入国家计划。

(1) 工业的产品、产量、产值三个指标,应分别制订列入国家计划;

(2) 工业产品应保证国家上调任务;

(3) 工业原料应做到先国家后自己,在保证国家需要的原则下,制订出自己需要的计划。对某些重要的而又供应紧张的原材料,必须首先保证对国家大工业的供应,克服不合理的分散使用现象和浪费现象;

(4) 工业产品的价格,应服从国家的价格政策和市场管理。

公社各级所经营的工业,凡是有条件的都应当实行经济核算,单独计算成本和盈亏。单独核算和各计盈亏的原则,可以激励工业单位办工业的积极性和创造性,并能加强企业的计划管理,有利促进工业生产力的发展和提高。公社管理委员会和管理区所经营的工业,一般都是常年性生产,属于定型工厂,因之有条件也有必要实行单独核算,自计盈亏。一般生产队所经营的工业,大都是紧密结合农业生产季节的特点,围绕农业生产的需要进行生产,具有显著的季节性生产,近似半工业半副业性质,产品不固定,多数是不定型工厂。所以,目前的队办工业,一般不宜设专职工人,实行兼职,亦农亦工,农忙搞农业为主,农闲就搞工业生产,以支援农业,增加收入。这种利用农事间隙季节搞工业生产,可以平衡农业生产的劳动力,有利于农业生产的大发展。

再者,队营工业的资金、劳力和原料,多是由生产队调拨和供应,生产出来的成品又直接交生产队使用(限于生产资料方面)。因而队营工业和农业生产不易划分清楚,没有必要实行单独核算和自负盈亏的做法,可以和全队农业生产统一核算;并可采取类似农业上生产小队包工包产和超产奖励的办法。在队营工业中,如果有定型的工厂,也可以实行单独核算,自负盈亏的做法,借以鼓励生产的积极性和一定范围内的主动性。

五、人民公社工业化的途径与标志

我国人民的远大目标是在一个不太长的时间内把我国建成为一个拥有现代化工业、现代化农业和现代化科学文化的伟大的社会主义国家。为了实现这个目标,我们首先要在十年内在主要工业的产品产量方面赶上和超过英国。与此同时,我们还要尽快地实现我国农业的技术改造,就是说使农业实现机械化、水利化、化学化和电气化。要尽快地实现农业技术改造,首先要依靠国家工业提供更多的物质技术条件,以强大的现代化技术武装农业。但是，人民公社工业也是一支不容忽视的力量。因此，在农业大跃进的同时，大力发展工业，争取早日实现公社工业化，加速农业的技术改造，也就成为当前的重要任务了。

人民公社办工业，乃是走向公社工业化的起点。现阶段的公社工业在国家整个工业体系中所占的比重虽然很小，大多数的工厂设备比较简陋，规模比较狭小，但却是一株新生的幼苗，前程万里，不可限量的。

在我国实现人民公社工业化这个伟大的历史任务，是具备着十分有利的条件。首先有中国共产党的领导以及党所制订的社会主义建设总路线和一套"两条腿走路"方针的指导；其次是人民公社这个新的社会组织形式的本身具有"一大二公"的强大生命力，是迅速发展公社工业的有力保证；第三是我国工业特别是重工业的持续跃进，会越来越多的支援公社工业的发展；第四是公社工业在诞生以后的一年多时间内，已经创造了史无前例的伟大功绩，显示了不可限量的远大前途，这就给今后公社工业的继续大发展奠定了基础。

解放以来，随着工业的大发展，国家供应农业生产用的机器逐年增多，经过1958年和1959年的大跃进，工业支援农业的力量就远比过去强大的多了。农业生产上所需要的拖拉机、汽车、排灌机械、化学肥料、农药等，过去我国不能生产或者只能少量生产，现在已经能够比较大量的生产，比较大量的供应农村了。例如拖拉机，到1958年年底已经生产4.5万多台，比1952年增长了25倍；排灌机械已有110万匹马力，比解放前增加了9倍。今年随着工业生产的持续大跃进，必然会生产出更多的农业机器、排灌机械、动力机器、化学肥料、化学农药等现代技术装备。与此同时，人民公社工业在先土后洋、土洋并举的方针指导下，在国家工业的有力支援下，也将制造出更多的新式农具、半机械化加工工具、小型排灌机械、简单动力机器，以及土化肥、土农药等，支援农业生产大跃进。

农业的技术改造必须经历一个从土到洋、从低级到高级的发展过程。以当前情况而论，在地方工业支援下，公社工业紧密配合农业生产，通过大搞技术革命，制造出大批新式农具，新式排灌工具，半机械化加工工具，土化肥、土农药，并改良和创制运输工具，实现车子化和滚珠轴承化，直接为农业增产创造了有利条件；并且还从技术上武装农业，提高了生产效率，减轻了繁重的体力劳动，解放了大批农村劳动力，扩大了农业基本建设。国家大工业所生产的拖拉机、汽车、排灌机械、动力机器以及化学肥料和农药等，在目前由于生产能力的限制，还不可能大量的普遍的供应。但是，随着大工业特别是机器制造工业生产水平和生产能力的不断跃进必然会制造出数以万计的新式的农业技术装备以逐步代替今天农村中使用的土洋结合的，半机械化的工业生产工具、提水工具、运输工具等，把农业生产力提到更高的水平。

在实现农村电气化这个任务方面，必须贯彻"以生产为主，以社办为主，以小型为主"的建设方针，全面规划，综合利用各种资源，依靠群众，勤俭办站。在目前设备供应不足的情况下，应该就地取材，土洋结合，先建水力站，后建发电站，逐步实现电气化。

要实行公社工业化这个历史任务，必须贯彻执行两条腿走路的方针，在国家现代大型工业为农业提供拖拉机、汽车和大型农业机械、排灌机械设备的同时，公社工业必须勇敢的担负起大量的小型农业机械、小型设备供应。在实现公社工业化的过程，国家现代化的大型工业是主力军，但还必须有人民公社工业这样力量越来越雄厚的地方部队做助手；只有这两支部队的协同配合作战，加速人民公社的工业化才有了更加坚实可靠的保证。因此，我们坚信在十年的时间内就一定能够基本上实现人民公社工业化这个光辉的历史任务。到那时，在人民公社的工业方面，工业产值占工农业总产值的50%以上（加工工业占计算加工后新增加的产值），配合国家大工业保证完成农业的技术改造，实现农业的"四化"，凡能使用机器、电力生产的，基本上实现机械化和电气化；公社内所生产的农产品和其他矿物性原料，凡是应该和需要在公社就地加工的，公社工业都能够进行加工制成半成品或成品输出。在农业方面，耕、播、收割、脱谷、灌溉、施肥、防治病虫害等农业主要生产过程基本上达到机械化、电气化；农业施肥以化肥为主；农业灌溉实现河网化，有条件的农田达到自流灌溉，部分农田实行人工降雨；基本上消灭农业方面的自然灾害。在交通运输方面，水陆运输工具和搬运工具基本上达到机械化和电气化，所有公路路面石子化，阴雨天畅通无阻，主要居民点之间，居民点和工作站之间有定时班车，达到外出工作、劳动不步行。当公社工业化基本上实现以后，工农业劳动条件大大改善，工农业产品大大丰富，人民的物质、文化生活水平大大提高，农村中的"一穷二白"面貌将会得到根本改观，真正实现了千百年来农民渴望的"点灯不用油，耕田不用牛"的理想。这应该说是实现公社工业化的近期标志。待农业生产全部实现工厂化和自动化或是远距离操纵生产过程；并从根本上消灭了工农差别和城乡差别，那将是实现公社工业化的远期标志。人民公社大办工业，是我国人民在中国共产党和毛主席英明领导下的伟大创举。公社工业越发达，就越能够加速我国社会主义工业化和公社工业化的进程，从而促进人民公社制度的更加巩固。随着公社工业的发展壮大，将为农业中逐步促进全民所有制的实现，逐步消灭城乡之间和工农之间的差别创造条件。虽然，当前人民公社的工业，对于实现公社工业化这个伟大历史任务来说，还不过是一个起点，但是，一个美丽的公社工业化的雏形，已经展现在我们眼前。在党的总路线、大跃进和人民公社三面红旗的光辉照耀下，在强大的人民公社的组织推动下，让我们以冲天的革命干劲，加上苦干、实干和巧干的精神，有计划有步骤的大力发展人民公社的工业，争取早日实现那个令人向往的公社工业化的光辉灿烂的远景。

原文刊载于《开封师范学院学报》地理专号，1959年第6期

19. 关于地区生产布局中工农业关系问题的初步探讨[①]

李润田

在地区进行合理的生产布局时，除了要特别注意该地区所提供的各种地理条件的有利与不利的影响外，还要格外考虑和善于处理农业布局和工业布局的关系。这是由这两大物质生产部门在国民经济中所占的地位所决定的。关于正确处理地区工农业布局关系的问题虽属重要，但由于多年来经济地理学术界一直没有展开过广泛的讨论，目前不仅是个新问题，而且也是广大经济地理工作者共同关心和迫切需要解决的问题。在这个问题上，为了更好地求教有关同志，愿意把这个问题正式地提出来，目的是请大家帮助自己解决这个问题，不过由于自己的政治、业务水平以及其他条件的限制，提出来的问题也可能是不正确的，也可能不是什么问题，不过，不管怎样，自己愿意接受有关同志的批评和指正。其次应当说明的是：由于各种条件的限制，文内阐述的问题还没有比较充分做到把论点建立在大量的实际调查和研究的基础之上，只是作了一般性的理论上的探讨。再次应该说明的一点是：文内所指的地区是偏重于较大范围的地区和已具备一定条件的地区。但较小范围的地区，或条件较差的地区在布局上也应当积极贯彻工农业布局紧密结合的精神，不过在具体运用时，必须要针对不同的地区特点进行具体的分析和安排，不能生搬硬套。

一

社会主义生产布局是社会主义建设中一个带有战略意义的问题。当我们考虑一定时间内各部门的生产规模、速度时，同时就必须考虑一定空间内各部门的生产布局。一个地区的生产布局合理，便会促进该地区生产的发展；反之，便会不利该地区生产的发展。在地区生产布局中，以工农业布局尤为重要，这是由于农业和工业在国民经济中所处的地位和作用决定的。农业和工业是社会主义国民经济中两个具有决定性的物质资料生产部门，他们之间存在着相互依存、相互促进的辩证统一关系。农业不能离开工业的支援而单独的发展；同样，工业也不能离开农业的支援而孤立地前进。所以在地区生产布局中，正确处理农业布局和工业布局的关系，是国民经济迅速发展的关键之一。特别是党的八届十中全会公报指出："我国人民当前的迫切任务是贯彻执行毛泽东同志提出的以农业为基础，以工业为主导的发展国民经济的总方针，把发展农业放在首要地位，正确处理工业和农业的关系……"，党的这个指示，同样对更好地解决地区生产布局中工农业布局的关系问题，具有十分重大的指导意义。

[①] 本文完成初稿后，承蒙彭芳草、黄以柱、王建堂、姜逦刚等同志提供了很多宝贵意见。特别是本文在写作过程中，得到了中国科学院地理研究所经济地理研究室胡序威同志的很多具体帮助。在此一并表示感谢。

关于在地区生产布局中，究竟怎样的工农业布局才算合理，在我国经济地理学界尚未展开过广泛讨论，这的确是一个十分复杂的问题。党中央和毛泽东同志提出的以农业为基础、以工业为主导的发展国民经济的总方针，科学地反映和揭示了社会主义制度下工业和农业相互结合的规律，它对于一切经济工作均具有重要的指导意义。工业和农业是国民经济中最主要的两大物资生产部门，它们之间互为条件相互制约，对整个国民经济发展起着决定性的作用。一方面工业和农业构成了社会生产的主要内容，整个物质财富几乎全部是由它们所提供的；另一方面工业和农业的经济联系，在颇大程度上也反映了社会生产两大部类的关系，所以社会主义国民经济有计划按比例发展，主要也是指工业和农业相互协调的向前发展。我们知道，生产活动是借助于一定的空间领域而进行的，有生产部门必然有生产地区，所以工业和农业的关系，从生产布局的角度分析，就是工业布局和农业布局的关系。既然如此，党中央和毛泽东同志提出的前一方针，对正确的认识和科学的阐述地区生产布局中工农业布局的关系问题，有着巨大的现实意义。因为它所揭露的工农业生产部门在整个国民经济中的重要地位以及它们相互间的关系。同时，也作为工农业生产部门的一个方面——工农业生产布局在整个生产布局中的重要地位以及它们之间的相互关系得到了进一步的明确。尽管如此，目前据了解对于地区生产布局中工农业布局关系问题的看法，还是存在不少分歧的，初步归纳起来有以下几种：如有的同志认为整个国民经济中农业是基础、工业是主导，这是肯定的，但在地区生产布局中，就不见得是这样的关系；有的同志认为，工业部门既然是国民经济中的主导部门，因此在地区生产布局中，工业布局应当是处于决定性地位，而农业布局则处于从属、次要的地位；也有的同志认为工、农业既然都是国民经济中两大物质生产部门，因此，在地区生产布局中，应当看作是互为基础。总之这上述三种看法，都是笔者所不同意的。

首先，在国民经济部门中，农业生产既然是国民经济发展的基础，工业既然是主导，那么具体到一个地区的生产布局来说，也可把合理的农业布局看成是工业布局与整个生产布局的基础，而工业的合理布局则是农业的合理布局和整个生产布局的主导。这是因为，在马克思列宁主义者看来，一切现象都是在时间与空间中发展的，具体到一个任何生产部门来说，也都是以一定空间为前提。如果没有布局这一个方面，就不会有发展，同样离开生产发展的生产布局，也是不可想象的。可见，把生产部门和与它相适应的生产布局看作是一个统一的整体是很必要的。但是有的同志却坚决不同意这个看法，硬要把二者看成是不相关联的东西。我们认为是不太适合的，我们都知道，任何一个生产部门的存在在当其脱离开空间孤立地高谈什么农业是基础，工业是主导，其结果是不可避免地使工业生产部门成为不落实的东西。

其次，我们认为把地区生产布局中工农业布局的"基础"和"主导"的正确关系是农业布局处于工业布局的从属、被动和次要的地位，也是与农业是基础、工业是主导的客观经济规律相互矛盾的。因为工业在国民经济中所占的主导地位是肯定的。从地区上来说也只有实现了工业的高速度发展，才能带动农业生产部门的发展。同样，也只有实现了工业的合理布局，才能推动地区农业的合理布局，进而推动农业的不断发展和完善。但是这并不等于把一个地区的农业部门以及与它相适应的布局地位降低到工业的从属地位，这是因为农业是人们衣食之源，并为工业提供原料和劳动力，没有农业的发展，工业发展是不可能的。全国农业发展纲要曾谈到："社会主义工业是我国国民经济的领导力量。但是，发展农业在我国社会主义建设中占有极其重大的地位。农业用粮食和原料供应工业……。从这些说来，没有我国的农业，便没有我国的工业。"既然如此，反映到地区生产布局中，倘若没有农业合理布局作基础的话，则工业的合理布局也是很困难的。足见在一个地区的生产布局中，农业布局的基础地位是不能忽视的。如果把工业布局的主导地位说成是决定性的地位，显然是不正确的。

最后，我们认为把一个地区的农业布局和工业布局的关系，看成是一种完全相同的关系，也是不太恰当的。因为工业和农业在国民经济中都各有其主动、积极的特殊的作用，而这种作用反映到地区生产布局中，也必然是农业布局对工业布局和整个生产布局来说，它是起着"基础"的作用。而工业布局对农业布局和整个生产布局来说，它是起着主导的作用。这两种不同的作用是相互联系、互为条件的。只有很好发挥工业布局在农业布局中的主导作用，才能使农业布局日趋合理；同时，也只有合理的农业布局为基础，工业的合理布局才有保证。但两者是不同的。"基础"就是"基础"、而"主导"就是"主导"，随意把二者混淆起来也是不符合事物本身发展规律的。

二

关于在地区生产布局中工农业布局关系的正确理解应该是：农业布局在地区工业布局以及整个地区生产布局中起着基础的作用，而工业布局在地区的农业布局和整个生产布局中起着主导的作用。更明确地说，二者是互相依存、互相促进的关系。为了更好地说明这种关系，不妨分别予以阐述。关于在地区生产布局中，农业布局对工业布局所起的基础作用，个人认为主要应该从以下几个基本方面来理解。

（1）各地区粮食生产的布局是工业布局的基础和保证。这是因为人们要生存、劳动者要生产，首先必须有粮食作为基本生活资料。粮食一直是人们生活资料的主要来源。人们离开了粮食便无法维持生活，社会生产就会停止，人类社会也就不会存在。这样，农业的发展就成为工业、手工业等事业的发展的前提了。马克思说："生活资料的生产，是他们的生存与一切生产一般最先决的条件……"。[①] 既然如此，作为城市与工业区来说，对粮食的依赖也不能例外。这是因为任何一个城市和工业区的建立和存在，首先必须聚集着几万或几十万的生产劳动者，以及与它相适应的一定数量的服务人口和被抚养人口。而这些劳动者、服务人口以及被抚养人口，是必须依靠附近农业生产基地给他们提供必需的生活资料，特别是粮食。提供的粮食越多、越及时，对于城市和工业区的存在和发展就愈有保证作用。所以一个地区整个生产布局中是否建立了粮食生产基地，就必须对该地区的布局和整个生产布局发生直接的影响。一般地说，合理的城市布局和工业布局，都应该在其就近地区建立有粮食生产基地作为基础，这样不仅可以使城市和工业区的劳动者们以及其服务人口、被抚养人口，在粮食供应的需要上得到及时的保证，且可以免得依靠遥远的外区来供应。因此生产的合理布局最重要任务之一，就是消灭不合理的运输，将远距离运输缩

---

① 《资本论》第三卷，人民出版社1956年版，第829~830页。

小到最低限度。特别是粮食是属于比较笨重、需要普遍、需要量大，而地域性限制也不太严的一种农产品。因而最好区间调运量不宜过大，而运距应尽可能短。这样就可以保证和促进工业劳动生产率的不断提高。几年来，我国许多工业基地的建立与发展，都是与其就近农业基地的建立和发展分不开的。如上海工业区附近的长江三角洲；武汉钢铁工业区附近的江汉平原；包头钢铁工业区附近的河套地区等农业生产基地，都在保证和促进上述几个工业区的发展中发挥了巨大的作用。辽宁工业区附近的辽河农业生产基地的基础原来比较差，现在正在努力加强，并且开始有重点地建设辽河平原粮食生产基地。另一方面，为了保证工业集中的大中城市的工业布局日趋合理化，城市的郊区农业都有了较显著的发展，它们的技术水平和水肥条件，一般地都高于全国的平均水平。副食品生产，特别是蔬菜生产有了较快的发展。总之，要想一个地区的工业布局日趋合理，最好在其附近地区建立有保证它对粮食、副食品需要的农业生产基地。否则，合理的工业布局将会受到影响。但这决不是说，我们要强使每一座城市和每一个工业地区都达到粮食和副食品完全自足，这是有困难的。有些地区和城市由于拥有较多人口和工业企业，其粮食不能自足，而依靠区外供给一部分也是必要的。不过，一般说来各个缺粮地区也应该要尽量利用一切可能性增产粮食，争取在更大程度上自足，并加强粮食储备和在其就近地区建立粮食专业生产基地，以保证及时供应。专门为工业区和经济作物区建立粮食基地是社会主义粮食布局的重要原则之一。不过，对于一个新开发的工业地区，原来可能是没有农业基础，这样也不能必须等待农业基地建立起来后才进行工业布局，可以采取逐步解决的办法，从长远来看，工业基地附近建立农地是比较合理的。还应当特别指出的是：从全国国民经济的要求出发，在富有矿产资源业基的地区，即使农业基础较差，从外地支援一部分粮食，加速这一地区的工业开发，也不是不可以的。因为在任何一个地区的生产布局中坚持本着工农业布局的密切结合，相互促进，还必须不能脱离开全国一盘棋的精神。我们知道在地区生产布局中坚持贯彻全国一盘棋的精神，主要在于地区布局的计划必须在保证全国统一的布局计划前提下来实现。因此，地区布局必须服从国家的布局，唯有这样，才能达到全国生产布局日益走向合理的目的。总之，在地区生产布局中，如果缺乏或没有一定的粮食生产基地作为工业布局的基础，合理的工业布局将会受到很大的影响。

（2）工业原料作物的布局是地区生产布局中轻工业布局的基础。我们知道，工业原料直接影响着工业发展的规模和速度。在目前我国工业总产值中，以农产品为原料的约占30%～40%，轻工业有80%的原料来自农业。特别是纺织工业、食品工业，其原料几乎全是取自于农业。如我国第一个五年计划期间，农业为轻工业提供的棉花，大约10160万担。既然如此，一个地区的工业原料作物的条件好坏会对轻工业本身的发展产生直接的影响，而这种影响又往往在很大程度上决定于它们相对位置的远近上。这就是说，如果把轻工业部门部署在它就近的工业原料产区，这个原料产区不仅是坐落在自然条件最优越，经济效益最高的地区，而且它又分布地比较均匀和能够充分地满足工业上需要的地区，进而很自然地促进工业本身的迅速发展。这样的布局，一般说来，是一种合理的布局。这是因为这样的布局不仅能保证它从就近的原料产区随时都可以就地取材、就地加工，从而一方面避免了长距离的运输，另一方面还可以使当地农副业产品得到充分而合理地利用。同时还可以比较及时地满足广大人民的生活需要。比如以制糖工业为例：制糖工业的基本原料是糖用甜菜，甜菜的含糖量由 14%～20% 不等，因为要得到 1 吨砂糖必须加工 5～7 吨糖用甜菜，这样一来，每 1 吨公里砂糖的运输成本比每 1 吨公里糖用甜菜的运输成本便宜得多①，那么把糖厂直接配置在糖用甜菜的产区的话，和比配置在远离原料产区的经济效果要高得多。反之，如果把轻工业产区部署在一个没有工业原料地区的话，其所需的原料全部或大部取之于外区，其结果长距离的运输就必然出现。不仅浪费运力，且会影响工业劳动生产率的提高。根据苏联法米特里耶夫副教授对榨油工业的运输费用所作的概略计算表明，把榨油厂配置在无有原料的地区比配置在原料产区，在运输费用上，一般说来，要提高到 20%～25% 左右②。上述事例充分地说明了工业原料作物的布局是轻工业合理布局的基础。从我们国家解放后纺织工业布局的初步改变情况来看，也可以更进一步说明上述问题。我们都知道，我国解放前纺织工业约有 50% 集中在上海一地，而它所需要的绝大部分的原料是来自国外和几千里以外的内地，在运输上造成了极大的浪费。解放后，在石家庄、邯郸、郑州、西安、乌鲁木齐等地，出现了新的纺织工业基地，从而使纺织工业布局从不合理开始走向合理，但是这种合理面貌的出现，显然是与上述几个地区建立了合理的棉花生产基地分不开的。否则，纺织工业的合理局面，也是难以实现的。

（3）工业的合理布局必须以各地区农业所能提供的劳动力资源为基础。我们知道，所谓一个比较合理的工业布局，除了表明它的资源、交通和粮食基地结合等条件较好外，很主要的一方面就是要看它是否拥有一定数量的劳动力资源作基础，或者说在其就近地区有没有雄厚的劳动力资源作为后备的力量，比较及时地满足它的需要。同时，我们又知道工业部门所需要的劳动力除一小部分靠城市本身的人口增殖来解决外，大部分要依靠农业方面来支援。正像毛主席所说的："农民——这是工人阶级的前身……。"③可是劳动力资源又是发展农业和进行农业布局的基本条件之一。这样一来，要想使一个地区的合理的工业布局得到巩固和发展，其所需要的大批劳动力最好不断地从其就近地区的农业部门来输送，但是这种可能只有建立在农业生产的合理布局的基础上。农业生产的合理布局不仅意味着它本身是贯彻了因地制宜的原则，更重要的是它能够有更多的剩余农产品，最大限度地满足了国民经济的各方面的需要。在这样的条件下，其劳动力资源，才有可能转移到工业方面来。正如马克思所说："能够投于工商业上面而无须从事农业的劳动者人数……是取决于农业者在他们自身的消费额以上，能够生产多少的农产物。"④农业生产越发展，农业所提供的商品粮越多就越有可能从农业本身解放更多的劳动力，去支援社会主义工业。由此可见，欲使工业部门在布局上实现合理，最好在其就近地区具有从农业方面所能提供的劳动力资源作为基础。不然，工业的合理布局，是要受到影响的。

仅从以上三个基本方面，就可以初步看出，在地区生产布局中，农业布局对工业布局

---

① 引自"运输在苏联农业发展中的作用"一文，此文载于《苏联生产力配制经济区划问题论文集》三联书店 1957 年版。

② 引自"运输在苏联农业发展中的作用"一文，此文载于《苏联生产力配制经济区划问题论文集》三联书店 1957 年版。

③ 毛泽东：《论联合政府》，1945 年 4 月 24 日。《毛泽东选集》第三卷，人民出版社 1952 年版，第 1078～1079 页。

④ 《剩余价值学说史》第一卷，三联书店 1957 年版，第 41 页。

的基础作用是比较明显的。因此轻视这种作用的看法是不恰当的。

在地区生产布局中，以农业布局为基础，丝毫也不等于削弱或排斥工业布局在地区生产布局的主导作用。这是由于工业在国民经济构成中所特有的地位和作用以及它在物资资料生产过程中社会分工的生产特点决定的。既然如此，工业布局在整个生产布局中的主导作用也不是农业布局所能代替的。关于工业布局对地区农业布局的主导作用应该从以下两个基本方面来理解。

（1）工业的合理布局是促进农业生产合理布局的推动力量。工业首先要发展重工业。这是因为重工业是生产基本生产资料的部门，它不仅担负着用现代化技术装备来武装工业等各部门的任务，更重要的是，它是实现农业技术改革为农业制造现代化装备的物质基础。如列宁说："只有有了物质基础，只有有了技术，只有在农业中大规模地使用拖拉机和机器，只有大规模地实行电气化，才能解决这个关于小农业的问题。"[1] 斯大林又说："工业是包括农业在内的整个国民经济的主脑，工业是一把钥匙，用这把钥匙就能在集体制的基础上，改造落后的分散的农业。"[2] 毛主席也曾说过："没有工业、便没有巩固的国防，便没有人民的福利，便没有国家的富强……"[3] 由此可见，只有发展工业，特别是重工业，才能从根本上提高我国农业生产的劳动生产率，改变农业的落后面貌。事实从黑龙江省的调查材料看，使用农业机械的国有农场，一个劳动力一年生产粮食3万斤左右，创造的价值为3000元左右，粮食的商品率达74%；而使用旧式农具的生产队；平均一个劳动力一年生产粮食8000斤左右，创造价值为700元左右，粮食的商品率只有40%[4]，看来只有加强农业技术改造，才能提高农业劳动生产率。既然如此，工业在地区上布局合理与否，都将会对农业生产和布局的合理与否产生直接的影响。这就是说，工业如果在布局上能够和农业布局紧密结合起来，把距离尽量的缩短的话，农业所需要的技术装备和化学肥料等从工业基地得到充分的供应和保证，用不着依靠遥远的外区运进，其结果就会有效地加速农业的技术改造，提高农业生产水平，进而在粮食、原料等方面能够比较充分地满足国民经济各方面的需要。无疑地，这就表明了这样的农业布局是比较合理的。相反，如果一个农业区在布局上远离了工业区，对它所提供的物质技术装备，都不能从数量上、质量上比较及时地满足它的需要，始终得不到以机器代替人力手工的生产，其农业生产水平便得不到迅速的提高，进而从粮食的原料上也不能充分满足国家和地方上的需要的话，这种农业布局显然是不太合理的。从斯大林同志所说的："无论我们怎样发展国民经济，都必须要把工业这一国民经济主导部门的正确分布问题解决才行。"[5] 从这句话来看，工业的合理布局对农业的合理布局的作用，也是不能忽视的。

（2）工业布局也要求农业布局对它有合理的适应。农业既然能够从粮食、原料、副食等方面来满足工业上和城市人口的要求，因而反映到布局上工业布局对农业布局也有一种积极的要求。这是因为农业布局如果最大限度地接近了工业布局，不仅便于满足它在粮

---

[1] 列宁全集第三十二卷，人民出版社1958年版，第205页。
[2] 《论国家工业化联共（布）党内的右倾》、《斯大林全集》第二十一卷，第218页。
[3] 《论联合政府》，《毛泽东选集》第三卷，人民出版社1953年第二版，第1080~1082页。
[4] 《工业要更好地为农业生产服务》载大公报1963年11月19日。
[5] 《在联共（布）第十六次代表大会上关于中央委员会政治工作的总结报告》，人民出版社1954年版，第84页。

食、原料、副食等方面的需要，且可以节约大批的运力，从而会有助于工业生产的发展。比如城郊农业区的建立就是工业布局对农业布局的积极要求的表现。在郊区建立有足够的蔬菜、牛奶、肉类、果品、粮食等生产基地，定时、定量向城市供应，这是完全必要而且可能的。因为蔬菜、肉类等，易于腐烂、运输不便，而且消费量过大，从而加重人民负担。另一方面，城郊劳动力较多，耕地少，费工多而收益高，正适宜在郊区发展，城郊肥源也比较充足，发展郊区农业的条件是具备的。几年来，在我们国家很多大城市和工矿区都建立了自己的农业基地，使工业和农业在地区上紧密地结合起来，保证了工业布局的日趋合理化。工业布局对农业布局的积极要求，不仅表现在城郊农业区的建立上，而且也表现在新兴的工业基地附近建立新的粮食基地和在轻工业区有计划地发展工业原料作物。如在能够产生甜菜的地区，要想大量种植甜菜，也必须在建立甜菜制糖厂以后，才有可能。这一切不仅可以保证和促进工业区的顺利发展和巩固，而且又可以加强工农业部门间的相互联系和发展。

总起来说，从以上几方面的具体表现可以看出来在地区生产布局中，农业的基础作用，工业不能代替，工业的主导作用，农业也不能代替。工业的合理布局不能脱离开农业合理布局的基础作用。同样的，农业的合理布局也只有在工业合理布局的条件下，才能保证自己合理面貌的实现和更好地发挥它在布局中的基础作用。因此在生产布局中，工农业布局的关系是十分紧密的，是不可分割和孤立的。毛主席曾讲："我们对于工业和农业、社会主义的工业化和社会主义的农业改造这样两件事，决不可以分割起来和互相孤立起来去看，决不可以只强调一方面，减弱另一方面。……"[①] 这个指示对我们正确认识和处理工农业布局的关系，是十分重要的。根据我国社会主义建设的实践证明，要想正确处理好一个地区生产布局中工业和农业的关系；尽可能将工业比较发达的地区，以及在生产上与它有密切联系的农业地区结合在一起。因为孤立的工业区或农业区都不能促使整个地区经济的全面发展和生产布局的日趋合理化，一个工业区如果没有一个相应的农业区，就缺乏发展的基础，工业生产所需要的粮食、轻工业原料以及劳动力等就没有保证。同时，工业生产在一定程度上亦带有盲目性，一个农业区如果没有一个相应的工业区与它结合，就缺乏一个农业发展的主导力量，农业生产所需要的先进的技术装备、若干工业品的供应就没有保证。例如河南省的郑州、洛阳等地区，是省内轻、重工业比较发达的地区，而信阳、南阳等地区，基本上是以粮食生产为主的农业区，工业发展水平较低，工业生产所需的材料、燃料和日用工业品主要仰赖工业发达地区供给。信阳、南阳所产粮食等农副产品则主要供应洛阳、郑州等地区。因此信阳、南阳等地区实际上乃是前述工业发达区的农业基地。这两种地区的密切结合，既有利于农业生产更直接、更有计划地为工业提供原材料和粮食，也便于工业加强对农业的支援，加速农业的技术改造，从而使两者在紧密结合和相互促进中充分地发挥农业为基础、工业为主导的作用，加速经济发展。

最后应当说明的是这种地区上的相互关系又不能作机械地理解，对不同的地区、不同的部门进行具体的分析研究和运用。

---

① 毛泽东：《关于农业合作化问题》（1955年7月31日），人民出版社1955年版，第22~24页。

三

在地区生产布局中，工农业布局既然是一个有机的整体，存在着相互依存、相互促进而又相互制约的关系。因此，在考虑工业布局时，要切实估计农业布局所提供的基础；同时，在考虑农业布局时，也要充分估计工业布局所能提供的带动作用，使二者之间的安排，达到协调而适应的目的。特别应当提出的是：在整个生产布局中更要注意农业布局的安排，因为它是整个生产布局中的基础，也是正确处理工农业布局关系的最基本出发点。笔者认为在地区生产布局中，当处理工农业布局关系的实践过程中，应当注意以下几个方面的问题。

（1）当在一个地区进行工业布局时，除了考虑本身的条件外，首先应当全面考虑农业布局的情况。所谓考虑农业布局，一方面是指尽可能地将工业的发展和布局以农业的发展和布局为基础，最好不要使一个地区所部署的工业超越了附近农业生产区所提供的粮食、副食品等物质基础的可能性；另一方面要把部署的工业纳入以农业为基础的轨道，面向农业、大力支援农业生产，从而有利于高速度发展农业生产和为改善农民生活服务。当然这绝不等于进行工业布局时，忽视它本身所需要的资源、设备、技术等条件。当我们考虑农业生产区所能提供的粮食、副食品等条件时，不仅要全面而且要具体，唯有这样，才能达到工农业布局的真正适应和配合。这也就是说，不仅只估计同一个地区内粮食基地的有无和远近，还应当切实估计基地一年粮食总产量到底有多少，商品粮有多少，确定能供应工矿职工和城市人口生活用粮有多少等一系列问题，以此来作为规定工业布局的规模等的重要科学依据，进而使工业的发展与布局完全同农业的发展与布局相适应。至于工业的发展方向，更要深入细致地根据当地农业生产的结构、规模等为工业布局做出重要论证。总之，在地区安排工业布局时，必须紧密地联系农业的生产布局，并以它作为工业布局的依据和基础。

（2）在一定地区进行轻工业布局时，必须充分考虑当地工业原料的布局情况，因为轻工业原料基地的有无和规模的大小，都将会直接影响轻工业本身的发展和布局。考虑工业原料的布局情况，主要是从原料地每年所能提供出来的原料种类、数量、质量以及其分布的特点，然后以此作为确定轻工业企业布局的重要依据。一般地说，在已有的原料基地，如果原料提供的可能性不大时，首先不应当在这里部署新的企业，以便满足已有的企业。如果原料平衡有余，可以再考虑改建、扩建、新建企业的必要性和可能性。总之，进行轻工业布局时，不切实地考虑地区内原料基地的有无，而"积极"建厂，扩大加工能力，就会破坏原料基地与加工业之间的适应情况，其结果，必然产生不良的影响。

（3）在地区进行工业生产布局时，必须正确的安排劳动力，这是调整工农业布局的主要环节之一。在安排劳动力时，首先应当满足农业生产部门的要求，然后再考虑工业所需要的劳动力。从目前工农业部门安排劳动力来说，还应当继续贯彻"三主"方针。这主要是由于我国农业生产的机械化水平还很低，因而目前还只能依靠手工劳动，这样一来没有足够的劳动力是不能适应农业生产要求的。从一个地区来说，劳动力资源大致是个定数，工业区集中的多了，农业区的劳动力势必被减少。不仅是这样，同时从事粮食生产的人也必然要少;而工矿区和城市吃粮的人又必然加多,进而造成另外一方面的影响。看来,在地区进行生产布局时,也必须先从农业布局着手,然后再考虑别的部门的需要。为了更好地实现这一具体的安排,在进行工业布局时,首先应当依据现已达到的农业生产水平,计算一下多少农业劳动人口能养活多少工矿职工和城市人口,需要多少劳动力才能保证实现农业生产的合理布局。

(4) 在一个地区进行农业布局时,也要考虑工业布局的问题,这就是说,一方面要考虑在农业区的就近,有没有给它提供物质技术装备的工业区或工业点,这是确保工农业合理布局的另一个重要方面。一般地说,合理的农业布局,都应当在其就近地区部署有一定规模的生产生活资料和化学肥料、农药等的工业部门,这样才可以保证加快地区上农业机械化、电气化等的速度,从而有利于农业生产水平的稳定提高。当然,在考虑这些工业部门时,不仅只注意大型的,而特别应注意中小型的企业,使它能够比较均匀地部署到广大的农业区。此外,对于农业机械修配业的合理配置,也不容忽视。另一方面,对于新出现的工业基地和老工业区,如发现农业布局不能适应工业布局或城市发展的需要时,也应当本着积极部署的原则进行新的部署,尽可能使工农业部门在布局上达到相互的结合和促进。

此外,在进行粮食或轻工业原料等基地布局时,除了要研究本区内所有的工业区和城市对粮食、副食品以及工业原料等远近期所需要的数量和质量以外,同时还要考虑分析原有原料基地的情况,如播种面积、单位面积产量、总产量等与当前工矿区、城市所需要的粮食、原料等的适应情况如何?从中发现存在的问题。当然算这样帐时,也必须考虑区外对本区的需要情况。总之,在农业布局时,只有充分考虑上述一系列问题以后,才能更好地促使农业布局的日趋合理化以及工农业布局的正确结合。

总起来说,在地区生产布局中工农业布局之间的本质关系是互相结合、互为适应、互为条件的,但都各有其主动的积极的特殊作用。这种作用,就是农业合理布局是工业合理布局的基础,而工业合理布局又是农业合理布局中的主导。正因为这样,我们在地区进行生产布局的实践过程中,必须坚决按照这一客观经济规律办事;即:在进行工业布局时,要充分考虑农业布局,以它作为考虑工业布局的重要根据;在进行农业布局时,也必须正确估计工业布局对农业布局的要求。这样才能真正达到有利于我国工农业生产布局的日趋平衡合理;同时不仅有利于建立地区完整的独立的国民经济体系,且可以保证一个地区内整个生产部门有计划按比例发展。

20. 学习《论十大关系》中《沿海工业和内地工业的关系》的体会①

李润田

毛主席在《论十大关系》这篇光辉文献的第二部分中，根据马克思主义的唯物辩证法和社会生产力合理布局的基本原理，结合我国革命具体实践，总结了我国执行第一个五年计划的建设经验，深刻地揭示了沿海工业和内地工业的辩证关系，阐明了正确处理沿海工业和内地工业的方针和原则，从而为我国有计划地、合理地部署工业指明了方向。以下谈谈学习这一问题的体会。

一

国民经济有计划按比例的发展是社会主义社会的客观经济规律。这一规律不仅要求国民经济各个部门（如农业、轻工业、重工业）之间有一定的比例关系，协调发展，而且要求生产力合理的布局，使各个地区之间也要按正确的比例关系，协调发展，也就是要正确地解决工业的合理布局，处理好沿海工业和内地工业的关系。解放前，我国由于帝、官、封的反动统治，不仅工业基础非常薄弱，技术十分落后，而且分布也极不平衡，仅有的一点现代工业，绝大部分是掌握在帝国主义和官僚买办资产阶级的手里。他们为了便于侵略和掠夺，把大部分工业分布在沿海一带，广大的内地则寥寥无几。解放初期，沿海七省三市的工业总产值约占全国工业总产值的73%。如钢铁工业，在广大的内地约有80%的生产能力没有什么钢铁工业。又如纺织工业，80%以上的纱锭和90%以上的布机分布在沿海，而在广大的产棉内地，却很少有纺织工业。这种工业布局，正如毛主席指出的那样"这是历史上形成的一种不合理的状况。"不合理的工业布局必然导致生产与原料、燃料产地、消费地区严重脱节，影响全国资源的合理利用，阻碍生产力的发展，也不利于国防安全。为了彻底改变这种不合理的状况，就必须正确处理沿海工业和内地工业的关系。只有这样，才能有利于加强战备，巩固国防，增强国内各民族的团结，逐步缩小城乡差别，促进工农结合。可见，正确处理好沿海工业和内地工业的关系，不仅具有重要的经济意义，而且也具有重大的政治意义，是一个带有战略性的重要问题。

二

要改变旧中国工业布局不合理的状况，必须辩证地认识和正确处理沿海工业和内地工

---

① 本文完成初稿后，承蒙系内不少同志提供了很多宝贵意见，在此一并表示衷心的感谢！

业的关系。在处理这一关系时，首先要大力发展内地工业，这是我们必须坚持的方针，正如毛主席所指出的那样："新的工业大部分应当摆在内地，使工业布局逐步平衡，并且利于战备，这是毫无疑义的。"

为什么要大力发展内地工业呢？这是因为：

第一，只有大力发展内地工业，有计划地在内地建立新的工业基地，平衡工业生产的布局，才能够做到如列宁所说的那样："使工业接近原料产地，尽量减少原料加工、半成品加工一直到产出成品的各个阶段的劳动力的损耗。"① 因为工业产品就地取材、就地加工、就近消费，可以充分利用当地资源，避免远距离运输，节约生产开支，发挥更大的经济效益，从而加速整个社会主义经济建设的发展。

第二，大力发展内地工业还有利于城乡结合、工农结合，为缩小三大差别创造条件。

第三，内地是我国大部分少数民族聚居的地区，大力发展内地工业，也可促进少数民族地区经济和文化的迅速发展。

第四，大力发展内地工业，则有利于加强战备。帝国主义就是战争。苏美两霸激烈争夺，总有一天会导致世界大战；我们要与帝国主义，社会帝国主义争时间、抢速度，加紧发展内地工业，建设战略后方，使之成为未来进行反侵略战争的强大基地。

第五，大力发展内地工业，更重要的是能够加速建立全国和协作区的工业体系，更快地实现四个现代化。全国的工业体系是由各协作区和许多省、市、自治区的工业组成的。在内地大力发展工业，根据当地资源建立相当规模的新的骨干企业，既是全国工业体系的组成部分，也是各协作区建立比较独立的工业体系的重要起点，而建立全国工业体系和地方工业体系，又是实现我国四个现代化的重要步骤。可见，内地是我国国民经济建设的一个重点，尽快搞好内地工业建设，对于贯彻执行毛主席关于备战、备荒、为人民的战略方针，加快我国经济建设和国防建设，关系十分重大。但是大力发展内地工业所需的资金、机器设备、技术力量等重要条件主要是要靠原有的工业基础，也就是要靠我国原有的沿海工业。在这方面，毛主席也有明确的指示："沿海的工业基地必须充分利用"，"好好地利用和发展沿海的工业老底子，可以使我们更有力量来发展和支持内地工业。"

充分利用和发展沿海工业主要是因为：

第一，在某种意义上讲，沿海工业是我国实现社会主义工业化的起点，是支援内地建设的基地。沿海工业有几十年甚至上百年的历史，较大的工厂企业主要在沿海地区，这里熟练工人多，技术力量较强，设备能力较雄厚，运输条件较好，有力量支援内地和促使内地工业更快地发展，实践证明，20多年来我国内地工业发展所需要的大量设备器材、资金和技术力量，大都是依靠沿海工业提供的。例如，在第一个五年计划期间，仅辽宁一省，就支援了全国生铁490万吨，钢材438万吨，机电设备180万吨，内地的武钢、包钢等地建设所需要的冶金设备和其他重要设备，大部分也是辽宁供应的。另一方面，由于沿海工业中轻工业所占的比重很大，在相当长的时期内，沿海工业也是满足内地人民轻工产品需要的基地。可见，对沿海工业如不予以充分利用和积极发展，将会严重影响人民生活和内地的社会主义建设。

---

① 列宁：《科学技术工作计划草案》，《列宁全集》，第27卷，第296页。

第二，沿海工业基地的技术水平高，产品质量好，同时，又是我国引进新技术，进行科技革命和新产品、新设备、新工艺的实验场所。所以它的发展，对全国的技术水平和产品质量的提高，具有带动和促进作用。在内地新工业基地的建设过程中或建成以后，都可以充分得到它的支持和配合。

第三，沿海工业也是培养技术力量的重要基地。20多年来，我国沿海工业为内地工业建设输送了大量的熟练工人、工程技术人员、管理干部，还通过"代训、代培"多种方式，帮助内地工业技术力量的成长。

综上所述，完全可以认为：要想逐步改变旧中国遗留下来的工业布局的不合理状况，实现合理的工业布局，就必须大力发展内地工业。而大力发展内地工业，又必须高度重视、充分利用和发展沿海工业。只有充分利用和发展沿海工业，才可以适应国民经济高速度发展和人民日益增长的需要，才有可能在内地建设更强大的工业基础，这就是沿海工业和内地工业的辩证关系。

三

毛主席深刻地阐明了沿海工业和内地工业的辩证关系，并且为我们制定了正确处理这对矛盾的战略方针和原则，这是我们在社会主义革命和社会主义建设实践中，正确处理沿海工业和内地工业关系问题的指导思想和理论基础。

20多年来，在毛主席关于沿海工业和内地工业的正确理论指导下，比较好地处理了沿海工业和内地工业的关系，在加强内地工业建设的同时，又注意发挥沿海工业基地的重要作用，因而初步改变了工业生产力布局的不合理状况，节省了社会劳动，加快了国民经济的发展。从总的来看所取得的成绩是主要的，但是也出现了一些错误倾向。第一个五年计划期间，根据中央对工业地区所作的合理部署（注一）坚持了大力发展内地工业的方针，当时曾将限额以上的694个工业单位，分别配布在内地和沿海地区——分布在内地的有472个，分布在沿海的只有222个。这样部署的结果，使内地很快建成了一批对国民经济有重大意义的骨干工厂企业，从而为实现我国社会主义工业化打下了初步基础。同时，对于改变我国工业布局的不合理状况也起了十分重要的作用。如从内地和沿海工业产值变化来看也说明了这个问题。到1956年，沿海地区的工业产值占比已由原来的70%以上下降到70%以下，而内地则显著上升。但是另一方面，当时（指第一个五年计划期间）也曾出现了一种限制沿海工业发展的倾向。有人认为，为了使全国工业更快地取得平衡，除了在内地建立新的工业基地以外，不应该在沿海部署工业，特别是当时在美帝国主义侵略威胁存在的条件下，更不应当把工业分布在沿海地区。这样做的结果，就出现了当时沿海工业发展缓慢，工业设备利用率低的现象。例如江苏省本来工业资源丰实，技术基础较好，交通便利，但1953~1956年国家对江苏地方工业的投资共3800万元，仅为江苏省地市工业上缴利润和税收的4.7%。毛主席在1956年4月发表了《论十大关系》一文中，批评了这种不重视沿海工业的错误倾向，明确指出了二者的辩证关系以及加强内地和充分利用、发展沿海工业的原则。这就是说内地要发展，沿海也要发展，并且要以沿海工业的发展来支援内地工业的发展。1956年9月党的第八次代表大会，在关于发展国民经济的第二个五年计划的建议中，提出了建立我国独立完整的工业体系的要求，并对工业分布作了明确规定（注二）。1958年大跃进时期，又提出了社会主义建设总路线及一整套"两条腿走路"的方针，为我国迅速建立完整的国民经济体系，从根本上改变工业的不合理布局进一步制定了明确的方针和原则。在这一系列方针和原则指导下，当时除了继续在内地进行了工业建设外，又比较充分地利用了沿海工业。当时在沿海地区不仅扩建了一批原有的工厂企业，而且还新建了一大批工业。由于正确地贯彻执行了发展内地工业和充分利用、发展沿海工业相结合的方针，就使全国工业布局趋于更加合理。另一方面，由于对客观经济规律认识不够，在经济上也造成一定的浪费和损失。1962～1966年，在"调整、巩固、充实、提高"的正确方针指导下，全国迅速地扭转了经济困难的局面，社会主义建设取得了迅速发展的伟大胜利。在此期间，特别是1965年以来遵照毛主席关于加强大小"三线"的重要指示，在充分利用和发展沿海工业的同时，突出地在内地开展了工业建设，使工业布局进一步展开。随后，很多重要的大型工业也相继建立起来。以煤炭工业为例，这一时期内地煤炭工业设备能力竟占全国煤炭工业设备能力的60%左右。钢铁工业的设备能力也大大增加。就国防工业来说，过去沿海有的，这时内地也都有了。甚至沿海没有的，内地也都建立起来。初步实现了国防工业的战略转移。总之，这个时期内地工业建设的成绩是很大的，必须充分肯定。另一方面，也必须看到，"文革"中林彪和"四人帮"出于篡党夺权，复辟资本主义的狼子野心，对我战略后方基地的工业也进行了疯狂地破坏。他们表面上打着关心"内地建设"的旗号，大搞唯心主义和形而上学，对于一些工厂企业的安排，不调查、不研究，不顾当地自然条件和经济条件，盲目兴建、盲目搬迁，对于基本建设不作认真设计就盲目施工，造成大量不应有的损失。另外，他们还采取"搞垮一个，拖住一片"的反革命策略，对那些与国计民生、国防建设关系大的重点企业和主产粮食、经济作物的重点地区，竭力加以干扰。结果延缓了内地建设的速度，耽误了许多宝贵时间。"文革"后期，尽管1972～1973年和1975年一度相对地加强了全国的计划管理和统一，生产上起了一定的变化，但由于林彪、"四人帮"反革命修正主义路线的不断干扰和破坏，使国民经济达到濒于崩溃的边缘。沿海工业和内地工业的辩证关系也受到了极其严重的破坏。

　　总起来说，20多年来，在毛主席、党中央关于沿海工业和内地工业关系的光辉思想指引下，经过几个五年计划的努力，我国内地的燃料动力、钢铁、机械、石油化工等一系列重工业以及许多轻工业相继建立起来。整个内地工业的生产能力大大加强，当前已占全国生产能力的1/3左右。随着内地新工业基地的出现和工业布局的逐步改变，内地的交通运输能力和布局也起了相应的变化。以西南区铁路运输为例，1965年以来，进入西南区的铁路干线由原来的两条增加到四条，初步建成了西南铁路网的骨架。边远地区的公路四通八达。现在内地工业已经具有相当规模，合理的工业布局正在进一步向纵深发展。同样，沿海工业也得到了较充分的利用和发展。内地工业和沿海工业，在我国的社会主义建设中都发挥了巨大的作用。

　　总之，20多年来沿海工业和内地工业发展的大量事实充分证实毛主席关于沿海工业和内地工业辩证关系的论断，是完全正确的。

四

二十多年来，我国在处理沿海工业和内地工业关系问题上，由于贯彻执行了毛主席的方针路线，内地工业得了了迅速发展，沿海工业也得到了较充分的利用和发展。旧中国工业布局极不合理的状态正在逐步地改变。但是为了尽快地把我国社会主义工业搞上去和在全国及各协作区逐步建立起完整的国民经济体系，还必须更准确地、完整地领会和贯彻毛主席关于"沿海工业和内地工业关系"的光辉思想，从而逐步实现我国合理的工业布局。

华主席指出"建设速度问题，不是一个单纯的经济问题，而是一个政治问题。"苏美两个超级大国争夺世界霸权的斗争，总有一天要导致新的世界大战。为此，我们必须从战略上认识高速度发展工业的紧迫性和重要性。同时，我们也必须把速度问题作为考虑和处理沿海工业和内地工业关系问题的一个核心问题。这就是说，当我们处理这一关系问题时，首先应当把如何更有利于加快国民经济发展速度作为我们的出发点。基于这一指导思想，在当前新的历史时期，在贯彻毛主席关于"沿海工业和内地工业关系"时，应当更加充分地利用沿海工业的基础和各种有利条件，积极而又迅速地发展沿海工业，尽快地把国民经济搞上去，以最先进的技术装备，最好的技术、更多的专业人才等，大力支援内地工业的发展。在充分发挥沿海工业基地作用和积极发展沿海工业方面，应当解决好以下几个问题。

第一，彻底批判林彪、"四人帮"破坏沿海工业发展的反革命修正主义路线，并肃清其流毒。如何正确处理沿海工业和内地工业的关系，不仅是一个经济问题，归根结底也是一个路线问题。毛主席在《论十大关系》一文中深刻地揭示了沿海工业和内地工业的辩证关系，为高速发展工业，尽快地建立起完整地国民经济体系指明了正确的方向。但是，林彪、"四人帮"出于他们反革命政治的需要，竭力干扰和破坏毛主席这一方针的落实。他们以"强调内地工业的重要性"为借口，阻碍充分利用和适当发展沿海工业，他们不仅以"地区分工论"的谎言，破坏大小"三线"的建设，而且大肆宣扬所谓"企业定型论"（注三）和"炸后重建论"（注四）等一系列谬论来迷惑广大人民，妄图阻碍沿海工业的发展。另外，他们还控制沿海某些地区，大搞独立王国，搅乱沿海和内地工业之间的相互支援关系。他们只要求全国支援上海，矢口不谈上海支援内地工业建设。林彪、"四人帮"所有这些破坏活动严重影响了我国沿海地区国民经济的高速发展。对他们所有的谬论和罪恶行径必须予以彻底揭露和批判，并要肃清其流毒。只有这样，才能提高和增强我们执行毛主席关于正确处理"沿海工业和内地工业关系"的自觉性。

第二，狠抓充分发挥沿海地区现有工业的生产能力。充分的发挥沿海现有工业的生产潜力是扩大工业生产能力的重要途径之一。利用和发展沿海工业，首先应放在沿海工业的扩建和改建上。因为改建和扩建，比起新建来，毕竟是投资少，建设快，收效大。以石景山钢铁厂为例，新建一个年产100万吨的钢铁厂需要大量投资和八、九年的时间。而利用石景山钢铁厂和龙烟铁矿的原有基础，把它扩建成为同样规模的现代化的钢铁联合企业，时间可以缩短一半，投资可以节省30%，可见，改造和扩建比起新建企业，无论在速度上和经济效益上，都有很大的优越性。在改建、扩建的同时，对老企业应当着眼于挖潜、革新、改造，这也是多快好省地发展沿海工业的重要措施之一。因为沿海工业大有潜力可挖。只要坚持挖潜、革新、改造的原则，不断革新技术、调整或增添一些生产设备，在短期内就可以增加1倍甚至几倍的产量或产值，也会取得投资少、收益快的效果。例如，天津市第一轻工系统企业，从新中国成立到1973年的25年中，工业总产值增长了16倍，其中靠改造老企业增加的产值占90%，所用的投资只占投资总额的75%。由此可见，充分利用沿海可以加快社会主义工业化的速度。

  第三，建设新的工业基地。在沿海地区，除了充分利用沿海原有工业的同时，也必须根据国家发展国民经济的统一计划，结合沿海地区的地区特点，有计划、有步骤地新建和续建一批新的工业基地，这不仅符合国民经济高速度发展的需要，而且也是加快支援内地建设步伐最有力的措施。在沿海地区建设新的工业基地比起内地来说，不仅速度快，而且经济效果高，因为沿海地区具备原有基础好、技术力量强、企业间有较好的协作关系、交通条件好等一系列优越条件。同时，结合我国今后从外国大规模引进先进技术和装备以及进口必要的某些工业原料的新情况，采取在沿海地区就近建设一批新工业企业，无论从抢时间、争速度和减少不合理运输等方面来看，都是十分必要的。过去的经验，充分证明了这一点。比如在内地建立一座大型钢铁联合企业，企业本身投资如需要20亿元，而企业外部条件（交通、水、电等）所需要的投资往往超过企业本身投资的2~3倍，反过来，要在沿海地区建设同样规模的一座钢铁联合企业时，它的外部条件所需的投资就可以大大减少，因为它可以大部或全部利用沿海地区的原有基础。从建厂时间来说，沿海也要比内地所需要的时间短得多。显而易见，在沿海地区建设一批具有先进技术水平的工业基地也是完全合理的。为了更好地建设新的工业基地，必须注意它的合理性，避免它的盲目性，这就要求我们建厂时，一定要从实际出发，不能千篇一律。除了有的企业可以和原有企业的挖潜、革新、改造很好地结合起来进行新建外，不少企业可以在原料资源丰实，产品销售地区较近，交通运输条件较好的地区就地建厂，这样不仅速度快，而且经济收益高。比如，我国最近所建成的兖州大型煤炭基地就是属于这种类型。这种煤炭基地是我国国民经济十年规划的八大煤炭基地之一。兖州位于山东省西南部，这里不仅煤炭资源丰实，而且铁路水路运输都很方便。同时，离港口也较近。这个基地的建成，对于改变我国出口商品结构，缓和华东地区煤炭供应紧张的状况，高速度发展国民经济都有重要意义。有的企业如果由于工业原料大部或全部依靠国外进口时，也可以就近港口建厂，总之，建设新工业基地时，一定要充分考虑建厂的速度和建厂的经济效果。为了做到这一点必须在建厂之前，要积极做好各种调查研究工作，特别要加强地质的调查研究工作，在摸清资源和水文等多方面情况的基础上，还要考虑到原材料来源、产品销售、运输条件和同其地区的合理分工等一系列问题。另外，在沿海地区进行工业布局时，还要注意贯彻集中与分散的布局原则。集中与分散的关系是相辅相成的，即适当的分散与必要的集中相结合，表现在地区上，就全国来说，工业生产布局应适当分散，而同时在一个城市，一个工业区便是必要的集中；就一个大城市来说，工业布局要适当分散在市区、郊区以及近郊小城镇。

  综上所述，根据国家计划新建和续建120个大型项目的要求，在沿海地区建设一批新的工业基地不仅是必要的，而且也是可能的。同时，它与正确处理内地工业和沿海工业的关系的精神是完全一致的。尽管如此，也难免有的同志会认为作这样的工业部署是不是会削弱了内地的建设，是不是会与国防原则相抵触。个人认为不会如此，因为在充分利用和积极发展沿海工业的同时，根据国家计划也要在内地有计划地建设一批新的工业基地，绝不是内地不进行建设；另一方面，也只有积极利用沿海地区的有利条件，以最高的速度来发展沿海工业才有可能更快地加强内地工业的建设，因此，二者是不产生矛盾的。关于国防原则的问题，历史的经验早就告诉了我们，在工业布局中，一定要经常注意贯彻国防原则，不然我们就要犯极大的错误，因为帝国主义存在，特别是苏修亡我之心不死。问题在于今天我们怎样来理解和认识这一问题，个人认为要想真正地做到贯彻好这一重要原则，关键是在我们争时间、抢速度，赶紧把我们国家的经济实力和国防实力增强起来，才能更有效地对付帝国主义可能对我国发动的侵略。做不到这一点，我们的工业布局无论是在沿海或在内地都会随时遭受到帝国主义的破坏。从这一点出发，以更高的速度和最快的步伐来充分发挥沿海工业基地的作用，积极建设一批新的工业基地以便更好、更快地支援内地建设，是充分体现了国防原则的。当然，对于工业的具体布局在上述总的精神指导下，还是尽量要向纵深发展。内地建设还是主要的。其次，当我们考虑国防是否安全这一问题时，也要从当今国际环境的实际情况出发，不能机械地进行理解。总之，当前在沿海地区建设一批新的工业基地不仅是具有经济意义，而且也是具有重要的政治意义的。

第四，应当积极贯彻工农结合的布局原则。工业和农业是密切联系的两个物质生产部门，在充分利用和发展沿海工业的过程中，必须坚决贯彻"以农业为基础，工业为主导"的发展国民经济总方针，正确处理工农业生产和布局的相互关系，迅速改变沿海工业基地吃粮靠外省的状态。越是工业发达的地方，越是要重视发展农业。按照"以粮为纲，全面发展"的方针，抓紧抓好农业生产，使农林牧副渔全面地不断地增长，这对保证沿海工业的发展和城市人民生活的改善有着重要意义。反过来，如果没有强大的农业基础，沿海工业的发展就会遇到极大的困难。另一方面，也应当充分利用沿海工业生产的有利条件，大力支援农业，尽快实现农业机械化。工农业生产和布局的相互结合，不仅有利于正确处理沿海工业和内地工业的关系，逐步实现全国工业生产的均衡分布，而且为逐步缩小和消除三大差别以及向共产主义社会过渡创造条件。我国大庆油田矿区工农结合、城乡结合的典型经验，已在全国产生了深刻的影响。

总的来说，根据我国国民经济高速度发展和国防建设以及进一步加强内地建设的需要，我们必须充分利用沿海和积极发展沿海工业，这是完全必要的。但是，也必须明确指出，继续努力加强内地工业建设，仍然是我们坚定不移的方针，大力支援内地工业建设仍然是全国人民的光荣任务。在加强内地工业建设过程中，除了对原有企业要继续坚持挖潜、革新、适当扩建和正确处理工业内部的关系，填平补齐、配套成龙的原则外，也要根据国家经济计划，积极建设一批新的工业基地。事实上，在我国计划120个大型项目中已有不少项目是部署在内地的，在工业布局中，也要贯彻工农结合、城乡结合的方针。新建项目尽可能不要挤在大城市，要多建设在中小城镇。

注一：第一个五年计划期间，对工业地区作了比较合理的部署：一方面是合理利用东北上海和其他城市已有的工业基础，发挥他们的作用，以加速工业的建设。最重要的是基本上完成以鞍山钢铁联合企业为中心的东北工业基地建设。使这个基地能够更有力地在技术上支援新工业地区的建设。同时，积极进行华北、西北、华中等地的新的工业地区的建设，以便在第二个五年计划期间，分别组成以包头钢铁联合企业和武汉钢铁联合企业为中心的两个新的工业基地；在西南地区则开始部分的工业建设，积极准备在西南建立新的工业基地的条件。

注二：第二个五年计划期间，将在以下地区继续进行和开始新工业基地的建设：①在华中地区，继续进行以武汉钢铁公司为中心工业基地的建设，②在内蒙古地区，继续进行以包头钢铁公司为中心的工业基地建设；③在甘肃青海地区，开始进行一个以钢铁工业为中心的新工业基地的建设……为了支援内地工业的建设……必须充分利用近海地区的工业基础，除了充分利用东北的工业基地以外，还必须发挥华东地区和华北、华南地区近海城市工业在工业发展的作用……

注三：所谓"企业定型论"是沿海工业基地发展道路上的一块绊脚石，严重地影响老基地充分发挥应有的作用。"企业定型论"者，认为沿海工业的企业规模、技术装备、生产工艺和各个环节的关系，都已经定型不能再变。说什么：沿海工业是老厂矿多，老枪老马，已经衰老定局，生产到顶，潜力挖尽，前途悲观。

注四：所谓"炸后重建论"也是直接违反毛主席关于充分利用和发展沿海工业指示的。"炸后重建论"者在社会帝国主义和帝国主义的核讹诈面前，表现出束手无策，消极悲观。好像战争马上就要爆发，原子弹很快就要掉下来，何必去建设，打完仗再干吧！这实质是消极对待沿海工业，限制对沿海工业的利用和发展，削弱基地的作用，恰恰是对帝修反有利，对制止战争不利。

21. 河南省乡镇企业发展现状、环境问题及其对策①

李润田

一、河南乡镇企业发展现状

发展乡镇企业，是富民强国、实现社会主义现代化的必由之路。党的十一届三中全会以来，河南乡镇企业也有很大的发展，出现了十分可喜的新局面。1995 年底，全省企业单位数达 268 万多家，企业职工人数达 1419.7 万人，占农村总劳力的 1/3 还多；企业总产值（不变价）4881.7 亿元，工业总产值（不变价）2909.04 亿元；企业总收入 5353.4 亿元，企业上交国家税金 58.1 亿元；企业完成纯利润 537.4 亿元。上述数字不仅充分说明 10 多年来全省乡镇企业在数量、规模、效益等方面均有了飞速的发展，而且也明显反映出来它在全省国民经济中的地位更加重要，已有"半壁河山"之称，对于全省农村经济的发展也发挥了越来越大的作用。

河南乡镇企业发展具有以下几个特点：一是速度效益同增。1995 年全省乡镇企业总产值，工业总产值，企业总收入，上交国家税金，纯利润等主要经济效益指标分别比 1994 年增长 59.5%，64.6%，61.0%，42.9%，54.8%，这在河南省乡镇企业发展历史上还是第一次出现的大飞跃。二是乡镇企业已成为全省农村经济的主体。三是"大户"增加迅猛，近年来全省乡镇企业高产的乡、村企业出现的较多。1995 年乡镇企业营业收入 5 亿元以上的乡（镇）达 260 个，其中辉县市孟庄镇、巩义市孝义镇、林州市姚村镇等营业收入均高达 20 亿元以上；乡企业营业收入 1.5 亿元以上的村达 14 万个，其中临颍县城关镇南街村高达 11 亿元以上；乡镇企业营业收入 5000 万元以上的企业达 128 个，其中年营业收入 2 亿元以上的达 12 个。四是乡镇企业空间分布不平衡。主要表现在西北部和中部地区比较发达，而南部、东部则比较落后；其原因除了资源、技术、资金等因素影响外，思想开放程度不同也起了重要作用。总之，河南乡镇企业虽有了上述的发展，并在全省国民经济中居举足轻重的地位，但与东部沿海地区的先进省、市相比，尚存在着相当大的差距。主要表现在地区发展不平衡、企业素质差（规模小、设备差、初级产品多、管理粗放等）、资金投入不足、布局不合理等；另外，尚存在着比较突出的环境问题。尽管 10 多年来，特别是近年来，河南省委、省人民政府根据中央一系列方针、政策对全省乡镇企业存在的环境问题的治理，采取了不少得力措施并取得了一定的效果，但毕竟由于全省乡镇企业具有生产规模小、布局过于分散、工艺设备陈旧、技术比较落后等弱点，致使不少地区

---

① 本文在写作过程中，得到了河南省科学院林富瑞教授的支持和帮助，在此表示衷心的感谢。

出现了不少不容忽视的环境问题。

二、河南乡镇企业发展中存在的环境问题

河南省乡镇企业存在的环境问题，突出表现在"三废"的污染方面。

(1) 水污染。河南省乡镇企业废水排放总量约达2.1亿吨/年（估算）。废水中含有汞、六价铬、砷、铅、挥发酚、氰化物、石油类等12种有毒物质或有害物质，对农村生态环境危害很大。造成水污染比较严重的主要工业部门有小造纸、小皮革、小化工等；其中以小造纸厂最为突出，这是因为全省小造纸厂过多，加上不少造纸厂不仅原料多为麦秆和稻草，以生产低档纸为多，而且生产方法多为石灰法制浆，同时，废水处理设备又过于简陋，致使黑液不断排入河道，引起水体污染。根据林富瑞等教授调查，新乡市共有小造纸厂几百家，其中95%以上是石灰法制浆，每生产1吨纸要排放废水300~500吨，可见废水污染之严重。从全省来看，近几年来，由于对小造纸厂采取了关、停和一个系列综合治理措施，使水体污染的程度有所减轻。

(2) 大气污染。河南省乡镇企业年废气排放量达1亿立方米/年（估算）。乡镇企业废气中主要污染物为二氧化硫和氟化氢等。污染的主要工业部门有各种小型土法冶炼业、小化工、小建材等。根据林富瑞等教授的调查，每生产1吨土焦需用2吨以上的煤，向自然环境中排放300~500立方米的废气，废气中含有硫化物、氢氧化物、苯系物等多种有毒或有害物质。一个年产300吨的硫磺厂，能使附近1公里范围内大气中二氧化硫浓度超过国家标准3倍，每产1吨土硫磺，要排放1.8吨左右的二氧化硫和硫化氢有害气体，影响范围为500~1000米。例如，陕县陈林乡炼磺之后，曾造成农作物减产或绝收。另外，河南土法锻烧铝土矿造成的大气污染也十分严重，这不仅因为河南乡镇企业中土法炼铝炉过多，且由于多数土法煅烧炉无除氟设备，这样很自然地使大量氟化氢挥发进入大气，严重污染环境。

(3) 固体废弃物污染。河南乡镇企业固体废弃物产生总量约为540.5万吨/年（估算），其中产生量最多的为煤矸石炉渣，污染最严重的工业部门为各种小型土法冶炼、小化工、小建材等。据调查，土法炼磺厂由于整个生产过程中均为手工操作，矿石回收率很低，一般只有20%左右。这样造成黄铁矿采选过程中的主要污染物，如尾矿渣和粉尘等。

总之，造成乡镇企业污染危害的主要原因，从主观上看，一是各级领导部门和企业单位负责人缺乏强烈的环保意识或环保意识过于薄弱。例如，有的同志认为当前经济增长是第一位的，而环境保护问题次之，甚至有的同志认为发展企业可以走"先污染、后治理"的道路，热衷于上项目、比速度等。二是工业布局缺乏统一规划，任意布点，形成"乡乡冒烟、村村点火"的不合理局面。三是宏观管理不善，政策不配套，执法不严格等。四是对环保投入太少。从客观上看，一是科学技术水平较低，二是企业资金不足等。

从以上"三废"污染情况可以明显看出，工业部门不同，其污染和污染程度是不完全相同的，有的污染较轻，有的污染很重。从地区分布上看，全省"三废"污染的程度也具有很大差异性。"三废"污染最严重的地区有新乡、焦作、鹤壁、安阳、郑州等市所辖的市、县、乡村等，其原因不外乎上述地区集中分布了一大批小造纸厂、小化工厂和部分小

煤矿、小电厂等。"三废"污染较轻的地区有洛阳、三门峡等市所辖的县、乡、村等。"三废"污染最轻的地区是豫东和豫西。

总起来说，与全国各省、市、自治区相比，河南尽管不属于污染特重地区，但也是污染较重地区。这可从中国科学院南京土壤研究所曹志洪教授在调查研究的基础上，对全国各省、市、自治区乡村工业按行业结构划分的污染等级、类型表上一目了然（表1）。

表1 各省区乡村工业按行业结构划分的污染型表

分级（排污系数等标值）	废水	废气	固体废物及有害废弃物	综合
微（<0.2）	—	—	上海 天津	—
轻（0.2~1.0）	浙江 江苏 上海 天津 北京 广东 山东	上海 天津 浙江 江苏 北京 广东	江苏 浙江 北京 广东	上海 天津 浙江 江苏 北京 广东
中（0.2~1.3）	辽宁 湖北 黑龙江 安徽 吉林 河北 宁夏 青海 福建 陕西	福建 辽宁 山东 湖北 河北 湖南 四川 黑龙江	山东 湖北 福建 河北 陕西	山东 湖北 福建 辽宁 河北
重（1.3~2.0）	江西 四川 湖南 河南 内蒙古 甘肃 新疆	江西 安徽 吉林 宁夏 陕西 河南 甘肃 广西 云南 内蒙古 新疆 贵州 山西	四川 辽宁 河南 吉林 安徽 宁夏 黑龙江	四川 黑龙江 吉林 安徽 陕西 宁夏 河南 湖南 江西 青海
特重（2.0~6.2）	云南 山西 广西 贵州	青海	青海 湖南 江西 广西 甘肃 内蒙古 新疆 山西 云南 贵州	甘肃 内蒙古 新疆 广西 山西 云南 贵州

面对上述严峻形势，河南乡镇企业"三废"的污染状况及其危害程度，不能不引起我们的高度重视。否则，其后果是相当严重的。为此，必须积极采取相应的对策。

三、河南乡镇企业持续发展中环境问题的对策

最近几年来，我国在联合国环境与发展大会之后，及时地组织制定了《中国21世纪议程》，这是中国推行持续发展战略的重要保证。众所周知，过去我国经济一直以粗放外延式发展为其特征，以高投入、高消耗、高污染实现经济的较高增长，其结果导致资源供给不足、环境污染日重、生态破坏加剧。整个经济如此，具体到全国乡镇企业来说，表现得尤为突出，河南也不例外。为了彻底改变上述情况、摒弃过去乡镇企业的传统发展模式、使全省乡镇企业再登上一个新的台阶，在发展全省乡镇企业和解决出现的"三废"污染问题时，必须遵循《中国21世纪议程》的核心思想"既满足当代人民的需要，又不对

后代人满足其需要的能力构成危害"(《我们共同的未来》),"为了实现可持续发展,环境保护工作应是发展过程的一个整体组成部分,不能脱离这一进程来考虑"(《里约宣言》)来进行。从上述基本思想出发,河南乡镇企业持续发展中环境问题的对策有以下几个方面。

(一) 积极加强环保宣传,大力提高全民环保意识

河南不仅人口众多,且整体文化素质不高,因而人们的环保意识显得更加薄弱。这对全省乡镇企业的"三废"污染的防治及经济进一步发展是十分不利的。为此,各级有关领导部门和各企业负责人应利用各种方式向全民进行有关环境保护知识方面的教育,强化他们的环保意识,使大家充分认识到,环保不仅是我国的基本国策,而且也是每位公民应有的权力和应尽的义务。只有这样,这项涉及子孙后代的千秋大业,才能得以顺利开展和产生良好的效果。

(二) 切实加强宏观调控和环境监督管理

全省乡镇企业工业产值尽管已实现了"半壁河山",但在环境问题上却面临着十分严重的挑战。面对现实,从领导部门来讲,首先必须进一步大力提高宏观调控能力。具体来说,应将全省乡镇环境保护目标和措施正式纳入国民经济和社会发展中长期规划和年度计划,并根据需要与可能将必要的防治污染费用也纳入政府预算,确保落实,进而实现乡镇企业生产增长与资源、环境之间的平衡发展。其次,也要不断加强环保机构建设和健全各级环保网络。只有这样,才能保证《中华人民共和国环境保护法》及有关环保规定的顺利贯彻和层层落实,进一步实现有效的监督管理。根据国内外先进地区的经验,在监督管理上,除了采取行政干预外,也要充分利用经济手段。实践证明,这种办法不仅可以充分调动企业治理污染的积极性,而且可以促进经济效益、环境效益、社会效益的三统一。

(三) 合理调整产业结构和产品结构

经过多年的发展,河南乡镇企业已拥有几十个部门,其中机械、化工、建材、轻纺、建筑、采矿等部门已构成全省乡镇企业的支柱产业。但由于全省拥有易引起"三废"污染的小造纸、小采矿、小化工、小皮革等企业过多,加上分布过于分散、工艺设备陈旧、防污染设备落后以及多属低档产品等原因,造成产业结构和产品结构不尽合理的局面。这种状况不及时加以调整,不仅影响经济效益、社会效益的提高,更重要的是对农村生态环境造成极大的破坏。为此,必须对其不合理的结构采取以下得力措施:一是严格控制,即对工艺先进、布局合理、污染物能达排放标准并达到规模经营的可以报批新建;对不合乎上述几项标准的,一律不准新建。二是凡是在水源保护区、风景旅游区(包括重点文物保护区)、渔业水源区或向水容量小的河道排放污染物的企业应予以转产、停产或迁出。三是将设备简陋、技术力量薄弱、无治理污染能力的小企业,以乡为单位与条件较好的企业并营或联办。四是在产品结构上应多增加外向型产品和高科技含量高的产品。总之,只要按照上述原则加以不断调整,不论产业结构或产品结构都可以日趋合理化,从而实现经济效益、社会效益、环境效益的一致性。

(四) 统一规划，合理布局

"统一规划，合理布局"是对乡镇企业的科学发展所进行的一个既符合乡镇企业运行规律又符合持续发展的基本战略措施。这一措施对河南乡镇企业来说，显得格外重要。这是因为多少年来河南乡镇企业除了一部分布局比较合理外，尚有一批企业没有按照统一规划进行合理布局。正因为如此，才出现了"三废"污染日趋严重的局面。为了逐步改变上述不合理状况，使全省乡镇企业得以持续发展，必须下决心搞好县、乡（镇）、村的整体发展规划（包括环保规划）。江苏省在这方面已积累了很多经验，值得我省学习。从河南来看，也有不少市、县、乡（镇）、村等早已开展了这项工作，并取得了较多的经验。根据笔者的实地考察体会，为了解决好"三废"污染的问题，还应在规划工业小区上狠下工夫。通过对江苏、河南部分工业小区的实地考察，笔者认为在解决乡镇企业"三废"污染问题上，建立工业小区是一条成功之路。这是因为，工业小区起码有以下几点好处：一是可以对工业污染的企业进行集中控制和治理，从而达到投入少、收效快的目的。二是可以利用企业所在地原有基础或统一规划建设基础设施，从而减少单个企业的建设投资；同时，也可以提高土地利用率，少占耕地，少占好地。三是便于各企业之间加强联系、相互协作、共同发展、平等竞争；同时，也有利于提高乡镇企业的聚集效益；另外，也便于加强统一管理。四是有利于推进小城镇建设和便于带动第三产业的发展以及加快农村城市化进程。五是有利于解决农村剩余劳动力的问题和增加务农人员的经济效益。

(五) 依靠科技进步，积极发展环保事业

环境污染的解决办法，除了要高度重视和要有经济实力外，主要是要靠科技进步和先进的装备。现在，从全国来看，依靠科技进步控制污染所占的比重过小；从河南来看，显得更小。因而，必须加强这一薄弱环节。尽人皆知，珠江三角洲是我国乡镇企业最发达的地区之一，但其环境污染程度并没增加。重要原因之一是这里几年前就发展了环保产业，且取得了明显的成效。例如顺德环保装备公司生产的 ZSQF 型气净处理机、FBZ 型综合废水处理机和 JBJ 型快滤净水器等，用来处理电镀、印刷、制革、食品工业废水及宾馆酒店废水，获得了较好的环境效益和生态效益。

(六) 要积极而有计划地根据整体规划开展区域环境影响评价

区域环境影响评价是环境污染综合治理的一项重要基础工作，也是一项复杂的环境工程。过去存在的主要问题是只注意单项评价而忽视综合评价，其结果是事倍功半。通过区域环境整体评价可以全面掌握一个地区的大气、水质、沉积物、土壤等各要素对各种污染物质的允许容纳量；在此基础上方能制定出"三废"允许排放标准和控制措施，从而方能为综合治理提供科学依据。广东省在这方面取得了较好的经验和效果。

(七) 应进一步提高环保投资，发展清洁生产与清洁工艺

根据污染、治理同步走的原则和要求，各领导部门和企业单位必须不断增加环保投资，不要有短期行为，要树立战略观点。在此基础上，进一步注意引进先进的生产技术与

工艺、发展清洁生产与清洁工艺，这是整治环境的一项根本措施。只有这样才能不断地有效控制"三废"污染扩大，从而达到改善农村生态环境的目的。

参 考 文 献

［1］林富瑞，蒋胜煌，王国强等．河南省乡镇企业发展对农村生态环境影响研究．河南科学，1992，第10卷，第4期．

［2］马毅杰，马立珊．江苏乡镇企业发展与农村生态环境建设初探．乡镇企业发展与农村生态环境建设研讨会（铅印稿），1994．

［3］曹志洪．我国乡镇企业与农业持续发的问题与对策．乡镇企业发展与农村生态环境建设研讨会（铅印稿），1994．

［4］张贵荣，曹连保．强化环境管理促进农村经济与环境协调发展．乡镇企业发展与农村生态环境建设研讨会（铅印稿），1994．

［5］王健民．我国乡镇企业的发展．环境问题及其对策研究．环境科学，1993，第14卷，第4期．

［6］何悦强．乡镇企业发展中生态环境建设对策．广州：乡镇企业发展与农村生态环境建设研讨会（铅印稿），1994．

［7］河南省乡镇企业局．河南省乡镇企业统计年报简要资料（铅印稿），1994．

［8］河南省乡镇企业局．改革开放展新容，乡镇企业结硕果（油印稿），1992．

此文原载于《区域可持续发展理论、方法与应用研究》河南大学出版社，1977年9月

22. 河南工业布局问题探讨

李润田　秦耀辰

一

工业生产的空间形式，从微观上关系到厂矿能否充分利用资源、劳动力、协作关系、交通运输诸生产要素，因而直接决定着工业生产的经济效益，从宏观上则涉及整个区域国民经济的结构和生产水平，从而又影响区域开发的广度、深度和发展速度。这对地处中原的河南来讲尤为重要。这是因为它特殊的地理位置和在全国经济发展中的地位以及优越的生产条件所决定的。既然如此，加快河南工业开发，逐步使其工业布局趋势向合理，至少有三方面的重要意义。首先，建立中部工业化过渡地带，发挥河南位居中部承东启西的重大作用，为远期发展战略重点转向西部地带创造必要的条件，从而有助于逐步改变我国历史上形成的工业布局的畸形状态。其次，河南不仅是我国的人口密集区，更重要的是我国能源资源密集区，其能源资源开发条件、投资费用、建设周期均优于全国平均水平①，故在此建立合理的能源基地，进行综合开发，有利于国土的合理开发与整治，取得较好的综合经济效益。其三，河南是全国重要的粮食和工业原料生产基地，合理布局工业，也必将促进农业生产基地进一步合理化。

近年来，河南工业得到较快的发展，从而对合理布局提出了要求。但迄今为止，学术界对此尚无深入系统的研究，本文仅从布局的形成和演变过程以及现状格局的分析入手，对全省工业合理布局应该注意的几个问题进行初步探讨。

古老的中原地区，作为中国古代工业的发祥地，留下了人类工业活动的深厚"沉积层"。据考古发现，在五六千年以前的新石器时代，河南已经是人类活动的中心地域之一，伴随原始农牧业的发展，在豫西、豫北地区开始出现早期的纺织、制陶等手工业。从郑州、安阳等地发现的商代文化遗址表明，在公元前1000多年前开始的青铜时期，炼铜、制陶、纺织等手工业得到迅速发展。春秋战国后，铁制工具广泛生产，在巩县、郑州、南阳、鹤壁、卢氏、鲁山等地先后发现汉代冶铁遗址。直到明朝，手工业逐步发展为冶铁、丝麻、纺织、兵器制造、农具修配、制瓷业等，特别是开封、汝州、禹州的瓷窑均属北宋时著名瓷窑，洛阳、武陟、禹州和南阳成为官营手工业的中心地区。此后由于经济中心南移，河南省的工业进入持续徘徊状态。

20世纪初期，随着京汉铁路和陇海铁路的修筑，帝国主义的侵略触角伸入河南掠夺

---

① 河南省基本建设研究会成立大会文件和论文选编，1981年。

原料和倾销商品。位于铁路沿线上的开封、安阳、新乡、许昌、郑州等城市，变成了附近各县原料（棉花、烟草、煤炭等）的集散市场，特别是郑州则成为全省最大的物资转运站。在这些城区中建立起的仅是为城市本身服务的小型电厂、面粉厂、蛋品厂、卷烟厂、纱厂等。从而使河南工业偏集于上述几个城市中。除此之外，省内其他广大地区，仍保持着落后的手工业生产。这样的工业布局，不仅加深了城乡之间的矛盾，而且由于各工业部门之间的脱节，城市间缺乏有机的经济联系，只是一片分布散乱的工矿企业点。

解放后，首先对原有城市的工业进行恢复和整顿。并将内迁的一批烟厂、纱厂等安排在郑州、开封、新乡等地。"一五"期间，在资源丰富、交通便利的豫中、豫西、豫北以及京广、陇海两铁路沿线被确定为国家的采煤工业和机械工业重点建设地区。平顶山、鹤壁、焦作等地先后兴建和扩建为大型煤矿基地。在洛阳、郑州等地兴建了一批现代化大型的拖拉机厂、矿山机械厂、纺织机械厂和棉纺织厂、热电厂等。地方工业是按照为农业和国家基本建设服务的方针，对一系列地方机械、煤炭、电力、建材、食品等中小型工矿企业进行改造和扩建。这样不仅初步改变了原来河南工业落后的畸形布局面貌，也为本区工业的发展奠定了一定基础。60年代前后，分别在豫北、豫中、豫西的资源优势区建起大型钢铁和水电企业。随着焦枝铁路的通车和石油资源的开发，又在南阳开始建设石油、纺织和食品工业。在豫东南广大的平原地区建起了具有地方特色的纺织、食品、机械等工业部门。70年代后期，在各县城和乡镇办起许多为农业服务的小化肥厂、小农机厂、小水电厂、小煤窑、小钢铁厂、小水泥厂等。从而使工业布局由点到面，逐步展开。但这期间有的地区不顾资源和运输条件，盲目追求小而全的工业体系，造成很大浪费。

从1979年以来，以经济改革为开端，河南工业布局经过调整、提高，得到进一步合理扩展。大中城市和工业集中区编制了总体规划和区域规划，工业布局更趋合理。近代工业空白区的豫东北平原，已兴建起濮阳石油化工城，一批现代化的大型化工企业相继在中州大地上出现。当前全省110个县2000多个乡镇中的县办和乡镇企业，都按照各自的特色和发挥优势的原则，加强管理，蓬勃发展。这不仅为进一步搞好商品生产开拓了广阔前景，而且对促进全省工业的合理布局发挥着极为重要的作用。

纵观全省工业布局在不同时期的形成和演化过程，尽管各个时期都有着共同的资源基础，但由于所处的时代不同，布局指导思想的差别，也就形成不同的布局结果。工业布局的继承性和影响结果的长期性，使各个时期的布局又是在不同的工业基础上进行扩展和深化。早期工业的出现是和农牧业生产的发展密切联系在一起的，因此，古代工业的分布多在自然条件较好、人口集中的地区，以小型化、自给自足为特点，在布局形式上则是原始的均衡格局，对现代工业的优势产品区位有重要影响。解放前的近代工业受国外资本控制，在完全是为了开发和掠夺资源的思想指导下，布局尚不能自主，合理布局更无从谈起，只能是在低层次上的大宗原料"外向型"。新中国成立后至70年代末的工业在全国生产力宏观布局的思想指导下，使河南的工业布局得以扩展，形成了立足资源产地的较为合理的布局形式。近十年来，在追求区域发展速度和效益的思想支配下，使全省工业布局在已有基础上大力改造的同时得以深化，立足区内资源、面向内外市场的意识越来越占据主导地位。

二

根据历史的考察，系统的分析和统计资料①的计算结果（部分列于表1），河南工业布局有以下几个主要特征。

表1　河南省各地市部分指标对照表**

地市名	1980年工业占比/%	1986年工业占比/%	人均工业产值（元/人）	大中型企业个（100km²）	工业收入/工业产值	劳动生产率*	轻工业占工业产值比重/%	以农产品为原料的轻工业占比/%	制造业占工业比重/%
郑州市	19.5	16.9	1474	0.89	0.35	14.5	54.9	86.1	27.3
开封市	7.5	6.0	685	0.51	0.32	13.5	62.7	75.4	26.0
洛阳市	12.1	11.7	953	0.28	0.29	14.2	24.4	71.2	44.5
平顶山市	5.6	7.2	669	0.24	0.36	9.7	33.4	58.5	14.9
安阳市	8.4	8.3	818	0.31	0.33	13.4	60.0	60.1	13.2
鹤壁市	1.9	1.7	663	0.14	0.33	5.9	33.2	69.2	28.1
新乡市	8.6	8.8	864	0.36	0.27	13.8	58.5	77.5	29.4
焦作市	6.8	8.8	1198	0.32	0.31	10.3	29.3	79.1	36.8
濮阳市	1.1	2.9	440	0.05	0.43	16.2	14.3	89.0	7.3
许昌市	4.7	3.3	472	0.2	0.39	14.1	62.4	81.9	25.6
漯河市	1.8	1.7	363	0.19	0.29	13.1	67.4	91.0	28.1
三门峡市	3.6	2.9	706	0.13	0.31	7.9	38.6	91.4	17.6
商丘地区	3.0	3.5	241	0.08	0.29	11.4	73.7	87.9	20.5
周口地区	3.0	4.6	237	0.04	0.26	9.4	75.3	92.8	19.3
驻马店地区	2.7	2.0	120	0.01	0.30	10.7	71.1	86.2	23.7
南阳地区	6.8	6.8	322	0.09	0.33	13.6	51.9	83.4	28.1
信阳地区	2.9	2.9	191	0.04	0.31	9.6	61.2	82.9	25.7
全省	100.0	100.0	548	0.19	0.32	12.0	49.4	78.4	26.4

* 系指1985年全民所有制工业企业全员劳动生产率，单位：千元/人；** 表中指标年代除说明外均指1986年。

（1）河南工业布局变化的总趋势是从不平衡逐渐趋向平衡。根据工业产值的增长速度和占全国比重的变化，河南工业在全国工业格局中属于近期上升型。若把省内各区的产值比重与其面积比重作对应，计算出的对应指数近期（1980~1986年）由64.6增大到67.6，就是说全省产值在国土上的分布向均匀化方面增加了3%。具体看这一时期各地区产值比重的变化（表1），比重增大的地区中，一类是能源工业地区（平顶山、焦作和濮阳），这是我国"六五"时期豫西能源基地加快建设的反映；另一类是豫东黄淮平原区

---

① 河南省统计局：河南省历史统计提要，1986年

（商丘、周口）——这是地广人密的农业地区，它对平衡河南工业布局有重大作用。比重下降较多的是郑、汴、许、洛等早期工业规模较大的地区。豫南地区在全省工业格局中位置未发生变化，处于与全省同步状态。

（2）全省工业布局已沿京广、陇海和焦枝铁路两侧纵深展开，初步形成由工业密集带交织成的工业分布格局。焦枝、焦荷、孟宝铁路沿线带产值密度都不低于10万元/平方公里，陇海中段和京广北中段沿线带则都在全省平均值26万元/平方公里以上。上述两条纵向、三条横向产值密集带交织重叠的豫西北地区，成为河南的工业内核区（图1），也是我国在三线建立起的重要工业基地。这一工业地域内核由郑州、洛阳、焦作、新乡、平顶山等结点和老工业中心开封、安阳等构成。其土地面积只占全省的1/3，但却集中了全省1/2的工矿企业，2/3的工业产值，大中型企业密度在0.24个/百平方公里以上，人均工业产值则达954元，远高出河南省548元的平均水平，较全国平均水平亦高出20%。工业地域内核之外广大的工业稀疏区产值最高密度不足15万元/平方公里，人均工业产值多在300元以下，只在铁路沿线一带工业才有较密切的相互联系，并和工业内核区发生作用。我们将这类地域称为河南工业地域结构中的外围区。

（3）市—县—乡镇工业的地域体系较鲜明。县办工业和乡镇工业的普遍发展，不仅初步改变了农业地区的经济结构，而且通过相对均匀的多点布局，使全省工业布局除了因城市工业中心的形成而具有点的性质外，开始具有面的意义。1986年全省工业产值427.8亿元，其中一半由全省110个县所完成。全省10多个工业中心，9个辐射力较强的集中在豫西北地区。这些强辐射中心与其辐射面构成的市—县工业（包括乡镇工业）地域体系中，工业产值占工农业总产值的比重在70.0%~89.3%，均超出全省68.4%的比重。以洛阳市为例，1986年全市工业产值49.9亿元，市区集中66.4%的产值，33.6%分布在周围9县，由县、乡、村各级工业完成，各县产值占全市比重在1%到13%之间不等。工业产值分布表现为由市中心区向周围递减的趋势。洛阳城区工业产值密度达609.1万元/平方公里，向外到偃师、孟津、新安三县分别为60.7、22.2、17.6；由中心区向伊川再向外到汝阳，产值密度则由13.9减少到5.3；距市中心区再远的嵩县、洛宁的产值密度最低，分别是1.9和1.5。郑州市作为全省最大的工业中心，产值已达72.45亿元，其中48.1%散布于周围6县，若计在荥阳、密县境内的上街、新密两区产值，市中心区之外的产值比重将超过一半。仅巩县工业产值就达9.3亿元，占全市15.6%，其中80%又属广泛分布的乡镇工业产值。众多与农业密切结合的乡镇工业担负着市区内大中型企业的原材料、零部件等初级产品加工，构成了大工业发展的基础；市区大中型企业又通过技术、资金，有力地促进着县域内工业的发展。市—县—乡镇工业地域体系的形成，标志着河南工业地域单元的扩展和系统化。

（4）部门结构及组合效益的差异性明显。全省轻重工业比例基本对等，但各地市相差较大。地处工业内核区的洛阳、焦作、平顶山、鹤壁、三门峡以及濮阳等市为重工业地区，重工业比重高达62%~86%；豫东南广大的外围地区则以轻型工业为主。在重工业部门构成中，采掘工业、原料工业与制造业在全省大体平衡，而其空间分布集中程度比轻工业要大，以采掘工业为最集中，原料工业次之，制造业则相对比较分散，面积与产值的地理联系率依次是46.6、51.7、61.5。采掘工业仅在平顶山和濮阳两地就集中了全省产值的

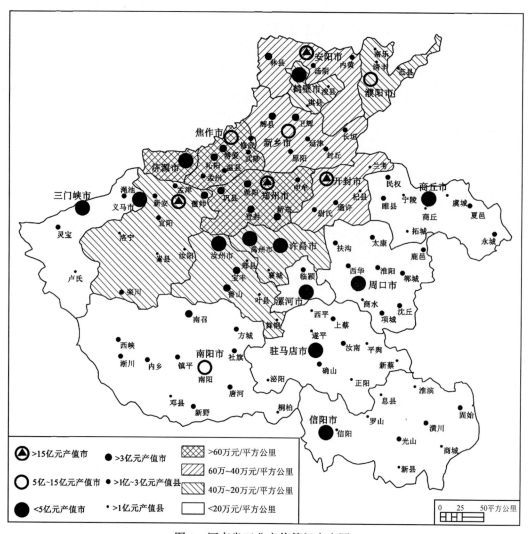

图 1　河南省工业产值等级密度图
图中济源、汝州、禹州三市为 1988 年 8 月批准设立的县级市

将近一半，主要是煤炭、石油开采。原料工业在洛阳、郑州、焦作、安阳四地区最集中，合计产值占全省 62.5%，其中前三市制造业规模较大，可消化大批原料产品，安阳市以钢铁为主的原料产品则大量输出。制造工业在全省各地市都有一定比重，这是由制造工业的市场指向和市场广泛性所决定。在轻工业中，以农产品为原料的比重较大，各地市平均将近 80%，并且分布广泛，尤其与人口分布比较一致，地理联系率达 74.8。以非农产品为原料的轻工业分布则具有相对集中性，它受工业的基础、规模和生产水平的制约，在安阳、郑州、新乡、开封等比较集中。

不同的部门组合有着不同生产效益。以采掘业为部门结构主体的地区，工业收入占工业产值的比重一般较大，淮阳、平顶山、鹤壁、南阳等地即属此类型区。以制造业为结构主体的地区，原材料消耗数量大，故其净收入比例较小，洛阳、新乡等地为典型。郑州市轻重工业比例适中，部门结构合理，加上较高的技术水平和优越的区位条件，净收入比例指标和劳动生产率都比较大，形成了较好的生产效益。许昌市建立在农产品加工（以卷烟为主）基础上的地区"资源—工业"结构，其效益无论是净产出比例还是劳动生产率均较好。就两类能源工业而言，由于煤炭和石油的开采技术和价格的差别，使以石油为主的能源工业地区在劳动生产率上显著高于以煤炭为主的能源工业地区，这对煤炭工业基地提高机械化程度，开展产品深加工提出了要求。

三

对河南工业布局的演进过程和特征的分析结果表明，全省工业布局在近40年来得到了显著改善，但从工业增长速度、经济效果和全区开发进程方面分析，工业布局在合理性上仍显著存在一些问题，有待进一步解决。为了适应商品经济和新技术革命的需要，加速河南的工业化进程，河南工业的战略布局，在现阶段应解决好下面几个问题。

(1) 在全国工业总体布局和规划下，国家应围绕能源、冶金、重化工和建材等行业有计划、有步骤地在河南省内新建、改造或扩建一批大型现代化企业。这不仅是因为河南省恰好处在我国东部地区和西部地区之间的过渡地带，位居中原的特殊战略地位，决定了它在承东启西方面应该起的作用。而且也因为这里拥有丰富的能源、有色金属矿产资源、建材工业和化学工业资源以及便利的交通条件。同时也有利于逐步实现我国从沿海到中部，然后向西部展开纵向顺序推移的战略布局构想。

(2) 加速豫西工业内核区的发展，适度掌握均衡开发。根据弗里德曼（J. Friedeman）发展模式，河南尚处于工业化的早期向成熟期的过渡阶段，工业内核区还在扩展，因此全省工业的加速发展要求向内核区进一步集聚，以缓解资金紧缺的局势，赢得更高的效益。在内核区中，应优先发展焦作、平顶山、鹤壁、濮阳等市的能源工业，在保证国家能源基地建设的前提下适当发展相关行业。对煤城义马市则应改善水源等限制条件，积极开发。综合性工业城市郑州、开封、洛阳、新乡、安阳等市构成的"T"型轴线应是内核区发展重点，郑州市可作为特大城市发展，以增强集聚和扩散力。对于外围区在现阶段宜选择区位条件较好的点，重点发展轻工、纺织业。

(3) 继续逐步向县城、乡镇扩散工业。就全省各地区的市—县—乡镇工业体系而言，在现阶段应将县城作为扩展工业的主要对象。在几条铁路沿线工业密集带上的乡镇也可作为重点加强对象，尤其在郑州、洛阳、平顶山、焦作、开封、新乡和安阳等城市附近的卫星城镇，应按市区工业对协作关系、环境容量等方面的要求，疏散一些卫星城镇建设能够负担起的工业。对于广大地区的一大批乡、村、个体办工业，则应本着提高生产效益的原则，积极引导，适当整顿，稳步发展。通过县乡工业建设，使市—县—乡镇工业体系更加完善，工业生产在完整的小区域单元上的循环加快，协作关系增强，达到提高经济效益和缓解生态环境矛盾的目的。

(4) 依据本省优势，发展外向型工业，以适应当代经济发展的新潮流。首先，在区位条件较好的"T"型轴线上，围绕纺织、有色冶金、煤炭等积极"向外"调整产业结构，挖掘技术潜力，改造传统部门企业，发展出口创汇产品。特别是把原料资源丰富、企业基础雄厚、科技人才集中的纺织工业①首先推入国际大循环。其次，积极扶持县乡工业中既有资源基础，又有一定市场的农副产品加工业。许多县畅销国内外市场的食品、酿酒、丝织等加工业产品，是在漫长的区域资源开发过程中发展起来，并且形成了一定的规模和效益。仅从规划的豫西山地区的优质苹果、红果、山茱萸、柑橘和辛夷五大资源基地提供的 35 亿元初级产品看，若在原有加工业的基础上扩大发展深加工，将增加数十亿元的产值进入国内、国际市场。但这类企业要进一步扩展、改造，尚需在资金、技术上予以扶持。第三，人口既是河南的经济发展的沉重包袱，也是河南的一大资源优势，对此应有计划地进行劳动培训，大力组织劳务输出，这样一方面从国际市场创取外汇，另一方面也可引进新的工业劳动技术，特别是新的观念，同时也减缓了人口压力。

（5）建立合理的工业地域组合，把全省工业布局纳入到经济区内统筹规划。河南幅员广阔，各地自然条件与开发历史进程不同，经济及城镇发展的水平与特点也存在着显著差别。为了更好地发挥地区优势，组织合理的地区经济结构，根据生产地域分工的现状与发展趋势，全省初步划分为七个经济区域。为了把工业布局向全省逐步展开，还必须把工业布局规划纳入到各经济区内统一考虑，只有这样，全省的工业布局才能趋向合理。

1. 豫北区（包括新乡、焦作、鹤壁、安阳、濮阳五市）

首先要积极发展以能源化工为主的基础工业。根据区内矿产资源富集的情况，本区基础工业的发展，应充分发挥煤炭和油、气两大资源的优势，分别建立两大能源、化工系统，使之成为本区主要的专门化部门和国民经济中的主要支柱。其次，要积极开发利用其他矿产资源，发展冶金、建材等部门，与两大能源、化工系统共同构成区内重工业骨架。再次，充分利用农产品资源，发展以纺织、食品、饲料为主的农产品加工业。

2. 豫东区（包括开封市和商丘、周口两地区）

工业是本区的薄弱环节，也是全区经济能否起飞的关键。鉴于历史的教训，今后工业的发展应当是以农产品加工为主的工业，重点抓好食品、纺织、化工、机械、电子等五大工业，在布局上应以开封、商丘、周口三个城市为中心实行合理的分工。

3. 豫东南区（包括信阳和除西平、泌阳两县外的驻马店两地区）

本区是全省工业基础最为薄弱的地区之一，1986 年全区工业产值仅占全省的 4.9%。为了改变工业落后和工业布局不合理的面貌，从本区实际情况出发，今后应积极建立以农产品加工为主体的工业结构。具体来说，发展重点是食品、饲料和麻纺织工业。

4. 豫西南区（包括南阳地区的 13 县、市和驻马店地区的泌阳）

由于本区矿产资源丰富和原有工业基础较好，今后应重点发展具有区际意义的化学、食品、饲料、电力、机械、建材等工业。特别是应根据经济建设需要和本区化学工业基

---

① 苏文成：从沿海地区纺织工业发展外向型经济战略看我省纺织工业的发展方向，河南省政协六届三次常委会关于振兴河南经济论文之十五，1988 年。

础,充分利用丰富的天然碱和优质石油天然组合的优势,发展碱化工和石油化工。在布局上要克服过于分散的缺点。

5. 豫西区(包括洛阳市和三门峡市)

豫西区原有工业基础较好,且具有一定规模,但由于历史的原因,工业布局整体规划存在着布局散乱的状况,因而不利于发挥工业资源条件和技术优势。为此,今后应继续发展机械(包括采掘、建材、农用、食品等机械)、电力、石油化工、煤炭化工和基本化学原料、建材、有色金属冶炼(炼金、炼铝……)、食品、饲料等工业。在布局上则应由铁路沿线向南逐步扩展。

6. 豫中区(包括平顶山市、许昌市、漯河市及驻马店地区的西平县)

继续扩大原煤和电力生产的规模,搞好煤炭资源的综合利用,加速对其他矿产资源的开发和有关基础工业的发展。同时,发挥农业资源的优势,进一步搞好烤烟、小麦、柞蚕丝、羊毛等农产品加工工业。在城市密度较大的条件下,合理划分平顶山、许昌、漯河市区与汝州、禹州两市的工业地域范围,明确各城市的工业特点和优势,逐步建立合理的城市工业协作网。

7. 郑州区

按照全国和全省经济发展战略的要求,结合本区实际情况,全区工业今后发展的方向应当是以纺织、铝业、机械、食品、能源为主体的工业结构。同时,还要进一步扩大水泥、陶瓷的生产,积极发展电子、化工、轻工等部门。从工业布局上讲,应采取适当分散的方针,凡耗煤量大的企业,应尽量放在西南煤矿附近;电解铝要放到铝冶炼中心;一般加工工业,尽量分散到各县,占地面积大和污染重的企业,应向远郊迁移。鉴于该区工业化程度较高,中心城市功能较强,建议重点发展区内六县县城,普遍开发乡镇工业,将空间上与市中心区分离的两工矿城上街区、新密区改设县级市,以便完善城市体系,为全区工业的综合发展创造必要的条件。

参 考 文 献

[1] 何竹康. 加快中原开发的战略意义, 中国生产力的合理布局. 北京:中国财政经济出版社, 1986.
[2] 李润田. 河南经济地理. 北京:新华出版社, 1987.
[3] 河南地方史志编委会. 河南年鉴(第四卷). 郑州:河南年鉴杂志社, 1987 年.
[4] 胡兆量. 我国工业布局的变化趋势. 地理学报, 1986, 第 41 卷, 第 3 期.
[5] 秦耀辰(编译). 空间经济开发. 城镇经济研究, 1988, 第 3 期.
[6] Bradford M, Kent W. Human Geography Theories and Their Applications, Oxford:Oxford University Press, 1984.
[7] 王文楷, 李寿考. 河南省城市水源条件与工业布局关系初探. 经济地理, 1987, 第 7 卷, 第 1 期.
[8] 秦耀辰, 李克煌. 西峡县资源投入产出优化模式的初步研究. 自然资源, 1988, 第 3 期.

原文刊载于 1990 年《地理科学》第 3 期第 10 卷

23. 中国烟草产业发展问题初探①

李润田

烟草是我国的主要经济作物之一，在国民经济中占有十分重要的地位。以烟草为原料制成各种类型的香烟，又是一种特殊嗜好品，成为提供我国财源的一大产业，每年可为国家上交大量利税，直接支援着国家"四化"建设。然而这项综合性强、涉及领域广的重要经济部门又面临不少问题和困难。特别应当看到，当前世界性的禁烟运动日益高涨，市场竞争又十分激烈，而国内随着改革开放日益深化，经济建设规模日益扩大，财政赤字居高不下，亟待扩大财源增加积累，烟草产业则担负着更加重大的特殊历史使命。为此，在中国共产党十四大精神指引下，在社会主义市场经济的不断发展和完善过渡中，企业、科技、学术等各界积极开展对如何在适度规模下高效发展烟草产业及其进行合理布局等的研究，既要为国家不断增加财政收入，又要保护人民身体健康以及更有活力走向国际市场参加竞争，这是具有极其深远的现实意义和历史意义的，本文拟在这方面作一尝试，目的是抛砖引玉，并希予以批评指正。

一、世界卷烟市场发展新形势

据有关资料调查：美国农业部、国外农业服务机构等研究单位对世界40多个卷烟生产国家和地区的研究表明，卷烟生产，将在保持现有生产水平的基础上，大约以2.13%的年均发展速度，继续稳定地向前发展。其次，研究还对1990年世界卷烟市场的各地区的消费趋势进行了预测（表1）。再次，当前国际上混合型卷烟已取代了烤烟型卷烟，等等。

从上述情况可以明显看出，当今世界卷烟市场消费具有以下几个明显特点：一是许多国家和地区卷烟生产平均发展速度不仅快，且较稳定；二是发达国家和地区的卷烟销售量不断上升，且远远高于不发达国家和地区的消费量；三是美国和西欧国家的卷烟生产仍在世界处于垄断地位，竞争相当激烈；四是卷烟产品结构已开始发生新的变化。

总之，当前世界卷烟市场发展的新形势已向世界各国各地区，特别是向第三世界各国各地区提出了严重的挑战。这对烟草种植历史最为悠久的中国来说，更为突出。

---

① 本文写作过程中，中国烟草总公司郑州烟草研究院副院长黄嘉福先生，曾提供了很多资料，给予了大力支持，同时还参阅引用了沈江彪、陈树勋等先生的论文，在此，一并表示衷心的谢意。

表1 1990年世界卷烟市场各地区各国家的消费预测情况

国家和地区	消费量（亿支）	百分比（%）
西欧	541.9	10.7
东欧	934.9	18.5
非洲及中东	518.9	10.5
亚洲及远东	2026.7	40.2
美国及加拿大	655.0	13.0
南美及中美	217.8	6.3
澳大利亚	40.2	0.8
总和	5045.4	100

二、中国烟草产业发展现状及面临的主要问题

中国发展烟草产业的条件十分优越，不仅有得天独厚的品种多、吃味好、内在质量高的原料基地和广阔的销售市场，且拥有一定的卷烟工业发展历史基础和先进设施。同时，交通发达，煤炭资源也很丰富。这一切都为我国卷烟工业的发展提供了极为有利的物质基础。建国后，在党和政府的高度重视下，经过40多年，特别是近十几年的建设和发展，中国烟草产业不仅初步形成了独立完整、具有相当规模的工业体系，且已成为我国国民经济中的一大优势产业。这无论是在中国烟草业发展史上，还是世界烟草业发展史上都是惊人的，概括起来，取得了以下几方面的主要成就：

第一，生产发展迅速，并取得明显效益。1990年生产卷烟达3290万箱，与1981年相比较，共增长105%，平均每年增加180万箱，销售卷烟2870.3万箱，增长95.1%，平均每年增加155.8万箱；实现工业总产值256.3亿元，增长250.6%，平均每年增加20.3亿元；实现烟草工商利税243.7亿元，增长365%，平均每年增加20.5亿元；烟草总公司成立8年共实现烟草工商利税1244.7亿元，比前8年（1974~1981年）的376.1亿元，增加230.9%。根据公布的有关资料，在全国500个利税大户当中卷烟企业占59个，在200个1亿元以上利税大户中占62个，为国家财政收入做出了巨大贡献。

第二，卷烟产品结构性调整取得了突破性进展。1990年与1981年相比，全国生产甲级烟727.8万箱，增长570%；乙级烟1509万箱，增长116.4%。甲乙级烟占总产量的比重达到71%，上升了25.5个百分点。生产丙级烟567.8万箱，增长8.8%；丁级烟186万箱，增长10.8%；戊级烟158.2万箱，增长了2.9%。丙丁戊级烟占总产量的比重29%，下降了20.4个百分点。生产滤嘴烟1307.6万箱，增长12.6倍，占总产量的比重达41.53%，比1981年上升35.7个百分点；而无嘴烟占总产量的比重则下降了35.7个百分点。

第三，行业技术进步有重大发展。过去几十年，由于种种原因，我国烟草技术设备十分落后，据1985年工业普查测定，95%的卷烟机是40年代产品，多数役龄三四十年，效率低、质量差、故障多、原材料消耗大、效益差。烟草行业实行集中统一管理后，特别是

"六五"后期和"七五"时期,由于明确了"科技兴烟"的指导思想,行业技术进步有了较快发展,比如,截至1989年,全国烟草行业用汇6.7亿美元,引进了具有国际70、80年代先进水平的66套关键制丝设备、437套包装机组和1034套卷接机组等,从而大大增强了卷接生产能力。

第四,卷烟工业布局不仅得到进一步扩大,且开始趋向合理。比如,70年代以来,由于烤烟种植面积盲目扩大,导致小烟厂布局过于分散,形成分布不合理的局面。1984年以来,国家先后关停了300多家计划外小烟厂,结果,分布不合理现象开始得到了扭转。

第五,实行了烟草专卖体制,加强了集中与统一管理。

另一方面,在面临世界卷烟市场的严峻形势挑战下,也必须清醒地看到,当前我国卷烟工业还存在着不少急待解决的突出困难和问题。

其一,市场萎缩,产品积压。我们知道,1986年全国卷烟产量达到2596万箱,基本满足了消费需求;1987年开始产大于销,并不断强化;1990年全国卷烟产量已达3290万箱,比1986年增长700万箱,但库存量则达到500万箱,占总产量的15%,积压增加,消费市场完全成为贸方市场。

其二,不少企业亏损日趋严重,收不抵支,负债经营。由于原料价高涨、银行贷款利率提高、产品成本上升等等原因,不少卷烟企业亏损日趋严重,挂账很大。据了解,全国共有97个厂亏损,亏损额高达12.6亿元,盈亏相抵后亏8.6亿元。

其三,企业资金严重短缺。仅1989年烟草企业就挂账40多亿元,欠税58亿元,互相拖欠18.5亿元,严重影响了税收入库和生产经营。

其四,产品质量低,品种陈旧,结构不合理。产品质量低主要体现在不少烟厂的卷烟成品合格率低于全国卷烟厂成品合格率99%的平均数。品种陈旧,结构不合理,主要是指甲级烟生产数量少,所占比例低,仍靠历史上的名牌吃饭,拳头产品少。

其五,企业规模小,分布过于分散。企业规模过小,势必影响规模效益的提高。企业分布不集中,严重削弱全国卷烟生产整体优势发挥。

三、加快中国烟草产业发展的对策与措施

(一)加快发展中国烟草工业的指导思想

第一,必须进一步牢固树立烟草工业生产为我国经济发展中的重要产业的地位和作用。烟草工业是我国一大经济优势,是国家重要财源。所以,在全国的产业政策和发展战略研究中,一定要围绕发挥烟草工业生产优势的作用,对现有的烟草生产企业,进行有成效的技术改造,提高产品质量,不断地优化结构,加快缩小与世界先进国家差距的步伐,从"八五"到20世纪末,逐步建立和完善全国烟草的配套工业。

第二,在中国烟草工业向社会主义市场经济过渡中,应本着1990年3月份在广州召开的全国卷烟生产会议提出的今后卷烟工业的发展必须坚持"控制产量,提高质量,提高产品水平,调整结构,降低消耗,增加效益"的发展方针。这就要求卷烟工业一定要本着引导消费,以销定产,以产促销的原则,在提高产品水平上狠下工夫。这就必须从思想上

做到：由追求产量向提高质量和结构素质转变，使企业由速度增长型真正向效益型转变。

（二）发展对策及主要措施

第一，在经济发展总体战略上，应予烟草工业在财政预算中的支柱地位相应的重视。

这首先体现在资金投入方面。每年烟草工业固定资产投入只有地方固定资产投资的4%左右。投资的短缺还带来了优质烟生产、陈烟等一系列短缺的加剧，影响了烟草业的正常发展。还体现在对两烟的整体发展的组织、协调控制方面。

其次，在政策的使用上，一定要给企业以休养生息的时期，应彻底由"杀鸡取卵"转变为"养鸡下蛋"的办法。具体说，比如改变过去"不得已"的单项的减免税、返税等政策投入，在地方权限范围内，最大限度地制定灵活而有效的并相互协调的财政政策、税收政策等，使政策系统有效地推动企业的自我发展。又如尽力帮助企业解决陈旧瓶颈和设备投资贷款等。只有这样，才能从根本上逐步解决提高质量和优化结构的问题。

另外，还要继续深化和完善企业经营责任制等方面的改革，强化承包企业的约束机制，完善和加强承包企业的内部管理制度。这是深化企业改革和开展增产节约、增收节支的需要，也是增强企业实力和应变能力的需要。

第二，要支持以市场为导向，以新产品开发和提高质量为要求，努力优化结构。

当前，根据全国人民生活水平不断提高的需要，只有生产物美价廉、优质低耗、适销对路的工业产品，加速新产品的开发，提高产品档次，才能符合全社会的需求。搞活企业靠的是产品，而产品则需以质取胜，以廉立足，以新取胜。企业只有加速开发新产品，以取代"古董"产品，才能提高市场占有率，才能在竞争中站得住。比如新郑卷烟厂几年来由于坚持了以市场为导向，以提高产品质量和积极开发新产品为需求（先后开发了"豫烟"，"炎黄"新产品）提高了竞争能力，结果于1992年结束了多年亏损的局面，成为河南省第一纳税大户。

为了保证卷烟产品质量的不断提高，从根本上讲，应按照"计划种植，立足质量，优质适产，坚持改革，提高效益"生产的指导方针，在全国广泛推行烤烟种植区域化、品种良种化和栽培技术规范化的三化措施，提高生产集约化水平，投入有效的物化劳动和活劳动，使烟草生产的单位面积产量和质量逐步稳定提高。此外，还可以有计划地在条件适宜的地区建立各种类型的烟草基地，如香味性优质烟基地等。

要想不断优化卷烟结构，必须努力提高甲、乙级烟在卷烟产量中所占的比重，降低丙级烟所占的比重。甲级烟利润高，价格高，税金高，发展它不仅能满足广大消费者的需要，还能为企业多创利润，为国家多积累资金。我国不少地区有得天独厚的自然条件，积极研制和加速发展甲级卷烟，创出名牌，拿出"拳头"产品，占领国内市场并走向国际市场是大有希望的。

第三，应积极向混合型转变，向低焦油卷烟的方向迈进。

"七五"计划要求，在"七五"期间，要"改造和改建、扩建一批烟厂，提高卷烟质量和安全型烟、滤嘴烟的比重"。据有关资料证明，目前，我国消费者的吸烟口味将逐渐由烤烟型向混合型转变，到20世纪90年代，混合型卷烟将与烤烟型卷烟平分秋色；到2000年，混合型卷烟将达到年总产量的60%左右。据粗略调查，目前，我国混合型卷烟市场有85%被国外进口烟独占。在广州市场上，国外混合型香烟充斥市场；内地市场上，混合型香烟则高价出售，英国"三五"牌香烟，黑市上价格高达60~70元一条，南洋兄弟烟厂生产的"红双喜"也高达50元一条，价格之高，令人吃惊！因此，我们应该积极研制出具有中国特色、风味、符合消费者习惯嗜好的混合型香烟，不仅能满足国内广大消费者的需求，又能走向世界，占领国际市场。另外，还必须清醒地认识到，卷烟制品的安全性，直接关系到消费者的切身利益。据有关资料分析，卷烟制品燃烧后的烟气中有0.1~1微米大小的颗粒物，吸入呼吸气管后，即冷凝、集聚，冷凝物主要是烟焦油和烟碱。烟碱具有镇静、提神作用，但过量会对循环系统有不良影响；烟焦油中有0.2%的致癌物质和0.4%的间接致癌物质，集聚到一定程度会危害人的生命。虽然低焦油卷烟尚处于研制阶段，但我们的目标一定要向这个方向迈进。

第四，改变落后管理方式，发展横向联合，逐步实现集约化经营。

我国的企业管理十分落后，卷烟工业情况也是如此。因此，狠抓企业管理这一环是十分重要的。近代在工业发达国家，人们常把管理、科研和生产技术称为现代文明"三鼎足"。实际上，从国内企业看，工业生产的每一次起落，也无不与经营管理的优劣有着紧密的关系。因此，我们应向国外包括一些资本主义国家学习先进的管理方法，结合自己的实际情况，研究和探求符合实际的、科学的管理方法，变经验管理为科学管理。这样才能使我国卷烟工业在"七五"期间有一个新的飞跃。其次，进一步加强卷烟工业系统中的横向联合，也是提高企业经济效益的一条正确途径。这是因为目前我国整个卷烟工业的生产能力很大，而名牌产品的生产能力又相对有限，这一方面是上等烟叶供应不足所致，另一方面是有些厂家的生产能力和技术条件有限。为了克服这一缺点，只有加强企业之间的横向联合，才能相互取长补短，才能有效地利用现有的原料和生产条件，多生产一些优质名牌卷烟，多提高一些经济效益。比如许昌卷烟厂1983年曾由于种种原因，出现生产萧条，产品积压现象，到1984年的下半年，开始与上海卷烟厂搞联合生产，继之产品质量不断提高，销路由滞变畅，实现了扭亏增盈，经济效益成倍增长的好形势。实践证明，这是发展卷烟工业的一条正确途径。

第五，科学调整卷烟工业布局。

根据我国卷烟工业发展情况，按照合理布局的原则，借鉴国外和国内布局成功经验，发展大企业生产的有效规模，走集团发展的道路，有领导、有计划、有步骤地对全国卷烟工业布局进行合理规划与调整。为了解决好这一问题，应把建立和发展全国各种优质烤烟基地的布局联系起来考虑。

第六，有计划地建立商品信息和技术情报研究中心，走科学生产的道路。

目前，我国虽已建立了一定的卷烟工业研究机构和商品信息中心，但不能满足新形势下卷烟工业发展的需要。不仅数量不足，而且质量也不高。比如，研究手段十分落后，致使信息不灵，产品质量检验不准等。因此，急需加强这一薄弱环节。不但要充实科技力量，且要更新实验手段，只有这样，才能使科研工作更好地与生产实际相结合，进而推动生产的发展。

第七，要逐步理顺和完善现行的管理体制。

客观地看，实行烟草专营以来，国务院发布的《烟草专卖条例》对确立国家烟草专卖制度，对烟草行业实行产供销、人财物、内外贸集中统一管理和专卖行政管理，提高经济效益，为财政增加积累起到了积极的作用。但是，由于《条例》还只属于行政法规范畴，法律地位不高，缺乏强制执行措施，而且有些条款已不能适应社会主义市场经济和烟草行业发展的需要，因此，必须在进一步调查研究的基础上，有计划地加以理顺和完善。

原文刊载于《河南大学学报》，1994年第3期

24. 河南卷烟工业生产发展的回顾与对策

李润田　李永文　李小建

卷烟工业是河南省重要的轻工业生产部门之一，1949～1980 年的 30 多年中，河南卷烟产量有 27 年保持全国第一，实现利税有 17 年居全国之首，历年卷烟产量都占全国 1/10 以上，最高年份的 1980 年，所占比重高达 15.24%。然而，1980 年以后，河南省的卷烟工业与发达省份相比，差距逐渐拉大，卷烟产量在全国所占的比重越来越小，到 1993 年已下降到 9.1%。原来卷烟生产远远落后于河南的山东、湖南、贵州和云南等省，发展却很迅猛，尤其是云南省，无论产量和产值都以绝对优势越过河南省。由此可以看出，河南卷烟工业生产存在的问题甚多，发展形势比较严峻。因而，认真总结以往卷烟工业发展的经验教训，研究制定切实可行的发展对策，重振河南卷烟工业，就显得非常必要和迫切。

一、发展的回顾

（一）取得的主要成绩

1. 管理体系日趋完善

为了加强烟草专卖和烟草加工管理，1983 年 6 月成立了河南省烟草专卖局和河南省烟草公司，对全省卷烟生产领域进行了认真清查和整顿，关停了一大批计划外烟厂，使重复建设、盲目发展的势头得到了有效控制，形成了自上而下以垂直领导为主，集中统一的卷烟工业管理体系。在企业内部，通过深化企业改革，推行厂长负责制和各种形式的经营承包责任制，加强了企业内部管理。目前，河南省已有 1 家卷烟厂被审定为国家二级企业，有 4 家卷烟厂被审定为省一级和二级企业。

2. 技术改造步伐日益加快

在"六五"和"七五"前期，河南省虽对卷烟工业的技术改造有所投资，但数量较少，所起的技术改造作用甚微。从"七五"后期，河南省加快了卷烟工业的技术改造步伐，增大了技改投资，使企业的技术装备水平在一定程度上得到了提高。

3. 卷烟产量大幅度增加

1950 年，河南卷烟产量是 18.1 万箱，到 1969 年突破 100 万箱，用了 20 年时间；1980 年卷烟产量突破 200 万箱，用了 11 年时间；1985 年卷烟产量突破 300 万箱，用了 5 年时间。

4. 产品结构变化较大，优质产品所占比例提高

河南省卷烟产品的结构变化特点是：甲、乙级卷烟和过滤嘴烟所占比例显著增加，乙级以下品种相对减少，卷烟质量提高很快。如1979年与1993年相比，甲级烟产量由1万多箱增加到100多万箱，所占比重由不足1%提高到25%左右。近年来，河南又创出6个部优产品和34个省优产品。

5. 利税收入基本稳步增长，经济效益比较显著

由于卷烟产量和优质产品所占比例不断增加，利税收入也随之稳步增长，70年代年实现利税平均为3.3亿元，80年代年实现利税平均10亿元，90年代前四年年平均实现利税约20亿元。

(二) 存在的主要问题

1. 卷烟工业处于慢速不稳定发展阶段，发展后劲不足

从全国30个省市（台湾除外）卷烟工业发展情况看，安徽、山东、云南和河南四省，建国以来一直是我国卷烟工业的主要生产省，而在四省当中，河南实力最强。但是，从20世纪80年代中期以后，卷烟产量和利税收入被云南省超过。并且从1977年到1993年，云南的卷烟利税收入和卷烟产量分别以30%多和约20%的高速度增长。而同时期的河南省其相应发展速度则不足10%和5%。到1993年，云南卷烟利税总额约是河南的4倍，卷烟产量约是河南的1.5倍。

另外，由河南和云南两省卷烟工业利税收入（图1）和卷烟产量（图2）变化对比图也可明显看出，河南省在卷烟工业发展方面明显存在着发展速度慢、不稳定和后劲不足的问题。

2. 产品结构调整不够理想，高级烟所占比重较小

在河南卷烟产品中，高档烟所占比重一直偏小，且整个产品结构不稳定，高档烟所占比例时而增长，时而减少和停止。而云南省，甲、乙级烟和过滤嘴烟所占的比例历年都比较大，并且十多年来基本是稳定增长的，特别是1985年以后，调整步伐更为加快。

3. 产品地位下降，省外销量减少

在1984年河南卷烟的省外销量是99.1万箱，占当年全国卷烟省外总销量的20%。同年的云南省省外销量是117.1万箱，占全国的23.6%。1984年以后至今的10年中，河南卷烟的年省外销量非但没有增长，且持续下降，一直在90万箱左右徘徊，不足全国省外总销量的1/10，而同时期的云南省则占全国的1/4。

4. 亏损企业多，亏损严重

截至1993年年底，河南省共有烟草加工企业30余家，其中约2/3都亏损，亏损总额

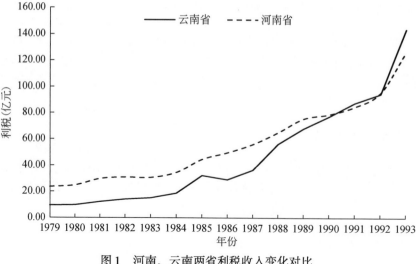

图1 河南、云南两省利税收入变化对比

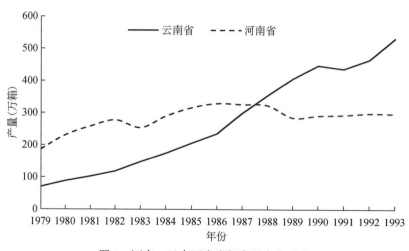

图2 河南、云南两省卷烟产量变化对比

达3亿多元，约占全国烟草加工亏损总额的40%，是全国烟草加工行业中亏损企业数最多、亏损金额最多的省份。

(三) 产生问题的主要原因

1. 技改投资少，技术设备老化严重

据统计，在最近的十多年中，河南对卷烟工业的技改投入约为2亿多元，云南为8亿多元，同期河南引进技术设备用汇0.2亿元，云南是2亿多元，仅为云南的1/10，全国的1.6%。在河南16家卷烟厂近2000台国产设备中，有2/3属应淘汰之列，故设备老化相当严重。

2. 技改投资的使用比较分散，形不成规模经济效益

目前，河南卷烟企业的现状规模特点是大厂不大，小厂不少，卷烟牌号多，拳头产品少，经济效益低。20世纪60、70年代，郑州烟厂属我国第五大烟厂，20世纪80年代初仍属全国八大烟厂之一，而到了20世纪80年代末，已降至第十六位。河南卷烟企业之所以地位不断下降，主要是投资的使用比较分散有关。如"七五"期间，卷烟企业计划技改投资4亿多元，在全省16家卷烟厂中有11家是投资重点。在外汇的投入和引进设备的使用上，本来河南攥起来也不过是个"小拳头"，分散后则成了"小指头"。其结果只能形成大家都是重点又都成不了重点，大家一齐上又都上不去的被动局面。而在技改投资使用和引进设备分配上，云南省则比河南集中得多，大多用在了玉溪和昆明两大烟厂上，当然所形成的经济效益也是巨大的。如目前云南省共拥有甲级名优烟牌号10个，其中玉溪和昆明两大烟厂占9个，两厂卷烟产量占云南全省1/2以上，两厂实现的利税约是河南两大烟厂（郑州、新郑）的4倍多，产量约是2倍多，单箱利税约是2倍。由此可见，技改投资集中使用，重点使用，无论对提高卷烟企业经济效益或是全省卷烟工业整体经济效益，都是一条有效途径。

3. 原料基地建设差，烟叶质量难以提高，直接影响了卷烟产品的质量

对卷烟工业而言，要生产高质量的卷烟产品，除了具有高新的技术设备，优秀的企业管理和生产技术人员外，还要求卷烟的原料必须是优质的。例如云南就是这样。最近几年来，云南省把烟叶生产看成卷烟生产的第一车间，拿出了大量资金向生产比较稳定的烟叶产地投资，并进行精心管理，提高烟叶质量，使卷烟生产有比较充足的优质原料供应。而河南省由于前几年留利水平太低，拿不出资金建立烟叶生产基地，在一定程度上影响了烟叶质量的提高。

4. 受洋烟走私的冲击比较大

自从我国改革开放以来，随着西方科学技术和某些商品的引进，洋烟也如潮水般涌入中国市场。河南也不例外，从百万人口的大城市，到偏僻的小山村，到处有洋烟的市场，并且把洋烟作为请客送礼，显示身份、地位和时髦的必需品之一，因此销量很大。由于受洋烟走私的冲击，严重扰乱了河南的卷烟市场，影响了河南卷烟工业的正常生产。

二、发展对策

（1）迅速完成从"速度效益型"向"结构效益型"的转变。实践证明，卷烟工业靠增加产量扩大经济收入的时期已经过去，"控制产量、提高质量、调整结构、降低消耗、增加效益"已成为卷烟工业发展的必由之路。目前，河南的卷烟产量和牌号并不算少，但是经济效益却是全国最差的，这不能不引起我们对产品质量、品种结构等方面的重视。从卷烟工业发展和卷烟市场的行情看，卷烟工业的发展速度、利税增长、市场占有率的大小等，均主要取决于产品质量的提高。因此，必须牢固树立以质量求生存、求发展的指导思想。在具体措施上应该做好以下几点。首先，要在质量上确保现有名烟和适销对路卷烟的生产，并通过烟叶质量的进一步提高和卷烟技术的改进，逐步扩大现有名优烟的生产质量，扩大市场覆盖面。其次，要注意抓好新产品的开发工作，力争在几年时间内再拿出一些质量过硬的"拳头产品"。第三，要注意大力发展混合型香烟。卷烟产品从传统烤烟型向改造烤烟型和混合卷烟型转变，已成为卷烟生产发展的必然趋势之一，混合型卷烟的市场占有率也越来越大。河南烤烟具有浓香特色，与世界重要卷烟国家的主料烟叶属一个类型，适合发展混合型卷烟。并且河南省混合型香烟的生产已经有了一个良好开端，已创出"丝绸之路"和"853"两个部优产品，其生产基础好于云南。因此，河南省发展混合型卷烟生产具有天时、地利、人和的优越条件，决不能坐失良机。

（2）卷烟工业仍是河南的重要财政支柱，对推动全省的经济发展起重要作用，必须予以高度重视。在20世纪80年代，河南烟草业共实现利税161.4亿元，占同期财政总收入的32.7%，其中卷烟工业累计利税约占全省十年财政收入总额的24.3%。由于卷烟工业是河南省近期或更长一个时期内其他产业还不可能代替的财政支柱，因此河南卷烟工业今后的发展如何，对全省财政的收入状况和经济发展将会有举足轻重的影响。在今后卷烟工业发展中，关键是对企业在资金、技术设备和各项政策上给予优先考虑，特殊对待，为企业的发展铺平道路。

（3）技改投资要向重点企业倾斜，加快卷烟工业技改步伐。卷烟工业具有税大利微的特点，加上近年来原、辅料价格上涨，致使卷烟工业成为有税无利企业，企业自身积累很少或亏损，无力进行较大项目的技术改造。因此，要完成重大的技改工作，首先必须有各级政府的支持，对卷烟企业给予大量投资，集中投资，尽可能缩短技改周期。从河南省的卷烟工业现状看，技改投资金额不能少于6亿元，技改投资的重点应该集中在郑州、新郑、许昌和安阳四厂，尤其是前两厂，投资应尽可能在"八五"期末"九五"期初完成，以尽早发挥投资效益。在技改资金具体使用上，应该分出轻重缓急，使投资发挥最大效用，如制丝生产线、卷接包关键设备等必须尽快解决。另外，在政策上也应该对重点卷烟企业实行优惠。

（4）适当关停部分小烟厂和长期亏损挽救无望的烟草加工企业。目前，河南省烟草加工企业很多，其中大部分是亏损企业，亏损额很大。为减少资金和原、辅料的浪费，应适当关停这些企业，以提高河南省卷烟工业的整体经济效益，增加财政收入。

（5）大力发展卷烟配套工业，减少进口用汇，提高经济效益。卷烟配套工业发展的好坏，直接影响着企业的产品产量、质量和经济效益。因此必须予以高度重视。目前，河南的卷烟配套工业虽有一定规模，但仍不能满足生产需要，每年还需花大量外汇进口卷烟辅助材料，如滤嘴、盘纸等。从卷烟工业的发展看，卷烟滤嘴化已成为必然趋势，预计2000年可达到80%左右。另外，盘纸、铝箔纸、铜版纸和卷烟商标纸的供应也很紧张，必须尽快配套发展。

（6）瞄准国际标准，提高烟叶质量，确保河南卷烟工业的振兴。河南省烟叶数量很大，但质量有待于进一步提高，品种结构有待于进一步优化。在这一方面，河南应充分学习云南省发展烟叶生产的经验，为卷烟工业提供量大质优的原料。近年来，河南省虽在这方面作了一些工作，也取得了一些成果，但范围有限，产量不大，经济效益不明显，今后必须大力做好推广工作。

（7）企业经营要从粗放经营向集约经营转变。近年来，河南不少烟草加工业由于片面追求速度，放松了企业内部管理和队伍建设，十分不利于企业自身的再发展。因此，今后要全方位加强企业管理，通过企业管理升级活动提高经济效益。另外，还要采取有效措施尽快提高干部队伍的管理水平和职工的业务技术水平，广泛吸收专业技术人才，以适应卷烟工业竞争发展的需要。同时，对于现有技术人员要采取有效措施，减少科技人员外流。

（8）要注意充分发挥河南烟草和卷烟的科技优势，走科技兴烟道路。河南省"两烟"科技人员很多，无论数量或素质均居全国之首，但由于多头领导。归属不一，人才分散，科研进展情况和科研项目互不通气，重复性研究较多，无法充分发挥合力优势。因此，从有利于组织领导，有利于科学研究的角度考虑，河南省可建立相应的学术组织和科学管理组织，把全省"两烟"科技人员统一纳入到这些组织之内，协同攻关，定期解决"两烟"生产中的一些重大科研课题。

原文刊载于《地域研究与开发》，1995年6月第2期

25. 关于发展乡镇企业中的几个关系问题

李润田　李小建

党的十一届三中全会以来，我国的乡镇企业在广阔的农村土地上异军突起，迅猛地发展起来了。据统计，1978～1992年，全国乡镇企业总产值增长34.9倍，平均年递增29.1%，1992年总产值达到17685.5亿元，占农村社会总产值的66.4%，占全国社会总产值的32.3%；其中，乡镇工业产值占全国工业总产值的比重达34.9%，乡镇企业上缴国家税金占当年全国各项税收额的20.3%，已成为我国财政收入的重要来源之一。上述数据表明，乡镇企业在我国农村经济及整个国民经济发展中起着十分重要的作用。因此，如何保持乡镇企业的良好发展态势，显然是一个关系到20世纪90年代实现农村小康，使国民经济的整体实力再登上一个新台阶的重要课题。要想促使乡镇企业能够高效持续健康发展下去，笔者认为应正确处理好乡镇企业发展中的三个关系问题。

一、乡镇工业与农业发展的关系问题

众所周知，农业与工业是国民经济中两大基本物质部门，它们之间的关系是十分密切的。但具体到农村经济中乡镇工业与农业关系到底如何呢？据初步了解，在这个问题上，确实存在着不同的认识。一种意见认为，发展乡镇工业会给农业带来不良后果。其一是直接干扰农村干部与部分农民不能专心致志从事农业生产；其二是乡镇工业发展，必然与农业争资金、劳动力等；其三是乡镇工业布局分散，占用大量土地，从而减少农业耕作面积[1]。另一种意见则认为，发展乡镇工业不但不会给农业带来不良影响，反而是增加农业后劲的决定条件。乡镇工业的发展不仅可以为农业提供一定的生产技术，且可以为农业提供资金[2,3,4]。这是因为工业会以较高的劳动生产率创造增值，其资金积累速度和规模均远大于农业。此外，由于中国人口众多，农村中"隐藏"着大量剩余劳动力。发展乡镇工业，可为这种剩余劳动力转移提供吸收载体，有利于提高农民收入，缩小城乡差别，实现全国工业化[4,5]。

笔者完全同意后一种意见。我们认为，乡镇工业与农业发展的关系，无论从理论上或从实践看，二者固然有矛盾的一面，但更重要的还是它们之间的统一和协调。乡镇工业的发展，对农村的正向影响起码有以下四个方面。

第一，乡镇工业的发展，通过不断吸收农村大量剩余劳动力，可以减轻农业的负担。从统计数据看，1978～1992年，全国乡镇企业以年均吸纳550万劳动力的规模扩张着。这些劳动力主要为农村闲置人员。根据笔者之一的企业调查资料，目前河南乡镇工业中除招收少量非农业人口职工外，大多数就业人员为农村户口。这些从业者多数就近入厂。调查的178家企业中，来自本村、乡、镇的职工平均占去了全厂职工的82%。在乡镇工业不太发达的县、乡，这一比例为100%。

第二，由于乡镇工业吸收了大量的农业劳动力，不仅增加了农民收入，也进一步加快了农村的发展。据统计，1992年全国乡镇企业职工工资总额为1738.4亿元，平均每个农村人口来自乡镇企业的收入205元，占当年农村居民家庭人均纯收入的26.1%。在乡镇企业发达地区，这一比例已趋50%。另外，据对河南省的调查[6]，1991年在乡镇工业企业中的工人月平均工资为148.84元，有的可高达600元以上。而调查区农民人均纯收入最高的巩义为777元/年，条件差的宁陵尚为335元/年。可见，乡镇工业在提高农民收入上起了十分重要的作用。

第三，乡镇工业企业收入除上缴国家税收外，其利润中还有一部分上交农村有关机构，用于农业基本建设和农业管理等项开支从而增加了农业的后劲。据统计，1992年乡村企业以工补农建农的资金达105亿元，比1985年增加75亿元，表明20世纪80年代中期以来乡镇企业的高速增长，带来了同期对农业资金支持的明显增加。纵向分析如此，横向分析也表明，乡镇企业发达地区农业生产条件改善的投资明显高于其他地区。以河南乡镇工业企业名列前茅的辉县孟庄镇为例，每年镇、村两级集体企业都要拿出100多万元用于农田基本建设、防治病虫害、推广良种等，使全镇4万亩耕地全部实现了旱涝保收。

第四，乡镇工业的发展提高了农民的科学文化素质。由于乡镇工业吸收了大量的农村剩余劳动力，这些就业人员通过培训，提高了其科学文化水平。另外，由于乡镇工业发展也可通过竞争的参与，增进人们的工商业意识。根据对河南118个县（县级市）农村工业发展状况与科技文化水平、工商业意识的统计分析[6]，人均农村工业产值与教育状况指标的相关系数为0.77，与科技状况指标的相关系数指标为0.57；人均农村工业产值与反映工商业意识状况的相关系数更高达0.8。说明区域的农村工业发展与科技文化水平和工商业意识具有十分显著的正相关。科技文化水平和工商业意识的提高，为进行现代农业经营打下了良好的思想基础。此外，乡镇工业的发展还可以带动其他各项农村产业的顺利发展。

农业在乡镇工业的发展中，也起着十分重要的作用。根据在河南县（县级、市）内对农业条件8个因子与人均农村工业产值的逐步回归分析，人均储蓄存款余额（X_1）与人均耕地（X_2）为影响人均农村工业产值（Y）的两个最显著因子

$$Y = 991 + 1.97X_1 - 845X_2$$

$$R^2 = 77.6\% \qquad F = 124.76$$

式中，R为相关系数，经F检验，该线性回归为高度显著。由于人均储蓄存款年底余额可表明资金情况，人均耕地的多少又与剩余劳动力有关，因此在农业条件中，资金和劳动力对乡镇工业影响最大。当然，农产品作为乡镇工业的原料以及农村作为乡镇工业产品的市场这两方面，也对乡镇工业的发展起着一定的影响作用。

肯定农业与乡镇工业的联系与协调，并不等于否认其中的矛盾仍然是存在的。比如，随着乡镇工业的迅速发展，确实占用了不少耕地；由于乡镇工业劳动生产率明显高于农业，在一些地方也确实存在着不同程度的重工轻农思想，等等。但是，这些矛盾并不是事物的主要方面，与乡镇工业对农业的促进与协调的主流相比，只是支流，而且随着国家宏

观调控和一系列政策制度以及乡镇工业自身水平的发展，可以逐步予以解决。一些乡镇工业发达地区的实践证明，乡镇工业的发展尽管在短期内出现传统农业的衰退，但最终带来现代农业的兴起。

二、乡镇工业与生态环境的关系问题

乡镇工业发展的大量实践证明，它已成为国民经济增长和结构变革不可替代的推动力量。但另一方面也必须看到在乡镇工业发展过程中，也暴露出一些不可忽视的问题和弊端，其中比较突出的是资源浪费与环境污染严重。由于乡镇工业工艺陈旧，设备简陋，技术落后，能耗高，污染大，加之缺少科技人才管理，一些地方急功近利，片面强调工业增长，根本不顾环境效益，"三废"污染正在农村蔓延。其次，大部分乡镇工业只重视产值、产量的增长，把短期盈利作为唯一的指标。因此，不注意工艺设备的陈旧和落后的方式，结果造成资源浪费严重。

正因为如此，在乡镇工业与生态环境关系上存在着不同的意见。一种意见认为乡镇工业的发展造成了生态环境的严重破坏，因此对乡镇工业发展要有所限制。另一种意见认为乡镇工业发展，对生态环境产生不利影响是事实，但从整体来看，它的正向影响远大于它的负向影响。因此，不能因为它存在着负向影响而就来限制乡镇工业的发展。笔者同意后者的意见。这是因为：第一，十一届三中全会以来，乡镇工业的迅猛发展实践早已充分证明了它给乡村经济发展带来了深远的影响和明显的经济效果。以河南为例，它的效果归纳起来有如下几点。①加速河南全省工业化进程。20世纪80年代，河南工业发展的年平均递增速度为17.36%，其中农村工业为27.42%，比全民工业13.88%速度高出1倍。②加速了国民经济结构变化，尤其是农村经济结构变化（表1）。从表中可以看出，20世纪80年代以来以农村工业为主的乡镇企业的发展，已成为二元结构转换的支点，成为国民经济增长变革的积极推动力量。③加速了农业剩余劳动力转移、农业现代化、城市化等的进程。第二，乡镇工业对生态环境造成的不良影响尽管是严重的，但其严重程度尚没有达到不可遏止的程度。比如，据金管明先生调查统计，1985年乡镇工业排放的废气占全国废气排放量的12.4%，工业废水占全国工业废水排放量的10%，工业废渣占全国工业废渣排放量的15%。从以上"三废"排放量来看，乡镇工业污染占全国的比重并不大。虽然近几年又有所提高，加上点多面广，但其比重也不是达到了十分严重的程度，甚或造成达到乡镇工业不能再进一步发展的境地。第三，从发达国家工业发展与环境治理的情况来看，对环境问题的普遍重视只是在工业高度发达之后的事。尽管西方发达国家工业的发展已有数百年的历史，但环境治理的有关政策在20世纪60年代后期才出台。当然这并不是说中国农村工业也要发展几百年之后再来治理环境污染，只是强调从历史发展角度看，污染治理是与经济发展水平相关联的。当农村工业还没有得到大发展，而中国农村经济水平的提高又亟待农村工业发展的情况下，过分强调发展工业所带来的环境污染治理，既不利于中国现代化建设，又不利于最终对污染的处理。第四，对乡镇工业生态环境的污染只要采取思想重视，加强领导，统筹规划，制定政策等措施，二者的矛盾是完全可以解决的。

表 1　河南农村工业发展与农村经济结构的变量（1985~1991 年）

项目	1985 年		1991 年		1985~1991 年	
	产值①	就业②	产值③	就业④	产值（③-①）	就业（④-②）
农村工业	79.12	196.90	460.74	336.30	381.62	139.40
农村各产业总计	367.92	2931.66	1158.08	3510.81	790.79	579.15
农村工业份额	21.54	6.72	39.78	9.58	18.24	2.86
农业份额	65.76	87.24	45.87	82.98	-19.90	-4.26
农村非农产业份额	34.24	12.76	54.14	17.02	19.90	4.26
农村工业占农村非农产业份额	62.91	52.66	73.48	56.29	10.57	3.63

资料来源：农村工业的计算采用了《河南省经济统计年鉴》数据与《乡村企业统计资料》两者的算术平均值，其他指标计算据《河南经济统计年鉴》（1992 年）。

从全国来看，根据对一些地区的经验的归纳，在乡镇工业中如何注意生态环境，可从以下几方面着手：第一，要选准项目，这是关键。严禁某些污染严重、难以治理的项目在农村蔓延。第二，在布局上多下功夫。从当前来看，可以采取微观布局优化形式——划分农村工业小区。为了实现这一办法可运用经济杠杆和政府干预等手段，引导几十家乃至上百家乡镇企业到指定的地点聚集共生，这种统筹布局以后，不仅可以产生聚集效益和减少用地面积，而且十分便利环境整治。因为企业集中布点，将生产工厂与村民住宅分离开来，并统一处理"三废"，从而较好地解决发展与污染的矛盾。第三，可以发展环保产业，这是一项方兴未艾、前途远大的事业，也是一种治本的办法。尽人皆知，珠江三角洲是乡镇企业最发达的地区之一，但它们环境污染并没有大程度的增加。重要原因之一是这里数年前就发展了环保产业，且取得了明显的成效。比如顺德环境工程装备公司生产的 ZSQF 型气净处理机、FBZ 型综合废水处理机、JBL 型快滤净水器等，用来处理电镀、印刷、制革、食品工业废水及宾馆酒店废水，获得了较好的环境效益和生态效益。第四，坚决贯彻执行国务院颁发的《环境保护法》。

三、乡镇工业与城市工业的关系问题

在乡镇工业的发展中，城市工业起了十分重要的作用。费孝通先生曾讲到，"乡镇企业必须有现代工业的制造技术和管理知识以及市场信息，而这些在农村传统里是得不到的，必须向工商业中心的城市去引进"[3]。分析全国乡镇工业的区域格局，可以看出，靠近工业城市的乡镇工业比较发达，而边远地区的乡镇工业则比较落后，可作为城乡工业联系促进乡镇工业发展的实证。此外，这种联系可促使城市工业技术和设备的充分利用，并通过城乡工业分工，使城市工业集中于优势部门，实现其结构高度化。

然而，城市与农村毕竟各有其自身的利益主体。城乡工业间的竞争与摩擦是不可避免的。如在资金、原材料和熟练劳动力均十分稀缺的情况下，便出现生产要素的竞争；收入水平较低情况下的市场需求往往有限，城乡工业面对有限的市场需求，其竞争往往非常激烈。尤其是在城乡工业结构相似的情况下，两者低水平的过度竞争往往会给整个国民经济造成不良后果。由于这些矛盾的存在，有的学者根据国际上工业化国家工业发展的经验，认为工业集中于城市和农村以农、林、牧、渔业为主的城乡分工，是社会分工的综合空间形式，是当代各国产业布局的基本态势，在现阶段不应主张"农村工业化"[1]。还有人根据刘易斯的二元结构理论，以及大多数国家二元经济结构的转换是通过农村剩余劳动力流入城市现代工业部门来实现的事实，以为乡镇工业为我国经济中介于先进的城市工业与传统农业之间的准现代部门，该部门的迅猛发展，带来其在国家工业体系中的比重越来越大，而现代城市工业在国家工业体系中的地位越来越小。这明显地与多数国家的二元结构发展相逆[7]。

根据笔者对一些地区乡镇工业发展的了解，认为乡镇工业与城市工业之间存在着诸如有原材料、市场、结构同构、资金等等矛盾，这是事实，但这些矛盾不是不能予以解决的，更不能因为矛盾的存在，就不能发展乡镇企业了。首先，就原料来说，无论从国家或从省区来讲，发展工业的原材料还是大有潜力的，10余年来城市工业和乡镇工业同步大发展的实践已经完全证明了这一点。不仅如此，乡镇企业和城市工业由于要素禀赋的特征不尽相同，它们对原材料需要的品种和数量也不尽相同。因此，它们的矛盾也是可以协调解决的。即或是出现了紧俏原材料的矛盾，也应当遵照"城乡一体化"战略思想要求，采取宏观调控的办法加以解决。另外，为了加强乡镇企业与城市工业间的联系，也可以大力提倡乡镇工业广泛利用城市工业的废料为原料来发展自己，也是解决原材料矛盾的正确途径。其次，关于二者在市场上的矛盾，主要是指由于城市工业结构调整步伐比较缓慢，仍然固守着原有的中低档产品阵地，而乡镇企业的大量中低档产品迅速不断地打入市场，其结果必然形成相互间的冲突。唯一正确的途径是大力加快城市工业调整结构的步伐。再次，关于乡镇工业与城市工业结构趋同的问题。我们认为，由于许多农村工业企业利用的是城市工业的二手设备、退休的技术人员及原材料的"边角余料"等，因此各地区城市工业的主要部门也常为当地农村工业的优势部门，造成城乡工业结构的趋同有一定客观原因。但是另一方面，也必须看到它们之间存在着一定程度的互补性。特别是还应当了解到随着城市工业和乡镇工业联系的不断加强，城乡工业的结构将会日趋合理。

因为我们国家经济体制改革的目标已确立为社会主义市场经济，这样城市工业和乡镇工业的结构同构化的问题，就可以通过市场的调节予以解决。最后，关于资金的矛盾问题，完全可以通过宏观调控的手段来逐步加以解决。

在广大农村地区发展工业，是与中国有八亿多农民和城市容纳能力有限的客观条件密切相关的。只要在农村工业化的同时，抓紧实现工业现代化，便可以促使中国经济二元结构的转变；只要在农村工业发展中注重工业小区建设，便可逐步改变城市化明显滞后于工业化的现象，缓解农村工业与农村的矛盾，限制农村工业对生态环境的不利影响。

参 考 文 献

[1] 孙文广. 效益、分工和农村产业政策. 管理世界，1988，第2期.
[2] 许经勇. 论乡镇工业的历史地位. 天府新论，1987，第6期.
[3] 洪乌金，张仕庆. 乡镇工业发展与农业现代化. 农业现代化研究，1991，第12卷，第3期.

[4] 张毅. 论中国农村工业化. 中国乡镇企业, 1990, 第 12 期.
[5] 费孝通. 中国城乡发展的道路. 中国社会科学, 1993, 第 1 期.
[6] 李小建. 河南农村工业发展环境研究. 北京：中国科学技术出版社, 1993.
[7] 厉无畏, 王振. 中国乡镇企业的结构调整和现代化. 农业经济问题, 1991, 第 5 期.

附：此文写成后作为手稿保存

26. 河南旅游资源与旅游业发展初探

李润田

河南省古称"豫州"。在古代，因河南居天下之中，故又称"中州"、"中原"。今日河南在全国版图上，虽不像古代九州那样，正处于全国的几何中心，但从政区和交通地位看，却占着居中的部位。以河南为中心，北至黑龙江畔，南到珠江流域，西到天山脚下，东抵东海之滨，大都要跨越两三个省区。若以省会郑州为起点，北距京、津、唐，南下武汉三镇，西入关中平原，东达宁、沪、杭等经济发达和人口密集地区，其直线距离都在 600~700 公里之内。再加上便利的交通条件，使河南作为华夏腹地而维系四方，便于游客来往。

河南是中华民族的发祥地之一。几千年来，经过河南各族人民的开发，创造了极其光辉灿烂的民族文化，为人类进步做出了极大贡献，它幅员辽阔，山河壮丽，气象万千。无论就自然或人文的各方面条件而论，河南都是我国旅游资源得天独厚之地，是发展旅游潜力最大的省区之一。同时，中央对发展河南的旅游事业也极为关注。因此，深入研究本省旅游资源和旅游业发展问题，就具有现实意义和战略意义。

一、河南旅游资源的分析与评价

山水兼备，自然绚丽，历史悠久，文化灿烂，旅游资源得天独厚，富饶多样，是河南发展旅游业的优良条件。本省有不少名胜古迹可谓举世无双的珍宝，名山大川也独具特色。气候宜人的避暑胜地，历史悠久的帝王古都，雄伟壮观的古代建筑，丰富多彩的民族文化。有的已辟为旅游区点吸引着中外游客。

旅游资源按其属性可分为自然和人文两大类，现就河南的旅游资源予以分析和评价。

(一) 自然旅游资源的分析与评价

由于纬度位置和地壳的演变，河南自然旅游资源独具特色。构成自然旅游资源的基本要素主要有气候变幻、风景地貌、水色风光、动植物等。

河南气候具有明显的过渡性，温暖适中，兼有南北之长。全省年平均气温在 13~15 摄氏度，1月平均气温最北部也在-2 摄氏度左右。4月和10月平均气温绝大部分地区都在 14 摄氏度左右。所以 4~10 月为一年中旅游较好时期，也是休息疗养的较佳季节。特别是在这个时期的春、秋两季，正好是春和日丽，秋高气爽，更是开展旅游活动的好时光。从全省近年来接待国际旅游者的情况表明，春、秋是全省旅游旺季，冬为淡季。夏、冬两季虽有一段时间的酷热和严寒，对旅游有一定影响，但若增设防暑和取暖设备也完全可以开展旅游活动。同时，不同季节的天气状况也会引起景物的变化。如嵩山云海、"少室晴雪"、"相国霜钟",以及鸡公山辟为避暑胜地等,无一不与气候有直接关系。

风景地貌是地表在内外营力作用下,造就了千奇百态的地表形态与结构,成为其他自然旅游资源存在的基础。作为风景旅游资源的地貌类别,主要有山地、山峰、高原、盆地、平原和峡谷等。

河南的地貌,大致以京广铁路为界,分为东西两大部分:东部是沃野千里的平原,西部则为大片山地。河南的山地主要集中在豫西北、豫西和豫南地区,这是风景地貌中最重要,对发展旅游事业最有意义的部分。河南境内这些成因不同的山地,山体形态各具特色,山势峻峭,颇为壮观。其主要山岳特征如下。

豫晋界山——太行山。这是我国东部一条规模巨大的山脉,居华北众山之首。河南境内的太行山,东南翼是断裂,与豫北平原相连,相对高度较大,表现出山地旅游风景的优势,从平原向西北仰望,山势十分巍峨峻峭。不少地方分布着低山丘陵和串珠状盆地,把太行山衬托得更加雄伟壮观,巍峨多姿。特别是山体中大断层十分发育,造成许多断层峭壁,显得气势非凡。近年来,在济源县发现"小泰山",除规模小于东岳泰山外,中天门、南天门等古建筑遗址,应有尽有,若加修复亦可辟为旅游区。从辉县西北部至济源沁河以东,山体较为破碎,石灰岩广泛露出地表,喀斯特地貌有不同程度的发育,有溶蚀裂隙和溶洞,山麓多泉水淙淙,其中以辉县的百泉最为著名。

豫西山地。扇形的豫西山地占全省山地、丘陵总面积一半以上的豫西山地,主要山脉有小秦岭、崤山、熊耳山、伏牛山及其分支外方山和"五岳之中"的嵩山。这些山脉因岩层较为复杂,加上长期风化,重力和流水等外力作用,使地貌形态特征具有明显的多样性,山势高峻、重叠起伏,气势十分雄伟。地处郑州西南隅的"中岳"嵩山,重峦叠嶂,巍峨高峻。并有"铁梁"、"十八隈"、"悬练"等奇丽险要景色,成为驰名中外的旅游胜地之一。

江、淮分水岭——桐柏山和大别山。桐柏山、大别山地不仅是长江与淮河的自然分水岭,也是河南省旅游资源潜力最大的区域。桐柏山地由低山和丘陵组成,海拔多在400~800米,主峰太白顶也只有1140米。但山体因受众多河流横向切割,形成一系列河谷和山岭。山高谷深,气势十分险峻。特别是太白顶山麓是淮河的发源地,这里山清水秀,风景优美,是科学工作者进行考察和发展旅游的理想之地。大别山气温较高,降水较多,不少地方亚热带景观非常优美,常吸引着广大游客。著名的鸡公山,山势奇伟,泉清林翠,气候独特,风景秀丽,被确定为全国44处重点风景名胜区之一,也是中外皆知的避暑胜地。

广阔的东部平原。东部平原虽然地形较为单调,不十分有利于旅游事业的发展。但因河流的变迁和人类活动。有不少简单的造型地貌,如古河槽、古河滩、古泛道、决口扇、沙丘、沙岗,各种凹地等。这些造型地貌也有建筑园林、发展旅游的价值。

水在自然环境的形成和发展过程中是一个最活跃的因素,水对旅游活动更有特殊的意义,它和地貌风景一样,也是极为宝贵的旅游资源。人们往往利用某些水面或以水为主,配合其他旅游资源因素造成风景点,所以,通常人们把"山水"作为风景的代名词。群山环抱的湖泊、水库,两山夹峙的江河峡谷,山间奔泻的溪流、瀑布,无一不是山水相映,分外多娇。

河南是一个河流众多,水系复杂的省份,其中犹以黄河旅游价值较大。黄河汹涌澎湃，滚滚东流，很久以来就是中华民族的象征，"三门峡"、"地上河"的特有景观早已名扬天下。诗人李白曾写下"黄河之水天上来，奔流到海不复回"的赞美诗句。淮河、卫河、唐白河等也独具特色。

因不少河流流经山区，产生了不少龙潭、瀑布等天然美景，也有类型繁多的山泉分布。据初步发现豫西山地有34处温泉；在大别山也有个别温泉出露。其中高温（>60摄氏度）和中温（40~60摄氏度）的热水泉共11处，都是发展旅游事业的好场所。河南温泉以鲁山和临汝两县最著名。鲁山县温泉出自片麻岩中的断裂带上，分上汤、中汤和下汤3处。下汤有3泉，总流量为8.53立方米/秒，实测水温64摄氏度，水色透明，具有强烈的硫化氢气味。据鲁山县志记载："里氓引以为沐浴池，疮痍濯之即愈，有骊山神出之验"，可见下汤温泉早已为人民沐浴治病和疗养之地。临汝温泉历史悠久，自古就建有汤王庙、武后碑、八卦（武则天洗澡处）等建筑，驰名省内外。一般说来，温泉点多分布于依山傍水之处，往往风景秀丽，气候宜人，加上泉水清澈，蒸汽翻滚，雾气弥漫，烟云回绕，确实是广大游客向往的旅游胜地。

此外，建国以来在黄河中游、淮河上游和丹江，兴建了不少大中型水库，如三门峡、南湾、板桥、鸭河口、丹江等，以及驰名中外的红旗渠。这些人工湖泊多与山色融成一体，有的已成为著名旅游胜地，有的稍加整修，增添设施，也可成为吸引游客的理想旅游区。

植被是自然景观的主要标志。树林花草因地而异，因时而变，可延长旅游季节和扩大旅游范围；多种植被是构成"秀"、"幽"的主要因素之一，可使各地形成不同的自然景色；也可为园林美化提供条件。可见植被是重要的自然旅游资源。

河南地处南北过渡地带，气候温和湿润，适宜各种植物生长，植物种类在华北地区占重要地位。据初步调查，全省维管束（高等）植物共199科、1107属、3830种。河南植物不仅种类多，而且还保留着许多古老的孑遗植物，如长形希指蕨、白垩希指蕨等多种白垩区系成分；也有银杏、粗榧等残余树种。同时，河南尚有千年以上的银杏树种和两千多年的"汉大将军柏"，成为河南历史上最古老的树种之一。这些珍贵少见的高龄树木，更加丰富了本省旅游资源的内容。此外，在广大山区还分布有油松、白皮松、毛白杨、马尾松、杉木、枫香、青冈栎、榆、杜仲、毛竹、水竹等，它们不但构成自然植被的主体，也使广大山区风光显得更加秀丽、幽静。

丰富的动物资源不仅对科学研究、文化教育、经济发展有着重要意义，而且也是旅游资源的重要内容之一。据初步统计，在河南野生动物中，约有哺乳类60种，鸟类300种，爬行类35种，两栖类23种，共有脊椎动物400余种，占全国总数的1/5左右。从动物种类来说，属华北区系代表动物在兽类中有麋、麝、青羊、貉、狗獾、普通刺猬、野猪、岩松鼠、仓鼠、鼢等；鸟类如石鸡、勺鸡、岩鸽、灰喜鹊等；两栖类中有蟾蜍、北方狭口蛙等；爬行类中如丽斑麻蜥、白条锦蛇、红点锦蛇和虎斑游蛇等。突出的华中区系代表动物有猕猴、菊头蝠、果子狸、金钱豹、东方蝾螈、大鲵、黄缘闭壳龟、噪鹛、红翅凤头鹃、姬啄木鸟、三宝鸟、竹鸡、白腰文鸟、八哥等。

这些丰富的动植物旅游资源，有的可观其形，有的可观其果，有的可观其花，有的观其动态和色彩。同时也可进行教学和科普观赏。根据不同的要求，满足旅游者的各种愿望。

(二) 人文旅游资源的分析与评价

人文旅游资源属人文地理环境，也称人文景观。它是人类生产、生活活动的艺术成就和文化结晶，是人类发展过程科学的、历史的、艺术的概括，并形成形态、色彩和整体结构建筑或其他形式。同自然旅游资源一样，可供游览、观赏和猎奇，更可作为科研、教学和考古的依据。它对丰富现代人类的文化生活和历史知识，增进各民族间的相互了解和友谊，发展旅游事业，都具有重要意义。

河南地处中原，是中华民族发祥地之一，人文旅游资源极为丰富，其最突出的特点是以"古"著称，可称为中国历史进程的缩影。河南文物古迹之多，时代连续之系，在全国也为罕见。从五六万年前的南召云阳猿人开始，到历代经济文化的发展阶段，都有迹可寻，有物可证。主要的文化遗址和名胜古迹有：仰韶文化遗址、殷墟、商代古城、少林寺、白马寺、相国寺、龙亭、铁塔、岳王庙、龙门石窟、卧龙岗、杜甫故里、巩县宋陵、张衡墓、韩愈墓等。特别是九朝古都洛阳、七朝古都开封、五朝古都安阳，原有风貌历历在目。古建筑群、古塔、古桥梁、石窟造像、碑林石刻在中州大地上星罗棋布，比比皆是。据不完全统计，全省历史文物古迹315项，重要古墓葬34项，闻名的古代石刻29项，风景名胜44项。现有全国重点保护单位16个，省级重点保护单位267个。洛阳、开封被列为全国第一批24个历史文化名城。上述这些文化遗址和文物古迹多散布于青山秀水之间，自然美和人工美相互结合，融为一体，使河南的旅游资源更加丰富多彩，妩媚动人，从而使广大游客得到美的享受，当人们游览这些名胜古迹时，也必然对她的历史背景、古代文化引起无限的遐想，从而获得更多的知识。

河南人文旅游资源不但以古老著称，而且也是中国近现代史上赫赫有名的省份之一。半个多世纪以来，河南人民在中国共产党的领导下，开展了许多英勇卓绝的斗争，不仅留下了无数的近现代革命历史文物，且形成了许多革命纪念地。较著名的有开封辛亥革命烈士纪念塔、郑州"二七"大罢工纪念塔和纪念堂、第二次革命战争时期新县中共中央分局旧址、抗日战争时期竹沟中共中央中原局旧址和洛阳八路军办事处旧址、解放战争时期永城淮海战役纪念馆等。以上不少旧址都设有陈列馆，供人们参观瞻仰。

另外，河南的地方戏曲、民间风习、节庆活动、地方佳肴等，也往往是具有独特乡土气息的人文旅游资源；在发展旅游事业中，也同样有着重要作用。

旅游事业是一项特殊的、综合性的经济活动。它不仅要有一定的旅游资源作为物质基础，而且还要以一定的国民经济作为必要的条件。河南工农业发达，为旅游市场提供了丰富多彩的旅游商品和旅游设施，如开封的汴绣、洛阳的唐三彩、神垕的钧瓷、南阳的玉雕、信阳的毛尖茶叶、各地的水果及各种土特产品等，均为国内外游人所称赞。河南的铁路不仅是省内交通运输的骨架，而且与全国各省区保持着紧密联系；公路和航空运输也以郑州为中心四通八达。便利的交通条件，在全省旅游事业中发挥着极为重要的作用。

二、河南旅游业发展的现状

所谓旅游业，就是以旅游资源为凭借，旅游设施为条件，为人们旅行游览服务的行业。与农业、工业、商业等国民经济其他行业所不同的是，它不直接生产产品，不实现商品流通，主要是依托自然风光、名胜古迹和文化艺术来吸引大批游客，并为旅游者提供劳务，从而获得相应的收入。因此有人称它为"无烟工业"、"无形贸易"。旅游业具有投资少、收效快、利润大等特点。因此，引起世界各国广泛的重视，成为许多国家国民经济中的一个重要部门。

我国旅游业起步较晚，直到20世纪70年代中期才刚刚兴起。从河南旅游事业的发展来看，也是如此。直到党的十一届三中全会以后，随着我国对外开放、对内搞活经济政策的实施，河南旅游事业才从无到有，逐步发展，其发展情况如表1。

表1 河南省旅游发展情况

年份	1979	1980	1981	1982	1983	1984	1985	1986
接待人数（人）	11191	14848	25594	37346	42917	52676	60271	88900
增长（%）	—	32.6	72	45	15	22.7	14	47.5
外汇收入（万元）	101.2	225.3	407.2	457.7	500.0	689.0	787.6	1165.0
增长（%）	—	1.2倍	80	12	9	37.8	14	48

从上述表中可看出，来河南的港、澳、台及外国游客人数和外汇收入虽逐年增加，但其增长率尚不稳定，而接待游客的数量，若与全国相比，还不及全国国外入境人数的1%。目前，河南省的旅游业已注意面向国外进行旅游宣传，本着"友谊为上，经济受益"的方针，坚持走中国式的旅游道路，有计划、有步骤地对国内外开展工作，进一步加快了全省旅游事业的发展步伐。

河南旅游事业的发展现状具有以下几个特点。

1. 旅游资源初步得到开发，但开发尚不充分

河南现存的文物、名胜、古迹尽管十分丰富，但由于年久失修和严重破坏，很多资源残破不堪。党的十一届三中全会以来，由于党和政府对旅游事业的高度重视，使不少重要的旅游资源初步得到了开发。如1977~1983年，省财政拨款近亿元，加强了旅游资源的维修和开发。特别是重点对郑州、开封、洛阳、嵩山等游览区和鸡公山等风景区进行了保护、建设与开发利用，初步改变了过去破损局面，仅少林寺一处就投资几百万元，恢复了部分殿堂和塑像，并增加了不少服务设施。又如，郑州的邙山游览区经过几年建设，也初具规模。目前全省可供接待国外旅游者使用的宾馆、饭店等近20家，床位2400多张，旅游车辆2000多部。随着全省旅游活动内容的逐步扩充，使接待人数逐年增加。就客源构成情况看，1983年全省共接待外国游客和华侨、外籍华人、港澳台地区游客42917人，其中外国游客占总人数的56.8%，华侨等四种游客占总人数的47.2%。在外国游客中，以西欧游客为多，日本游客次之，美国游客再次之。

近几年来，国内游客也骤然增加。仅1983年到郑州、登封、洛阳、开封、鸡公山等游览区游客就达千万人次。据统计，仅到登封嵩山游览的国内客人，1982年为近百万人次，1983年就上升到200万人次。

尽管全省旅游业只是初步发展，但作为新兴的"无烟工业"部门，已对河南的经济振兴起了积极的促进作用。如从1979年下半年到1983年底，据不完全统计，全省旅游业直接创汇合人民币达亿元以上。并促进了工业、交通、商业、服务业、建筑业、农副产品加工业的发展。这一切又都为全省旅游业的迅速发展提供了有利条件。

虽然如此，但与省内极为丰富的旅游资源相比，尚有相当部分的旅游资源未被开发、利用，或利用的不够充分，所以说，河南发展旅游的潜力是相当大的。

2. 旅游资源丰富，但对重点项目宣传不够，未能形成"名气"

河南虽然旅游资源丰富，发展旅游业的潜力很大，但还有相当一部分未得到开发利用，就是已开发的部分，除龙门石窟和少林寺在国际上有较大影响外，大部分没有宣传出去，就连一些重点旅游项目也未享有应有的"名气"，不能引起广大游客的高度兴趣和注意。虽近年在菲律宾举办了较大型的旅游宣传，但总的看来宣传还不广泛，这在某种程度上必然影响全省旅游事业的发展。西安之所以成为旅游热线地区，客源饱合状态，就因为他们突出了被誉为"世界第八奇迹"的秦始皇兵马俑这个有名气的项目。

3. 旅游结构过于单一

从旅游心理角度来看，游客的兴趣和爱好是广泛的，多方面的。因此旅游结构应既有重点，又是多样化。而当前河南的旅游资源开发情况是，重点不仅没有完全突出出来，而且旅游活动的内容和形式过于单调。这在很大程度上降低了对游客的吸引力，减弱了在旅游市场中的竞争能力。

4. 全省旅游资源既普遍又集中，但开发和利用的计划性不强

河南全省有80％以上市县都有风景名胜、文物古迹和革命纪念地等可资利用的游览参观点，旅游资源分布之普遍，为他省所不及；从已开发的一些重点游览项目来看，分布也较集中，如洛阳、嵩山、开封等地即是如此。但如何有计划、有步骤地合理开发利用，尚缺乏完整的论证和统一的规划。

5. 旅游交通和其他服务设施尚不配套

旅游业是一种综合性很强的行业，出现一个薄弱环节就会影响全局。目前全省旅游交通和其他服务设施，尚不能适应旅游业迅速发展的需要。如洛阳是众人皆知的重点旅游区之一，潜在优势大，发展前景也十分广阔。但铁路客运在洛阳始发车次少，就影响了旅游高峰期的游客进出，从而限制了旅游业的再发展。同时省内不少旅游点的商业服务网点少，也影响了全省旅游业的社会效益和经济效益。

从河南旅游业发展现状特点看出：省内旅游资源丰富，发展潜力大，具有广阔的发展前景。但若不能很好地解决这些存在的问题，势必会抑制河南旅游资源优势的开发和利用，影响全省旅游业的发展速度。

三、河南旅游业今后发展的主要途径

河南旅游业虽然有了很大的发展，但与形势发展的要求及周围各省相比，还有很大差距，根据中央有关发展旅游事业的方针，结合河南旅游事业现状与特点，今后旅游业的发展，应解决以下几个问题。

1. 要有计划、有步骤地开展全省旅游资源的调查、研究工作

要发展旅游业首先应查清全省旅游资源的数量和分布，否则旅游业的发展就会产生盲目性，甚至造成人力、物力、财力等方面的损失。

河南旅游资源虽然相当丰富，但其数量如何，特别是它们的质量、特点、类型及开发利用条件等情况，有相当部分地区都没有详细的科学资料，这就不可能进行合理开发。为此，全省必须组织有关业务部门有计划、有步骤地开展旅游资源的普查。并在普查的基础上，进行系统的科学分类，探讨其合理利用途径及其潜力。同时应进行实事求是的技术经济论证和科学评价，进而提出开发方案，使发展旅游业建立在可靠的科学依据基础上。

2. 在充分、合理开发利用原有旅游资源的同时，必须积极而有重点地开辟新的旅游区，进一步提高开发利用水平

目前已查明的旅游资源的发展水平，还是相当低的。其主要表现为：第一是对已查明的旅游资源尚未做到物尽其力，甚至有的仍处于"休眠"状态。如目前全省开放的旅游点仅30个，只涉及七市六县。很多应开放的旅游点尚未开放，有用的旅游资源白白浪费。从全国范围来看，河南仍处于温线地区，不仅比不上北京、杭州、西安、桂林四大热点城市，与广东、福建等一些沿海地区也有差距。这主要是因为思想不够解放，应开放的不敢大胆开放，旅游点过少，导致旅游内容贫乏，缺少客源；旅游区的游览活动单一，设施较差。这都影响旅游业进一步的发展。第二是一大批有价值的旅游资源，尚未发掘或虽已发现但未下决心开发利用。例如，岩溶风景区向来为中外游人所重视和爱戴。近年来，河南在巩县老庙发现了以"雪花洞"为主的溶岩洞穴群。如能投资开发，可辟为避暑胜地，使河南的旅游业别开生面。又如，只要有计划、有重点地对水库、自然保护区予以开发，也必然会促进全省旅游业较快发展。

为逐步解决上述这些矛盾，一方面应对已开放的郑、汴、洛、新、安、三、信等七市的旅游区点充实活动内容和设施外，还应对已查明的辉县、巩县、密县等100多个旅游景点作进一步有计划地开发，使其潜力得到最大限度的发挥。另一方面，在普查旅游资源的同时，应对新发现或已发现的旅游资源积极而有重点地加以开发利用。

3. 要逐步建立有重点又多样化的合理旅游结构

旅游结构是否合理，是衡量旅游资源开发利用水平的重要标志之一，但河南旅游业却没有建立起合理的旅游结构。一方面其旅游业优势没有得到充分发挥，突出重点不够；另一方面也没有做到开发多样化。其结果使旅游业带来的经济效益和社会效益都很低。这与河南的实际情况和中央的要求有很大差距。

河南地处黄河流域，是中华民族灿烂文化的摇篮。所以，河南旅游资源的优势就在于得天独厚、光彩夺目的古文物和汹涌澎湃的黄河。因此，河南若以"古"发展旅游业，资源极为丰富；若以"黄"发展旅游业，条件完全具备。若把"古"、"黄"结合起来，更有可能与西安、桂林相接，成为全国的旅游热点。其所以这样认定，至少有以下几点根据：第一，号称中原的河南历来是以文物古迹众多著称，为全国文物大省之一。各种文物古迹应有尽有，且数量大，分布广。特别是新石器时代和商周文物更是优势中之精华。就质而论，许多项目居全国首位，或堪称"最早"，或为本省独有。故从质量上也为全国优势。第二，河南在客观上已基本形成了几个以文物古迹和黄河景观为内容的旅游区点。众多文物古迹遍及全省，但又相对集中在几个区域，这是河南文物古迹的分布特点。历史的悠久决定了分布的广泛，历史上政治、经济和文化中心多次出现于中原，又形成相对集中的事实。第三，众多名胜古迹和驰名中外的黄河，悠久古老传统的历史，丰富多彩的文化艺术等，给许多旅游者以神秘的魅力，特别是绝大部分西方游客，都认为河南是了解历史中国的窗口，为一切渴望了解河南的人所仰慕之地。综上所述，河南除了文物古迹和黄河中下游地理景观外，其他方面的旅游资源尚不可形成河南旅游业的优势。因而必须认准这一优势，充分利用和发挥。与此同时，也不放松其他旅游资源的开发利用。因河南尚有不少名山大川、水库温泉、溶洞、大型水利工程和自然保护区，都是极为宝贵的旅游资源。况且人们的兴趣爱好，也因年龄职业不同而异，应根据不同需要有计划、有步骤地逐次开发，以形成独具特色又多样化的旅游结构。

4. 要进行统一的旅游区划和规划

旅游业是一个多种部门的经济综合体，无论旅游区或旅游片、点，必须有一个明确而合理的区划范围，然后才能进行合理布局和建设，否则就不能很好地对旅游区、片进行统一布局建设和总体规划。特别是河南幅员较大，旅游资源丰富多样，各种情况因地而异，要大力发展旅游业获得较高的经济和社会效益，不进行统一区划和合理规划将事倍功半。事实上过去由于缺乏全省的统一区划和规划，已使旅游业发展受到很大限制并造成一定损失。如有的旅游区因缺乏统一规划，为建设工厂而毁掉文物古迹者时有发生。著名的黄山、泰山、北京、承德等旅游区都有合理的区划与规划。对河南几个重要旅游区应尽快开展这一工作。至于开展区划和总体规划的程序问题，大量实践证明，首先应完成旅游区、片、点的区划以后，再进行总体规划。这样才能保证区划与规划的高度协调与统一。

5. 要积极发展旅游交通

交通是发展旅游业的命脉，它包括两方面的涵义。一是旅游区的对外交通；一是旅游区的内部联系。从目前情况看，上述两方面在河南旅游业发展中都存在问题。如洛阳是河南的旅游热点，但始发火车仅有一对，游客进出困难较大；郑州游览区将很快形成，虽然铁路运输比较方便，但民航班次很少，使旅游区对外交通不便。区内交通也存在不少问题，如区内交通尽管以公路为主，但从郑州至登封、巩县、洛阳、开封的公路不仅路面窄，而且质量较差。为尽快改变旅游区交通运输的落后局面，必须大力发展区内、区外的交通运输。否则，难以适应今后旅游高潮的到来。

27. 关于我国沿边开放中几个问题的初步探讨

李润田

沿边开放是我国全方位开放战略的重要组成部分。实施沿边开放战略不仅是加速我国整体经济发展,促进社会主义现代化建设的需要,也是贯彻落实中央一系列指示和邓小平同志关于中国要进一步对外开放讲话精神的一项重大战略措施。

一、实施沿边地区开放的重要作用

(一) 可使沿边地区的丰富资源得到迅速、合理的开发,变资源优势为经济优势

我国沿边地区蕴藏着极为丰富的自然资源,如北部、西部地区富饶的农牧业资源,南部、北部的部分地区有各种丰富的经济林、土特产资源。特别是沿边绝大部分地区都具有多种多样的矿产资源。另外,药材和热带动植物资源、旅游资源也相当丰富,这些资源在过去长期得不到充分而合理的利用,有的甚至沉睡上千年。但自从实施沿边开放战略以后,根据周边国家市场的需求与变化,沿边、各个地区的各种资源得到迅速而合理的开发,进一步促进了由初级加工开始向深加工发展,最后使资源优势转化为经济优势。与此同时,也引发出一系列有关地区的经济结构、产业结构、产品结构等方面的巨大变化,可见,开放战略对沿边地区生产力水平的提高作用是相当巨大的。

(二) 能迅速改变沿边地区贫穷落后的面貌

由于沿边大部分地区属于山区和边远地区,自然环境十分恶劣,山高坡陡,交通不便,长期造成商品经济极不发达,再加上其他各种原因,无疑使当地经济形成贫穷落后的状态。比如地处西北的几个边境省区,地方财政的自给率仅为46.8%,这就是说当地财政一半靠国家补贴。由于近几年来沿边开放战略的实施,不少地区开发了边境贸易,一方面利用本地资源,就近在境外换取部分发展生产需要的产品;另一方面利用一切可能提高贸易的收益水平,增加财政积累,从而使本地区经济出现了惊人的发展。如黑龙江省绥芬河市1987~1991年年底对原苏联边贸完成进出口总额达4.81亿瑞士法郎,实际利税共达1.7亿元。又如,1991年云南省边境贸易总额达16.4亿元人民币,约占全国边贸总额的1/3。昔日贫穷落后的边疆地区一跃成为经济发展的先锋。

(三) 有利于因地制宜,发挥优势,改善区内生产力布局不合理状况

从全国来看,9个内陆边疆省(区)不仅经济发展水平与东部沿海开放地区和中部内

陆省区相比存在着极大的差距，表现了较大的不平衡，而且在边疆地区内部的经济发展上，中心城市与其边远地区也都存在着先进与落后的差异。几年实践证明，通过实施沿边开放战略以后，不少边远地区由于资源得到了合理的开发利用，并在此基础上，根据国外市场的需要建立了一批新的产业部门。其结果不但出现和发展了不少新的城镇，且有力地推动了区内生产力布局不合理局面的改善。黑龙江省绥芬河、黑河两个边疆城市的飞跃发展就是有力的说明。

（四）有利于带动所有服务行业和其他产业的全面发展

边境贸易的发展，实际上是人与人的交往，特别是国际间贸易必然会引来八方商客，这不仅对贸易水平本身提出了很高的要求，而且还要求其他行业（饮食、服务、宾馆、旅游、交通、地方工业等）的密切配合。其结果必然带动沿边地区所有服务行业和其他产业的全面发展。

（五）可以更好地发挥沿边地区的地缘优势及周边国家开放的条件，积极参加国际分工与地区经济合作，促进区域联盟的发展

当前，发展地区经济合作和加强相互经济联系已成为世界性潮流，而沿边地区及其周边国家均以对方为市场，这种市场具有长期性、稳定性和互补互惠性。既然如此，沿边地区可以与周边国家广泛开展各种形式贸易以及多种经济技术合作等，只有这样，才能逐渐把沿边地区经济纳入国际经济一体化轨道。如1992年1~5月，新疆已与周边国家签订工程承包和劳务合作项目17项。此外，还开展了多项的经济技术合作项目等。

（六）可以加快我国形成多层次、多渠道、全方位格局的步伐

当今世界是一个开放的世界，生产和交换的国际化已经发展到一个新阶段，为了适应这个变化的新形势，我国必须逐步实现"全方位开放"的新格局，只有这样，才能进一步扩大开放范围，拓展开放领域，努力提高对外开放的水平和效益，增强开拓国际市场的能力，使我国对外经济更好更快地上一个新台阶。在"全方位开放"格局中，沿边地区开放占有十分重要的地位。因为沿边地区不仅占地面积大，资源富，民族多，位置好，而且周边国家丰富的森林、矿产、原材料等产品则为我国所急需。特别应当看到，争夺这些国家市场的国际竞争正在加剧，如果我们不去占领，别人就会去占领。实践证明，20世纪80年代末期以来，沿边地区开放所取得的成就和效益，确实大大加快了我国全方位多元化的对外开放格局形成的步伐。

二、沿边地区开放的现状与特点

地处祖国西南和西北以及东北边陲的云南、西藏、新疆、内蒙古、黑龙江等省（区）分别与15个国家和地区陆路接壤，从历史上看经济相互交往源远流长，可上溯几千年。如沟通中西交流的著名古道丝绸之路和联结东亚各国的中缅古商道都是很好的例证。但由于几千年封建制度和半封建半殖民地社会的束缚，边境贸易受到了严重的破坏。新中国成

立以后，边境贸易尽管进入了新的时期，但也经历了不少曲折和反复。党的十三届三中全会以后，随着中央扩大沿边开放战略的实施，各省（区）发挥地缘优势，抓住有利时机，扩大与周边国家的边境贸易，大胆跻身于国际经济舞台，使昔日封闭的边疆地区，一跃变为沿边开放的前锋。从全国来看，目前边境贸易已发展到一定规模，并明显地形成三个地区的不同格局。

东北和内蒙古地区 1992年3月国务院决定开放黑河、绥芬河、满洲里、珲春4个沿边城市。其中黑河准备建成贸易中心，并已开展了大黑岛的自由贸易；内蒙古自治区已经实行"南联北开"的战略，除开放二连浩特外，拟将满洲里建成国际贸易城；尤其吉林珲春附近的图们江地区，联合国开发署准备投资建设港口和铁路，建立跨国性自由贸易区。

新疆地区 中央已决定开放、开发新疆的伊宁、塔城和博东等市，决心把新疆建成名副其实的全国向西开放的前沿阵地。

西南地区 国务院已批准云南的河口县、畹町县、瑞丽县、广西的凭祥市的东兴镇，为沿边开放城镇，昆明、南宁享受沿海开放城市的政策。广西已成为我国南方对外开放的热点地区。

上述几个地区边境贸易虽然都有发展，但尚存在着不够平衡。黑龙江、云南、新疆等省区起步较早，而其他省区潜力也都很大。从总的来看，各地区边境贸易都在向新的广度和深度发展，正在由易货贸易向现汇贸易推进，由贸易向合资合作推进，由单纯经济型向经济技术合作型推进。主要表现在以下几点：①边贸形式越来越多，生产越做越活，当前在上述地区边境贸易中，民间贸易是最主要的形式。但还有边民互市、地方贸易、转口贸易等。可以说，初步形成多层次、多渠道、多形式的边境贸易格局。②边贸商品丰富多彩，进出口商品品种日益增多。由于上述地区以及毗邻国家的经济发展水平不一，产业结构不同，致使各省区边贸商品种类丰富多彩。例如，云南边境贸易中，缅甸的农、林、水产品和矿产品成为我方主要进口物资，我方的机电、农机、建材、化肥、化工、日用工业品等成为对方的进口货物。③边境地区与周边国家的经济技术合作呈现良好发展势头。如云南省委、省政府多次派出代表团赴邻国考察洽谈，达成50多项经济技术合作协议，其中有联合开采矿山、森林、修建水电站等。

如前所述，沿边开放战略与沿海开放同属我国整体开放的重要组成部分，两者有其共同点，又有其不同的特点。

1. 开放时间不同，效益差别很大

沿海开放起步较早，已走过10多年的历程，可以说基本上形成了较完整的开放格局，建立了5个经济特区，14个沿海开放城市和几个沿海开放区。不仅如此，经济效益也十分显著。据1990年统计，工业总产值达到14000亿元，占全国一半还多，沿边开放战略的实施也只有一、二年时间，共宣布10多个城市为对外开放城市。从效益来看，仅初见成效。

2. 自然、社会经济条件不同

沿海开放地区主要指沿海岸线的12个省、市。这里尽管土地面积不大，但具有土地肥沃、气候温湿、人口稠密、城市众多、工农运输业基础好、科技教育发达等得天独厚的优越条件。沿边地区虽然具有面积广大，资源丰富的有利条件，但自然、社会经济条件远比沿海地区落后得多。

3. 合作对象和贸易的内容不相同

沿海地区的合作对象主要是西方发达国家和新兴工业化国家及地区。而沿边地区的合作对象主要是它的周边国家，除俄罗斯外，均为亚洲的发展中国家，有些还比较落后。由于两个地区合作对象不同，必然影响了他们合作贸易内容也有所不同，前者主要是根据发达国家的优势（资金雄厚、先进技术水平高、设备新等），充分引进外资、技术、设备等，来发展我国的新兴工业，而沿边地区同周边国家的科技水平和科技实力各具特点，科技合作也各有所需，使得双方的合作表现为垂直分工和水平分工双方交叉的局面。因而相互之间可以开展技术进出口业务，也可相互在对方兴办合资合营合作的企业等。

4. 贸易合作形式和劳力利用不同

沿海地区同发达国家贸易形式主要是货币为主，允许外商以货币、实物、知识产权投资建立"三资"企业外，还允许外商购买股票、债券、开发房地产等，而沿边地区同周边国家的贸易形式以货物贸易为主，一般不用现汇。至于劳动力的利用问题，由于两种地区劳动力多少、素质高低等条件不同，所以劳动力利用方式不同。前者可利用丰富的劳动力发展出口加工创汇工业，而后者可根据周边国家缺乏劳动力的情况，实行劳务输出。如黑龙江省，1988年以来，向原苏联输出劳务人员近5万人次。

三、加快沿边地区边境贸易的政策措施

从上述事实可以明显地看出，沿边地区战略的提出与实施，对沿边地区大力开拓国际市场，发展外向型经济，把本地经济纳入国际大市场之中，以促进本地区社会经济的腾飞起了巨大的作用。但另一方面，也必须看到当前在沿边地区开放和发展边境贸易中，也存在着亟待研究和解决的一些突出矛盾和问题。主要有以下几个方面。

一是沿边地区的开放意识和商品观念不够强烈。

二是沿边地区对外开放的环境跟不上边境贸易发展的需要。表现在一些口岸开放后，出现了人流、车流、货流滚滚，因而口岸堵塞情况不断发生，这是由于交通、水电、通讯等基础设施跟不上发展需要的结果。

三是"宽、严"对峙，政策不配套。众所周知，国务院赋予边疆省区不少优惠政策，促进了边境贸易的不断发展，但代表国家利益的有关管理部门由于相互协调不够，加上政策不配套，常给边贸工作带来一定制约，有的望而却步。

四是沿边地区的开放内容过于单一化，具有的优势潜力发挥不够。

五是提供周边国家商品不断出现产销脱节，且质量不高。主要表现在随着边境贸易的日趋活跃，周边国家对我方商品需求量也自然不断增长，但往往因产品有限，影响了易货贸易的进一步扩大；另一方面，有时样品虽好，但质量极差，甚至假冒伪劣商品不断出

现，其结果造成信誉扫地，失去市场。

六是宏观调控、管理乏力。

为了顺利实施沿边开放战略，加强边境贸易的步伐，必须针对上述存在的几个突出问题采取以下几项政策措施。只有这样，才能使沿海地区、沿江地区、沿边地区对外开放得以协调发展，齐头并进，全方位开放登上新的台阶。

1. 为了使沿边地区加快改革步伐和加大开放力度，必须依靠自力更生、奋发图强的精神和敢想敢闯敢干的务实态度，否则，将一事无成

想实现上述目标，关键的一环是用邓小平同志提出的建设具有中国特色的社会主义理论去武装人们的头脑。具体来说，要不断努力提高边疆地区全体人民的开放意识、参与意识、商品意识……。努力克服和消除人们经常在姓"社"姓"资"思想上的干扰，鼓励大家去做勇于思考，勇于探索，勇于创新的闯将。

2. 积极改善软硬环境，不断加强口岸建设

边境口岸是向周边国家开放的窗口和媒介，同时，它也是影响边境贸易的直接因素。因此，必须首先抓好口岸的建设。抓好口岸建设中，从当前来看，最迫切需要基础设施的建设，如交通运输和水、电、通讯等设施。其次，还要根据口岸对内对外功能的要求制定近期、远期的指标。只有这样，才能避免不合理的浪费。此外，还要下大力气做好软环境的不断改善，如培训专业人才，提高办事效率，建立对外经济信息网络等。比如，云南省为了克服前期口岸建设的落后局面，目前正在抓紧基础设施的建设，昆明到河口的铁路已开通，广（通）—大（理）铁路也已开工。同时，在软环境方面也出台了不少管理规定。这样云南边贸开始出现了"活而不乱，管而不死"的良好局面。

3. 克服边贸中的宽严不一，政策不配套的问题

关键问题之一是根据中央的政策精神，结合本地区特点，建立健全适合边贸发展的统一管理体制。下放管理权限；转变管理方式；改变管理办法；设置边贸管理局。其次，修订海关征收进出口税办法。再次，调整和改进现行边贸监管模式，在简化手续，方便合法进出口上多下工夫。

4. 在大力发展边境贸易的同时，沿边各地区可根据本地区具有的优势，发展各种产业，力争开放领域进一步扩大，变单一化为多元化

只有这样才能使当地产品找到新的销路和启动新的市场，取得更大的经济效益。比如，云南、西藏、新疆等省区均具有美丽的自然景观，淳厚的民俗风情，以及多民族聚居的优势，这样就为发展各具特色的旅游事业提供了有利条件。

5. 为了解决边境贸易中产品供不应求的矛盾，根本的解决途径是要积极而有计划地建立出口商品生产基地

在建立边境省区出口基地中应重点抓好以下两种基地。一是目前国际市场短缺商品的生产基地，如农副产品及加工基地，轻纺产品基地等。二是培育具有潜在出口优势的产品生产基地，如一些优势机电产品等。出口生产基地的建设一定要从各沿边地区的实际情况和周边国家市场的需求出发，不能一刀切。同时，也要在充分调查和论证基础上订出近期和远期的规划来，减少盲目性。只有这样，才能更有效地扩大出口商品的针对性和适用性。

6. 大力加强宏观调控和监督管理能力

发展边境贸易不是权宜之计，而是我国对内搞活对外开放的客观必然。因此，必须确保沿边地区边境贸易始终沿着健康道路发展，为了实现这个目标，必须大力加强国家的宏观调控和监督能力，防止和克服当前边境贸易中的一切短期行为和混乱现象。要想做到这一点，应当积极而稳妥地建立一套完整、科学而又符合边疆地区实际情况的管理办法。只有这样，才能保证沿边地区开放战略的顺利实施。

原文刊载于《云南地理环境研究》，1993 年第 1 期

28. 河南区域经济开发历史回顾

李润田

马克思曾说:"历史不外是各个世代的依次交替。每一代都利用以前各代遗留下来的材料、资金和生产力;由于这个缘故,每一代一方面在完全改变了的条件下继续从事先辈的活动,另一方面又通过完全改变了的活动来改变旧的条件。"[①] 从这个精辟论述来理解,我们在研究每一国家或一个地区当前的经济发展和今后的经济发展趋势时,都不可能脱离它过去的长期历史发展的背景。否则,就不可能得出正确的结论,因为那是不符合马克思列宁主义的辩证历史唯物主义观点的。基于这种认识,在研究、分析当前和今后河南区域经济发展问题时,不能不对其几千年的经济发展历史状况作个概括的回顾与分析。

人类为了生存,时刻也离不开地理环境,这一点自古以来都是如此。不仅如此,人类是一直在不同程度和不同水平上调节着人类社会和地理环境的关系,以满足自己生存和发展的需要。这也正如恩格斯所说:"……人本身是自然界的产物,是在一定的自然环境中并且和这个环境一起发展起来的。"[②] 正因为如此,作为位居黄河中下游地区的河南省来说,在人类社会发展的漫长历史过程中,也是遵循着上述规律不断发展与前进的,而这种发展是处于越来越广泛、越来越复杂的状态。

远古时期,河南的地理环境与今天相比,从整体来看,是有很大变化的。

气候方面。我国著名气象学家竺可桢先生研究认为,距今 3000~5000 年,黄河流域年平均气温比今约高 3~5 摄氏度[③],相当于今日长江流域。降雨量也比现在丰富得多[④]。正因为如此,河南当时不但是粟、黍、稷等北方旱作粮食产区,而且是我国重要水稻产区之一。今天,在河南省西部渑池县的仰韶村,北部安阳的小屯村,西部淅川县的下王岗等地发现的仰韶文化遗址的地层中,均有大量的碳化谷粒[⑤]。此外,不少考古发现和很多文献记载都说明,新石器晚期和更晚些时期,黄河流域还广泛分布有成片的竹林,这一切都说明几千年前的位居中原的河南远比今天的气候温暖和湿润。

水文方面。由于历史上河南气候具有比现在温暖湿润的特点,也必然影响当时河南境内河流和湖泊的水文状况。江、淮、黄、海四大水系流经省境;圃田泽、白羊陂泽等湖泊嵌镶在东北部平原上。其中以圃田泽(位于郑州市东面)为最大。它仅次于当时黄河下游最大的大野泽与大陆泽两大湖泊。直到唐代仍有东西 26 公里,南北近 14 公里的广阔湖面。由于河湖众多,造成当时河南境内的地表水和地下水两大资源十分丰富。这对当时经

---

① 马克思,恩格斯.费尔巴哈.见:马克思、恩格斯选集.北京:人民出版社,第一卷,第 51 页,1972 年.
② 恩格斯.反杜林论.见:马克思、恩格斯全集.北京:人民出版社,第 20 卷,第 38 页,1971 年.
③ 竺可桢.中国近五千年来气候变迁的初步研究.考古学报,第 1 期,第 5 页,1972 年.
④ 鲜肖威.历史时期黄土高原的经济开发与环境演变.西北史地,第 1 期,第 10 页,1986 年.
⑤ 林富瑞,陈代光.河南人口地理.郑州:河南人民出版社,第 41 页,1983 年.

济开发十分有利。特别值得提出的是黄河这条驰名中外的古老河流,尽管远古时期就流经黄土高原,但那时(商周时期)由于黄土高原上覆盖着大片森林和草地,所以水土流失现象十分轻微,黄河中的泥沙较少,当时黄河的名称只是河,因此对位居中下游的河南经济发展来讲,在较长的一段历史时期内影响是好的。直到西汉以后,情况才有所变化,黄河的名称才开始出现。

地形方面。河南大部分地区处于黄河下游,属于平原地带,上古时期地势一般比现在卑下低凹。但西部地区也分布不少丘陵,其外貌特点不是波状的丘陵,而是突起于平地的高阜。除丘陵之外,还分布有一定数量的高地。上述上古时期河南地貌的形态在漫长的历史发展和演变过程中,由于黄河长期严重泛滥,造成的强烈泥沙搬运和堆积,使它不断发生激烈的变化。根据著名历史地理学家史念海教授的研究,认为黄河下游平原不断上升和抬高,一般说来,地面都增高10米以上,也有的高达几十米。如开封市城外仅明末至今的300多年间,地面就抬高10米以上,城里堆积厚度达7~15米之多。泥沙堆积形成的地面抬高上升,使平原地带的丘陵普遍大大淤低,许多已经沉沦消失。

植被方面。远古时期,黄河下游平原地带植被良好,各地都分布着茂密的森林。据古籍记载,大陆泽畔有规模宏大的森林①。据史念海研究,大约在5000年前,河南的森林覆盖率高达63%。除森林之外,还分布有辽阔的草原。河南郑州附近在西周之际是草本畅茂的典型草原地区。应该说,当时黄河下游的植被特点是森林地带兼有肥美的草原;草原地带也间有茂密的森林,这对经济发展提供了极为有利的条件。

总起来说,上古河南境内优越的地理环境不仅为原始的人类生存与发展提供了物质基础,而且使河南这块土地成为中华民族最早开发地区之一和长期成为我国政治、经济、文化活动的中心,对整个中华民族历史发展进程曾经有着巨大的贡献和深远的影响。另一方面,在漫长的历史进程中,特别是进入封建社会以后,尤其魏晋以后,以及进入半封建、半殖民地历史时期,由于历史上较大规模的战争,大都以河南为主要战场和黄河的多次泛滥改道以及国内外反动势力的长期压榨与统治,也给河南的经济发展带来不少灾难与破坏。

根据河南省经济社会发展战略综合组席荣珑先生的研究认为,河南自上古至中华人民共和国成立前夕,社会经济的发展过程,大致可分为六个阶段:第一阶段是从新石器时代至夏商原始和奴隶社会相对稳定的初级开发时期;第二阶段是从周秦至西汉封建社会相对稳定的初期发展时期;第三阶段是从两晋至南北朝封建社会南北分裂首次衰落时期;第四阶段是从隋唐至北宋封建社会相对稳定繁荣发展时期;第五阶段是从南宋至明清封建社会后期二次衰落前时期;第六阶段是从清末至民国半封建半殖民地社会新的缓慢发展时期。

一、河南初级开发时期

这个时期是指从新石器时代至夏商原始和奴隶社会相对稳定的时期而言。如上所述,由于原始社会时期,河南境内的自然条件比较优越,我们的祖先就在今天河南省的西部和

---

① 班固撰:《汉书》卷28上《地理志上》"应劭曰",中华书局,1965年1575页.

西北部河谷、平原从事劳动和生息,开始创造中华民族的文明。这从河南省所发现新石器文化遗址之多(达千处)就可以充分予以证明。如洛宁县城东约30公里内发现13处新石器时代遗址①。特别是到了氏族公社解体以后,正当人类社会进入奴隶制社会第一个王朝夏代后,不仅由于当时河南西部地处黄土冲积地带,土质疏松肥沃和当时生产工具得以进一步改善以及注意了发展水利事业,从而大大加快了当时耕作业和饲养业的进一步发展。同时,炼铜、制骨和烧制陶器等手工业已达到相当发达的水平,特别是青铜器的发明是夏代手工业的最大成就。青铜器的出现标志着社会生产力的重大飞跃。生产力的发展促使居民点已初具规模,城市开始萌芽。1973年以来,先后在龙山文化中晚期即夏代早期的登封告城王城岗和淮阳平粮台遗址,发现被认为不但是河南,也是全国迄今发现最早的两座古城。商代时期,虽然几经迁徙和统治范围不断扩大,但至周灭商的270多年中,殷一直为商都。商代的主要经济发达区一直集中在今天的河南、山东一带,应该说商的经济发展主要反映在中原地区的发展上。这种发展与当时青铜农具的出现有密切关系,它对农业的发展起了推动作用。如耕作技术进一步改进,施肥、除草等技术相继出现以及原始灌溉系统的形成等,这一切都充分表明当时中原地区农业发展的水平。当时,农作物品种很多,有禾、黍、麦、粟、稷、麻等。其次,生产部门还有畜牧业,如饲养牛、马、羊、猪等;狩猎业,主要有鹿、狼、兔、雉、象等。在原始手工业的基础上,商代已逐步建立了手工专业作坊。当时主要有炼铜、制陶、纺织等。同时,还出现了货币贝壳和商品交换。

二、河南初期发展时期

是指从周秦至两汉封建社会相对稳定的初级发展时期而言。这个时期的东周②时,河南境内不但是封国林立,而且是当时全国各封国之间进行政治、经济活动的必经之地。东周战国时期,河南恰居各大国之中,七大霸主逐鹿中原。河南这种"居中"的位置实际成了各路诸侯群雄兼并争王称霸的战略要地。当时,河南属周的畿邑,境内还有宋、郑、卫、陈、蔡诸国。战国时属魏、韩、赵诸国。这时奴隶制开始解体,封建制度开始形成。从新郑县"郑韩故城"出土的大量生产工具,结合其他战国墓出土铁器联系起来看,可以了解到当时河南境内已普遍使用了铁制工具,推广了牛耕技术。这样就必然使生产力进一步提高。生产力水平的提高,使人类控制自然、改造自然的能力大大增强。正因为如此,当时出现了防治水患、大兴水利、开凿运河的新高潮。比如,当时沟通黄河与淮河之间的鸿沟水系就是在这时候开通的。这条运河的开通,不仅有利于河南城镇发展,而且可以进一步加强河南与全国各地的交通联系。同时,还可以利用余水进行灌溉,加速了农业的发展。这时在农作物的分布上,据《周礼·职方式》记载,豫州(主要区域为今河南省)不仅是黍、稷的主要产地,而且同兖州、并州同为麦的主要产地,同并州同为菽(豆类)的主要产地。另据《战国策》的记载,表明战国时期洛阳一带已有水稻的种植。此外,西

---

① 李健永,裴棋,贾娥. 洛宁县洛河两岸古迹遗址调查简报. 考古通讯,第3期,51~53页,1956年。
② 公元前770年,周平王迁都洛邑(今洛阳),开始了东周时期。东周又分春秋(公元前770~476年)和战国(公元前476~221年)两个时期。

周时兴起的桑、麻种植，此时又得到新的发展。总之，可以明显地看出，当时中原不少地区都已成为发达的农业地区。

随着农业的发展，人口也比战国初期有所增加，且多集中黄河中下游地区。农业生产的发展也进一步加快了手工业、交通运输、商业、城镇的发展。当然运河的开通也有不利的一个方面，那就是由于河南地处鸿沟水系中枢，是东西南北交通必经之地，这样在战国时期，这块土地便成为各方东征西讨，南征北战，拼命争夺的战略要地。从而对河南政治、经济破坏很大。到了秦汉时代，封建制度得到了进一步发展，以汉族为主体的封建统治阶级，建立了空前统一的强大国家。河南便成为封建国家政治经济的中心地域。公元前221 年，秦统一全国后，在河南置三川（今洛阳）、颍川（今禹州）、南阳（今南阳）诸郡，属于近畿地方，汉属豫州及司隶，是京畿（都城在洛阳）地方。这个时期河南农田水利事业得到了进一步发展，各地修建了不少水利工程，如豫北地区的丹西渠、丹东渠、广利渠，豫西地区的阳渠（洛阳附近）等。不仅如此，各地的井灌、池塘灌溉也有较大发展。此外，南郭的淮河流域，修筑了大量的塘陂（如汝南的洪却陂、塘陂等），灌田竟达几十万顷。与此同时，生产工具和生产方法也都有了进一步的改进。从而大大推动了农业生产的发展。主要表现在当时农作物种类大大增加，粮食作物中有稻、粱（谷子）、菽（豆）、麦、黍、稷等，经济作物中有麻、香桑等；蔬菜中有葱、韭、瓜等，果品中有桃、李、梅、枣等。此外，还有从西域移入的苜蓿、葡萄、胡麻（芝麻）等。农业的发展，为手工业的发展提供了有利条件。主要有冶铁业，丝、麻、纺织、兵器制造和农具修配等。其中以冶铁业较为重要。根据《山海经》所载，当时铁矿冶点已有 30 多处，其中有不少点都分布在河南省境内，如新安、陕县、灵宝、登封、南阳等。随着生产的不断发展和经济联系的需要，水陆交通事业和商业也得到了迅速的发展。经济的全面发展，进一步促进城市的兴旺发达，秦汉时期，全国大小城市共有 18 座，河南境内就有 7 座。此时，是全国也是河南人口急剧增加的时期。

但是，值得指出的是，这个时期以来，黄河决溢比先秦时代明显增加，经常发生泛滥与改道，因此，对河南省农业生产的破坏很大。据陈代光先生研究，认为从春秋到秦汉，黄河先后发生了几次较大的决口改道：周定王五年（公元前 602 年），河徙宿胥（今浚县西），东行会渚河，由天津入海；汉文帝十二年（公元前 168 年），河决酸枣（今延津县西）；汉武帝元光二年（公元前 133 年），河决瓠子（今濮阳县西南）。这些决口、改道，对河南东北部地区农业生产影响很大。但到了明帝永平十二年（公元 69 年），王景主持大规模治理黄河，从荥阳到千乘（今山东滨县）筑长堤 1000 里，使黄河、汴河分流，从而使黄河水患得以控制，黄河出现了一个比较长期安流的局面，社会经济又得到了恢复与发展。

三、第一次衰落时期

这主要是指从两晋到南北朝封建社会南北分裂时期而言。公元 280 年两晋统一全国，长期分裂的局面稍加安定。这是因为两晋初年，统治者为巩固其统治地位，实行了不少有利于发展生产的措施。如广置屯田，鼓励开荒，大兴水利等。从而推动了农业生产的恢复与发展。但统一安定的局面并没有持续多久，经济的恢复与发展也只是昙花一现而已。这时由于两晋统治者的极端腐败，公元291年就爆发了"八王之乱"，前后竟达十六年之久，使社会又一次陷入了动乱的时期。其次，是由于西北少数民族不断侵入中原地区。这些少数民族还处于部落、部落联盟的低级阶段，长期过着游牧、掠夺的生活。他们进入了中原地区以后，不仅迫使晋室南迁（东晋），政治中心南迁，形成了南北对峙的分裂局面，而且由于当时民族矛盾的尖锐，少数首领将民族仇杀引入兼并战争，加上南北对峙的形势，东晋和北方政权之间的纷争扰攘，战祸炽烈。其结果必然导致水利设施遭到严重破坏，大片土地荒芜，人民流离失所，民族构成发生显著变化，出现了千里"白骨蔽于野，千里无人烟"的悲惨局面。正如史载："百姓流亡，中原萧条，千里无烟，饥寒流陨，相继沟壑。"①

总之，十六国时期，北方自从东汉以后，这次惨烈的战祸，其时间持续之长，战争烈度之大，都是以前所少见的。应该说整个社会生产几乎完全陷入停顿状态，经济基础受到巨大的摧残和破坏。这样一来，使河南出现首次经济衰落时期。当然这个时期出现的经济衰落是在历史前进中的相对衰落，即相对缓慢发展时期。比如虽然治水和战争严重影响了经济的发展，但在良种选育，绿肥轮作，作物栽培，家畜饲养，农牧结合，农产品加工诸多方面还是有了较大的发展。同时，在这种长期战争分裂局面下，不少城市的发展也受到了极大的影响。不过，在当时的统治中心和少数民族地区的少数城市还是得到了一定的发展。如当时位于漳河岸旁的邺城，元魏都城严城（今大同市），西夏统万城等。

四、相对稳定的经济繁荣发展时期

这个时期是指从隋唐到北宋时期而言。隋唐的兴起与建立，结束了魏晋南北朝时期长达几百年的混乱局面，开始走向封建社会相对稳定的发展阶段。这不仅因为隋代开凿了沟通黄淮两大水系的通济渠（唐为广济渠，即汴河），便利了南北交通，对河南经济的发展发生了十分重要的作用。而且也由于隋朝初年推行了"均田制"以及积极开垦兴修水利等措施起了积极的作用。据《新唐书·地理志》等书记载：唐代全国修建较大的水利工程269处，其中河南省境内就有39处，居全国各道第三位。由于地面水源充足，当时中原地区水稻种植很多，同汉代一样成为北方重要水稻区。不仅如此，当时中原地区历史悠久的蚕桑业也得到了进一步的恢复。分布比较广泛，从淇河流域到淮河流域的广大地区均有种植。经过百余年的恢复与发展，到唐代开元时期，中原地区的农业进入了恢复兴盛时期，黄河以北的淇水流域相州、怀州，洛阳附近的伊洛河流域，黄河以南的汴河、颍河等流域都是当时农业生产的发达地区。今河南省的泌阳、淇县、安阳、郑州、洛阳、开封、商丘、许昌、汝南等地都是当时河南道的主要粮食产区。

在农业发展的基础上，中原的手工业在隋代和唐前期都得到恢复和发展，具有着自己的优势和特点。比如，丝织业就是当时主要的手工业部门，这是由于蚕桑业的发达和传统丝织技术的传续结果。今河南、山东、河北当时是全国丝织业的主要区域。不仅数量多，

---

① 房玄龄等撰：《晋书》卷109，中华书局，1974，2823页。

而且质量也好。隋朝时，相州（今安阳）就出产精美的贡品绫纹细布。唐朝时，滑州（今滑县）出产的缣纨是高级丝织品。又如，隋唐时期的陶瓷业也有很大发展，青瓷和白瓷制作都比以前有明显进步。当时安阳就是北方青瓷的重要产区。据史载，河南府（今洛阳地区）也是唐代著名的产瓷地。

随着农业、手工业、交通业的发展，商业也进一步繁荣起来。比如，在大运河系统修通后，使洛阳成为同京都长安并列的全国最大的商业城市。据史载，洛阳有三市，其中丰都市有120行、300余肆，市四壁有400余店。另外，位居汴河要冲的汴州（今开封）也是汴河沿岸的繁华商业城市，位居汴河北端的荥阳当时也是转运繁忙的商业城镇。

尽管如此，但从整个中原地区的经济发展与恢复状况来看，还不够平衡。如南北朝时期遭受严重破坏的农业生产一直没能得到完全恢复，一直处于停滞不前的局面，生产水平十分低下。特别是豫西的山地丘陵地区。如今天的卢氏、灵宝等地，居民多数是以狩猎为主，不从事农业生产，过着迁徙无常、随处择居的流动生活，称为山棚。这种状况一直延续到唐朝末年。中南部地区的许（今许昌）；汝（今临汝），唐（今唐河），仙（今叶县），豫（今汝南）诸州，虽然土地比其他地区肥沃，但人口比较稀少。为了解决这些地区劳动力严重不足的困难，唐玄宗时，曾将河曲（今宁夏河套地区）六州的残胡万余口迁来屯田，以发展生产。总之，唐朝历经近300年，由于政治上比较清明，社会上相对稳定，因此，这个时期的经济文化以及对外贸易等方面都有较大发展，从而使河南进入了发展极盛时期。

进入晚唐时期，由于当时统治者加重了对人民的压榨，终于迫使人民推翻唐朝统治，相继出现了五代十国的割据局面。尽管这期间也有短期的经济恢复，但总的来说，破坏大于发展。直到宋朝的建立，才结束了唐末及五代的局面，统一了全国，社会经济才得到了恢复和发展。主要表现在以下几方面：第一，由于重视治黄和大兴水利事业，使农业获得了一定程度的发展；第二，手工业有了较大发展。当时的多方面优势直到今天尚仍然保留着。如丝织业、制瓷业以及新兴的采冶业和采煤业的兴起。尽管如此，当时中原经济发展的水平还不如南方。如以农业生产为例，当时的河北（今河南省东北部），京西（今开封以西）各路，由于荒地较多，人口稀少，农业生产比较落后，粮食生产不能自足。

公元12世纪以后，金（女真族），元（蒙古族）入侵中原，宋高宗即位后，把国都迁到临安（今杭州），从此，全国政治中心南移，中原地区便成了宋、金（元）争夺的地区，战争不断发生，从而使河南又一次遭受了大的破坏。

五、第二次衰落前时期

这个时期主要是指从南宋至明清封建社会后期二次衰落前时期而言。北宋末年到金代100多年间黄河的灾害不仅持续加重，而且黄河中游地段的森林资源受到的破坏更是有增无已。同时加上金兵南侵与金初10多年宋金战争带来的严重破坏，使中原地区整个社会与经济受到了极大的摧残。这主要表现在人口大量减少和土地成片荒芜以及农业生产、手工业生产部门陷入了停顿和萎缩状态。尽管到了金朝中期以后，社会经济也有一定的恢复，但大部分地区尚没达到北宋时期所达到的最高水平。特别是当河南进入封建社会后期,即自元朝开始,金国政治中心北移至北京一带后。从此,1000年来一直是全国政治、经济中心或靠近全国政治经济中心的中原地带的有利社会经济发展的条件不复存在,从而就大大影响了社会经济和文化的发展。元朝建立以后,结束了长时期以来宋金对峙的局面,完成了全国的统一,为祖国统一的多民族国家的巩固和发展,在客观上提供了有利条件。但是,元朝统治时期的民族压迫和民族矛盾都是十分严重的,因而农民起义不断发生,此起彼伏,形成了一种混乱的局面,结果元朝统治的时间只有98年就彻底垮台了。正因为如此,在元朝统治期间,不可能对社会经济的发展起很大的促进作用。

朱元璋建立明朝以后,为了巩固其统治,尽快恢复和发展社会经济,不仅大力鼓励垦荒,而且在全国组织大规模的屯田。同时,还对治理黄河下了很大工夫。这样一来,农业生产得到了很快的发展。如经济作物棉花有了大面积的种植,粮食作物的玉米、番薯等农作物新品种的积极引进和推广等方面,都有了极其明显的改进和发展。随着农业生产的迅速发展,手工业也有了相应的发展。如当时的丝织业,特别是棉纺织业和矿冶业以及采煤业等都有了较大的发展。随着农业、手工业的发展,市场有了进一步扩大,商业得到了进一步的发展。但是,明中叶以后,由于采取了封诸子为王的措施,造成了大量土地高度集中在皇室贵族手中,他们靠着榨取人民的血汗过着骄奢淫逸的生活,给河南人民带来极大的灾难。这样一来,严重阻碍了社会经济的发展。元明以后,从河南境内的经济发展来看,在地区上仍然存在着十分明显的地区差异。主要表现在河南西部广大地区仍是地广人稀,原始森林密布,农业生产水平比较低下,而东部平原地区农业生产不仅集中,且较发达。这个时期粮食作物主要产区有豫东北平原,南阳盆地等。其中稻谷比较集中分布今信阳地区东部。经济作物主要有大豆、芝麻、烟叶等,其产区分别为淮河流域和许州(今许昌地区)以及南阳盆地等。明代以后,中原地区开始种植棉花,分布地区为伊洛河谷地和豫北卫河流域。清朝建立以后,为了巩固其统治,对内采取了限制宦官职务,创置封爵制度,治理各种水患等一系列措施;对外采取了征服外藩和与邻国加强友好等方针和政策,从而曾出现了大清帝国康(熙)、雍(正)、乾(隆)三朝的鼎盛时期。但是,由于民族矛盾不断加剧,反清情绪日益高涨,加上清王室内部腐败无能,对外屈膝投降,这样必然导致社会经济发展不快,处于相对衰落的缓慢发展时期。

六、新的缓慢发展时期

这个时期主要是指从清末至民国半封建、半殖民地社会新的缓慢发展时期而言。从1840年鸦片战争开始,河南进入了半封建、半殖民地社会新的经济缓慢发展时期。鸦片战争以前,河南的自然经济十分稳固,基本上属于自然经济占据统治地位。但也有一定的商品经济,不仅手工业部门中简单商品生产有一定扩大,而且商品性农业也有所扩展。比如棉花生产就是一例。不过与沿海各地相比显得极为落后。直到19世纪至20世纪初,随着帝国主义经济侵略活动的扩展延伸,使一向处于封闭状态的河南的门终于被打开。这主要因为帝国主义先后获得了修建铁路的权力以后,才为他们侵入河南创立了前提条件。如1902~1905年,法国和比利时合资修建京汉铁路,南北贯穿了整个河南全境。1908年修建汴洛铁路,1913年以后东西分别延长到徐州和西安,从此就统称为陇海铁路。同时与通往南北的京汉铁路相会于郑州。这样一来，河南便成了上海、天津、汉口的帝国主义侵略者三大据点的势力范围，进而使河南在政治、经济、社会方面受到极为深刻的影响，最突出的表现是彻底破坏了农村自给自足的经济。不仅整个农业遭到了破产，造成大批农民流离失所，且使整个河南成了外国资本主义原料、劳动力的供应基地和倾销商品的市场。特别是1929年全省大旱，大批难民逃到东北，仅安阳、汤阴、巩县等地，经京汉铁路到东北的就达11600人，占全省外流人口总数的11%。另一方面，为了适应帝国主义的需要，在省内铁路沿线广种棉花、花生、烟叶等。这样使河南农业生产开始走向片面专门化道路。同时，芝麻、大豆等油料作物为了输出，也得到了畸形发展，从而使河南成为地道的帝国主义者的原料生产地。不仅如此，更为严重的是1860年，帝国主义者又将罂粟输入河南，首先在伏牛山区普遍种植，以后又遍及豫东平原和南阳盆地，结果河南又成了全国鸦片的重要产区之一。蚕丝业在河南尽管已有一定规模，但终因受整个世界市场竞争的影响开始衰落下来。这时河南粮食作物中的小麦也变成商品，作为面粉工业原料而大部分远销长江流域。其他如红芋、谷子和高粱便成了广大农民的口粮。与此同时，自从民国以来，加上军阀混战，战争不息，水、旱、蝗等自然灾害的不断袭击，这就更加影响了河南经济的发展。特别是黄河自1855年铜瓦厢决口北徙以后，仅在下游段决口改道达70余次，大决口达4次，其中在河南境内就有3次，应该说这对河南全省经济的破坏作用是极大的。1936年大旱，据统计受灾县达90多个，死亡灾民到处可见，真是赤地千里，目不忍睹。此后，1938年国民党又炸开花园口大堤，决黄入淮，到1947年堵口，长达9年之多，形成一望无际的黄泛区，受灾县达20多个。总计，自1937~1947年期间，全省人民死于水旱灾害的共达620万人，荒芜耕地占总耕地的45%，粮食总产量下降57%，棉花下降达26%，到建国前夕，河南省经济已处于全面崩溃的境地。

从以上对河南区域经济发展历史概括情况的回顾，可以初步得出以下几点浮浅的认识：

(1) 河南是中华民族的发祥地之一，也是我国开发最早的地区之一。为什么能够如此？原因尽管很多，但其中最主要的一条就是当时优越的地理条件是起了第一位的作用，或者说起了决定性的作用。这种作用主要在于人类发展的初期阶段，生产力发展水平极端低下，人们同自然的关系十分简单。人们基本上还只会利用天然赋予的手段，向自然索取天然生活资料和初步利用天然劳动资料。因此，这个时期的地理条件对人类社会生产起着决定性的支配作用。正如马克思在论述自然条件与人类社会生产的相互关系时所提出的那样："……在文化初期，第一类自然富源具有决定性的意义；在较高的发展阶段，第二类富源具有决定性意义。"[①]

(2) 位于中原地区的河南在几千年的历史发展过程中，广大劳动人民不仅与历代统治阶级和外来的帝国主义者进行了你死我活的斗争，而且与自然界进行了长期不懈的斗争。这种与自然界长期斗争的过程，一直是遵循着从低级到高级，从简单到复杂，从不协调到逐步趋向协调的总规律进行的。当然从另外一方面来看，或者从保护自然环境和自然资源角度来看，也有不少沉痛的教训，如森林资源的严重破坏，水土的过度流失等。总之，历

---

① 马克思，资本论，第一卷，北京：人民出版社，1975，560。

史上不论是经验或者是教训，都是十分宝贵的。它们是当前和今后经济发展的重要历史借鉴。

（3）河南在漫长的封建社会里，由于历代统治阶级置人民生死于不顾，忽视生产条件的改造和建设，因而使河南长期成为水、旱、蝗等自然灾害特别严重的地区。其中黄河的泛滥、改道，对河南省历史上经济发展不仅威胁很大，而且产生过极为不利的深刻影响。近几十年来，尽管在党的领导下，对战胜自然灾害方面也取得了巨大的成就，但黄河的危害仍是河南省区域经济发展的制约因素之一。因此，为了到本世纪末逐步实现全省小康的宏伟目标，必须下最大决心，采取最有力措施，把历史上延续下来的自然灾害逐步予以解决。在战胜自然灾害过程中，尤其要把影响区域经济发展的黄河、淮河的严重水灾的治理以及旱灾的防治等放到头等的位置上。否则，河南的经济发展很难保持其稳定的持续发展势头。当然在治理黄河、淮河灾害的同时，我们也要看到其有利的一方面，并充分开发、利用其已有的优势。

（4）自古以来，河南就是兵家必争之地，历史上较大规模的战争，大都以河南为主要战场。加之魏晋以后，北方少数民族不断入侵，中原地区长期处在战争混乱状态之中，特别是鸦片战争以后三座大山的压榨与欺凌，使河南经济遭到了极大的破坏，从而使河南的经济长期处于落后状态，经济基础极其薄弱。这给建国后河南的经济恢复与发展带来极大的困难和障碍。

（5）河南长期以来由于位居中原腹心地位，地当东西南北的交通要冲，一直具有枢纽的优势。同时，自然和人文旅游资源以及其他资源都十分丰富。不仅如此，它又是有史以来全国粮食（粟、黍、稷、小麦、水稻等）的主要产地和全国手工业（纺织、制瓷、冶炼等）最发达的地区。因此，在当前和今后河南区域经济发展中，如何进一步重视根据社会主义市场经济体制建立的需要，充分发挥原有的历史地理优势也是急待研究和解决的重大课题之一。

（6）如上所述，河南由于战略、交通地位重要，耕作业基础好，手工业、商业也比较发达，因而河南的城市不仅兴起早，且数量多，对当时的发展起了推动作用。但因近百年来帝国主义入侵，使城市性质完全成为它们侵略据点和消费地，不是畸形发展，就是破败不堪，对区域经济发展起了阻碍作用。建国以后，特别是党的十一届三中全会以后，河南城市有了较大发展，城市化水平也有了进一步提高，但与其他先进省、区来比，差距很大。为了适应河南当前和今后全方位改革开放的需要，应当充分利用原有的城镇优势和有利基础，进一步提高城市化水平，积极发展中小城市，使其在逐步形成全省的比较完整的城镇体系的基础上，发挥其区域经济中的骨干和中心作用。

原文刊载于1993年由河南大学出版社出版的《河南区域经济开发研究》的第一部分

29. 县域经济几个基本理论问题研究

李润田

党的十六大明确提出壮大县域经济，党的十六届三中全会进一步强调要"大力发展县域经济"，我们必须从贯彻"三个代表"重要思想和十六大精神的高度，进一步认识和解决好有关县域经济的理论问题，因为正确的实践源自正确的理论指导。只有这样，全国的县域经济才能得到持续、健康、稳定的发展。

一、概 念 问 题

(一) 县域经济

持此观点的同志认为，县域经济是国民经济大系统中的一个子系统和区域性经济网络，具有区域性、综合性和层次性等特征。它不仅包括县域经济，也包括乡镇经济和村域经济各个层次，它是以县城为中心，以集镇为纽带，广大乡村为基础的区域性经济；从管理上看，属于县行政区划认定的区域经济；从经济张力上看，可向县外扩展和渗透，其边界又不局限在县行政区域内；从内涵的联结上看，县域经济是城乡结合体和工农结合体；从在国民经济中所处的地位来看，它处于基础地位[1]。尽管如此，也有不同的看法，比如有的同志认为以县为单位的经济应当用县域经济4个字来概括比较恰当，但在表述上却不同意前者。认为县域经济是以县为基本单位，以县城和集镇为经济活动中心，以广大农村为腹地，按照劳动地域分工原则建立起来的具有鲜明特色的行政区划型的经济，是国民经济大系统中一个带有综合性、区域性、差异性、开放性、独立性的层次。

(二) 县级经济

持此观点的同志认为，以县为单位的区域经济的概念应当是县级经济，认为县级经济是由县级政权组织领导和管理，与本县人民的生活有直接联系，基本上以本县的区域为运作空间的经济关系、经济生活的经济态势。还认为，县级经济属县域范围内的经济，但又不等同于县域内的经济，它要剔除不是由县级政权来组织领导和管理的中央与省属大企业。同时，它又应该包括从属于本县而在外地办的企业和伸展到县域外的各种商品购销活动。从这个意义上讲，县级经济虽然总体上在县域范围内，但也不排除在外地办的部分企业。

(三) 县区经济

持此观点的同志认为，以县为单位的区域经济概念应当是县区经济。这个概念既能明确表示县区是有明确的行政区划范围,又不妨它必须打破县界发展横向联系,进行经济辐射的解释。特别是在实行市领导县的管理体制的地方,县区经济相对市区经济而存在,比较名副其实一些。持这种意见的同志不同意县级经济和县域经济两种表述,认为前者只是对县属一级的国有经济和集体经济的概括,后者在表达行政区划范围这一点上显得有些牵强。

(四) 县经济

持此观点的同志认为,以县为单位的区域经济的概念应当是县经济。县经济就是指以县为单位的经济,这个概念比较明确、具体,针对性强。

总之,以上几种看法都具有各自的道理,但从其实质和表述来看不尽相同。这些不同的认识可以有待今后在实践中进一步完善和解决。不过通过多年来以县为单位的区域经济发展的实践来看,以县为单位的区域经济的概念还是比县经济等概念的提法更接近客观实际。正因为如此,使用的范围也越来越大。

二、县域经济的重要作用

(一) 国民经济不可替代的区域经济基础

县域经济的基础,主要体现在以下几方面:①一般来说,作为国民经济基础的农业都植根在广袤的县域范围内。这个基础绝不会因经济发展阶段的不同,农业在国民经济中所占份额的下降而有所改变。而农业发展的状况如何,又直接关系到国民经济持续、稳定、协调发展。②乡镇企业既是县域经济的一大支柱产业,又正在成为整个国民经济的重要生力军,它也是县域经济成为国民经济区域基础的重要原因。③分布在各县域范围内的广大农村市场是聚集着我国商品流通数量最多的卖者和买者,农村市场状况如何,在很大程度上关系到整个国民经济的兴衰。④县域经济又是我国国民经济总量增长的重要基础,有些发达地区,县域经济成了该地区重要的经济支柱。⑤县域经济对全国经济增长方式的转变,也具有根本性影响。⑥县域经济蕴含着国家、省、市、自治区经济得以长期依赖的丰富的经济增长点。⑦县域经济作为一级独立的财政,它的状况如何,在一定程度上也影响到国家的财政状况。⑧县域经济的发展水平在一定程度上影响决定一个国家的发展水平。比如,从全国来看,全国经济百强县(市)数量不足全国县(市)总数的5%,人口不到全国县域人口的10%,而创造出的国内生产总值却超过全国县域经济的25%。全国县域经济百强县(市)国内生产总值、地方财政收入、人均国内生产总值的平均水平分别是135.8亿、5.6亿和1.64万元,分别是全国县域经济平均水平的5.2、5.6、3.0倍[2]。可见,县域经济发展水平对全国经济有巨大的影响作用。

综上所述,可以明显看出,从一定意义上说,振兴经济、安定社会,关键在县。县域经济确实是国民经济不可替代的区域经济基础。

(二) 新旧体制矛盾的焦点和深化城乡改革的突破口

众所周知,我国经济体制改革,首先在农村发生发展并取得重大进展,农村已经初步形成了适应社会主义市场经济的新体制。而城市的改革起步较晚，发展滞后，也比较复杂。在城乡关系方面，城市保留的旧体制的东西较多，城乡之间的矛盾，主要是新旧体制的矛盾。县正好处在这两者之间，成为矛盾的焦点。但由于县有一定的决策自主权且经济功能比较完整，如果县领导改革开放意识、开拓进取精神较强，就能勇于面对新旧体制的矛盾，大胆改革，改革也容易在此突破。县在深化城乡经济体制改革中确实起举足轻重的作用。

（三）全面建设小康社会的重要支撑

从21世纪开始，我国开始进入了全面建设小康社会的新的历史时期。因此，进一步壮大县域经济，对我国全面建设小康社会具有重要的支撑作用[3]。主要表现在以下几方面：①壮大县域经济是解决"三农"问题的切入点。全面建设小康社会，重点和难点都在农村。县域经济一方面以自身的工业、商业、服务业为农村合作经济、家庭经济提供产前、产中、产后服务，另一方面又以其集聚的资金、技术、人才等直接为种植业、养殖业等农业服务，是整个国民经济网络中与农村、农业、农民最直接、最基层的结合点。没有县域经济的发展壮大，农民的小康、农业现代化便无从实现。只有县域经济发展壮大了，农业现代化才能顺利推进，"三农"问题才能得到有效解决[4]。②壮大县域经济是加快工业化进程的重要推动力量。改革开放以来，工业化一直得益于作为县域经济重要组成部分的农业持续增长所提供的劳动力剩余和资金方面的支撑。20世纪80年代中期以后，以乡镇工业为主的县域工业的崛起，又使县域经济成为全国工业化发展的重要推动力量。近年来我国部分县（市）在支柱产业培育、特色工业发展、农副产品深加工等劳动密集型产业发展方面，又形成新的竞争优势。今后一个时期，县域经济将在缓解我国工业化进程中的二元经济矛盾、拓展经济活动领域和市场空间等诸多方面，将继续发挥重要作用。③壮大县域经济是加快推进城镇化的关键环节。从近年来的实践看，县城和镇在转移农村人口、吸纳农村剩余劳动力方面，发挥了极为关键的作用。以河南省为例，1998年以来，全省城镇化率提高了6.2个百分点，新增人口668万，其中有107万人是由县城及镇完成的[2]。

三、县域经济的特点

（一）整体性

整体性是指县域经济是作为系统而存在的，在县经济范围内存在的，不论是农业、乡镇工业、工业、交通业以及商业、旅游业等等，它们是相互制约、相互联系的一个整体。当人们开展其中一项经济活动时都将使其他任何一种产业系统的内部结构变化，甚至导致其他生产部门的损失和破坏。因此，发展县域经济时，一定要充分考虑这一整体性特点，要做到服从国民经济的大局，树立"全国一盘棋"等思想，不能形成各自为政的局面。只有这样，县域经济才能在国民经济大系统、大网络中发挥自己独特的作用。

（二）地域性

地域性是指县域经济依存于一定的地域空间，任何经济活动都有其地域分布。这是由于县域经济所在地区的自然、社会、经济、历史等条件所决定的。县域经济的地域性含义可从三层意思来理解：一层是经济网络的地域性，指县域经济是整个国民经济网络中的小网络，也就是基本地域性网络。二是经济活动的地域性，指县域经济的运行，即社会再生产过程——生产、分配、交换和消费等一系列经济活动，大体上都是在一定地域范围内进行的。三是经济优势的地域性，即由于历史、自然、社会条件等方面的不同，各个县的经济一般都形成了自己的优势[2]。总之，由于县域经济地域性特点，就决定了发展县域经济一定要遵循因地制宜的原则。

（三）层次性

县域经济不仅具有广泛、深刻的含义，而且还有明显的层次。其主要表现是县域经济作为国民经济一个层次，其本身又包括有县域经济、乡镇经济以及村域经济3个层次。其中，县域经济是中心层次，乡镇经济是介于县域和村域之间的纽带层次，村域经济则是县域经济的基础层次。每一个层次又包括多种经济成分和多种经济形式等。基于上述县域经济所具有的层次性特点，我们发展县域经济时，应当首先了解和明确对象所处的层次、水平结构，然后再决定所采用的措施和办法。只有这样才能取得明显的效果。

（四）基础性

县域经济的基础性，主要体现在它是国家最基础的经济发展和布局的单元。正因如此，国家制定所有的经济发展战略都要立足和落实到县域这个基本经济政策单元上。县域经济的发展对于国家整个国民经济发展具有极为重要的作用。

（五）分散性

我们知道，县域的主体是农业生产，而农业生产的重要特点之一就是分散经营，而分散经营是世界上普遍存在的现象。这是因为农业劳动的分散，能够充分利用土地的自然生产率和地域空间的各种资源。例如，自然界的光合作用存在于县域农村的各个领域，劳动者只要付出了劳动就可以得到自然界的回报。不过国外的分散经营与我们的分散经营还有所不同。其最大的差别在于国外的分散经营一般都达到规模经营的条件。我国则不然，县域家庭经营都是小规模的，生产过程普遍以体力操作为主，由分散到集中确有一定的难度。分散经营一方面能够使劳动者得到生存发展的基本生产资料，起到稳定人心的作用；另一方面有利于实行土地的精耕细作，提高土地的产出能力。

我国县域的分散经营不仅存在于土地方面，而且在农产品的加工、处理和各项服务业方面也存在分散化的倾向。我国乡镇政府机构设置密度较大，平均不到200平方公里就有一个乡（镇）政府。乡（镇）分别建立了农机站、畜牧兽医站、农技推广站、林业站和学校、商店、卫生等服务部门，从而使乡镇政府所在地形成了小区域的经济中心。这种小型经济为区域生产要素的交流等提供了方便，但由于经济范围太小，整体上不具有规模性，或者说，经济中心的过于密集分散了经济达到规模要求的数量。此外，县域经济的特点还有开放性、自主性等特点[2]。

四、县域经济发展的基本原则

(一) 市场导向原则

这是发展县域经济的首要原则。这就是说，发展县域经济时，在选择什么样的产业作为主导产业和支柱产业时，都无一例外地要以市场为生存环境，要以是否能在市场中完成发展要素的配置和能否经受市场优胜劣汰考验来检验。再明确点说，区域确定的主导产业和支柱产业，无论其在本区域现有的产业构成中占的份额多大，地位多么重要，若不能在市场中实现成长发展，不被市场认可和接受，那么就不能称其为本区域的支柱产业、主导产业。不仅如此，当确定了市场需要的主导产业、支柱产业以后，还要进一步充分考虑市场因素，不能满足生产了多少，或种植了多少，还应着重考虑市场销售，以销定产，以销促产，努力使自己的产品占领市场，获得较高的经济效益。反之，如果不遵循这一原则，脱离市场需要，就等于脱离了赖以生存的前提，不管什么样的产业也就成了无源之水、无本之木。实事求是讲，多年来有不少县乡在发展县域经济时，由于忽视了这条根本原则，结果走了不少弯路，经济上遭受很大损失。为了有利于这一主要原则的贯彻，从某种意义上讲，就是县（市）政府在发展经济时，在某些职能方面给权于市场。在市场经济中，政府应该研究如何能更好地放权企业，而不是直接去管企业。

(二) 产业特色原则

尽人皆知，有特色才有生命力。对发展县域经济来说，也不例外。这就是说，我们发展县域经济时，要拥有一种区别他县（市）的产业或产业群。这种特点可以表现为某种产业、产品的品质、生产规模，也可以表现为某种产业、产品具有非此莫属的地域限制。再具体点说，特色来自哪里？来自自身所具有的优势，有什么优势就发展什么优势产业。比如，河南省信阳县毛尖茶，可以称为信阳县的特色产业，新郑市的大枣，也可以称为新郑市的特色产业，镇平县的玉器，淇县的淇河鲫鱼、缠丝蛋，禹州的粉条加工业，沁阳市的玻璃钢制品业等等，都可以称之为当地的特色产业。将建立区域特色产业作为发展县域经济的重要原则之一，就可以进一步把产业特色作为形成经济结构特色的基础，经济结构的特色则反映了从资源占有到市场占有的优势条件。特色，也就是产品的差别化，就是不能被替代的品质，就是无形资产。由此可见，形成区域产业特色是形成市场相对竞争优势的重要条件之一。创造本地的产业特色，构造经济发展的优势是发展县域经济的关键所在。

(三) 短期与长远相结合的原则

这是一个普遍原则。但是，从全国来看，这一普遍原则在以往的县域经济发展中却未能得到足够的重视。许多县（市）在支柱产业、主导产业的选择上突出的问题是短期行为严重，急功近利，缺乏建立长远的稳固的产业支撑的思想。在各地不同届政府的经济发展战略中，发展方向、发展政策缺乏连续性，从而影响到经济发展的有序性，结果造成经济上的重大失误。多半是在发展经济的思路上，过分地强调建设"短、平、快"项目，忽视了其在市场中的生命周期，这是重短期、轻长远的做法，往往由此造成了巨大的投资浪费和资源浪费。这种沉痛的教训，如果不能很好地实现短期目标和长远目标的结合，必将造成未来更大的损失。为此，在发展县域经济时，必须坚定不移地贯彻短期与长远相结合的原则。

（四）可持续发展原则

可持续发展战略是我国三大基本战略之一，这个战略从经济增长、社会进步和环境安全的功利性目标出发，全方位地涵盖了"人口、资源、环境、发展"四位一体的辩证关系。其中心思想是要把当前发展与长远发展、局部发展与全面发展相结合，既注意数量增长，又要注重质量提高。发展要建立在合理利用自然资源和保护生态环境的基础上，并使经济发展和社会进步同步协调前进。既然如此，我们在发展县域经济时，也必须坚持这一重要原则。具体说，我们在发展县域经济时，决不能搞单项突出，必须与人口、资源、环境联系起来考虑。只有这样，县域经济的发展才会有强大的生命力，从而实现经济的健康、快速、持续的发展。

（五）依靠科技发展的原则

众所周知，当今世界科学技术发展迅速，高科技产业层出不穷，已经直接成为现实的生产力，对于县域的科技水平来说，也已经成为综合能力和生产力发达程度的重要标志，成为经济能不能腾飞的关键所在。因此，发展县域经济，依靠科技进步也必然成为一条必由之路。发展县域经济要想做到依靠科技发展这一重要原则，起码要做到以下几点：一要强化依靠科技意识。二要长期坚持科技兴县不动摇。要克服轻视科技进步的短期行为，纠正那种认为劳动力、资源丰富，而只重投入和推销，缺乏狠抓科技战略目光的倾向。避免热一阵、冷一阵，坚持年复一年、一届又一届地长期抓科技兴县工作。三要吸引更多的科技人才。要制定优惠政策，吸引高校和科研机构的优秀科技人才，并拿出专门的经费，用于科技津贴、科技转化方面。四要加强企业科技工作。要在工厂建立健全技术科，配备科技副厂长，从企业划出产值 1% ~ 50% 的经费用作科研工作，促进科技进步。五要进一步强化县、乡、村、组 4 级科普网络。有职、有权、有经费，让"星火计划"、"火炬计划"等一系列科技工作在农村生根、开花、结果。

参 考 文 献

[1] 王盛章，赵桂溟. 中国县域经济及其发展战略. 北京：中国物价出版社，2002.
[2] 范钦君. 解读县域经济——河南县（市）经济发展实证研究. 郑州：河南人民出版社，2004.
[3] 钟力生. 奔向小康之路——河南省县域经济发展论坛论文集. 郑州：河南人民出版社，2004.
[4] 张龙之. 思考·思路·出路——农村、农业、农民篇. 北京：红旗出版社，2002.

原文刊载于《地域研究与开发》，2004 年第 6 期

第三篇　城市发展与历史地理

30. 开封城市的形成与发展①

李润田

城市是一定历史发展阶段的产物。就其本质来说，首先是私有制和阶级的产物。城市的出现，不仅标志着原始社会的解体，而且也标志着第一个以私有制和阶级对立为特征的社会——奴隶制国家的产生。

中国古代城市的出现，可追溯到距今 4000 年左右的夏代。夏代传说有"夏鲧作战"（《吕氏春秋·君守》）和"作城郭"（《礼记·祭法》）正义引《世本》说法。

开封是我国的一座历史名城。开封作为城市，至今已有 2000 多年的历史。在漫长的历史过程中，在开封建都的共有七个朝代。特别在北宋时期，开封是全国政治、经济、文化的中心，当时已是世界著名的一座大都市。因此，深入研究开封城的发展历史，分析不同历史时期的发生、发展条件、特点、变化和原因，进而揭示其规律性，不仅对于正确认识开封城市地理现状，搞好城市规划布局，更好地进行城市建设具有重要意义；而且对于研究我国古代城市地理的发展与变化也具有重要的参考价值。基于这一思路，本文在国内不少历史地理工作者对开封历史研究的基础上，结合个人的粗浅认识，仅就开封的形成与发展作一初步探讨。

一、上古开封地理环境与原始居民点

开封位于华北大平原的边缘。如果把华北大平原地区作为一个大三角形，开封是在三角洲的尖端附近。

据史书记载，在春秋战国时期，开封沿泗水的支流汴水（属淮水二级支流），北距河水、济水都不远。公元前四世纪魏国开凿鸿沟，沟通汴水、济水、河水，开封适当华北平原西端水道的中心。

开封附近不但河道四达，而且在河流之间，散布着许多湖泊和洼地，多与汴水相沟通。著名的有中牟与郑州的圃田泽（距开封 70 余里，是历史上有名的湖沼之一，东西长 50 里，南北阔 25 里）、开封与中牟间的挂符泽、开封城南的逢泽（逢忌薮）和城西北的沙海等。这些湖沼泽薮多是洼地积水而成，湖水一般不深，有的湖中长满了水草。开封附近河湖交错，地势低湿，是其地理特征之一。

据有关历史气候方面的研究，在距今约 8000～2000 年前黄河流域的气候属亚热带范

---

① 本文在写作过程中，得到了胡益祥、陈昌远、周宝珠诸同志的指导和帮助，初稿完成后，又蒙黄以柱、金学良、潘淑君等同志提了很多宝贵意见，文中插图由王新光、袁业茜二同志绘制，文中引用了有关同志的资料，在此，一并表示衷心的感谢。

围。年平均气温高于现在 3~5 摄氏度，降水量也比现在多些（王靖泰、汪品先：《中国东部晚更新世以来，海面升降与气候变化的关系》载《地理学报》1980 年 4 期）。据此可以推测，当时位在豫东平原的开封附近的气候，应比现在温和湿润些。不仅河流的水量比现在要大些，多数具有灌溉和航运之利，而且植物生长比较繁茂，野生动物和鱼类也比较丰富。

正由于古代开封附近的地理环境较今天优越，所以它对人类早期从事采集和渔猎活动以及后来逐步发展的饲养业、种植业、手工业和水陆交通业等，都是十分有利的。特别是在当时生产力水平较低的情况下，这样较好的地理环境更宜于原始居民点的产生。1956 年在开封城南万隆岗出土了一批新石器时代的石器、陶器等珍贵文物，说明早在五六千年以前，开封附近就出现了居民点，其农业和手工业已经有了一定的发展。从而为开封进一步从原始公社进入奴隶社会和由原始居民点逐步发展成为城邑打下了有利的基础。

二、大梁城的建立和发展

春秋战国以前，在现今开封城附近，虽然出现了居民点，成为我国较早开发的区域之一，但毕竟还没有发展成为重要的城邑，这与当时全国政治经济形势发展有关。

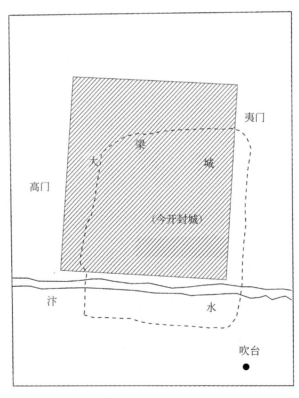

图 1　大梁城区域图

开封一带，在春秋时期是郑国的土地，战国时属魏国。公元前365年（魏惠王六年）[①]魏惠王把国都从安邑（今山西夏县西北）迁移到今日的开封，并建筑了大梁城（图1）。开封作为城市的可考历史应从这时算起。

魏国从安邑迁大梁的主要原因固属与当时的全国政治经济发展形势有关，但也在一定程度上与其他条件密不可分。归纳起来有以下几点：第一，大梁不仅位于中原中心和黄淮之间，而且地处魏国的南疆，和韩都新郑、宋都商丘成犄角之势，可以进一步控制中原。第二，因为位于今陕西一带的秦国日益强大，魏国原来的都城安邑，离秦国太近，经常受到秦国的威胁，而大梁离秦国较远，建都大梁，可以避开秦国的威胁。第三，如上所述，大梁附近地势坦荡，气候温和，土层深厚，水系密布，有利于农业的发展。第四，大梁水陆交通地理条件优越。第五，魏国迁都大梁之前，大梁附近的农业和手工业有了一定的发展基础。上述原因充分说明新都大梁的建立与旧都安邑的条件相比确实相差很大。看来，魏国当时在大梁建新都，不是没有根据的。

魏国既然定都大梁，紧接着就要采取发展大梁的一系列措施。公元前361年（魏惠王十年），便着手开挖鸿沟。鸿沟的第一期工程是"入河水于甫田，又为大沟而引甫水者也。"（《水经·渠水注》引《竹书纪年》）大约是从北面的黄河或荥泽引水入中牟县西的圃田（方大湖），然后从圃田泽开大沟东至大梁（今开封）。这样，荥泽、圃田泽便成为天然的蓄水库。第二期工程是公元前340年（惠王三十一年）"为大沟于北邻，以行圃田之水"，又从大梁城开大沟，引圃田水东行，然后折向南，与淮河相连接。鸿沟水系的开挖，不仅对魏国整个政治、军事、经济的发展起了重要作用，而且使大梁城成为水运网的中心，加强了与各地区之间的经济、文化联系。同时，也切实改善了大梁城市的发展条件。如周围的灌溉条件和防洪能力以及长期积水、低湿的局面。生产条件的改变，又进一步加快了周围大片荒地的开发和农业生产的发展。

随着农业和交通条件的改变和发展，大梁的手工业和商业也相当发达。大梁铸造的铜币，广泛应用。西汉时在南阳经营冶铁业的孔氏，其祖上就是在大梁以"铁冶为业"的，这反映了当时的大梁手工业发展的水平。

大梁城作为魏国国都的时间，长达130余年（公元前365到前225年），前后经过魏惠王、魏襄王、魏召王等六代国王。

魏国大梁城的位置，在今天开封城的西北部。大梁城的北城墙和西城墙，分别在今天开封北城墙和西城墙之外。当时共有十二座城门，但今日可找到线索的只有两个。一为大梁城的东门（称夷门），它位于今天北门一带。一为大梁城的西门（称高门），在离今天开封西城墙外约五里之地。根据高门和夷门间的距离及方向推算，大梁城的南城墙，大约在今天相国寺前面东西一线，北城墙大约在城北四里之处。从以上可以推知大梁城与今天开封城相比较，偏向西北，面积稍大。

[①] 另一说为公元前362年（魏惠王九年）。

三、从大梁城的毁灭到浚仪县治的演变

公元前 225 年（秦始皇二十二年）魏国被秦国所灭，这一年，秦始皇命大将王贲进攻魏国，王贲采用以水攻城的办法，从黄河经鸿沟引水向大梁城灌了长达三个月之久。结果使原来非常富有的天下名都——大梁城趋于毁灭。

由于大梁城的毁坏太大，较长时间不能恢复元气。所以秦灭亡了魏国以后，开封于此设浚仪县，属三川郡。秦另设开封县，在今城南五十里。到秦末农民战争时，刘邦封彭越为梁王，彭越也不以大梁为都城，而把都城建在定陶（今山东定陶）。当时，大梁城尽管遭受到严重的破坏，但所处的中原地理位置仍然是十分重要的。因此，楚汉战争中，大梁一带成为重要的战场。

西汉前期，随着社会的稳定，大梁城逐渐有了一些恢复。公元前 205 年（汉高祖二年）改三川郡为河南郡，增设开封县，与浚仪县俱归河南郡管辖。

东汉时改河南郡为河南尹，开封县和浚仪县归属不变，统归兖州司隶部管辖。东汉末年，曹操曾在今开封西北不远的官渡，以一比十的劣势兵力，打败了地广兵强的袁绍，为统一中国北方奠定了基础。公元 202 年（建安七年），曹操又到浚仪，修治睢阳渠。

魏晋时期由于浚仪一带屡遭战争的摧残和破坏，经济衰落。人口稀少。阮籍当时曾写过一首有关浚仪的诗歌说："徘徊蓬池上，还顾望大梁，绿水扬洪波，旷野莽茫茫。""驾言发魏都，南向望吹台。箫管有遗言，梁王安在哉"，阮籍笔下的浚仪，确是一片苍茫凄凉的景象。

南北朝时期，开封先在北魏统治下。北魏时，社会秩序较前稳定，经济上也有了一定的发展。特别是当时因为北魏和南朝之间经常发生战争，北魏为了进一步充实边镇，解决军饷问题，曾把位于通往前线的水路边上的大梁作为水运交通线上八大仓库之一，并设有货栈。这对开封城市的发展具有一定的促进作用。以后，公元 534 年（东魏孝静帝天平元年），东魏开始在浚仪设置梁州。北齐时也称梁州。北周灭掉北齐以后，又改称为汴州。无论称汴州还是梁州，其治所均在大梁城。由秦汉以来一个普通的县城，上升为州城，应该说这在开封历史的发展上是一个开始转折的时期。

南北朝时期，由于佛教在我国大为盛行，当时开封的寺院也很多。公元 555 年（北齐文宣帝天宝六年），曾在今天相国寺的地址上，建立一座建国寺。公元 559 年（天保十年），又在今铁塔一带，建有一座独居寺。当时，开封的佛教气氛也十分浓厚。

总之，从秦汉到魏晋南北朝的几百年历史发展过程中，开封从一国的大都市下降为一普通的郡县。

四、汴河促使了开封的鼎盛时期

公元 581 年（开皇元年），杨坚（即隋文帝）推翻北周，改国号为隋。隋起初沿用北周时期的州、郡、县三级制；以后又废除郡一级，实行州、县两级制，并合并不少州县。

公元 606 年（隋大业三年），废汴州设开封县，浚仪与开封二县改隶于郑州。隋炀帝

开凿大运河，疏通了汴河，二县地处汴河要冲，随着汴河的通航开始兴旺起来。

由于汴州地处汴河沿岸，很自然地成为沟通南北的"水陆都会"。公元781年（唐德宗建中二年）将宋州宣武军治所迁此。宣武军节度使李勉重修了汴州城池，扩建了衙署，汴州城高垒深，殿堂富丽，成为当时的军事重镇，也是今日开封城的雏形。

唐朝灭亡以后，开封历史上经历了后梁、后唐、后晋、后汉、后周五个朝代。在五代时期，虽然经常打仗，使生产受到破坏，但开封的历史地位却有了上升，特别是柴荣继位后，更在革弊基础上，向前踏进了一步。他在政治上确有励精图治之志，在行动上切实做了不少开疆拓土而促进统一的事；就是在开封城市发展上，也有不少贡献。周世宗（柴荣）为了把开封建设成为一座像样的国都，当时扩大了外城，把墓葬迁到所划范围标帜7里以外的地方。标志以内的地方规定了街道、仓库和营房等。同时又把街道改直放宽，最宽达三十步。由于增筑外城，从而奠定了东京城市的规模。不仅如此，他还大兴水利，恢复以开封为中心的水道网。疏浚汴水，北入五丈河，与济水相接，东到泗水而直通长江，并掘开汴口，使黄河与淮河相通，江淮漕运粮船达到开封，可以说在水陆交通上实现了统一，这对开封的发展是具有特殊意义的。所有这一切，都为日后开封代替长安和洛阳的重要地位，一跃成为一个新兴的大城市开辟了道路。

公元960年，赵匡胤发动陈桥兵变，灭后周，改国号为宋（史称北宋），定都东京。东京下设开封府，辖开封、浚仪等县。公元1010年（宋真宗大中祥符三年）改浚仪为祥符县。

北宋时期的东京是开封的鼎盛时期。北宋王朝在后周规划的基础上对东京进行了大力扩建，使城市规模空前宏大，经济异常繁荣，人口高达百余万。成为当时驰名中外的国际都会。

北宋把开封定为都城，以及以后发展到鼎盛时期，是由当时的政治、经济形势决定的。从政治上来说，五代时期如上所述开封是后梁、后晋、后汉、后周四朝的首都。赵匡胤篡夺后周政权，建立北宋，开封是他的根据地。不仅政治基础好，而且其他条件也较好。从经济上来说，安史之乱和唐末五代时期的军阀混战，主要战场在北方。西蜀、吴越、南汉、南唐等地，都有一个较长时间没有战争的时期，经济比隋唐时期有了更大的发展。从地理条件来讲，也有它的优越性。特别是它的水运条件尤为突出。应当说这对开封的发展和鼎盛起了很大的促进作用。

北宋时期，东京周围有一个发达的水运交通网（图2）。从东京城里穿过的有惠民河、汴河、五丈河和金水河等四条河流。这些河流在东京城市的发展和城市人民生活中均占有很重要的位置。特别是汴河，它在北宋时期的经济发展和物资交流中发挥了更为显著的作用。它上接黄河，下通淮河、长江，像输血管一样，将江淮一带的粮米，四面八方的山泽百货，源源不断地运入京城，供应宋朝统治者和一百多万军民的需要。据《宋史·食货志》记载，宋初，"京师岁费有限，漕事尚简"。公元972年（开宝五年），运江淮米才不过数十万石。到了公元981年（太平兴国六年）"汴河岁运江淮米三百万石，菽一百万石"，运输量大为增加。公元995～997年（至道初），"汴河运米五百八十万石"，上升到一个新的高峰。公元1008～1016年（大中祥符）初年，汴河运米列猛增至"七百万石"，不但远远超过了唐代汴渠的漕运量，也创造了本期的最高纪录。不仅如此，随着宋统治者的贪求无厌，向全国人民压榨掠夺的不断加强，通过汴河运至京师的百货钱财也越来越多。公元1065年（治平二年），除通过汴河、广济河、惠民河"漕栗至京师"六百七十多石以外，"又漕金帛缗钱入左藏、内藏库者，总其数一千一百七十三万。""繇京西、陕西、河东运薪炭至京师，薪以斤计一千七百一十三万，炭以秤计一百万。"（《宋史·食货志》）为了运输粮米和各种货物，这一年各路制造的漕船达2500多艘。

从以上情况可以明显看出，汴河对北宋时期的开封发展和鼎盛的促进作用主要是漕运，这是毫无疑义的。但也绝不仅仅如此，由于宋王朝当时对汴河的水利建设十分重视，同时也利用汴河在京畿一带发展了农田灌溉事业，从而进一步加快了农业生产的发展。另据《宋史·食货志》记载，开封当时还利用汴河水力装置水磨，推动了工业的发展。这一切都充分说明汴河确实成为北宋时期开封城市的发展和鼎盛的生命线。

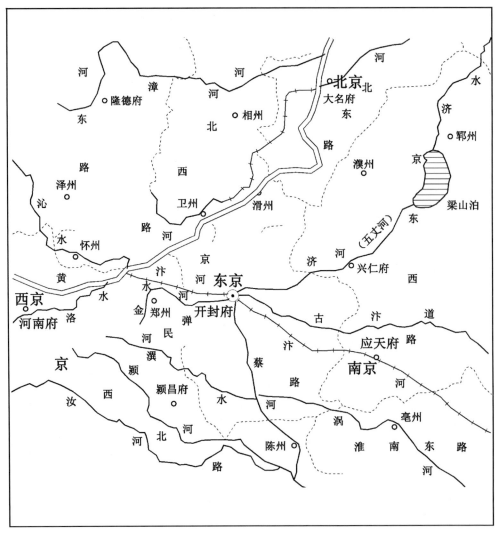

图2　北宋开封示意图

开封由于政治中心的形成及其水陆交通的发达，很快成为"八荒争凑，万国咸通"[①]之地。从此，东京城市经济进入了新的发展时期。当时经济繁荣的状况概括起来有以下几个主要特点：第一，手工业发展程度相当高，已出现了手工作坊和工场。东京的手工业有官营和私营两种，但以官营的规模为最大。据《宋会要》记载的材料统计，官营手工业的各种工匠（包括管理库务的技术人员）达八万人以上，这是以前各代首都所不及的。第二，手工业门类多，分工细，规模大。东京的官营手工业主要门类有军器、纺织、陶瓷、制茶、酿酒、雕版印刷等，其中以军器和纺织业等较为突出。这些手工业的分工也很细。如当时在京师的纺织业有织机400张，可以制造多种纺织品，供封建统治者享用。仅锦饰一类就达数十种。不仅如此，当时手工业的规模也比较大，规模最大的官营军器制造所就拥有军匠3700人，东西作坊工匠5000人。第三，商业繁荣，贸易相当发达。由于手工业的发展，商品生产大大增加，商品买卖交换也相应地发展起来。当时以经商为业的20000多户，有6400家资本较多的工商业者，分属于160行。商业的发展，进一步促进了市场的繁荣。据《东京梦华录》记载，在开封的大街小巷，店铺林立，异常热闹。市内有许多繁华的街市。相国寺就是一个重要的市场。由于东京当时是全国的政治中心，所以这里很自然地成了全国贡赐贸易的中心。北宋时期的贡赐贸易主要分两方面：一方面，即中国境内各族同宋的官方贸易；另一方面，即宋同亚非各国在东京的贡赐贸易。二者以前者最为重要，后者居次。前者不仅次数多，贸易量也大，对宋的政治安定、经济发展都有重要影响。仅宋辽各种使臣往返达1600多人。其中辽使人数将近一半，来宋次数约有300次左右。宋每年赐给辽使带回的物品达70万贯。据《宋会要》统计，西夏、女真、吐蕃、回鹘、西南蕃等族，至宋朝纳贡达230多次。由于当时亚非各国的共同需要以及北宋政府的大力提倡，宋初以来，"四夷朝贡、曾无虚岁"，东京已成为外国使节、宗教徒非常活跃的城市。高丽、日本、越南（交趾、占城）、印尼、马来西亚、泰国、印度、阿拉伯、东非各国，纷纷从海路来到中国。中国对外交通干道已从秦汉隋唐时期的丝绸之路，转向东南海道。主要贡品有香药、犀象及一些高级手工艺品。这种贡赐往来的贸易形式，加深了中国同外国的联系，有利于各国友好关系的发展。第四，城市人口增加迅速。东京由于经济发展很快，城市人口增加十分迅速。开封在唐代称为汴州，其最盛时为玄宗天宝年间，领县6个，有户109876，口577570，每县平均10000多户。安史之乱以后，人口一度下降，所领五县，只有户57710，口82879。经过五代时期的发展，到宋太宗时，东京人口已号称百万。对于开封人口的多少，史籍记载，众说纷纭，多为虚估之数，不足为凭。但宋官府的几次户口统计数字却比较可靠。根据户口统计，公元976～984年（宋太宗太平兴国年间），有18万户；公元1078～1085年（宋神宗元丰年间）有23.5万户，公元1102～1106年（北宋末期的崇宁年间），有26万户。每户平均以4～5人计算，人口达100万～130万，再加上常驻军十几万，即东京人口最多时约有140万～170万。从人口构成来看，经营工商业者和其他服务性行业的约占总户数的1/10。这充分反映了当时东京城市经济发展的较高水平。

北宋时期确是历史上东京城的一个极大发展时期，也是中国城市建筑史上较重要的一

[①] 《东京梦华录》序。

页。宋王朝定都开封后，在城市建设上，特别在城防建筑上是很注意的。他们把全城共分三重：皇城、里城（也称内城）和外城。外城周长四十八里二百二十三步，公元1075年（熙宁八年）到公元1078年（元丰元年）曾扩展到五十里一百六十五步，呈长方形，南北长而东西略窄。外城城门为四个正门（南皇门、新郑门、新宋门、新封丘门）因为是御路，开双重直门，其余外城各门"皆瓮城三屋，屈曲开门。"通过市区的河道水门都专设有铁窗门，加强防守。外城主要任务在于防御。为此，城墙坚固雄伟，还密设有"马面、战棚、女头"等防御建筑。外城之外环绕一条阔十余丈的护龙河，河两旁遍植杨柳，禁人往来，充分说明当时城防建筑上，确实做到了层层设防，戒备森严。

外城遗址到明代还存在。公元1841年（清道光二十一年）黄河泛滥，遂被淤没。

里城的前身是公元780~804年时汴州节度使李勉所重建。里城周长二十里一百五十万步，四周共有十个城门。南壁三门①、东壁二门②、西壁二门③、北壁三门④。

东京的皇城即宋大内，又名紫禁城。位于内城中央，略偏西北。外围为里城，又外围为外城。这是我国传统的国都城墙布局。如汉、晋、北魏的洛阳城，元大都，明、清的北京城等都属于这一种类型。皇城内的主要建筑，基本上是对称的，排列的十分整齐。全城共设六门，其正南正门为宣德门，庄严肃穆，金碧辉煌。整个东京城设计完善，建筑讲究，充分表现了我国古代城市规划的高超水平。

东京的街道分布形态和城门相配合。突出的特点是纵横交错，密如蛛网。城里的主要干线称为御路，共有四条。其他街道自上述四条干线分枝，纵横四通到各个城门。街道都作直交，成为方格子状，十分整齐（图3）。

从汉晋到隋唐，我国城市常常实行坊市制（即古代的城市区划）。这个制度以首都最为完备。坊或市是以纵横交错的街道划分的。坊市制的实施，有加强封建统治的作用，坊市制的破坏对东京治安的影响很大，所以宋真宗时另施行一种厢制，每厢管辖若干坊。公元1008年到1016年（大中祥符）时期，东京城内共分八厢，下辖一百二十坊。城外九厢共14坊。

宋东京按城市职能大概可分五区：第一，行政区即皇城，为皇帝宫殿和中央政府机构所在地。第二，商业区在里城东南部，外城东南部、东部和西部。第三，住宅区包括里城、外城的大部分，除商业中心地外，和商业区相互交错。第四，码头区在城外运河沿岸，如州东的虹桥、陈州门及州北五丈河，共有仓五十多所，专运卸漕米。第五，风景区在四郊和里城东北艮岳一带，前边多为统治阶级的花园和皇室的别宫，后边是皇帝的御园。

---

① 中名朱雀门（一名尉氏门），东名保康门，西名新门（一名崇明门）。
② 南名旧宋门（一名丽景门），北名旧曹门（一名望春门）。
③ 南名旧郑门（一名间阖门），北名梁门（一名宜秋门）。
④ 中名景龙门，东名旧封丘门（一名安远门），西名金水门（一名天波门）。

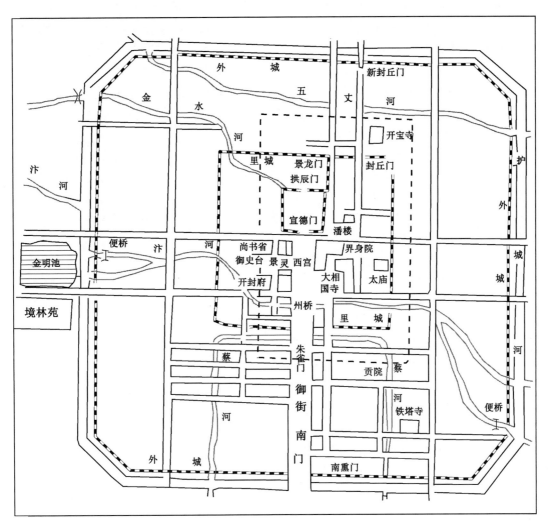

图 3　北宋都城开封示意图

五、黄河的危害加快了开封的衰落

公元 1127 年金自宋靖康二年灭亡北宋后，称开封为汴京。公元 1158 年（金贞元元年）海陵王自上京会宁府（今黑龙江省阿城南白城）迁都燕京，称燕京为中都大兴府，称汴京为南京开封府，与北京大定府（今内蒙古老哈河上游的宁城西）、东京辽阳府、西京大同府合称五京。

开封自从被金攻陷以后，城市遭到破坏，居民流离失所，同时农村经济也破败不堪。

蒙古灭金以后，于开封设南京路，后又改为汴梁路。治祥符、开封两个县。公元 1291 年（元至元二十八年）属河南江北行省，以汴梁为省会。元朝建都于大都，代替了开封的地位，开封从此成为一个地方性的行政中心。

在元朝统治的百年中，开封经济上还比较繁荣。特别是手工业和商业，都是比较发达的。元朝后期，汴梁的富商仍然不少。直到红巾军起义后，朝廷调兵镇压，把许多商船拉去运军粮，舟楫不通，商贩才逐渐减少。另一方面，元朝时期，汴梁一带的自然灾害也十分严重。水、旱、风、蝗等灾，史不绝书，尤以黄河的水患危害最大。黄河从我国西部高原地区带着大量泥沙，进入下游平原地区以后，河道变宽，水流变慢，泥沙迅速沉淀，使河床高于两岸地面，形成"悬河"。洪水暴涨时，往往冲破河堤，造成决口、泛滥，甚至改道。在金代以前，黄河过了孟津以后，就向东北流去，由天津附近入海，对开封威胁不大。但到公元1164年，黄河在阳武县光禄村（今河南原阳县境）决口后，改由东南入海。从此以后，黄河的历次为害都给开封带来极大的威胁，如公元1297年，在汴梁决口，征发三万多人进行堵塞；公元1305年几乎将汴梁淹没。黄河每次决口，浸城池、漂室庐、毁农田、破交通，严重地影响人民生命财产的安全和开封城市的发展。汴河、蔡河、五丈河等，在元朝以后也逐渐被黄河泥沙淤没。总之，金元两代对开封破坏很大，但另一方面对开封也做了些恢复性工作，并留下了比较明显的影响。例如金代迁都开封（南京）时，就在废墟上整修了内外城，并扩大了皇城和修复了部分宫殿。

明清两代，开封的政治地位未变。经济是盛衰迭见，大体说来情况稍好于金元两代。朱元璋命徐达攻下开封以后，对开封十分重视，升开封为北京，又封朱橚于此为周王，执行恢复农业的经济政策，如兴修水利，减税减租等，使开封的经济随之繁荣。当时开封的手工业主要有制作金属器皿、日用器物、缝制衣物、烧制琉璃瓦等，随着经济的发展，城市建设上也有发展。开封城规模承前启后，一方面继承了北宋东京，另一方面又有所改进，直到今天还有影响。当时，开封城也有内外两城，大小和北宋东京相似，但外城不过是北宋东京外城的遗基而已，当时外城之内很少有城市建筑。内城则为砖筑，即现在开封城的前身，城门有五，沿袭历史名称，城外环壕，各设活动吊桥一座。

在明末大起义的过程中，李自成和明朝统治者曾在开封进行过激烈的战争。李自成起义军一共对开封围攻3次。特别是第三次前后围攻近6个月。这次由于围攻时间长，使开封官军没有饭吃，最后他们为了垂死挣扎，曾扒开黄河大堤，水淹起义军，结果使开封城内原有37.8万人，经过这场大水，只剩下3万多人。这是开封历史上从未有过的一次浩劫。

明代大水之后，开封相当荒凉。"黄沙白草，一望丘墟"。当清朝建立以后，曾对开封城进行一定的复建。但由于黄河的多次决口，加上原来通航的汴河、蔡河、五丈河等河道受到黄河泥沙淤塞，结果对外通航被迫停止。从此开封水上运输中心开始转移到城南四十多里外的朱仙镇。当时朱仙镇成为开封的外港。尽管如此，当时的开封仍为河南省的省会，是全省的政治、经济中心。

清代的街道虽然与过去相差不多，但其繁华程度不如明代，主要街道有老府门大街、东西大街、土街、书店街。开封城内手工业和商业也多分布在上述几条街上。另外城郊也有不少集市。

总起来说，金、元、明、清的开封，比较前代，不仅自然环境受到严重破坏，城市经济也日趋衰落。虽然还是保留着地方政治经济中心的地位，但是经济发展十分迟缓，而清代比明代更有退步的趋势。造成这种局面的主要原因，固然是由于北宋以后，全国的政治中心转移到北京。但是，从自然条件上来看，金元以来黄河的改道和不断泛滥，是开封城市衰落的一个重要原因。黄河侵入开封前后共达6次，2次侵入外城，4次侵入内城。还有其他40次，泛滥于开封附近，对开封城市的危害都是严重的。

公元1840年鸦片战争后，中国的历史进入了半殖民地半封建社会时期，河南因地处上海、天津、汉口三个帝国主义侵略点势力范围的交叉地带，公元1905年到1912年京汉、陇海铁路相继通车之后，遂成为上述三大据点的原料供给基地和外国商品倾销的市场。开封既然是当时河南的省会，就必然首当其冲地受到这种影响，逐步由原来的封建城市转向半封建半殖民地城市的方向发展。在抗日战争中，开封为日本侵略军所占领，沦陷达七年之久（1938~1945年），受到了严重的破坏。百余年来，封建地主、官僚、军阀及其他帝国主义代理人，一伙一伙地轮流聚集于此，残酷压榨人民，使这个时期开封城市的发展出现了许多畸形现象：第一，由于帝国主义的侵略造成城市工商业的盲目发展和虚假繁荣，以及军阀官僚地主的掠夺，破坏了农村自然经济。天灾兵祸的频繁，迫使大批农民四出流亡，其中一部分就流入了开封，使城市人口急剧增长，自公元1910年到1930年间，由原来的16万增加到20万人。第二，帝国主义及其代理人以通商口岸为根据地，在开封建立了不少收购站，廉价收购农产品，如花生、棉花、牛羊鸡畜产品。这样一来，使开封几乎变成了他们榨取原料的基地。同时又成为他们倾销商品的集散市场。从表面上看，这一时期，开封城市商业是有所发展的。如早期官僚资本在这里办起了兵工厂，电厂等，后来民族资本又办了一些火柴、面粉、榨油等厂。但这种繁荣是虚假的繁荣，从中得到利益的首先是帝国主义者及其代理人，其次是军阀、官僚买办者。真正受压榨和剥削者，仍然是广大的劳动人民。第三，随着城市性质的变化，开封市内的整体布局也起了相应的变化，主要是在老城之外，即车站附近形成了新市区。这种自发形成的新市区，街道布局不规则。交通混乱，建筑密集，住宅商店混杂在一起，与老城区有规律的方格状布局，形成了鲜明的对照，不仅如此，还使原来的老城区在这个时期也增添了不少半殖民地色彩。

六、开封的新生

1948年10月23日，开封获得解放。从此，开封城市的发展进入了崭新的时期。

解放后，为加强城市管理与建设，1948年11月6日划护城堤以内范围为开封特别市，不久又改特别市为开封市。1954年省会迁郑后，开封市改为省辖市，至今未变。

开封解放初人口仅有25万人，除饮食服务行业较为发达外，纯属一座落后的典型消费城市。全市百人以上的工厂只有四家，不仅技术落后，且设备简陋。城内道路狭窄，电灯不明，污水横溢，秩序混乱，郊区农业生产更为落后，粮食亩产仅有100多斤。文化教育落后，文物古迹残破不堪。

解放30多年来，在党的领导下，全市国民经济取得了巨大成就，城市面貌也相应地发生了显著的变化。主要表现在以下几个方面。

第一，全市已建设成为一个以轻工、纺织、手工业、电子、农机等为主的工业城市。全市工业企业不仅由1949年几个已发展到如今的500多个，而且工业产品达1000余种。第二，全市工业布局已基本展开，开始日趋合理。过去市内不仅工业企业很少，而且布局也极其分散。现在除了旧城区尚分布有一部分较分散的工业企业外，主要主集中在三个新工业区：即以重工业为主体的东郊工业区；以轻、化、纺为主的南郊工业区；以轻工业为主的西郊工业区。第三，历史上给开封带来灾害的黄河，也初步得到根本的治理。经过沉淀处理的黄河水不仅可供开封城市居民饮用，而且也为全市工业用水提供了良好条件。无疑地对开封城市的建设和发展起了极大的促进作用。不仅如此，郊区广大农民还利用黄河水淤灌农田，从而使开封周围历史上因黄河决口造成的沙荒盐碱地绝大部分变为良田。近年粮食总产大幅度增长。粮食平均亩产由1949年的142斤增到650斤以上。另外，郊区的林、牧、副、渔生产也有了进一步发展。郊区农业生产的巨大变化，不仅满足了全市人民的生活需要，而且也进一步促进了工业生产的发展。第四，城市面貌焕然一新，平面布局日趋合理。解放前夕，开封尽管是一座历史悠久的文化古城，但几经沧桑，到解放前夕，已经变成市容破烂不堪、生产极端落后、设施简陋、布局混乱的一座不像样的消费城市。可是30多年后的今天，一座崭新的城市展现在人们的面前，给人最突出的感觉就是市政建设取得了很大成绩。全市新修了汴京路、五一路等十余条交通干道和两个立体交叉工程，开辟了西南城门和新开西门，形成了一个四通八达的交通运输网。另外还铺设下水道百公里，供水管网百余公里；历年新建住宅建筑面积百余万平方米；新建公园多处；安装电灯九千盏……市政建设的新发展进一步促使了市容面貌的大改观。现在，可以看到马路纵横、高楼林立。不仅如此，而且在全市整体布局上也按照社会主义布局原则进行了改造和更新，现在全市基本上形成了一个较新型的复杂集中的布局形式。这不仅可以充分发挥城市职能的作用，而且也有利于全市人民的工作和生活，充分体现了社会主义性质城市的优越性。第五，全市名胜古迹已有计划地进行修葺，每天国内外游人不绝。但地上、地下文物古迹仍未得到充分发掘和利用，潜力很大。

总起来说，从开封城市的形成和发展的概括论述，可以初步得出以下几点认识。

（1）开封城市在各个不同历史时期千变万化，是遵循着一定的客观规律的。这个规律主要是它的产生、发展、兴盛和衰落以及到它的转向新生，虽然经常受着多方面因素的影响和制约，但归根结底起决定性作用的还是社会经济发展条件。

（2）尽管社会经济发展条件是城市发展和布局的决定因素，但它又不是唯一的。除它以外，还有一系列的条件，特别是自然地理条件。这些条件对城市的发展和布局经常地发生作用和影响。特别是在生产力水平较低的情况下，往往发生更为显著的作用。

（3）自然地理条件对一座城市的产生和发展确实有着十分重要的作用，绝不能低估。但另一方面，也必须充分看到，当城市出现和发展以后，由于城市人口的集中，城市各种生产事业的迅速发展以及人类经济活动的日益频繁，也给自然环境带来一定的影响，而这种影响也是十分深刻的。

（4）任何一座城市在它的历史发展过程中都不是孤立的，而是与它当时整个社会经济发展形势息息相关的。政治经济形势稳定、繁荣，城市就发展、兴盛；反之，就萧条、衰落。为此，当我们研究城市的历史发展时，也必须坚持这种全面和联系的观点。

（5）开封这座历史悠久的古老城市，尽管与国内其他古老城市有着共同的发展规律和特点，但毕竟由于它所处的时间、地点、条件等不同，它也具备着自己独有的特点。比如，开封在历史上也是一座工商业比较发达的封建性质的城市，但它与东部沿海地区当时封建性质的城市苏州、杭州等城市有着不同。其次，开封城市的兴衰与汴河和黄河有着密切的关系。再次，地上、地下文物古迹，十分丰富。因此，当我们建设和更新这座古老城市时，必须坚持从开封城市的实际情况出发。具体点说，一定要在城市总体规划指导下，本着"扬长避短，发挥优势"的原则，坚持保持和发扬古城特色，建设好这座历史文化名城。

（6）开封这座古老城市尽管在历史上，特别是北宋时期发展到顶峰，成为当时国内外的一座大城市，但必须看到它的发展和繁荣是建立在封建剥削基础之上的，它是封建性质的消费城市。可是，解放以后的开封，由于社会性质起了根本的变化，仅仅三十多年的时间，国民经济生产总值比解放前增加了五十多倍，从而由一个落后的消费城市转变成为一座新兴的工业城市。

此文原载于《河南大学学报》（自然科学版），1985年第3期

31. 黄河对开封城市历史发展的影响[①]

李润田

历史上任何一座城市的产生和发展，其根本原因当然取决于生产力发展水平及其社会经济条件，但是当一座城市适应社会经济发展的要求而开始出现的时候，它又必须具备一定足以满足它的发展要求的一系列自然条件。因此，如果说生产力发展水平和社会经济发展条件是城市产生和发展的决定因素，那么一定的自然条件就是城市产生、发展和经常必要的物质条件。尤其在生产力发展水平较低的情况下，它的作用尤为显著。在上述自然条件中，河流的有利与不利对城市的产生、发展与衰落的影响，更是具有不可低估的作用。现代社会如此，历史上更是如此。

黄河流域是中华民族的摇篮，在很长的历史时期内，黄河中下游一直是我国政治、经济和文化的中心。它对我国的发展曾经作过不可磨灭的贡献。但是，由于它多沙、善淤、善决、善徙特别是下游改道频繁，又给沿河人民带来深重的灾难。

开封是我国一座历史名城，至今已有2000多年的历史。它始兴于战国，发展于晚唐时代，至北宋则达于极盛。金、元之世，始趋衰落，明末后，元气大伤，一蹶不振，直至1948年解放才获得新生。这座古城，为什么自8世纪以后逐渐兴盛，以至成为全中国的政治、经济、文化的中心、亚洲最繁荣都城？又为何到12世纪以后，江河日下顿形衰落？为了回答这个问题，必须把开封城市的发展和衰落的主要原因除了归结为政治、经济条件所决定外，还必须从其外部条件——自然条件，特别是其中的黄河来找其原因。本文仅就这一问题，浅谈一下自己的认识。不当之处，敬希批评与指教。

一

从战国到北宋，是开封不断向上发展的时期。这个时期，除了政治、经济因素起了决定性作用以外，黄河除个别时期曾经南下会淮以外，大都在现河道以北行河，也就是黄河出了邙山后，总是往东北流去，从汲县、浚县一带，经濮阳、大名等地，由天津附近入渤海。今天的原阳、封丘、延津等地，当时都是在黄河以南。当时开封离黄河较远，黄河河道本身又较为稳定，再加上千百年来广大人民多次兴利除弊行动，从而为开封城市的发展与繁荣创造了十分有利的条件。

[①] 本文在写作过程中曾参阅和引用了《黄河水利史述要》（黄委会编写组）、《豫东黄河平原环境的变迁与开封城市的发展》（黄以柱）等专著和论文的部分成果及附图（在此不一一列举），周宝珠先生对本文在选题和写作中给予很大帮助。初稿完成后又承蒙秦凌亚、金学良、潘淑君等同志提供了许多宝贵意见，在此一并表示衷心的感谢。

（一）鸿沟水系的开凿加快了大梁城的发展

鸿沟水系是古代豫东黄河平原上以鸿沟为骨干的大型引黄水利工程。

战国魏惠王九年（前361年），自安邑（今山西夏县西北）迁都大梁（今开封西北）。次年，自荥阳引黄河水入圃田泽（今中牟以西的古泽），然后开大沟引圃田水东流，经大梁城北再折而南入颍水，这就是历史上著名的沟通黄河和淮河两大水系的鸿沟运河（《水经·渠水注》引《竹书纪年》）。秦末楚汉之争，以鸿沟为界，中分天下，沟以东属楚，沟以西属汉，指的是大梁以南一段。

鸿沟全长约250公里，它把流经豫东黄河平原的主要河流贯穿起来，构成一个以大梁为中心、沟通黄河下游淮河中下游之间的水运网（图1）。这个水系，除鸿沟以外，主要水道还有：获水（丹水），自大梁分沟水东流，至彭城（今徐州）入泗水；睢水，自大梁南分沟水东南流，经宋都睢阳（今商丘市东南），至今江苏睢宁县入泗水；自大梁南分沟水东南流，经今安徽宿县南入淮河；沙水，自陈（淮阳）分流东南，至今安徽涂山入淮；济水，自圃田泽分水东北流，经陶（今山东定陶县西北）入大野泽，继而东北流入渤海。所以，《史记·河渠书》称："荥阳下引河东南为鸿沟，以通宋、郑、陈、蔡、曹、卫，与济、汝、淮、泗、会"，概括地说明了这个水系沟通黄、淮，联络东方列国的形势。

鸿沟水系完成后，"此渠皆可行舟，有余则用溉浸"（《史记·河渠书》），因而促进了大梁城及其附近经济的发展。当时在鸿沟水系的干支流沿岸，出现了许多著名的城市。如鸿沟干流西岸的陈、睢水北岸的睢阳、濮水北岸的濮阳（今濮阳南）、丹水入泗水的彭城等。济水与菏水交汇处的陶，因是"诸侯四通，货物所交易"的地方，被誉为"天下之中"，曾成为列国争夺的目标。然而，承受鸿沟水系效益最大的，还是魏都大梁。

大梁居鸿沟水系的中枢。由于附近地势比较低洼，易积水成涝，有时还要受到黄、济洪水的危害，所以，在春秋时期还有许多人烟稀少的"隙地"。甚至到魏迁都大梁之初，魏惠王还曾忧虑其邻国之民不减少，而本国之民不加多（《孟子·梁惠王上》）。鸿沟水系疏通后，不仅改善了灌溉条件，而且提高了泄洪能力，排除了附近积水，从而大大促进了魏国农业和经济的发展。荒地陆续得到开发，产量不断提高，人口逐步增多，新的居民点相继出现。到魏襄王时（前318年后），大梁附近已经成为魏国地富人繁的主要农业区。苏秦游说魏国时，对魏襄王说："大王之地……虽小，然而舍田庐庑之数，曾无所刍牧"（《史记·苏秦列传》）。农业经济的发展，为大梁城市的发展奠定了稳固的基础。

当然，对于大梁城市的发展来说，鸿沟水系的作用主要在于改善了交通运输条件。在鸿沟水系完成之前，开封附近虽是黄淮间许多河流聚集之地，但是互不联系；而且多数河流水源小，水量不稳定，航运能力较差，鸿沟疏通之后，不仅把各河流连接成了一个完整的水运系统，而且引河水为源，提高了各河道的通航能力。大梁因地处鸿沟水系的中心，遂成为中原水上交通的枢纽。加上都城的政治地位，陆路交通也很方便，"从郑至梁不过百里，从陈至梁二百余里，马驰人趋，不待倦而至"（《战国策·魏策》）。所以，很快就使大梁一跃成为繁荣都会。当时全国许多学者名人也会聚到这里，形成中原重要的文化中心之一。

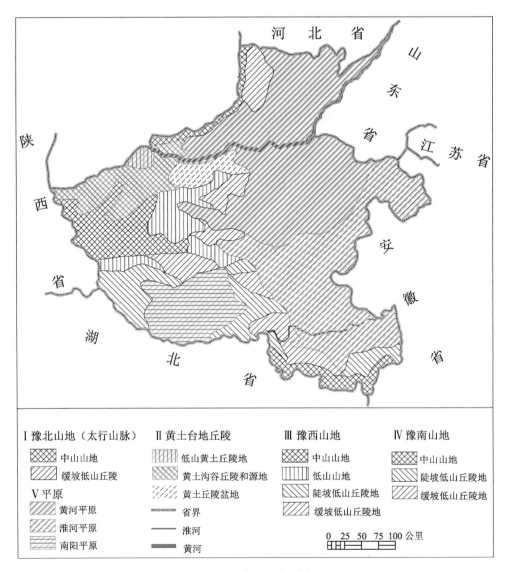

图1　河南省地形分区略图

(二) 通济渠的疏浚与汴州城的兴起与发展

公元589年，隋灭陈，结束了汉末以来长期分裂的局面。隋王朝为了加强对南方的统治，并从南方取得财赋，以支持北方的中央政权，于大业元年（605年），召集河南、淮北诸郡100万民夫，开挖通济渠（唐称广济渠），这渠西段自洛阳引谷、洛水达于河，东段自板渚引河通于淮，接通了江淮之间的邗沟及江南运河，进一步还开通了永济渠，从黄河北岸支流沁水引水东北流，直达涿郡（北京）。这就构成了隋唐时期以洛阳为中心，北抵北京，南达杭州的运河。通济渠便是南北大运河最重要的一段。

隋唐的通济渠，虽然是为了满足隋炀帝的游乐目的而开凿的，但客观效果却对中原和江淮地区之间经济文化的交流与发展产生了巨大的影响，特别是对开封的发展也起了极为明显的促进作用。汴州因位居漕运的中点，又靠近京畿地区，所以发展特别迅速。唐中叶以后，汴州不仅是北方舟车辐辏，人庶浩繁的商业都会，而且在全国也是仅次于扬州的国际贸易中心。《新唐书·李勉传》称汴州是"水陆一都会"。还有不少诗人为汴州写下了许多赞美的佳句。如杜甫在《遣怀》（全唐诗卷222）诗中说："邑中九万家，高栋照通衢，舟车半天下，主客多欢娱"。王建在《汴路即事》（全唐诗卷299）中说："天涯同此路，人语各殊方，草市迎江货，津桥税海商"。又在《寄汴州令狐相公》（全唐诗卷300）中说："水门向晚茶商闹，桥市通宵酒客行，秋日梁王池阁好，新歌散入管丝声"。这些充分反映了当时汴州商旅云集，人口众多，市井繁华的兴旺气象。安史之乱以后，唐王朝鉴于漕运中断、京都受困的教训，于建中二年（781年）在此设宣武军，节度使李勉重筑汴州城，汴州又成为中原的军事重镇。汴州城是战国魏大梁城以后，第二次见诸史籍的开封城，也是开封城垣可考之始。

唐代后期，随着黄河流域与长江流域经济发展水平越来越悬殊，北方对南方财力的依赖越来越大，汴州的地位也越来越重要。当时人称："大梁当天下之要，总舟车之繁，控河朔之咽喉，通淮湖之运漕。"（《文苑英华》卷803，刘宽夫《汴州纠曹厅壁记》）。因此，在唐末至五代的100余年间，当黄河中游的长安、洛阳由兴盛走向衰落的时候，汴州却蒸蒸日上，蓬勃发展。至公元907年，驻在汴州的宣武军节度使朱温篡夺了唐的政权，建立后梁王朝，都汴京，称东都，使开封成为北中的首都。此后，五代的另外三个王朝即后晋、后汉、后周，也相继都汴州，称东京。这样，开封就完全取代了长安、洛阳的地位，逐渐发展为全国的政治、经济、文化中心。

（三）汴河的漕运促使了东京的高度繁荣

开封在历史上，特别是在北宋时期，随着经济的发展和人口的迅速增长，已发展成中世纪世界上最大的封建性消费城市。全盛时"京师周围八十里"，人口高达百余万。当时开封经济之所以能够达到这样繁华程度的根本原因，固属为生产力发展水平和政治经济条件所决定，但黄河及京城开封周围的水运条件为东京高度繁荣也起了很大的作用。

北宋时期，东京周围有一个发达的水运交通网。从东京城里穿过的有惠民河、汴河、五丈河和金水河等4条河流素有"四水贯都"之称。这些河流在东京城市发展与城市人民生活中均占有更重要位置。

惠民河又称蔡河，是东京城里最南面的一条河流。自长葛、新郑一带引洧、溱诸水经尉氏北流，到东京后，由外城中穿过，再流到陈州东南入沙河，以通陈、蔡、汝（治所在今河南临汝）、颖（治所在今安徽阜阳）诸州的漕运。流经开封的一段蔡河，舟楫相继，商贾往来，给开封的工商业发展带来十分有利的条件。

东京城东北部的广济河从唐末五代就有。因河阔五丈，故称五丈河。北宋时期，开封东北一带的粮食，主要靠五丈河运入京城。

东京城西北部的金水河发源于今荥阳县境，流到东京西南，用木板渡槽从汴河上横穿而过，由西北流入京城。它主要是作为五丈河的水源和皇宫用水。

汴河（是黄河的分支，也就是隋代开凿的通济渠，自孟州河阴县即郑州西北引黄河水，经过开封东南流，于泗州入淮。汴河的绝大部分水量都是由黄河供给的。）在蔡河北面，流向由西向东，从相国寺门口横穿开封城。是当时开封四水中最重要的一条河流（图2）。它在北宋时期的经济发展和物资交流中发挥了更为显著的作用。它上接黄河、下通淮河、长江，象输血管一样，将江淮一带的粮米，四面八方的山泽百货，源源不断地运入京城，供应宋朝统治者和100多万军民的需要。据《宋史·食货志》记载，宋初，"京师岁费有限，漕事尚简。"开宝五年（972年），运江淮米才不过数十万石。到了太平兴国六年（981年）"汴河岁运江淮米三百万石，菽一百万石"，运输量大为增加。公元995～997年（至道初）"汴河运米五百八十万石"，上升到一个新的高峰。公元1008～1016年，汴河运米更猛增至"七百万石"，不但远远超过了唐代汴渠的漕运量，也创造了本期的最高纪录。不仅如此，随着宋统治者的贪得无厌，向全国人民压榨掠夺的不断加强，通过汴河运至京师的百货钱财也越来越多。治平二年（1065年），除通过汴河、广济河、惠民河"漕粟至京师"670多石以外，"又漕金帛缗钱入左藏、内藏库者，总其数一千一百七十三万"，"籴京西、陕西、河东运薪炭至京师，薪以斤计一千七百一十三万，炭以秤计一百万。"（《宋史·食货志》）为了运输粮米和各种货物，这一年各路制造的漕船达2500百多艘。

　　从以上情况可以明显看出，汴河对北宋时期的开封发展和鼎盛的促进作用主要是漕运，这是毫无疑义的。它绝不仅仅如此，由于宋王朝当时对汴河的水利建设十分重视，同时也利用汴河在京畿一带发展了农田灌溉事业，从而进一步加快了农业生产的发展。另据《宋史·食货志》记载，开封当时还利用汴河水力装置水磨，推动了工业的发展。此外，汴河还为城市居民用水及美化市区风貌发挥了极为重要的作用。这一切都充分说明汴河确实成为北宋时期开封城市的发展和鼎盛的生命线。

　　开封由于政治中心的形成及其水陆交通的发达，很快成为"八荒争凑，万国咸通"（《东京梦华录》）之地。从此，东京城市经济进入了新的发展时期。当时经济繁荣的状况概括起来有以下几个主要特点：第一，手工业发展程度相当高，已发展到手工作坊和工场。东京的手工业有官营、私营两种，但以官营的规模为最大。据《宋会要》职官、食货诸门记载的材料统计，官营手工业的各种工匠达八万人以上，这是以前各代首都所不及的。第二，手工业门类多，分工细，规模大。东京的官营手工业主要门类有军器、纺织、陶瓷、制茶、酿酒、雕版印刷等，其中以军器和纺织业等较为突出，这些手工业的分工也很细。如当时在京师的纺织业有织机400张，可以制造多种纺织品，供封建统治者享用。仅锦饰一类就达数10种。不仅如此，当时手工业的规模也比较大，规模最大的官营军器制造所就拥有军匠3700百人，东西作坊工匠5000人。第三，商业繁荣，贸易相当发达。由于手工业的发展，商品生产大大增加，商品买卖交换也相应地发展起来。当时以经商为业的20000多户，有6400家资本较多的工商业者，分属于160行。商业的发展，进一步促进了市场的繁荣。据《东京梦华录》记载，在开封的大街小巷，店铺林立，异常热闹。市内有许多繁华的街市。相国寺就是一个重要的市场。由于东京当时是全国的政治中心，所以这里很自然地成了全国贡赐贸易的中心。北宋时期的贡赐贸易主要分两方面：一方面，即中国境内各族和国家同宋的官方贸易；另一方面，即宋同亚非各国在东京的贡赐贸易。二者以前者最为重要，后者居次。前者不仅次数多，贸易量也大，对宋的政治安定、

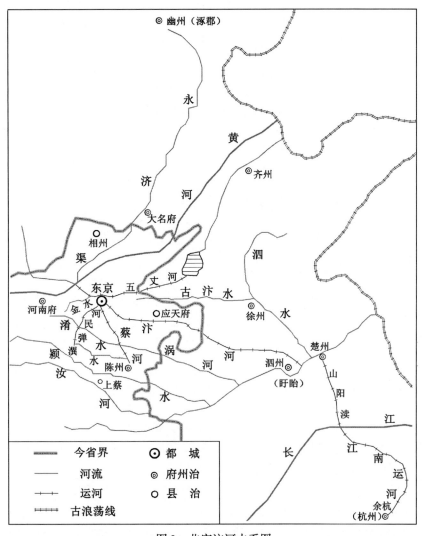

图 2　北宋汴河水系图

经济发展都有重要影响。仅宋辽各种使臣往返达 1600 多人。其中辽使人数将近一半，来宋次数约有 300 次左右。宋每年赐给辽使带回的物品达 70 万贯。据《宋会要》统计，夏国、女真、吐蕃、回鹘、西南蕃等族，至宋朝纳贡的达 230 多次。由于当时亚非各国的共同需要以及北宋政府的大力提倡，宋初以来，"四夷朝贡、曾无虚岁"，东京已成为外国使节、宗教徒非常活跃的城市。高丽、日本、越南（交趾、占城）、印度尼西亚、马来西亚、泰国、印度、阿拉伯、东非各国，纷纷从海路来到中国。中国对外交通干道已从秦汉隋唐时期的丝绸之路，转向东南海道。主要贡品有香药、犀象及一些高级手工艺品。这种贡赐往来的贸易形式，加深了中国同外国的联系，有利于各国友好关系的发展。第四，城市人口增加迅速。东京由于经济发展很快，城市人口增加十分迅速。开封在唐代称为汴州，其最盛时为玄宗天宝年间，领县 6 个，有户 109876，人口 577570，每县平均 10000 多户。安史之乱以后，人口一度下降，所领五县，只有户 57710，人口 82879。经过五代时期的发展，到宋太宗时，东京人口已号称百万。对于开封人口的多少，史籍记载，众说纷纭，多为虚估之数，不足为凭。但宋官府的几次户口统计数字却比较可靠。根据北宋开封府户口统计，宋太宗太平兴国年间（976~984年），有18万户（《太平寰宇记》）；宋神宗元丰年间（1078~1085年）有23.5万户（《元丰九域志》），北宋末期的崇宁年间（1102~1106年），有26万户（《宋史地理志》）。每户平均以4到5人计算，人口达100万~130万。东京城本身户口，在真宗天禧五年（1021年）为11万户左右，北宋末约13万、14万户，人户约在80至100之间。再加上常驻军十几万，及眷属，皇室贵族、10万左右的官工运及官府机构、数万名僧道及万数的妓女等等，再加上大量的无业游民，东京人口最多时约有140万~170万。从人口构成来看，经营工商业者和其他服务性行业的约占总户数的1/10。这充分反映了当时东京城市经济发展的较高水平。

在这一漫长的历史阶段，尽管黄河及其分支（如汴河）为开封城市的发展提供了多方面有利条件，起了加速的作用。但也必须看到由于封建制度的腐败以及黄河及其分支汴河等泥沙问题不易解决等原因，河患也是经常发生的。比如，从建隆元年（960年）起，到太平兴国九年（984年）的25年内，黄河只有九年没有明确的决溢记载，其余年份大部是多处溃决，到处泛滥的。在泛滥过程中，曾有两次使开封城市受到了很大的影响。这一事实也深刻说明，黄河的利与害也是并存的，所差之处，在于这一段历史时期内，黄河及其分支对开封城市的发展是利多害少而已，但也绝不是只有大利而无小害。

二

从北宋以后到解放前，开封这座繁华一时的城市逐渐衰落下来。开封衰落的主要原因除了北宋以后全国的政治中心转移到南方外，主要是金、元以来黄河下游河道的南移及其不断泛滥，对开封城市的发展，起了很大的破坏作用。

自金初至清咸丰五年的700多年间，黄河大都在现在河道之南行河，是黄河南下夺淮进入黄海的时期。在此期间，河道变迁频繁，常多股并流，是黄河极不稳定的一个时期。

据《宋史》记载，南宋建炎二年（1128年）宋东京留守杜充，妄图以水代兵，阻止金兵南下，在滑县李固渡（今滑县境）以西，决河东流，穿过豫东黄河平原北部，经山东省东明、菏泽，至嘉祥一带注泗入淮，造成黄河一次大改道，（《宋史·高宗纪》）从此，黄河不再北入河北平原，开黄河南泛之端（图3）。到金明昌五年（1194年）黄河决阳武改道山东入海，从此开封与黄河结下了不解之缘。特别是公元1642年的人为决口，整个开封沦为泽国。随着黄河河道的南移和决溢，其结果给开封城市的存在与发展带来极其严重的后果。

首先，黄河河道的南移，使开封城池紧靠黄河险工河段，因而使其成为首当其冲的徙决冲淤的最大受害者。据《开封府志》和《祥符县志》记载，从金明昌五年（1194年）至清光绪十三年（1887年）的近700年间，黄河在开封及其邻近地区决口泛滥达110多次，最多时每年一次，最少也是10年必泛。开封城曾7次（元太宗六年、明洪武二十年、建文元年、永乐八年、天顺五年、崇祯十五年、清道光二十一年）被河水所淹。明天顺五年七月（1461年）载巡按河南监察御史陈璧同都布按三司奏文："七月初四决土城汴梁、当时筑塞砖城五门以备。至初六日，砖城北门亦决，城中稍低之处，水入深丈余，官舍民居，漂没过半，公帑私积，荡然一空，周府宫眷并臣等各乘舟筏避于城外高处"（《行水金鉴》卷十九引《明英宗实录》）天顺五年七月。灾情最严重的是明崇祯十五年（1642年），李自成围开封，明河南巡抚高名衡在城西北17里的朱家塞扒开河堤，妄图淹没义军。洪水自北门冲入城内，水与城平，深2至4丈，全城尽为洪水吞灭。崇祯十六年二月黄澍疏文："汴梁百姓，周王宫眷而外，臣七月初旬，以点保甲为名，实在人丁三十七万八千有零，至九月初旬再一点查，只存奄奄待毙者三万余人耳"（《行水金鉴》卷四十五引《崇祯长编》崇祯十六年二月）。清道光二十一年（1841年），黄河在开封城北张家湾决口，河水再次侵入城内，有些地方水深一丈多。庐舍尽灭，人都居在城墙上。孝严寺、铁塔寺、校场、贡院等建筑，也被拆毁以作堵塞洪水之用。

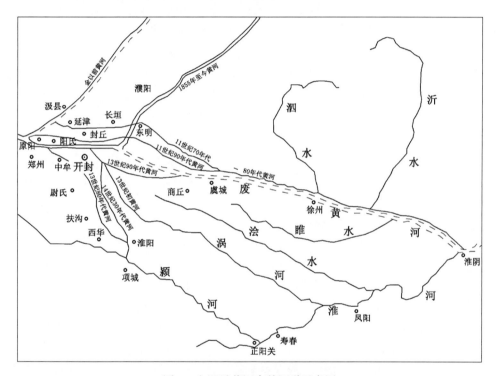

图3　金以后黄河南徙河道示意图

经过多次洪水浸淹，使开封这座历史名城的古建筑，大部分被毁灭。明代以前的建筑，令剩下铁塔、繁塔、延庆观等3处。宋代建筑铁塔，据说其底座是一个八棱方池，道光二十年洪水入城以后，"塔下八棱方池，垫为平地"（熊伯履：《开封市胜迹志》）。现在连塔底层的四门和八根琉璃圆柱也部分陷入地下。元代建筑延庆观，其下层的门，也有一半陷入土中。明代的城墙，早在明末河水灌城之后，即"被泥沙围拥地下，垣形卑甚"（《明季北略》）。最近在整修龙亭前潘家湖的过程，发现明周王府的部分遗迹，其地基已在地面以下3米左右，现在的城墙是清康熙以后，在明代城垣的基础上重建的，其墙基大部分亦埋入地下1米左右。据解放后城建施工中发掘的各种情况分析估计，清初开封城的地基，约在今城地面以下1~2米；明代开封城的地基，约在今城地面以下3~5米；宋代开封城的地基,可能在今城地面以下6~7米。现在开封城内各种旧建筑,绝大部分是清道光以后的遗物。

其次,更为严重的是破坏了鸿沟——汴河水道系统。最早淤塞的是鸿沟水系的北部分流济水,该水早在南北朝时期就干枯断流了。鸿沟水系的南部分流,后来演变为北宋的汴河水系。该水系在金、宋对峙时期,漕运仅限于金所辖地区,且规模很小(《金史》卷92、93),元至明嘉靖(13~16世纪中叶)期间,汴河水系各分流,迭次沦为黄河的泛道,只有当黄河决口时,才是黄河的分流,决口堵塞后,则为淮河的支流。至此,汴河水系已被彻底破坏,河、淮间沟渠相通,舟楫穿梭的景象已不存在。至明万历年间(16世纪70年代),黄河被固定在郑州至"废黄河"一线之后,则所有分流均与黄河隔断,著名的鸿沟—汴河水系就不见遗迹了,从而使开封逐步成了个不通航的城市。金都开封时,汴河尚能部分通航。至明及清初,水运只有贾鲁河一条,其航运起点已不在开封,而移至它的外港、城南20多公里的朱仙镇。清道光以后,贾鲁河因受黄河多次泛滥,也被淤塞,朱仙镇也衰落了。陆路交通,虽曾号称"八省通衢",实际吸引的范围,主要限于河南省。开封赖以繁荣的交通、贸易条件,远远不如从前了。水运网络破坏的结果,就使凭借水运枢纽地位先发展成为商业城市,尔后才改建为都城的开封必然一落千丈,一直降为地区性政治中心。

最后,由于黄河下游河道南移和不断泛滥的结果,必然引起开封城市周围自然地理环境日趋恶化(如湖泽填平,水面缩小;出现大量排水不良的低平洼地;砂质土壤面积增大等),从而破坏了城市的环境系统。其主要表现是开封城郊的旱涝、风沙、盐碱等自然灾害加剧,农业生产水平越来越低。据《开封府志》和《祥符县志》记载,开封周围地区自汉至清的2100多年间,共发生特大旱灾43次,特大水灾26次(不包括黄河泛滥的水灾),而自金以后的800多年间,就发生大旱近30次,大水18次(参看《地理学报》1955年第1期)。至于一般的旱、涝和风沙、盐碱,则是连年不断。在这一期间,开封附近的农业生产,除明代前期有较大恢复、发展之外,总的讲来,是停滞不前的。从而,大大削弱了开封城市存在和发展的最起码的经济基础。这是必然的,因为城市是一个有机整体(从生态观点来看),它是由环境系统、生物系统、技术经济系统共同构成的一个完整的自然——技术经济系统,它们在这个多层次的系统结构中的地位和作用各不相同。但是,环境系统是构成城市生态系统的前提要素之一。它提供城市存在空间与基本能量和物质循环条件。良好的环境条件必然促使城市经济的快速发展。反之,遭到了破坏的环境系统也必然会给城市经济发展带来不可估量的严重恶果。

总的来说,北宋以后,河患剧烈,决溢频繁。黄河灾害不仅威胁广大人民生命财产的安全,而且直接影响历代王朝的统治,记载河患的史籍更多,也更加详细。从北宋历金、元、明、清,到抗日战争初期,仅根据各地史书的不完全统计,就有300多个年份发生过决溢灾害,为举世所瞩目。在这段历史时期内,是以开封受害为最多,但是事物都是一分为二的。在这一段历史时期内,黄河对开封城市的发展也不是百害而无一利的。比如,明、清两代由于广大劳动人民在治水斗争中不断积累经验,防洪技术也取得一定成就,开封周围的农田水利事业也曾有一定的发展。

三

新中国成立后,由于社会性质的根本改变,为黄河的趋利避害提供了先决条件。

开封附近的黄河大堤,建国以来普遍进行了加高培厚。据统计,解放后开封附近黄河上施工用的土石方达到1100多万立方米,超过了解放前这一带黄河堤的总体积。

经过实地测算,现在开封附近黄河的河床底面高于开封城里地面10米左右(图4)。洪水水位有时高达4米。在这种情况下,黄河水面就要高出城里地面14米左右。为了确保黄河下游河段的安全,最近几年,又在黄河上大力开展"淤临淤背"工程。就是使用挖泥船,把黄河大堤加宽到50~200米。有这样一条又高又宽的大堤,黄河就不易决口,从而保证了开封城市的安全。

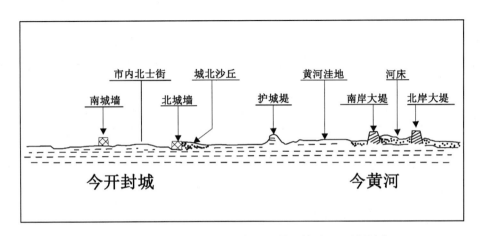

图4 今开封附近地形剖面示意图(黄河柳园口-开封城南)

黄河的治理不仅保证了建国后开封城市的安然无恙,而且为了更广泛地利用黄河,还从黄河向开封及其周围地区开辟了不少引水河道。从而为开封工农业生产的发展和居民用水提供了极其有利的条件。

首先在农业上,广泛利用黄河丰富的水沙资源,进行了淤灌改土。据土壤普查的结果看,开封市郊区约有八万亩属于新灌淤土,平均淤厚0.4~2米,将原来的"花狗脸,盐碱板,种一葫芦打两瓢"的沙荒、潭坑、背河盐碱洼地改造成了一年稻麦两熟的良田。粮食平均亩产达558斤,总产量占全郊区总产量的63.1%,成为全市郊区的主要商品粮基地,商品率达14.7%。粮食生产的发展,进一步带动了林、牧、副、渔业及蔬菜的进一步发展。

与此同时,为了改善市郊区农业生产条件,增强抗御自然灾害的能力,还开挖了引黄干渠四条,总长度46588米,其中硬化渠道850米,共有建筑物125座,支渠44条,总长度132843米,其中硬化渠道7400米,共有建筑物200座,有效灌溉面积约8万多亩,有力地加快了农业生产的步伐。

其次,在引黄解决城市用水(工业和居民用水)上,平均每年竟达近2亿立方米。这是因为开封市区不仅拥有40多万人口,而且还建立了轻纺、化工、机械、食品等多种工业部门，尤以化学工业需水量为最大。因此，每年的需水量是相当可观的。

最后，如此所述，由于开封城市环境系统特别是其中最活跃的因素之——水体（黄河）条件的广泛而合理的利用，致使生态系统结构已开始日趋好转，从而为开封市经济的发展带来极大的积极影响。比如，盐碱、沙荒、旱灾等的自然灾害大大减轻，气候条件（风沙等）也有明显好转。

总的来说，解放三十多年来，黄河为开封城市的发展做出了巨大的贡献，对全市经济和发展起到了促进的作用。但是，另一方面，也必须充分认识到由于黄河已成为举世闻名的"地上河"，下游河床又不断增高，决口的危险尚没有得到根本的排除，加以开封黄河之间仅有十公里的距离，因此就这一点来讲，黄河对开封的发展仍有其不利的方面，这是时刻不容忽视的，应保持适当的警惕。

结　语

综上所述，使我们有可能得出以下几点初步认识。

（1）城市是生物圈的一个特殊组成部分。自古迄今，无数历史事实证明，城市建设和发展虽然取决于生产力发展水平和政治经济条件，但它也深受所在区域的生态系统环境条件所制约。其中尤以环境条件中最活跃的自然因素之一——水体更占有重要地位。水是影响城市的存在、布局、内外交通以及工农业生产发展等方面的重要因素，同时，它也是城市居民日常生活不可缺少的必备物质。因此，开封市在今后建设及其整体规划中必须高度重视黄河这一个巨大水体的作用。同时，还应当把它的综合利用作为一项重要的研究课题。只有这样，才能创造出一个城市生物群体与环境系统之间的良好结合条件，为进一步促使开封经济的全面发展以及发挥它的中心城市的作用提供了最大的可能性。否则，开封的发展将受到很大的局限。

（2）人类与河流的关系历来就存在着利与害的统一。战国时期荀况于《荀子·王制篇》里说过"水则载舟；水则覆舟"。唐人魏征在《贞观政要》里也说过类似的话，早就指出过水对人类有利也有害的两重性。作为人类活动的聚居区——城市与水的关系就更加密切。从历史发展过程中的黄河及其分支与开封城市的兴衰关系来看就是有力的证明。既然如此，在对待黄河这条伟大的河流看法上，除了必须清除过去那种"黄河百害，唯富一套"、黄河对开封的发展害多利少等错误观点外，还必须充分认识到黄河这一河流与其他河流一样，它的利与害也是在一定条件下互相转移的，不是固定不变的。人的作用就在于改变其不利条件，变害为利，并能使利扩而大之，为人类造福。要做到这一点，关键就在于生产力发展水平的高低和有没有一个优越的社会制度。解放后，开封对黄河的改造与利用就是变害为利的生动体现。因此，今后在开封的发展过程中，在对黄河的利用上一定要利用我们今天优越的社会主义制度，本着趋利避害、变害为利的原则，力争最大限度地做到城市与水体的协调，从而为全市人民造福。

（3）从黄河及其分支与开封城市发展的历史关系来看，还必须一方面要看到黄河的多次泛滥，破坏了许多地面上的建筑，另一方面也应看到地下又埋藏了不少珍贵文物。如前所述，1981年在龙亭前的潘家湖底，发现了宋宫和明周王宫城遗址就是一例。因此，在开封城市的近期发展和远景规划中都要认真注意考察发掘历史上被淹没在地下的东京胜迹，一旦陆续发掘，以后必将对把开封进一步建设成为一座国内外瞩目的别开生面的旅游城市大有裨益，其前景是令人神往的。

原文刊载于《河南大学学报》（自然科学版），1985 年第 3 期

32. 进一步发挥开封历史地理优势问题初探

李润田

一

开封是我国历史上一座著名的古城，从公元前八世纪建城开始，迄今已有 2700 多年的历史，它曾经是战国时期的魏、五代的后梁、后晋、后汉、后周以及北宋与金的都城，故有"七朝古都"之称，与西安、洛阳、北京、南京、杭州并称为我国六大古都。特别是在北宋时期，从建隆元年（960 年）建为北宋的都城起，到靖康元年（1126 年）被金兵攻下北宋灭亡止，中间经过 160 多年的经营，当时开封已成为全国政治、经济、文化和交通的中心，成为世界上最大、最繁荣的城市。正因为如此，开封长时期以来形成了自己拥有的不少独特的历史地理优势。归纳概括起来有以下几方面。

（1）优越的地理位置。开封地当要害，西峙嵩岳，东接青徐，北据燕赵，南控江淮，"四方所凑，天下之枢，可以控制四海，"[①] 清代顾祖禹称之为"四海五达之郊，兵法所称衢者是也。""当取天下之日，河南在所必争。"[②] 自古以来即为我国统一的战略基地，这样的地理形势，为历史上开封城的建立、发展和繁荣提供了重要基础。

（2）地势平坦，气候温和，日照充足，土地肥沃，资源丰富，这不仅有利于农业和交通的发展，而且对城市的产生、形成和发展也极为有利。另外，由于黄河的长期影响，形成水域广阔，沼泽洼地、闲地较多，有利于农业开发利用。

（3）自然、人文资源十分丰富。首先是兰考县、杞县、开封县、市郊地下油气资源埋藏丰富，据初步钻探资料，仅市属兰考境内的石油和天然气勘察储量至 1990 年分别可达上亿吨和 300 亿立方米。其次是地上地下黄沙资源和水资源丰富。城北（距市 10 公里）有黄河，城郊有惠济河以及无数沙丘沙场，市内有面种广达 150 余公顷的湖泊，它占旧城区面积的 10% 左右，其中有铁塔湖、龙亭湖等，素有"北方水城"之称。加上黄河冲积洪积扇平原区，地下水资源也比较丰富，据初步勘察，有四个含水层组，目前仅开采 30%。潜力很大，水质也符合饮用水规定标准，在历史发展过程中，它成为发展工农业和城市用水的基础，开封地上地下文物古迹丰富。全市重点文物保护单位主要有：地下的宋皇城及三重城墙和主要城门，北宋时最大寺院之一的开宝寺及皇家园林金明池，汴河上的州桥和虹桥等 11 处，地面上的文物古迹有繁塔、铁塔、延庆观等 17 处。它们都具有十分

[①] 《宋史·河渠志》卷九三。
[②] 《读史方舆纪要·河南方舆纪要序》。

珍贵的历史价值，为发展旅游事业提供了条件。

（4）传统手工业和第三产业潜在优势大。历史上开封的手工业是闻名中外的，特别是北宋时期，不论官营与私营手工业，其发展都达到了高峰。当时的东京是全国四大印刷中心之一。叶梦得《石林燕语》卷8载："今天下印书，以杭州为上，蜀本次之，福建最下。京师比岁印版，殆不减杭州，但纸不佳。"同时也是毛笔制造中心之一。相国寺内东廊是造笔业的集中地，特别是食品工业和工艺美术工业，是东京城内外著名的手工行业。开封食品历史悠久，曾以制作精细，花色品种多，独具特色而享有盛誉。花生糕、茯苓夹饼、玉带糕、香肠和兔肉等曾一度闻名全国。《东京梦华录》载东京的食品就有一二百种之多，仅饼店就有油饼店、胡饼店，当时造酒业也很发达。据朱弁《曲洧旧闻》载：东京的名酒有开封府的瑶泉，市井丰乐楼（即矾楼，北宋改名）的眉寿……。真宗时东京最大的造酒坊是白矾楼酒店，每年要买官曲五万斤。① 手工艺工业也十分发达，特别是北宋汴绣曾显赫一时。在《清内府苑绣像书画录》一书中印有宋代大小绣品19幅，足见当时刺绣工艺发展情况。此外还有朱仙镇的红纸年画和宋代官窑制品等。

历史上特别是北宋时期，开封城的饮食业和商业已形成了自己的独特风格，不仅网点多，品种全，而且经营有方，服务优质，当时就有72家著名的酒楼、饭馆。据《东京梦华录》记载，在京城的大街小巷中，酒楼、食店、饭馆、茶肆比比皆是，小食摊攒蚁聚。东京的商贾与宾客，常到饭馆酒楼饮酒聚餐。有一首诗这样写道："梁园歌舞足风流，美酒如刀解断愁。忆得少年多乐事，夜深灯火上樊楼。"诗中的樊楼，就是当时开封最大的酒楼之一（今日宋都一条街上的樊楼即仿宋代所建）。我们从宋代名画《清明上河图》中，也可以看出许多店肆内外的动人情景。那些酒楼饭馆所经营的风味小吃，花样翻新，品种繁多，如负有盛名的"紫苏鱼"、"烧臆子"等等，见之于史书者，不下几百种，北宋词人周邦彦在《汴都赋》中写道："竭五都之瑰宝，备九州之货赂。"汴梁风味食品就是这瑰宝中的一串珍珠。由于历史上几经沧桑，当时繁多的酒楼、饭店看不到了，但开封风味的烹调技术却一直流传至今，仍是开封的历史优势。

开封的商业也十分发达，当时，以经商为主的就有两万多户，有6400家工商业者，分属160余行。商业发展促进了市场的繁荣。据《东京梦华录》记载："集四海之珍奇，皆归市易"。《续资治通鉴长编》又说："京城资产百万者至多，十万而上，比比皆是"。这都是当时开封繁荣景象的真实写照，那时的开封，不仅是国内贸易中心，而且当时的商业联系远达亚非各国。开封商业如此发达，是与它长期作为帝都，特别是与鼎盛期的经营分不开的。帝都之地往往是强大的消费中心，城市的繁荣又吸引周围众多农户弃农而涌进京城经商。随着商业的发展和市场的扩大，饮食、服务业规模也在当时为国内首屈一指。商业的发展，给开封造就了成批的经商人才及经商优势，这种优势沿续至今，处于全省首位。

（5）文化、艺术等历史优势在全国负有盛名。开封素以历史文化名城而闻名于国内外，特别在北宋时期，它曾经是大一统的封建帝国的首都，全国政治、经济、文化的中心。全国的文人学士、风流才子，云集于此，吟诗作赋，或书或画，盛况当前。当时的翰

---

① 《宋会要辑稿·食货》二〇三五。

林书画院，规模庞大；风靡全国的"淳化阁贴"，影响深远。北宋之后，尽管书画创作虽已失去了京都的气派风韵，但由于历史的原因，喜爱书画之风一直延而不衰。这里不仅书画家多，艺术团体多，书画展览和比赛活动多，而且喜爱书画的知识分子以至一般的市民百姓更多、更普遍。

由于社会风气和大量的需求，这座城市不仅在历史上经营文化用品的行业繁荣，且分布也比较集中，比如南北书店街，就是由于各种书店、画店、文具店、印刷店、揭裱店和其他文化用品商店，比连成市而得名。又如寺后街上的文林阁和梁苑锦，也曾名振一时，这样集中的阵地、规模，在全国也是罕见的。

开封的揭裱工艺，不仅历史悠久，而且技艺很高。装裱出来的书画，端庄雅素。当时的环文阁，就是河南最负盛名的揭裱工艺店铺。

（6）传统城市格局历史悠久。城址自秦以来没有大的迁移，有史可考的城垣规模、街道格局及重要建筑（如大型寺院、五府等）的坐标最迟在唐代已基本固定。城市多次在前代经营的基础上重建并逐渐向外扩展。公元781年唐宣武节度使李勉重筑的汴州城是开封有史记载的第一个城垣，周围20余里。五代都城和宋东京内城的城垣都在它的基础上建造的。经明、清府城到现代，1200年间城市格局基本未变，是我国城市建设史上的宝贵实例，也是国内外少见的。尽管解放几十年来，受到此影响，但城市仍保留着传统的格局和某些特色，到过开封的外客总有古城风貌浓郁之感。

二

上述几个方面的历史地理优势是开封历史发展过程中形成的，有它自己的特色和作用。建国近40年来，这些优势在开封经济建设、城市建设以及对外开放中不同程度地产生了重要作用，但也有些优势仍未被发掘或没有发挥其应有的作用。随着我国经济建设的发展，为适应开封经济建设、城市建设和"改革、开放、搞活"的需要，必须进一步深入研究和发掘开封的历史地理优势，使其进一步得到发挥，以加速开封建设和全面发展。下面仅就上述开封几方面的历史地理优势如何进一步发挥提出自己几点极不成熟的看法。

（1）大力发展交通运输，进一步强化历史上地理位置的优势。开封地理位置的优势在历史上确实显示过极其明显的作用。因近百年来京广铁路偏离开封而从郑州穿过，加上解放后河南省会郑州、豫北新乡、豫东商丘等市经济、交通、商业突飞猛进的发展，使开封经济的吸引范围逐步缩小，地理位置的优越作用受到严重制约。为此，必须从积极发展对外交通入手，重新搭建起对外开放的格局。

在铁路运输方面，主要是进一步增强陇海铁路线的通过能力。这样就必须加快扩建和新建开封车站东货场和西货场的步伐，强化整装作业能力，这是解决开封货运问题的重要途径。同时应向中央铁路部门建议，不但要积极争取增加开封直达广州、北京的客车，以便扩大客运能力，而且从较长远的观点来看，也应力争接通兰考到山东省菏泽和开封到合肥两条铁路运输线。在公路运输方面，除了加快修建黄河公路大桥的步伐外，应使现有的开郑、开尉、开杞、开兰、开柳等五条对外公路线逐步实现标准化、网络化。同时，也应向中央建议，除了加快实施从洛阳到连云港的高速公路建设方案外，也应在开封开辟通向北京、广州、上海等地的民航线。开封对外交通的进一步发展，无疑将对历史上地理位置优越作用的继续保持和发挥产生有利的影响，从而也将给开封经济的全面发展带来很大好处。此外，对内交通也应有计划地加强，如通往黄河和朱仙镇的公路要进一步提高质量和标准，以便扩大其通过能力。

（2）深入挖掘和恢复、发展久负盛名的传统工业和第三产业。开封要振兴，必须先振兴经济，要振兴经济，必须先振兴工业；要振兴工业，除大力发展已有的和新兴的现代化工业外，要发挥开封历史地理优势，高度重视历史上著名的食品工业和工艺品工业以及文化用品工业等部门的发展。建国30多年来，开封市传统的食品工业虽然已初具规模，拥有一定数量的生产单位，名列开封工业前茅，但由于领导部门不够重视，加上人才青黄不接等原因，不仅品种越来越少，而且质量也有下降趋势，更为严重的是有些品种面临技艺失传的危险。因此，有关部门必须重视这一问题，首先从思想上认识上述工业部门在当今社会中的作用，其次要进一步挖掘恢复传统食品。经营单位在作法上、品种上要不断有所创新；在规模上要进一步扩大。同时还要积极发展方便食品、系列食品工业。这样就能进一步满足人民生活的需求和促进城市旅游业的发展。在工艺品工业方面，源远流长，并具有一定基础，应大力发展。比如汴绣工艺品，解放后虽然继承和发扬了历史上的优良传统，使它有了新的发展，技艺达到了新的水平，但仍然适应不了当前的需要。今后，必须要进一步扩大其发展规模，注重针法上的革新，并且在品种上要有仿古国画、人物、山水、猫、金鱼等各种挂屏、中堂、四扇屏、绣片等。另外，对农副产品加工、陶瓷、文化用品工业等部门也应深入发掘，结合当今的社会需要，有计划地予以发展，从上述工业部门的布局上看，全市布点太少，产品供不应求，今后应有计划地适当增加。总之，要千方百计地使这些历史上有名的工业不断得到新的发展，以适应社会上的需要。

由于开封地处油田边缘，油气资源丰富，从长远来看，发展油气精加工工业是有前途的。另外，开封富有大量的黄沙资源，为进一步发展建筑材料工业和玻璃工业也提供了有利条件。

综前所述，开封在历史上是一个第三产业比较发达的城市，即使是解放初期，第三产业的实力也仍然相当雄厚，但由于长期以来受"左"的思想干扰，第三产业（交通、商业等）的发展受到了极大的限制，远远落后于工农业生产的发展，它仅占产业结构比重的16%，比全国平均水平22%低6%，成为一个最为薄弱的环节，为了适应全市经济建设和旅游业的发展需要，今后必须大力发展第三产业，特别是传统的商业行业。开封发展商业，要看到原来历史上遗留的传统优势，但也要注意到它的劣势。其劣势不外乎以下几点：一是原来的基础不厚，所占比重低于全国平均水平；二是网点尽管分布较均匀，但其设备过于陈旧；三是服务水平低，服务质量差。为了改变上述落后面貌，发挥历史优势，除了进一步提高对发展商业重要性、迫切性的认识外，必须大力发展横向经济联合，加强和搞好区域经济协作，进一步发挥商业流通优势，充分利用各种渠道，逐步把开封办成商品交流贸易中心，商品信息传递中心。我们知道，开封不仅是河南省豫东经济区的重要经济中心，也是以徐州为中心的淮海经济区的重要组成部分。它横跨豫、皖、苏、鲁四省，有130多个县市的大经济区，因此，要充分利用这个十分广阔的经济市场，积极加强经济联系，肯定对振兴开封经济将产生巨大的影响。其次，在商业网点布局上，除了注意采取重点与分散相结合的原则外,还应在市内的偏僻区适当注意增设一些新的、大中型的商业网点(如北门大街一带),以进一步满足消费者的需要。在第三产业中,也要注意大力发展驰名中外的开封饮食业,这里的饮食业如前所述,肴馔历史悠久,源远流长,北宋时达到鼎盛时期,在豫菜中自成一格,故人们称开封烹饪为"宋菜"。但随着全市旅游事业的发展和人民生活水平的提高,今后必须注意改变技术设备落后、产品更新换代迟、内向性较强、外向性不足等落后的一面。

(3)合理利用自然资源,积极发展农业优势。如前所述,由于上古时期开封自然环境优势,长期以来,开封的农业发展基础是雄厚的,早已形成了不少优势产业部门和产品。为了进一步发挥其优势,在坚持农业观点,发展"十"字形农业经济的前提下,根据周围的土地资源和饲草资源,大力发展种植业(尤其是水稻和小麦)、养殖业(特别山羊、猪)以及西瓜、花生等作物的种植,并有计划地在市郊和县建立一批生产基地,这样也必然为发展农产品深加工提供有利条件。

(4)积极发展旅游业。前已述及,开封地上地下的旅游资源十分丰富,发展旅游业的环境和条件都是十分优越的。解放后,特别是近几年来,由于上级的重视,全市的旅游事业有了一定的发展,已成为中原旅游区的重要组成部分。尽管如此,还远远不能适应对外开放的需要。为了进一步把开封旅游事业发展起来,必须解决以下几个问题。①必须充分认识到旅游业在国民经济中所占的重要地位及其特殊的作用。②在发展旅游业的指导思想上,一是坚持从实际出发,建设具有开封特色的旅游业,二是在资源开发上应以扩建为主,新建为辅,先地上后地下;先城内后城外。③在建设步骤上,应继续坚持先建成一条仿宋建筑的特殊商业街和三个以文物古迹为中心的、各具特色的龙亭、铁塔、禹王台公园;包公湖沿岸地区建成大型开放型公园;以相国寺及其西院为中心建成民俗文化商业游览区,并逐步建设完整的博物馆、展览馆体系,营建具有"水城"特色的水上旅游线和三道绿环(即沿古城墙、宋外城墙遗址及明清防洪大堤所形成的三道绿色林带)。另外,也应有计划地开辟黄河游览区(包括柳园口、黑岗口两处,这里河床高出堤外地面10米左右,成为地上悬河),加上陈桥驿和朱仙镇这些游览点建成后,会更增添开封游览区光彩。这样,开封的旅游事业面貌就会焕然一新。

(5)要进一步加强传统城市格局、地上地下文物遗址和水乡特色的保护和建设。由历代名胜古迹和传统城市格局以及原有的水乡特色等构成的开封古城风貌,源远流长,它是开封历史的见证和延续,也是构成文化名城的重要条件。为了使开封这一历史地理优势作用得到充分发挥,必须对传统的城市格局,地上地下文物遗址和开封水面进一步加强保护和建设。

传统城市格局的保护建设是多方面的,但其中最为重要的是城垣和传统道路的保护与建设。开封现存的明清城垣总长为14.4公里,它是我国至今保留的为数不多的、比较完整的大型砖城之一。由于它是开封古城风貌的重要组成部分,必须采取坚决的措施,并有计划地对它进行保护和建设。在保护方面,除由政府正式制定保护条例公布于众外,还要积极而有步骤地分期逐段进行整修。同时,还应利用城墙内外的空地进行全面绿化,使其逐步形成绿化带,这不仅可以提高人均绿地面积,改善环境,满足人们的游览、休憩需要,且能保护城垣本身免遭危损。其次,对于传统道路结构中的主要道路除了在宽度上可以适当拓宽外，不宜做大的调整和变革，要保持原来的建筑艺术格局。街道两旁的建筑物，除保持原有风貌特色以外，应对北宋东京南北御道的中轴线上和一些主要干线上的两侧房屋，参照改造书店街的成功经验，有计划地进行更新与建设，以增加人们新的感觉和诱人魅力。

由于开封历史悠久，保留了相当丰富的地上、地下文物遗址。地上文物尽管得到了一定的开发，但潜力并未得到充分发挥。为了使这些文物达到对外开放游览的要求，也应本着"全面控制，重点保护"的原则，根据开封城市整体规划的要求进行妥善保护和有计划地建设。对埋于地下尚未探明的地下文物遗址，也应进行有计划的探明，并在探明的基础上，制定保护措施。

开封解放初期共有河湖水面480多公顷，几十年来由于对水系保护重视不够，加上"文革"期间的严重破坏，水面已减少到150公顷，目前仍在继续减少。这种现象如继续发展下去，不仅使具有"水乡"特色的古都美称不能流传下去，而且将使全市环境质量不断下降。同时，也将给开封市旅游事业的发展带来不良的后果。

总起来说，开封所具有的历史地理优势是多方面的，多年来尽管进行了一定的开发和利用，但其潜在力量还是很大的。因此，今后各有关部门只要在不断调查研究的基础上，有计划、有步骤的进行开发，相信对开封整个经济的发展，将产生重要的促进作用。

本文完成后，承蒙周宝珠、王建堂两位教授提了许多宝贵意见，在此表示衷心的感谢。

原文刊载于《河南大学学报》（自然科学版），1991年第1期

33. 自然条件对洛阳城市历史发展的影响[①]

李润田

  历史上任何一座城市的产生和发展，其根本原因当然取决于生产力发展水平及其社会经济条件，但当一座城市适应社会经济发展的要求而开始出现的时候，它又必须具备一定足以满足它发展要求的一系列自然条件。因此，如果说生产力发展水平和社会经济发展条件是城市诞生和发展的决定因素，那么一定的自然条件就是城市诞生、发展和经常必要的物质条件。尤其在生产力发展水平较低的情况下，它的作用尤为显著。

  黄河流域是我国文化的发源地，是中华民族的摇篮。从原始社会后期起，直到阶级社会的出现，文化的基础是农业，而黄河流域，特别是中游地区的土质肥沃，水利充沛，交通方便，更有利于农业的发展。因此，古代经济、政治、文化活动大部分集中于这个地区。

  洛阳是我国一座历史名城，它位于黄河流域的中心位置。洛阳作为都城的时间共计930余年，约占我国有文字记载历史的1/4。它是一座闻名中外的古城，与西安、开封、南京、杭州、北京同誉为我国六大文化古都。历史上先后有东周、东汉、曹魏、西晋、北魏（孝文帝以后）、隋（炀帝）、武周、后梁、后唐等几个王朝在此建都，所以有"九朝古都"之称。此外，还有西周、新莽、唐、后晋、后周、北宋和金（宣宗以后）各朝以之为陪都。可见，洛阳在古代政治、经济、文化发展中，占有突出重要的地位。但另一方面，宋代以后洛阳就日趋衰落，一蹶不振，直到1948年4月5日解放才获得新生。这座驰名中外的古城，为什么周以后，特别是隋唐时期成为当时全国以至世界上最大都市之一。那么，又为什么到了宋代以后却江河日下顿形衰落？又为何到了新中国以后，洛阳的发展又远远超过了历史上的任何一个时期？为了回答这些问题，试图用辩证唯物主义和历史唯物主义的观点加以分析和探讨。具体来说，就是要把洛阳城市的诞生、发展、兴盛和衰落的主要原因除了归结为政治、经济条件所决定之外，还应当着重从其外部条件——自然条件来寻找其原因。本文仅就这一问题，浅谈一点自己的认识，不当和错误之处，敬希批评与指正。

一

  从我国奴隶制社会全盛时期的西周初年到隋唐，尽管某些历史时期也有一度衰落曲折的过程，但从总的趋势来看，是洛阳不断向上发展的时期，这个时期，除了政治、经济因素起了决定性作用以外，洛阳所在的优越的地理位置和自然条件对它本身的诞生、发展及

[①] 本文初稿完成后，朱绍侯教授提了许多宝贵的意见，在此表示衷心的感谢。

其繁荣起了重要的加速作用。

(一) 优越的位置和自然条件促使了洛阳城的诞生和成为周朝的国都

优越的地理位置和自然条件向来都对城市的诞生、发展起着加速或延缓的作用。特别是在生产力水平低下的古代时期，更是如此。具体到洛阳来说，不仅毫不例外，而且表现的尤为突出。

西周建都镐京，偏于西方。武王灭商后。为了镇服东方各族，开始在洛阳营建军事城堡，并把象征国家政权的九鼎从朝歌迁到洛阳。这就是历史上说的"武王定鼎于郏"①。周武王还打算以洛阳为国都，即命召公相宅，周公营洛。只是，周公并没有来得及营建，仅迁鼎于此。武王死后，幼年的成王继位，纣王的儿子武庚叛乱。于是，周公东征，历时3年，平定了这次叛乱，稳住了周王朝的统治。为了加强对东方的控制，"成王在丰，使周公复营洛邑，如武王之意，周公复卜申视、卒营筑，居九鼎焉②"，(《史记·周本纪》) 周公在洛阳建筑了两座城堡，一名王城洛邑，位于涧河东岸汀水以西，一名成周城（下都），在今白马寺东3里处。据文献所载，两城相距约30里。洛邑实际上是西周王朝的陪都，是周王巡游的住所或朝会东方诸侯的都城；成周城则是关押战争中俘虏来的商代贵族之地，实际上是西周奴隶制国家控制东方的军事城堡。这时西周有两个都城，即镐京和洛邑，镐京在西，叫做西都，洛邑在东，叫做东都。

公元前770年，周平王抵挡住犬戎的进攻，把国都从镐京迁到洛阳，洛阳正式作为周朝的国都，这就是九朝古都的第一朝。

为什么西周王朝选择洛阳作为统治东方的据点，继而又把国都迁到这里？这除了受当时政治、经济条件的决定影响外，主要与它险要的地理位置和优越的地理环境有密不可分的关系。

首先从其宏观上的地理位置来看，洛阳处于黄河流域的中枢，北到幽燕，南至江淮，西对关陇，东对黄河下游平原，道路远近，大体相同。所以洛阳对四方来说，有居中御外之便。洛阳这一优越的地理位置在古代及中世纪的历史条件下，不但可使各地对洛阳的物资供应上，劳逸均等，并且也使洛阳对四方的控制，极为方便。其次，从其小范围的地理位置形势来看，也是十分理想的。所谓"河山拱戴，形势甲于天下"。(《读史方舆纪要》) 洛阳地当古予州的中心，并受河山环抱。自古以来，我国的政治家、军事家及文学家，都曾注意到这一点。洛阳北临黄河，适对太行王屋；南当伊阙，形势天成。战国时代军事家吴起曾称洛阳的形势："伊在其南，羊肠在其北"，盖即指此。更南于嵩县境内，则有三涂之险。其西南卢氏境内有熊耳；东南登封境内有嵩山。二者遥遥相对。张衡《东京赋》曾盛赞洛阳"太室（嵩山）作镇，揭以熊耳"。其东丘陵起伏之处，古称虎牢、成皋，所谓輾辕之险，就在这里。史称"其坡十有二曲，将去还"。仿偏是洛阳的轩门，是兵家必争之地。洛阳西当予西山地，这里有函谷和崤底，自古以来，亦称要害。所以为洛阳的西方屏障，也极为巩固。由此可见，洛阳并不是裸露在毫无屏蔽的广漠平原上的孤城，而是

---

① 洛阳以北的邙山，又名平逢山，古时叫郏山或郏鄏陌，因而周初洛阳曾名郏鄏。
② 同①。

有天然的河山为障，在防御敌人进攻时，可以步步为营，无论近郊与外围，都有险可据。再次，从当时洛阳周围的自然环境来看也是十分优越的。如上所述，洛阳不仅四周为群山环绕，且中间正好为一开阔的冲积平原，土壤肥沃，气候温和，光热充足。同时，还有伊、洛、涧（谷）瀍四水贯流，水源比较充足。发展农业的条件极为有利。总之，上述的险要地理位置和优越的自然条件对于当时洛阳城的建立完全出于政治、军事目的以及周平王把国都从镐京迁到洛阳作为周的正式国都是完全相适应的。同时，这也进一步说明了地理位置和自然条件在洛阳城的建立、发展以及成为周朝国都的过程中，发生了相当重要的作用。

（二）引谷水入洛推动了汉魏洛阳城的发展

战国至隋唐，是洛阳城市政治沿革变化最为复杂的时期，概括地说，大致分为两个段落：西汉以前，洛阳虽未成为中央集权的统一封建国家的首都，但毕竟由其故有的险要地理位置和优越的自然条件所起的作用，仍不失去它在政治、经济、军事上所具有的特殊地位；从东汉到隋唐，洛阳基本上是中央集权的统一封建国家的首都。

公元 25 年，刘秀夺取了农民战争的胜利果实，建立东汉，定都洛阳，因感于五行生尅之说，以汉为火德，火忌水，故将"洛"字去"水"加"佳"，变洛阳为雒阳。这是洛阳第二次成为全国的国都。刘秀为什么定都洛阳，除了一是在西汉末年的战乱中，长安破坏严重，宫室尽毁，一时难以修复，而洛阳破坏较轻，修复比较容易和长安当时受到四川、甘肃一带地方割据势力和北方匈奴族南下的威胁，而洛阳距离这些威胁势力较远等因素外，主要还是如上述洛阳的战略地理位置与优越的自然条件密切相关，不仅如此，还与这里原有修建引水工程的自然条件基础分不开的。

洛阳位于伊洛河下游洛川平原的西部。相传周时这里就曾修建过引水工程。东汉建都以后，为了稳定和发展国都，必须在周围建立其强大雄厚的农业生产基地和开辟水运交通条件。为此，当时在王梁的建议下，"穿渠引谷水注洛阳下，东写巩川。"（《后汉书·王梁传》）谷水因此成为洛水左侧的一条支流，至河南（即今洛阳市）东与洛水相会合。王梁所开之渠，大约就是自河南县附近通向京都洛阳的。但是，"及渠成而水不流"，显然未获成功。到了建武二十四年（公元四十八年）由于漕运发展的需要，又一次向京都洛阳开渠引水。渠首在河南县西南，引洛水经该县城南，北穿谷水后，利用了原来所开的旧道，绕京都洛城，过太仓入鸿池陂。出鸿池陂后，向东至偃师以东又注入洛水。这不仅解决了京都用水的问题，而且也十分利于漕运的发展，当时称为阳渠。《后汉书·张纯传》中"上穿阳渠引洛水为槽，百姓得利"一语，正是指此而言。由于阳渠的开凿，使东汉的洛阳城有了进一步的发展。当时的洛阳城北依邙山之麓，南临洛、伊二水①，建筑宏伟、壮丽。城呈长方形，"东西十里，南北十三里。城上百步有一楼，外有沟渠"② 城北有南北二宫，两宫间有复道相通，"中间为銮御，旁两道列侍卫仪仗"③。全城有纵横交织的街道

---

① 当时洛河在今河道南约 2 公里，伊水在此汇入。
② 陆机：《洛阳记》。
③ 《洛阳县志》。

24条，方正的闾里140多个。

东汉的洛阳，不仅城市规模宏伟，而且经济发达。史书称当时洛阳的盛况是："船车贾贩，周于四方，废居积贮，满于都城。琦珞室货，巨室不能容。马牛羊豕，山谷不能受"[①]。这些话虽有些夸张，但也反映出当时洛阳的繁荣程度。

魏孝文帝元宏当政以后，对农业生产更加重视，为了便于水利灌溉事业得到进一步发展，于太和二十年（公元四五六年）九月，又在洛阳将洛水和谷水连通起来，进一步促进了京城近郊水利事业的发展，从而也促使了农业生产水平的提高。北魏统一北方持续了近百年时间，农业生产不仅得到了较快的恢复，且有了不少的前进。比如在耕作方面广泛采取了绿肥轮作制，作物栽培、家畜饲养、农产品加工等都达到了相当水平。

（三）南北大运河的开凿加快了隋唐时期东都的高度繁荣

公元581年，隋文帝杨坚夺取北周政权，建立隋朝，重新统一中国，定都长安。至炀帝时才迁都洛阳，在故城西十八里，营建新都，并迁全国富商大贾数万家于此。这是历史上建筑的第三座洛阳城。

隋朝营建东京洛阳，工程十分浩大。据《隋书·食货志》记载："始建东都，以尚书令杨素为营作大监，每月役丁二百万人。"据唐韦述《两京新记》说，东都城"东面十五里二百一十步，南面十五里七十步，西面十二里一百二十步，北面七里二十步，周回六十九里二百十步"。（以上计算有误。根据上面记载城四面的长度，周长应为五十里六十步"。）《元河南志》记载，东京城"周回五十二里"。全城有城门十个，南面三门，中间是建国门，东为长夏门，西为白虎门，东面三门：中间是建阳门，南为永通门，北为上春门。西面二门，南为丽景门，北为宣曜门。北面二门：东为喜宁门，西面为徽安门。城内建有宫殿和皇城，都在城的西北角地势较高之地。

隋王朝大规模营建洛阳，说明洛阳地位越来越重要。当时洛阳的经济也十分繁荣和发达。

公元618年，李渊父子起兵太原，攻占长安，建立唐朝。唐朝都城在长安，而以洛阳为陪都，因为这时洛阳宫阙被毁，故废东都之名。唐太宗李世民，于"贞观六年（公元六三二年）号洛阳宫"（《新唐书·地理志》）。公元657年，唐高宗李治移都洛阳，复称洛阳为东都。此后，直到中宗，洛阳实际居国都地位，而长安只设留守。

唐继承了隋东都城的全部建筑和坊里制度。修建了西苑，改名禁苑。在皇城西南与禁苑之间，先后承建了宏伟的东、西上阳宫。在宫城内还增建了一些宫殿。所以，唐代的东都，较之隋代更加豪华壮丽。说到这里，人们不禁要问，隋炀帝为什么从长安迁都洛阳和唐高宗李治也从长安移都洛阳，共同作为东都；同时，迁都以后又都国力强盛，经济发达，成为当时全国以至世界上最大都市之一。这固属受当时的政治、经济发展条件所决定，但与原来固有的险要地理位置是有着密切关系的。正如隋炀帝即位后，改洛阳为东京，随即到洛阳巡视。当他登上北邙山，南望龙门伊阙时，不禁长叹道："自古何为不建都于此？"说明他所以在此建都与这里地理优势有关。唐代以此为东都，也是与这里北依

---

① 《后汉书·冲长统传》。

邙山、南对伊阙、形势险要的原因分不开的。不仅如此，还有一个更重要的原因，那就是到了隋唐时期，长安因为屡遭战争破坏，关中经济发展受到很大影响，要维持京都的费用感到十分困难。京都设在长安，最困难的是运输问题，要把全国各地，特别是富庶的东南地区出产的粮食和其他物质运往京师，要经过黄河三门峡天险，非常不便。而洛阳不仅位居我国中部，且附近又多河网。特别是距离黄河较近，这样为进一步开辟以洛阳为中心的运河和发展水运提供了十分有利的条件，这样隋炀帝便选择东都作为国都是有充分根据的。因此，在此建都之始，于大业元年（公元605年）三月，即动工开凿运河。首先开通济渠，从洛阳的西苑（即今涧西）引涧水、洛水到黄河，再从板渚（今河南省荥阳县汜水镇东北）引黄河水循蒗荡渠达淮河；然后又疏浚邗沟，引淮河水达长江，以沟通江淮；大业四年（608年）又开永济渠，引沁水南达黄河，北到涿郡；大业六年（610年）又开江南运河，自京口（今江苏省镇江市）到余杭（今浙江省杭州市）800余里。运河修成后，自洛阳，西到长安，南达杭州，北抵涿郡，东流至海，水路运输畅通无阻，使洛阳成为当时大运河的中心，从而交通更加方便，经济也更加繁荣。

为了适应漕运物资储存与转运的需要，当时洛阳及其邻近的巩县、河阴（今孟县）等地，建设了许多大仓库。其中洛阳的含嘉仓，唐时储粮总数约占全国主要仓库储粮数的1/2。储粮的来源，主要是今河北、河南、山东以及安徽、江苏等华北与江淮地区。这些粮食都是通过南北集中到洛阳的，因而也证实了当时南北交通的便利和洛阳在全国漕运中的重要地位。

便利的交通，也大大促进了商业的发展。隋唐时期，东都洛河两岸的里坊，商业相当繁荣。唐时著名的商业区有南市、北市和东市。东市是全市中最大的一个。市周8里，占地两坊，内有120个行业，300多家货栈，400多座商店，各方商旅云集，珍奇百货俱全。市内"薨市齐平，遥望如一，榆柳交荫，通衢交注，……重楼延阁，互相临映。"① 既是国内贸易中心，也是国际商人聚会交易的场所。由此可见，大运河的开凿是促使隋唐的东都高度繁荣的重要因素之一。

二

从北宋以后到新中国成立前，洛阳这座一度繁华的城市就逐渐衰落下来。洛阳衰落的主要原因除了由于黄河流域的战乱和经济重心的南移等直接影响外，自然条件受到破坏的间接影响，对洛阳城市的发展，也起了一定的延缓作用。

众所周知，黄河中下游地区的最早开发和经济繁荣与古代当地优越的自然环境分不开。从殷墟出土大量野生水牛、竹鼠和象的遗骨及先秦许多典籍记载的黄河流域有不少沼泽和原始森林来看，黄河中下游地区当时的气候温暖、雨量丰沛，土地平坦肥沃，交通便利，为古代农业经济和城市的发展提供了条件。黄河水患春秋时甚为严重，但经过劳动人民的长期治理，尤其是东汉著名的水利专家王景治河，使上游水土流失得到一度控制，因此，黄河下游800年基本处于安全状态。但唐末以后，由于女真、蒙古等少数民族相继进

---

① 杜宝：《大业杂记》。

入中原，河南再次成为统治阶级争夺的主要战场。再加上这个时期黄河的不断改造和泛滥，也进一步给位居黄河中游的洛阳城市周围的自然环境带来极大的摧残和破坏，从而也必然加速了洛阳的日趋衰落。

（1）大运河水道系统的严重破坏，使洛阳失去了水运中心的位置。安史之乱后，唐中央虽然开始失去北方的控制，但当时赖有运河漕运尚可以苟延，但到了唐末由于农民起义切断了以洛阳为中心的大运河和运河先后被淤塞之后，洛阳便完全失去了继续作为水运中心和全国首都的重要条件。所以自五代以后，除后梁、后唐短期以洛阳为都城外，其余各朝均不建都洛阳。北宋统一也并没有改变上述局面。金灭北宋，迁都开封，洛阳只作为陪都，称中京金昌府。这时所谓的洛京不过是徒有其名罢了。

（2）由于长期战争的摧残和农田水利事业的不断破坏以及过度开垦土地等盲目的经济活动，使洛阳城市周围自然地理环境开始日趋恶化（如水面缩小，黄河泥沙加大，土壤肥力顿减等），从而破坏了城市的环境系统。其主要表现是洛阳城郊的旱、涝、虫等自然灾害不断加剧，农业生产水平越来越低。据《乾隆洛阳县志·灾详》记载："元顺帝正统二十六年六月，大瀍水溢，深四丈许，漂东关民数百家，明世宗嘉靖三十二年，夏六月大雨，伊洛涨溢入城，水深丈余，漂没公，民居尽，民木楼有不得食者凡七日；明崇祯十一年大旱，赤地千里蝗蛾集地厚寸余"总之，在这一段历史时期内，尽管有时灾情较轻，生产有些恢复，但从总的趋势来看，洛阳附近的自然灾害是连年不断的，从而导致了这里的农业生产发展极为缓慢，也就大大削弱和延缓了洛阳城市的发展。因为任何一座城市都是一个有机的整体，它是由环境系统、生物系统、技术系统等构成的一个完整的自然——技术经济系统，它们在这个多层次的系统结构中的地位、作用各不相同。但环境系统又是构成城市生态系统的前提要素之一。如果它一旦遭到了破坏，就必然会给城市经济发展带来不可估量的严重恶果。

三

建国以后，由于社会性质的根本改变，为洛阳城及其周围自然条件的充分合理利用以及趋利避害提供了先决条件。

首先，在各种自然资源的利用上，由于洛阳附近拥有丰富的自然资源，如附近分布的山西的铁矿和石炭、二叠系的煤炭以及多种多样的农业自然资源。这一切都为本市轻重工业的发展提供了十分有利的条件。正因为这样，根据国家经济建设发展和布局的需要，于50年代初就确定洛阳为国家重点建设城市之一。30多年来，在党的领导下，特别是党的十一届三中全会以后，全市的工业面貌大为改观。已建立起以机械工业为主的电力、化工、冶金、建材、橡胶、电子、纺织、食品等门类较齐全的工业部门400多个，主要产品有拖拉机、轴承、矿山机械、有色金属、机床、玻璃、耐火材料、棉布等。现在，洛阳已发展成为我国重要的重工业基地之一。

其次，在地理位置上，由于洛阳自古以来即为我国东西南北四方的交通要冲，战略地位十分重要。在今天优越的社会主义制度下，地理位置的作用又得到了进一步的发挥。主要表现在这里新建成的焦枝铁路已与横贯祖国东西大干线——陇海铁路相交叉以后，洛阳已成为我国一个重要的铁路枢纽之一。不仅如此，再加上随着黄河大桥的通车，它对沟通我国南北交通起了极为重要的作用。交通运输的发达必然加快了洛阳城市经济的发展和繁荣。

最后，在城郊自然环境上，洛阳解放后，由于人民掌握了政权，社会性质起了根本的变化，自然条件对加速经济发展的作用也表现的越来越明显。旧中国洛阳那种自然灾害连年不断、农业生产日益萎缩的局面已经一去不复返了。建国三十多年来，由于充分而合理的利用、改造周围的自然环境（如整修河道、兴修水利、改良土壤、植物种草等），使原来恶性循环的生态系统开始转向良性循环。从而使洛阳城郊农业得到了很大的发展。如今，洛阳城郊农业不仅可以保证供应全市生活需要的蔬菜、肉食、水果、蛋类等副食品，而且粮食生产也有很大的提高。从而也促进了全市工业的发展。

总起来说，上述几方面的事实集中地说明了一个问题，即洛阳的地理位置及其自然条件只有在优越的社会主义制度下才能广泛而充分地发挥作用。同时，广大的人民也只有在社会主义社会的今天才能向自然的广度和深度进军，使它为人类造福。

四

综上所述，可以得出以下几点初步结论。

（1）洛阳城市的诞生、发展与衰落是同河南整个历史发展紧密相联的。洛阳城市的盛衰变化，在很大程度上反映了河南政治经济发展的历史过程。因此，深入研究探讨洛阳历史地理演变的缘由，无疑地对了解河南历史政治经济的发展变化具有极其重要的意义。

（2）洛阳城市在各个不同历史时期的发展变化尽管是错综复杂的，但它是遵循着一定的客观规律的。这个最重要的规律就是它的产生、发展、兴盛、衰落和新生，虽然经常受着多种因素的影响和制约，但归根结底起决定作用的还是社会经济发展条件。另外，也必须看到它不是唯一的。除它以外，还有不少条件，特别是地理位置和自然条件。这些条件不但是洛阳城市产生、发展的经常必备的物质基础，而且它通过生产关系对城市的发生、发展、兴盛、衰落还起着重要的加速或延缓的作用，尤其是在上古时期生产力水平较低的情况下，发挥的作用更为显著。正因为这样，洛阳在历史上尽管屡遭破坏，但总是毁而再建，始终在历史地图上保持着它应有的位置。因此，在洛阳的规划和建设中必须重视洛阳城市地理位置和自然条件所起的作用。

（3）洛阳这座历史悠久的古城，尽管与国内其他古老城市如杭州、开封等有着共同的发展规律和特点，但由于它所处的时间、地点、条件等不同，它也具备着自己独有的特点。比如，洛阳在历史上虽曾多次发展成为大城市，但决定其功能性质的主要是军事政治因素；工商业即使也是高度的繁荣，但毕竟居于从属的地位。而杭州、开封等城市则与其不同。因此，当我们规划和建设这座城市时，必须坚持从洛阳城市的实际情况出发，本着"扬长避短，发挥优势"的原则，来建设这座历史文化名城。

（4）城市既然是一个有机的整体，它是由环境系统、生物系统、技术经济系统共同构成的一个完整的自然—技术经济系统，其中又以环境系统为其前提条件。因此，今后在城市的规划和建设中必须加强城市环境系统的保护和监测工作。

（5）洛阳这座古老城市尽管在历史上，特别是到隋唐时期发展到鼎盛，成为国内外著名的大城市，但毕竟建立在封建剥削基础之上的且是为统治阶级服务的。可是，建国以后的洛阳，由于社会性质发生了根本的变化，人民掌握了政权，仅仅30多年的时间，不仅由一座封建性质的消费城市转化为一座新兴的工业城市，而且是为人民服务的。

34. 我国城市发展中的两个问题

李润田

在这次河南省首届城市发展讨论会上，我想重点谈谈城市在社会经济发展中的作用和我国城市的发展道路两个问题。不当之处，希望大家批评指正。

一、城市在社会经济发展中的地位和作用

对于这个问题，我想从城市发展的历史回顾中给以说明。

我们知道，尽管目前对城市概念的理解不尽相同，但有一点是必须承认的，现代意义上的城市是伴随着工业革命的到来而问世的。在工业革命之前的城市都属手工技术时代的城市，也就是说，尽管在大机器出现之前也有从简单工具向各种复杂工具的演进，但都是以手工工具操作的技术。这种技术使工业革命之前的城市具有以下特征：①城市数量少，发展速程缓慢；②城市规模小，空间利用率较低；③城市职能比较单一，行政职能为主，经济职能不甚突出；④城市结构简单，基础设施较差。正是由于这些特征，制约着该时期城市在社会经济中的地位较低。

18世纪之后，随着产业革命的发生，城市特征也发生了显著的变化，其在社会经济中的地位也随之加强。概括这一时期城市发展的特征有如下几点。

（1）城市日益增多，空间分布受各种社会经济条件影响显著。

（2）城市规模急剧扩大，城市空间利用效率提高。到20世纪40年代后期，不仅出现了100万人口以上的大城市（据统计达70多个），而且出现了超过500万人口的特大城市。同时，城市楼房增多增高，由"平面型"向"立体型"方向发展，提高了城市空间利用效率。

（3）城市职能趋向复杂。一个城市除了具备一定的行政职能之外，往往是周围地区的经济中心和信息中心，尤其是经济作用明显加强。

（4）城市结构日趋复杂。出现了城市工业区、商业区、文化区等功能单元。

这些特征，使城市成为区域的社会政治中心、经济中心和文化信息中心，成为周围地区社会经济发展的组织领导"核心"。

时至今日，新技术革命的兴起和发展，又对城市发展产生着日益重大的影响，正改变着其在社会经济中的地位和作用。这集中体现在以下诸方面。

（1）城市发展速度有放慢趋势，城市空间分布受新技术制约特别明显。在许多发达国家由于大城市发展的弊病影响，由于高技术产业所需劳动力较少，城市化速度减慢，有的甚至出现"逆城市化"趋势。城市的空间分布将主要受新技术的影响，不仅有陆地表面上的分布，而且有"海上城市"和"太空城市"。

（2）出现了城市扩大化和分散化并存局面。城市扩大化是指若干个临近大城市联成统一的城市带，城市分散化是指城市中心区人口向城市郊区迁移。这是因为新技术革命有可能有效缩短空间距离的影响所致。城市的扩大化和分散化同时并存，使城乡逐渐融合。

（3）城市类型增多，功能更趋复杂。城市种类不仅有生产和经济上的差异，而且随着第三产业的兴起出现更多的城市类型。城市的经济职能将让位于以第三产业为主的职能。

（4）城市结构发生改变，基础设施更加齐全。上述特征集中说明一点，当前城市在社会经济中的地位和作用比以往任何时期都大大提高和加强。具体点说，城市的作用由单一的功能发展成为多功能作用，对地区经济发展的作用由点到面，对社会经济的作用由一般到举足轻重。正因为如此，城市已切实成为一国或一地区经济、政治、科学、技术、文化和教育的中心。特别是在我国，随着改革、开放的深入，城乡有计划商品经济的发展，作为地区经济中心的城市，在国民经济和社会发展中起着越来越大的作用。这是因为城市是我国经济建设的主体所在，精神文明建设的前哨，所以，其建设好坏，必然对生产力的发展，对社会、经济、文化、科技、教育的发展起着巨大的影响。当然，没有经济的发展，也不会有城市的发展。二者是相辅相成、互相促进和制约的。

综合以上各点，在新技术革命发展的今天，城市的地位和作用可以概括为如下方面：①城市是经济中心；②城市是商品的集散中心；③城市是国家创收的重要源地；④城市是精神文明建设中心；⑤城市是交通、通讯和信息的中心。

对于具体的城市而言，可能其在社会经济发展中所起的作用有所不同，并且不同规模等级的城市其作用也有差异，但以上各点是具有一般性的。

二、我国城市发展的正确道路

如上所述，城市是近代社会的主体和核心，在国民经济的发展中占据着十分重要的地位，起着十分重要的作用。我国正处于社会主义的初级阶段，正积极发展有计划的商品经济，为了适应这一需要，就必须加快我国城市建设的步伐。这就涉及我国城市发展道路的正确选择问题，必须对我国城市发展道路有一个科学而清楚的认识，否则就不能使城市得到迅速的建设和发展，也影响我国整个社会经济的发展。

我国城市发展应当走什么样的路子呢？中央早就提出了"控制大城市规模，合理发展中等城市，积极发展小城市"的基本路子，这是在总结国内外城市建设正反两方面经验基础上，从我国国情出发制定的。我想就如何全面理解和执行这一个方针谈些意见。

（一）有控制的发展大城市

对于我国大城市发展问题，当前有两种截然不同的看法。一种看法认为大城市的发展是国家"带动中小城镇和乡镇快速高效发展的火车头"，是由城市化运动规律所规定的人口、经济向大城市的集中，是不可抗拒的普遍规律。因此，我国在当前积极超前发展大城市，不能人为地控制大城市发展规模。另一种看法认为，应当积极发展小城市。因为大城市有难以克服的"城市病"——人口膨胀，用地紧张，交通拥挤，环境恶化等一系列难以解决的矛盾。而积极发展小城镇，既可以避开大城市带来的弊病，又可以解决我国亿万农业劳动力的出路。

我们认为，上述两种看法都有一定的道理，同时也都需要进一步完善。对于大城市的发展方针，应当采取有控制地发展政策。

首先，大城市要有一定的发展。我国到20世纪末人均国民收入要达到800～1000美元，这对我国大城市发展提出了要求。这是因为：①社会主义初级阶段中，城市是现代化生产力集中的地域和重要的依托，必须发展大城市才能适应需要。在我国，大城市的人口和职工分别占全面城市人口和职工的40%，工业产值和利税占全国城市的50%，固定资产和基建投资也占全国的40%。大城市具有更高的经济效益。②我国处于社会主义初级阶段，工业的产生必然引起资源的开发、工厂的兴建、交通的发展，在这一过程中大城市具有经济上的活力，强烈吸引着经济与人口的集中。加之开放、搞活政策的实施，第三产业的发展，必然有一部分农民进入大城市，从而扩大了城市的规模。③现在许多接近大城市人口或已达到大城市人口规模的城市，仍具有一定的人口自然增长和机械增长率，使这些城市规模不断扩大。总之，由于上述原因，我国大城市仍会有一定程度的发展。这是客观的规律。

其次，大城市的发展是有控制的，是有一定的限定条件的。具体来讲，对于大城市的人口和用地规模要加以控制，而重点发展经济、文化等各项事业，不断提高大城市的质量、效益和水平。重点发挥大城市在周围地区的中心作用。以大城市为依托，组织合理的经济网络，使大城市在物质文明精神文明两方面成为周围地区的楷模，成为它们发展经济和文化的动力和助力。这样才能使每个大城市在一定区域内不仅成为经济中心，而且成为政治、文化中心。

总的来讲，对我国大城市建设的指导思想应该是既要发展，又要控制，达到有控制的发展。

（二）合理发展中等城市

据对我国农村剩余劳动力的研究，到20世纪末，我国将有3亿多人口向非农业转移，这其中的大部分将向中小城市转移。如此一来，势必会促使中等城市的发展。我国的中等城市多是随着经济发展而建设起来的，目前已达70多个，具有分布面广的特点，在全国城镇体系中，既可以缓解大城市的压力，又可以弥补小城市的不足，具有承上启下的作用。同时，中等城市基本上具有大城市的优点，如在技术力量、生产协作条件、交通等基础设施都有相当基础，利用这些条件，有选择地发展一些工业项目，是可以取得不亚于大城市的经济效益的。此外，中等城市在市管县的体制下，是小城镇的直接领导者，是农村发展的市场和依托，是促进城乡一体化发展的重要保证，是形成合理城镇体系的前提条件。

中等城市要发展是肯定的，但问题是在发展上怎样使它更合理，倒是值得研究。个人认为，要合理发展中等城市，要掌握好以下三条原则：①中等城市的人口和用地规模不能无限制地膨胀，因为再发展，很容易成为大城市和特大城市。②经济建设必须与各项基础设施建设协调发展，不能重复过去只注重发展经济，而忽视其他方面建设的现象。③就全国来说，若干年内可以有计划地选择若干条件好的小城市发展成为中等城市。以河南省来看就有这种可能,如小城市中的濮阳、南阳、信阳、商丘、三门峡等,到一定时期都可以发展成为中等城市。特别是其中的濮阳市,资源丰富,工业产值较高,周围地区又缺少中等城市,有可能成为以石油化工为主导产业的中等城市。

(三) 积极发展小城市和集镇

前已述及,伴随着我国农村经济的发展,将有大批的农村剩余劳动向城市转移,转移的过程中,大中城市的吸收是有限的,而大部分将集中在农村集镇和小城市,从而促进集镇和小城市迅速发展,构成中国城市化的一个显著特征。

大力发展农村集镇和小城市,就地吸引农村剩余劳动力是我国城市化的一条基本途经。农村集镇和小城市的发展对我国国民经济的发展具有重要的意义,具有大中城市所不能代替的独特作用,可以概括为如下几点:农村集镇和小城市是广大农村物质文明、精神文明建设的中心,是开发农村资源,发展乡镇企业的基地,是沟通城乡物质交流、发展商品生产的基地,是调节、吸收农村剩余劳动力的良好场所,是促使全国生产力合理布局的支撑点,是建设合理城镇体系的重要环节。

由于我国各地自然、经济条件的差异特别大,要求我国小城镇的发展建设要具有不同的模式,形成不同的特色。如苏南模式,因其乡镇企业基础好,又临近上海等大中城市,就形成了该区城镇发展中以乡镇企业为主导因素的发展模式。而在温州地区就形成了以商为主,以家庭工业为主的集镇发展模式。我们要研究不同地区城市化的道路、条件和机制,分别地指导其发展。

(四) 形成合理的城镇体系

城镇体系是指一定地域范围内,若干不同规模等级,不同职能的城镇相互分工、有机联系,协调发展构成的城镇群体。城镇体系有整体性、结构性、有序性、动态性和区域差异性等特点,只有从城镇体系角度出发才能完整理解各个不同规模、不同职能分工城市的发展规律。逐步形成合理的城镇体系是我国现阶段城镇建设的一项历史任务。要求各种规模、各种类型、各个区域的城市都得到发展。

综上所述,我国城市正确发展的道路应该是:有控制地发展大城市,合理发展中等城市,积极建设小城市和农村集镇,形成合理的城镇体系。

原文刊载于《中州城市研究》,1988 年第 1 期

35. 略论中国历代河南城市的发展与特点[①]

李润田

任何城市的产生和发展，都是社会生产力发展到一定期阶段的产物，河南城市的发生、形成与发展也毫不例外。从几千年历史来看，随着河南社会生产力的不断发展变化，城市的发展也几经兴衰，但社会生产总的趋势是向前发展的，因此，河南城市也是不断向前发展的，并在各个不同历史时期的政治、经济、文化生活中发挥着极其重要的作用。

自然环境与城市的产生与发展也有着十分密切的关系，特别是在生产力水平较低的情况下，自然环境的影响就显得更为重要。河南由于地理位置适中，有优越的自然条件和丰富的矿产资源，为古代人口聚居和河南城市的形成、发展提供了有利条件。

一、奴隶社会时期河南城市的产生、发展与特点

早在远古时期，河南属亚热带气候，那时候，这里森林茂密，河流纵横，土地肥沃，我们祖先炎、黄氏族就凭借着黄河中游两岸的优越自然条件，创造出中华民族的灿烂文化。距今 5000~7000 年前，开始出现半定居和定居的农业生产活动，形成了原始居民点。当时这些居民点多分布在距河流较远的高地上，以后逐渐移到距河流较近的阶地上。以后，随着农耕业在整个经济中地位的加强，接近河流的高滩与平地，也出现了村落。早期的村落从河南全省来看，主要分布豫西黄土塬地、山前平原和河谷盆地一带[②]，以后才逐步向东部平原和其他低平地区扩充。

在原始社会后期，不仅农业开始脱离原始状态，比新石器时期有较大进步，手工业和建筑业也有了较大的发展。这时手工业和农业开始分工，商品交换也有了发展。在社会生产力有了进一步发展的基础上，城邑开始形成。1977 年以来，先后在河南省登封王城岗和淮阳平凉台发现两处被认为属于夏代的古城遗址[③]，这是河南至今发现最早的城市遗址。由于当时生产力发展水平所限，河南的城邑仍是处在城市发展的初期阶段。当时，城邑的主要职能是作为奴隶主贵族的政治中心和军事据点。

从商代到西周是河南省奴隶社会城邑的发展阶段。商代是我国奴隶社会的大发展时期。随着生产力的发展和生产水平的提高，社会劳动分工的加深，奴隶制国家统治力量的增强，这时河南城邑较夏代有了进一步的发展。特别是到了商代中期以后，不仅王都具有

[①] 本文写作过程中，承蒙朱绍侯教授给予很多帮助，同时，也参考了和引用了不少同志的论文和著作，在此一并表示衷心的感谢。

[②] 豫西的黄土冲积地带，土壤疏松肥沃，宜于发展耕作农业，新石器时期这里已得到开发。

[③] 杨育斌：《河南考古》，72~84 页。

更大的规模，而且封国的都邑也开始兴起。除了安阳的殷都外，郑州商城遗址的发现即是证明，根据已有的考古材料，可以了解到当时城市的基本面貌。主要有以下几个特点：①城区规模比过去进一步扩大，城市规划开始萌芽。从已发掘的大批文物中，均可得到证实。如郑州商城（疑为仲丁敖都）遗址，面积25平方公里，相当于今郑州市区的1/4，分内城外郭。内城呈长方形，周长约7公里，面积约3.4平方公里，比建国前的郑州市区大1/3倍，城内住贵族奴隶主；郭内住奴隶和平民，并有各种为贵族服务的手工作坊，郭外有墓葬群①。②有规模宏大的宫殿建筑群，并以宫殿为中心进行布局。在殷墟先后发现了不同时期的数十座宫殿遗址，有的殿堂基址规模很大，长约46.7米，宽约10.7米。③有城郭沟池等防卫工程措施，一般包括城墙和壕沟两部分。郑州城就是保卫宫殿的宫城；城垣外有宽约10米的壕沟。殷墟王宫西面发现一条大壕沟，这是一条经人工挖掘来保护王宫的防卫工事。④有各种手工业工场，一般都设置在城外的四周。郑州商城和殷墟附近有铸钼、制玉、制骨、制陶等手工业工场，特别是铸钼遗址占有突出位置。⑤由于手工业的发展，开始出现了商品生产和商人。城市开始有了市场的分布。从安阳殷墟和偃师二里头（商都西亳）、郑州商城遗址中，发现的大量做工精细的陶、钼、玉、骨、石等文物，经专家鉴定认为该文物中有些原产于南海和青海的鲸鱼骨、海龟壳、海贝等。这表明当时已有了物品交换。同时，也说明商代城市已经不是单纯的固定居民点，而是一个有"城"有"市"的城市了。⑥城市外有密集的居民点和村庄的聚落。据探查，郑州商城遗址面积在25平方公里以上，在这广大的范围内，以城市、宫殿为中心，到处有房基、水井、窖穴、墓葬等遗址。总的来说，从以上情况可以看出以下两方面的问题：一方面，从城市遗址的布局来看，基本上反映了我国奴隶社会城邑的基本性质——它既是奴隶主贵族阶级聚居的地方，又是政治、军事的中心。另一方面，也充分反映了中原地区在这个时期，农业生产不但有了较大发展，手工业生产已成了独立存在的部门，并有了进一步的分工。由于农业和手工业的发展，才有可能提供更多的剩余产品，进而才能促使商品生产和商品交换的发展以及科学、文化的发达。正是在这个基础上，当时王朝才有可能逐渐形成区域中心和出现古代城市。

西周是我国奴隶社会的全盛时期，中原城邑也随之有了新的发展。西周虽然发祥于渭河流域，建都于镐京（今西安市西，称宗周），但为了更好地控制东方，于成王七年（公元前1056年）遣周公旦选择战略地位十分重要的洛阳作为统治东方诸侯国的政治军事中心，并派重兵把守作为陪都。当时营造洛邑，称成周，建二城，一曰王城，专作为统治东方的政治据点。二曰下都，作为监督东方的战略要地。从此洛阳便作为西周仅次于镐京的第二座大城市。据统计，除洛阳以外，今河南境内，当时城邑近百个②。其中管（今郑州）、沫（今淇县）、许（今许昌）、商丘（今商丘）、蔡（今上蔡）、陈（今淮阳）等都是中原的重要城市。西周灭亡后，周平王于公元前770年迁都洛邑。史称东周（初居王城，后迁下都），自此，洛阳便成了东周的国都。从这以后，东汉、曹魏、晋、北魏、隋、唐、后梁和后唐等封建王朝，也都先后在此建都，前后共934年，号称"九朝古都"。其

---

① 河南省建设厅城建志编辑室，《河南省城建史志稿》第一辑，17页。
② 黄以柱：《河南城镇历史地理初探》。

建都时间之长，在我国七大古都中仅次于西安。

据晋《元康地道记》记载：周王城"城内南北九里七十步，东西六里十步，为地三百顷一十二亩三十六步"（今实测南北长 3700 米，东西宽 2800 米）。可见，不仅规模大，而且城区建设布局有了一定的规划制度。这种规划，在《考工记》中记载为："匠人营国，方九里，旁三门，国中九经九纬，经涂九轨，左祖右社，面朝后市。"按此规划，城廓四面各有三门，用井田制的耕作方法构成南北交织的方格状街道网，王宫居中，左设宗庙祖堂，右为社稷神坛，前建群臣诸侯朝会殿厅，后设商品交易市场。城内横竖各有三条直街，每街有三条并列的道路组成，道路的宽度为车轨的 9 倍。当时车宽 6.6 尺，左右各伸 7 寸，九轨为 72 尺（周时 4.07 尺合 1 米，九轨折合 17.69 米）。这种城市布局的方法，应当说对以后的城市规划也产生了重要的影响。

春秋战国时期，是中国历史上新旧社会制度交替即封建制取代奴隶制的大变革时期。铁制工具普遍使用，社会生产力迅速提高，商品生产随之迅速发展起来。特别是以洛阳为中心的水、陆交通相应地也得到了很快的发展，手工业和商业在社会经济中的地位也日益显得十分重要。随着整个社会的发展，河南的城市发展也相当快。根据史书记载，春秋时期，今河南省境内共有大小城邑 200 多个，到了战国时期，由于诸侯兼并，有大小城邑 150 多个[①]。建国以后的考古调查或发掘，在河南发现数十座东周城址[②]。这个时期的城邑，不仅规模比过去明显扩大，除周都洛阳之外，出现了"千丈之城，万家之邑"。又如当时的魏都大梁城，方圆超过 10 公里，人口不下 20 万，其规模比今日开封老城还要大。再如宋都睢阳、韩都阳翟、楚都陈等城垣范围都已超过 5 公里，人口均在 10 万以上。而且，城市的职能作用，也发生了明显的变化。这时的城市已由奴隶主统治阶级的政治、军事中心，发展成为政治、经济、军事三位一体的都会。不仅如此，还先后出现了不少手工业生产基地和以商业为主的市镇。比如楚国的宛（今南阳市）和棠溪（今西平县西北）就是当时著名的冶铁中心。又如魏国的朝歌（今淇县），是北方贸易中心之一，商丘是"百工居肆"的手工业中心。新郑在西周时还是一片荒芜之地，也因地处各国使节和商贾贸易往来的通道，从而商业和手工业也随之繁荣起来。

二、封建社会时期河南城市的发展与特点

从秦汉到北宋（公元前 221 年到公元 1127 年）是我国封建社会的发展时期，也是河南封建城市发展兴旺发达之时，在这长达 1300 多年期间，尽管河南城市经历多次战争的严重破坏，但毁而复兴，从整体来看，始终保持着大发展的趋势。不过到了北宋以后，由于战争和自然灾害的不断袭击，中原地区民生凋敝，人口已由汉代的 1264 万下降到元朝的 82 万，城市也开始走向衰落的境地。

秦始皇统一六国以后，开始建立了我国历史上第一个中央高度集权制国家。包括两汉在内，共开创了历时达 440 年的统一局面。由于河南地居中原位置，加上当时政治上有了

---

① 黄以柱：《河南城镇历史地理初探》。
② 杨育彬：《河南考古》，159 页。

统一，又清除了各地区间的交通障碍，很自然地促进了城市手工业和商业的进一步发展和繁荣，其结果也必然带动了城市的空前发展。《史记·货殖列传》列举全国除都城长安外，共有18个大城市，其中7个位居中原，分别为洛阳、宛、温、轵、阳翟、睢阳和陈（即今河南省的洛阳、南阳、温县、济源、商丘、淮阳）。东汉时，中原的城市发展以洛阳最为突出。这是因为洛阳地理形势较为险要，东有虎牢关，西有函谷关，山河控戴，交通四达，故成为国都。当时的洛阳城（在今城东15公里），人口在20万以上，规模宏伟壮观，城内规划布局严整，宫殿壮观辉煌，并建设有观、台、馆、阁和庭院、囿，城外尚有谷水环绕，并设有比较集中的市场三个。公元68年在城市西又建起了我国第一座规模宏大的白马寺，它在中印文化交流史上占有十分重要的位置。宛是秦、汉南阳郡所在地，是关中、江汉与中原之间的重要交通要道。到了西汉时期，手工业、商业也都十分繁荣，最盛时人口达4.75万户，为全国五大商业都市之一（洛阳、临淄、邯郸、成都和宛），规模之大，可与当时的长安城相比拟。

由于秦汉实行郡县制，过去大小诸侯国的首邑，大多数都改设为郡、县治所。到了东汉末年，河南境内除京都洛阳以外，郡、县级城市已有150多个，并建有一批小型交通贸易网点，这样一来，河南境内基本上形成了一个由都城、郡治、县城和其他小城邑的四级城市群的雏形网络。这就为河南城市以后的发展奠定了初步基础。

东汉末年到南北朝，是我国社会大分裂、大动荡的时期。在这360多年期间，由于连年战祸不断，全国一直陷入分裂割据的状态，从而使经济、文化受到了极大的损失，城市也随之受到了更为严重的摧残与破坏，当时的洛阳城也成为各路诸侯争夺的焦点，受到的破坏更为突出。到了汉末董卓之乱时，洛阳及其周围几百里的房屋几乎毁于一旦。"卓兵烧洛阳城外面百里，又自将兵烧南北宗庙、府库、民家。城内扫地殆尽。……无辜而死者，不可胜数。"① 曹魏建都以后，虽然一度有所恢复，但又经西晋时期的"八王之乱"和"五胡乱华"，使洛阳城又一次遭到了极其严重的破坏，结果使为都九十多年的洛阳又一次被战火摧残不堪。"城阙萧条，野无烟火"的荒凉景象竟延续了几十年。不难想象中原其他地区也不可能有什么大的发展。

隋唐至北宋时期是河南城市的第二个大发展时期，也是历史上河南城市发展的鼎盛时期。隋朝的建立标志着魏晋南北朝时期中国长达400年分裂战乱的结束，国家的空前统一与和平成为现实。这为恢复长期遭到破坏的经济提供了条件，也为城市的兴起和发展创造了环境。在隋朝，先后修通了广通渠、通济渠（即汴河）、江南河、永济渠，形成了以洛阳为中心，西通长安，北达涿郡，东南通余杭，连接黄河、淮河、长江、钱塘江四大水系的南北大运河系统②。这一巨大工程的完成，使位于运河关键地段的洛阳和开封就显得格外重要。隋炀帝即位后，于大业二年（公元606年）迁都洛阳，接着对这座城市又重新做了规划。征收近200万民工对洛阳开始了大规模营建，凭借中央权力集中全国财力使洛阳成为全国的政治中心。

隋唐时期的洛阳城，东距汉魏故城9公里，西离周王城2.5公里。其规模之宏伟，建

---

① 《三国志》卷6，《魏志·董卓传》。
② 郭予庆等：《河南经济发展史》第78页。

筑之完善,是隋唐以前任何朝代所无法比拟的①。另据《河南志》载,城周长约合27.5公里。全盛时人口达百万人以上,与当时的长安、广州、扬州、汴州并驾齐驱,为全国最大的工商业城市。

开封(唐称汴州,宋称东京),自从战国开通鸿沟水系以后,这里逐渐成为中原地区水运的中心。特别是到了隋朝开通济渠以后,开封因地处黄河、淮河水运的中枢地位,加上又是长安、洛阳进入齐鲁的必经之地,故商业获得了十分迅速的发展。到了唐代,这里就已成为全国仅次于扬州的国际贸易中心,唐朝末年,经过"安史之乱"、"藩镇割据"及"五代离乱",使长安和洛阳日趋衰落,开封的地位就显得尤为重要。到五代时的后梁、后晋、后汉、后周以及北宋和金,先后都在此建过国都,从而使开封成为历史上第二个全国性的政治、经济、贸易、文化中心。东京开封的布局,原来保持着以皇宫为核心的皇城、内城和外城的基本格局,但到了这个时候表现了新的特色。那就是完全打破了隋唐时代城市实行的坊里制度,不再局限在特定的地点集中设市,而是沿街设市,兴建了商业街道。当时开封人口达160多万,多于唐时长安,但城市面积仅及长安的一半,居住区也只有坊里名称而不设围墙了。因为人烟稠密,城市有了望火楼和军巡捕房等消防设施。张择端的《清明上河图》中所描绘的繁荣景况,就是对当时汴京城繁华商业街市的真实写照。这说明北宋时期的封建城市建设又有了新的发展。

除洛阳、开封之外,在黄河、运河沿岸和其他水陆要冲地区出现了不少中小城市,如陕州、河阴、郑州、怀州(沁阳)、孟州(孟县)、卫州(汲县)、滑州、相州(安阳)、濮阳、宋城(商丘)、陈州(淮阳)、阳翟(禹州市)等。与此同时还出现了一大批集镇。其中汝州、阳翟均是北宋时期风靡全国的瓷业中心②。这表明河南的自然小商品经济发展到一个新的水平,标志着河南的封建城镇的高度发展。同时,也充分说明这个时期是河南城镇历史上发展的最盛时期。该时期的城市与以往历史时期相比,不仅城市数量大大增加,而且日趋走向体系化,已形成的交通网、商业网使各城市间的联系更加密切。这表明,随着河南封建经济的发展,河南的城市发展也进入了一个新的阶段。

北宋以后,女真、蒙古等少数民族相继入侵中原,河南的社会经济再次遭到严重破坏。尤其严重的是,经过这次大劫难以后,河南人口大批遭受杀戮或再次逃往江南,造成"大河内外,人烟断绝"的惨相。由于人口锐减,耕地荒芜,自然环境开始恶化,水、旱、风、沙等自然灾害越来越频繁,越来越严重。农村经济破坏严重,加之黄河泛滥改道日益频繁,汴、蔡等河道均被淤塞,失去了水运中心的位置,商业及手工业的发展受到限制,城镇也就没有发展可言了。

到明朝初期,河南经济有所恢复,尤其是随着资本主义经济的萌芽,商业比较繁荣。一些受破坏的城市,如开封、洛阳、彰德(安阳)、卫辉、怀庆(沁阳)、禹州等有所复兴,像开封仍不失为全国大商业及手工业城市。但是在整个封建经济社会走向衰落的形势下,河南经济的恢复是有限的,特别是随着我国经济重心的南移和政治中心的北去,作为联系京畿与江南"粮仓"的大运河不再以中原为中心,而是江苏径直北上,河南从此完全

---

① 河南省建设厅城建志编辑室:《河南省城建史志稿》第一辑22页。
② 河南省建设厅城建志编辑室:《河南省城建史志稿》第一辑23页。

失去了全国政治中心、经济中心和交通枢纽的地位,封建经济日趋衰败。

三、半封建半殖民地时期河南城市的发展与特点

1840年鸦片战争后,由于帝国主义的先后入侵,使中国开始沦为半殖民地、半封建社会。从这时起,帝国主义势力由沿海逐渐伸入内地,而以兴筑铁路做他们掠夺原料、倾销商品的手段,河南的半殖民地化以铁路的开通为转折点,随着铁路的出现,便促使了大量省外商品的输入和省内商品性农业的发展,商品流转量的迅速增大,河南的商业便明显地发展起来。这样,河南遂成了上海、天津、汉口的原料供给点和洋货商品的倾销市场。封建的经济结构开始解体,河南整个的城镇面貌也发生了变化。这个时期的特点表现在以下几个方面:①从城镇的兴衰和分布来看,铁路沿线的一些古老封建城镇已由为封建统治阶级服务为主要目的,开始转变为直接或间接地为帝国主义和官僚买办阶级服务,如开封这时仍为省会,又是全省政治、文化中心,人口2.4万,为全省大城市,又如位于京汉、陇海铁路交叉处的郑州,由原来人口不超过2万人的小县城,很快发展成为一个重要的物资集散地和商业贸易中心,并且又兴建了十几家小厂,一时十分繁荣。其他沿铁路城市,如新乡、安阳、许昌、信阳、商丘、洛阳等都有一定的发展,成为附近农产品和外来商品的集散地。曾号称全国四大镇之一的朱仙镇,却因远离铁路而一衰不振,变成了一个普通的农村集镇。另外,火红一时的道口镇、赊旗镇等也失去了过去应有的重要地位。相反,漯河、驻马店因位居淮河支流水运和京汉铁路的交汇点,便很快成了大市镇,而多数县城除政治上还保持着城镇的名义外,在经济上已无什么意义可言。②从城市的外貌来看,凡是临近铁路线的一些老城市,由于铁路线的出现,其他的商业和服务业也相应而生,这样大都在车站附近形成了新市区。这些城市兴起,往往都是自发的,缺乏统一的规划。因此,市区的突出特点就是街道布局不规划,交通秩序很混乱,建筑不仅高度密集,而且风格也不一致。往往与原来老城区的布局成为明显的对比。建国前夕开封、郑州车站形成的新市区状况,就具有很大的代表性。③从城市的性质来看,如上所述。城市的职能作用,随着社会性质的改变也由过去为封建阶级服务。转变为直接或间接地为帝国主义买办资产阶级服务。在这一时期,河南的民族工商业和城市建设虽然有所发展,但仍然是受帝国主义和官僚资产阶级的严重压抑和宰割。如豫北重镇新乡当时就是帝国主义掠夺豫北棉花、粮食和煤炭的转运站;许昌原为魏都,而后长期衰败。但铁路通车以后,这里一跃成为著名的烟叶市场,30年代许昌设有十几家烟叶转运公司;焦作由于英帝国主义在这里掠夺煤炭资源,曾发展成为一个矿业城市,京汉路未修通前,信阳仅为一通驿之大县而已,但通车以后,这里百货汇集,五云杂处。商业开始繁荣起来尤其是1904年以后,这里更加繁华,外国的基督教传教士和资本家在信阳鸡公山开辟了避暑地,设教堂,建别墅,部分租赁了鸡公山。

在半殖民地、半封建时期,河南的部分城镇虽有所发展,但极其有限。而且是无计划的自由发展,多数城镇则长期处于衰落状态。这些城镇在经过外来侵略者和国内统治阶级的残酷盘剥以后,显得越来越不景气。到建国前夕,全国只有一个省辖市开封、一个焦作矿区以及112个县城。

四、新中国时期河南省城市的发展与特点

建国 40 多年来，特别是党的十一届三中全会以来，随着河南省经济的巨大变化，河南的城市也得到了长足的发展。

（一）城市的发展变化

第一，城市性质有了根本的改变。众所周知，河南城市形成的历史虽然悠久，但建国以后经过不断改造、扩建和新建，由原来的消费城市已逐步转变为生产性城市，有的已发展成为崭新的综合性工业城市。如郑州昔日仅为一座小县城，如今已成为拥有大小工厂600 多家，纺织、食品、机械、电力、化工、造纸等门类较齐全的现代化工业城市。

第二，城市数量大大增多。随着全省经济的不断发展，新设城市逐步增多。建国 40 多年来，河南新建城市达 14 座，比建国初期增长 1.2 倍。如焦作、平顶山、三门峡、濮阳等市都是明显的例证。

第三，城市空间不断扩大。随着经济、文化建设的发展，城市数量增加，城市功能日臻完善。城市空间成倍扩大，例如，1990 年郑州市建成区面积 112 平方公里，是 1949 年 5.23 平方公里的 21 倍；洛阳市建成区面积 44 平方公里，是 1949 年 4.5 平方公里的近 10 倍；开封市建成区面积 43 平方公里，是 1949 年 15 平方公里的约 2 倍等。

第四，新建城市基本形成体系。随着河南省经济建设的发展，城市逐渐增多，规模不断扩大，城市化进程日益加快，一个以省会郑州市为中心，以区域性的中等城市洛阳、开封、新乡、安阳、平顶山、焦作为骨干，以众多的小城市为纽带，联系广大乡村腹地的层次分明的城市体系已基本形成。城市经济将会对河南省今后的经济建设产生更大的影响。

（二）城市的主要特点

河南省的城市经过建国后 40 多年来的建设。初步形成的城市体系具有以下几个主要特点。

第一，等级体系齐全而城市规模小。据 1990 年统计，全省 26 个城市按市区非农业人口规模可划分为：100 万人以上特大城市 1 个，即郑州市，人口 115.97 万人，占 26 市非农业人口的 17.89%；50 万~100 万的大城市 2 个即洛阳市和开封市，人口共有 126.76 万人，占 26 市的 19.57%；20 万~50 万人的中等城市 7 个，即新乡、安阳、焦作、鹤壁、平顶山、南阳、许昌，合计人口 237.91 万人，占 26 市的 36.75%，20 万人以下的小城市 16 个，合计人口 168.52 万人，占 26 市的 26.01%。由此可见，城市等级体系齐全，呈宝塔形等级规模序列结构特点：基本上是合理的，但还很不完善。

第二，多为以工业为主的综合性城市。河南城市的职能，就全省来看，就业结构较为接近，工业部门比重高，一般在就业结构中占 40%~60%，这是因为，一方面，因这些城市大部为封建社会遗留下来的城市，多为消费性质，并以物资集散和服务职能为主，建国后又变消费城市为生产城市，片面强调工业职能，而忽视了城市的中心职能；另一方面，河南虽然是个农业大省，但农产品商品率很低，带给城市发展的推动力弱，相反，境内矿

产资源、特别是能源资源丰富。国家在此大量投资开采，并在此基础上产生较多的城市。这些均反映了工业化初期，工业的发展必然会导致城市的产生和规模的扩大，并且成了城市发展的主要动力。河南城市不仅就业结构相近，而且多数城市的工业结构雷同，分工较差，且多为综合中心。

第三，城市的地域空间分布不平衡，河南省的城市规模小而数量多，平均每万平方公里有1.56个城市，市与市平均间距80公里，所以城市分布的密度较大，居全国各省区的第六位。在地域分布上呈现出两个明显的特点。第一，城市多集中在铁路线上，呈双十字轴线型分布；第二，城市布局偏集于陇海铁路沿线及其以北地区。

第四，城市化的进程正在稳步前进。城市化是指乡村人口的转化及其生产、生活方式由乡村型向城市型转化的过程。河南是人口大省，建国40多年来随着经济社会的发展，1990年人口普查为8550多万人，居全国各省第二位。城镇人口达1300多万，比解放初期增长5倍，在全国各省区中占第9位。城市化水平低，城市化率增长缓慢。

第五，城市的开放程度越来越高。

总起来讲，河南城市的产生、发展、职能及其特点，尽管各个不同历史时期存在着不同，但它不是杂乱无章的，而是始终遵循着一定的规律在演变着。这些规律初步可以归纳为以下几点：①城市的职能作用是由行政、军事中心向行政、商业和手工业中心，再向经济、政治和文化中心演进。即城市发展的初期阶段（奴隶社会时期），城市功能的政治性很强，解放以后城市功能的经济性很强，中间阶段（漫长的封建社会），城市功能的政治性虽仍较强，但经济功能较初级阶段突出。②城市空间分布演变的趋势是：第一，有史以来河南城市分布一直是北部地区多于南部地区；第二，河南古代城市的产生，大多出现在黄、淮河及两河支流沿岸地区；而近现代城市的产生，却大多数出现在交通道路沿线或矿产资源地；第三，城市空间地域结构形式的演变由孤立式点状分布，向带状分布、片状分布发展。③影响城市特点形成的基本因素主要是自然因素、社会因素、历史因素和人的因素，其中自然因素为城市产生、发展及其特点提供了物质基础和演变空间；社会因素为城市产生与发展和特点的形成提供了主要动力；历史因素为城市发展特点提供了演变时间；城市是人为环境，是改造自然的产物，但也是自然界的一部分，城市与自然之间有着密不可分的关系，这种关系从城市出现以后就确立了。总之，上述各种因素对城市的产生、发展及其特点共同起到了作用，但其中起决定作用的仍是社会生产力发展水平的高低。因此，要想使河南逐步形成与其他城市不同的特点，从而实现全省城市化的目标，必须紧紧抓住大力提高发展社会生产力水平和加快改革开放的力度这一根本环节。当然，也必须抓好其他因素的改造与发展。

原文刊载于《史念海先生八十寿辰学术文集》，陕西师范大学出版社，1996年2月

36. 产业带动，双向推进：中原地区城镇化的根本道路

夏保林　李润田

一、产业发展：中原地区城镇化的根本动力

（一）历史的启示

以河南为中心的中原地区是华夏民族的发祥地之一，城镇的形成与发展源远流长，历史上曾几度成为中华民族的政治、经济、文化中心。由于客观环境条件的变化，社会政治经济的兴衰和朝代的更替，城镇数量、职能、分布不断发生变化，形成了不同历史时期的城镇发展特征。总的来看，城镇的形成与发展都与产业的发展有着更为直接的关系。在产业经济繁荣时期，不管是由于南北大运河的开通，唐宋鼎盛时期政治形势的稳定，还是新中国成立后（尤其是20世纪80年代以来的改革开放），都是因政治及其他相关环境因素有利于生产力和产业的发展，才推动了城镇的繁荣。而在社会经济衰败和低谷时期，如由于秦汉末年战争、北宋末年全国政治中心的南移、黄河水患等自然灾害，以及新中国成立前的动荡及建国后的"十年动乱"，皆因环境不利于生产力及产业经济的稳定发展，使中原地区城镇建设缺少经济的支撑而形成衰退的局面。因此，在新的历史时期，要大力推动城镇化进程，就必须从产业发展着手，立足于产业经济发展环境的改善及有利条件的创造，把产业发展作为推动城镇化进程的根本动力。

（二）产业的发展推动城镇化水平的提高

一方面，对某一特定区域来说，产业的发展是提高其城镇化水平最重要的动力因素之一，尤其是改革开放以来，这种因素对中原地区来说是决定性的。这段时期河南省国内生产总值由1978年的162.9亿元上升到1997年的4079.3亿元，扣除价格因素，共增长了7.3倍，平均每年增长11.8%，同时城镇化水平（城镇人口占总人口比重）由1978年的9.47%增至1997年的22.3%，平均每年增长0.64个百分点。20世纪90年代以后，国内生产总值年递增率达到12.7%，城镇化水平年递增率也达到近1.0个百分点。省会郑州市由建国初期一个仅10余万人的小城市发展为今天人口近150万人的省域中心城市，也和其地理位置、交通条件及政治地位有利于产业的快速发展密切相关。城镇发展的其他条件则多是通过作用于产业发展而影响城镇，产业发展在区域城镇建设中起着决定性的作用。另一方面，通过不同区域、不同城镇发展间的横向比较，亦不难看出产业对于城镇化的重要作用。1980~1997年，河南各地市国内生产总值的增长情况看，增长最快的郑州、焦作、平顶山、三门峡等市，其城镇化水平的增长也是最快的，目前均已达到30%以上。而

经济增长最慢的周口、驻马店、商丘、信阳等地，其城镇化水平在全省也最低，一些地区仅在10%左右。

（三）产业结构深刻影响着区域城镇发展及其结构

二、三产业的快速发展，产业结构构成的不断变化尤其是三次产业内部结构的优化，必然带来城镇的兴起与繁荣。在产业结构不断优化的推进中，农村出现越来越多的剩余劳动力，为城镇居民及进城就业者提供了就业岗位，更为城镇的各项建设提供了财力支撑。

首先，区域产业结构与城镇化水平的空间差异表现出较强地对应关系。20世纪80年代以来，随着第二、三产业比重的上升，产业结构的优化升级，河南省城镇化水平也由1980年的11.33%上升到1997年的22.3%。1997年产业结构呈"二三一"格局且第二、三产业比重之和超过80%的郑州、洛阳、平顶山、焦作、三门峡五市城镇化均在30%以上，和产业发展一样，为河南省的高值区；而周口、驻马店、商丘、信阳等地产业结构为"一二三"格局，二、三产业比重之和低于60%，其城镇化水平也是全省最低的。其余地市产业结构层次处于以上两组之间，其城镇化水平也都处于二者之间。

其次，产业结构优化影响着城镇化的发展。其中，农业是城镇化的基础因素，它为城镇建设提供着人力资源、生产资料和生活资料，发展过程中出现的农业剩余劳动力是城镇化的重要推动力量；工业在城镇化中起着主导作用，工业化决定着城镇化的规模、速度及质量；第三产业是城镇发展的重要影响因素，而且在现代发展中其作用和效益越来越突出。二、三产业比重的上升，第一产业比重的适当下降，加上各次产业内部结构向高效益、高附加值、高科技含量的转化是产业结构优化的主要内容。产业结构的这些变化，又必然伴随着产业发展的适当集聚和规模化，以及产业发展环境的美化，因此又会在很大程度上推动着区域城镇化的发展，可以说，产业结构优化决定着区域城镇化的前途。

最后，产业的布局影响着城镇的空间布局结构。城镇的形成与发展是以人口集聚及人口就业载体的形式来实现的，产业尤其是二、三产业需要依托城镇，城镇反过来也需要产业来支撑。产业在区域内的合理布局关系着区域内城镇空间布局的合理性，也影响着各个城镇的规模等级及职能性质，从而影响着区域城镇体系的空间组织和城镇化进程。

因此，产业的发展、产业结构的变化及产业的空间布局均深刻地影响着区域城镇化进程。产业是城镇发展的支撑力量及发展的主要内容，是区域城镇形成与发展的根本动力。当然，事实上区域产业结构与城镇化水平的关系是一种互动关系，城镇化水平的提高反过来也对区域产业经济的发展有着积极的影响。尤其是90年代以来我国在深化改革、扩大开放进程中，城镇化对区域产业发展的带动作用是显而易见的，这也正是当前很多地区非常重视城镇化发展、大搞城镇建设的原因所在，而且从某种程度上说，这种做法对促进地区发展也是积极有效的。但中原地区是传统农业大区，现实工业的发展也以传统资源型工业结构为主，城镇化发展水平在全国属较落后地区。尤其是近几年，改革开放初期迅速发展起来并对城镇化的发展起过一定积极作用的乡镇企业因自身及宏观环境条件的改变逐渐陷入困境，城市国有工业也因不能摆脱国内大气候的影响而难有起色，区域产业发展显得后劲不足。而从上述意义上看，今后中原地区的城镇化切不可盲目大搞空洞的、缺少产业支撑的城市规模扩张和数量增长，而应从产业发展实际着手，立足产业结构的调整优化，充分利用和挖掘有利条件，加快地区工业化进程提高产业经济发展的综合效益，以产业经济的持续、稳定、快速发展去推动城镇化的发展。

二、双向推进：中原地区城镇化的必然选择

以河南省为代表，中原地区地域辽阔，人口众多，又属于经济欠发达地区，城镇及产业的发展在有限的投入力量条件下，不可能面面俱到，同步均衡发展，而应以重点地区为突破口，发挥经济核心地区、中心城市及优势产业的影响辐射作用，以点带面，带动广大区域的经济发展，这也是河南省选择"非均衡"发展战略的目的所在。因此中原地区城镇化的发展，除要坚持以产业发展为基础和根本动力之外，也应结合地区发展实际，确立重点发展的战略方针，即笔者认为的"构建中原城市群，积极发展小城镇"，走"自上而下"与"自下而上"相结合的城镇化发展战略。

（一）构建中原城市群，强化中心城市功能

以郑州为中心，包括周围洛阳、开封、新乡、焦作、许昌等众多大、中、小城市在内的中原城市群，在全国处于承东启西、联南接北的中心地位，是河南省及整个中原地区经济发展和城镇建设的核心区域，发展条件及基础均较好。加快其发展步伐，迅速扩张其经济实力，增强对周围广大地区的辐射力、影响力，是实施河南省跨世纪宏伟蓝图和加快中原地区城镇化进程的重要战略部署，对促进区域经济社会的全面发展和振兴，具有重大意义。目前中原城市群的结构还不够完善，经济综合实力还不够强大，城市间的经济联系还不够密切，中心城市郑州的综合实力在带动区域发展方面尚显弱小，因此，通过城市群区域内城镇的协调发展和紧密联系形成群体优势，增强核心城市区域的影响力和区域经济凝聚力，带动整个区域及城镇的发展，力促"自上而下"的城镇化进程，应是经济发展总体水平较为落后、凝聚力不强的中原地区城镇发展的重要战略方针。构建中原核心城市群，重点是要建立起城市群内部的协调机制，使城市群区域内的各项建设与发展能协调起来，以城市群的一体化发展带动整个区域的发展及城镇化水平的提高。另外，中原城市群因其有利的区位条件和现实基础而有望发展为我国中部地区的经济密集区、陇海—兰新地带经济重心区和城镇密集区，也必然会在很大程度上推动整个中原地区的经济发展和城镇化进程。

（二）积极发展小城镇

中原地区人口分布稠密，又是农业地区，农村人口较多，城镇化水平较为落后，仅靠现实力量不够强大的中原城市群和为数不多的区域中心城市的发展来推动城市化进程，满足不了区域发展整体的需求。过去发展中以农村工业发展和集聚推动的乡村地区城镇化，曾为中原地区的城镇化发展做出了重大贡献。而随着人口增长和农业生产技术的进步提高，农村富余人员的转移压力将长期存在，中原地区需要在发展中心城市、城市群的同时，努力寻求广大乡村新的经济增长点，解决农业大区经济社会发展问题的同时，推动小城市、小城镇的发展，推行"自下而上"的城镇化发展。中原地区存在着诸如经济发展总

体水平落后,中心城市综合实力较弱,区域影响力不强,地区发展缺少应有的凝聚力,乡村人口众多,就业压力大,产业结构不尽合理等等发展方面的困境,同时又有着中原城市群已具雏形,乡镇企业发展基础较好,经济发展的宏观环境条件较好等优势条件及发展机遇。可以说,实施构建中原城市群、积极发展小城镇双向推进的城市化发展战略,是中原地区城镇化发展的根本出路和必然选择。

三、发展机制:中原地区城镇化的源动力

城镇化发展机制来源于中原地区城镇及产业自身的发展实际及国内外社会经济大环境,因推动"产业带动、双向推进"战略的形成而构成中原地区城镇发展的强大源动力,包括以下几个方面。

(一)内在需求机制

构建中原城市群、积极发展小城镇,缓解农村剩余劳动力就业转移的压力,培育乡村地区产业经济增长点,推动乡村地区城镇化进程,并提高区域中心的影响力和带动作用,是中原地区社会经济发展的内在需求和全国区域发展战略及劳动地域分工的需要。

(二)市场调节机制

社会主义市场经济体制将以往的条块分割、由上到下的经济发展模式转变为彼此密切协作、合理分工的网络式经济发展模式,统一的市场、顺畅的要素流动日益形成。市场的自发调节功能有利于区内合理配置资源、劳动力,分工合作,职能互补,从而实现高层次的区域产业一体化发展。而所有这些发展都会在客观上推动中原地区城镇化的发展及城镇体系网络的形成完善。

(三)基础设施建设促进机制

区域基础设施是城镇发展的重要支撑条件,中原地区的基础设施建设有着较好的基础和前景。高等级公路建设将使城镇发展获得更好的交通网支持;农村电网改造建设将进一步改善小城镇及乡村的发展环境;电信设施的建设将进一步改善全省城乡通信信息条件,使市场经济发展及城镇建设有更好的信息支持;以南水北调中线工程及小浪底水利枢纽工程为主的水利工程建设将大大缓解城镇供水紧张的局面等等。区域基础设施建设将不仅改善城镇及产业发展的外部环境,更重要的是其投资拉动和长期运行效果将在一定程度上增强地区产业经济的活力及城镇发展的动力。

(四)政策引导机制

国家及地方政府的政策是调节和引导区域经济及城镇化发展的重要手段。改革开放以来,国家和本省陆续实行和出台的一系列政策,如农村联产承包责任制、土地有偿使用制度、城乡粮油供应价格制度改革、国家发展战略重点向中西部地区转移、《中共中央关于农业和农村工作若干问题的决定》、城镇户籍制度改革、《河南省人民政府关于加快小城镇

建设的通知》等等，为城镇及其产业经济的发展和繁荣注入了活力。在实现我国经济发展第三步战略目标进程中，城镇在社会经济中的作用将更加突出，政府职能的转变也将使各级政府更加重视城镇的发展和建设，并出台更多的有利于城镇发展尤其是城镇产业经济发展的政策和措施，从而给中原地区城镇化发展提供更为有力的政策动力支持。

（五）投资拉动机制

中原地区是东西部产业联系交流的中间支撑，未来一段时期内，国家将加大对中西部地区的投资力度，随着全省社会经济的发展和投资环境的逐步改善，中原地区在吸引外资方面的优势将日益显现。另一方面，区内农业生产水平的进一步提高，以及二三产业的逐步积累，也使自身投资能力逐步增强，而投资的增加将会更多的用在产业发展和基础设施建设方面，从而构成城镇化发展的又一动力机制。

（六）城镇体系的自组织机制

河南省域城镇体系初步成形，城镇体系的自组织机制作用将日益显现，一方面，城市的"郊区化"带动周围地区经济发展和小城镇的规模扩张，推动着城镇化的发展，尤其是以郑州为中心的中原城市群在区域上的带动辐射功能将更加突出。另一方面，农业现代化的发展和农村经济水平的提高促使大量的农村剩余劳动力进入城镇，将有力推动城镇产业的发展和繁荣。未来时期内，小城镇扩张，大城市及城市群扩散，将促使城镇及产业新的空间分布格局的形成，并使城镇及区域间的经济联系得以加强，在适宜的节点会形成新的城市。

综上所述，区域城镇化进程不仅从根本上依赖于区域产业的发展，还受到城镇化道路选择的决定性影响。未来几十年内将是中原地区经济转型、产业结构优化，并形成全新的城镇发展格局的时期，而且其城镇化的发展又有着许多有利条件和发展机遇，有着促进"产业带动、双向推进"战略形成的城镇化发展机制。中原地区应从这些条件、机遇和机制入手，在产业选择、基础设施建设等方面，开展区域协作，大力发展产业经济，并在产业布局和发展方面突出中原城市群和小城镇建设两大发展战略，以核心城市群、中心城市的集聚扩散和乡村地区城镇化共同推动整个中原地区的城镇化进程。

参 考 文 献

[1] 许学强. 中国乡村—城市转型与协调发展. 北京：科学出版社，1998.
[2] 河南省城镇体系规划编制组. 河南省城镇体系规划（1998—2020）大纲. 1998.
[3] 范钦臣. 关于构建中原城市群若干问题的思考. 河南日报，1996-08-26.

原文刊载于《经济地理》，2000年第3期

第四篇 区域可持续发展理论与实践

37. 关于可持续发展几个基本理论问题的初探

李润田

一、可持续发展思想、概念产生与演变的背景

可持续发展的思想由来已久,如古代中国的哲学宝库里有关人与自然和谐共生的思想就是一种朴素的持续发展思想。但作为一种崭新的提法,可持续发展(Sustainable Development)最早出现在1980年发表的《世界自然资源保护大纲》[①]。该大纲对可持续发展作了比较系统的阐述,其内容虽然是针对自然资源保护提出来的,但实际涉及的范围却远远超出了单纯的自然保护的范围。它不仅把保护与发展看做是两个不可分割的方面,而且将自然保护置于整个社会发展的框架之中。大纲里谈的发展主要是指经济的发展,其目的在于满足人类的需要和提高人们的生活质量。大纲里谈的保护主要是指人类要合理地利用生物圈[②],既要使目前这一代人得到最大的持久的利益,又要保护资源潜力,以满足后代的需要和愿望。大纲中还提出了保护生物资源的三大目标和实现目标的途径和措施。上述这一提法为后来确定可持续发展的概念奠定了基本轮廓。

之后,世界自然保护联盟[③]为了进一步深化和落实世界自然保护大纲中的提法,委托Dr. Munro组织有关科学人员,发表了另一个具有国际影响的文件——《保护地球——可持续生存战略》[④]。在这一文件中,针对一个时期以来在使用可持续发展概念方面存在的混乱现象(如有人把可持续发展与持续增长、持续利用等概念等同起来),对可持续发展初步下了个定义:"改进人类的生存质量,同时不要超过支持发展的生态系统的负荷能力。"尽管如此,这一定义仍显得不够确切和完整。

1983年11月,根据联合国第三十八届大会的决议,建立了世界环境与发展委员会(WCED)。该组织建立以后,于1987年向联合国提交了一份题名为"我们共同的未来"的报告(又称布伦特兰报告[⑤])。这份报告不仅把可持续发展思想自始至终贯穿其中,且一针见血地指出,过去我们关心的是经济发展对环境带来的影响,而现在十分迫切地感到

---

① IUCN. World Conservation Strategy: living Resource Conservation for Sustainable Development, Morges, Switzerland, 1980.
② 指生物居住及赖以生存的地球表面的薄覆盖层。
③ 国际自然与自然保护联盟于1990年改名为世界自然保护联盟(The World Conservertion Union),其缩写名称仍为IUCN。
④ IUCN-UNEP-WWF. Caring for the Earth——A Strategy for Sustainable Living, 1991.
⑤ The World Commission on Environmental and Development (WCED). Our Common Future. Oxford University Press, 1987.

生态环境对经济发展带来的沉重压力（如水、土、气等退化带来的不良影响）。更为重要的是，它对可持续发展所下的定义"既要满足当代人的需要，又不对后代人满足其需要的能力构成危害"① 得到了大会的公认和采纳。这一定义尽管从精神上看基本上与《世界自然保护大纲》对可持续发展所下的定义是一致的，但从整体上看是不完全一致的。前者的概括在认识深度和文字表述方面比后者有明显的提高和进步，应当说是比较完善的。正因为如此，这个定义才会在大会上作为关键概念被采纳。尽管如此，在该报告中涉及可持续发展定义的陈述尚有多处不同解释，这充分反映了一种全新观念的不成熟性及其内涵的复杂性。在这里特别值得提出的是，1992年在巴西里约热内卢召开的联合国环境与发展大会（UNCED）是一次对人类社会发展与环境问题具有历史意义的大会。这次会议不仅通过了一系列决议和文件（特别是《21世纪议程》），而且对可持续发展的定义给予了进一步的肯定并第一次把可持续发展的理论和概念推向实践。

总体来说，虽然朴素的可持续发展思想萌芽传播很久，但由于历史条件的局限，终未形成一种崭新的观念和完整的概念。直到1992年6月召开的联合国环境与发展大会，它才成为人类的共识和时代的强音，并被具体体现到了这个会议发展的五个重要文件之中。会后，仅几年的时间，这种可持续发展的思想、概念及理论就得到广泛的关注并付诸行动，甚至形成浪潮。可持续发展的思想和实施，不仅符合全世界人民的长远利益，而且也完全适应当前和未来社会发展的紧迫需要。以下三方面是坚持可持续发展思想理论和走可持续发展道路的重要事实根据。一是历史的沉痛教训；二是当前形势发展的迫切需要；三是未来面临的人口失控、粮食短缺、生态破坏等十分严重的危机。上述三方面的历史、现实和前景，明确地向全人类亮出了黄牌，敲响了警钟，它十分郑重地告诫人们，为了不断满足当代人和后代人的生产、生活和持久发展需要，必须以可持续发展思想、理论为指导，改变以牺牲资源和环境为代价，甚至给未来埋下严重危机而去获得发展的发展方式，否则后果是不堪设想的。走可持续发展的道路是全人类发展经济、社会的必然选择。

二、可持续发展的概念及其内涵

如上所述，可持续发展这一基本概念（既要满足当代人的需要，又不对后代人满足其需要的能力构成危害）尽管先后得到了世界环境与发展大会的肯定及学术界的公认与广泛使用，但毕竟由于它是一个全新概念，特别是由于它包括的内容涉及了人口、资源、环境、社会和经济等各个领域，所以对它的理解和解释一时很难求得一致。据初步了解，不少学科的专家对上述可持续发展所界定的概念就有不同的认识和理解。根据刘培哲教授的研究表明，1992年联合国环境与发展大会前后，全球范围内对可持续发展问题展开热烈讨论。其中，最具有代表性也是影响较大的可持续发展定义，概括起来有以下几种。

（1）着重于从自然属性定义可持续发展。1991年11月，国际生态学联合会（IN-

---

① J. Bojo, K. Goran, L. Unrmo. Environment and Development: An Economic Approac. Acadmic Publishers Dordrecht. 1992.

TECOL）和国际生物科学联合会（IUBS）联合举行关于可持续发展问题研讨会。该研讨会的成果发展而且深化了可持续发展概念的自然属性，将可持续发展定义为"保护和加强环境系统的生产和更新能力"。从生物圈概念出发定义可持续发展是从自然属性方面表征可持续发展的另一种代表，即认为可持续发展是寻求一种最佳的生态系统以支持生态的完整性和人类愿望的实现，使人类的生存环境得以持续[①]。

（2）着重于从社会属性定义可持续发展。1991年，由世界自然保护同盟（INCN）、联合国环境规划署（UNEP）和世界自然基金会（WWF）共同发表的《保护地球——可持续生存战略》所提出的可持续发展定义为"在生存于不超出维持生态系统涵容能力之情况下，改善人类的生活品质。"并且提出人类可持续生存的9条基本原则。在这9条原则中，强调了人类的生产方式与生活方式要与地球承载能力保持平衡，保护地球的生命力和生物多样性。同时，提出了人类可持续发展的价值观和130个行动方案，着重论述了可持续发展的最终落脚点是人类社会，即改善人类的生活品质，创造美好的生活环境。

（3）着重于从经济属性定义可持续发展。这类定义也有不少表达方式。不管哪一种表达，都认为可持续发展的核心是经济发展。Edward B. Barbier 在其著作《经济、自然资源：不足和发展》[②] 中把可持续发展定义为"在保护自然资源的质量和其所提供服务的前提下，使经济发展的净利益增加到最大限度"。还有的学者提出，可持续发展是"今天的资源使用不应减少未来的实际收入"[③]

（4）着重于从科技属性定义可持续发展。有的学者从技术选择的角度扩展了可持续发展定义，认为"可持续发展就是转向更清洁、更有效的技术——尽可能接近'零排放'或'密闭式'工艺方法——尽可能减少能源和其他自然资源的消耗[④]。还有的学者提出"可持续发展就是建立极少产生废料和污染物的工艺或技术系统"[⑤]，他们认为污染并不是工业活动不可避免的结果，而是技术差、效率低的表现。

从个人切身的感受看，国内不同学科的专家对可持续发展所界定的概念也是众说纷纭的。比如，生态学家对可持续发展概念的解释十分强调要从保护全球生态系统的角度出发，应尽量减少生态退化，坚持一切生物皆有其生存的权力。他们认为，如果存在生态退化，相应的发展就不能被认为是可持续的。经济学家对可持续发展概念的理解则是强调把可持续发展视为维持乃至改善人类福利的自然资源基础。这也就是说，要把发展一直持久地坚持下去，必须把各类自然资源的储量维持在某一水平上，以便使后代至少保持当代人的产出。

总体来说，以上各家对可持续发展的基本概念虽然存在着不同的认识和理解，或者说对联合国环境与发展大会的持续发展概念有不同的解释，从科学的角度来讲，这也是一种

---

① R. T. T. Forman. Ecologically Sustainable landscape. 1990.
② Edward B. Barbier. Economics, Natural Resources, Scarcity and Development: Conventional and Alternative Views. 1985.
③ Anil Markandya and David W. Pearce. 'Natural' Environments and the Social Rate of Discount. 1988.
④ James Oustave Spath. "The Environment: The Greening of Technology". 1989.
⑤ The World Resource Institute. World Resources. 1992~1993.

正常的现象。不过，仔细研究和分析也不难发现，在核心思想上都有共同的一点，那就是从不同的角度强调必须把自然资源和生态环境保护好，使它的可持续性不仅在当代不受到损害和破坏，而且后代也应如此。只有这样，才能实现社会和经济的可持续发展。联合国环境与发展大会公认的可持续发展这一概念尽管不够完善或不够令人满意，但该概念的产生不是随意的、偶然的，而是在前挪威首相布伦特兰夫人（Gro Harlem Brundland）及她所主持的由21个国家的环境与发展问题著名专家组成的联合国世界环境与发展委员会，在全球范围内经历900天时间的调查研究，于1987年4月发表长篇调查报告"我们共同的未来"提出的，它的基本涵义还是反映了当代的科学水平和理论水平。正因为如此，这个定义才得到了广泛的接受和认可，进而在1992年联合国环境与发展大会上得到共识。不完善之处有待在今后的大量实践中加以总结、完善和提高。

可持续发展的内涵十分丰富，起码应当包括以下几点。

（1）发展是人类共同的和普遍的权利。无论是哪个国家都享有平等的发展权利。同样，可持续发展是世界各个国家所必要的。不过对于发展中国家来说，可持续发展的前提是发展，或者说，它是实现可持续发展一项不可缺少的条件。这是因为为了满足发展中国家全体人民基本需求和日益增长的物质文化需要，必须保持较快的经济增长速度，并逐步改善发展质量，这是满足当前和将来各国人民需要和增强综合国力的一条主要途径。特别是当前发展中国家正承受着来自贫穷和生态环境不断恶化的双重压力，使发展中国家处于较艰难的困境。因此，可持续发展对于发展中国家来说，发展是第一位的，只有发展才能为解决贫富悬殊和人口猛增以及生态环境恶化等问题提供必要的资金和技术，才能谈到可持续发展，才能逐步实现人口、自然、经济、社会的可持续发展。

（2）发展既包括经济发展，也包括社会发展。经济发展和社会发展是相互依存、相互促进的，经济发展是社会发展的前提和基础，社会发展是经济发展的条件和目的。只有经济发展达到一定的水平，才有可能逐步消除贫困，不断提高人民生活质量和社会的文明程度。因此，首先必须把发展经济放在首位，进而围绕发展经济这个中心来促进社会的发展；片面强调和忽视某一方面不可能实现真正的可持续发展。不仅如此，还必须看到经济发展与社会进步想要保持其可持续性又有赖于有良好的生态环境。因为生态环境是人类生存和社会经济发展的物质基础，犹如空气和水一样，是须臾不能离开的东西。如果生态环境遭到破坏，社会和经济发展就要受到极大的限制。所以，实现可持续发展必须依靠科技进步去努力提高经济、社会、生态三方面的效益。

上述观点如果加以延伸和概括，也就是强调发展观念和更新。这里所谓的更新是指要求实现由传统综合社会发展观①到经济、社会和生态系统协调发展观的转换。这是因为前者并没有解决为达到发展目标而不惜破坏生态环境的问题，后者则恰恰纠正错误做法。这样就可以实现由不可持续发展观向可持续发展观的转变。

（3）强调发展的代际和代内观念。这就是说，在发展问题上，一定要以辩证唯物主义和历史唯物主义的态度去对待发展的历史性和时间上的一致性，不能随意割断历史和忽视

---

① 指工业革命以来，单纯追求经济增长的局限性逐渐被人们所认识，把政治、文化等社会发展的内容都纳入了发展的范畴，完成了由单纯的经济增长观向综合社会发展观的转变而言。

当代和后代的相互平等以及当代各方面与后代的平衡。具体地说，就是在发展社会经济时，不仅不允许部分人或地区的发展以损害另一部分人或其他地区的发展为代价，而且也决不允许当代人以损害后代人的利益为代价谋求一时的发展和利益。只有这样，才能保证持久地发展下去。江泽民同志在论述若干重大关系时曾讲到，"不仅要安排好当前的发展，还要为子孙后代着想，绝不能吃祖宗饭、断子孙路，走浪费资源和先污染、后治理的路子"。这一重要批示的主要精神实质在于告诫大家在发展问题上一定要处理好代际间的问题，实际上也充分体现了公平的原则。

（4）强调发展一定要充分认识和妥善解决好人口、资源和环境与发展之间的相互关系，并使他们协调一致求得相互平衡。也有人把这一重要含义概括为，强调发展空间上的人口、资源、环境的协调性。两种含义是一致的。可持续发展强调这一观点的重要依据不仅在于符合理论上的要求，而且也是由当前和未来面临的严重形势所决定。尽人皆知，第二次世界大战后到现在，全世界面临的人口不断膨胀、资源日益枯竭、环境质量下降三个问题最为突出，不断威胁着当代经济的发展，且决定着未来人类的命运。因此，要想使发展持续下去，就必须使人口、资源、环境与经济得到协调的发展。

（5）十分强调人类必须彻底实现由"人是自然主人"的传统态度向"人是自然成员"的态度转变。这是因为前种态度总习惯于从功利主义出发，只要是人类需要的资源和环境，就进行无限度的索取和开发，结果势必导致资源的浪费和环境的破坏。这样不仅影响当代，而且将危害子孙后代。后种态度则把人类仅当作自然界中的普通一员，从而在经济活动中完全遵循自然、生态规律，本着人与自然和谐相处、协调发展的原则来进行，这样，才能实现可持续的健康发展。

三、关于可持续发展的核心问题

如前所述，可持续发展这一概念尽管已成为世界转型之际最重要的命题和各国尤其是重大国际会议的关注热点，但目前对关于"可持续发展"核心问题的认识还是不尽相同的。比如有的同志认为可持续发展的核心是合理利用自然资源，有的同志认为可持续发展的核心是人与自然的和谐，也有的同志认为可持续发展的核心是人的发展等等。上述几种说法都各有各的道理，但有的不够完善，有的不够明确和具体。据个人的体会和认识，人口、资源、环境与经济的协调发展才是可持续发展的核心。为什么这样说呢？在这里首先必须看清楚两个问题。第一个问题是到底怎么理解可持续发展的核心问题，或者说可持续发展核心是指什么而言的。个人认为，主要是指如何把"既满足当代人的需要，又不对后代人满足其需要的能力构成危害"这句话逐步变成现实的关键所在而言的。第二个问题是为什么说人口、资源、环境与经济的协调发展就是可持续发展的核心问题或关键所在呢？在这个问题上尽管说法不少，但都不够完善，或者说都没有真正反映出客观事物发展的规律性。个人认为，人口、资源、环境与经济协调发展是可持续发展的核心的主要理由是：根据现代系统理论，可以把"人类与发展问题"看作一个大系统，大系统中还可分为子系统。而人类社会是在自然系统、经济系统、社会系统所组成的复合系统中不断发展前进的。发展包含了经济发展、社会发展和生态发展三个方面。这三个方面作用的表现是不同的，即经济发展是中心，社会发展是保障，生态发展是基础。在这一复杂的系统中，又可以分为人口、社会、经济、科技、资源、环境等几个主要系统。这些系统之间存在着一种十分紧密的相互作用的辩证关系。大系统中任何一个子系统的改变都会引起其他子系统发生变化，并对整个大系统的状态产生影响。反之，大系统有了变动也必然影响子系统。这种相互作用、相互制约也是一分为二的，一方面起积极作用；另一方面也起负作用。可持续发展的前提条件就是要求系统之间的协调，而协调的实质也恰恰是发挥、促进其积极作用，遏止、消除其消极作用，从而实现四者之间的良性循环。在上述系统所组成的网络中，尽管每个单项因素都占有一定的地位和作用，但人口、资源、环境、经济则是系统中的核心部分。这是因为，人口与经济的可持续发展是总体持续发展的基础。在全部可持续发展的重要因素中，人口是中心，经济是基础，资源与环境是前提。既然如此，人口、资源、环境与经济四个因素成为可持续发展的核心是理所当然的。但是，仅根据上述四个因素是构成可持续发展的主导因素这一点就确定人口、资源、环境与经济发展就是总体持续发展的核心，显得理由尚不够充分。因为发展到底能不能持续（或称持久）关键并不在于单项因素在其中起的作用是大是小，最主要的是各单项因素的综合作用是大是小，特别是其中几项重要因素——人口、资源、环境与经济等能不能相互协调发展。根据协调论的观点，四者能够协调发展，就可以实现总体的可持续发展。不仅理论上如此，实践证明也是如此。比如，从河南省17个地市来看，其中地处河南省西北部的焦作市所属的济源、沁阳、孟县、修武、温县、武陟、博爱等县（市），由于10多年来都不同程度地开始注意了人口、资源、环境与经济协调发展的重要性，并采取了一定措施，其结果不仅使人口猛增的势头初步得到了控制，资源和环境也得到了较合理的利用和保护，经济也得以比较稳定、持续、协调的发展，其综合经济实力在全省17个地市中已名列前茅。基于这一观点，个人认为人口、资源、环境与经济这个复杂的系统内部尽管还存在着一定的矛盾，但协调论的原理却告诉我们，它们之间不是各自独立存在的，而是有着紧密的关系。这个关系本身就构成了四者协调发展的基础。既然如此，人口、资源、环境与经济的协调发展便顺理成章地成为可持续发展的核心。

基于上述两个方面的初步阐述可以明显地看出，构成可持续发展的核心尽管提法很多，但都没有真正反映客观实际。而人口、资源、环境与经济的协调发展这一观点恰恰道出了可持续发展这一事物的本质所在。同时，这一观点不仅符合人与自然关系的辩证唯物主义原理，也符合人类社会持久生存和发展的客观要求。

参 考 文 献

[1] 刘培哲. 可持续发展——通向未来的新发展观——兼论《中国21世纪议程》的特点. 中国人口·资源与环境, 1994, 第4卷, 第3期.

[2] 戴星翼. 中国的持续发展问题. 人口与经济, 1995, 第5期.

[3] 李涌平. 人口增长、经济发展、环境调节的综合体现了社会可持续发展. 人口与经济, 1995, 第5期.

[4] 刘传祥, 承继成, 李琦. 可持续发展的基本理论分析. 中国人口·资源与环境, 1996, 第6卷, 第2期.

[5] 李文华. 持续发展与资源对策. 自然资源学报, 1994, 第9卷, 第2期.

［6］陈国阶. 持续发展论及其经济观. 大自然探索, 1995, 第 14 卷, 第 2 期.
［7］牛文元. 持续发展导论. 北京：科学出版社, 1994.
［8］李润田. 河南人口、资源、环境与经济协调发展. 郑州：大象出版社, 1994.

原文刊载于《区域可持续发展理论、方法与应用研究》, 河南大学出版社, 1997 年 9 月

38. 关于农业可持续发展若干问题的探讨

李润田

一、可持续农业产业的历史背景

可持续农业同样像可持续发展一样在世界各地广为传播，并引起国际社会的关注。这绝不是偶然的，而是有其深远的历史背景的，归纳起来，主要有以下两个方面。

（一）为了缓解世界粮食供需矛盾问题

众所周知，第二次世界大战以后，世界各国的粮食问题越来越严重，主要表现在：一是粮食供需矛盾日益尖锐化。据江宁同志研究：自20世纪80年代以来，世界粮食生产增长缓慢，到1990年时粮食总产达到21.3亿吨，比1985年只增加6%，整个80年代粮食生产的平均增长率只有1.6%，远远落后于"联合国十年发展规划"的要求。进入20世纪90年代后，世界粮食生产在西方发达国家经济衰退的影响下，继续停滞不前。1991年世界粮食生产量比上年减产3.1%，1992年大体上恢复到1990年水平。而世界人口却在不断增加，1970年全世界人口为36.9亿人，而到1992年世界人口已达到54.8亿人。该年全世界人均粮食产量已由1985年的415公斤降为390公斤。据联合国粮农组织统计，1993年世界粮食产量又比1992年减产1.5%。特别是发展中国家人均产粮普遍下降，并越来越多地进口粮食。据资料显示，目前全世界约有2/3的国家粮食储备水平处于饥饿和营养不良的状态。这样一来，粮食供需矛盾尖锐化将是21世纪人类的主要威胁。二是世界各国农产品的生产与分配极不平衡。这主要表现在发达国家和发展中国家之间。比如，占世界人口3/4的发展中国家，谷物产量只及发达国家的1/3。从以上两点可以明显看出，如何满足人们对粮食日益增长的需要，已成为当前和今后全世界人们普遍关注的迫切需要解决的一大问题。

（二）为了保护自然资源，解决环境问题

当世界进入20世纪50~60年代，西方发达国家为了加快农业的发展，曾将现代科学技术大规模、大范围地应用于农业生产中，尤其对现代化农业起关键作用的化肥、农药、除草剂、塑料农膜和农业机械等广泛应用于农业以后，进一步促进了农业大发展，劳动生产率、土地利用率、农产品率都有所提高。一些发展中国家也实施了被称为"绿色革命"的农业发展行动，依靠科学技术和大量能量的投入，也大大加快了农业的发展。这样，农业生产开始由传统农业转变为现代农业，应当说，这是世界农业发展史上的一个重要阶段。但事物总是一分为二的。另一方面，也出现了一些负面效应。主要有以下几个方面：

一是环境污染日趋恶化,由于大量使用农药、化肥、除草剂,加上有些方法使用不当,最后导致土壤、大气、水源等受到严重的污染。二是水土流失严重,资源损失巨大,土壤肥力不断下降,土壤结构受到破坏。三是生态平衡失调。四是农业生产成本大大提高。总之以上种种负面效应显示出农业的高增长是同高投入、高污染相伴而生的,它在一定程度上是靠牺牲环境作为代价而取得高效益的,因而它的严重后果不仅仅是给当代人的生存环境带来极大的危害,而且也给后代人的生存基础埋下了严重的隐患。正因为如此,自20世纪70年代以来,世界上不少国家在发展农业上不得不寻找新的出路,于是先后出现了有机农业、石油农业、立体农业、自然农业、可持续农业等新的发展道路或新的发展模式。以上就是"可持续农业"产生和引起重视的历史背景。

二、可持续农业思想的演变与发展

"可持续农业"一词最早在1985年美国加利福尼亚州议会通过的《可持续农业研究教育法》中提到的。之后,在加州大学戴维斯分校又成立了"持续农业研究所"。1986年明尼苏达州议会通过了《持续农业草案》。从此以后,这一具有创新思维的农业发展思想或发展模式——可持续农业,不仅引起人们的极大兴趣,而且迅速地受到世界各国政府和学者们的广泛重视和关注。1987年世界环境与发展委员会等国际组织提出了"2000年:转向可持续农业的全球政策"。1988年2月美国农业部把"低耗可持续农业"列为重点研究项目。1988年联合国粮农组织制定了"可持续农业生产:对国际农业研究的要求"文件。同年,"发展中国家农业持续性委员会"给予持续性作了解释,即:"一种能够满足人类需要而不破坏甚至改善自然资源的农业系统的能力"。这年,国际农业研究咨询组(CGIAR)的技术咨询委员(CTAC)认为:"持续农业的目标必须是达到一定的农业生产水平以满足日益增长的需要和世界人口膨胀趋势,同时并不损害环境"。1989年美国农学会、作物学会、土壤学会等联合讨论的一致意见是:"持续农业指的是,在一个长时期内有利于改善农业所依存的环境与资源,提供人类对食物和纤维的基本需要,经济可行并提高农民以及整个社会生活的一种作法。"1989年11月联合国粮农组织第25届大会通过了有关可持续性农业发展活动的31989号决议,强调要更多地注意农业发展的环境问题。1991年4月,联合国粮农组织在荷兰丹波斯召开持续农业与环境问题国际会议,发表了"可持续农业和农村发展的丹波斯宣言行动纲领",首次将农业发展与农村经济发展联系在一起。不仅如此,宣言还呼吁发展农业必须重视环境问题和提出了著名的发展中国家的"持续农业和农村发展战略"。同时,这次会议还确定了实现持续农业发展的三个目标①,对持续农业也作了较全面的解释。1993年5月继而在中国举行了"国际持续农业和农村发展研讨会",拟订了具体的行动建议。

---

① 一是积极增加粮食生产,既要考虑适当调剂与储备,稳定粮食供应和使贫困者获得粮食的机会,妥善地解决粮食问题;二是促进农村综合发展,开展多种经营,扩大农村劳动力的就业机会,增加农民收入,特别要努力消除农村贫困的状况;三是要合理利用,保护与改善自然资源,创造良好的生态环境,以利于子孙后代生存与发展的长远利益。

总体来说，从以上概括的阐述，可以明显地看出以下五点：一是可持续农业思想一提出就被全世界人们所关注，这绝不是偶然的，其根本原因是由于这种思想符合于社会经济发展的需要。二是尽管可持续农业提出的时间不太长，但它的发展不仅迅速，而且已成为全世界各国实现现代农业的最新的模式和行动。三是人们对它的认识是伴随着社会生产力水平的不断提高和大量的农业生产实践活动而逐步加深和拓宽的。四是这种认识的提高，主要是从侧重资源和环境保护转变到强调兼顾生态效益、经济效益、社会效益的相统一，进而达到与农村综合发展以及消除农村贫困相结合；同时，注意当代利益和子孙后代的长远利益。五是对可持续发展农业的基本概念和内涵的认识与理解，越来越接近客观实际。

三、可持续农业的概念及基本内涵

由于各国国情不同，对农业发展的要求和走的道路也不尽相同，这就影响了人们对可持续农业的概念的界定难以达到一致，到目前为止，国内外仍然是众说纷纭。从国际上看，归纳起来，主要有以下几种提法：①佩因赛雷托（R. P. Poincelto）（1986 年）认为可持续农业是"通过对可更新资源的利用达到农业的持续发展"；②1988 年发展中国家农业持续性委员会的解释是"一种能够增进人类需要而不破坏甚至改善自然资源的农业系统的能力"；③1989 年美国农学会、作物学会等讨论的意见是"在一个长时期内有利于改善农业所依存的环境与资源，提供人类对食物与纤维的基本需要，经济可行并提高农民以及整个社会生活的一种作法"；④丹波斯宣言对可持续农业的定义是"采取某种使用和维护自然资源的基础方式以及实行技术变革和机制性改革，以确保当代人类及其后代对农产品的需求得到满足。这种可持久的发展（包括农业、林业和渔业），维护土地、水、动植物的遗传资源，是一种环境不退化、技术上应用适当、经济上能生存下去，以及社会能够接受的农业"。从国内情况来看，对可持续农业概念的认识也是不一致的。据了解，大致有以下几种提法：①有的学者认为可持续农业是一种把产量、质量、效益与环境综合起来安排的农业生产，在不破坏资源和环境、不损害后代利益的条件下，实现当代人对农产品供求平衡的持续发展的农业；②有的学者认为可持续农业就是具有农业生产可持续性、经济可持续性、生态可持续性和农村社会可持续性的农业；③有的学者认为持续农业主要是生产持续性、经济持续性与生态持续性三者统一的农业；④有的学者认为可持续农业是一种满足社会需要，不断发展而又不破坏环境的农业；⑤有的学者认为可持续农业是使得自然资源及其开发利用之间的平衡的农业；⑥有的学者认为可持续农业的内涵比过去扩大了，不是传统上认为的土地、劳动力、资金三要素组成的，而是要增加现代科技、农业投入、生态资源储量等新内容的农业；⑦有的学者认为可持续农业是满足全社会人类的需求，追求公平性，解决当代人发展与后代人发展的协调的农业。

从上可以看出，可持续农业这一新思想或模式虽然提出多年，并已付诸实践，但对其基本涵义和概念尚没有一个完全公认的理解和认识，甚至于还存在着较大的争议。从科学的发展来看，这也属于一种正常的现象，因为任何一种事物的发展，都必须有一段较长时间的认识—实践—再认识—再实践的反复过程。不过对以上各种不同的解释加以较深入的研究和分析的话，也不难发现，尽管说法不同，但它们也都有一定的科学根据和道理，特别是在核心思想上都有不同程度的反映。那就是都很强调发展农业都必须注意要合理利用资源、不断改善环境、提高食物质量和提高生态环境的稳定性、持续性以及解决好当代人发展与后代人发展的协调关系。不足之处是：一是对可持续农业核心思想的反映，有的不突出，有的不深刻；二是对概念的界定不够严谨、明确、简练，给人一种不够确切、清晰的印象。基于以上情况，这里不揣冒昧，提出个人一点不成熟的认识。那就是可持续农业的基本概念是否可以作如下的界定："凡是不仅能够满足当代社会需要的，而且又不对满足后代社会需要能力构成威胁的具有生产持续性、经济持续性、生态持续性三统一的农业"。

四、中国农业可持续发展道路的问题

从以上阐述可见，当今世界农业发展正处于一个新的变革时期，各国都在根据可持续发展思想结合本国实际不遗余力地寻求、选择、确定各国农业发展道路。正因为如此，各种农业思潮此起彼伏，多种替代农业应运而生，以上提过的有机农业、生态农业等等就是有力的证明。所有这些，应该说都对我国农业由传统农业向现代化农业的转变提供了极为重要的启示和借鉴。

众所周知，我国是一个历史悠久的农业大国。1996年3月在《中国国民经济和社会发展"九五"计划和2010年远景目标纲要》中，仍把"加强农业放在国民经济的首位……各行各业都要为发展农业做出贡献，全国振兴农村经济"。并且又把"实施可持续发展作为现代化建设的一项重大战略"。既然如此，中国应当在吸收外国现代化农业发展经验教训的同时，依据我国的基本国情——人多地少、人均资源偏低等，实施可持续农业战略更为重要。1994年3月我国发布的《中国21世纪议程》，其中第11章"农业与农村可持续发展"确定的目标是："保持农业生产率稳定增长，提高食物生产和保障食物安全；发展农村经济，增加农民收入，改变农村贫困落后状况；保护和改善农业生态环境，合理、持续地利用自然资源，特别是生物资源和可再生产资源，以满足逐年增长的国民经济发展和人民生活需要"。1996年6月国务院发布《中国的环境保护》，文中提及"中国政府已经把发展生态农业①列为实现环境与经济协调发展的重大对策。"目前，已确定的50个生态农业试点县，发挥了良好的示范作用，带动了全国10个地区和100多个县的生态农业建设，初步走出了具有中国特色的可持续农业发展道路。不仅如此，从高产、优质、高效农业的内涵来看，它已摒弃了沿袭几千年的传统农业生产格局，蕴藏着一个适应市场变化需要为主的现代化商品农业的生产新格局。因此，可以说高产、优质、高效农业道路就是可持续农业在我国现阶段表现的一种具体形式，也是加速我国农业现代化进程的有效途径。但从今后发展趋势来看，我国可持续农业也必将逐步过渡到生态农业的道路，这也

---

① 生态农业是有机农业与无机农业相结合的综合体，有机农业利在培肥地力，无机农业功在附加了物质和能量。以无机促有机，加大物质和能量流的循环圈。生态农业不局限于种植业，而是农林牧副渔多种经营，全面发展。它也不限于耕地，而是把全国国土资源都当作自己的生产场所。生态农业是实施可持续农业发展的有效途径。

是历史的必然。事实上，从 1992 年起，已在全国不同生态区建立了 25 个持续农业和农村发展试验点。到 21 世纪，我国将会把以集约化、高产、优质、高效、低耗为特点的现代化可持续农业发展模式进一步推广。

原文刊载于 2000 年由科学出版社出版的《中国农业地理》第八章第一节

39. 河南省农业可持续发展问题初步研究

李润田

农业可持续发展是当今世界农业发展的一种新战略，无论是发达国家，还是发展中国家均正在积极研究符合自己国情、自己省情的可持续发展农业模式。河南省虽是一个农业大省，但尚不是一个农业强省，尤其在当前由传统农业向现代农业转变时期，在市场经济体制下，河南农业面临着越来越严峻的挑战，各种不持续性因素日益增长，因此，根据省情加速开展对农业可持续发展的全面研究，具有重要意义。

河南省不仅是全国重要粮食产区之一，而且畜牧业多项生产指标也位居全国前列。全年粮食产量占全国粮食总产量的8%左右，尤其冬小麦每年向国家提供30亿公斤的商品粮。全省农业和农村经济呈现出全面的良好态势。主要表现是农业基础设施有了较大进展；综合生产能力达到了一个新水平；农业生产结构趋于合理，经济效益得到提高；农民收入显著增加。

一、农业发展取得的主要成绩

（1）主要产品产量有较大幅度增加。"八五"期间，河南的农业总产值年均增长4.8%，五年累计生产粮棉油16347万吨、357万吨、916万吨，分别比"七五"时期增长12.5%、28.4%、52%。根据1993年清查，"七五"时期全省活立木蓄积量由1949年的5966.2万立方米增加到11748.6万立方米，增加近1倍。1996年全省肉类总产量达到425万吨，与1990年相比增长210%；禽蛋产量202万吨，增长230%；奶类产量10.8万吨，增长45.7%。畜牧业产值占农业总产值的35.6%（按1990年不变值计算），增加了14个百分点。1993年全省利用养殖水面266.4万亩，水产品总量达205万吨。

（2）农业生产条件得到较大改善，农业综合生产能力有较大幅度提高。"八五"期间，通过国家、集体、广大农民群众对农业不断增加投入，全省农业生产与"七五"期间相比得到了进一步改善。到1994年，全省有效灌溉面积达5896.95万亩，比1990年扩大571多万亩，有效灌溉面积占耕地面积的比重由1990年的51.2%增加到57.6%；全省机耕、机播和机械收获面积分别达到7142.84万亩、2902.11万亩和4009.08万亩，机耕、机播和机收面积占耕地面积的比重也分别由1990年的63.6%、6.8%和13.7%发展到现在的69.7%、16%和22%；农村每亩耕地用电量达到69千瓦小时，比1990年增加了24千瓦小时，增加了53%；每亩化肥施用折纯量达28.5公斤，比1990年多施8公斤，增加39%；全省农用塑料薄膜使用量达48707吨，比1990年增加21251吨，增加77%；全省农业使用量（实物量）65251吨，比1990年增加32183吨，增加97%。农业生产条件的改善，使我省农业综合生产能力有所提高，以主要农产品总产量为标志，"八五"粮棉油平均每年的总产为3295.9万吨、73.3万吨和195.7万吨，与"七五"期间相比分别提高了373.5万吨、17.12万吨和75.24万吨，增加幅度分别为12.78%、30.47%和62.46%。

（3）农业产业结构得到进一步调整、优化，经济效益提高，农民收入增加。"八五"期间，全省农业结构进一步得到调整和优化，以乡镇企业为主的非农业仍然保持强劲的发展势头。1994年，全省农村非农行业总产值达2480.73亿元，比1990年增加1954.27亿元。农业与非农行业的产值比由1990年的1∶1.05发展到1∶2.81。农业内部林牧渔业产值所占比重不断扩大。1994年，农业产值占农林牧渔产值的比重由1990年的74.13%下降到69.01%，林牧渔业发展（特别是畜牧业发展）保持了快速发展势头。种植业内部、粮食作物面积稳定在一定幅度内，经济作物和其他作物播种面积不断扩大，所占比重不断提高。不仅如此，畜牧业和水产业内部结构也都进一步得到优化。如畜禽结构已由品种比较单一向多元化转变，各畜种内部结构也得到不同程度的优化。又如，水产养殖品种结构中，名特优品种所占比重显著提高，1996年，全省名特优水产养殖产量10.8万吨，占水产品总产量的52.6%。农业产业结构的合理调整，实现了产业之间互补，使全省农村经济基本形成了粮食作物受灾经济作物补，农业受灾非农行业补，农村各业均衡发展的新格局，从而促进了农民收入水平的提高。1994年，全省农民人均纯收入首次突破900元，达到909.81元，比1990年增加382.86元，增长72.66%。其中来自种植业纯收入542.05元，来自牧业纯收入86.82元，来自非农行业纯收入197.48元，分别占总收入的59.58%、9.54%和21.71%。

（4）农产品的商品率不断提高。改革开放10多年来，特别是"八五"期间，河南省农业持续快速稳定发展，主要农产品产量均有较大幅度增长，所以主要农产品在保证全省城乡人民生活消费的同时，调出省外和出口均有所增加。其中粮食调出省外（指国营系统）每年保持在15亿~25亿公斤左右，食用植物油调出省外，由1990年以前的0.4亿公斤，增加到0.6亿公斤；每年生猪净销外省保持在20万头以上；每年出口玉米保持在4亿公斤以上，是"七五"时期的2倍；食用油出口由"七五"的0.2亿公斤，增加到1994年的0.5亿公斤；活猪出口年平均30万头以上，活牛出口保持在1.6万~1.96万头。

（5）乡镇企业总体实力迅速增强。1996年，全省乡镇企业提供的国内生产总值达1336亿元，占当年全省国内生产总值的比重达37%。

（6）农业生产布局日趋合理。改革开放以来，中央为了进一步提高我国农业综合生产能力和农、林、牧、渔的产出水平，保证国家获得稳定的各种主要农产品来源，从布局上所采取的战略性措施——建设以区域化、商品化、专业化为特征的各种农业生产商品基地，经过多年的实践证明，不仅是正确的，而且是有效的。比如，自1983年以来，国家在河南省先后分八批在61个市县区选建条件适宜的商品粮基地县。1985~1996年，国家和省联合投资在河南省先后共建25个优质棉基地县。此外，还建立了林果业商品基地、畜牧业商品基地、水产业商品基地等等。这些基地的建设，不仅可以把增加农产品商品量与提高全省农业整体效益结合起来，把生产与加工、流通结合起来，走农业的高产、优质、高效道路，而且对全省农业整体生产力合理布局起了极大的推动作用。

（7）科技成果应用加快，生产水平有较大提高。10多年大量实践证明，河南农业持续稳步增长最有力的支持就是科技很快进入生产领域。比如，在种植业部门，由于注意了优良品种的迅速推广,一般来说,每更新一次优良品种,单产可提高 10%~15%。近年来,除引进外省新品种外,还研制出适用于本省的许多新品种。特别是杂交玉米、杂交水稻、杂交油菜和小麦的良种覆盖率,全省已达到 95% 左右。比"七五"时期提高了近 10 个百分点。又如,在畜牧业部门,由于主要禽兽优良品种和综合饲养配套技术等方面得到广泛的推广应用,畜牧业生产水平得到了较大的提高,1996 年全省生猪出栏率达 123%,比 1990 年增加了 53 个百分点;山绵羊出栏率达到 107%,比 1990 年提高了 52 个百分点。科技进步在畜牧业发展中的贡献率已达 40% 以上。再如,水产业部门,由于池塘集约化养鱼高产技术的推广应用,从过去的亩产 200~300 公斤,提高到亩产 1000~2000 公斤,从而使全省水产业有了一次质的飞跃。

二、存在的主要问题

(1) 人多地少,资源相对紧缺,尤其耕地资源锐减,浪费严重。根据林富瑞教授调查:河南现有耕地 686.7 万公顷,人均耕地 0.076 公顷,低于全国平均 0.084 公顷水平。在这些耕地中,中低产田面积 466 万公顷,占全省耕地 68%;河南耕地后备资源不足,宜耕地只有 18 万公顷,耕地面积又逐年减少。"七五"期间全省减少耕地 11.4 万公顷,"八五"期间又减少耕地 10.38 万公顷。而同期人口却在不断净增,1994 年全省总人口达 9027 万人,这样一来,人均耕地面积由 1980 年的 1.48 亩减少为 1.13 亩,这种发展趋势如得不到遏止,预测 15 年后人增地减的尖锐矛盾将会进一步突出。其次,由于全省水资源、农村能源、森林资源、饲草饲料资源等严重不足,且分布不均,对种植业、林业、牧业等的可持续发展也带来极大的制约。

(2) 农业生态环境恶化,农业基础设施滞后,农业生产不稳定。河南农业生态环境恶化的突出表现有以下几个方面:一是严重的旱涝灾害;二是水土流失日趋严重;三是地表水水质进一步恶化;四是土地盐渍化、沙漠化加重;五是化肥、农药的污染等。上述种种灾害的存在,不仅直接威胁着全省农业的可持续发展,而且也影响着当前农业生产的稳定和农业生产水平的提高。比如,根据林富瑞教授研究结果:从 1949 年以来,据历年旱涝资料分析,全省每年旱涝成灾面积平均 158.74 万公顷,其中旱灾 78.67 万公顷,涝灾 80.07 万公顷,在干旱严重的年份,受旱减产三成的农田在 133.3 万公顷以上,减产粮食平均 10 亿~15 亿公斤;洪涝灾害严重年份,成灾面积 266.7 万公顷左右,平均减产粮食 20 亿~30 亿公斤。

河南农业基础设施近 20 年来虽然有了很大变化,但与先进省区相比,却差距很大。突出表现在农业水利设施落后和农业机械化水平偏低。

(3) 科技在农业增长中的贡献率偏低。如前所述,改革开放 20 年以来,尽管科技兴农效果比较明显,科技在农业增长中的贡献率已达到 30%。但与先进省、市和地区相比尚有不少距离,和发达国家相比距离就更大了。这是全省粗放型农业增长方式的根源和集中表现。因此,为改变农业增长方式,促进农业可持续发展,必须大力加强农业科技进步。

(4) 农业投入严重不足。从全省来看,由于今后一个时期我省农业建设(尤其是基础设施建设)的任务较重,到 2000 年几项大的农业工程需要我省投资几十亿元。而目前及今后一个时期我省的财政状况也不会有根本好转，社会集资因城乡居民收入有限，工业企业效益欠佳而不能收到预期效果。并且随着市场经济作用的发展，受比较利益的驱动，一些社会资金和本来应该用于农业的资金将会大量流向城市。

（5）农业产业化整体水平较低。主要表现是农业产品深加工不够发达和高科技产品少；产业链条短，附加值低；农产品品种比较单一，档次较低；生产规模小，效益不高等。

（6）农村社会化服务体系不够健全。主要表现在由于基层农技推广经费不足，人员分流，从而使农业生产需要的各种服务，特别是病虫害防治、新技术推广工作等，受到严重削弱。

三、河南省农业可持续发展的对策及措施

（一）进一步深化农村经济体制改革

（1）进一步稳定以家庭联产承包责任制为主的统分结合的双层经营体制。以家庭联产承包为主的责任制和统分结合的双层经营体制，是农村的一项基本经济制度。因此，必须长期稳定并不断完善。在坚持土地集体所有的前提下，在上一轮承包基础上再延长承包期30年不变。要逐步形成农村土地产权流转形式，允许继承开发性生产项目的承包经营权，允许土地使用权依法有偿转让。荒地资源丰富的地区，可以拍卖荒地使用权。

（2）积极推进适度规模经营方式。在操作过程中，要坚持从实际出发，不要搞一刀切。对于少数经济比较发达的地区，本着群众自愿的原则，可以采取轮包、入股等多种方式开展适度规模经营。在发展适度规模经营过程中，还要注意稳定农户承包经营权，保证和进一步调动家庭经营的积极性。乡村集体经济组织要积极兴办服务性的经济实体，为家庭经营提供服务，逐步积累集体资产，壮大集体经济实力。

（二）多形式、多渠道加大对农业的投入

我们知道，资金是发展农业的重要条件，也是实现农业和农村经济稳定增长的关键之一。因此，必须进一步加大对农业的投入力度。总的来讲，要想实现上述要求，关键在于建立和完善投入体制，拓宽筹资渠道，把该收的税费收上来，把该用到农业上的资金确保及时到位，选择投向，管好用好资金，提高资金使用效益。具体来说，一是建立起多元化的投入机制，基本内容是主体多元、分工明确、政府引导、农民为主、社会参与。确立农民是投资的主体。政府投入具有导向作用，主要是基础设施建设和科技方面具有基础性、带动性的项目，用政策引导全社会向农业投入。二是各级政府对农业的投入务必保证落到实处。比如，除了努力增加财政支农资金和农业信贷资金外，还要认真落实国家对农业的各项扶持政策和逐步提高地方财政预算内资金用于农业的比重等等。三是大力发展乡镇企业，壮大农村集体经济实力，使农业集体经济将一定比例的积累资金用于农业。四是建立农业发展基金。通过制定条例或规定，建立起河南农业发展基金。在运作上可以从建立单项发展基金做起，诸如水利建设基金（按固定资产比例征收）、粮食发展基金、水果发展

基金、渔业发展基金、畜牧业发展基金等。五是不断优化资金投向。农业资金要投向以水利为中心的农业基础设施建设，以产业化经营的种养业和农副产品加工业、出口创汇基地和科技方面带有牵动性、基础性的产业、项目、产品、企业。

(三) 继续改善农业生产基本条件，合理开发利用农业资源

(1) 农业生产基本条件的优劣，是能否保证农业可持续发展顺利进行的基础。为此，必须抓好以下几项工作：一是搞好农田基本建设。这是山区改善农业生产基本条件的基础中的基础。因为河南省山地丘陵面积较大，必须抓好这一环节。农田基本建设的中心环节，是修好水平梯田。二是要将农田基本建设与发展小流域经济相结合。在大修水平梯田时，要按小流域综合治理规划来进行，采取工程措施与生物措施相结合的办法，有效地控制水土流失；按照发展林业和畜牧业、稳定种植业的原则，发展小流域经济。三是大力改造中低产田。四是搞好水利建设。水利建设是我省改善农业生产基本条件的又一关键环节，也是农业可持续发展的一个突破口。应当着眼于：其一，重点搞好大型工程和枢纽工程，并兼有用水调度、供水、发电、防洪、水运、养殖等综合功能；其二是河道及沿岸农田整治，这是强化省内黄河流域、淮河河流等水利功能，维持农业可持续发展的必不可少的手段。例如省内的黄河下游段，泥沙淤积，河床不稳定，在一些地段塌岸严重，多年来已损失不少良田，如使河床摆动在千米之内，可使河滩地变成良田，则相当于一个中型水利工程的保灌面积；其三要抓紧小型水利群建设；其四要抓好农田水利建设，在一些老灌区大力加强灌排设备的配套和渠系的完善，使灌区农田水利设施充分发挥效益。五是要全面地、持续地推进农业机械化进程，提高机械化劳动生产率。

(2) 农业生产中农业资源的合理开发利用与否，是农业能否持续发展的重要保证。因此，必须认真作好以下工作：一是一定要采取得力措施，保护好耕地。为了保护好耕地，应做到：其一要实行对耕地的计划控制，从实际出发，合理用地，节约用地，尽可能不占或少占用农田，确保到20世纪末，河南的耕地面积基本稳定；其二要加快农田保护区的建设，完善农田保护制度和加快中低产田治理；其三要进一步重视开源与节流，加大耕地后备资源的开发和破坏后耕地的复垦工作，严格执行耕地的占有审批制度，调整农业结构，控制占用耕地；对未经审批擅自占用耕地的部门或单位必须追究责任。二是要合理利用开发后备农业资源。我省人多地少，国土资源总量有限，但可以利用而尚未利用的资源数量还是可观的。三是要提高土地复垦率。比如，周口地区耕地面积有80%左右实行了不同形式的间作套种，复垦指数高达200%；全区农民人均纯收入由1978年的68元，增加到1994年的813元，其中扶沟县发展麦棉套种，复垦指数高达246%，全县棉产量以10.7%和37.3%速度迅增，农民人均纯收入达到1174元。又如，地处豫西伏牛山南麓的西峡县，山地面积占87%，近年来，采取"用材树封顶、果树缠腰、粮食蹲底、药草植埂"的兴林灭荒屯粮发展模式，建立了以桦树、马尾松、油桐、山茱萸、猕猴桃、板栗等林草间作基地100多处，14万公顷，使森林覆被率提高到54%，林果产值10亿元，新造梯田730公顷，粮食单产平均增产31%，粮食总产突破5000万公斤，实现人均自给粮食150公斤。四是要充分利用农作物秸秆资源，大力发展节粮型养殖业。据有关部门测算，河南省拥有小麦、玉米、花生、红薯等秸秆资源4000多万吨。若采用秸秆粉碎还田技术，

不但可以节省大量的氮钾磷肥料，还可增产粮食200万吨，增加产值16亿元；若经过青贮、氮化后养牛、养羊，按利用率25%计算，每年可养牛450万头，获利16亿元，节粮114万吨，增加产值11.4亿元；若现有40万吨的稻草进行深加工利用（如食用菌、编草席等），每年可创产值1.6亿元。所以，充分利用秸秆资源，发展牛、羊、兔等节粮畜牧业，可改变食物构成，提高人民身体素质。五是充分、合理开发利用水资源，发展水利产业。具体来说，其一，要切实加强和改善水资源管理，逐步形成黄河水系、淮河水系和其他水资源管理体制；水利工程要以大中型水利骨干工程为龙头，辅以小水利工程群，在比较干旱地区积极发展集水工程；其二，一定要注意节水，努力防止渠系渗漏，多采用新的灌溉方式；其三，坚持水利产业化的正确方向——综合管理，积极提高水域生产力，只有这样，才能达到充分利用水资源的目的。六是进一步加强农村能源的建设。在能源建设过程中，一定要坚持"因地制宜，多能互补，综合利用，讲求效益"和"开发与节约并重"的方针，以科技进步、法制管理等手段，以缓解农村能源供需矛盾为目的，不断扩大规模效益和商品化程度，努力推动能源利用率的提高。七是大力开展植树造林。植树造林可以增加绿色植被。森林既是陆地生态的主体，也是人类发展不可缺少的重要自然资源，对于防止水土流失、土地沙漠化、调节气候、保持生态平衡等具有重要作用，因此，应当坚持不懈地在全省开展植树造林活动，同时也要加强山区、沙区的森林建设和大型生态工程建设，使生态环境恶化的状况逐步得到根本的改善。

（四）积极加强农业生态环境建设

由于人为的和自然的原因，全省农业生态环境表现得十分脆弱，为了保证农业的可持续发展，应当做好以下几方面工作。

（1）加强防护林带、水源涵养和水土保持林建设。结合全国防护林带建设规划，一定要搞好长江中上游、黄河中游和平原农田等防护林体系工程和"京九"绿色走廊工程建设。在洛阳、三门峡、济源等地，切实做好水源涵养林和水土保持林的保护，防止乱砍滥伐，并加快水源涵养林的建设。

（2）防止水质和土壤污染。由于全省不少地区主要靠灌溉来发展农业，因此，水系的污染对农作物生长危害十分严重，因此必须加快工业废水的处理。另外，对由于水质污染以及施化肥、农药对土壤的污染，也必须引起高度的警惕。

（3）在搞好小流域治理基础上，进一步采取得力措施，制止水土流失等自然灾害的袭击，特别是在有条件的地方要退耕还牧，种草种树，积极发展畜牧业。

（4）在农业生态环境建设上，应当坚决贯彻中央已经颁布的有关农业资源保护的《中华人民共和国森林法》、《中华人民共和国水土保持法》、《中华人民共和国基本农田保护法》、《中华人民共和国农业环境保护法》等法律法规，只有这样，才能使农业生态环境建设纳入法制化轨道。

（五）强化"科技兴农"

强化"科技兴农"，以科技进步推动农业可持续发展。河南为了实现"九五"和2010年农业发展的宏伟目标，必须充分利用现有的科学技术为农业广开源头，加大各种科学技术在种植业、林业、牧业和水产业中的推广与应用的力度，逐步实现农田生产技术科学化。这就需要做到以下几个方面。

（1）要实行良种培育科学化。在所有农业生产中，良种培育处于核心地位，起着关键性作用。在相同的气候、土壤、肥料及农时条件下，良种比一般品种增产效果可达10%～15%左右。如袁隆平教授培育出的杂交水稻优良品种，可使水稻亩产提高50公斤，创造了极高的经济效益。因此，种植业、畜牧业、养殖业等部门，除了有选择地引进一批优良品种外，还要积极抓好省内优良品种的培育和推广，以适应农产品需求结构的变动。

（2）要实行科学施肥、科学灌溉和植物保护科学化。实行科学施肥主要抓好两个环节。一是把握好无机肥与有机肥的使用比例，尽可能多施有机肥；二是调整无机肥中的氮、磷、钾比例，实行科学配方施肥。当前推广的复合肥就是科学配方的肥料，增产效果比较明显。

由于我省水资源严重不足，且分布不均，因此，必须推行科学灌溉。应当充分看到，传统的农艺灌溉技术多采取大水漫灌、串灌、沟灌等，这不仅使水资源浪费大，且可导致肥料流失和土地板结。因此，必须实行科学灌溉，如地上喷灌、滴灌或移动式管道灌溉等方式，这样可以节约用水30%左右。

另外，由于病虫害对农作物危害极大，所以，也必须做到植物保护走向科学化，实行综合防治。一定要逐步改变原来的单一化学农药防治方式，应当实行物理、化学和生物相结合的防治方式。这样的效果比较明显。

（3）要不断深化科技体制改革。通过推进科技产业化和产业科技化，解决好农业科研机构部门分割和科研与生产分离等两大难题。同时，还要进一步落实科技政策，一方面要解决科研成果与出成果的单位和个人利益挂钩问题，其根本办法是推进科研成果商品化，做到科研成果有偿使用；另一方面要增加科技收入，切实解决和保证科研部门的经费，在机构改革中，不允许撤销科研机构，不允许"断粮"、"断奶"。

（4）要切实加强农业科学技术研究和开发。应围绕农业生产面临的一些重大问题，组织联合攻关，重点解决一批影响面大、效益高的关键技术，为农业和农村经济的发展提供强有力的技术支持。如动植物新品种选育技术、畜禽高产优质品种选育、养殖业优良品种等研究。又如，中低产地区综合治理和农业资源开发利用与环境协调发展技术研究等。

（5）要大力推广农业现代化示范项目，以点带面。近几年全省已开展了诸如农业喷灌和滴灌示范项目、中低产田改造示范项目、生产基地建设示范项目等，都取得了显著效果，对充分利用本地农业资源，加快农村产业结构调整步伐，增强农产品的出口创汇能力都产生了深远的影响，今后应当继续搞好这一工作。

（6）因地制宜进行农业技术推广。由于全省各地区的自然条件、耕作条件有差异，因此，必须因地制宜地推广农业技术。

（7）要建立健全农业科学服务体系。积极鼓励和促进各类农业专业技术协会和科技农户的发展，使它们与县、乡两级农业科技推广中心（站）保持密切的联系；以推广丰产技术为中心，搞好农业科技服务。建设好县、乡、村三级农业科技服务机构，尤其要抓好乡、村两级农业科技服务体系建设，按照农业生产产前、产中、产后三个环节，搞好农业科技服务。

(8) 要不断提高农民的科学文化素质。农业增长方式转变的实施主体是农民,农民科学文化素质的高低决定着农业增长方式的转变程度,全省有些地区产业现代化技术一时难以推广开,主要原因是农民的科学文化素质低下造成的。因此,在深入改革农村教育体制的同时,在坚持农闲扫盲和农忙对农民进行宣传教育的基础上,办好各类针对性强的实用的农民技术学校。

(六) 大力发展农副产品深加工工业

河南农业自然资源虽然十分丰富,但长期以来,农副产品的深加工工业却不够发达,反映了自然资源利用率很低,这不仅造成资源的极大浪费,而且也不适合市场经济发展的要求。同时,这也反映了全省科学技术水平的低下。20世纪90年代以来,由于省委、省政府的高度重视和采取了得力措施(如引进资金、技术等),全省农副产品深加工工业有了较大的进展。但与先进省、市相比,尚有很大差距。为此,必须采取以下措施:一是对现有农产品加工企业,要通过技术改造,并采取股份制、股份合作制、兼并、租赁等形式,进行改组优化组合。上规模、上档次、上水平、转外向,争取一批名特优品牌;二是要积极扶持一批类似洛阳春都、漯河双汇那样产值高的龙头企业,从省到地、市、县,都要集中资金和技术,重点培植依托当地优势资源、市场前景好,对建设强省、强地、强市、强县起主导作用的高附加值的农产品加工龙头企业,力争多建一些;三是乡镇企业要与农业综合开发紧密结合,围绕"农"字做文章,主动介入,尽快转到以农村产品加工为主的轨道上来;四是本着发挥优势、突出重点的原则,逐步建立具有河南特色的各种不同类型的农副产品深加工、精加工工业体系。这样,不仅可使资源优势转变为经济优势,而且可以大幅度地增加农民的经济收入,促进农村经济的发展。

(七) 推进农业产业化进程,实现两个根本性转变

农业的根本出路在于产业化。为此,要以推进产业化作为建设农业强省的突破口和关键措施。具体来说,一是要确定产业化的重点。从河南省实际出发,可围绕粮食、畜牧、养殖、林果、蔬菜、名优特稀和外向型农业等作为重点去发展,逐步形成自己的特色。特别是畜牧业、水产业可作为推进全省农业产业化的突破口。二是紧紧抓住经营组织创新这个关键环节,即创造一种新的利益机制,把农业与相关的产业群联系在一起。组织创新的起步形式可以多样化。三是采取有利的政策措施推进产业化。首先培植一批龙头企业,在此基础上,应积极鼓励、扶持乡镇企业充当企业的龙头。其次,应积极探索龙头企业和基地、农户三者的利益关系和利益分配的有效方式。四是进一步制定和落实优惠政策。

(八) 积极推行计划生育,严格控制人口增长

为了逐步解决好我省人多地少的尖锐矛盾,除了不断保护好耕地和提高土地利用率外,根本途径之一,是要大力加强计划生育工作的力度,使全省人口自然增长率控制在10‰以下,在连续4年都略低于全国平均水平的基础上,严格控制人口增长并努力提高人口素质。具体说,一是要切实加强对计划生育工作的领导,积极推进人口目标管理,切实把控制人口过快增长的任务落实到基层。二是除了大力宣传贯彻执行《河南省计划生育条

例》外，必须严格执行生育法规和政策。还要广泛、深入地宣传严格控制人口增长的紧迫性、必要性，树立人口资源、环境和经济协调、相互适应的意识。三是注意抓好计划生育网络建设，把工作重点放在农村，切实抓好后进转化，解决农村、边远地区和流动人口的超生问题。四是在抓紧控制人口的同时，还要注意提高人口素质的问题。

（九）进一步完善农村社会化服务体系

为了解决好全省农业发展中这一薄弱环节，应做好以下几方面工作：一是坚持建设农村社会服务体系的四条基本原则，其一是农民接受服务实行自愿的原则；其二量力而行的原则；其三是实行有偿服务的原则；其四是多渠道、多形式原则。二是积极建立农业生产需要的各种服务组织，如农村合作网络组织、农村科技服务组织、农业产品交易服务组织等，以便促进当前农业生产力的快速发展。三是建立各类服务组织必须坚持一切从实际出发，不能盲目跟风，盲目追求服务体系的网络化、系列化、综合化等，以免增加经营者的负担。①

参 考 文 献

[1] 田淑慧. 生态农业与我国农业的持续发展. 人文杂志，1997，第5期.
[2] 朱鹤健. 福建农业可持续发展的跨世纪走向. 福建师范大学学报，1996，第12期（增）.
[3] 程序. 世界"持续农业"浪潮及中国应取之对策. 科技导报，1994，第4期.
[4] 黄承. 关于广西建设农业强省若干问题的思考. 广西社会科学，1997，第3期.
[5] 聂华林，高新才，祁晓红. 试论西北不发达地区的农业可持续发展. 北京师师范大学学报（社会科学版），1997，第5期.

该文曾在1998年8月香港召开的国际地理学术讨论会上进行交流，刊载于香港中文大学香港亚太研究所出版的《迈向21世纪的中国——城乡与区域发展论文集》，1997年7月

---

① 本文在定稿过程中，承朱连奇博士给予很多帮助，谨此表示衷心的感谢。

40. 河南农业区域综合开发与农业可持续发展问题研究

李润田

农业区域综合开发是我国振兴农村商品经济、使农业生产向深度和广度进军的一项重要战略措施，对河南来说，是由国家立项、投资规模最大、资金使用周期最长、政策最优惠的一项建设项目。

一、农业区域综合开发的意义

(一) 便于逐步解决全省人多地少的矛盾

河南是一个人口大省。据统计资料，1997年底，全省总人口已达9243万人，人口过快增长的趋势虽然得到了遏制，但人口基数大，每年仍净增几十万人，而耕地面积近十多年来每年减少仍达2.5万公顷。人口增多和耕地减少的结果，不仅造成人均耕地数量的减少，而且这种现象持续发展下去，必然造成全省农产品供需矛盾的加剧。同时，更应看到随着国民经济其他部门的较快发展和人民生活水平的大幅度提高，全社会对农产品的需求都呈增长趋势，需要农产品的供应增长与之相适应。否则，供需矛盾缺口更大，势必造成食品价格上涨。目前本省的恩格尔系数即人们平均用于食品的支出占整个收入的比重60%左右，如果食品价格不稳，整个价格体系就难以稳定，甚至会影响社会安定。因此，必须坚持农业综合开发之路。农业综合开发不但可以充分利用有限的土地资源，而且还有利于提高土地生产率和经济效益。

(二) 便于顺利完成全省农业综合开发承担的增产50亿公斤粮食的生产任务

据测算，到2000年，全国粮食生产能力必须达到5000亿公斤以上，才能满足全国经济和人民生活的基本需要；具体到河南省来说，粮食总产量也需要接近400亿公斤，才能有一个良好的经济发展环境。因此，国务院已确定，在今后6年时间内，全国增加粮食生产能力必须达到500亿公斤，其中要求全国农业综合开发承担250亿公斤，这是我国国情、农业实情和社会经济发展需要所决定的。根据上述情况，作为全国粮食生产重要基地之一的河南，省委、省政府已决定到20世纪末全省粮食生产能力达到375亿公斤，其中要求全省农业综合开发完成25亿公斤。应当说这是一项光荣而艰巨的任务，关系到全国、全省农业和农村经济发展的大局。

（三）便于安排解决全省大批农村剩余劳动力

如前所述，河南是一个人口大省，加上农村人口占的比例大和耕地少、就业门路有限等原因，农村剩余劳动力问题表现得十分突出。一方面，总量在不断增加，另一方面，劳动力向非农业转移的速度递减。据有关材料显示，全省目前农村劳动力总数约为3600万人，除去乡镇企业和农林牧副渔五业需要2600万人以外，尚有1000万剩余劳动力，约占全国农村剩余劳动力的1/10。如此庞大的闲置大军，若得不到妥善安置，是一种极大的浪费。因为劳动力资源是一种特殊的资源，它是有生命期的，无法贮存。不仅如此，长时间无业可就和长期闲置，也会成为社会的不安定因素。因此，高度重视和加强对农村剩余劳动力的统筹规划，并尽快解决好这一问题，是当前和今后一个时期内摆在我们面前的重大课题。

从发展趋势说，随着农业生产力水平的提高和国家工业化的发展，全省愈来愈多的劳动力从土地上解放出来而转入非农产业。但这一转移必须以农业的高度发展为基础，与国民经济的发展相适应。10多年来，本省农业虽有很大的发展，可生产社会化和商品化的水平还不高，农业基本上还是实行粗放型经营和依靠体力劳动，农业劳动力在国民经济三大产业中仍占有较大比重。一方面，本省农村存在着大量闲置的剩余劳动力和剩余劳动时间；另一方面，本省农村又存在着尚未充分开发利用的农业资源。据有关资料显示，目前还有400万公顷荒山、草坡和黄河滩涂未被开发；35.9万公顷淡水养殖面积仅用了15.47万公顷，占43%；370万公顷宜林荒坡仅利用157万公顷，占42%；860万吨饲用精料中，有80%未经加工直接喂养牲畜。这说明，丰富的劳动力资源可使大规模的农业综合开发成为可能，而农业综合开发的实施又为全省大量的农村剩余劳动力就业开辟了新的生产门路，从而使一大批素质较高的劳动力稳定在农业部门，有利于促进形成新的农村经济格局。

二、农业区域综合开发的指导思想与原则

河南省农业综合开发自1988年实施以来，至今已历时9年，分三个开发期。9年来，在省委、省政府及各级党委的正确领导下，在有关部门的积极配合以及科研人员、广大干群辛勤努力下，开发工作取得了前所未有的成就。开发范围不断扩大，从1988年14个市（地）的84个县（市、区），扩大到1996年17个市（地）的95个县（市、区），即安阳、开封、濮阳、鹤壁、新乡、焦作、郑州、商丘、许昌、漯河、平顶山、周口、驻马店、信阳、南阳、洛阳、三门峡。开发区土地总面积约12.3万平方公里，占全省土地总面积的74.5%；人口约7000万，占全省总人口的78%；其中农业人口6400万人，占全省农业人口的83%；现有耕地面积586.7万公顷，占全省耕地总面积的85%；人均耕地约0.083公顷，是全省平均水平的1.04倍。在投资规模方面不断增大，由1988年的年投入2.4亿元增加到1996年的年投入3.9亿元，9年累计投入开发资金34.5亿元。改造中低产田126.1万公顷，开垦宜农荒地2.4万公顷，植树造林9.01万公顷（表1），圆满完成了国家批复的计划任务，取得了显著的经济效益、社会效益和生态效益。

表1　河南省农业综合开发任务及完成情况（1988~1996年）　（单位：公顷）

时期 项目	合计 （1988~1996年）			第一期 （1988年~1990年）			第二期 （1991~1993年）			第三期 （1994~1996年）		
	计划数	完成数	增长（%）	计划数	完成数	增长（%）	计划数	完成数	增长（%）	计划数	完成数	增长（%）
改造中低产田	114.5万	126.1万	10.0	45.0万	53.55万	19.0	39.2万	41.2万	5.2	30.3万	31.2万	2.86
开垦宜农荒地	2.1万	2.40万	13.6	0.5万	0.66万	31.73	0.8万	0.93万	15.8	0.8万	0.8万	
植树造林	8.44万	9.01万	6.9	2.74万	2.79万	1.60	3.75万	4.15万	10.7	1.94万	2.07万	6.79

注：第三期之间，集中连片治理改造中低产田：其中0.14万~0.33万公顷119片，面积23.26万公顷；0.23万~0.66万公顷17片，面积7.9万公顷。

（一）开发的指导思想

多年来全省农业区域综合开发一直坚持把增加粮食产量放在开发的首位，这是因为粮食是关系国计民生的战略物资，在我国经济和社会发展中始终处于十分重要的地位。其次，始终坚持以改造中低农田为重点，以增产粮棉油肉为中心，实行水土田林路综合治理，农林牧副渔全面发展。再次，积极改善农业生产基本条件，增强农业发展后劲，在提高粮棉油肉等主要农产品综合生产能力的同时，以市场为导向，发展多种经营，以"龙头"项目带动产品的系列开发，把保证粮棉油肉等农产品的稳定增长与增加农民收入的目标结合起来。

（二）开发的原则

1. 择优开发的原则

农业综合开发不仅是一项生产规模比较大、专业化程度比较高的系统工程，而且也是投资比较大的事情。这就决定了当确定开发地区时，必须坚持择优开发的原则。具体来说，哪个地区投资少、见效快、效益高，就可以确定为优先开发区。如黄淮海农业综合开发示范区的确定就是明显的例子。

2. 因地制宜、发挥优势的原则

由于各地自然条件和社会经济条件以及发展水平的不同，各地区的优势也不一样。因此，在农业综合开发中，必须坚持因地、因时制宜的原则，扬长避短，发挥主导产业和产品优势，做到宜粮则粮，宜林则林，宜牧则牧，宜果则果，避免一刀切的错误做法。事实上，几年来一直坚持并贯彻了这一原则，在中低产区，积极发展抗旱、耐涝、耐盐碱的作物品种；中产区则以两年三熟为主，推广小麦套种玉米、玉米间作豆类和麦棉套作等，建立了作物与环境的稳定协调关系。

3. 以流域为中心，集中连片的原则

对资源条件好、增产潜力大，投资少、见效快的区域，有计划有步骤地进行重点连片开发，只有这样，才可以形成规模效益，且有利于生产力的合理布局。目前，全省已形成 3.87 万公顷开发片一个，0.8 万公顷以上的开发片 7 个，0.7 万公顷以上的开发片 29 个，其他开发片一般也在 0.33 万公顷以上。如漯河市从 1998 年以来，集中连片治理了蜈蚣渠流域 3.9 万公顷，唐河流域 0.71 万公顷，清泥河流域 0.5 万公顷，共改造中低产田 5.45 万公顷。

4. 坚持"四高"的原则

在开发过程中，要坚持高起点、高标准、高质量、高效益的原则进行开发，采用工程措施和生物措施相结合，广度与深度相结合，做到开发一片、成功一片、见效一片、巩固一片。

5. 坚持经济、社会、生态效益并重的原则

中共中央、国务院关于 1991 年农业和农村工作通知中明确指出：农业综合开发要"以增产粮棉油肉为中心，农林牧副渔全面发展；实行山水林田路综合治理，把经济效益、社会效益、生态效益密切结合起来"，为农业综合开发指出了一条必须遵循的原则。根据这一指导思想，农业综合开发的效果如何，一是要看它为国家提供农产品数量的多少和投入与产出的比例大小；二是要看它对区域经济发展推动作用的大小；三是要看它对区域生态环境影响大小，是不是有利于维护生态平衡。

三、农业区域综合开发的现状[①]

河南省是 1988 年国家立项实施农业综合开发的重要省份之一，迄今为止已历时 10 年三个开发期。10 年来，在河南省委、省政府直接领导和国家农业综合开发办公室具体指导及有关部门积极配合下，认真贯彻落实中央关于实施两个根本改变和可持续发展的战略设想，坚持以改田、增粮、增收为宗旨，以改造中低产田，改善农业生产条件，增强农业发展后劲为重点，充分利用项目区农业资源优势，积极发展多种经营和龙头项目，实行水土田林路综合治理，农林牧副渔全面发展，取得了显著的经济效益、社会效益和生态效益。9 年累计投入开发资金 34.4 亿元，其中：中央和省财政投入 12.6 亿元，市（地）、县财政配套投入 4.31 亿元，农发行专项贷款 7.91 亿元，群众集资 9.2 亿元（表2）。累计增产粮食 84.8 亿公斤、棉花 2.33 亿公斤、油料 5.03 亿公斤、肉类 5.16 亿公斤，为全省粮食生产连年丰收和提前实现省委、省政府确定的到本世纪末粮食生产能力达 375 亿公斤的目标，起了重要作用。9 年来，项目区累计生产粮食 2943.5 亿公斤，棉花 624.1 万吨，油料 1634.2 万吨，肉类 1694.65 万吨。经过开发治理后的绝大多数项目区，整体面貌都发生根本变化，基本形成了田成方、林成网、路相通、渠相连、旱能浇、涝能排、旱涝保丰收的农业生产新格局，出现了林茂粮丰、六畜兴旺、农村经济全面发展的前所未有的好形势。

---

① 本部分参考引用了河南省农业综合开发办公室提供的资料。

(一) 成绩与效益

1. 开发区农业生产条件得到明显改善

经过10年的大力开发，开发区水利化、机械化程度都有了很大的提高。比如，项目区累计新打和维修配套机井21.7万多眼，新建提灌站2904座，开挖疏浚沟渠4.8万公里，修建桥涵闸17.6万个。新增和改善灌溉面积112万公顷，新增和改善除涝面积81.4万公顷。购置大中型拖拉机3525台，配套农机具21133台（件）。另外，还植树造林9.88万公顷，起到了保护生态环境的作用（表3）。

2. 开发区农业综合生产能力大大提高

开发实践证明，每改造1亩中低产田一般可新增150公斤以上的粮食生产能力；开垦的宜农荒地，可新增400公斤以上的粮食生产能力。10年来，项目区累计新增粮食生产能力26亿公斤，棉花0.76亿公斤，油料1.51亿公斤，肉类1.5亿公斤。应该说，10年来开发的经济效益是十分显著的（表4）。

3. 开发区农业生产结构趋向合理

根据社会主义市场经济发展需要，几年来在不断改善生产条件的基础上，各项目区对农业生产结构进行了适当调整。具体做法是：积极实施改劣质品种为优质品种；改低效作物为高效作物；改单作为间作套种；改"二元"结构为"三元"结构；改单一发展种植业为种养相结合的"五改"措施，使项目区粮食作物与经济作物的比例由80：20调整为70：30，林、牧、副、渔业产值比重有较大提高，第二、第三产业也进一步得到迅速发展。项目区产业结构的合理调整，实现了产业之间互补和各业均衡发展的新格局。

4. 开发区农民收入大幅度提高

据统计，1996年项目区农民人均纯收入达到1596元，比同等条件的非项目区高180多元，比开发前增长150%以上，由开发前低于全省平均数55.5元，变为高于全省平均数16.6元。实践证明，农业综合开发不仅进一步解放和发展了生产力，而且是一条强国富民的正确道路。

5. 开发区生态环境得到初步改善

10年来，通过水土田林路的综合治理，兴修了农田水利工程，改良了土壤，种植了大批树木以后，有效地控制了风沙、盐碱和旱涝等自然灾害，农业生态环境得到了很大改善，农业生产开始走向良性循环的轨道。开发区林木覆盖率由开发前的9.1%，增长到13%，土壤有机物含量增加0.3%，水土流失面积减少62.5%。

表2 河南省农业综合开发资金来源及完成情况

(单位：万元)

期限 资金来源	合计（1988~1996年）			第一期（1988年~1990年）			第二期（1991~1993年）			第三期（1994~1996年）		
	计划	实际	增长（%）	计划	实际	增长（%）	计划	实际	增长（%）	计划	实际	增长（%）
合计	322544.09	344769.94	6.9	92085	98467.1	6.93	100447	104570.45	4.10	130012.09	141732.39	9.01
其中：中央、省拨款	126000.0	126000.0	0	36000.0	36000.0	0	40500.0	40500.0	0	49500.0	49500.0	0
市（地）配套资金	12477.0	12700.35	1.8	3118.0	3262.6	4.63	3553	3556.05		5806.0	5881.7	1.3
县配套资金	30048.0	30439.9	1.3	8882.0	8892.4		10010.0	10010.0		11156.0	11537.5	3.42
国营农场集资	85.00	185.10	117.8	85	116.6	37.1		68.5		0	0	0
集体群众集资	75422.09	91717.39	21.6	24000.0	32499.3	35.4	22384	26516.9	18.5	29038.09	32701.2	12.6
农民专项贷款	74000.00	29186.30	7.0	20000.0	17667.3	-11.7	24000.0	23919.0		30000.0	37600.0	25.3
其他资金	4512.0	4540.90	0.6	0	28.9					4512.0	4512.0	0

注：资料来源根据河南农业综合办公室提供资料进行整理计算。

表 3 河南省农业综合开发任务及完成情况（1988~1996 年）

项目	单位	合计（1988~1996 年）			第一期（1988~1990 年）			第二期（1991~1993 年）			第三期（1994~1996 年）		
		计划数	完成数	增长（%）	计划数	完成数	增长（%）	计划数	完成数	增长（%）	计划数	完成数	增长（%）
一、修建小型水库	座	43.0	48.0	11.6	11700.0	14923.7	27.5	31	36	16.1	12.0	12.0	
1. 新建	座	9.0	9.0		1137.11	1394.0	22.6				1.0	1.0	
2. 加固配置	座	42.0	47.0	11.9	35674.0	44656.0	25.2	31	36	16.1	11.0	11.0	
二、排渠系配套													
1. 开挖疏浚渠道	公里	41142.5	48836.48	18.7	11700.0	14923.7	27.5	17937.8	19667.2	9.64	11504.7	14245.58	23.8
2. 衬砌渠道	座	5292.21	5644.6	6.7	1137.11	1394.0	22.6	1868.9	1955.5	4.63	2286.2	2295.1	0.03
3. 修建涵闸	座	164719.0	176012.0	6.7	35674.0	44656.0	25.2	71368.0	73621.0	3.15	57677.0	57735.0	0.01
三、修建排站	座	2312.0	2904.0	25.6	1195.0	1308.0	9.46	912.0	924.0	1.31	205.0	627.0	227.8
四、打打机电井	眼	199017.0	217111.0	9.1	91000.0	103604.0	13.85	71417.0	73746.0	3.26	36600.0	39761.0	8.63
1. 新打	眼	98666.0	107563.0	9.0	36000.0	42044.0	16.78	33478	34740.0	3.76	29188.0	30779.0	5.45
2. 配套	眼	100351.0	109548.0	9.2	55000.0	61560.0	11.93	37939.0	39006.0	2.81	7412.0	8982.0	21.18
五、铺设地下输水管道	公里	7531.1	9787.39	30.0	1200.0	2804.9	133.7	4165	4404.84	5.75	2166.1	2577.65	19.0
六、农电线路配套	公里	9315.56	10554.29	13.3	2456.2	3162.8	28.76	3902.36	4272.8	9.5	2957.0	3118.69	5.47
七、改良土壤	公顷	38.35万	40.98万	6.9	10.03万	11.75万	17.07	15.64万	16.18万	3.48	12.67万	13.05万	2.94
八、建设良种基地	公顷	8.79万	9.52万	8.3	4.3万	4.8万	11.6	2.74万	2.8万	2.2	1.72万	1.90万	10.4

续表

项目	单位	合计（1988~1996年）		第一期（1988~1990年）			第二期（1991~1993年）			第三期（1994~1996年）		
		计划数	完成数	增长(%)	计划数	完成数	增长(%)	计划数	完成数	增长(%)	计划数	完成数	增长(%)
1. 晒场	平方米	176356.0	201230.0	14.1	44691.0	55859.0	24.9	77565	89871.0	15.8	54100.0	55500.0	2.58
2. 仓库	平方米	81098.0	99473.2	22.7	20000.0	35520.7	77.6	37898	38152.5	0.06	23200.0	25800.0	11.20
九、农业机械													
1. 购置拖拉机	台	3312.0	3525.0	6.4	1000.0	1152.0	15.2	1054	1104.0	4.7	1258.0	1269.0	0.08
2. 配套农机具	台	20250.0	21133.0	4.4	5670.0	5756.0	1.51	4675	4893.0	4.7	9905.0	10484.0	5.84
3. 购置其他机械	台/件	27198.0	29512.0	8.5	10150.0	11860.0	16.8	10030	10510.0	4.78	7018.0	7142.0	1.76
十、农林水科技推广													
1. 技术培训	人次	3210000.0	5384450.0	67.7	1000000	2671028	167.0	1264900	1415422	11.9	945100.0	1298000	37.3
2. 仪器设备	台/件	6323.0	6595.0	4.3	5209.0	5309	1.9	868/378	1004/378		246.0	282.0	14.6
十一、农田防护林	公顷	6.91万	7.08万	2.6	2.3万	2.3万		2.7万	2.7万	8.7	1.94万	2.07万	6.7
十二、水土保护林	公顷	0.23万	0.26万	10.0				0.23万	0.25万				
十三、经济林	公顷	2.07万	2.54万	22.6	0.45万	0.48万	6.7	0.85万	1.2万	41.1	0.78万	0.87万	11.5
十四、苗圃建设	公顷	3771.3	4423.1	17.3	2000.0	2593.8	29.7	1192.8	1233.8	3.43	578.5	595.5	2.93

表 4 河南省农业综合开发效益（1988~1996 年）

（单位：面积为万公顷 产量为亿吨）

项目		合计（1988~1996年）			第一期（1988~1990年）			第二期（1991~1993年）			第三期（1994~1996年）		
	时间	开发前	开发后	增长（%）	开发前	开发后	增长（%）	开发前	开发后	增长（%）	开发前	开发后	增长（%）
一、农业基本生产条件	1. 新增灌溉面积	53.52	59.9	11.9	15.3	19.24	25.4	20.9	22.3	6.5	17.25	18.4	6.4
	2. 改善灌溉面积	48.53	52.1	7.4	27.5	27.9	1.3	12.3	14.1	15.3	8.73	10.1	15.46
	3. 增加排涝面积	31.9	38.1	19.5	12.15	14.6	20.35	11.1	13.76	27.8	8.63	9.73	12.7
	4. 改善排涝面积	36.7	43.3	18.0	14.9	18.8	26.5	12.0	12.7	5.3	9.77	11.8	20.8
	5. 土壤改良面积	38.35	41.0	6.9	10.03	11.75	17.0	15.6	16.2	3.5	12.7	13.0	2.9
	6. 农田防护林面积	61.37	67.3	9.7	18.3	20.9	14.2	28.9	30.4	5.2	14.2	16.0	13.1
	7. 扩大良种面积	82.75	95.0	14.9	32.1	40.2	29.2	37.2	40.8	9.9	13.46	13.48	3.86
	8. 新增旱涝保收面积	64.9	77.2	19.0	21.44	26.3	22.9	16.1	22.99	42.5	27.3	27.9	1.9
二、农产品产量	9. 粮食	231.44	260.15	12.4	95.0	108.77	14.5	70.0	76.5	9.3	66.44	74.88	12.7
	10. 棉花	7.11	7.55	6.2	3.43	3.52	2.6	2.2	2.53	15.0	1.48	1.50	1.35
	11. 油料	14.75	15.12	2.5	7.20	7.31	1.52	4.0	4.26	6.5	3.55	3.55	
	12. 肉类	13.68	14.96	9.4	4.20	4.62	10.0	4.0	4.84	21.0	5.48	5.50	

6. 开发区社会化服务体系进一步完善

目前，全省项目区有9023个行政村，已实行"五统一"①的有977个村，占10.8%；"四统一"的有1058个村，占11.7%；"三统一"的有1456个村，占16.1%，从而使农业劳动效率得到显著的提高。不仅如此，各项目区农村已发展了不少以贸工农一体化为主的"公司+农户"经营方式，为繁荣农村市场，振兴农村经济起了重要作用。

7. 开发区的农业自然资源潜力得到了进一步挖掘

总的来说，河南农业综合开发经过10年的艰苦奋斗，已取得了很大的成绩和效益。

（二）主要经验

根据河南省农业综合开发办公室的科学总结，农业区域综合开发的主要经验，归纳起来有以下八个方面。

第一，坚持一个宗旨，突出两个重点。即改田、增粮、增收。突出农田水利基本建设，排除制约农业生产的障碍因素，保证主要农产品的有效供给，特别是粮食新增生产能力的提高。

第二，坚持统一规划，实行连片开发。按照全省四大流域九个治理分区进行统一规划，综合治理；按行政区组织实施，实行三年项目计划，一次定点定位，一年一小片，三年一大片，做到年年相连、期期相连、片片相连，由小到大，逐步推进，形成规模，达到开发一片，治理一片，见效一片，巩固一片。

第三，坚持深化改革，促进两个根本性转变。在确保粮棉油等主要农产品稳定增长的基础上，坚持以市场为导向，以效益为中心，以科技为依托，以资源为基础，大力扶持龙头企业和积极发展出口创汇农业项目，从而加快了项目区农业产业化进程，促进了两个根本性转变。

第四，坚持依靠科技进步，提高开发效益。把科技贯穿于农业综合开发的全过程，这是全省农业综合开发始终遵循的基本方针。多年来，全省制定了一系列优惠政策，比如吸引科技人员投身农业综合开发主战场；设立"河南省黄淮海平原农业综合开发科技进步奖"，对技术先进、效益显著、辐射面大的项目进行奖励等等。又如结合常规农业，实施大面积高产高效综合技术开发也取得了良好的经济效益，为全省粮食生产迈上新台阶做出了积极贡献。科技推广对农业增长的贡献由开发前的30%提高到45%，比全省平均水平高出7个百分点，另外，还分别建立不同低产土壤类型的示范区、高标准井灌示范区和现代农业示范区。这些示范区的建设起到了良好的示范效果。

第五，坚持百年大计，质量第一。多年来，在项目建设中，一直坚持严格按照高起点、高标准、高质量、高科技、高效益、高导向的指导思想，努力实现农田工程建设质量标准化、农业技术科学化、农业管理规范化、农村经营产业化、农业服务社会分的"五化"标准。同时，各地也都把项目建设质量作为农业综合开发成效的关键来抓，严把质

---

① "五统一"是指统一耕作、统一供种、统一浇水、统一植保、统一技术指导而言。

量关。

第六，坚持严格管理资金，保证开发工作的顺利进行。

第七，坚持竞争开发，增强开发活力。为切实把竞争机制引入农业综合开发之中，主要做法：一是实行奖优罚劣；二是实行超前行动，搞好框架工程；三是列入政府目标管理，实行领导工作保证金制度。

第八，坚持部门协作，齐心协力搞开发。农业综合开发是一项系统工程，涉及方方面面，搞好部门配合，争取财政、银行、审计、农、林、水、牧、机等多方支持，特别重要。

（三）存在的主要问题

河南综合开发虽然取得了很大成绩，但仍然存在着一些问题。一是不平衡性。表现在市（地）与市（地）之间、县与县之间、项目区与项目区之间以及不同开发年度之间的开发工作不够平衡。二是有的项目区建设标准不够高，兴利力度不够。个别地方治理措施单一，偏重了水利工程建设，忽视了林网、道路、方田建设。三是有的地方农艺措施跟不上，地块不够平整。四是个别地方工程管护措施不够落实。五是有的地方配套资金落实较晚，账目不规范。

四、农业区域综合开发的远景设想与对策①

（一）目标与任务

依据国家农业综合开发远景目标的总要求，结合近年10年来全省农业综合开发的实践以及对全省综合开发区现有资源条件、开发难度、增产潜力、管理水平等多种因素的综合分析，农业综合开发的远景目标应当是到20世纪末和2010年使全省中低产田得到不同程度的治理，旱涝风沙盐碱基本受到控制，农业生态环境趋于良性循环，建成粮、棉、油综合商品生产基地，农村生产力显著提高，整个农村经济达到一个新的水平。完成第一阶段土地治理任务，增产粮食32亿公斤，开垦宜农荒地增加粮食1.62亿公斤，占全国农业综合开发新增500亿公斤粮食生产能力的6.72%，可向国家上交商品粮14.1亿公斤。完成第二阶段土地治理任务，增加粮食生产能力54亿公斤，其中，改造中低产田增加45亿公斤，开垦宜农荒地增加9亿公斤。

为了逐步实现上述远景目标，初步拟定到2010年完成中低产田改造任务426.7万公顷，开垦宜农荒地10.3万公顷。具体安排可分两个阶段：第一阶段，即到本世纪末，应完成改造中低产田160万公顷，开垦宜农荒地3.73万公顷，即1996~2000年每年改造中低产田32万公顷，开垦荒地0.73万公顷。第二阶段，到2010年改造中低产田266.7万公顷，开垦宜农荒地6.7万公顷。

---

① 本部分参考引用了河南省农业综合开发办公室提供的资料。

(二) 开发的重点

近 10 年来农业区域综合开发，有力地促进了全省农业和农村经济的发展。但要按时完成上述目标和任务，还存在不少困难。因此，我们一方面要积极筹措资金，增加农业综合开发投入力度，加快开发步伐；另一方面也要抓好确定的开发重点。只有这样，才能收到投资少、见效快的目的。根据过去多年开发的实践经验以及中央的一系列方针、政策的要求，全省今后开发的重点，共有以下几个方面。

1. 水利建设

根据全省水利建设的现有基础，今后水利建设要以巩固、改造现有工程，提高工程效益为主，适当建设新的水利工程。要合理利用黄河水利资源，加快引黄步伐。在充分开发地表水的同时，因地制宜，适量开采地下水。实行开源与节流结合，搞好农田水利工程配套设施。另外，还要进一步加强防洪排涝工程，提高抗灾能力。

2. 种植业建设

种植业是农业综合开发的核心，必须抓好这一关键环节。应该坚持以改土培肥，繁育良种，强化植物保护为主，通过平整土地，机械深耕，增施有机肥料，科学安排各种农作物良种繁育基地，加强农业技术服务手段和基础设施，为农作物生长创造良好的生长环境，从而实现不断提高农业综合生产能力，特别是粮、棉、油等的综合生产能力的目的。

3. 林业建设

林业建设对农业生产小气候有重要的影响。为不断改善项目区生态环境和进一步提高抗御自然灾害的能力，就要全面建设和完善农田林网，适当发展经济林、防护林和水土保持林等。同时，还要因地制宜地发展农林间作，实行多树种结合和乔灌木立体发展。

4. 农机建设

农业机械化程度的提高是农业生产力的提高和农业技术进步的重要标志，是农业实施先进技术的手段之一。因此，在项目区内必须坚持以提高机械耕作水平为目的，大力推广各种适宜的新型农机具，增加机耕面积，尤其是深耕面积，适当发展大中型拖拉机，加速农业机械化进程。

5. 多种经营及龙头项目建设

多种经营和龙头项目是农业综合开发的主要内容，也是保证农民奔小康的重要手段之一。为此，在今后全省农业综合开发过程中，必须根据全省各项目区的现有资源条件，本着宜林则林、宜牧则牧、宜水则水的原则，发展高产优质高效的农业。同时，还要重点发展一批当地资源丰富，能带动一方经济，一头连市场，一头连农户的规模项目。主要是发挥当地资源优势，发展农副产品的深度加工，促进农村集体经济和农民收入的快速增长。

（三）对策及措施

1. 解放思想，提高认识，进一步加强对农业综合开发工作的领导

应从以下几方面入手：一是各级政府和开发部门要树立和巩固长期搞开发的战略思想，提高指导和协调开发工作的力度。二是健全充实各级农业综合开发办公室，提高其综合协调能力，以调动各级各部门齐心协力搞开发的积极性。三是全面推行政府目标管理责任制，把农业综合开发任务列为考核各级政府负责同志政绩的主要指标之一，确保今后农业综合开发任务的顺利完成。

2. 坚持正确的开发指导思想

为了搞好全省农业综合开发工作，还必须在坚持农业可持续发展、科技兴农的战略方针指导下，全面贯彻以改造中低产田为重点，以增产粮棉油肉特别是粮食为中心，以保证农产品有效供给和增加农民收入为目的，实行水土田林路综合治理，农林牧副渔全面发展这一正确思想。具体做法上，应当解决好以下几点：一是在开发范围上，要突出对低产田、低产园、低产林、低产水面等农业资源进行深度开发，大幅度提高单位面积产量；在农林牧渔生产发展的基础上，以市场为导向，合理调整农村产业结构，实行种、养、加相结合，农、工、商协调发展，提高农业的整体效益。二是在开发的内容上，坚持以改善农业生产条件为重点，保持粮棉油肉等主要农产品稳定增长，同时搞活多种经营，发展"龙头"企业，带动农产品的系列开发。三是在开发的形式上，中低产田改造坚持集中连片，水土田林路综合治理；多种经营和龙头项目实行规模经营。四是在开发的投入上，坚持资金、物资、科技综合投入，取得综合效益。五是在开发的目的上，满足社会对农产品的需求，使农民收入水平显著提高。

3. 坚持统一规划，进行合理布局

一是要支持统一规划。在开发过程中，必须遵循总体开发与区域开发相结合的原则，因地制宜做好统一规划，本着可持续发展的思想，坚持把开发与保护、利用与治理、近期效益与长远效益有机地结合起来，做到资源的开发与资源的保护和增值同步进行，充分发挥资源的生态效益、经济效益和社会效益。开发荒山、荒坡和荒地，要防止水土流失；开发草地要防止草场退化和沙化；开发平原要防止次生盐碱化。二是在作物布局上，一定要坚持因地制宜的原则，充分发挥本地资源优势，适合发展什么就发展什么，做到宜粮则粮，宜棉则棉，宜油则油，宜牧则牧；即要满足国家、市场需要，又能取得最大经济效益。比如，黄淮海平原农业综合开发区，应以粮、棉、油、肉为主。

4. 抓好典型，全面推进

为全面推进农业综合开发工作上规模、上质量、上档次，应集中精力抓好重点工程。一是抓好田间工程配套建设，保证尽快发挥其效益。二是抓好省级高标准示范区建设。三是抓好多种经营和龙头示范项目建设。四是抓好科技示范项目建设，实行领导承包制和目标管理，采取得力措施，千方百计把示范区建成不同类型、各具特色的样板，使之成为一定区域的"闪光点"，从而逐步解决各开发区之间发展的不平衡问题。

5. 进一步推行以自力更生为主、国家扶持为辅的农业开发投入机制

根据全省综合开发的实践，今后在开发中还应注意以下几点：一是地方配套资金省里拿大头（承担70％），市（地）、县拿小头（各承担15％）。同时，实行"先配后投，多配多投，不配不投"，调动各部门及时配齐资金的积极性。二是充分发挥以农民为主体的投入作用。三是采取多种形式和途径，吸引国外资金和项目区以外的资金。四是加速有偿资金的流动周转，发挥资金多次利用的效益。

6. 坚持依靠科技进步，不断提高开发效益

全省农业综合开发要有大的突破，有待于科技上的大突破。邓小平同志在谈到农业问题时指出："最终可能是科学技术解决问题。"为此，一是各级领导和有关同志必须不断提高对"科技兴农"的认识，牢固树立依靠科技进行开发的思想。二是制定、落实优惠政策，充分调动科研、教育、推广部门的科研人员从事农业综合开发工作的积极性。三是加快先进适用农业科技的示范、推广和应用步伐，不断提高项目区的农业科技水平。四是采取不同渠道、不同方式，广泛地开展技术培训工作。培训的对象，不仅是技术管理人员，而且包括广大农民，因为他们的原有科学文化素质比较低，更需要努力提高。五是有计划、有步骤地运用高新技术成果改造中低产田。

7. 深入发动群众，广泛筹集资金

资金不足，是当前农业综合开发的重要制约因素。解决这个问题的根本途径，就是开发劳动资源，扩大劳动积累，同时多渠道、多层次、多形式筹集开发资金和物资。实行"谁投资、谁开发、谁受益"，激励农民和各方面农业综合开发投入，把劳动投入和资金投入结合起来，并在自愿互利、等价交换、合理负担的基础上，合理分配收益，做到多劳多得，多投多得。要通过宣传教育，政策鼓励等多种办法，调动广大农民积极参与搞开发的积极性、自觉性，进而逐步实现以农民投资为主体的农业投资机制。

8. 大力加强各部门、各学科之间的协作

由于开发项目区体现了山水林田路综合治理、农林牧副渔全面发展的方针，在整个开发过程中，不仅涉及水利、农业、农机、林业、畜牧、水产、乡镇企业等部门，而且也涉及多种学科间相互交叉与配合，这样，必须大力加强各部门、各学科之间的通力合作。

9. 一定要坚持搞好农业综合开发项目的评估工作

为了不断提高农业综合开发的科学性、商品性及其系列性，应坚持搞好项目的评估工作。项目的评估内容应包括治理模式的评估、治理标准的评估和工程开发规范化。在治理模式的评估中可以兼顾近期与远期、上游与下游、左岸与右岸开发治理的整体协调，抓住主要矛盾，选择有针对性地开发治理模式，可以收到经济、社会、生态三个方面的效益。在治理标准的评估中，由于资源的多宜性，不同的资源有不同的产出，不同的治理措施有不同的效益，应根据投入量的大小和社会需求状况，合理地分配资金。总之，通过评估，可以推广规范化设计和施工组织，从而达到科学、合理、适用、节省的目的。

41. 论中国人口、资源、环境与经济协调发展的几个问题

李润田

一、中国人口、资源、环境与经济协调发展的重要性和迫切性

江泽民同志在党的十五大报告中指出：我国是人口众多、资源相对不足的国家，在现代化建设中必须实施可持续发展战略，正确处理经济发展同人口、资源、环境的关系。后来江泽民同志又指出，实现可持续发展，核心的问题是实现经济社会和人口资源环境的协调发展。发展不仅要看经济增长指标，还要看人文指标、资源指标、环境指标。我国已经开始实施现代化建设的第三步战略部署，进一步做好人口资源环境工作，对我们实现既定的发展目标，具有十分重大的意义。我们既要保持经济持续快速健康发展的良好势头，又要抓紧解决人口资源环境工作面临的突出问题，着眼于未来，确保实现可持续发展的目标。由此可见，我国人口、资源、环境与经济协调发展不仅成为历史的必然，而且也具有十分的重要性和迫切性。

（1）人口、资源、环境与经济协调发展是人类社会和当今世界各国持续发展的共同要求。第二次世界大战后，特别是20世纪80年代以来，由于经济社会的高速发展，人类不仅对资源的依赖程度越来越高，同时对环境的破坏也越来越严重，这种影响不但涉及一国，也影响全球。因此，任何国家和地区都毫不例外地必须坚持走可持续发展的道路，彻底克服长期以来那种就人口论人口、就资源论资源、就环境论环境、就经济论经济的"单项突出，多项脱节"的思想倾向，否则就难以实现其整体的可持续发展。从中国的实际情况来看，"四者"相互协调发展更是中国可持续发展的迫切需要，这是由于中国人口多，主要资源的人均资源拥有量少，特别是土地资源和水资源已成为全国经济发展的严重的制约因素；环境质量不断恶化，加上全国工业化程度加快而资源利用率低，这就使中国人口、资源、环境与经济发展的矛盾更加突出。面对如此严峻的形势，必须下决心，逐步解决好上述问题。若不这样，不仅全国难以实现总体的可持续发展，而且也必然脱离当今世界各国共同要求的持续协调发展的轨道。

（2）人口、资源、环境与经济协调发展是中国贯彻落实可持续发展战略的根本途径。人口、资源、环境与经济协调发展是实施可持续发展战略的核心，而可持续发展战略不但是我国实现"十五"计划和2010年宏伟目标的重大战略之一，而且也是我国实现今后远景目标的三大战略之一。既然如此，为了使中央已确定的这些重大发展战略逐步得以全面实施和落实，必须坚定不移地走人口、资源、环境与经济协调发展的道路，否则，可持续发展战略在我国就难以付诸实施。

(3) 人口、资源、环境与经济协调发展是我国进一步扩大改革开放事业的重要保证①。无数的事实告诉我们，任何一个地区的经济能否实现可持续的发展，关键问题在于该地区人口、资源、环境与经济之间的关系能否得到协调地发展。"四者"关系协调发展了，就可以进一步实现该地区总体的可持续发展。整体发展的结果是地区综合经济实力的增强，综合经济实力增强了，也就有可能去保护环境和合理利用各种资源以及推行计划生育政策。可见，保护环境和合理利用资源以及控制人口数量、提高人口素质，不仅有利于保护生产力，发展生产力，而且也能起到改革的作用。不仅如此，还会加快开放的步伐，因为我们可以在保护环境和资源中充分利用外资，也可以在利用外资中保护环境和资源。由此可见，坚持人口、资源、环境与经济协调发展的道路，是推动改革开放事业发展的根本。

(4) 人口、资源、环境与经济协调发展是中国实现全面小康社会的目标。从人口、资源、环境与经济协调发展的科学概念出发，可以认为单纯以"经济"为唯一目标的小康社会不是一个健全、完美的小康社会。健全、完美的小康社会应当是一个多重目标的小康社会。具体而言，也就是除了要求经济收入、能源消费数量和质量必须达到规定的标准外，在环境质量的提高程度和自然生态恶化趋势的缓解以及控制人口数量和提高人口质量等方面也要达到既定的目标，只有这样，才能称得上健全、完美的小康社会。要想真正实现上述这一目标，必须坚持走人口、资源、环境与经济协调发展的道路。

(5) 人口、资源、环境与经济协调发展是保证我国子孙后代永续生存与发展的需要。人口是社会生产力的重要构成因素，而资源与环境又是经济发展和人民生活的物质基础，也是生存与发展之本。既然如此，人们的活动必须遵循这一规律来进行，否则整个社会不仅当前和未来都不可能得到发展，而且也必然影响到子孙后代的生存和发展。基于这一点，我国必须坚持走人口、资源、环境与经济协调发展的道路。

二、中国人口、资源、环境与经济协调发展的现状和问题

(一) 现状

建国以来，我国在经济发展上尽管也走过一些曲折之路，可是从整体上来看，整个国民经济的发展还是十分迅速的，人民生活水平也有显著的提高。特别是党的十一届三中全会以来，我国经济和其他各项事业更是得到了长足的发展。同时，也开始重视了人口、资源、环境问题，认识到要想把经济尽快搞上去，必须把人口猛增的势头降下来，切实把资源和环境保护好，利用好，使其协调发展。为了逐步实现上述的目的，20多年来，我国在人口、资源、环境与经济协调发展方面，做了以下几个方面的主要工作。

(1) 积极宣传、贯彻中央有关方针、政策，提高对人口、资源、环境与经济协调发展的认识。改革开放20多年来，党中央、国务院为了尽快把经济搞上去，十分重视人口、资源、环境问题，先后把实行计划生育、保护环境和保护土地列为我国三大基本国策。为

---

① 周风起等：经济、人口、能源、环境协调发展战略选择，见：经济社会发展重大问题研究，1995年。

了把这三大基本国策真正落到实处，使其得以协调发展，曾充分利用全国广播、电视、报纸等各种宣传工具，采取多种多样形式，广泛、深入地进行宣传教育，尽力做到家喻户晓，人人皆知。从而使全国各级领导和人民对人口、资源、环境协调发展的重要性、迫切性的认识得到了进一步的提高。

（2）加强法制，努力建设有利于实现人口、资源、环境与经济发展的优良法制环境。20多年来我国先后颁布了《中华人民共和国森林法》、《中华人民共和国草原法》、《中华人民共和国矿产资源法》、《中华人民共和国土地管理法》、《中华人民共和国水法》、《中华人民共和国水土保持法》和《中华人民共和国环境保护法》等一系列法律法规，并采取了许多有效措施，在控制人口、合理利用和保护资源、改善治理生态环境方面取得了很大的成就，为依法管理打下了最坚实的基础。

（3）狠抓控制人口、保护资源和环境的层层落实和领导责任制。控制人口、保护资源和环境工作具有涉及面广、情况复杂、任务艰巨等特点，这就决定了上述几项工作要想切实取得成效，必须狠抓各项工作的层层落实。20多年来，在上述几项工作中，除了狠抓层层落实外，还普遍实行了目标责任制，并把它作为考核各级政府政绩的重要内容。在环境保护方面，在坚决执行预防为主，谁污染谁治理和强化管理三大政策的同时，还加强了环境保护，法制建设，设立各级环保机构，深入开展城市环保综合整治和工业污染整治以及农村的环保工作等，并取得了一定的成效。

（4）编制了国土规划。10年前，中共中央和国务院的重大部署相继做出了加强国土工作的决定，从上到下全面开展了各个层次的国土规划，为资源的合理开发利用和有效治理保护以及力争实现经济与人口、资源、环境的协调发展打下了有利基础。建立自然保护区，起到了保护自然环境和自然资源，促进生物资源不断繁衍和增长的重要作用。同时，也有利于人口、资源、环境与经济协调发展。为此，到1999年年底，全国累计建立各类自然区1146处，自然保护区面积达8812.8万公顷，占陆地国土面积的8.80%。不仅如此，全国还开始建立了生态示范区试点212处，上述自然保护区和生态示范区，已开始发挥其生态效益、社会效益和经济效益。

（5）增加了财力投入，加强了机构建设，为人口、资源、环境协调发展提供了重要保证。"九五"以来，我国为了促进人口、资源、环境协调发展，在财力投入上有了大幅度增加。以环境保护为例，"九五"前四年，环境保护累计投资达到2487亿元；环境保护投入占GDP的比例逐年上升，四年平均达到0.86%，高于"八五"期间0.73%的水平。1999年环境保护投入首次达到占GDP的1.01%。在机构建设上，也有所加强。全国除了一些高等学校设立了经济、环保、土地管理等专业和人口、经济、资源、环境等专门研究机构外，在政府部门也先后建立了有关人口、计划生育、资源、环境与经济等研究机构，系统地开展了一些专题研究，并取得了一批可喜的成绩。

（6）努力实现治理整顿目标，继续深化改革，理顺经济关系，逐步建立社会主义市场经济体制的运行机制，为经济持续发展创造条件。改革开放20多年来，全国经济不断跨上新台阶。主要表现在国民经济高速持续发展，经济综合实力增强；产业结构向合理化方面演进；市场的作用明显增强；外向型经济有了重大的发展，城乡居民生活水平有了显著提高；生产力布局逐步趋向合理。这些都为今后逐步实现人口、资源、环境的协调发展打下了良好的基础。

(二) 存在的问题

如前所述，改革开放 20 多年来，全国在促使"四者"之间的协调发展方面取得了很大进展和成绩。但是长期以来，我国经济发展与人口、资源、环境之间仍然处于一种不够协调的状态，这种不协调的状况目前还没有得到根本的改善，尚存在不少突出问题。正如江泽民总书记最近指出的：我国人口资源环境工作取得了很大成绩，实现了"十五"人口资源环境工作的良好开局。同时也要看到，我国人口资源环境工作仍然面临不少等待解决的突出问题，人口资源环境状况与经济社会发展还很不协调。我们必须加紧解决存在的问题，坚定不移地实施可持续发展战略。当前存在的突出问题，归纳概括起来有以下几个方面。

(1) 人口总量、劳动适龄人口和老龄人口均呈继续增大趋势。从人口发展指标看，我国的人口总量、劳动适龄人口、老龄人口的三大高峰期将重叠出现，这将给我国的资源、环境和经济发展带来巨大压力。我国人口 20 世纪末已接近 13 亿，如果使总和生育率持续下降，据预测，21 世纪 40 年代有可能出现零增长，人口总量最大值不超过 16 亿。劳动适龄人口 2000 年达到 8.6 亿，21 世纪 20 年代将达峰值 10 亿左右。65 岁及以上人口，2000 年近 9000 万，占总人口的 6.9%，估计 2040 年左右将上升到 16%，按国际标准 21 世纪初我国即进入老龄社会。我国面临着人口总量、劳动适龄人口、老龄人口的高峰期相继重叠出现，每年净增人口 1500 万，新增劳动人口 1000 万，增加 65 岁及其以上人口 250 万，形成巨大的人口压力。要解决这么多人的吃穿用、教育、就业、养老等问题，需要一定的财力支持，这必会影响我国的经济发展速度，并对资源、环境造成巨大压力。另外，人力资源素质低，主要表现在两方面：一是身体素质低；二是文化素质低。成年人大学以上文化程度占总人口的比重是 1.5%，不如缅甸 (2.5%)；另一方面，文盲、半文盲多，全国有 1.8 亿人。

(2) 水资源严重不足。我国水资源总量为 28124 亿立方米，虽居世界第六位；但人均占有河川径流量只有 2469 立方米，仅为世界平均水平的 1/4，排在第 88 位，为世界 13 个贫水国之一。我国的水资源在地域分布上极不平衡，尤其北方地区和沿海城市，其发展受水资源不足的制约更为突出。我国 54% 的耕地、大部分的矿产资源和人口，均相对集中在缺水地区，这一特点更加剧了水的供需矛盾，也增加了解决缺水地区供水的难度。近期阶段，西北和华北地区、山东半岛、辽中南地区以及部分沿海城市水的供需矛盾难以得到解决，经济社会发展受水的制约将日趋严重。值得引起注意的是：北方地区工农业争水的矛盾突出，现有水利设施供水过分向城市和工业转移，对农业发展将产生不利影响。在进入 21 世纪后，以山西为中心保证全国 1/3 原煤供给量的能源基地将严重缺水。采煤和发电均要消耗水，必须及早解决能源基地的供水问题。

(3) 耕地资源不足，人均耕地减少，粮食供给压力增大。我国现有耕地面积仅占全国土地总面积的 13%，人均耕地面积约 0.1 公顷，是世界人均水平的 2/5，并且耕地后备资源较少，只有 1300 万公顷左右。从发展趋势看，耕地总量将继续减少，到 2020 年人均耕地估计仅有 0.08 公顷左右。2020 年在耕地为 1.18 亿公顷、粮食作物播种面积占耕地面积的72%、粮食单产为每公顷7500公斤的条件下，人均粮食只能达到410公斤左右，满足不了人均500公斤的需求目标。不仅如此，我国地力也明显下降，全国耕地有机质平均含量也从起初的8%~10%，下降到目前的1%~5%，耕地退化十分严重。

（4）主要矿产资源对国民经济发展保证程度下降。根据有关部门对我国45种主要矿产资源及其对国民经济发展需要的保证程度的论证，目前可以保证需求的矿种占64%，到2010年可基本保证需求的占51%，到2020年保证需求的只有6种，仅占13%，将出现矿产资源全面紧张的局面。此外，铜、能源（石油、天然气等）、钾盐、铬等，缺口大，进口量将增加。不仅如此，矿产资源采选回收率和综合利用水平也偏低。

（5）环境恶化，大气污染和水污染十分严重。经过多年不懈的努力，我国的环境保护工作取得显著成绩，获得国际社会好评。但是20世纪90年代以来，全国的环境形势日趋严峻，环境质量在总体上继续恶化。我国的大气污染属于煤烟型污染，悬浮物和酸雨危害呈发展趋势。全国600多座城市中符合世界卫生组织大气质量标准的不到1%，参加全球大气监测的沈阳、西安、上海、广州等曾被列入污染最严重的十个城市之中。水环境污染更是日益突出，全国七大水系近一半的河段污染严重，86%的城市河段水质超标，太湖、巢湖、滇池等湖泊普遍存在富营养化问题。全国有2/3的城市居民在噪声超标环境中生活，工业和生活产生的固体废物"围城"现象十分严重，受污染的耕地达0.1亿余公顷。我国酸雨危害发展之快为世界之最，酸雨区面积占国土面积的29%，西南、华南酸雨区成为与欧洲、北美并列的世界三大酸雨区。今后我国的经济仍将高速增长，产生的污染物将继续增加，必须引起足够的重视，并采取有效防治措施。

（6）生态环境日趋恶化。在我国广大农村，由于农业化肥、农药、生长素、地膜等的使用量不断增加，特别是众多的乡镇企业污染物的大量排放，使农村环境质量日趋恶化。另外，我国水土流失和风蚀面积占国土面积的比例已达到38%，土地沙漠化和水土流失多年来一直呈发展趋势。这给当地生态环境、经济发展和人民生活带来极大的危害，全国60%以上的贫困县集中在这些地区。要遏制其继续发展的势头，还任重道远，近期内即使做最大努力，也只能做到减缓发展。

（7）自然灾害十分严重。中国是世界上自然灾害多发的国家之一。自然灾害的主要特点是：成因背景复杂、自然环境脆弱、区域性强、种类多、频率高、强度大、伴发性与交替性明显等。在各种灾害中，发生频率和覆盖面大的就是旱灾和涝灾，每年都给我国造成巨大的经济损失。

（8）经济发展中存在的问题。近年来，我国的经济持续保持着较高的发展速度，取得了举世瞩目的成就。但是在经济发展中，也存在着一些问题，概括起来有以下几方面：产业结构不合理，经济效益差；城市化水平低，地区经济发展不协调；国民经济整体素质不高，国际竞争力不强；社会主义市场经济体制尚不完善，阻碍生产力发展的体制因素仍很突出等等。

总之，我国的人口、资源、环境和经济系统不仅各单项要素存在着问题，而且它们之间的相互关系也存在着不少复杂的尖锐矛盾。这种局面如果长期得不到解决，不仅会成为当前我国实现"十五"计划的限制因素，而且也是我国实现可持续发展战略的严重障碍。

三、中国人口、资源、环境与经济协调发展的对策与建议

大量的理论和实践告诉我们,一个地区的社会和经济能否得到可持续的发展,关键问题在于该地区人口、资源、环境与经济之间的关系是否能得到协调地发展。根据协调论的观点,"四者"能够相互协调的发展,就可以实现一个地区总体的可持续发展。相反,如果"四者"不能够协调发展,就难以实现可持续发展。当然,这并不意味着就可以忽视其中任何单项因素所具有的独特作用。从这一基本观点出发,为促使我国逐步走上人口、资源、环境与经济协调发展的道路,特提出以下几方面的对策与建议。

(一) 继续大力宣传、贯彻中央有关人口、资源、环境与经济协调发展的方针、政策,不断提高全民的整体协调发展意识

为了使我国可持续发展战略在全国范围内逐步得到落实,首先各级领导部门必须在已取得初步成绩的基础上,继续大力宣传、积极贯彻中央有关人口、资源、环境与经济协调发展的一系列方针、政策和措施。其次,要努力不断提高和培养全民族的人口、资源、环境与经济协调发展的整体意识,全民族协调发展的整体意识提高了,可持续发展战略的工作就可以得以顺利地开展。

(二) 各级党委和政府要进一步增强抓好人口资源环境工作的责任意识

各级领导部门,务必把抓好人口资源环境工作放在突出的战略地位。要继续坚持党政一把手亲自抓、总负责的措施。各级党政领导班子还应定期开会研究本地区人口资源环境工作,每年都要认真解决一两个影响和制约本地区人口资源环境工作的突出问题,做到责任到位、措施到位、投入到位,并取得明显的成效。同时,还要不断提高认识,特别是要认清加入世贸组织后,我国人口资源环境工作又面临着新的形势和要求,有挑战,也有机遇,要善于趋利避害,不断把我国人口资源环境工作提高到新水平。

(三) 要下决心有计划地加强队伍建设

为了把人口资源环境工作真正落到实处,必须努力建设好一支思想好、作风正、业务熟、会管理、关于做群众工作的人口资源环境工作队伍,经常推动人口资源环境工作。

(四) 继续执行计划生育政策,严格控制人口数量,提高人口素质,加强人力资源开发,缓解我国的人口问题

人口过快增长必然会抵消经济发展的效果,影响我国的经济发展速度和水平,庞大的人口规模构成我国现代化建设的沉重负担。因此,我国应继续严格控制人口增长速度。同时也必须看到,当今国际之间的竞争,归根到底是人才的竞争。因此,还必须狠抓人才素质的提高。具体而言,第一,各级党委和政府,特别是主要领导干部,要从战略和全局的高度,认识人口与计划生育工作的长期性、重要性,始终坚持发展经济与控制人口两手抓。人口与计划生育工作的主要任务是稳定低生育水平。不仅如此,还要把这种认识落实

到基层。第二，除了大力宣传贯彻执行《计划生育条例》、严格执行计划生育法规和政策外，还要广泛、深入地宣传严格控制人口增长的必要性，树立人口与资源、环境和经济发展必须相互协调、相互适应的意识。第三，要注意抓好计划生育网络建设，把工作重点放在农村，切实抓好后进转化，解决农村、边远山区和流动人口的超生问题。在抓紧控制人口的同时，还要从长远利益出发，增加教育投入，努力提高人口素质，开辟多种教育资金渠道，大力发展教育事业。

由于中国已成为"老年型"国家，无疑会给我国的经济发展带来沉重的负担。为了解决好一问题，首先应大力发展社会保障事业，推选个人保险与社会保险相结合，为明天留下更多的财富；其次要积极研究和开发老年产品，发展老年产业；再次要努力开发轻龄老年人力资源，缓解社会和家庭负担。应当看到，老年人既是特供产品与服务的市场消费者，也是一种宝贵资源。刚退休的知识分子可以充分发挥他们的知识优势，为社会多做贡献。

针对劳动适龄人口问题应积极采取的对策和措施：一是大力发展劳动密集产业，如饮食业、商业、旅游业、文化服务业等；二是积极发展小城镇和城镇非国有经济；三是开展大规模城镇基础设施建设，创造更多的就业机会。

(五) 积极提倡和鼓励开拓国内外两个市场、利用国内外两种资源

邓小平同志提出了我国"三步走"的战略目标，在21世纪中叶要达到中等发达国家水平。实现这一目标的限制性影响因素有很多，但最重要的影响因素是资源，这是因为资源是最重要的物质基础。纵观当今世界，没有哪一个国家的资源是应有尽有的，都要通过国际间的交流，互通有无，来弥补某些资源的不足。既然如此，在世界经济一体化程度不断增强、资源领域的国际合作不断拓宽、国际资源市场供过于求的情况下，我们也可以在立足用好国内资源的基础上，扩大资源领域的国际合作与交流，充分利用国内外两个市场、两种资源，通过国际市场的调剂，来补充某些国内短缺或保证程度不高、而国际市场上供应良好的资源，实现我国资源的优化配置，保障资源的可持续利用。

(六) 努力推进科技进步和经济增长方式的根本转变，开源与节流并举，确保我国资源的可持续利用

我国乃至整个世界，自然资源的有限性与人类需求的无限性之间的矛盾将长期存在。在这对矛盾中，人是矛盾的主要方面。既可以由于人类不合理地利用资源造成资源的破坏、浪费、退化、枯竭乃至资源环境的恶化，加剧资源紧缺；也可以由于人类理智而科学地珍惜保护和合理利用资源，在不断提高资源利用所带来的社会福利的同时，减少对资源的耗损与对环境的危害，保障可持续发展的需要。为了实现后者的目标，我们必须合理利用一切资源，取得最佳效果。大量的理论和实践证明，合理利用资源最根本的方法是通过实现经济增长方式的根本性转变，走出一条资源节约型的经济发展道路。具体而言，就是必须注意研究资源可持续利用问题，采取开源与节约并重，把节约放在首位的方针。邓小平同志曾经说过："我们地大物博，这是我们的优越条件。但是有很多资源还没有勘探清楚，没有开采利用，所以还不是现实的生产资料。"这就需要开源。江泽民同志在党的十

五大报告中指出，资源开发与节约并举，把节约放在首位，提高资源利用效率。我国资源节流也是一篇大有做头的文章。比如，以矿业为例，采富弃贫、采易丢难、选冶单一、回收率低下等粗放式经营现象相当严重，一些地方因此而破坏和浪费的资源，比回收利用的资源还多。因此，我们一定要注意优化人力资源与自然资源的组合，要注意有选择地发展资源利用高新技术产业，采用先进的科学技术，改造传统产业，改变资源消耗过高的现状，逐步建立一个资源节约型的国民经济体系。

（七）强化资源的管理、规划，不断提高对资源的保护与合理利用水平

一是强化国家对资源的管理，首先要转变观念，即改变过去资源无价值为有价值观；二是要建立政府管理与市场运作相结合的资源优化配置新机制，加强管理与规划，提高其保障能力；三是要进行资源的价值核算，并逐步纳入国民经济核算体系和进一步完善资源管理法规；四是要不断深化资源管理体制改革，建立各类资源管理的协调机构，并形成内外结合的监督机制，逐步使管理与利用纳入科学化、规范化、法制化轨道；五是加强资源管理，严格按规划办事。要充分发挥规划在资源配置中的宏观调控作用，在资源供应的总量、结构、布局上，区别情况分别采取鼓励、允许、限制等不同政策，并综合运用价格、税率的经济杠杆作用和技术、法律、行政的手段，采用适合国情和经济发展要求的资源运营、监督机制和公有制的多种实现形式，来实现宏观调控的政策目标；六是要重视资源的规划编制工作，做到科学规划，严格实施，不断完善资源规划体系。

（八）节约利用土地，切实保护耕地，抓好基本农田保护

我国人均土地占有量少，人均耕地更少，随着人口的不断增加，耕地形势日趋严峻，节约用地和切实保护耕地就必然成为我国的基本国策。要制定《耕地保护法》，做好耕地保护规划，保证基本农田保护面积在耕地总面积中所占比例不低于国家规定的标准。要严格控制非农业建设用地占用基本农田，特殊情况下必须占用基本农田时，一定要严格履行审批手续，经相应级别的土地管理部门批准，并按国家有关规定征缴高额的耕地占用费。

（九）要重点解决北方地区水资源不足的问题

北方地区是我国的主要农业区和人口密集区，工业生产也有一定的规模，需水量巨大，而天然水资源严重不足，水资源供需矛盾十分突出。要解决好这一突出矛盾，既要十分重视推广节水技术，提高用水效率，发挥水的多功能和可重复利用的特性，充分利用有限的水资源，又要适当开源，增建供水工程，在充分利用本地区水资源的条件下，加速进行南水北调工程建设。要加强供水用水计划管理，合理分配用水，调整水价，以经济手段促进节约用水。同时，还要重视保护水资源，防治水资源污染，扩大可供水量。

（十）合理开发利用矿产资源，积极调整矿业发展政策

如前所述，我国的矿产资源形势十分严峻，不仅大宗矿产品总量不足，而且结构性短缺也将日趋严重。因此，解决我国资源短缺的有效途径之一应当是调整矿业政策，树立大资源观点，按市场经济的运行规则，在合理利用、有效保护本国资源的基础上，积极创造

条件利用一部分国际市场上的矿产品，以满足国内经济发展的需要。同时，也要加强矿产勘查，扩大矿产储量；要尽快实施计征矿产资源补偿制度，建立地质勘查基金和加强矿产资源的综合利用工作，提高资源的综合回收率，扩大矿产资源的供给能力。

(十一) 提高能源利用率，改善能源结构

我国能源消耗高，节能潜力大，要想逐步解决好能源问题，重点应是提高能源利用率和不断改善能源结构。具体而言，首先要提高全民节能意识，落实节能降耗措施；其次，应坚持以煤为主，其他能源为辅的能源结构方针，并且应努力提高选洗煤的比重，发展城市集中供热事业，实现民用燃料煤气化和天然气化，以减轻酸雨的危害；同时，还要大力发展水电、核电，因地制宜地推广应用太阳能、风能、地热能、潮汐能、生物能等清洁能源。

(十二) 精心组织国土资源调查评价，开展新一轮国土资源大调查

保护和合理利用资源离不开有效管理，有效的管理必然要有规划手段，而科学的规划又必然要以资源调查评价为基础。所以，必须加强国土资源的调查评价工作。根据这种要求，国土资源部提出了开展"新一轮国土资源大调查"的部署。全国各级国土资源机构应认真落实这一部署，精心组织国土资源的调查与评价，高质量地完成新一轮国土资源大调查工作。

(十三) 把海洋开发战略和规划工作提上议事日程

据科学家和经济学家预测，21世纪是海洋的世纪。因此，国家除了组织人力尽快编制《全国海洋开发规划》外，应积极组织实施《中国海洋21世纪议程》，积极开发利用海洋资源；健全和完善海洋法制，依法进行海洋开发管理；加强海岸带的综合开发与管理，合理开发和保护近海；积极参与国际海底和大洋的开发利用；重点加强陆源污染物管理，实行污染物总量控制，防止海洋环境退化；要扩大海洋开发的投资渠道；加强国际科技合作，提高海洋开发能力和水平。通过上述一系列得力措施，逐步实现和发挥我国海洋资源的优势。

(十四) 加大综合治理力度，努力保护生态环境

目前，中国正以历史上最脆弱的生态系统，承受着历史上最多的人口和经济快速发展的压力。今后，中国要逐步实施既定的可持续发展战略，这就要求我们必须进一步加大综合治理力度，努力保护生态环境。为了作好这项工作，应从以下几方面着手：第一，树立全民的环境意识。全民环境意识的树立和提高，是搞好环境保护工作的前提。宣传、环保及其他相关各部门应密切配合，通过各种宣传方式，进行多层次、全方位的教育，使国家有关环境保护的各项政策深入人心，使环境保护知识得到普及，使环保政策、措施得到进一步落实。第二，建立主要领导负责、各有关部门分工协作、全社会参与环境保护的竞争机制。实践证明，这是搞好环境管理、环境建设的一条重要经验。因此，我们应该建立各级主要领导人环境保护任期目标责任制，把环境保护工作列入政府工作的议事日程。要发展经济和保护环境两手抓，不能只顾经济翻番、上新台阶，而不顾环境污染、资源浪费和

生态平衡破坏的后果。第三，加强环保队伍建设，提高环保队伍的政治素质和业务水平，是作好环境保护和建设的基础。第四，大力开展环保科研工作，引进、开发、推广环保实用技术。这项工作既是今后加强环保工作的重要任务，也是改善环保状况的必要措施。第五，一定要落实好环保资金。世界各国环保投资一般均占该国GDP的0.8%~2.2%，发展中国家也达0.5%~1%，而我国目前尚不足1%，今后应逐步提高。第六，加大环保执法力度，贯彻执行《环境保护法》、《大气污染防治法》、《水土保持法》、《土地法》等一系列有关法律和法规。第七，大力开展生态建设，主要是搞好植树造林，封山育林和以草定畜工作，搞好"三北"防护林、长江中下游防护林、沿海防护林、平原绿化、太行山绿化五大生态工程建设等。第八，加强草地建设，保护好湿地资源，以达保护生物多样性的目的。第九，治理水土流失和土地沙化。第十，严格控制各类污染。

另外，为了减轻自然灾害的发生，还应进一步加强监测、预报、抗灾、防灾、救灾、灾后建设等措施，控制灾害发生；要继续加快水利基本建设步伐，特别是抓紧干流河道的治理，保质保量完成三峡、小浪底等大型水利工程建设任务，提高防洪防涝能力。

（十五）积极发展经济，努力实现速度与效益的统一

为了逐步解决好我国人口、资源、环境与经济协调发展中经济方面存在的问题，我们应当努力实现九届全国人大四次会议通过的我国"十五"计划《纲要》的指导方针和今后五年经济和社会发展的主要目标：国民经济保持较快发展速度，经济结构战略性调整取得明显成效，经济增长质量和效益显著提高，为到2010年国内生产总值比2000年翻一番奠定坚实基础；国有企业建立现代企业制度取得重大进展，社会保障制度比较健全，社会主义市场经济体制逐步完善，对外开放和国际合作进一步开展；就业渠道拓宽，城乡居民收入持续增加，物质文化生活有较大的改善，生态建设和环境保护得到加强；科技、教育加快发展，国民素质进一步提高，精神文明建设和民主法制建设取得明显进展。为了实现上述方针和目标，应采取以下主要对策和措施：第一，进一步加快、完善社会主义市场经济体制和运行机制。第二，坚持把发展作为主题。强调速度与效益相统一，在提高效益的前提下实现较快的发展。有市场、有效益的速度，才是真正的发展。综合考虑各方面因素，我国确定"十五"期间经济平均增长速度为7%左右。这个速度虽然比"九五"期间的增长速度稍低，但仍然是一个较高的速度。要在提高效益的基础上实现这个目标，必须付出艰巨的努力。同时，由于国际国内都存在一些不确定因素，计划的预期目标要留有余地。这样，有利于引导各方面把主要精力放在调整结构和提高效益上，也有利于防止经济过热和低水平重复建设。第三，坚持把结构调整作为发展经济的主线。我国的经济结构已经到了不调整就不能发展的时候，必须在发展中调整结构，在结构调整中保持较快发展。同时，还应看到调整产业结构也是合理利用生产要素，有效节约自然资源最经济的措施。为此，今后五年要着力调整产业结构、地区结构和城乡结构，特别要把产业结构调整作为关键。要巩固和加强农业基础地位，加快工业改组改造和结构优化升级，大力发展服务业，加快国民经济和社会信息化，继续加强基础设施建设。第四，坚持把改革开放和科技进步作为动力。今后五年要坚定不移地推进改革，扩大开放，突破影响生产力发展的体制性障碍，为经济社会发展提供强大动力。要把发展科技、教育放在突出位置，进一步实施

科教兴国战略，振兴科技，培养人才，促进科技、教育和经济紧密结合。第五，坚持把提高人民生活水平作为根本出发点。要坚持把提高人民生活水平摆在重要位置，扩大就业门路，增加居民收入，合理调节收入分配关系，健全社会保障体系，保证人民群众向更加宽裕的小康生活迈进。第六，坚持把经济发展和社会发展结合起来。大力加强社会主义精神文明建设和民主法制建设，处理好改革、发展、稳定的关系，促进各项社会事业的发展，确保社会稳定。

（十六）依靠科学技术进步，促进经济、人口、资源、环境的协调发展

科技进步是促进经济、人口、资源、环境协调发展的关键，国家应支持和加强基础性研究工作，增加研究经费，科学技术发展要面向经济建设的主战场，依靠科学和技术进步的不断创新，特别是应用技术和高新技术的研究为经济发展、资源有效利用、提高土地承载能力、开发新能源、防治污染和治理生态环境等做出新贡献。同时，还要切实改革现行的科技体制和大力发展高科技产业带动传统产业的发展。

参 考 文 献

[1] 邓楠. 我国社会发展科技事业的中心议题——人口、资源与环境的协调发展. 中国人口·资源与环境，1991，第1卷，第1期.

[2] 冯维波. 论持续发展与我国环境保护对策. 资源生态环境网络研究动态，1994，第2期.

[3] 葛涤生. 我国的环境与人口问题. 经济科学，1993，第1期.

[4] 国务院. 中国21世纪议程——中国21世纪人口、环境与发展白皮书. 北京：中国环境科学出版社，1994.

[5] 李宏规. 实行计划生育是人口、资源、环境与经济协调发展的重要保证. 中国人口·资源与环境，1992，第2卷，第1期.

[6] 李文华. 持续发展与资源对策. 自然资源学报，1994，第9卷，第2期.

[7] 李润田. 河南人口·资源·环境丛书. 郑州：河南教育出版社，1994.

[8] 彭珂珊. 中国国土资源与生态环境建设问题. 城市规划汇刊，1999，第2期.

[9] 彭珮云. 人口增长必须同资源利用和环境保护相协调. 中国人口·资源与环境，1993，第3卷，第1期.

[10] 邱天朝. 试论人口、资源与经济协调发展. 中国人口·资源与环境，1993，第4卷，第4期.

[11] 曲格平. 当前的环境问题及若干战略任务. 求是，1994，第10期.

[12] 沈益民. 加强全民的人口与环境意识是当务之急. 中国人口·资源与环境，1993，第3卷，第1期.

[13] 孙尚清，鲁志强，高振刚等. 论中国人口、资源、环境与经济的协调发展. 中国人口·资源与环境，1991，第1卷，第2期.

[14] 王毅. 中国的人口、资源、环境问题及若干战略选择. 科学学研究，1992，第10卷，第2期.

[15] 赵志浩. 走向未来的第一个战略问题——山东省人口、资源、环境协调发展的回顾与展望. 中国人口·资源与环境，1991，第1卷，第2期.

[16] 国家计委宏观经济研究院. 经济社会发展重大问题研究. 北京：中国计划出版社，1995.

原文刊载于2003年由科学出版社出版的《中国资源地理》第六章第二、三、四节

42. 河南人口、资源、环境与经济协调发展的问题及其对策

李润田

一、河南人口、资源、环境与经济协调发展概述

建国以来,河南在经济上尽管走了一些曲折之路,可从整体上来看,整个国民经济的发展还是十分迅速的,人民生活水平也有显著的提高。特别是党的十一届三中全会以来,河南经济和其他各项事业更是得到了长足的发展。同时,也开始重视了人口、资源、环境问题,认识到要想把经济尽快搞上去,必须把人口猛增的势头降下来,切实把资源和环境保护好、利用好,使其协调发展。为了逐步实现上述目标,10多年来,在人口、资源、环境与经济协调发展方面,做了以下几方面的主要工作。

(1) 积极宣传、贯彻中央有关方针、政策,提高对人口、资源、环境与经济协调发展的认识。改革开放10多年来,党中央、国务院为了尽快把经济搞上去,十分重视人口、资源、环境问题,先后把实行计划生育、保护环境和保护土地列为我国三大基本国策。为了把这三大基本国策真正落到实处,使其得以协调发展,河南省曾充分利用广播、电视、报纸等各种宣传工具,采取多种形式,广泛、深入地进行了宣传教育,尽力做到家喻户晓、人人皆知,从而使全省各级领导和人民对人口、资源、环境与经济协调发展的重要性、迫切性的认识得到了进一步的提高。

(2) 加强法制,努力建设有利于实现人口、资源、环境与经济协调发展的优良法制环境。按照《中华人民共和国宪法》与国家有关法律规定,紧密结合河南实际,颁布了《河南省计划生育条例》、《全民所有制矿山企业登记管理办法》、《矿产资源监督管理办法》、《河南省〈矿产资源法〉实施办法》以及《河南省实施〈中华人民共和国土地管理法〉办法》等法规和条例。在环境保护方面,河南省人大常委会和河南省人民政府先后制定和颁布了几个有关加强环境保护的法规和条例。这些,为依法管理打下了最坚实的基础。

(3) 狠抓控制人口、保护资源和环境的层层落实和领导责任制。由于控制人口、保护资源和环境工作具有涉及面广、情况极为复杂、任务十分艰巨等特点,这就决定了上述几项工作要想切实取得成效,必须狠抓各项工作的层层落实。10多年来,在狠抓上述几项工作中,除了狠抓层层落实外,还普遍实行了目标责任制,并把它作为考核各级政府政绩的重要内容。在环境保护方面,在坚决执行预防为主、谁污染谁治理和强化管理三大政策的同时,加强了环境保护和法制建设,设立各级环保机构,深入开展了城市环保综合整治和污染整治以及农村的环保工作。

(4) 编制了国土规划。10年前，河南省根据中共中央和国务院的重大部署相继做出了加强国土工作的决定。结合全省实际，在焦作市及豫西地区国土整治规划试点工作的基础上，全省各地、市、县有关部门坚持开发、利用、治理、保护并重的方针，从上到下全面开展了各个层次的国土规划，为资源合理的开发利用、环境有效治理保护以及力争实现经济与人口、资源、环境的协调发展打下了有利基础。

建立自然保护区可以起到保护自然环境和自然资源、促进生物资源的不断繁衍和增长的重要作用，同时，也有利于人口、资源、环境与经济协调发展。为此，河南省于1980年建立了第一个自然保护区——内乡宝天曼国家级自然保护区；此后，1982年河南省人民政府又批准建立了13个自然保护区和禁猎伐区。总面积近9万公顷，占全省总面积的0.54%，分布在伏牛山、太行山、桐柏山和大别山等深山区的河流上源。上述自然保护区建立后，已开始发挥了自然保护区的生态效益、社会效益和经济效益。

(5) 增加了财力投入，加强了队伍建设，为人口、资源、环境协调发展提供了重要保证。

(6) 人口、资源、环境与经济协调发展的技术研究工作正在不断加强。全省除了一些高等学校设立了经济、环保、土地管理等专业和人口、经济等专门研究机构外，在政府部门也先后建立了有关人口、计划生育、资源、环境与经济等研究机构，系统地开展了一些专题研究，并取得了一批可喜的成果。

(7) 努力实现治理整顿目标，继续深化改革，理顺经济关系，逐步建立社会主义市场经济体制的运行机制，为经济持续发展创造条件。改革开放10多年来，河南省经济已跨上了一个新台阶。主要表现在国民经济高速持续发展，经济综合实力增强；产业结构向合理化方向演进；市场的作用明显增强；外向型经济有了重大发展；城乡居民生活水平有了明显提高；生产力布局逐步趋向合理。这些都为今后逐步实现人口、资源、环境的协调发展打下了良好的基础。

二、河南人口、资源、环境与经济协调发展中存在的主要问题

10多年来，尽管河南省委、省人民政府十分重视人口、资源、环境与经济四者关系的协调发展，并采取了不少对策和措施，也取得了一定成绩。但是，距离中央的要求还相差甚远；与兄弟省、市、自治区相比，在处理人口、资源、环境与经济协调发展问题关系上，仍存在着许多的问题，有些问题还比较突出。

(一) 人口问题令人担忧

人口问题一直制约着河南经济的发展。尽管由于省委、省政府和计划生育部门的共同努力，从1990年以来已取得了显著成绩[①]，但河南人口问题仍然十分突出。它主要表现在以下几个方面。

---

① 人口出生率由1973年的30.40‰，下降到1992年的18.13‰，人口的自然增长由24.2‰，下降到11.14‰，人口形势正向好的方向发展，晚婚、晚育、少生育观也开始深入人心。

(1) 河南人口增长速度高于全国水平。仅 1982~1990 年 8 年间，河南人口增长了 14.93%，平均增长 17.5‰，分别比全国平均水平高出 2.48 和 2.7 个百分点，仍处于第三次人口出生高峰时期。

(2) 育龄妇女人数和生育旺盛人数增长速度过快。1990 年比 1982 年育龄妇女人数增长 27.97‰，全省生育旺盛妇女比 1982 年增长 50.77%。"八五"期间，河南省生育旺盛妇女比"七五"期间平均每年要多生 170 多万人。

(3) 农村青年早婚早育现象比较严重。据 1990 年第四次人口普查资料，15 岁以上未到法定结婚年龄的早婚人口为 74.3 万人。

(4) 人口老龄化速度加快。

(5) 人力资源素质低，开发难度大。河南人口问题比较严重，不仅表现在数量多，也表现在整体素质差。

(6) 农村剩余劳动力呈逐年增长趋势，面临的就业压力越来越大。

（二）资源问题形势严峻

1. 人均资源占有量偏低

河南省不仅能源矿产资源丰富，金属和非金属矿产资源也比较丰富。但由于河南省人口增长过快，规模过大，不少总量尚多的矿产若按人均占有量计，则不及全国的水平，更远远低于世界水平。

2. 不少资源供需矛盾日益尖锐

主要表现在以下两方面：一是土地资源人均占有量不断急剧下降；二是有些重要矿产资源，如铜矿资源远远满足不了需要；三是水资源可利用量仅为 333 亿立方米，预计到 2000 年将缺水近 65 亿立方米，到 2020 年将缺水近 200 亿立方米。这种状况如果得不到解决，必将影响全省经济的发展。

3. 资源浪费、破坏现象严重，乱采、乱挖问题突出

（三）环境问题令人担忧

10 多年来，河南省在环境保护方面做了很多工作。但目前面临的形势仍然是严峻的，它可以概括为三句话：局部有所好转，总体还在恶化，前景令人担忧。突出表现在以下两个方面。

1. 环境污染日趋加剧

(1) "三废"排放量危害极大。1994 年全省废水排放量为 159 亿吨，比 1991 年上升了 5.6%。其中工业废水排放量为 9.3 亿吨，比 1991 年下降 0.1%；工业废水达标率 46.3%，比 1991 年有所提高。工业废水中主要污染物是有机物、重金属。1994 年全省废气排放量为 5808.23 亿立方米，比 1991 年增加 7.6%；其中工业废气排放量为 4468.3 亿

立方米，比1991年大有增加；废气中烟尘排放量和二氧化硫排放量均比1991年有所上升。1994年全省固体废污产生量为2375万吨，占地面积很大。主要是粉煤灰、煤矿石和尾矿等。由以上可以看出，河南省城乡环境属于全国环境污染较重的省份之一。

（2）四大水域污染问题突出。河南省1992年环境监测结果公报中指出：河南四大水系有60.2%的监控河段水质污染超过Ⅳ类标准，比1991年增加8.3个百分点，近几年又有所提高。根据对10项污染因子的综合污染指数评价结果，上述四大水系的水质污染程度的次序是海河水系污染最重，其次为淮河水系，再次为黄河和长江水系。海河水系有75%的监控河段水质超过Ⅳ类标准；其中卫河、大沙河、安阳河等河流水质超过Ⅴ类标准。淮河水系的支流仓河、惠济河、贾鲁河、洪河、黑河等河流水质超过Ⅳ类标准。由以上明显看出，流经河南广大地区的河水污染也十分严重。

（3）城市噪声扰民现象严重。

（4）城市固体废物污染普遍。固体废物通常称为垃圾，城市垃圾主要包括有生活垃圾、工业废渣、废水处理渣等。河南省固体废物堆存量已达数亿吨，占地约1 822公顷，主要集中在城市内，并以工业废物为主。

此外，乡镇企业的崛起给环境保护带来不少新问题。

2. 生态环境不断恶化

（1）土地质量减退。土地是人类社会进行物质生产和生活所必需的基本条件和自然基础，人类各种食物80%以上离不开土地的供给。耕地是土地中的精华，其数量多少、质量好坏，对经济发展的推动和人民生活水平的提高有重要影响。从河南来看，近几年耕地过快过猛地减少。河南省人均耕地本来就少，近几十年又大幅度减少。目前，河南人口仍在增加，耕地逐年减少。不仅如此，土地质量也在不断退化。

（2）水土流失继续扩展。人口增长过快，造成对土地资源的过度开发，结果水土流失日益严重。如河南西部黄土丘陵区，植被破坏，河流含沙量大大增加。伊河河水含沙量由年前的50.1公斤/立方米增加到92.3公斤/立方米，就是明显的例证。

（3）地下水资源超采过度，造成大面积漏斗区。据有关部门统计，全省埋深大于8米的地下水漏斗区16个，其中最为严重的是豫北地区。有些县份如清丰、南乐等县地下漏斗已连成一片，地下水位以每年1~2米的速度下降，形势极为严峻。

（4）森林面积不断减少，覆被率逐年下降。历史上，河南曾经是森林资源茂密的地区之一。以后随着人口不断增长、耕地需求增加以及连续不断的战争等原因，森林资源遭到了破坏。近10多年来，森林资源虽有回升，但仍只能恢复到建国初期水平。总的趋势是森林面积不断减少，覆被率逐年下降，生态环境日益恶化。

（5）农药、化肥施用后果严重。

（6）自然灾害十分严重。中国是世界上自然灾害频繁的国家之一。位居中原的河南省自然灾害尤为突出。河南自然灾害的主要特点是：成因背景复杂，自然环境脆弱，区域性强，种类多，频率高，强度大，伴发性、交替性明显等。在各种灾害中，发生频率高和覆盖面大的就是旱灾和涝灾。

（四）经济发展很快，但仍很落后

自党的十一届三中全会以后，特别是 20 世纪 90 年代以来，河南改革开放的步伐进一步加快，经济建设进入了快速发展时期，国民经济取得了明显的成效。主要表现在以下几方面：一是"八五"计划主要经济指标已超额完成；二是全省国民生产总值在 1980 年基础上已实现了翻两番的目标；三是农业基础地位得到进一步加强，农业综合生产能力和农产品总供给水平有了新的提高；四是乡镇企业发展迅速，已成为农村经济的重要支柱；五是工业结构进一步优化，工业增加值年均增长 20.7%；六是第一、二、三产业比例更加协调。总之，全省国民经济已开始走上持续、快速、健康的轨道。尽管如此，如果和先进省、市相比仍显得落后。以江苏、浙江、福建三省为例，1993 年以来，三省国民生产总值的增长速度明显高于河南。如果算人均国民生产总值的账，河南经济的落后更为突出。从经济效益看，近几年虽有较大提高，经济效益综合指数提高幅度超过全国平均增幅，位居第 10 位，但 1993 年全省主要经济效益指标系数仍低于全国平均水于水平[①]。其主要问题为：资源优势尚没得到充分发挥；产业结构尚不够合理；工业化程度低、进展慢，严重存在着消耗高、效益低的现象；农业基础薄弱，农村商品经济不发达；城市化水平低，中心城市辐射力弱；生产力布局尚不合理。

河南省人口、资源、环境与发展的关系中，从上述大量事实可以清楚看到它们各单项本身不仅存在着问题，更重要的是它们之间的相互关系存在着不少错综复杂的尖锐矛盾，没有完全形成协调、和谐的运动形式。全省长期积累下来的这种人口、资源、环境与发展的不适应、失衡状态的结果不仅成为全省的社会经济发展的重要制约因素之一，更为重要的是将会继续带来更为严重的后果。这些后果，一是不仅使全省经济的持续、稳定、协调发展缺乏后劲，且使当今全省经济不能快速发展，并影响到 20 世纪末小康社会和到 2010 年的宏伟目标的实现；二是经济效益差，资源紧缺和利用率低下的恶果是产出接近投入，甚至产出低于投入，造成企业效益低下，甚至亏损；三是给生产环境带来巨大的压力。据化工行业统计，部分的企业只有 2/3 的原料转化为产品，其他则排入江湖及大气中，造成严重污染。

河南省长期以来为什么没有完全处理和解决好人口、资源、环境与发展之间的关系呢？原因是多方面的，但归纳起来不外乎以下几个主要方面：一是各级领导和广大人民长期以来不仅缺乏人口、资源、环境的浓厚意识，而且对人口、资源、环境与发展之间相互促进、相互制约的辩证关系的极端重要性的认识也过于薄弱。所以长期以来各级领导部门重视"单项突出"的思想，忽视或淡化了协调的思想。再加上过去我国长期实行苏联模式的计划经济，集中过多，统得过死，长期习惯于就人口论人口、就资源论资源、就环境论环境、就经济论经济。这样既缺乏科学合理决策的前提，又没有实施后的反馈信息，因此对人口、资源、环境和发展的协调存在着极大的盲目性和随意性。二是各部门、各行业、各地区内部的政策与法规也存在相互矛盾和抵触现象，不易统一和贯彻。三是中央制定、下达的有关人口、资源、环境与发展等各种重要法规与政策没有真正得到贯彻和落实。四

---

① 喻新安. 高速高效发展河南经济. 改革与理论，1994。

是企业的短期行为加剧了四者之间关系的恶化。五是长期以来经济上受高投入、高消耗增长模式的影响。六是河南历史上经济过于薄弱，自然灾害过于频繁，特别是人口增长过快、过猛给资源、环境等带来了巨大的压力。

三、对策与建议

大量的理论和实践告诉我们，任何一个地区的社会和经济能否得到可持续的发展，关键问题在于该地区人口、资源、环境与经济之间的关系是否能得到协调发展。特别是根据协调论的观点，四者能够相互协调发展，就可以实现一个地区总体的可持续发展；相反，如果四者不能够协调发展，就难以实现其可持续发展。当然，这并不是忽视其中任何单项因素所具有的独特作用。从这一基本观点出发，为促进河南逐步走上人口、资源、环境与经济协调发展的道路，特提出以下几方面对策与建议。

（一）坚决抓好人口控制，是实现全省人口、资源、环境与经济协调发展的重要途径

如前所述，人口、资源、环境、经济四者关系中，人口是一个十分重要的因素。既然如此，一定要坚定不移地实行计划生育基本国策，以控制人口数量、提高人口素质。具体说，第一，切实加强对计划生育工作的领导，积极推行人口目标管理，切实把控制人口过快增长的任务落实到基层。第二，除了大力宣传贯彻执行《河南省计划生育条例》外，必须严格执行生育法规和政策。还要广泛、深入地宣传严格控制人口增长的必要性，树立人口与资源、环境和经济发展必须相互协调、相互适应的意识。第三，要注意抓好计划生育网络建设，把工作重点放在农村，切实抓好后进转化，解决农村、边远山区和流动人口的超生问题。第四，在抓紧控制人口的同时，还要注意提高人口素质和重视人力开发问题。第五，有计划、有步骤地建立人口、资源、环境与经济协调发展的实验区，探索人口、资源、环境与经济协调发展的规律，以便向全省推广。

（二）重视自然资源的开发、管理和合理利用，十分有利于全省人口、环境、经济的协调运行

为了缓解日趋严重的自然资源形势，促进资源总需求与总供给能够保持基本平衡，我们应当坚持开源与节流并重的方针，走"资源节约型"和努力提高资源综合利用率的道路。具体讲，应从以下几方面入手。

1. 加强矿产资源的储备与供给

第一，大力加强地质勘查工作，力争尽早发现全省短缺急需和新的矿产资源。第二，在矿产勘查开发过程中，要坚持实行以大矿为骨干、中小型矿并举和贫矿、富矿并采的方针。第三，要严格依法做好矿业开发工作，严禁乱采、滥挖，彻底搞好矿产资源的合理开发和利用，杜绝资源的浪费与破坏。

2. 加强土地资源保护和管理

土地是人类社会进行物质生产和生活所必需的基本条件和自然基础。耕地又是土地中的精华。特别是河南人口基数大、增长快，人口与资源的矛盾更为突出。因此，必须加强土地资源的保护和管理。第一，加强宣传教育，提高全民对保护耕地资源重要性的认识。第二，积极控制人口增长，建立基本农田保护区。第三，积极稳妥地开发后备土地资源特别是宜农荒地资源，是解决人多地少矛盾的主要途径之一。

3. 开源与节流并重，尽快缓解水资源紧缺的问题

合理开发利用水资源是一项十分复杂的系统工程。因此，搞好水资源的开发利用，最大限度地发挥水资源效益，必须从开源、节流、保护和管理上统一运筹。第一，充分挖掘水资源潜力。①本省水资源分布不均，南丰北贫。北部海河流域水资源开发已处于超负荷状态，黄河流域开发利用率也在70%以上，开发利用程度较高，南部的淮河、长江流域水资源较丰富，但开发程度仅为10%～20%，水资源开发潜力很大。因此，改善水资源开发布局、提高水资源利用率有着重要意义。②河南过境水资源有较大的开发潜力。丹江水库、黄河等过境水资源丰富，扩大开发量潜力大。近期扩大开发过境水量应以黄河水为主。首先是加快黄河小浪底工程、引黄入淀工程和其他引黄工程的建设；其次是扩大开发过境水资源应与开发含水层调蓄功能、增加地下水储存量相结合。③进一步开发地下水资源，可缓解全省水资源供需矛盾尤其是对城市供水紧张局面起相当大的作用。第二，节水是缓解水资源危机的重要出路。除开源外，节流是缓和水资源供需矛盾的基本措施之一。①城市节水的重点在工业，工业节水要从提高水资源重复利用率和降低万元产值耗水量等方面入手；其次控制城市发展规模、合理调整工业布局，也是建设节水型城市的有效措施；再者应实行计划供水。②从全省用水分配情况看，农业用水占全部用水量的80%左右，节水潜力巨大。现行广为推广的喷灌技术，其灌水的有效率可达75%～90%，具有节水高产的优点。第三，按照客观规律办事，努力保护水资源。①开发和保护是合理利用水资源、发挥水资源整体效益的两个方面，忽略哪一方面，都将自食其果。因此，合理开发水资源一般要遵循的原则是，"以量定用，合理布局"。根据这一原则，河南南部水资源丰富，可多开发利用，上需水量大的工业项目，改旱田为水田，使当地水资源得到充分利用，鼓励开采地下水。北中部缺水地区，要慎重开发。特别是开采地下水，要科学地确定井深和密度，在地下水资源比较丰富、机井密度小的地区，增加开采强度；而地下水严重超采，漏斗不断加深、扩大和地质环境趋于恶化的地区，则要实行保护性开采或限制开采，并采取回补措施，尽快做到采补平衡。②开发利用水资源的产品和服务是指供水、供电、供航道和饮用，要使水资源在利用领域商品化，其成本应当由用户负担。因此，开发利用水资源，也像其他生产企业一样，要按经济规律办事。第四，加强科学管理，提高水资源的整体利益，将有限的水资源用好、管好。

（三）保护好环境是逐步落实全省人口、资源、经济协调发展的可靠基础

环境保护是一项社会化系统工程。因此，只有全社会各部门在各自做好自身的环境保护工作的基础上相互配合、通力合作，才能搞好环境保护工作。为了做好这一工作，应从以下几方面着手：第一，树立全民的环境意识，是搞好环境保护工作的前提。宣传部门和环保部门应密切配合，利用各种宣传方式进行多层次、全方位的教育，使国家、本省各项有关环境保护的法律、法规、制度、政策深入人心，使环境保护知识得到普及，进而使大家都能自觉遵守。第二，建立主要领导负责、各有关部门分工协作、全社会参与环境保护的竞争机制，实践证明，这也是搞好环境管理、环境建设的一条重要经验。因此我们应该建立各级主要领导人环境保护任期目标责任制，把环境保护工作列入议事日程，要发展经济和保护环境两手抓，不能只顾经济翻番、上新台阶，而不管环境污染、资源浪费和生态平衡的破坏。第三，加强环保队伍建设，提高环保队伍的政治素质和业务水平，是搞好环境保护和建设的基础。第四，大力开展环保科研工作，引进、开发、推广环保实用技术，既是今后加强环保工作的重要任务，也是改善环保状况的必要措施。此外，还要加强环境监测基础建设工作。第五，一定要落实好环保资金。第六，进一步加强综合控制灾害的能力，努力提高抗灾水平。具体做法是，首先，积极建立与社会、经济发展相适应的自然灾害综合防治体系，综合运用工程技术与法律、行政、管理等手段，提高减灾能力；其次，为了把自然灾害的减轻、预防工作做得更有针对性和目的性，全省应深入开展自然灾害综合区划工作。

（四）积极改变经济落后局面是实现全省人口、资源、环境、经济协调发展的中心环节

为了逐步解决好河南省人口、资源、环境与经济协调发展中经济方面存在的上述问题，应采取以下主要对策与措施：第一，要加速建立社会主义市场经济新体制和运行机制，为全省人口、资源、环境与经济的长期持续、健康发展创造良好的环境。第二，要充分发挥全省资源优势，为经济快速发展提供重要保证。众所周知，河南不仅是全国矿产资源比较丰富的省份，而且也是农业自然资源十分富饶的省区之一，很多农副产品均居全国重要地位。同时，旅游资源、劳动力资源也都很丰富，为河南经济的全面、快速发展提供了十分有利的条件。但是资源优势并未得到充分发挥。为此，随着改革开放步伐的日益加快和市场经济的迅猛发展，除了全省优势资源的开发利用和多种资源合理匹配以及努力提高资源的综合生产效率外，着重点应围绕如何尽快把资源优势转化为产业优势，由产业优势发展成为产品优势，形成"龙型"经济结构框架。只有这样，才能集中力量，突破重点，梯层推动，带动全省经济的发展。第三，进一步优化产业结构，加快全省工业化进程。河南省经济落后的根本原因是工业化程度低。为了逐步解决好这一要害问题，今后应在强化农业基础地位、努力提高农业产业化水平的前提下，除了继续加紧能源、交通等"瓶颈"产业外，必须大力发展机械、电子、化工、食品、轻纺、建筑材料等支柱产业。不仅如此，还要加强对冶金、卷烟等传统产业的技术改造和高新技术产业的发展。同时，也要通过加强乡镇企业的发展，加快农村工业化的进程。另外，所有企业都要向结构优化要效益，向规模经济要效益，向科技进步要效益，逐步实现经济增长方式从粗放型向集约型的转变。第四，要坚持把农业放在全省国民经济的首位，不断强化其基础地位，这不仅是我国基本国情决定的，也是河南省情所决定的。具体来说，要想把农业真正搞上去，除

了抓好农田基本建设、中低产田改造和农业综合开发,提高农业整体素质和综合农业能力外,一定要十分注意节约用地、节约用水这两件事。因为它们涉及农业的根本、人类生存的根本,也涉及农业能否可持续的发展。在抓好农业生产过程中,首先要抓好粮食生产,应始终保持粮食生产的稳定增长。因为它是关系到国计民生的大问题。"民以食为天,食以粮为源"这句名言是大家公认的。另外,也要继续发展高效经济作物和饲料作物。在大力发展种植业的同时,必须坚持走农、林、牧、副、渔全面发展和农产品的加工、运输、综合利用等环节有机结合以及贸、工、农一体化经营的道路。为了实现上述目标,首先,必须稳定现有耕地面积,加快农业后备资源的开发;其次,扩大对农业的投入;再次,积极改善农业生产条件;最后,一定要落实"科技兴农"的方针,大力推广农业科学技术,这也是实现农业增长方式转变的重要一环。第五,加快城市化进程。这是河南高速发展经济、迅速提高人口素质的客观要求。为了逐步实现这一目标,应本着不断完善、提高大城市,积极建设中等城市,大力发展小城市、小城镇的基本原则。首先,应当积极抓好河南省会——郑州商贸城的建设,使其逐步成为有较强的吸引力、辐射力的中心城市。其次,着力培植各城市主导产业,完善它们的基础设施,只有这样,才能使这个以郑州为中心的中原城市群成为欧亚大陆桥上的一个重要经济密集区和全省经济发展的核心区。再次,应依托铁路、公路主要干线,选择区位条件优越、基础设施好的工业城市,催生一批小城镇,发展一些大中城市,使其成为全省经济发展中的骨干力量。同时,也要抓住京九铁路的通车机遇,加快以商丘为重点的一批中小城市的建设。最后,要进一步加快全省小城镇的建设。第六,合理组织生产力布局,充分发挥经济中心的带动作用。进一步重视区域规划、城市规划工作的开展,加强城市体系建设,突出职能特色,优化以城市为中心的生产力布局。

(五)狠抓科学技术进步是促进全省人口、资源、环境与经济发展的关键

为了逐步扭转全省人口、资源、环境与经济不尽协调的落后局面,必须狠狠抓住依靠科学技术进步这一环。各级领导部门除了进一步增强科技意识和增加科技经费以及高度重视科技人才培养外,应坚定不移地把科学技术面向全省经济建设主战场。另外,在重视加强基础研究的同时,要依靠科学技术,尤其应加强应用技术和高新技术的研究,为全省人口、资源、环境、经济等问题的系统、综合研究提供支持。

参 考 文 献

[1] 国务院. 中国 21 世纪议程——中国 21 世纪人口、环境与发展白皮书. 北京:中国环境科学出版社,1994.
[2] 《国土经济概论》编写组. 国土经济概论. 西安:陕西人民出版社,1986.
[3] 彭珮云. 人口增长必须同资源利用和环境保护相协调. 中国人口·资源与环境,1993,第 3 卷,第 1 期.
[4] 沈益民. 加强全民的人口与环境意识是当务之急. 中国人口·资源与环境,1993,第 3 卷,第 1 期.
[5] 曲格平. 当前的环境问题及若干战略任务. 求是,1994,第 10 期.
[6] 邱天朝. 试论人口—资源—环境与经济的协调发展. 中国人口·资源与环境,1994,第 3 卷,第 4 期.

[7] 葛涤生．我国的环境与人口问题．经济科学，1993，第1期．
[8] 李宏规．实行计划生育是人口、资源、环境协调发展的重要保证．中国人口·资源与环境，1992，第2卷，第1期．
[9] 孙尚清，鲁志强，高振刚等．论中国人口、资源、环境与经济的协调发展．中国人口·资源与环境，1991，第1卷，第2期．
[10] 冯维波．论持续发展与我国环境保护对策．资源生态环境网络研究动态，1994，第2期．
[11] 李文华．持续发展与资源对策．自然资源学报，1994，第9卷，第2期．
[12] 赵志浩．走向未来的一个战略问题——山东省人口、资源、环境协调发展的回顾与展望．中国人口·资源与环境，1991，第1卷，第2期．
[13] 方磊．协调好经济发展与人口、资源、环境的关系，是国土开发整治工作的一项根本任务．中国人口·资源与环境，1991，第1卷，第1期．
[14] 薛军，李澍卿，严晓萍等．河北省山区人口与环境、经济的失衡及协调研究．中国人口·资源与环境，1993，第3卷，第4期．
[15] 王毅．中国的人口、资源、环境问题及若干战略选择．科学研究，1992，第10卷，第2期．
[16] 陈海玖．试论自然资源的合理配置和利用．中国环境报，1992，第2期．
[17] 邓楠．我国社会发展科技事业的中心议题——人口、资源与环境的协调发展．中国人口·资源与环境，1991，第1卷，第1期．
[18] 河南省委、省政府．河南省国民经济和社会发展十年规划和"八五"计划（草案）．1991．
[19] 梁鸿．经济与人口死亡率的模型分析．人口与经济，1994，第4期．
[20] 张开航．环境经济学．北京：中国环境科学出版社，1993．
[21] 李润田．河南人口、资源、环境丛书．郑州：河南教育出版社，1994．
[22] 李润田．河南区域经济开发研究．开封：河南大学出版社，1993．

原文刊载于《区域可持续发展理论、方法与应用研究》，河南大学出版社，1997.9

43. 略论河南省人口、资源、环境与经济协调发展

李润田

人口问题、资源问题、环境问题以及经济发展问题不仅是当今世界人们日益关注的问题，而且也是全中国人民极为关注的问题；同样，更是河南人民迫切需要解决的问题。正因为如此，20世纪80年代以来，许多国家和国际社会对此进行了大量的分析与研究工作，我国、我省有关部门和研究机构也先后开展了相应的研究工作，并取得了不少成果。但是，从系统论和协调论的观点来看，对人口、资源、环境与经济协调发展的研究还相当薄弱。在这个问题上河南省显得更为突出。因此，加强河南省人口、资源、环境与经济相互关系理论与实践问题的研究，不仅有现实意义，也具有深远的历史意义。

一、河南人口、资源、环境与经济协调发展的必要性、重要性

（一）人口、资源、环境与经济协调发展是人类社会和当今世界各国持续发展的共同要求

我们知道，第二次世界大战后，特别是20世纪80年代以来，由于经济社会的高速发展，不仅对资源的依赖程度越来越高，同时破坏环境也越来越严重，这种影响不但波及一国，也影响全球。既然如此，任何国家和地区谁也不能例外，都必须坚持走这条正确发展的道路，彻底克服长期以来那种就人口论人口、就资源论资源、就环境论环境、就经济论经济的"单项突出，多项脱节"的思想倾向，否则，就难以实现其整体的可持续发展。从河南的实际情况来看，四者相互协调发展更是河南可持续发展的迫切需要，这是由于河南人口多，主要资源人均拥有量少，特别是土地和水资源已成为全省经济发展的严重制约因素；环境质量不断恶化，加上全省工业化程度和资源利用率低，这就使河南人口、资源、环境与经济发展的矛盾更为突出。面对如此严峻形势，必须下决心，逐步解决好上述问题。如果不这样，不仅全省难以实现总体的可持续发展，而且也必然脱离当今世界各国共同要求的持续协调发展的轨道。

（二）人口、资源、环境与经济协调发展是河南贯彻落实可持续发展战略的根本途径

众所周知，人口、资源、环境与经济协调发展是可持续发展战略的核心，而可持续发展战略不但是我国实现"九五"计划和2010年宏伟目标的重大战略之一，而且也是河南省实现"九五"计划和2010年远景目标的三大战略之一。既然如此，为了使中央和全省已确定的这一战略逐步得以全面实施和落实，必须坚定不移地走人口、资源、环境与经济

协调发展的路子，否则，可持续发展战略在我省就难以付诸实施。

(三) 人口、资源、环境与经济协调发展是河南进一步扩大改革开放事业的重要保证[①]

无数的事实告诉我们，任何一个地区的经济能否坚持可持续的发展，关键问题在于该地区人口、资源、环境与经济之间的关系能否得到协调的发展。协调发展了，就可以进一步实现该地区总体的可持续发展。整体发展的结果是地区综合经济实力的增强。综合经济实力的增强，也就有可能去保护环境和合理利用各种资源以及推行计划生育政策。可见，保护环境和合理利用资源以及控制人口数量、提高人口素质，不仅有利于保护生产力，发展生产力，而且也能起到改革的作用，加快开放的步伐。因为我们可以在保护环境和资源中充分利用外资，也可以在利用外资中保护环境和资源。由此可见，坚持人口、资源、环境与经济协调发展的道路是从根本上推动改革开放事业的发展。

(四) 人口、资源、环境与经济协调发展是推动河南早日实现健全、完美小康社会的目标

从人口、资源、环境与经济协调发展的科学概念出发，我个人认为单纯以"经济"为唯一目标的小康社会不是一个健全、完美的小康社会，健全完善的小康社会应当是一个多重目标的小康社会。具体点说，也就是除了要求经济收入、能源消费数量、质量必须达到规定的标准外，在环境质量的提高程度和自然生态恶化趋势的缓解以及控制人口数量和提高人口质量等方面也要达到既定的目标，只有这样，才能称得起健全、完美的小康社会。要想真正实现上述这一目标，必须坚持走人口、资源、环境与经济协调发展的道路。

(五) 人口、资源、环境与经济协调发展是保证河南子孙后代永续生存与发展的需要

尽人皆知，人口是社会生产力的重要构成因素，而资源与环境又是经济发展和人民生活的物质基础，也是生存和发展之本。既然如此，人们的活动必须遵循这一规律来进行。否则整个社会不仅当前和未来都不可能得到发展，而且也必然影响到子孙后代的生存和发展。基于这一点，河南必须坚持走人口、资源、环境与经济协调发展的道路。

二、河南人口、资源、环境与经济协调发展现状分析

新中国成立以来，特别是党的十一届三中全会以来，河南开始重视了人口、资源、环境问题，认识到要想把经济尽快搞上去，必须把人口猛增的势头降下来，切实把资源和环境保护好、利用好，使其协调发展。为了逐步达到上述目标，20多年来，在人口、资源、环境与经济协调发展方面，采取了不少得力措施：积极宣传、贯彻中央有关方针政策，提高对人口、资源、环境与经济协调发展的认识；努力建设有利于实现人口、资源、环境与

---

① 周凤起等：经济、人口、能源、环境协调发展战略选择，《经济社会发展重大问题研究》，1995年。

经济协调发展的优良法制环境。按照《中华人民共和国宪法》及国家有关法律规定，紧密结合河南实际颁布了《河南省计划生育条例》、《全民所有制矿山企业登记管理办法》、《矿产资源监督管理办法》、《河南省〈矿产资源法〉实施办法》以及《河南省实施〈中华人民共和国土地管理法〉办法》、加强环境保护等法规和条例；狠抓控制人口、保护资源、环境的层层落实和领导责任制；编制国土规划和建立自然保护区；增加了财力投入；加强了队伍建设和开展了人口、资源、环境与经济协调发展的技术研究工作等。正因为如此，全省在控制人口、合理利用和保护资源、改善治理生态环境方面取得了很大成就。尽管如此，但是由于历史和现实的多种原因，全省人口、资源、环境与经济之间的不协调状态到目前为止，仍然没有得到根本的改善，存在的问题仍是十分严峻的。

（一）人口问题

人口过多是影响河南可持续发展的关键因素。具体表现如下。

（1）河南人口增长速度高于全国水平。仅从1982年到1990年8年间，河南人口增长了14.93%，平均增长17.5‰，比全国平均分别高出2.48个百分点和2.7个千分点，仍处于第三次人口出生高峰时期，每年净增人口预计超过130多万人。

（2）育龄妇女人数和生育旺盛人数增长过快。

（3）人口老龄化速度加快。

（4）人力资源素质低，开发难度大。

（5）农村剩余劳动力逐年呈增长趋势，面临的就业压力越来越大。

（二）资源问题

1. 人均资源占有量偏低

河南省在总量上是资源大省，但在人均量上却是个资源紧缺省份，不及全国的平均水平，更远远低于世界人均占有量。

2. 不少资源供需矛盾日益尖锐

从全省资源总体来看，出现以下几种情况：一是耕地资源人均占有量不断急剧下降（1954～1995年41年间，全省耕地面积由900万公顷减少到680万公顷，平均每年减少耕地5.5万公顷）；二是有些重要矿产资源需求大于供给，如河南省不仅铜矿的数目和产量都不多，而且铜矿资源也不足，远远满足不了需要。

3. 资源浪费、破坏现象严重，乱采乱挖问题突出

4. 水资源不足，水质不良，加大了开发难度

河南省水资源总量为413亿立方米，人均、亩均水量有536立方米，为全国的人均、亩均水量的1/6，居全国第21位。水资源可利用量为333亿立方米，是水资源总量的80.63%，总水资源严重匮乏。另外，由于水质不良，增加了水资源开发利用的难度。

(三) 环境与生态问题

1. 环境污染日趋加剧

（1）"三废"排放量危害极大。1994年全省废水排放量为159亿吨，比1991年上升了5.6%。1994年全省废气排放量为5808.23亿立方米，比1991年增加了7.6%。1994年全省固体废物产生量为2375万吨。由以上可以看出，河南省城乡环境仍属于全国环境污染较重的省份之一。

（2）四大水域污染问题十分突出。据全省水环境质量监测资料分析，近年来，我省黄河、海河、淮河、长江四大水系中流域面积超过100平方公里的491条河流均不同程度地受到污染。1996年，全省34条主要河流中，水质超过五类标准（农灌用水标准）的已占61.2%，一半以上的河流已经丧失了应用的使用功能。其中以淮河、黄河流域污染最为严重。

（3）城市固体废物污染普遍。此外，乡镇企业的崛起给环境保护带来了不少新问题。

2. 生态环境不断恶化

（1）耕地质量减退。耕地是土地中的精华所在，其数量多少、质量好坏，对经济发展的推动和人民生活水平的提高有重要影响。从河南来看，近几年耕地不仅过快过猛地减少，而且质量也在不断退化。

（2）水土流失继续扩展。人口增长过快，造成对土地资源的过度开发，结果水土流失日益严重。如河南西部黄土丘陵区，植被破坏，河流含沙量大大增加，伊河河水含沙量由1995年的50.1公斤/立方米，增加到92.3公斤/立方米，就是明显的例证。

（3）地下水资源开采过度，造成大面积漏斗区。根据有关部门统计，其中最严重的是豫北地区。

（4）森林不断减少，覆被率逐年下降。近10多年来，森林资源虽有回升，但仍只能恢复到新中国成立初期的水平。总的趋势是森林面积不断减少，覆被率逐年下降，生态环境日益恶化。

（5）自然灾害十分严重。河南自然灾害的主要特点：成因背景复杂，自然环境脆弱，区域性强，种类多，频率高，强度大，伴发性、交替性明显等。在各种灾害中，发展频率高覆盖面大的就是旱灾和涝灾。

(四) 经济发展问题

全省国民经济发展虽然已开始走上了持续、快速、健康的轨道，但与先进省、市相比仍显得落后。主要表现为以下几点：一是资源优势尚未得到充分发挥；二是产业结构不够合理；三是工业化程度低、进展慢，严重存在着消耗高、效益低的现象；四是农业基础薄弱，农村商品经济不发达；五是城市化水平低，中心城市辐射力弱；六是生产力布局尚不合理。

河南省人口、资源、环境与发展的关系，从上述大量事实可以清楚看到，不仅它们各单项本身存在着问题，更重要的是它们之间的相互关系存在着不少错综复杂的尖锐矛盾。这种人口、资源、环境与发展的不适应、失衡状态的结果不仅成为全省的社会经济发展的重要制约因素之一，更为重要的是将会继续带来更为严重的后果。这些后果，一是不仅使全省经济的发展缺乏后劲，且使当今全省经济不能实现快速发展和水平的提高以及20世纪末小康的宏伟目标。二是经济效益差。资源紧缺和利用率低下的恶果是产出接近投入，甚至产出低于投入，造成企业效益低下，甚至亏损。三是庞大的人口数量和劳动适龄人口数量以及老龄化人口的增加必然给全省经济现代化带来长期、沉重的压力。四是由于河南基本上属于资源型经济省区，加上人口众多和人均资源偏低等因素影响，其经济产值的增加完全是靠消耗大量资源而实现的。因此，在经济继续发展的同时，自然资源将会不断受到破坏和退化；不仅如此，有些资源也会出现稀缺，甚至无法保证，其结果将会严重制约国民经济的长期持续、稳定地发展。五是随着全省人口和经济的不断增长，生态和自然环境将会不断恶化，这不仅影响当前经济社会的发展，也必然给子孙后代带来不可估量的严重后果。

河南省长期以来为什么没有完全处理和解决好人口、资源、环境与发展之间的关系呢？原因是多方面的，但归纳起来有以下几点：一是河南历史上经济基础过于薄弱，自然灾害过于频繁；二是过去我们长期以来执行苏联模式的计划经济体制，集中过多，统得过死，长期习惯于"单项突出"的思想，缺乏协调意识；三是各级领导和广大人民长期以来缺乏对人口、资源、环境与经济协调发展重要性、必要性的认识；四是各部门各地区内部的政策与法规也存在相互矛盾和抵触的现象，不易统一和贯彻；五是中央制定、下达的有关人口、资源、环境与协调发展等各种重要法规与政策没有真正得到完全的贯彻和落实；六是企业的短期行为加剧了四者之间关系的恶化；七是长期以来经济上受高投入、高消耗增长模式的影响。

三、河南人口、资源、环境与经济协调发展的目标与对策

（一）目标

河南省"九五"计划的开始，标志着全省经济和社会进入了一个崭新的发展时期。全省经济已形成了以公有制为主体多种经济成分并存的新格局，计划经济体制正向社会主义市场经济体制过渡，昔日的封闭型经济正在大踏步地向开放型经济转变。全省在整体上基本解决了温饱问题，开始向小康目标迈进。这一巨大成绩的取得，应该说，是与重视全省人口、资源、环境与经济协调发展这一工作分不开的。但另一方面，如前所述，也应当清醒地看到，全省人口、资源、环境与经济协调发展之间的关系虽然得到重视，但还一直没有得到全面、根本的解决。因此，全省要想逐步实现20世纪末第二步战略目标和21世纪社会经济的繁荣以及真正使全省经济走上持续发展道路，必须有计划、有步骤地制定出人口、资源、环境与经济协调发展的奋斗目标。这一目标概括一点说可包括以下四点内容：一是在自然资源和生态环境的承载能力之内，使经济能够获得最大限度的发展；二是人口规模及增长率保持在经济、资源、环境的承载力之内；三是资源的开发利用达到最大限度

的合理；四是人的活动对环境的负面影响在环境的承载能力之内①。只有这样，才能实现人口、资源、环境与经济发展的协调和和谐，进而取得明显的效果。制定好这一目标首先必须考虑两点：一是理论上来讲，人口、资源、环境与经济发展之间的关系属于一个复杂的系统工程，涉及的问题很多，难度也大，因此，必须慎重对待；二是河南在这方面的基础较为薄弱，必须不断总结经验，善于依靠科技进步和运用新理论、新方法。基于上述情况，笔者初步认为河南实施上述目标只能规定为三个阶段，或分为三步走。

第一阶段是"低层次协调发展"，即到20世纪末，尽最大努力使河南人口、资源、环境与经济发展之间过度紧张的关系和尖锐矛盾得到初步缓解，使其发展势头得到初步控制，从而保证第二步宏观目标得以实现，并为21世纪开创一个良好的开端。

第二阶段是"中层次协调发展"，即邱天朝教授提出的"有限协调发展②"阶段。要求到2010年能够消除四者之间的消极关系，把它们之间的消极影响减到最小限度。具体点说，人口规模（控制在10700万人）及增长率维持在经济、资源和环境的承载极限之内，彻底消除贫困现象，人们的物质生活水平和文化教育程度有所提高，失业率保持在较低水平；资源的勘探、开发和利用与国民经济和社会发展的需求基本适应，不出现严重的资源短缺，经济活动对生态环境的影响和破坏在可接受的程度之内，环境恶化和生态破坏趋势得到控制，自然生态平衡和生物多样性得以维持。

第三阶段是"高层次协调发展"，即邱天朝教授提出的"完全协调发展战略"。要求是争取在21世纪中叶前后，实现上述目标。具体要求标准是在消除人口、资源、环境与经济发展之间消极影响的基础上，充分利用四者关系中的积极方面，促进实现四者协调发展。人口维持在合理的规模，人口增长率接近或达到自然更替水平，人们都能够享受较高的生活水平和生活质量，能够受到良好的教育，实现充分就业，人口素质以及人口的年龄结构、城乡结构、就业结构等与经济发展相协调；在经济发展的同时，自然资源基础得以维持和加强，在资源的勘探、开发、利用和保护与经济社会发展的需求相协调下，利用经济发展带来的资金和技术积累，治理和改善生态环境，恢复蓝天白云、青山碧水的优美生存环境，恢复自然生态系统的良性循环。

总之，上述提出的解决河南省人口、资源、环境与经济协调发展之间关系的三个阶段的目标，主要根据是《中国21世纪议程》的精神、要求，其次就是河南的省情。这个目标尽管定得不高，但真正逐步实现的话，还需全省上下尽最大的努力，不然也是很难实现的。要想真正逐步实现，除了必须抓住最核心的东西，尽快把经济搞上去以外，还必须采取相应的对策。

（二）对策

1. 大力宣传人人要树立人口、资源、环境与经济协调发展的意识

过去单纯提倡人人树立人口意识、资源意识、环境意识、经济发展意识，现在看来是

---

① 冯玉广等：区域PREE系统协调发展的定量描述．中国人口·资源与环境，第6卷，第2期，1996年。
② 邱天朝："试论人口—资源—环境与经济协调发展"，中国人口·资源与环境，第3卷，第4期，1993年。

不全面的，因为它不能完全体现出人口、资源、环境与经济四者协调发展的必要性与重要性。因此，应当大力提倡和宣传人人都要牢固树立四者协调发展的意识。宣传对象应当面向整个社会，无论是领导，还是普通公民，都应当高度重视这一重要问题，要做到人人皆知、家喻户晓。在宣传同时，应特别注意对各级领导干部分期分批地开展培训活动，通过培训使各级领导干部都能自觉地将人口、资源、环境与经济协调发展融入决策过程，并在各项工作中切实予以贯彻和落实。

2. 及早制订河南省人口、资源、环境与经济协调发展规划纲要

3. 严格控制人口数量，努力提高人口素质

如前所述，人口、资源、环境、经济四者关系中，人口是一个十分重要的因素。既然如此，一定要坚定不移地实行计划生育基本国策，以控制人口数量，提高人口素质。具体说，一是切实加强对计划生育工作的领导，积极推选人口目标管理，切实把控制人口过快增长的任务落实到基层。二是除了大力宣传贯彻执行《河南省计划生育条例》外，必须严格执行生育法规和政策。还要广泛、深入地宣传严格控制人口增长的必要性，树立人口与资源、环境和经济发展必须相互协调、相互适应的意识。三是要注意抓好计划生育网络建设，把工作重点放在农村，切实抓好后进转化，解决农村、边远山区和流动人口的超生问题，在抓紧控制人口的同时，还要注意提高人口素质和重视人力开发问题。四是有计划、有步骤地建立人口、资源、环境与经济协调发展的实验区，探索人口、资源、环境与经济协调发展的规律，以便向全省推广。

4. 重视自然资源的开发、管理和合理利用

为了缓解日趋严重的自然资源形势，促进资源总需求与总供给能够保持基本平衡，我们应当坚持开源与节流并重的方针，走"资源节约型"和努力提高资源综合利用率的道路。具体讲，应从以下几方面入手。一是大力加强地质勘查工作，力争尽早发现全省短缺的和新的矿产资源。二是矿产勘查开发过程中，要坚持实行以大矿为骨干，中小型矿并举和实行贫矿、富矿并采的方针。三是要严格依法做好矿业开发工作，严禁乱采、滥挖，彻底搞好矿产资源的合理开发和利用，杜绝资源的浪费与破坏。四是加强土地资源的保护管理。除了加强宣传教育，提高全民对保护土地资源特别是耕地重要性的认识外，要积极控制人口增长，建立基本农田保护区和稳妥地开发后备土地资源，特别是宜农荒地资源，是解决人多地少矛盾的主要途径之一。五是尽快缓解水资源紧缺的矛盾。除了充分挖掘水资源潜力外，节流是缓和水资源供需矛盾的基本措施之一。同时，还要按照客观规律办事，努力保护水资源和加强科学管理，提高水资源的整体利益，将有限的水资源用好、管好。

5. 强化环境管理，促进协调发展

为了做好这一工作，应从以下几方面着手：一是树立全民的环境意识，是搞好环境保护工作的前提。宣传部门和环保部门应密切配合，通过各种宣传方式，进行多层次、全方位的教育，使国家、本省各项有关环境保护的法律、法规、制度、政策深入人心，使环境

保护知识得到普及，进而都能自觉地遵守。二是建立主要领导负责、各有关部门分工协作、全社会参与环境保护的竞争机制。三是加强环保队伍的建设，提高环保队伍的政治素质和业务水平，是搞好环境保护和建设的基础。四是大力开展环保科研工作，引进、开发、推广环保实用技术既是今后加强环保工作的重要任务，也是改善环保状况的必要措施。五是一定要落实好环保资金。六是进一步加强综合控制灾害的能力，努力提高抗灾水平。

6. 积极改变经济落后局面

为了逐步解决好河南省协调发展中经济方面存在的上述问题，应采取以下主要对策与措施。一是加速建立社会主义市场经济新体制和运行机制，为全省人口、资源、环境与经济的长期持续、健康发展创造良好的环境。二是要充分发挥全省资源优势，为河南经济快速发展提供重要保证。具体说，除了对全省优势资源的开发利用和多种资源合理匹配以及努力提高资源的综合生产效率外，着重点应围绕如何尽快把资源优势转化为产业优势，由产业优势发展成为产品优势，形成"龙型"经济结构框架。只有这样，才能集中力量，突破重点，梯层推动，带动全省经济的发展。三是进一步优化产业结构，加快全省工业化进程。除了继续加紧能源、交通等"瓶颈"产业外，必须大力发展机械、电子、化工、食品、轻纺、建筑材料等支柱产业和加强对冶金、卷烟等传统产业的技术改造和高新技术产业的发展。同时，也要通过加强乡镇企业的发展，促使农村工业化的进程。另外，所有企业都要向结构优化要效益，向规模经济要效益，向科技进步要效益，逐步实现经济增长方式从粗放型向集约型的转变。四是要坚持把农业放在全省国民经济中的首位，不断强化其基础地位。除了抓好农田基本建设、中低产田改造和农业综合开发，提高农业整体素质和综合农业生产能力外，一定要十分注意节约用地、节约用水这两件事。在抓好农业生产过程中，首先要抓好粮食生产，应始终保持粮食生产的稳定增长。其次，也要继续发展高效经济作物和饲料作物，在大力发展种植业同时，必须坚持走农林牧副渔全面发展和农产品的加工、运销、综合利用等环节有机结合以及贸、工、农一体化经营的道路。五是加快城市化进程。六是合理组织生产力布局，充分发挥经济中心的带动作用。

7. 狠抓科学技术进步，大力发展教育事业

为了逐步扭转全省人口、资源、环境与经济协调发展落后局面，必须狠狠抓住依靠科学技术进步这一环。具体办法是各级领导部门除了进一步增加科技意识和增强科技经费以及高度重视科技人才培养外，应坚定不移地把科学技术进步放在工作首位，并使其面向全省经济建设主战场。另外，在重视加强基础研究同时，要依靠科学技术，尤其是应用技术和高新技术的研究为全省的人口、资源、环境、经济等问题开展系统、综合研究。

百年大计，教育为本。无论是控制人口数量，提高人口素质，还是发展科技和经济都离不开教育。因此，必须把教育放到极其主要的地位。在发展教育方面，应从现实出发，在原有基础上，切实加强基础教育，大力发展职业教育和成人教育，巩固和发展高等教育。

原文刊载于《回顾与展望——河南省历届领导今日谈》，红旗出版社，1999年12月

44. 加快黄淮四市农区发展几个问题的思考和认识

李润田

从我国经济发展不平衡的实际出发，全国建设小康社会的难点，在于如何加快人口多数的传统农区现代化发展进程。这不但是带有全局性的经济问题，也是关系社会大局的政治问题。从河南来看也不例外，近年来，随着全省经济全面快速发展，特别是随着省内中原城市群战略进入实施阶段以来，全省经济呈现出更加充满活力的局面，但伴生而来的是全省内地区发展不平衡问题更加突出，最重要的表现之一是黄淮四市与其他地区，尤其是中原城市群的发展差距出现逐步拉大的趋势。地区发展不平衡的结果正如上所述，不仅会引发现实经济社会生活中的诸多矛盾，而且会制约全省长期的可持续发展。为此，加快黄淮四市农区发展，已成为我省全面建设小康社会，实现"两个阶段"的紧迫任务。本文试图对加快黄淮四市农区发展的重大意义、黄河四市农区现状以及如何加快发展等问题，提出一些粗浅看法和建议。不当之处，请予批评和指正。

一、加快黄淮四市农区发展的必要性、紧迫性

（1）加快黄淮四市农区发展是全省实现全面小康社会的迫切需要。党的十六大确立我党在新世纪新阶段的奋斗目标，就是要在新世纪头20年把中国由目前较低水平的小康社会建成一个惠及十几亿人口的更高水平的全面小康社会。要实现这个宏伟目标，需要全省人民的共同努力，但对于占全省人口36%的黄淮四市传统农区而言，经济又相对于省内其他发达地区比较落后，如果这部分人生活水平不能与全省人民得到同步提高，将会影响全省人民建设全面小康社会目标的顺利实现。因此，必须加快这一地区的发展。

（2）加快黄淮四市农区的发展是全省区域经济协调发展的客观要求。从空间结构看，河南全省按照经济发展水平高低可分为中原城市群和豫北、豫南和豫西南地区以及豫东南黄淮传统农区三大地带。近年来，随着国企改革的深化和非公有制经济、县域经济的快速发展，全省经济总量迅速壮大，发展质量不断提高，财政实力显著增强。从省内中原城市群和豫北、豫南和豫西南地区两大地带来看，它们社会经济发展的速度最快，经济实力也最强。而黄淮四市，人口占全省的36%，粮食产量占全省的45.9%，为全省和全国粮食生产和粮食安全做出了重要贡献。但从发展层次和水平上看，这四市GDP仅占全省的19.9%，规模以上企业增加值仅占全省的11.4%，城镇固定资产投资中工业投资仅占全省的12.8%，实际利用外资仅占全省的9.8%，地方市财政一般预算收入仅占全省的10.1%，并均呈下行趋势，属于典型的传统农业地区、工业落后地区和财政困难地区，已成为全省的"凹陷地带"。为此，加快推动黄淮四市发展，缩小与先进地区的差距，不仅是促进全省经济协调发展的重要举措，也是实现全省生产力合理布局的迫切要求。同时，

也是有力实现中部崛起的现实需要。

（3）加快黄淮四市农区发展，也是黄淮四市3500万人民的迫切要求。众所周知，黄淮四市相对落后的状况是长期形成的，有着复杂的自然、历史和社会方面的原因。要想彻底逐步改变这种面貌，就是坚持走"发展是硬道理"这条唯一的道路。加快发展的核心是加快发展社会生产力，尤其是发展先进生产力。先进生产力发展了，才能夯实好改善和提高广大人民群众生活的物质基础。广大人民群众的迫切愿望逐步得到满足，广大人民群众的积极性才能调动起来，他们的力量才能凝聚起来，形成一股强大的创业力量。只有这样，黄淮四市农区才会不断赶上先进地区的步伐和出现新的景象。也只有这样，才算是顺应时代要求和符合广大人民的愿望。

（4）加快黄淮四市区发展是确保全省经济社会稳定的基础。众所周知，黄淮四市历来农业比较发达，优势明显，尤其是粮、棉、油、畜等关系国计民生的主要农产品在全省、全国都占有十分重要地位。从这个意义上讲，农业发展的好坏将会对全省和全国主要农产品供给状况产生重大影响。其次，大家都知道，城市劳动力就业已成为全省经济社会生活中日益突出的矛盾和问题。但从各地区来看，最突出的当属黄淮四市农区。因为这个地区一方面农业人口比重相对较高，人均农业资源相对较少，城市又因国企生产经营不景气，下岗职工突出。因而劳动力就业空间和容量都相当有限，就业压力相当大。基于以上两方面认识和分析，工农业发展不加快步伐和全区经济整体水平一直滞后不前，就业问题也难以得到很好的解决。其结果必然会对全省社会的稳定构成潜在的威胁，因为社会稳定最基础最根本的前提是广大人民群众能够安居乐业。

二、黄淮四市农区发展现状分析

黄淮四市位于河南省东部和南部地区。土地面积5.5万平方公里，占全省的32.96%，人口3530万，占全省的35.94%。耕地面积288.748万公顷，占全省的40.09%，粮食产量2322.37万吨，占全省的45.94%，是我省重要粮食生产核心区，在全省经济社会发展中具有十分重要地位。尤其近几年来，黄淮四市在省委、省政府的正确领导下，认真贯彻落实科学发展观，积极构建和谐社会，经济社会发展取得了新的进展和成效。主要表现：一是整体经济水平保持较快增长。2006年商丘、信阳、周口、驻马店四市生产总值分别达到646.5亿元、586.3亿元、677.7亿元和507.8亿元，年均增长10.7%；人均生产总值由3976元增加到7048元，年均增长10.3%。二是农业基础进一步巩固。如2006年四市粮食总产464.4亿斤，占全省的45.9%，比2002年提高了2个百分点。又如，2006年四市畜牧业产值444.2亿元，占农业产值的比重达到32.5%，占全省畜牧业产值的比重达到35.7%。另外，四市农副产品加工业和劳务经济发展也较快。三是工业化进程加快。全区初步形成了以食品、纺织、医药、能源等为支柱的工业格局。2007年规模以上工业企业已发展到1890家，年销售收入10亿元以上企业已达22家。四是基础设施建设不断加强。比如，全区四年新增灌溉面积147万亩，节水灌溉面积56万亩，解决农村安全饮水1972万人。又如，高速公路、干线公路、农村公路通车工程分别达到1089公里、5579公里和6.4万公里。五是人民生活进一步改善。与2002年相比，四市城镇居民人均可支配收入由

4980 元增加到 2006 年的 7806 元，年均增加 11.9%；农民人均纯收入由 1972 元增加到 2861 元，年均增长 9.7%。

近年来，黄淮四市经济社会发展虽然也取得了明显的进步，但与全省其他地区相比，黄淮四市在全省地区发展格局中整体发展水平明显滞后，已成为全省区域发展的"凹陷地带"，一定程度上影响了全省的发展。主要表现为以下几个方面。

1. 综合经济实力弱

一是 2002 年以来，四市生产总值占全省的比重由 22.7% 下降到 2006 年的 19.9%，年均增速低于全省 2.5 个百分点；人均生产总值由占全省的 61.3% 下降到 53.1%，年均增速低于全省 2.6 个百分点；地市财政一般预算收入占全省的比重由 15.2% 下降到 10.1%，年均增速低于全省 12 个百分点。二是县域经济发展缓慢，在 2005 年县域经济综合实力排名中，黄淮地区 33 个县市有 18 个县排全省 80 位之后，淮滨、宁陵、商水、柘城排倒数后四位。三是国家和省级贫困县占的比例过大，几乎占全省一半。

2. 产业结构不合理

一产比重过大，二、三产业比重过低。突出表现是，全区产业结构呈现"二、一、三"特征，一产比重高于全省平均 15.1 个百分点，最高的周口市高于全省 16.8 个百分点；二产比重低于全省平均水平 14.1 个百分点，最低的信阳低于全省 14.9 个百分点。又如，2006 年黄淮地区二产比重仅占生产总值的比重仅为 19%，比全省低 14 个百分点，这充分反映了黄淮地区工业化水平过低的落后面貌。

3. 城镇化进程缓慢

黄淮四市城镇化低于全省平均水平 8.1 个百分点，其中周口、驻马店二市更低，仅达 20% 左右。不仅如此，由于中心城市发展滞后，对广大的农村地区的辐射带动能力有限，四个省辖市的市区平均人口规模 48 万左右，其中周口市市区人口仅有 22.9 万人，与千万人口大市的地位很不相称；小城镇平均人口规模更小，平均不足 1 万人。

4. 社会事业发展滞后

突出表现为义务教育和职业教育发展缓慢，中等职业教育在校生占高中阶段在校生数的 29.5%，低于全省 44.6% 的比例。又如，全区卫生基础设施也十分落后，每千人卫生机构数、床位数分别相当于全省平均水平的 50% 和 64% 等等。

三、对黄淮四市传统农区今后发展的几点建议

1. 要积极、大力发展现代农业

众所周知，农业既是黄淮四市发展的基础，也是发展的优势所在。为此，现在和今后一定要大力发展现代农业。具体点说，就是要进一步加强粮食生产能力建设和现代化畜牧

业发展，大力调整产业结构，积极推动农业产业化经营；有力加强品牌化劳务输出基地建设等。

2. 积极发展现代工业

工业是黄淮四市的薄弱环节，因此，必须大力加强工业化进程，在推进工业化进程中，一是要注意培育支柱产业；二是在布局上，要加强工业集聚区的建设；三是在工业部门上，要重点发展农副产品精深加工工业等。

3. 要进一步大力改善基础设施条件

除了要积极完善公路网体系和农村道路建设外，还要大力加强电网建设，以及对外交通线路的发展。要积极引进省内高校和科研机构来区内设立科研开发基地及科研示范区。

4. 进一步加强第三产业的发展

在做好做强农业这篇大文章的基础上，注重发展第三产业，在政策、资金上给予优惠，通过鼓励支持第三产业的发展，把农村富余劳动力转移出来，拉动第一产业的发展。

5. 进一步加快对外开放步伐

要以产业集聚区为载体，通过大力招商引资和承接产业转移，不断提高有效利用外资水平。

6. 努力争取省委省政府的财政支持

对黄淮四市，省财政在资金安排上应给予支持、倾斜，加大专项转移支付力度，尤其是在农田水利基础设施建设，粮食深加工等方面要加大投入，给予重视。

第五篇　人文—经济地理学科建设

45. 我国人文地理学发展的回顾与展望[①]

李润田

一

地理学是一门古老的科学，它一向是把地理环境和人类的活动以及二者的相互关系作为研究对象，自然地理学和人文地理学一直是地理学的两大重要分支学科，自20世纪60年代以来，特别是近几年来，研究人与环境的关系不仅成为地理学的主要课题，而且以研究地表人文现象的空间分布及其规律性的人文地理学也正获得新的动力。人们都知道，环境是人类社会生产和生活的必需空间场所和必备的物质条件，它是不以人们的主观意志为转移的客观存在。由于社会生产力发展阶段的不同，人类社会的各个不同时期对环境的影响也大不相同。特别是在人类科学技术迅猛发展的今天，地球上已经几乎没有不受人类活动影响的纯自然环境了。作为人们生活环境的自然界已经成为社会化的自然界，应该说这是人类认识自然、利用自然、保护环境的能力不断提高，创造大量社会财富和人类文明的结果。但是，另一方面，由于人类对自然界认识的局限以及其他种种原因，人们不按客观规律办事，造成环境污染、环境恶化，甚至引起了一系列的严重后果。比如，人们对土地的不适当开垦、对草原的过度放牧及对森林的滥伐所造成的严重水土流失等等，都属于此例。由此可见，人和自然的环境关系，既不是受自然控制，为自然环境所决定，也不应当无限制地掠夺和破坏自然，影响生态平衡。既然如此，我们在研究人和自然的环境关系过程中，必须严格遵守上述这一法则。否则，正如恩格斯在《自然辩证法》中指出的，"只在求得劳动的最近最直接的有用效果"而忽视了"由于逐渐的重复和积累才发生作用的进一步结果"因而受到了自然的惩罚。特别应当看到，当前我国正处于新的历史时期，即由1981年到20世纪末，我国经济建设总的奋斗目标是，在不断提高经济效益的前提下，力争使全国工农业年总产值翻两番；再加上我国具有人多耕地少的矛盾将越来越突出的国情，就更须处理好人和自然环境的关系。为了解决好这一问题和逐步实现我们社会主义现代化建设的宏伟纲领，除了要靠党的正确路线和一系列方针、政策外，就是要靠各门科学和技术。具体到人文地理学来说，它不仅可以在物质文明建设（配合国家工业、农业、运输业、城镇等方面建设）中发挥重要的作用，而且在社会主义精神文明建设（文化和思想建设）中也肩负着重大的历史使命。比如，在各级学校有关学科教育中，通过人文地理知

[①] 本文在初稿二次修改过程中，参阅了李旭旦、盛叙功、李志华等先生的有关论文。初稿完成后，又承蒙金学良、潘淑君二同志提出了不少宝贵意见。在此，一并表示衷心的感谢。

识的传授，一方面，可以帮助青年学生树立起辩证唯物主义的人地观，有利于利用改造自然以及保护自然；另一方面，也可以加强社会主义的爱国主义和国际主义思想教育，从而有利于培养青年一代热爱党、热爱祖国、热爱社会主义和国际主义的高尚情操。同时，在社会上，通过人文地理知识的传播和普及，也可以达到上述同样的目的。为此，在大力开展自然地理研究的同时，必须积极开展人文地理学的研究。

当然，环境本身是一个多物质要素结合的综合体，认识和解决这一个复杂的问题，绝非人文地理学自身所能胜任，而需要多学科、多兵种的联合作战。

二

为了积极而有计划地把我国人文地理学发展起来，有必要先对它的发展历史做一简单而概括的回顾。

恩格斯说：科学的发生和发展一开始就是由生产决定的。人文地理学的产生也不例外。由于地理环境是人类社会进行物质生产和生活不可缺少的必要条件，所以，自古以来关于地理知识的记载就为我们的祖先所关注，远在原始社会末期，劳动人民为了生产和生活的需要，就开始从不同方面观察记载各地的自然和人文等方面情况。这不仅开始萌芽了人文地理方面的知识，而且有不少丰富的论述。比如《礼记·王制》中曾指出："广谷大川异制，民生其间者异俗"。以后又出现了《山海经》、《禹贡》、《汉书地理志》、《天下郡国利病书》、《读史方舆纪要》等一类世界上最古老的地理著作。其中有的记载着自然现象和人文现象两方面的情况，特别是《禹贡》一书，它综合地记载了周代九州内的地理环境以及方域、山川、湖泊、土壤、物产、田赋等级、贡品名目、水路运输线、民族等方面的内容，应当说是一部最早的人文地理著作。其次，也有不少著作对人地关系进行了论述。比如荀况的《天论篇》中就比较明确地论证了人地关系。他说："天有其时，地有其财。人有其治，夫是谓能参"（'参'指人在对自然斗争中的努力）。总之，在长期的封建社会里，随着社会生产和人们生活的不断需要，也陆续积累了大量的有关人文地理的资料，分见于各类史抄、地方志、笔记中，成为我国文化宝库的重要组成部分之一。但是从整个历史时期来看，在漫长的封建社会里，由于受当时社会性质和科学知识水平的局限，有关人文地理的著作多是资料汇编、分类排比，谈不上理论上的概括，而且在有些人地关系的论述中还掺杂了不少非科学的，甚至是迷信、荒诞不经的东西。因此，当时的人文地理知识和人地关系的思想并没有也不可能成为一门具备理论体系的科学。

如前所述，人文地理学的产生和发展，无论在哪个社会发展阶段，都是人类社会实践的需要。从国外的情况来看，也是如此。比如，自古希腊以来，也是一直把地球作为人类的家乡来研究，以后，随着资本主义生产方式在西方的逐步产生和发展，人文地理学随着古典地理学的产生、发展也开始萌芽和发展。经历了16~18世纪，直到19世纪中叶才通过近代地理学奠基人洪堡与李特尔等人的努力，使地理学逐渐形成了自然地理学和人文地理学共同组成的系统。不过从地理学史来看，李特尔还没有被公认为是人文地理学的奠基人。近代西方比较公认的人文地理学创始人是拉采尔。拉采尔的代表著作《人类地理学》是一部广义的人文地理学。他的基本论点是机械地搬用达尔文生物进化论的观点来解释人类社会历史的发展。同时，还由于他受到李特尔关于有机体学说的影响，又把人类看成是自然生物界的一员，认为人类和生物同样服从于地理环境。不仅如此，他还在上述一系列论点的基础上又进一步提出了"运动论"的观点，进而发展成为"生存空间论"。再加上斯宾塞的"国家有机论"学说的影响，使他的"生存空间论"的论点进而成为极端荒谬的学说，那就是国家同个体生物一样，是个有机体，为了自身的生长就必须要有足够的生存空间，要想索取到空间就必须进行掠夺和侵略，这样就使他成为以后地缘政治学的肇事者。这一套论点的实质显然是极其反动的。从其理论基础来看，尽管说法不同，但确属地理环境决定论的范畴。

到了19世纪后期，当时西方人文地理学中，也有人反对地理环境决定论而主张人地相关论（又称或然论）。其代表人物为法国的白兰士和布鲁纳。主要代表著作有《人文地理学》和《人文地理学原理》。"人地相关论"的基本论点认为在人地关系中，自然具有"可能性"，人类具有"能动性"，地和人关系是"可能性"和"能动性"的关系。因此，地理环境的影响和作用不是"必然的"而是"或然的"，不是绝对的，而是相对的。同时，他们还认为这种关系是人类的心理作用与自然关系的体现，这样的论点不仅明显地表现了他们的自相矛盾，而且从哲学的观点来看，也完全陷入了不可知论之中。

到了20世纪初，人地关系的研究由法国人白吕纳集其大成。他继承了前人的主张，认为"环境虽足以影响人类的生活，人类也有操纵与征服环境的能力"。他进一步将人地关系直接归纳为人类经济活动与自然环境的关系。他还认为地理环境对国家政治的影响是很间接的。但必须指出，由于他所处的时代和阶级的局限性，使他不能完全正确认识人地关系。后来，在美国、英国、日本等国，人文地理学也有较快的发展。也正是在这样的条件下，人文地理学内部，又逐渐形成了许多新的分支，如农业、工业、交通、人口、民族、政治等。但是，地理环境决定论相当流行，尤其在资本主义发展到帝国主义阶段，一些地理学家放弃了白吕纳等人所建立的人地观，完全退回到地理环境决定论的立场，发展了臭名昭彰的纳粹地缘政治学，专门为美帝国主义侵略和掠夺进行辩护。

19世纪后半期鸦片战争以后，帝国主义侵入我国，使我国沦为半封建半殖民地的国家，在这一社会背景下，到20世纪20～30年代，人文地理学在我国也曾时兴一个时期。当时，西方人文地理学早期发展的潮流波及中国，欧美资产阶级人文地理环境的著作也陆续流传到中国，如白吕纳的《人地学原理》和白兰士的《人地相关论》、森普尔的《地理环境之影响》、鲍曼的《战后的新世界》等。上述著作尽管论述的内容不一，但是他们的基本观点都是一致的。主要是过分强调地理环境的控制作用，经常出现地理环境决定论的错误。此外，如上所述为帝国主义服务的地缘政治学也广泛传到国内。至于对白兰士等创立的《人地相关论》的思想应做具体分析。他们的观点是，人同地的关系也是相互的，自然影响人，人也作用于自然，这个命题本身并不算错，可是问题就在于他们没有进一步说明人到底应当如何正确认识这人和地的关系。

总之，在这一段历史时期内，由于欧美资产阶级人文地理的思想流传到我国，一方面其中有些分析、方法与材料对我国近代地理学的发展有一定的促进作用，另一方面更重要的是给我国地理学界带来了很多不良影响。如当时资产阶级人文地理学的学术观点，特别是那些反动谬论，在我国地理学界波及很广、毒害很深，从而阻碍了我国人文地理学的正常发展。与此同时，也必须看到我国不少地理工作者为了积极发展我国人文地理学，尽管当时的条件十分困难，但仍然坚持室内研究和大量的实际考察工作，从而积累了不少珍贵的人文地理资料，为我国人文地理学的发展做出了应有的贡献。可是由于受当时半封建半殖民地社会制度的束缚，人文地理学的发展和其他科学一样，不可能不受到极大的阻碍。因此，直到解放前夕，我国人文地理学的发展仍然处于十分缓慢和薄弱的状态。

俄国十月革命以后，特别是我国解放以后，马列主义地理学思想广泛地传播到我国，从而进一步推动了我国整个地理学进入了一个崭新的历史阶段。我国广大的地理工作者，在中国共产党的领导和关怀下，不仅密切结合国家建设任务，积极开展了一些重大的科研实践活动，取得了很大成绩，而且为建立马列主义的地理学，清除西方地理学中，特别是人文地理学中地理环境决定论等方面的不良影响，揭露地缘政治学等反动理论而开展了批判活动。这些批判确实是有成效的，有力地推动了新中国地理学在马列主义、毛泽东思想指导下，沿着正确的道路发展。应当说这是主要方面，是完全必要的。但是，也要看到在批判过程中在不少问题上由于当时受学习苏联的影响（苏联只讲自然地理学和经济地理学，实质上以经济地理代替了人文地理学）和没有完全完整准确地运用辩证唯物主义和历史唯物主义的立场、观点和方法紧密结合学科的特点，以及"左"的思想影响，采取了教条主义的方式，从而出现了一些缺点和问题。

如有的只是机械地引用苏联的结论，没有在学术上击中要害，有的在某些问题上批判过了头，也有的把人地关系思想同地理环境决定论等同起来，在一定程度上忽视甚至否定地理环境在生产配置中的作用，更甚者有的对以人地关系为中心的人文地理学没有进行很好分析就一律说成是反动的伪科学等等，这样必然阻碍和限制了马列主义人文地理学的正常发展。结果，在我国同样出现以经济地理学取代人文地理学的现象也是很自然的。但是，与此同时，从西方一些国家地理学界的发展动向来看，他们的人文地理学一起是向前发展着，尤其20世纪60年代以后，世界上不少国家的人文地理学发展更为迅速。很多地理工作者都是十分注意人地关系问题的研究，强调要谋求人地关系协调。就是苏联在萨乌式金和马尔科夫等人提倡下也开始强调现代地理学的统一性观点。并重视自然地理与经济地理学的相互联系，开展与扩大了某些人文地理分支学科的研究。尤其值得注意的是在1980年9月于东京召开的第二十四届国际地理学会议上曾十分强调当今世界上人口日增、环境变化急剧、资源不足等情况的处境下，如何去协调自然环境和人类文化生活的关系已成为国际地理学界的主要研究任务。1984年在巴黎举行的第二十五届国际地理学的会议上仍把自然环境与人类活动的关系作为一项重要的研究课题。这一切都充分说明重视人文地理学的研究来解决实际问题是当前迫不及待的任务。

新中国成立以来，在中国共产党的领导下，全国地理工作者根据国民经济建设的需要，除了在自然地理方面做了大量工作外，在人文地理其他分支学科方面，也展开了多方面研究，尤其在经济地理方面，曾取得了十分显著的成绩。与人文地理学其他分支学科相比，几乎形成一花独放的局面，且枝繁叶茂，在我国社会主义建设事业中发挥了自己应有的作用。而人文地理学的其他分支学科，如城市地理、历史地理、人口地理等也不同程度地取得了较大的进展。另一方面，也必须看到，从整个人文地理学的发展来看，不少分支学科（如政治地理、军事地理、社会地理等），由于受"左"的思想影响和其他方面的原因，其发展还是很缓慢的。因此，当前我国人文地理学发展的现状，不但与现今国际上地理科学发展的新趋向很不相称，而且与我国在20世纪末实现社会主义现代化建设的宏伟纲领，向地理学特别是人文地理学提出的要求有相当大的差距。另外，国家为了进一步加强这门学科的研究，曾把人文地理学正式列为"六五"规划中的重点研究项目之一。胡乔木同志对人文地理学的研究也极为重视，他于1983年2月在中央党校第二次会议中也曾指出"领导干部，必须掌握文化知识课程如：中国历史、世界历史、中国地理、世界地理、自然地理、人文地理都要知道。人文地理在苏联叫经济地理，但是，严格地说起来，人文地理要比经济地理的范围广泛得多。仅仅知道经济地理，我们的干部到什么地方就只考虑经济，对于其他的问题没有兴趣也没有知识"。这一切事实都充分说明我国人文地理学的发展前途是十分广阔的。

从以上我国人文地理学发展的简单历史来看，可以初步得出以下几点启示。第一，人文地理学的产生和发展，不是由某些人的主观意志决定的，而是由于不同社会阶段的政治、经济发展的需要而决定的。第二，人文地理学要想得到正常的发展，并充分发挥其作用，除了必须坚持以马列主义理论做指导外，一定要坚持从本国的实际需要出发，走自己的发展道路。第三，为了使人文地理学更好地适应我国社会主义建设的需要，一定要在坚持全面发展的基础上有重点地发展。要防止两个方面的片面性。第四，学习外国人文地理学的新成果时，一方面要防止全盘照搬，另一方面也不能盲目排斥好的东西，一定要持科学态度，对错误要批判，好的要学习，学习时也要注意消化、吸收同自己的研究和创新互相结合起来。这些对发展我国人文地理学都具有十分重要的意义。

三

为了把我国人文地理学的研究有计划、有步骤地开展起来，我认为必须重视和解决好以下几个方面的问题。

（一）关于发展我国人文地理学的指导思想问题

要开展我国人文地理学的全面研究，除了要不断清除在科学领域中"左"的思想影响外，首先必须要有一个正确的指导思想，这应当说是一个极为重要的前提。根据以往的经验教训和人文地理学科的特点，本着"洋为中用，古为今用"的原则，密切结合我国社会主义建设的需要，建立和发展适合我国国情的具有中国特色的人文地理学，必须坚持以马列主义毛泽东思想为指导，开展我国社会主义的现代人文地理学的研究，将马克思主义唯物论和辩证法运用于整个人类社会的生产、生活等方面的研究，从错综复杂的地表人文现象中揭示生产方式在社会发展中的决定作用，阐明经济因素和政治、思想、地理、民族、人口等多种因素之间的相互关系，从而为发现客观人文地理现象的规律性提供了前提，使人文地理真正成为一门科学。马克思主义的科学理论是人们借以认识自然和人文地表现象的强大思想武器。

以马列主义毛泽东思想做指导，是指以马列主义的基本原理作指导，就是要依靠马克思列宁关于社会生产方式在社会生产中的决定作用和地理环境、人口和社会发展的关系以及人地关系的统一性与协调性等一系列的基本观点、方法来分析研究如何按照自然规律和社会经济规律利用自然、改造自然，因地制宜地发展各种生产，使自然更好地为人类谋福利，研究在社会主义制度下我国人口、城镇、工业、农业、运输业生产的合理布局，研究在不同民族和文化区等有关人文地理诸问题。只有根据这一指导思想来建立和发展我国人文地理学，才能把它引到正确的方向上来。这就深刻地告诉了我们，今天要逐步建立和发展具有我国特色人文地理学决不能沿着20世纪初西方各国的各种人文地理学流派的轨道发展，也更不能全盘照搬现今流行于西方的以福利为出发点的人文地理学方向前进，因为它们的理论体系不是建立在辩证唯物论和历史唯物论的基础之上的。正因为如此，我们必须从我国实际情况出发，在总结以往国内外经验教训的基础上，坚定不移地要把马列主义的唯物论和辩证法以及马列主义的人地观等作为研究我国人文地理学的理论基础和方法论基础。但是，前几年，由于受林彪、江青反革命集团"左"的影响，有些同志对人文地理学的研究必须坚持以马列主义理论为指导曾一度产生些怀疑。我们认为这种认识和看法是错误的。因为马列主义的基本原理，是由革命实践中总结出来，并且又被实践所证实了的伟大真理。不仅如此，还因为科学发展的事实也进一步说明了这个问题。大家知道，世界上完全不受某种理论影响的科学是根本不存在的，问题是接受哪一种理论观点的影响，用哪一种方法进行思考。马列主义是最严谨的、最完整的学说，并以彻底的唯物主义作为自己的基础，因此和唯心主义的主观武断水火不相容。为了防止主观武断弊病的发生，保证研究工作的科学性，恰恰应当坚持以马列主义作指导，特别是从人文地理学这门科学来看那就更显得格外重要，因为人文地理学是研究人地关系的分布、变化和发展的科学，其科学性质是受社会规律所制约，假如在研究过程中，一切地表人文现象的分析不以马列主义的唯物论和辩证法为指导，那就必然受到形形色色唯心主义的支配和影响。在两种思想体系之间，"无所依傍"、"超然独立"都是不可能的。为了进一步说明这一个问题，回顾一下历史事实也是必要的。在解放前，我国有些人文地理学家虽然勤奋研究，孜孜不倦，但由于当时没有掌握马列主义理论，他们的科学成就不仅受到一定的限制，往往在资产阶级错误理论影响之下，使自己走向了歧途。比如，反动的地缘政治学和地理环境决定论本来都是资产阶级的谬论，可是有的同志由于缺乏马列主义的识别能力，不自觉地就做了他们的宣传员。又如，解放后，在国民经济生产布局工作中，有些做实际工作的同志没有坚持以马列主义作指导，没有坚持辩证唯物论和历史唯物论，而以个人意志代替了客观规律，结果给我国生产布局带来不少的严重失误，使国家在经济上造成巨大浪费。

总之，上述事例充分说明我们要建立和发展人文地理学必须坚持以马列主义理论为指导，从我国的国情出发总结我国社会主义地表人文现象空间分布的实践经验，不断充实和完善人文地理学的理论体系和内容，逐步开拓中国式的马列主义人文地理学的新领域。在逐步建立和发展中国式人文地理学的方针指导下，积极学习世界各国最新的科研成果为我所用，并且在这个基础上力求有新的发现，另一方面，对其反科学的糟粕必须给以剔除。

马克思主义理论给发展人文地理学提供了指导原则，但它绝不能完全代替人文地理学及其分支学科所固有的理论和大量的地理事实资料。我们必须充分认识到本学科的理论和资料对研究工作的重要性。只有这样，适应我国社会主义建设需要的人文地理学才能逐步地完善和发展起来。其次，发展我国人文地理学也必须坚持理论联系实际的原则。这是要遵循为社会主义两个文明建设服务的原则。坚决防止和克服那种经院式的研究。要真正地做到科学要面向社会、面向四化、面向社会主义物质文明建设和社会主义精神文明建设，坚持走以任务带学科、以科学促任务这一条正确的道路。

（二）关于我国人文地理学的发展方向及其分支学科的发展问题

鉴于我国人文地理学的发展现状和原有基础，以及当前我国四化建设的客观需要和世界各国人文地理学发展的新趋势，我国人文地理学在今后一段时间内，总的发展方面应该是：要把学科研究与我国经济、政治、文化等方面发展的需要紧密地结合起来，尤其要把促进国民经济发展和社会主义精神文明建设作为首要任务。同时，也要高度重视基础理论的研究，研究时要以综合性的区域人文地理研究为主，也要注意部门人文地理的研究，使部门研究与综合性区域研究有机结合；在全面发展分支学科的基础上，要量力而行，突出重点；研究手段上要不断革新与创造新技术、新手段，努力提高人文地理科研水平。

为了使我国人文地理学更好地沿着上述总的研究方向发展，在全面发展人文地理学各种分支学科时，应根据我国政治、经济、文化等各方面的客观要求，坚持从实际出发，量力而行，有计划、有步骤地加以发展。

（1）在全面发展人文地理学时，必须把经济地理学列为今后人文地理学发展的重点，这不仅因为这门学科原来的基础较好，队伍较大，很重要的一点是由于当前我国国民经济建设的迫切需要。在发展经济地理学时一方面要积极参加工农运输业生产布局、国土整治、经济区划与区域规划等工作，另一方面也要积极参加区域经济地理的综合研究。如河北近年来以太行山区的开发利用的考察工作就是一例。

（2）我国城市地理学的发展，虽然有了一定的基础，但由于我国城市人口的绝对数量大，城市化过程也比较明显，特别是小城镇的研究还极为薄弱，因此大力发展城市地理学也是客观发展的迫切需要。开展这项研究时一定要坚持从我国实际情况出发，注意社会主义城市的基本特征和发展趋势；不同地区、不同等级的城市体系，不同类型城市的合理规模与合理容量，中小城市职能与类型，城市发展方向等问题的研究要给予足够重视。

（3）应积极发展村落地理学。我国农村人口占全国总人口80%左右。为了进一步改善农民的居住条件，有计划、有步骤地开展村落地理的研究也是十分必要的。比如有关农村聚落的产生、发展、地域特征、建筑类型及其与环境的关系、聚落的合理分布与规模以及如何节约用地等一系列问题都是亟待研究的课题。

（4）要大力加强人口地理问题的研究。人口问题是我国亟待解决的带有战略性的重大问题。计划生育是我国一项基本国策。因此，在我国进一步控制人口数量和提高人口质量乃是当务之急。在这个前提下，当前我国人口地理学研究的重点应放在人口的分布、增长、迁移、人口城市化及人口增长与经济发展的关系、城乡人口的比例等方面的研究与探讨。

（5）应积极开展旅游地理、社会地理分支之一——民族地理的研究。我国是一个旅游资源很丰富的国家，旅游业又一向被称为是"无烟的工业"。发展旅游事业不仅有经济意义，而且具有政治意义。为此，应当从我国实际出发，积极开展全国旅游资源调查与综合评价和划分旅游区以及重点旅游区的规划等方面的研究。我国又是一个统一的多民族国家，少数民族不仅分布地区广，而且少数民族聚居地区都是自然资源十分丰富、战略地位极为重要的地方，深入开展少数民族地区的地区分布、经济发展特征、风俗习惯等研究，无疑地对促进全国四化建设和加强民族团结都是格外重要的。应当积极而有计划地加强这方面的研究。

（6）对一些基础较差，但急需加强的各分支学科，如社会地理、文化地理、军事地理、政治地理以及行为、感应地理等，今后也可从我国国情出发，有计划地逐步研究和探索。

（三）关于积极参加四化实践和大力加强理论研究的问题

马列主义者认为，理论离不开社会生产实践，即社会生产实践才是理论产生的源泉和基础。人文地理学是以研究人文现象空间分布规律为任务的一门科学，如果离开了社会实践是不可想象的。因此，要想使我国人文地理学逐步建立和发展起来，必须不断地参加社会主义建设的实践，从中吸取营养。特别是当前我国正处于新的历史时期，四化建设向我国人文地理学及其各分支学科提出了许多重大的实践问题。比如，从大的方面来说，地区经济结构的确定与调整，生产力的合理布局，农业自然资源的充分利用，关键地区的开发和利用，中心城市和小城镇布局的研究，国土整治和开发的综合研究，经济区划和区域规划的研究等等，都与人文地理学有着密切的关系。从某一方面的研究任务来说，那就更举不胜举了。总之，人文地理学在配合社会主义建设方面是有着极其广阔前途的。

理论是生产发展和生产实践的总结，理论一经产生便反过来促进生产发展。事实上任何一门科学的发展历史都深刻表明，当某一重大理论问题取得一定进展或突破后，不仅可使本门学科取得较快的进展，而且也将给生产发展带来一定的促进作用。比如，作为人文地理学的重要分支之一——经济地理学，当俄国十月革命胜利后，由于当时苏联社会主义经济建设的大量实践，从中总结和产生了社会主义生产力布局的新理论，当这一理论一经出现，不仅丰富和充实了马列主义经济地理学的内容，而且促进了它的迅速发展，同时对苏联工农业面貌的巨大变革也起了很大的促进作用。从我们国家的情况来看也是如此。可是，近几十年来，由于人文地理学在我国尚未得到全面而充分的发展，因而人文地理学及其各分支学科的理论和方法研究比较落后，即使已经开展的理论研究也还存在着与生产实践及其应用相脱节的严重问题。因此，我们在积极参加四化实践的同时，还必须重视开展基础理论的研究与探索，要注意在总结前人实践和现今实践的基础上，对人文地理学的发展历史不断进行总结，从而探讨人文地理学的对象、内容、任务、性质、地位、方法、体系等基础理论，以带动各分支学科的发展。同时，也不能忽视各分支学科的理论问题。事实上摆在我们面前的重大理论问题是很多的。比如，对于社会人文系统与自然系统的综合研究，人地关系的概念、内容和基本规律，协调人地关系的主要途径等等，都需要下工夫加以探索。至于各分支学科中遇到和提出的理论问题那就更是举不胜举。

加强人文地理学基础理论的研究，一定要注意发展边缘学科。不同学科之间相互渗透的边缘学科往往是生长点，可以给处于相对停滞状态的科学带来生机。其次，还要注意在学科理论问题上存在着不同的观点，是一种正常的现象，应当鼓励开展不同学术观点的争论，只有这样才能活跃学术空气，促进科学研究工作的大发展。再次，在开展研究时，当涉及如何对待资产阶级的一些理论和实践时，一定要防止两种偏向，一个是闭关自守，盲目排外；一个是一切以"洋"为尚，照抄照搬。

（四）关于研究手段、方法的革新和加强研究队伍建设的问题

可以说到目前为止，我们对人文地理学科的认识还是相当肤浅的。要想使人文地理学能够在我国逐步地建立和发展起来，必须重视运用新技术新方法。特别要大力提倡计量地理学的研究。因为人文地理学是计量方法服务的重要方面。要注意研究一些专家的理论、方法和经验，并使其模型化、软件化并逐步形成具有我国特色的计量地理学。同时，也要与数学、计算机工作者密切配合，逐步摸索地理模型理论及其模型方法。只有这样，才能把宏观研究和微观研究紧密地结合起来，从而便于更加深入的认识和发现人文地理现象的发展过程及其规律性。从目前国外的情况来看，他们研究的手段是先进的。他们自20世纪60年代以来，在研究人文地理现象分布方面比较前进了一步。正因为如此，过去一向以文字来描述和说明地表人文现象分布规律的人文地理学已开始从定性的描述阶段，走向定量的更精确的阶段，从而使它开始有可能成为一门精密的、具有建设性的、预测性的学科。对于我们国家来说，这种新技术、新方法的应用，是很不够的，有的仍是空白点。因此，我们要把学习、消化、吸收外国新技术、新方法作为发展我国人文地理学的重要途径。但学哪些新技术和新方法，一定要有所选择。要从我国的实际需要、现有基础条件出发，不要盲目追求最新的最先进的。总之，只有通过新技术、新方法的不断革新，才能提高我国人文地理学为社会主义服务的精确性、预见性和科学性。另一方面，我们也必须看到，在今后相当一段时期内，我国传统的人文地理学方法也应充分发挥它在文化教育方面所起的作用。

我国人文地理学较长时期没有得到全面的发展。为此，要想尽快改变目前这种状况，可在大学地理系设立人文地理学专业培养大学生和研究生。同时，也应在科学研究机构增设人文地理学研究室和分支学科研究室，这将对建立和发展我国人文地理学发挥重要的作用。

原文刊载于《河南大学学报》，1984年第3期

46. 关于人地关系问题初探①

李润田

关于人地关系问题的研究，一向是多种学科的研究课题，但作为地理学概念的"人地关系"②无论在研究的目的、内容和方法等方面都有极其明显的特点。现代地理学已发展成为一门系统的科学。根据地理学的历史和现状，它既要探索和研究地理环境，又要研究人文现象，同时，还要探索和研究地理环境和人类活动的相互关系。从这个意义上来讲，"人地关系"是人文地理学的科学研究对象，也是人文地理学的思想基础。在人类社会生产飞速发展、人口急剧增长的今天，人地关系也越来越广泛、越来越复杂。因此，不断加深研究"人地关系"这一迫切课题，是具有不可估量的重大理论和实践意义的。

一

人类为了生存，时刻也离不开地理环境，这一点不论古代和现代都是如此，毫不例外。不仅如此，人类是一直在不同程度和不同水平上调节着人类社会和地理环境的关系，以满足自己生存和发展的需要。在人类社会发展的漫长过程中，人们不断总结和积累如何利用地理环境的经验和教训。远在上古时期，人们就开始以地域性的自然环境和人类社会活动为记录和描述的对象，以人地关系为中心内容。我国2000多年前出现最早的地方志著作即春秋战国时代的名著《禹贡》，综合地记载了周代九州内的地理环境以及方域、土壤、物产、田赋、交通等情况，是一本最早的阐述人地关系的著作。我国第一部断代史《汉书》的《地理志》则是第一部以《地理》命名的著作。它为历代按行政区划编修地方志开创了先例。唐代李吉甫的《元和郡县图志》和西汉司马迁在《史记》中写的"货殖列传"以及明末清初顾祖禹的《读史方舆纪要》……都不同角度、不同程度地介绍和论述了各地区的人地关系的问题。不仅如此，关于人地关系的问题，几千年来在哲学思想领域也存在着不少的记述，比如，远在秦汉之前，"天人相与"、"天人合一"的唯心主义天命论同荀况主张的"制天命而用之"（他的《天论篇》中发表了"天有其时，地有其财，人有其治，夫是之谓未能参"）等朴素的唯物主义自然观的斗争。以后，汉王充《明霞篇》中说："夫人不能以行感天，天亦不能随行应人"，其言之意即主张人和地各有自己的规律，反对人地关系的绝对化。其后北魏贾思勰在他的《齐民要术》一书中曾提出了："顺天时，量地利，则用力少而成功多；任情返道，劳而无获"，这个思想反映他是主张人

---

① 本文完成初稿后，承蒙李振泉、张文奎、司锡明诸同志提了很多宝贵意见，在此一并表示感谢。
② 所谓"人"，是指社会性的人，是指在一定生产方式下从事着各种生产活动的人。所谓"地"是指与人类活动有密切关系的，无机的与有机的自然界诸要素有规律结合而成的地理环境，是指在空间上存在着差异的地理环境。

类对自然的利用应该适应合理，不应该为所欲为。到了唐代，上述思想又有了进一步的发展。总之，我国古代不论地理著作，还是哲学著作中存在着大量的人地关系思想，为当前我国开展人文地理学的研究提供了珍贵的资料。但是，由于我国长期的封建统治和近百年来帝国主义的侵略欺凌，使我国古代地理学并没有得到应有的发展，一直处于落后的状态。

在西方，自古希腊以来，对人地关系的研究也很重视。比如，公元前2~3世纪希腊地理学之父埃拉托色尼，不仅首次提出"地理学"这一术语，而且首次用纬度确定了气候带的范围，以及人类可居住地的纬度界限。同时也首次记述了人与地理环境的关系。又如，公元前后罗马地理学家斯特拉本，曾对意大利半岛的位置、地形等自然环境与罗马的政治、经济发展的关系进行过论述。

15世纪以后，随着地理大发现，随着资本主义社会的确立和发展以及欧洲文艺复兴的到来，关于人地关系的研究和探讨就向前大大发展了一步。值得提出的是孟德斯鸠与康德倡导的地理环境决定论的观点，当时引起人们广泛的注意。直到18世纪后期，经过长期地理哲学思想的酝酿与发展和资料的积累，才逐步产生了古典地理学。

古典地理学的创建人是洪堡和李特尔。洪堡在其一生中，通过多次的实地考察和研究，不仅发展了自然地理学及其各重要分支学科，同时在他的代表性著作《宇宙学》中不仅把自然环境作为一个整体，对各种自然要素分别进行系统研究，而且阐述了人类社会和地理环境的关系。李特尔在他的著作《与自然和人类历史相比较的地理学》中，明确提出地理学的对象是："被人类所充填的地球表面的空间"，他不仅把自然现象与人文现象融合为一体，而且还注意了人对自然界的作用。同时，还强调用历史观点分析人类活动对自然界引起的变化，从而使古代的地方志逐渐发展成为日后的人文地理学。应该说洪堡与李特尔尽管他们研究的方向有异，但他们都具有一种人类与自然相关联的思想，特别是李特尔的人文与自然统一观念，常被看作是"人地关系论"的首倡者。不过还必须指出，李特尔的"人地关系论"还是特别强调了地理环境对人类活动的直接作用。自此以后，对于人地关系的论述一直是众说纷纭的。19世纪美国地理学家马尔什，身处在资本主义飞速发展、不断改造与掠夺自然的历史条件下，他在研究人与地理环境关系中，特别注意个人对自然环境的影响，以及人类活动所引起自然环境变化的性质、程度与后果。马尔什比较强调人类在大规模地改变自然界天然状态时，必须谨慎，以维护自然的和谐与平衡。法国地理学家勒克留，受马克思主义思想影响，在阐述自然与人类的生活与经济时，则特别强调人类劳动的作用，重点关注人的劳动所引起的自然界的变化。19世纪末，德国地理学家拉采尔在其著作《人类地理学》一书中，把达尔文的生物进化学说引入到人文地理学中来，错误地将人类与环境的关系，同生物与环境的关系等同看待。并以此为理论基础又写出《政治地理学》一书，并提出"国家有机体"的学说，主张人生活动的真正基础是地理环境，并把生物的"生存竞争"，引申为地理的"空间竞争"；把人类的空间争夺、优胜劣败视为"生存空间竞争"的必然现象。这些理论为后来豪斯霍菲尔等所宣扬的地缘政治学，又从地理环境决定论发展成为法西斯帝国主义侵略服务的反动唯心谬论。

至19世纪后期，以法国的白兰士为代表的法兰西地理学派，发展了古典的人文地理学，他的"人地关系"的观点比拉采尔前进了一大步。他对地理环境决定论的论点提出了非难，并提出"或然论"的概念。他认为人类不但受环境影响，同样也能改变和调节自然现象。同时，他还认为地理学是研究人类与地理环境的相互关系的科学，而它们之间的关系是有选择性，有或然性的。以后到20世纪初，人地关系的研究，由法国人白吕纳集其大成，全面地发展了法国的人地学思想。在他的《人地学原理》一书中，提出"天定足以胜人，人定也足以胜天"的观点，并归纳提出地表人地关系的事实为"三纲六目"，还提出对人地关系认识中的"心理因素"。在研究过程中，白氏还主张从小区域入手，通过分析，然后加以概括综合。白吕纳的人地思想，应当承认它在人地关系的认识史上是前进了一步，是对地理环境决定论的部分否定。但是由于它所处的时代和阶级的局限，仍存在着很大的缺陷。这主要表现在他的观点，从实质上来说，并未能从根本上揭示清楚自然规律与社会规律的主次关系，以及它们的本质区别与内在联系。因此，也不可能完全跳出地理环境决定论的泥坑。既然如此，应当公正指出，"或然论"的代表白吕纳对人地关系思想的形成、发展做出了一定的贡献，但另一方面，也仍然存在着一定的缺陷。以后，以"或然论"为中心的人地关系思想曾风行一时，英、美、日等国家以及我国也都广泛流传。

总起来说，由于我国历史上出现的那些人地关系的丰富思想理论，与近代地理学形成过程中的人地关系研究有较少联系，故略而不述。仅从国际上来看，如上所述，从15世纪到本世纪初，关于人地关系的理论尽管说法极为纷纭，但也可初步归纳为以下几点：第一，从15世纪以来，各个不同时期出现的各种人地关系的观点虽然角度不同，论证有异。但作为地理思潮的认识发展过程来看，他们的主要论点还都是围绕着"人地关系"而展开的，主观上都是企图说明人地关系的客观规律的。第二，关于"人地关系论"的形成和发展，是经历了漫长的历史。但是，其发展的趋向从总体上来看是一起向前发展和前进的。不过也不容否认，在发展的某一阶段有时也出现后退和矛盾的现象。比如，在前资本主义社会，人地关系中首先出现的神怪论、不可知论以及朴素的唯物论。到了近代资本主义上升时期，"人地关系论"的形成过程中，曾由"地理环境决定论"（亦称为"必然论"）发展成为"人地相关论"（亦称为"或然论"）以及后来的"虚无论"。第三，正确评价各个不同历史时期关于人地关系的理论，必须坚持辩证唯物主义的历史唯物主义观点，坚持实事求是的原则，只有这样，才能得出科学的结论。否则，将是不公正的、不全面的。比如，地理环境决定论这一人地关系的论点尽管在资本主义上升发展时期，代表着新兴资产阶级的要求，起到了反对宗教与神学统治的作用。但到了资本主义走向垄断、帝国主义不断向外扩张的历史条件下，不管研究者的主观愿望如何，那种自然决定人、决定人类社会历史的地理环境决定论，就成了社会发展的绊脚石。

二

伟大的革命导师马克思和恩格斯，由于创建了科学的认识论和方法论——历史唯物论和辩证唯物论，为人们在认识人类历史发展过程中，地理环境与人、与人类社会的相互关系、相互作用及其发展变化趋势与后果等奠定了坚实的理论基础。不仅如此，还有不少马克思主义者对人地关系曾有一系列的精辟论述。例如，早在19世纪末20世纪初，俄国杰出的马克思主义者 G. V. 普列汉诺夫（Georgii Valentlnovich Plekhanov），就曾根据马克思主义基本原理比较全面系统地、正确地分析与阐述过人与自然的关系，自然环境在人类社会发展中的作用，以及各自然要素对人类社会与社会生产力发展的影响，并首次运用马克思主义观点分析评价了孟德斯鸠、拉采尔等人的地理环境决定论。他明确提出并论证了地理环境是通过社会生产力、社会组织影响人及人类社会的发展，而人与地理环境之间又是相互影响的。在他的哲学著作中曾写道："社会人与地理环境之间的相互关系，是出乎异常的变化多端的。人的生产力在它的发展中每进一步，这个关系就变化一次。因此，地理环境对社会人的影响在不同的生产力发展阶段中产生不同的结果。但是人与人的居所之间的关系的变化并不是偶然的。这些关系在它们所产生的后果中构成一个有规律的过程。要辨明这个过程，必须首先考虑到，自然环境之所以成为人类历史运动中一个重要的因子，并不是由于它对人性的影响，而是由于它对生产力发展的影响。"① 同时，他还指出："人为的环境是非常有力地改变着自然对社会的人的影响的。自然对社会的人的影响从直接变成了间接。不过自然的影响并不消失。"② 另外，他还认为随着人类社会历史的前进，人与自然环境的关系将越来越复杂，自然环境对社会发展的作用将会变得更重要。伟大的革命导师斯大林同志关于人与地理环境的关系和地理环境在人类社会发展中的作用等方面，也做过不少极其精辟的论述。

以后，在地理学中运用马克思主义观点分析论述人与地理环境、人类社会与地理环境关系的，也大有人在。如德国地理学家维特弗哥认为自然和人类社会的关系及其对社会、国家发展的影响，是以劳动过程为媒介，而不是直接决定的。特别值得提出的是，20世纪20年代以后，由于人类更加大规模地开发利用与改造自然，从而进一步出现了破坏自然生态系统的现象，引起人类生存的自然环境逐渐向不利于人类的方面转化。因此，在人地关系的研究中，出现了德国生物学家海克尔提出的《生态学》的观点。他们认为自然界、生物圈，是一个高度复杂的具有自我调节功能的整体系统。它对人类所加的影响，总要通过复杂的机制做出反应，表现为环境的整体效应和长远效应。这种整体系统结构和功能的稳定是人类生存的基础。同时，也必须指出，俄国十月革命以后，也曾对人地思想进行过批判。结果把"人地关系"为思想基础的人文地理学完全抛弃，从而以经济地理学完全代替了人文地理学。但自20世纪60年代以来，世界大多数地理学者均强调要谋求人地关系的协调。苏联马尔科夫和萨乌斯金等人也强调现代地理学的统一性观点。总之，伴着20世纪60年代开始的空间技术和电子计算机技术的发展和应用以及地理学的现代化与综合化，人地关系的研究又成为国际地理研究的主要任务之一。

综上所述，可以明显看出，马克思主义关于人地关系的基本观点和人们运用马克思主义立场、观点、方法阐述人地关系的各种认识，归纳起来，不外乎有以下几个方面。

第一，人本身是自然界的产物，是在环境中并与环境一起发展起来的。但人又与动物不同，而且是本质上的不同。这种不同就在于人能利用自己制造工具，改变自然界、支配自然界，不断为人本身及人类社会创造新的生存条件与发展条件。只有人，才能给自然环境打上自己的烙印，居于对自然界的主导地位。

---

① 《普列汉诺夫哲学著作选集》，第二卷，第170页，三联书店，1961年版。
② 《普列汉诺夫哲学著作选集》，第二卷，第273页，三联书店，1961年版。

第二，如上所述，人类虽然积极作用于自然界，成为自然发展的重要因素，但人作为生物，又产生于自然，在长期演化过程中适应于现存的自然环境。因此，可以说人改变自然环境，改变了的自然环境反过来也必然作用于人类的本身。这就决定了人与自然环境的关系，虽然是各自独立客观存在的，可是又相互制约、相互影响。同时，在人类社会历史发展进程中，由于人的活动而不断地改变着彼此的制约和影响。从而在不断矛盾对立的运动过程中，又不断地达到协调与一致，这样就决定了人类既是改造自然活动的主体，又是这一活动影响所及的客观对象。

第三，社会的人的劳动，即为了自身生存发展与整个社会发展的生产劳动，首先是人和自然之间的物质、能量转换与循环的过程。这种过程则是以人自身的活动来引起、调节和控制的，并依赖于人们以一定的生产方式结合起来，共同进行生产活动来完成。因此，自然环境对社会生产提供的一切可能性，只有通过人们不断产生新的需要、不断创造出新的生产工具，以及通过人们以一定的方式结合起来，共同进行的生产劳动，才会变为现实。既然如此，社会的人越是进步，社会环境越是发展，人和社会控制、占有和干预自然的能力就越强，对自然的烙印也越深刻，自然面貌的变化也就越大，从而自然对社会人的限制也就会越来越退缩。比如，终年冰雪覆盖的南极洲，今天已开始成为人类争相进行科学考察的"新"大陆。

第四，人与自然环境的关系既然是一种矛盾统一、协调的关系，社会的人就不可能把自己的意志强加于自然环境，不能认为人们可以随心所欲、为所欲为地改变自然规律，而应该与自然界相适应，并应在具体开发利用与改造自然过程中严格按照自然规律办事，以保证生物圈基本参数的基本稳定。

三

根据以上马克思主义关于人地关系的一系列基本观点可以明显地看出人类活动与自然环境是相互干预、相互作用、相互补充、相互制约的对立统一关系。人们既然在发展生产过程中要改造和利用自然界，就必然与周围自然环境发生矛盾。这样一来，人类向自然界施加的作用越强，"索取"得越多，自然界对人类的反作用也就越大，需要付出的补偿也越多。这些矛盾如果处理得不当，势必导致人与自然环境之间的协调关系受到破坏，使资源破坏、环境污染、生态失去平衡，危及人类的利益。

新中国成立以来，在中国共产党的领导下，在马克思主义人地关系思想的指引下，党和国家在开展大规模的生产建设过程中，十分重视人和自然环境的协调关系，再加上人们不断提高自己认识改造自然的能力和自身的适应能力，从而在利用自然、改造自然、保护自然等方面，取得了不少成效。比如，陕西关中平原上的郑国渠和四川盆地都江堰灌溉工程的大力整修；甘肃河西走廊地区的"金张掖"、"银武威"沃洲农业区和"塞外江南"的宁蒙河套灌区的出现；淮河流域苏北地区的整治；黄河流域许多地区淤灌工程和黄土高原地区的拉沙淤地和沟谷内的淤地坝工程的成功；沙漠与高山冰雪资源的利用；亚热带地区的开发；大规模防护林带的成功；珠江三角洲"桑基鱼塘"的建设……，都为人们在处理、解决人地关系的实践方面提供了成功的范例。正如列宁在《唯物主义和经验批判主义》中所说的:"人的智慧发现了自然界上许多奇异的东西,并且还将发现更多的东西,从而扩大自己对自然界的统治。"同时,上述情况还可以深刻地说明,只要我们善于在有目的、有计划地改造、利用、保护自然环境的过程中,不断运用马克思主义人地观和唯物辩证法总结经验,提高对客观事物规律性的认识,自觉地指导自己的行动,是完全可以做到发展生产与保护自然环境两方面互相促进、协调发展的。也正像革命导师所讲的:"我们就越来越能够认识到,因而也学会支配至少是我们最普通的生产行为所引起的比较远的自然影响。但是这种事情发生的越多,人们越会重新地不仅感觉到,而且也认识到自身和自然界的一致,而那种把精神和物质、人类和自然、灵魂和肉体对立起来荒谬的、反自然的观点,也就越不可能存在了。"另一方面,也必须充分看到,过去几十年过程中,由于曾经在工作指导思想上受过"左倾"错误思想的影响以及其他方面的种种原因,人们对自然的改造、利用、保护等方面也不断出现不少问题,并因此产生了严重的后果。这方面的教训也是不少的。我国为解决粮食问题,曾压缩过其他经济作物,单一追求粮食生产,还不断采用多种途径扩大耕地面积、毁林开荒、废牧放垦等,结果不仅加重了水土流失,连新垦的土地也变成了劣地。据估计,黄河中游地区,每年每平方公里流失的土壤平均都达万吨以上。山东省的山地丘陵区每年流走的土壤达2亿多立方米,流失的肥分相当于350万吨化肥。"天府之国"的四川,因毁林开荒,导致严重的侵蚀,水土流失的面积占全省的60%以上,仅嘉陵江、沱江、涪江每年因水土流失冲走的泥沙就达2.5亿多吨。全国仅水土流失的泥沙每年就达50亿吨,相当于损失4000多万吨化肥。开垦干旱地带的草原,招致风沙灾害的后果也是十分严重的。如内蒙古伊克昭盟,30多年来开荒600万亩,而沙漠化面积却达1800万亩。至于由于不合理的灌溉导致盐碱化,乱伐森林,"三废"的污染等引起土地质量的下降等现象更是屡见不鲜。从河南的情况来看也是如此。山区毁林种粮,陡坡开荒种田,已造成严重的水土流失。据调查:豫西伏牛山区天然次生林已减少一半。另据有关方面统计:河南全省一年排污水10亿吨,废气4800多亿立方米,各种工业废渣1500多万吨,致使全省有39条河流的部分河段受到不同程度的污染。造成上述严重后果的重要原因之一就是人们在改造自然、利用自然、保护自然的实践过程中,没有严格遵照马克思主义的人地关系思想开展活动,从而使人和自然环境、经济发展与维护自然环境的矛盾统一起来在可能范围内进行协调发展,最后受到了自然的惩罚。众所周知,在人地关系中,人类无疑是最活跃、最积极的因素,在征服大自然的斗争中,常常获得胜利。可是"对每一次这样的胜利,自然界都报复了我们。每一次胜利,在第一步确定取得了我们预期的效果,但是,第二步和第三步都有了完全不同的、出乎意料的影响,常常把第一个结果又取消了"。恩格斯以美索不达米亚、小亚细亚和希腊等地的居民开垦农牧基地,破坏了地理环境,造成不毛之地,致使他们的子孙后代无法在当地生存下去为例,警告人们"不要过分陶醉于我们对自然界的胜利",而"要警惕大自然的报复"。这是说,改造自然、利用自然,不应当是去毁坏而必须遵循自然环境的规律,特别是生物圈生态平衡的这一原则。只有在发展生产中注意了这些,才能把发展生产和保护自然环境的关系协调起来。当前世界上出现的生态危机和我国国内发生的一些问题,很多是人为造成的,主要是还没有完全认识和掌握人地关系的客观规律,致使自然环境不断遭受破坏,"但是经过长期的常常是痛苦的经验,经过历史材料的比较和分析,我们在这一领域中,也渐渐学会了认清我们的生产活动的间接的、比较远的社会影响，因而我们就有可能也去支配和调节这种影响"。既然如此，在当前我国正处于新的历史时期，为了逐步实现我国社会主义现代化建设的宏伟经济纲领，就更加必须解决和处理好人与自然环境的关系。只有这样，才能有计划、有步骤地发展国民经济，为人类除弊兴利，进而达到宏伟经济纲领的实现。但是，人们到底怎样才能处理和协调好人地关系呢？这不仅是学术界急待研究的重大理论和实践问题，更重要的它又是我国四化建设中需要解决的重大战略任务之一。根据马克思主义有关人与自然环境关系的一系列观点和国内外有关这方面的历史、现实正反两方面的经验教训以及我国当前的实际情况，要想解决好这一重大问题，应当从两方面下手，一方面是解决好认识问题，另一方面要揭示出它们之间客观规律，并运用这种规律，采取正确解决人类与自然环境协调发展的途径。

1. 从认识上来说，首先应当知道，对立统一规律是宇宙的根本规律

自然界任何一对互相联系的矛盾，绝不是无法统一的两极对立，而在一定的条件下，通过斗争和调节，是可以使其互相转化，达到统一，并能逐步掌握其发展变化的规律的。既然如此，那么对人与自然环境的关系，也应当看到它们既有相互矛盾的一方面，也有相辅相成的一方面，二者完全可能在理论和实践的结合上统一起来，并能够协调发展的。上述的大量事实已经完全证实了这个问题。其次，还应当特别看到我国优越的社会主义制度，给我们提供了人与自然环境关系的统一、协调的发展和人能改变自然环境、居于对自然界的主导地位的社会条件。众所周知，要想控制好人类与自然环境二者的关系，首先表现为对社会行为的控制。从本质上来说，只有社会主义、共产主义的良好社会条件才有利于人类自觉地控制自己的生产活动，协调人与自然环境的关系。这是由于社会主义制度下的生产资料公有制居于强有力的主导地位，由于国民经济以计划商品经济为主，对生态系统和经济系统相结合，人们有条件根据客观存在的生态平衡的要求去进行生产建设，这就是社会主义制度的优越性在处理人地关系趋向统一和协调的具体体现。也是因为生态系统的观点和社会主义制度本身对经济建设的要求是一致的。既然如此，我们就应该充分利用我国社会主义制度的优越性来逐步实现人与自然环境关系的统一。也正像党的十二大政治报告中指出的那样："必须坚决保护农业自然资源，保持生态平衡"。

2. 从实现人地关系协调发展的主要途径来说，要多方面互相配合

（1）在利用、改造自然的斗争中，应尽力限制人类活动损害环境的规模，降低损害的速度，进而力争把这种损害压缩到最低限度。历史与现实反复证明，人类为了生存，时刻也离不开自然环境。不仅如此，就全局来看，自然环境能很好地同化人类的影响，自然环境是基本稳定而又适于人类生存的。但人们绝不能误认为自然环境只是一个消极的客体，更不能认为人是万能的，是大自然的主宰。无条件地强调"人定胜天"，任意损害环境，破坏资源，破坏生态平衡，是要危及人们的经济利益和自身的。特别是随着工业急剧的发展，人类活动已成为生物圈物质运动中的重要因素，给自然环境造成的影响已经超出了自然环境自我调节功能所能同化的限度。比如，近些年来，由于植被大面积的遭受破坏造成生物圈的生产能力迅速降低；又如，矿产资源的任意挖掘，采大弃小、采富弃贫，使资源

越来越趋向枯竭。这些情况严重地表明,在利用、改造自然环境实践活动中,人们应尽力限制人类活动损害环境条件的规模,降低损害的速度,以保持生物圈基本参数的稳定。为了实现这一目的,应加强以下两点:①应大力提高科学技术水平。解决人与自然环境间的矛盾,特别是要力求合理控制人类的活动,避免和减少对环境条件的损害。②大力加强对整个自然资源和自然环境的保护和管理。自然资源和自然环境既然是人类生活和社会繁荣的基础,那么人类所依靠的自然环境日益恶化①和自然资源日趋衰退②的现象必须严加控制。否则,将日益危及人类本身的生存和全球性的社会经济繁荣。为此,自然环境和自然资源的保护和管理问题已成为20世纪70年代以来国际上最受关注的重要问题之一。对资源进行有限制的索取才能够永续利用,不能只顾眼前不想将来。1972年联合国在瑞典的斯德哥尔摩曾召开过人类环境会议,签订了五个关于自然保护的公约。1980年3月5日,包括我国在内的20多个国家同时宣布了《世界自然资源保护大纲》,参加活动的国家有100多个。我们国家对这项工作也十分重视,且采取了不少的有力措施,有计划、有步骤地在全国建立自然保护区。目前,我国已划自然保护区72个,以后将逐步增加。其次,要保护好自然资源和自然环境,一定要搞好国土绿化和整治。正如前所述,我国森林的破坏和树林的砍伐已引起严重的水土流失。森林覆盖面积逐年缩小的后果还使大气的气温和温度调节大受影响。可见,保护环境,必须要格外注意保护土地。要想保护好土地,重要措施之一是植树种草,用植被来覆盖土地。另外,还必须注意改良土壤的质量,使它更适宜于植被作物、牧草或林木的生长。再次,保护环境还必须严格控制人口。

(2) 逐步改善农业生产结构和布局。农、林、牧、副、渔之间存在着相互依存、相互制约的有机联系。五者结合得好,形成农业生态系统的良性循环,达到粮丰、林茂、畜牧业发达的合理化农业生产结构;如果五者结合不好,生态系统形成恶性循环,不仅燃料、饲料和肥料发生矛盾,而且由于环境失调,肥力下降,水源枯竭,粮食也达不到高产稳产的目的。因此,要想使人类活动与自然环境的关系持续地保持着协调的发展,进而保持着自然环境不遭受破坏,自然资源得以永续利用,最基本的途径就是要改善农业生产结构,注意农、林、牧、副、渔五业的合理配合。事实上,我国人民在农、林、牧、副、渔结合方面是有丰富经验的,如珠江三角洲的桑基鱼塘就是突出的一例。实际上我国每个地区都有适宜当地条件进行农、林、牧、渔五业的结合,都有可能建立合理的农业生产结构。当然也必须看到长期以来,我国农业生产结构一直存在着很不合理的现象,种植业比重过大,林、牧、副、渔等生产部门过小,在种植业中又以粮食为主。以河南省为例,1949年农业总产值中,种植业占76.8%,林业占0.02%,牧业占10.4%,副业和渔业占12.78%。30多年来,五者比例虽然有了一定的变化,但变化的幅度不是很大。这种单一经营的结果,不仅造成五业之间比例仍然不够协调,影响整个农业生产的发展和农民收入的增长以及商品率的提高,更重要的是影响着人类与自然的协调关系和持续地利用生态系统、生物资源以及保存遗传

---

① 据联合国统计,近年来每年有500万公顷耕地由于土壤侵蚀,盐渍化和污染等人为原因,不能再用于耕种,再过20年,全世界现有耕地将减少三分之一,沙漠每年扩大6万平方公里。

② 随着生物物种最丰富的热带森林的急剧破坏(每年砍伐面积1.1万平方公里),全世界已灭绝了约1000种动物,每年有200种高等植物灭绝。

多样性。为此，不断改善和建立合理的农业生产结构，注意农、林、牧、副、渔五业的结合确实是当前协调人类与自然关系，发挥人的主宰作用的一项刻不容缓的任务。在建立合理的农业生产结构过程中，尤其要注意森林资源的恢复和发展。

（3）要注意工业合理布局，加强环境保护。追溯历史，人类在长期工业活动中，一般只注意取得生产的最近、最直接的物质财富与有益的效果，而对某些生产过程破坏环境的现象及其长期积累的不良后果往往忽视，因而常常遭到自然界的报复。随着现代工业和科学技术的蓬勃发展，增强了人类改造自然的手段，改善了人们的生存环境和生活条件，但同时也产生了一些不利于保护自然环境和自然资源以及人们的身心健康的消极因素。无数事实说明，如果单纯追求工业发展，不注意工业合理布局，忽视环境保护，往往导致环境恶化与"公害"。以日本为例，由于全国70%的工厂拥挤在只占全国领土2%的京滨、阪神等几个高度发达的工业区，全国1/4人口集中在1%的国土上，城市人口占全国人口70%以上，工业"三废"的排放相当集中，"公害"极为严重。近年来，我国有些城市和地区由于不注意工业合理布局和环境保护，造成环境污染也很严重。如吉林市是个山青水秀的城市，但由于工业非常集中，工业"三废"造成的危害也十分突出。为此在工业布局时，应当注意解决如下几点：①要正确处理工业分散与集中的关系，尽量做到较均衡的分布，防止过分集中。根据需要与可能，尽量把那些大中型工业摆到中小城镇去，大部分摆到新工业区和小城镇，以促进小城镇和新型工业区的建设，做到"工农结合，城乡结合，有利生产，方便生活"。这不仅是工业合理布局的需要，也是消除污染保护环境的要求，是一项战略性措施。②工业布局和厂址选择一定要考虑环境因素。③工业布局一定要与城市规划相结合，布置工业区与选择厂址应有利于保护城市环境。同时，布置工矿企业一定要防止对农业环境的污染。

（4）大力加强有关学科的研究。正确认识和处理人地关系，是一项范围广阔、内容复杂的综合性工作，涉及很多科学的各个领域。人类生产活动引起了自然环境的变化，自然环境又反过来影响人类的生存和发展。我们要揭示它们之间的客观规律，并运用这种规律，寻求人类与环境协调发展的途径，就必须大力开展科学研究工作，使科学的发展走在生产实践的前面，创造出符合人类需要，有利于人类生活的环境，从而加快国民经济建设的步伐。在开展科学研究中，尽管涉及门类很多，但根据从地理学角度提出的人地关系的需要来看，应着重加强人文地理学、环境科学、生态地理学等方面的研究。总之，在各门科学互相配合、综合研究的前提下，既要加强应用方面的研究，也要重视基础理论方面的研究。同时，还要在辩证唯物论和历史唯物论的指导下，注意运用现代化的科学技术和方法，总结古今中外利用和改造环境的丰富经验，探索发展生产与自然环境的对立统一关系，掌握它的规律，达到合理地利用自然和改造自然，为人类造福的目的。

参 考 文 献

[1] 李旭旦. 大力开展人地关系与人文地理的研究. 地理学报, 1982, 第37卷, 第4期.
[2] 杨吾扬, 江美球. 地理学与人地关系. 地理学报, 1982, 第37卷, 第2期.
[3] 李振泉. 一次具有历史意义的人文地理学讨论会. 地理学报, 1981, 第36卷, 第3期.
[4] 刘国城. 协调人类与自然界的关系. 生态学杂志, 1983, 第1期（总第5期）.

原文刊载于《河南大学学报》，1986年第3期

47. 我国经济地理学如何面向 21 世纪

李润田

一、新中国成立 50 年来经济地理学发展简单回顾

新中国成立 50 年来，特别是改革开放 20 多年来，我国经济地理学在广泛参与社会主义经济建设实践，发展、完善经济地理学理论，以及机构、队伍建设等方面，都取得了极为显著的成绩，究其原因主要有以下几点：一是经济地理学的发展适应了我国现代化事业突飞猛进发展的需要。恩格斯说过，社会的需要，比办几十所大学的推动还要大。经济地理学本来就是适应经济社会发展的需要而产生的，它也必然伴随着现代化事业的发展而得以成长和发展；二是经济地理学的健康发展，得益于我们坚持了一个正确的指导方针，这就是经济地理学研究要以马克思主义、毛泽东思想、邓小平理论为指导，经济地理学要为社会主义经济建设服务；三是在经济地理学发展过程中，既重视了积极参加社会主义现代化实践活动，也注意了学科建设。尽管如此，但我们需要看到目前我国经济地理学发展过程中还存在着不少问题。主要有以下几个方面：一是整个经济地理学理论建设显得薄弱；二是经济地理学参加社会主义现代化建设实践的力度不够；三是从各分支学科来看，有些分支学科发展不够平衡，如农业地理学；四是科研成果量化不够和研究方法比较落后等等。

为了改变我国经济地理学上述的被动局面，除了必须大力加强经济地理学的发展步伐外，更重要的是应当看到人类即将进入 21 世纪，21 世纪不仅是知识经济和高新技术产业发达的世纪，而且也是社会经济持续大发展的新世纪。同时，人口膨胀、资源不足、环境恶化、各国和各地区发展不平衡等也将成为全世界迫切需要解决的新问题。面对如此的机遇和挑战并存的时代，作为经济地理学来讲，肩负着十分光荣而艰巨的重担。

二、我国经济地理学发展的指导思想

笔者认为，我国经济地理学为了顺利完成 21 世纪新的历史使命，必须着重解决好以下三个方面的问题。

首先，必须坚持马克思主义道路。经济地理学要想在新世纪做出新的、更大的贡献，首要的问题还是必须坚持马克思主义道路。因为马克思主义是科学的体系，它给我们提供研究的立场、观点和方法，使主观认识更加符合于客观实际。尽管人们在学习和运用马克思主义时发生过这样或那样的问题与偏差，但实事求是地说，新中国成立 50 多年来的中国经济地理学的发展所以能够取得今天的巨大进展，根本原因是坚持了马克思主义这一正

确的指导思想。正因为如此，马克思主义、毛泽东思想、邓小平理论仍是新世纪指导发展中国经济地理学的强大思想武器。具体点说，坚持马克思主义、毛泽东思想、邓小平理论为指导，主要是指以马克思基本原理关于社会主义生产方式在社会生产中的决定作用和地理环境、人口和社会发展的关系以及人地关系的统一性与协调性等一系列的基本观点、方法来分析研究如何按照自然规律和社会经济规律利用自然、改造自然，因地制宜地发展生产，使自然更好地为人类谋福利，研究在社会主义市场经济体制下我国人口、城镇、工业、农业、运输业等生产部门和区域经济的生产力合理布局等问题。只有这样来发展我国经济地理学，才能把它引向正确的方向上来。尽管如此，但也必须明确的一点是，马克思主义基本原理也不是宗教，它将在社会主义过程中不断丰富和发展。它允许各种学派，各种理论展开讨论，明辨是非，从中吸取营养。这就是说，马克思主义本身就是一个开放的学派，只有批判吸收全人类文化中的营养，才能发展自己，而不能故步自封。只有坚持马克思主义，才能发展马克思主义，而马克思主义又必须在发展中才能很好地坚持。

其次，必须坚持理论联系实际的原则。发展我国经济地理学也必须坚持理论联系实际的原则，就是要遵循为社会主义现代化建设服务的原则。坚持防止和克服那种经院式的研究，要真正做到科学要面向社会，面向四化，坚决走以任务带学科、以学科促任务这一条正确的道路。

最后，必须坚持可持续发展思想。众所周知，可持续发展是既能满足当代人需求、又不损害后代人满足其需求能力基础的发展。这一发展思想既体现了人类与自然关系的和谐，又体现了人类世代间的责任感；其实质是要协调好人口、经济、社会、环境和资源同发展间的关系，为当代和后代人类创建一个能够持续健康发展的基础。可持续发展的目标和准则是保障经济持续稳定增长，提高国民收入，保护自然资源基础和环境，提高和维持生态系统的持续生产力，长期满足人类的基本需求，在同代人之间和各代人之间实现资源、环境及收入分配的社会公平。既然如此，作为人文地理学重要分支之一的经济地理学在整个发展过程中，都必须把可持续发展思想作为自己的指导思想。只有这样，才能保证经济地理学发展的目的是指导我国的经济发展实践，经济发展又服务于我国人民的自身发展。而当代人类的发展既要追求进步，同时还要兼顾地区及各代人之间的社会公平。可见，只有以可持续发展思想指导我国经济地理学发展，学科建设才有美好的前景。

三、我国经济地理学发展的方向和任务

（一）积极加强中国特色的经济地理学的理论体系建设

到目前为止，我们尚未能完全摆脱用西方经济地理和一些经济学等的理论来解释中国经济地理事实的窘境，这实属不得已，因为我们至今仍未创造出一套最适于解释中国经济地理事实的自己的系统理论。邓小平同志讲，我们不但要承认自然科学比人家落后，也要承认社会科学比人家落后。中国经济地理学50多年来，虽然取得了很大成绩，但我们确实还需要清醒地估量一下，在理论建设上我们与发达国家相比，确实还有一些差距。为此，到下半个世纪我们必须在这个大问题上要有所突破。

(二) 大力加强经济地理学及其分支学科的应用研究

1. 生产布局方面

在新形势下，经济地理学要积极参与市场经济体制下一、二、三产业和高新技术产业等布局的实践活动，进一步强化为国民经济服务。

在开展生产力布局实践活动中，还要注意三点：一是我国素以生产力布局研究为优势的经济地理学，过去受高度集中的计划经济体制制约和新中国成立以后全国生产力布局原有基础比较单调的影响，使我们对生产力布局的效益评估比较简单，且没有严格的规范化标准。而在今天市场经济条件下，投资者的效益要求严格，无效的投资或是低效的投资谁都不愿干，这对我们进一步进行生产力布局研究提出了更高更严的要求。因此，生产力布局研究的理论与方法上，必须加强规范化、模式化、数量化这一薄弱环节。二是在市场经济发展和进一步开放的过程中，特别是在不远的将来我国加入世界贸易组织以后，我国的经济发展与国际市场的联系将更加密切，重大问题均需要考虑国际可比或国际惯例。这样我们研究生产布局时，不能像过去只是考虑国防安全而已，对国际可比、国际分工、国际性产业结构变动、国际性最集中的地域问题研究、国际性成功的产业布局经济等直接影响关键产业布局的问题了解较少，认识比较肤浅。比如，高新技术产业布局问题、产业战略的选择与布局、出口加工基地的数量规模和地区选择问题等受国际化因素影响深刻的产业布局领域研究滞后，没有及时为国家有关部门提供科学可行的决策依据。所以，对产业布局的国际化影响因素要予以充分重视，这是在新形势下完善我国产业布局理论与实践的基本要求。三是在社会主义市场经济条件下，也要注意和加强资源空间配置问题的研究，它与传统的生产布局并不矛盾，只是赋予了市场运行机制的内涵，避免以生产研究为核心的偏颇，加强了生产、流通、交换和消费等之间的客观联系，含义更加广泛。

2. 区域发展的研究方面

大量实践证明，区域开发、经济区划、区域规划、发展战略、国土整治等课题过去是目前和今后也仍是经济地理学实践研究的重要内容。不过在研究的深度和广度上，由于政府既是实践项目的决策和管理者，又是实践项目实施的行为主体。尽管这些项目缺乏对组织、管理、决策、服务、投资、效益等微观因素的深入研究，但仍具有可操作性，根本原因在于计划体制提供了可操作与实现的机制——政府的计划平衡与调拨行为。整个实践项目的组织、管理、决策、服务、投资与效益等均被纳入计划范畴，通过计划行为即可付诸实现。

但在市场经济条件下，缺乏对微观因素的深入分析研究和论证，其结果使实践项目难以操作，因为实践项目的决策与管理属政府行为，实践项目的实施则属企业行为，企业往往注重实践项目的投资、效益、组织、管理和服务等经济可行性研究。因此，经济地理学在今后实践中不仅要重视微观研究同宏观研究相结合，提高实践研究成果的可操作性，而且，还要特别重视，社会主义市场经济条件下，区域经济运行机制与协调问题等的研究。

3. 跨地区、跨部门、跨世纪的综合性研究方面

过去受体制的制约，地区所有、部门所有及短期化行为比较普遍，而跨地区、跨部门的中长期研究比较薄弱，改革开放过程中边缘经济被我国经济学界和政策研究领域高度重视，并取得了一系列为国家和地方经济发展贡献巨大的研究成果，如沿海开放、沿边开放、沿江开放等战略，建设深圳、浦东、海南等经济特区，开放内陆省会城市等，相比之下经济地理学在这些问题的研究中显然落后了一步，没有把学科优势充分发挥出来，在对目前市场经济迅速发展的局面，新的地缘经济问题将会越来越多，尤其是在统一市场基础上打破条、块分割以后的跨地区、跨部门的中长期资源开发、产业发展、高新技术产业布局、资源密集带开发、产业密集带组织等，都需要开展多学科的综合性研究。经济地理应该在这类研究中占有重要地位，也有能力发挥地域性、综合性优势，为解决这些"三跨"（地区、部门、世纪）问题做出自己的贡献。此外，在新世纪根据中央的战略部署应加强对我国中、西部地区经济发展问题的研究。

4. 可持续发展的研究方面

可持续发展研究的内容是多方面的，但从经济地理学角度来讲，主要包括两方面的内容：一是各产业部门可持续发展的问题，二是区域可持续发展的问题。我们知道，区域经济持续发展的研究，侧重点不在于人口、资源、环境和经济发展等各个要素本身，而主要在于它们之间的关系。也就是从它们之间相互协调的观点，研究当代人类社会所面临的促进持续发展和保护环境的重大理论问题和实际问题。另外，对人口、资源、环境与经济社会发展的协调机理的问题研究也要予以重视。

（三）努力加强经济地理学薄弱分支学科的建设

尽人皆知，我国不仅是人口大国，而且也是农业大国，但我国经济地理学的重要分支——农业地理学的发展却很落后，应在 21 世纪扭转这一不正常的现象。

（四）进一步拓宽经济地理学研究领域

当前，经济地理学同社会科学以及自然科学相互交叉、渗透、融合，科学研究呈现整体结合的趋势，这就要求经济地理学在新的世纪里要想实现自己的快速发展和进一步焕发青春，必须进一步拓宽自己的研究领域。比如，企业地理学、市场地理学、政策地理学等学科都已应运而生。

四、我国经济地理学发展的对策

（一）努力做好自身宣传和自身素质的提高

为使更多的人了解和认识经济地理学的实践价值，我们一定要注意利用各种参与实际工作的机会和已取得的成绩，向政府部门和实业界介绍、展示本学科在解决实践问题方面的特长。这样将会使经济地理学的知名度得到不断提高。但宣传必须实事求是。同时，更为重要的一个方面还是经济地理工作者本身素质的提高和主观的努力。要做到这一点就必须不断学习马克思主义、毛泽东思想、邓小平理论来指导我们研究工作；要深入学习有关学科的理论和知识；要深入实际开展调查研究；要坚持理论与实际相结合的原则，开展研究工作；要发扬严肃认真、尊重学科规范的学风。

（二）充分认识21世纪社会主义市场经济体制建设对经济地理学的影响

作为21世纪时期我国经济体制改革的重大问题，就是社会主义市场经济的迅速发展必将对我国从上层建筑到经济基础，从社会意识形态、价值观念到各种行为规范等各个方面产生深远影响。这样历史性的变革，也必须对直接与社会经济发展密切联系的经济地理学的发展产生巨大的影响。为了适应这场变革，如上所说，经济地理工作者都应当不断扩大自己的知识领域。比如，各种经济学的基本理论等都需要掌握。只有掌握了更多的理论和知识，才能为国家的改革与发展服务，才能自觉地投身于经济地理学新理论与实践的探索之中，并在新的历史条件下为经济地理学的健康发展做出新的贡献。

（三）增强跨世纪意识，造就一批跨世纪人才

重视人才培养，保证21世纪的经济地理学后继有人。要采取高校与政府部门、社会及企业联合办学的方式，合作培养服务于各界的不同学历层次的经济地理人才，以适应新世纪的要求。

（四）广泛开展国际合作交流，加快我国经济地理学理论与方法的提升

我国市场经济全面发展的同时，政治、经济、科技、贸易等国际合作与交流的规模空间扩大，这就为经济地理学广泛开展国际合作与交流提供了一个最好的历史性机遇。我们必须抓住这次机遇，以学习国外最新理论与方法为重点，从各个层次上加强与国外的各种合作，这样不仅充实我们自己的实力，提高我们自己的水平，而且又向国外宣传我们的优势，输出我们的成果，力争尽快在国际地理学舞台上占据日益重要的地位。

（五）走联合化道路，团结协作，积极参与国内外重大热点问题研究

为了加强我们在高层次重大问题上的研究实力，全国经济地理工作者一定要下决心打破现有条块分割的不利局面，按照市场经济规律的要求，在平等互利的基础上，利用各自的有利条件，联合协作，发挥集体优势、集团优势、集成优势。在中长期区域规划、持续发展、跨国或跨地区资源开发与产业发展等国内外重大热点问题联合进行攻关，力争多出成果、出大成果，为我国经济地理学和世界经济地理学的发展做出我们应有的贡献，为祖国争光。

参 考 文 献

[1] 陈才. 试论经济地理学的发展趋向. 地理学报, 1962, 第28卷, 第4期.
[2] 陈才. 我们社会主义市场经济与经济地理学科的发展. 地理学报, 1995, 第50卷, 第2期.

[3] 陆大道. 经济地理学与持续发展研究. 地理学报, 1994, 第49卷 (增刊).
[4] 李怀, 高良谋. 21世纪中国经济学的道路选择和价值取向. 经济学动态, 1997, 第3期.
[5] 董恒年, 季任钧. 市场经济条件下我国经济地理学面临的挑战与创新思路探讨. 人文地理, 1996, 第11卷, 第4期.
[6] 胡序威. 为发展经济地理学而共同奋斗. 经济地理学发展回顾与瞻望. 北京: 中国科学院地理研究所, 1988.

48. 论乡村地理学的对象、内容和理论框架

李润田 袁中金

随着我国乡村近几年来的深刻变革,乡村地理学的发展越来越引起地理学界的普遍关注。其研究对象、内容和理论框架是学科建设的最基本问题,关系着学科研究的出发点、范围、理论体系、地位和作用等,是首先应解决的。本文拟对此进行探讨,以期引起更深入的讨论。

一、乡村地理学研究的对象

乡村地理学的对象问题规定了该门学科的特有研究角度、与其他科学的区别和联系,甚至规定了其研究内容和理论框架,是最重要的一般理论性问题。

关于乡村地理学的对象问题,尽管尚未展开广泛的讨论,但对它的看法是有分歧的,归纳起来有如下几种:①研究非城市区人文组织与活动的地理方面的问题;②研究整个乡村自然、经济、社会的形成条件、基本特征、空间变化的规律性;③研究乡村地区社会经济地域系统及其与环境的关系,以及预测其发展的科学。上述提法尽管在一定程度上触及到了乡村地理学的研究对象,如乡村是研究的客体,经济、社会的地理方面是重点等,但概括过于笼统,没有抓住乡村地理研究的主要矛盾。

要正确界定乡村地理学的对象,必须综合考虑如下三个方面,即乡村地理学的历史;当代乡村地理学所主要解决的问题;一般理论分析。

首先,从乡村地理学的发展史来看,其研究对象始终是从不同的角度研究乡村区域系统的构成与演化问题。早期的乡村地理学研究的重点是农业与聚落等乡村区域系统的构成要素,如 J. G. Kohl 在其"人类与交通及其与居住地地形的关系"(1841 年)一文中就较深入地分析了聚落的分布状况,与土地利用的关系,与交通线的关系。到了 20 世纪初,在德国形成了以乡村景观为研究对象的乡村地理学,对乡村景观进行综合地研究,尤其侧重景观的构成要素、类型与演化的分析,这实质上已隐含了对乡村区域系统的全面探讨。此时在法国则形成了以小区域研究为特色的乡村地理学,以各种不同尺度的小区域为研究单元,以生活方式为基础和重心,分析聚落、人口、社会、土地、农业等相互关联的问题,构成小区域的综合研究。到 20 世纪中期,乡村地理学以农业和聚落为研究核心的同时,开始关注社会、经济结构与过程的研究,乡村作为一种"有机体"的发展机制的研究。综上所述,虽然乡村地理学的方向与重点不断创新,但其从综合观点研究乡村区域系统的特点是鲜明而稳定的。

其次,当代乡村地理研究些什么?随着乡村发展的复杂化,乡村地理研究的范围也得到了很大的拓展。除了侧重于乡村各单项构成要素(如产业、聚落、人口、土地等)的研

究之外，还注重乡村与城市关系的研究、乡村生态与环境的研究、乡村居住体系的研究、乡村发展机理的研究等方面，在我们看来，皆可归为乡村区域系统的构成与演化规律这一根本点。

最后，从理论分析出发，只有以乡村区域系统为对象，才能吻合地理学的一般理论规定和有利于乡村地理学的自身理论的建设。地理学是以不同尺度区域的人地关系为研究核心的。乡村地理学以乡村区域系统为研究对象，与地理学的整体核心相一致，对其研究一方面有利于地理学核心问题的解决，另一方面又能便利地利用地理学的理论和方法，以乡村区域系统为研究对象的乡村地理学，既继承了乡村地理学传统的综合思想，又运用新的系统理论和方法，综合研究乡村区域系统，为乡村地理学发展开拓了一条新的思路。

这里的关键是如何理解乡村区域系统？

首先，乡村区域系统具有明显的区域规定性。含义有二，一是指乡村区域系统具有一定的范围，可泛指非城市化区域。在我国可理解为县城及其以下的集镇和村庄；二是指不同乡村区域系统间具有鲜明的差异性。乡村区域系统是以初级产品生产为主的地区，其社会经济状态受资源、环境的影响较深刻，可控性较小，因资源环境的区域差异往往导致乡村区域系统的差异，在不同的地区形成不同结构和功能的乡村区域系统。

其次，乡村区域系统是复杂系统。这主要表现在：①乡村区域系统始终与其环境——自然环境、城市等存在着密切的物质、能量和信息的联系，正是这种联系规定了乡村区域系统是一个开放的复杂系统。②乡村区域系统的组成要素是复杂的，至少可以划分为自然资源、技术、经济、社会、人口、组织等要素，各要素相互联系、制约，共同构成乡村区域系统。③各组成要素又可细分为更低层次的要素，从而使乡村区域系统具有多层次结构。

最后，乡村区域系统是动态演化的。构成乡村区域系统的人文要素在人类生存与发展的消费需求推动下，成为一个正反馈为主的增长型系统，是乡村区域系统演化的主要方面，而乡村资源子系统是负反馈为主的稳定型系统。前者的增长要求后者提供更多的物质能量输入，而后者在一定区域范围和一定时期内是稳定而有限的，从而限制了前者的增长。此时，人文子系统内部靠结构调整和提高科学技术水平改善与资源系统的关系，扩大能量、物质的输入。这种以科学技术为中介的关联和结构调整成为推动系统演化的基本动因，促使乡村区域系统向特定方向演化。

二、乡村地理学研究的基本内容

以乡村区域系统为研究对象的乡村地理学的基本内容应包括乡村区域系统演化、结构与功能、管理与环境关系等四方面13项内容。

1. 乡村区域系统与城市系统的关联

城市系统作为乡村区域系统的外部环境因素之一和乡村区域系统发展的目标之一，对乡村区域系统演化具有重大的制约作用。其研究内容主要有：①城乡关系演化的历史及规律。②城乡间物质、能量与信息关联的模式。③城市对乡村发展的推动与限制作用。④乡村区域系统的城市化：动力与途径。

2. 乡村区域系统的内部结构

内部结构决定着乡村区域的功能与发展，是乡村地理学研究的核心。对此研究应侧重如下几个方面：①子系统的组成及层次关系。我们认为乡村区域系统由资源、人口、技术、经济、文化、组织6个子系统组成，其可再细分为低层次系统；②各子系统间物质、能量和信息流在数量与性质上的状态与变化；③各子系统间相互联系的模型。

3. 乡村区域系统的功能与分类

乡村区域系统因其内部结构的差异，会形成不同的功能，从而构成不同类型的区域系统。对其研究的要点如下：①不同类型的形成因素与原理；②类型与其内部结构的对应关系；③类型演化的规律；④类型划分的理论与方法；⑤乡村发展的地域模式。

4. 乡村区域系统中的资源及其开发

资源是乡村区域系统发展的基础子系统。对此研究包括：①乡村资源的分类；②资源系统与乡村经济系统的对应关系；③乡村资源开发利用的报酬变动；④乡村资源承载力；⑤乡村资源的分配及其机制。

5. 乡村区域系统中的人口

人口既是乡村区域系统的重要组成部分，又是乡村区域系统的管理者。所以，乡村地理学极为重视对乡村人口的研究。主要集中在：①人口开发与乡村经济发展；②人口的数量与质量；③人口的产业流动与地域流动；④劳动力转移与二元经济转化；⑤人口的消费结构变化及其对乡村市场的影响；⑥人作为管理者的决策问题。

6. 乡村区域系统中的技术

技术是乡村区域系统的最活跃构成要素，是推动乡村区域系统发展的最直接力量，尤其对当代乡村区域系统而言，技术具有越来越重要的作用。所以，正确认识和把握不断变换着的乡村技术是乡村地理学的一项基本任务。其研究内容有：①乡村技术的特殊性与分类；②乡村技术与乡村区域系统演化；③乡村技术的地域传播规律；④乡村技术的更新趋势。

7. 乡村区域系统中的经济

经济是构成乡村区域系统的主体，是核心子系统。对其研究集中在如下几方面：①经济结构与乡村发展；②乡村经济结构的影响因素与合理化标准；③乡村现代化过程中农业的地位与前景；④乡村产业结构的非农业化趋势；⑤乡村分工分业原理与主导产业部门的选择；⑥乡村二元经济的转化；⑦乡村经济结构变化的阶段与规律；⑧乡村经济结构的优化理论与技术。

8. 乡村区域系统中的文化与组织

乡村区域系统相较于城市系统表现出明显的文化与组织特色，该特点对乡村区域系统的运行变化具有重要的影响，应成为乡村地理学研究的重点之一。其主要侧重于：①乡村文化传统的特点；②乡村商品经济观念的形成；③家庭在乡村区域系统中的枢纽地位及变动；④乡村新的组织形式及效率；⑤乡村社会的总体变迁；⑥乡村社区的特点与系统分析。

9. 乡村区域系统中的生态

乡村生态子系统是乡村人类活动与乡村自然环境的交界部分，是乡村地理学新近研究的热点之一。该部分研究的要点有：①乡村生态系统的构成；②乡村生态系统的基本特征；③人口压力与乡村生态系统的危机；④乡村生态经济区划；⑤生态乡村的建设。

10. 乡村区域系统中的居民点体系

居民点是乡村区域系统的实体要素之一，也是其他各要素的集中地。所以，居民点体系是乡村地理学历来的研究核心。主要集中在：①乡村居民点与环境；②乡村居民点的类型及分类；③乡村居民点的规模等级；④乡村居民点体系的空间构型；⑤乡村居民点及其体系的演化规律。

11. 乡村区域系统的地域结构

乡村区域系统的地域结构主要指乡村人类活动过程及其产物的空间位置关系。其有三个要素组成：一是作为节点的乡村居民点；二是农业生产为主的域面；三是联系节点与域面的网络。其研究要点有：①节点的极化与扩散效应；②域面的分异规律与农业生产地区专业化；③网络的功能分析与组织；④地域结构的演化过程与阶段；⑤地域结构的有序化。

12. 乡村区域系统的历史发展

乡村区域系统受各种因素的影响经历了一个从低级到高级的持续发展过程，受其内在演化规律的作用表现出明显的阶段性。在时间演化的框架中考察乡村区域系统就成为乡村地理学研究的重要内容。该方面研究主要包括：①乡村区域系统发展的实质；②乡村区域系统发展的标度；③乡村区域系统发展的动力与机制；④乡村区域系统发展的过程与阶段。

13. 乡村区域系统的规划与管理

乡村区域系统的发展在某种程度上是可控的，人们可以通过认识规律对其进行调节。规划与管理是其主要途径。对其研究主要有：①规划的目标、任务和过程；②规划的理论基础与方法；③管理的原理和手段；④乡村区域系统管理中政府的作用；⑤乡村区域政策研究。

三、乡村地理学的理论框架

乡村地理学的理论体系问题在乡村地理研究中具有特别重要的地位，是乡村地理学发展的关键。根据目前的研究状况，距形成乡村地理学完整理论体系尚有不小的距离，我们暂且把努力目标放在理论框架的建构上。

要建构乡村地理学的理论框架，必须要有正确的思路。就目前乡村地理学已有的研究成果来看，主要局限于对局部理论的概括，如关于乡村资源开发的资源评价理论，关于乡村产业运动变化的乡村产业结构理论，关于乡村居民点体系的中心地理论等。这种概括仅适用于特定几种有限的乡村地理要素或现象，虽然有助于人们理解乡村区域系统各组成部分是以何种特有方式运动变化的，但无助于人们对乡村区域系统的整化把握。所以，建构乡村地理学理论框架的正确思路应关注于一般理论的研究。

乡村地理学的一般理论不同于局部理论，它力图把各种局部理论以较为严谨的逻辑连贯起来，从而从整体上阐明乡村区域系统的运行变化规律。一般理论最有说服力的形式是：概念结构与逻辑连贯性构成一完整的思想演绎系统，人们据此可以从特定的假设、前提和公理中按特性递降顺序，推论该系统的行为。鉴于乡村地理学理论研究薄弱的状况，目前要形成一般理论的演绎框架尚有不少困难。作为研究的起点，可以用一定的思维方式把各种局部理论联系起来，构成一个在逻辑上尚谈不上足够严密的思想体系，这就会在建构统一的、连贯的一般理论体系进程中取得重要而极为有益的进展。

前已述及，乡村地理学的研究对象是乡村区域系统。乡村区域系统的概念就为理论框架的建构提供了重要的出发点。根据前述理解，乡村区域系统是处在一定的环境包围之中，与环境发生着多种多样的联系，其自身又具特定的结构和适应能力，能运用各种其在于环境联系中形成的机制，调节自己的行为，向着一定的方向演化。按此理解，乡村地理学一般理论的根本目的在于解释乡村区域系统在其与环境的相互关联中是如何运行变化的。所以，可以用乡村区域系统理论概称之，该理论有如下要点。

1. 乡村区域系统与环境关联理论

所谓乡村区域系统与环境关联理论是指对乡村区域系统与环境之间联系规律的概括。乡村区域系统的环境由自然环境和社会环境两部分组成。自然环境是乡村区域系统形成发展的自然背景条件，二者每时每刻都处在动态相互作用之中。乡村区域系统为了自身的目的而能动地改造环境，从环境中吸取它生存和发展所必需的物质、能量和信息。乡村区域系统的任何发展都是与其环境关联的改善为前提的。乡村区域系统的社会环境是指作为社会序列存在的其他系统，主要包括国家社会系统、从乡村区域系统分化而来独立存在的城市系统、处于平行地位且存在着竞争和支持关系的其他乡村区域系统。社会环境规定着乡村区域系统在经济、社会全部总和中所处的地位、作用和意义，甚至演化的方向和目标。

自然环境和社会环境构成了乡村区域系统的整体环境，其以各种流（物质流、能量流、信息流）的形式作用于乡村区域系统，造成其本身的变化。要穷尽这些流的种类几乎是不可能的，作为理论的概括，可以把各种流归结为输入，其基本形式依据作用的性质差异可分为需要和供给两种。前者是指外界环境对乡村区域系统的要求；后者是指外界环境对乡村区域系统的支持。需求和供给这对概念为组织并描述环境与系统间的关系提供了重要工具，而且将有助于认识乡村区域系统变化的原因与结果。对此详细探讨，我们将另文专论。

同时，乡村区域系统对环境时刻都在产生着影响，即输出。这种输出一方面影响着自然环境和社会环境，另一方面又通过反馈影响着乡村区域系统下一轮的输入，从而构成一持续不断的相互关联的一连串行为。

2. 乡村区域系统的内部结构理论

内部结构理论是对乡村区域系统组成成分及其相互联系和作用规律的概括。这里有两个基本点要明确：首先乡村区域系统的组成成分极为复杂，构成不同的层次。作为理论研究应首先界定乡村区域系统的次级子系统。我们以为应包括：人口、资源、技术、经济、文化、组织。一个乡村区域系统的各种要素都可归在这 6 个子系统中，从而使人们能以简易的形式分析和描述各要素之间的关系。其次，乡村区域系统分析中最基本的研究单元是什么？这也是内部结构理论建立的起点。对于不同的研究目的，其选择的基本研究单元可以不同。如可以居民点为基本研究单元探讨居民点体系问题；可以农业区为基本单元分析农业生产专业化问题。但作为一般理论框架建设的研究，其基本单元应是固定的。我们认为，乡村区域系统分析的基本单元应是在一定区位上具有特定功能的独立运行实体。如一个人、一个法人企业等。只有深入剖析基本单元间的物质、能量和信息的相互联系，才能理解和把握乡村区域系统的内部结构。

在明确上面两点的基础上，乡村区域系统的内部结构理论应从如下方面着手建设：要素结构的层次划分；要素结构的合理化标准；要素结构演化趋势预测与优化原理；要素结构的变化机制等。

3. 乡村区域系统进化理论

对乡村区域系统形成、发展过程规律的理论总结构成乡村区域系统的进化理论。该理论有如下几个基本点：①乡村区域系统进化的实质标度。乡村区域系统进化的实质是乡村区域系统吸取环境物质、能量和信息（以能量为核心）能力的提高和对其转换效率的提高。主要表现为乡村区域系统外部属性的变化，如环境输入强度增大、输出增强和形式多样化等，还表现为内部结构的进化，如要素更替与数量增加。要素间稳定关联数的变化、关联强度与性质变化、层次分化等。所以，判断乡村区域系统进化的标度可从输入、结构、输出三个方面设定。②乡村区域系统进化的阶段。根据乡村区域系统上述三个方面标度，考察从古到今的乡村区域系统，其经历了原始、传统和现代三个大的阶段。在不同的阶段表现为不同的内部结构和外部属性特征。③乡村区域系统进化的动力。乡村区域系统进化的动力是一个体系，由需求、积累和科技进步三部分组成。需求包括环境的需求和乡村区域系统内人口生存与发展提出的需求，二者共同构成了乡村区域系统进化的最初始动力。需求对乡村区域系统的作用要通过积累和科技进步两种动力来实现，二者直接制约着乡村区域系统的发展。

结构、进化和环境关联三方面共同构成乡村区域系统理论的主体部分和框架，三者不可分离。贯串这三方面的统一线索是以能量为核心的物质流、能量流和信息流。

参 考 文 献

[1] 李旭旦. 人文地理概说. 北京：科学出版社，1985.
[2] 金其铭，董昕，张小林. 乡村地理学. 南京：江苏教育出版社，1990.
[3] 吴传钧，侯锋. 国土开发整治与规划. 南京：江苏教育出版社，1990.

原文刊载于《人文地理》，1991 年，第 6 卷，第 3 期

49. 人文地理学的研究对象与学科性质

李润田

一、人文地理学在地理科学中的地位与作用

地理学是一门古老的学科，现代地理学已发展成为一门系统的科学体系。根据地理学的发展历史和现状，我们认为地理学是研究地表物质区域（或称空间）变化规律的科学。地表物质即通常所说的大气圈、水圈、岩石圈、生物圈（上述四圈属于自然圈层）和社会圈（或称智慧圈）。可见，地理学是研究上述五圈的区域变化规律的科学。既然如此，以地球表面为研究对象的地理学既研究自然现象，也研究人文现象以及它们之间的关系。从地理学的科学体系来说，基本上可作如下分类：首先分为区域地理学和系统地理学两大分支。区域地理学是地理学的传统分支，也称特殊地理学，是对种种具体地域进行综合的研究。近代地理学的奠基人洪堡和李特尔都以区域研究为基础写了大量区域著作来论述广大的地区。只是到了近代，由于系统地理学的发展，其相对地位才有所下降。系统地理学亦称一般地理学，主要分析构成区域特色的各种要素，以理论概括为主。二者尽管研究的重点有所不同，但它们互相补充构成了完整的地理学体系。系统地理学主要由自然地理学和人文地理学组成。但是，近年来，随着为社会实践服务手段的提高，又形成了应用地理学。由此可见，系统地理学是由自然地理学、人文地理学和应用地理学三支构成，但以前二者为主。自然地理学主要侧重于研究地表自然因素区域系统，揭示自然环境对人类活动的作用；人文地理学主要侧重于研究人类活动所创造的人文现象的区域系统，揭示人类活动对赖以生存的自然环境的作用；应用地理学主要侧重于研究为社会实践服务的各种计量方法等。这三者之间既有区别，又有联系，互为作用，互相影响。正因为如此，它们构成了完整的系统地理学。从上述基本事实出发，可以明显地看出人文地理学在地理学中占有重要地位。概括起来，可以归纳为以下几方面：第一，人文地理学是构成现代地理科学不可缺少的重要组成部分；第二，由于人文地理学侧重研究人类活动所创造的人文现象的区域系统，揭示人类活动对赖以生存的自然环境的作用的特点，这就决定了它在使地理学成为建设社会主义物质文明和精神文明的重要支柱中起重要作用；第三，人文地理学的发展和研究水平的提高，对扩大地理学研究领域的深度和广度将起着巨大的推动作用。总之，人文地理学在地理科学中的地位和作用是十分重要的。特别是从我国实际情况来看，更为重要。这是因为中国作为领土辽阔、环境复杂、资源丰富、历史文化基础雄厚、民族众多、社会经济地域差异十分显著而建设任务极为艰巨的大国，迫切需要以人地关系为基础，研究各种人文现象分布、变化以及地域系统运动规律的人文地理学来回答和解决一系列的有关研究课题，从而充分发挥它在国民经济建设中的作用。

二、人文地理学的研究对象

关于人文地理学的研究对象问题，是人文地理学理论中最基本的问题，因为它决定着这门学科的任务和性质以及其他方面的问题。正是由于这个问题带有关键性，所以它始终是人文地理学者最关注的问题。1979年12月，在广州举行的中国地理学会第四届代表大会上，李旭旦教授作的"人地关系的回顾与展望——兼论人文地理学的创新"学术报告，率先提出复兴人文地理学这一问题。他指出："30年来，我国自然地理学的各个部门都有长足进展，但在人文地理学方面，则仅仅是经济地理学一花独放。这个局面似亦应有改变。"他呼吁"应复兴全面的人文地理学"，并指出"复兴不意味着复旧"①。从此以后，中国人文地理学走上了复兴之路。在近十年复兴人文地理学的历程中，在全国地理界共同努力下，开展了广泛和大量的工作，取得了十分明显的成果。其中引人注目的一点，即人文地理学的研究对象问题出现了众说纷纭的局面。但自从在李旭旦、吴传钧先生的主持下，为中国大百科全书撰编了《人文地理卷》，主编了《人文地理学论丛》、《人文地理学概论》之后，张文奎教授编著了高等学校试用教材《人文地理学概论》，鲍觉民教授主编了《人文地理学的理论与实践》，金其铭教授等编著了《人文地理学导论》，况光贤先生编著了《人文地理学导论》等著作以后，对人文地理学研究对象问题的认识和表述比过去日益趋向一致，但尚未达到完全一致。从目前国内情况来看，在人文地理研究对象问题上的基本观点大体归纳为以下几种：一是认为人文地理学着重研究地球表面上的人类活动或人与环境的关系所形成的现象的分布与变化。或者说，是以人地关系的理论为基础，探讨各种人文现象的分布、变化和扩散以及人类活动的空间结构为对象。二是认为人文地理学专门研究地表人类人文活动的空间差别及其形成的客观规律，简称人类活动的人文地域系统。三是认为人文地理学是研究各种人文现象的空间表现的科学。或者说，人文地理学着重研究各种人文现象的空间侧面。此外，可能还有一些其他的看法，这里不再予以重述了。

从以上所述可以明显看出，对于人文地理学研究对象，尽管他们的表述方法与侧重点有所差异，但在最基本的观点上却是大致相同的。那就是他们都把着重研究地球表面各种人文活动现象的空间分布差别及其形成的客观规律作为研究对象。或者说他们都把研究地球表面各种人文现象的空间分布变化与空间结构作为人文地理学的研究对象。这种认识一方面强调了人文现象的时间变化；另一方面也突出了人文现象的空间结构。实质上不仅是注意了时间与空间的结合，而且也强调了各种人文现象的相互关系。正因为如此，这就使人文地理学与其他许多研究人类活动的科学完全区别开了，体现出来它所研究对象具有自己的特殊矛盾性。既然如此，我们也认为人文地理学就是研究地表人文现象的空间分布与空间差别，并预测其发展和变化规律的科学。简言之，人文地理学是研究地表人文现象空

---

① 既不恢复20世纪初西方各国的人文地理学流派，也不全盘照搬现在西方流行的以福利为出发点的人生地理学，主张"参考现代人生地理学的革新方向，运用新技术、新方法，结合我国实际需要，创立一门中国式的人文地理学"。

间分布与变化规律的科学。它的目的是阐明各国、各地区人文现象分布的规律，着重说明在什么地方有什么样的人文活动，并探讨其形成的原因，预测其发展的趋势。例如，为什么当前世界上有的国家工业高度发达，有的国家工业依然处于极端落后的状态。从我们国内来看，例证也是举不胜举的。例如，为什么东北地区和长江三角洲以及珠江三角洲等地区大、中城市那样密集，而在西北、西南广大地区的大、中城市却显得那样稀疏。总之，人文地理学就是要寻找这些现象的形成规律，以及其与自然环境、地区间社会文化关系的相互作用。

影响地球表面人文现象的空间分布与变化的因素是多方面的，如自然、社会、经济、科学、文化等。其中有的起主导作用，有的起辅助作用。但是，各种因素所起的作用都不是孤立的。任何现象的出现或者消亡是各种因素相互作用的结果。

三、人文地理学的科学性质、特征及与相邻科学的关系

(一) 科学性质、特征

一门科学的性质决定于它的研究对象。若这门科学的研究对象是自然现象，则它具有自然科学性质；若这门科学的研究对象是社会现象，它则具有社会科学的性质。如果这门科学的研究对象二者兼而有之，那么它就是兼有自然科学和社会科学性质的中间科学或称边缘科学。人文地理学的研究对象是地表人文现象的分布规律。地表人文现象属于社会现象，因而它是一门人文科学或称社会科学。尽管如此，但它又不完全相同于其他带有边缘科学特性的社会科学。它具有自己的特征。它的主要特征归纳起来有以下几方面。

1. 区域性

区域性是地理科学的特性，也是人文地理学的特性之一。我们都知道人文地理学是研究各国、各地区人文现象的地理分布规律，也就是研究各国、各地区间人文现象发展的条件、特点及其差异性。因此，人文地理研究离不开具体的区域。如果离开了具体区域进行研究，不但不会揭示出各国、各地区地表人文现象地理分布的普遍规律，而且也不可能正确认识各国、各地区人文现象地理分布的特点、原因及其区域间的差异性。不仅如此，世界范围内出现的人地关系的失调与矛盾（如人口爆炸、资源危机、生态环境恶化等），也总是体现在一定的地域上，它是复杂的、动态的开放系统。协调人地关系也就是人地系统结构的优化，它也总是离不开区域。可见，从事人文地理学研究时，必须重视其区域性这一特性。

2. 综合性

如上所述，人文地理学是地理学的一个分科，属于社会科学，但它又不同于一般社会科学。它涉及的条件很广，受制约的因素也很多。比如，在揭示各国、各地区地表人文现象分布规律时，不仅要很好地研究各地区的自然条件、社会经济条件、历史基础和借助于技术经济科学研究成果，而且还要利用技术科学的一些分支学科（如遥感技术、

自动制图等）的先进手段来促使研究成果的科学化、定量化。此外，它与许多学科都有交叉渗透的关系，如政治经济学、人口学、社会学等等。因此，这就决定了人文地理学的综合性。

（二）与相邻科学的关系

1. 与自然地理学的关系

人文地理学与自然地理学的关系十分密切。自然地理学是研究地理环境的构成及其形成发展规律的科学，而人文地理学是研究地表人文现象的空间区域分布和空间差别，并预测其发展和变化规律的科学。也可以说，它是研究人类活动中主要人文现象并解释其空间变化规律的一门区域性、系统性科学。地理环境是人类活动的自然基础，地理环境的结构特点和发展规律等在很大程度上影响人类活动的内容和形式，当然人类活动的结果又反过来会在一定程度上改变地理环境的面貌。既然如此，人文地理学如果脱离了自然地理学，则是无源之水、无本之木。这就决定了人文地理学工作者必须重视研究自然地理学，只有这样，揭示地表人文现象分布规律才更为深刻。

2. 与经济科学的关系

人文地理学与人文科学特别是与经济科学有着密切的关系。众所周知，政治经济学是研究生产关系的，而生产力经济学则是研究生产力的。20世纪70年代后期，生产力经济学的研究在我国得到恢复和发展。它对人文地理学的研究有一定的指导作用。生产力经济学以社会生产力为对象，联系着生产关系研究生产力的变化规律。社会生产力是特定的生产力因素在特定的组合下形成的有机总体，是一个多因素、多层次、多侧面的巨大系统。这个系统本身包括了生产力诸因素构成生产力系统时在地域上的分布和联系状况。在生产力发展和布局中，生产力水平和性质往往起决定作用。人文地理学在理论上和实践上必须遵循生产关系适合生产力状况的规律。只有这样，才能得出正确的结论。从对部门经济学来说，也必须如此。例如，人文地理学研究工业分布时，必须借助于工业经济学的有关原理及其研究成果。可见，人文地理工作者应当具有经济科学，特别是生产力经济学的基础理论与知识。

3. 与技术科学的关系

人文地理学与技术科学有着密切的关系。因为它的发展与技术科学的发展紧密相关。以经济地理为例，它在研究地理环境的经济评价、开发利用和改造等措施时，都与生产技术有关。对地理环境进行经济评价时，经常使用"有利"的和"不利"的地理环境这种术语。实际上"有利"或"不利"，在很大程度上是取决于生产的技术水平。因此，人文地理学研究地表人文现象分布规律时，一定要考虑生产技术水平，特别是在世界正处于第三次技术革命浪潮的今天，更要高度重视这一重要手段。因为新材料、新能源、新产业的开发，微电子技术、信息技术和生物工程技术的突破和应用，不仅影响到经济发展，而且也深刻地影响着国内的生产格局。

此外，人文地理学与人口学、社会学、行为科学、社会心理学等也都有一定的相互关系。

四、人文地理学的主要任务

任何一门科学之所以得到广泛的发展，必然有它客观的原因。就是说，社会要求有这样一门科学，而这门科学又能符合社会的这种要求。人文地理学也毫不例外。众所周知，人文地理学最重要的任务是揭示世界各国、各地区人文现象分布的规律性，揭示和掌握世界各国、各地区人文现象分布的规律，属于认识世界的任务；科学预测世界各国、各地区人文现象分布和变化规律，属于改造世界的任务。

（一）人文地理学的一般任务

几十年的正反经验，使我们清楚地认识到人文现象分布正确与否的主要标志是能不能取得社会、经济效益及效益的大小，它对社会、经济等方面的发展是起促进作用或者是延缓作用。不同社会制度下，人文现象布局的政策不同，就是同一制度下，由于布局的政策和措施不同也会产生截然不同的效果。布局的措施，除了社会与经济制度的影响以外，还有一系列自然、技术因子的影响，并且它往往是不同社会、经济制度下各国人文现象布局时都必须考虑的因子。因此，社会主义国家在进行人文现象布局时不仅要总结自己的经验和利用其他社会主义国家的经验，而且必须借鉴发达的资本主义国家的经验。

尽管社会制度不同，人文现象布局的目的有别。但是，不管哪种制度，"少投资，高效益"的着眼点是一致的。资本主义国家没有高效益，资本家就要垮台；社会主义国家没有高效益，社会主义现代化建设就难以实现。可见，人文地理学要想更好地为我国社会主义物质文明和精神文明建设服务，就不能因循守旧，习惯于老一套，应根据事物发展的客观需要，既研究不同社会制度下的人文现象布局的共同原则，又要研究各自独特的布局规律，以便既发挥自己的优势，又借别人之长，可以事半功倍，也必然会在研究的深度和广度上不断有所前进。

（二）中国人文地理学的任务

第一，积极利用人文地理学的理论和方法，结合国情，解决我国现代化建设中出现的问题。

马列主义者认为，理论的来源离不开社会生产实践，而社会生产实践才是理论产生的源泉和基础。人文地理学是以研究地表人文现象空间分布规律为任务的一门科学，其首要任务就在于它积极参加社会主义建设的实践，解决建设中不断出现的矛盾和问题。特别是当前我国正处于新旧体制交替时期，四化建设向我国人文地理学及其分支学科提出了许多重大的实践问题。比如，从大的方面来说，地区经济结构的确定与调整，农业地区开发和乡村经济综合发展的区域研究，工矿地区开发和地区生产力总体布局的研究，城市地区和风景旅游区的开发，大中小城市的合理布局和城镇化水平以及区域城镇体系的研究，人口的结构和劳动力转移问题的研究等等。从某一个侧面的研究任务来说，那就更举不胜举了。上述大量事实充分说明，只要人文地理学坚持为社会主义经济建设服务的方针，就具有强大的生命力。从人文地理学复兴多年来的经验也充分证明了这一点。当然我们应该清醒地看到，今后中央和地方的各有关部门，特别是经济建设部门对我们提出的任务与要求将越来越高。

第二，要在不断总结本国实践经验和学习外国有益经验的基础上，加强人文地理学理论方法的研究。正确理论之所以重要，在于它能引导我们向正确方向发展。理论的产生是社会发展和生产实践的总结，理论一经产生便反过来促进了社会发展。事实上任何一门科学的发展历史都深刻表明，当某种理论问题取得一定进展或突破后，不仅可以使本门学科取得较快的发展，而且也将对社会发展起一定的促进作用。比如，作为人文地理学的重要分支之一——经济地理学，在俄国十月革命胜利后，由于当时苏联社会主义经济建设的大量实践，从中总结和产生了社会主义生产布局的新理论，当这一理论一经出现，不仅丰富和充实了马列主义经济地理学的内容，而且也促进了它的迅速发展。同时对苏联工农业生产和布局的巨大变革也起了很大的促进作用，可见理论的重要。特别是当前在我国人文地理学的发展中，理论方法的研究落后于应用研究已成为突出的矛盾。不仅如此，更要看到在科学发展日新月异，各种学科相互渗透十分活跃的时代，在人文地理传统研究领域中也必然遭到相邻学科的竞争和挑战。如果再不努力改变在理论方法研究中的落后状况，人文地理学的发展将会受到极大的制约。为此，人文地理学的主要任务除了积极坚持为我国社会主义建设实践服务外，还必须大力加强人文地理理论方法的研究与探索，要注意在不断总结本国实践经验和学习外国有益理论、方法的基础上，探讨和建设具有中国特色的人文地理学的理论体系和科学方法。事实上摆在我们面前的重大理论问题是很多的。比如，人文系统与自然系统的综合研究、人地关系的内容和基本规律、协调人地关系的主要途径等等，都需要认真加以研究和探索。

加强人文地理学及其分支学科的理论与方法研究，一定要注意发展边缘学科。不同学科之间相互渗透的边缘学科往往是生长点，可以给处于相对停滞状态的科学带来新的生机。在学科理论问题上存在着不同的观点，是一种正常的现象，应当鼓励开展不同学术观点的争论，以促进科学研究工作的大发展。在开展研究时，当涉及如何对待西方人文地理学一些理论时，一定要防止两种偏向，一个是闭关自守、盲目排外；一个是一切以"洋"为尚、照抄照搬。特别是对西方的一些理论一定要批判地吸收。

第三，要积极而有计划地通过多种途径和方式，向社会上普及人文地理学及其各分支学科的基础知识和实践能力。

如上所述，人文地理学最根本的任务既然是揭示世界各国、各地区地表人文现象分布的规律性，从中总结经验，更好地为经济、政治、文化等各方面服务。这就决定了积极而有计划地向社会上宣传和普及人文地理学及其各分支学科的知识和方法的必要性和迫切性。因为人文地理学是以研究人地关系的相互作用、影响及其变化规律和地域分异为基本宗旨的一门内容十分丰富和应用性很强的科学。通过对人文地理知识的学习，不仅可以使广大公民，特别是青年了解当今人文地理学的发展现状和趋势以及它的重要地位与作用。而且还可以结合个人的工作实际，更好地正确解决与处理人类活动与自然资源开发的相互关系，进而实现更好地为经济建设贡献自己的力量。同时，通过人文地理知识的普及与宣传，也可以使人们进一步了解国情、区情，实现热爱祖国热爱社会主义思想教育的目的。

此外，在高等院校和专业学校开设人文地理学及其各分支学科的有关课程，为国家培养高级、中级建设人才，也是人文地理学一个重要任务。

原文刊载于1992年于河南大学出版社出版的《现代人文地理学》第一章

50. 人文地理学发展简史

李润田

一、国外人文地理学的发展

恩格斯说:"科学的发生和发展一开始就是由生产决定的。"人文地理学的产生也不例外。由于地理环境是人类社会赖以生存的必要条件,所以,自古以来关于地理知识的记载就为人们所关注。在古代,人们为了生产和生活的需要,从不同方面观察和记录自然和人文等情况。这不仅开始萌发了人文地理方面的知识,而且有不少丰富的论述。

早在希腊和罗马的奴隶社会时期,许多著作也专门探讨了人文地理学的某些现象和问题。其中最富有代表性的著作是希罗多德(Herodotus)的《波斯战役记》。他在这本著作中,曾详细地记述过当时的巴比伦城,指出:"它坐落在广阔的平原里,呈正方形……至于它的构造,在我们所知道的城中,没有一个像它那样美丽。巴比伦城首先为深邃的,广阔的和充满着水的壕沟围绕着三层的和四层的房屋;街上直道纵横,无论是顺着河的街或是通向河的横街,都是笔直的。通向沿河的堰堤方面的每条横街都装有街门;有多少街道,就有多少街门,这些街门也是铜制的,直接通临河上。"① 他详细地描述了所到之处的农业生产和生活状况。他曾具体地记述了古巴比伦农业生产情况,他说:"那里小麦和小麦的叶子常有四只手指的宽度,我虽然也知道粟和芝麻在这里生长硕大如树,但还是不说的好,因为我相信,即使上面讲过的谷物,对于没有到过巴比伦的人也会觉得有许多不可置信的地方……"

不仅如此,有些著作还专门论述了人文地理学最基本的思想,即人与自然环境的关系。比如古希腊的希波古拉底(Hippocrates),在他所著《论空气,水和地方》中就明确写道:"人们(居住在酷热气候里)比北方人活泼些健壮些,他们的声音清朗,性格较温和,智慧较敏锐;同时热带所有的物产比寒冷地方要好一些……(但是)在这样温度里居住的人们,他们的心灵未受过生气蓬勃的刺激,身体也不遭受急剧的变化,自然而然的使人更为野蛮,性格更为激烈和不易驯服"。

特别值得我们提出的是斯特拉波(Strabo)所著的《地理学》(共17卷)。此书记述了公元初西方已知的世界概况,为当时著名的"地志"著作。斯特拉波的观点,对当今人文地理研究也有重要意义。例如,他说:"在地理的研究上,我们不仅要观察一个地方的形状与大小,而且像我们说过的,要观察它们的相互关系。"对于自然条件和人文条件的

---

① 彼德纳尔斯基. 古代地理学. 梁照锡译. 北京:三联书店,1958年,25~26页.

差别,他的论述也颇精辟。他曾指出:"我们必须谈到地方的各种自然条件,因为它们都是经常不变的,而各种人文条件是要发生变化的。但是应当指出,这些人为的条件中,有些在某一个时期内还要保持着不变的。"总之,在两千多年前,斯特拉波就把地理学两大组成部分的基本特点明显地区别开来的思想,对今日地理学的研究,仍有着十分深刻的意义。

总起来说,西方古代人文地理著作,尽管不断发展,但基本上属于记述性的地理志,没有专门论述性的人文地理著作,即使它的萌芽性的论述,也都是在包罗万象的游记性的地方志当中。

进入封建社会以后,由于自然经济的束缚和黑暗的宗教势力的严重影响,使各门科学的发展受到了极大的桎梏,地理学也毫不例外。随着资本主义生产方式的逐步产生和发展,作为人文地理学随着古典地理学的产生、发展也开始萌芽和发展。经历了16~18世纪,直到19世纪中叶才由近代地理学奠基人洪堡(A. Humboldt)与李特尔(K. Ritter)等的努力,使地理学逐渐形成了自然地理学和人文地理学共同组成的系统。近代西方比较公认的人文地理学创始人是著名地理学家李特尔。李特尔在其19卷巨著《地理学通论》中论述了自然现象与人文现象的相互关系。他的名言是:"土地影响着人类,而人类也影响着土地。"他主张地理学家应着眼于研究地球表面,寻求人与自然的和谐,并追溯人与自然历史渊源。他认为人与自然有和谐的一面,又有矛盾的一面,所以他主张地理学家不仅要面对现实,还要面对未来回答人地关系"将成为什么"?

嗣后,德、法、英、美等国的人文地理学家,在论述人地关系时,先后出现了"环境决定论"、"二元论"、"或然论"、"适应论"、"生态论"、"文化景观论"、"协调论"等流派。比如或然论代表人物为法国的白兰士和白吕纳(J. Brunhes)。主要代表著作有《人文地理学》和《人文地理学原理》。他们的基本论点是认为在人地关系中,自然具有"可能性",人类具有"能动性",地和人关系是"可能性"和"能动性"的关系。因此,地理环境的影响作用不是"必然的"而是"或然的"。白兰士提出了或然论,这是对人地关系论的重要发展,是20世纪初地理学思想的主流。白兰士的学生白吕纳进一步发展了人地相关思想,他提出的人地关系认识中的"心理因素",这是今日流行的"感应"与"行为"地理的最早认识来源。另外,应当特别指出的是,在人文地理学的重要分支——政治地理学领域出现的一些论点,如拉采尔(F. Ratzel)的"国家有机说"、"生存空间论",麦金德(H. J. Mackinder)"大陆腹地学"等等。到了20世纪30年代,法西斯德国极力向外扩张侵略,其御用学者豪斯浩佛尔(K. Houshorerl)利用这些"理论"并加以篡改,作为侵略扩张争取"生存空间"的借口。第二次世界大战之后,随着电子计算机的广泛使用以及空间科学的发展,自动化制图的进步,使人文地理学研究有了突飞猛进的发展。特别是进入20世纪80年代以来,从外国人文地理学总的发展趋势来看,有以下几个特点:第一,人文地理学的研究领域继续不断扩大。过去人文地理学的研究领域仅仅局限在经济地理、城市地理、人口地理等,如今又扩展到了行为地理、旅游地理、政治地理、社会地理领域。人文地理学已切实成为地理科学体系中的重大分支之一。第二,人文地理学研究日益关注社会实际问题。或者说,进一步注意了理论密切结合社会实际,大大加强了研究成果的针对性、应用性。尽人皆知,社会上实际问题涉及的面很广,但只要可以从地理角度着手进行研究的，大都可以开展研究，或者进行探索。这种社会化倾向可以从以下几个例证反映出来。例如 1984 年，在法国举行的国际地理学联合会第 25 届国际地理学大会上，通过了新成立的 1984～1988 年各专业委员会。在 14 个专业委员会中，有 7 个属于人文地理学范畴。主要研究方向有农业、工业、人口、国际劳动分工、世界粮食生产和旅游地理等。又如，1986 年，英国皇家地理学会主办的《地理杂志》（Geography Journal），介绍了肯特（A. Kent）主编的《变化着的地理学的展望》（Perspectives on a Changing Geography）一书。书中每一章总结了地理学的一个分支学科的新近发展，作者均为这个学科的专家。全书共分八章，其中六章与人文地理学有关。论题大都涉及当前社会问题，如"地理学对减轻自然灾害的贡献"、"环境整治与规划"等。总之，无论从国际地理学会讨论的议题来看，或从国际上有影响的总结性论著的研究中心来看，它们共同之点都十分关注社会问题的研究和解决，从而逐步加强了应用领域的研究。这是国外人文地理学研究的重要趋势之一。第三，人文地理现象的动态研究越来越被重视。在国外人文地理学研究中，不少学者越来越多地把时间因素引进空间分析范畴。时间地理学（time geography）的研究，受到地理学家的重视，目的是想在地理学研究中不忽视时间因素。又如，在新成立的 1984～1988 年国际地理学会涉及人文地理的 7 个专业委员会中，有 4 个委员会着重研究人文现象的发展变化、山地系统改造过程、工业变化、国际劳动分工与区域发展。第四，区域人文地理研究日益受到重视。根据国外有影响的一些论著来看，在人文地理学研究中，对区域地理研究有日益被重视的趋势。因为区域是被看作是人类居住之地球表面整体的一部分。人文环境中的人类社会活动均与世界有着密切的联系。第五，政治地理学和社会地理学两个分支的发展越来越受到关注。政治地理学的研究主要侧重在对国家的研究；冲突和战争地理的研究；环境政治和日常生活政治的地理研究；政治地理思想的研究。社会地理学的研究主要侧重在社会问题、社会空间、理论发展等几方面的研究。第六，在人文地理研究方法上日益走向现代化和理论化。在人文地理学研究过程中，除了继续进行有质量的定性描述外，理论研究和遥感方法、数学模型、自动制图、电子计算机等现代化科学技术手段正在向更高层次发展变化。这样就使人文地理学有可能朝着一个更为科学而较少单纯描述的方向发展。例如，传统人文地理学是采用假说→观察→分类→比较→记述的程序，而现代人文地理学则是采用从假说→模式→检验→解释→结论→理论的程序。总之，这不仅可使人文地理学上升为理论，还可以借助于模式预测未来。

二、我国人文地理学的发展

远在 2000 多年前，我国经济和文化就有了很高的发展。由于当时生产和生活的需要，开始产生了一些古老的带有人文地理因素的著作，成为我国文化宝库的重要组成部分之一。比如《山海经》、《禹贡》、《货殖列传》、《汉书地理志》等世界上最古老的地理著作，它们有的是记载着自然现象和人文现象两方面的情况。据考证其中以《山海经》、《禹贡》两书为最早。《山海经》虽然也记载了一些山川、道里、民族、物产及各种药物等等，但仍属原始的地志性质的著作，对人文地理的意义并不很大。而《禹贡》一书则不然，它对于人文地理的意义就比较大。这是因为它与地理有关的记述共分五个方面：将周代天下划分为九州（冀、兖、青、徐、扬、荆、豫、梁、雍）。此九州是依当地的地理知识划分的自然地理区域；记述了当时所知的山川之方位与"脉络"，记述了各地的物产分布；叙述了各地土壤性质及其贡赋情况；记述了古代记方位之方法。总之，它是我国古代一部综合性地理著作的典范。正因为如此，我国著名历史学家范文澜曾对它做了较高的评价，他认为：《禹贡》一书"总结了上古以至秦势力已入四川（梁）未入五岭时期的地理知识，确是极宝贵的古地理志。《禹贡》托名禹平治水土的记录，选入尚书，被尊为经典，造成中国政治自来是统一，疆域自来是广大的信念，意义至为重大"。① 其次，《史记》的《货殖列传》一书，也是一部较为系统的人文地理性质的著作。它叙述了各地区的风土、生产贸易和城市以及经济发展、经济联系等情况。

此后又陆续出现了《汉书地理志》和六朝的州郡方志等著作，这些著作对自然与社会经济情况的记载与叙述都远比《禹贡》、《货殖列传》等著作，不仅体例严谨，而且内容也比较精确。应该说是大大向前进了一步。

另外，应值得提出的一点是，除了上述一系列著作外，还有不少伟大旅行家所写的著作。他们的著作尽管记述了一些游览地区的山川、物产和民情等，但都属于一些游地的真实记载，对了解各地区的地理情况起着重要的作用，也是当时很有价值的人文地理著作。比如，《佛国记》（晋），《大唐西域记》（唐），《梦溪笔谈》（北宋），《徐霞客游记》（明），《老残游记》（清），《天下郡国利病书》（清），等等。它们都在人文地理典籍中占据极为重要的地位。

总体来说，中国的人文地理学思想的萌生虽然很早，也提出了不少种论述人地关系的论点，对于认识自然、掌握自然规律、顺应自然、改造自然、发展人类社会生产力、促进人类进步等起了重大作用。但由于长期受封建社会的束缚和科学知识水平的局限，有关人文地理的著作中不仅地方志和游记性者占绝对多数（其中还混有大量历史的记载），而且多半是资料汇编、分类排列和一些记叙性的史、地、文等综合著作，谈不上理论上的概括，也不可能形成一个完整的科学体系。不仅如此，在有些内容中还掺杂了不少非科学的，甚至是迷信、荒诞不经的内容。因此，当时的人文地理知识并没有，也不可能成为一门科学的人文地理学。鸦片战争以前，中国和西欧各国虽有些往来，也接受了一些西方各国家的地理学思想，但都是十分零碎而不成系统的。19世纪后半期鸦片战争以后，帝国主义侵入我国，使我国沦为半封建半殖民地的国家，在这一社会背景下，外国的资产阶级的"科学思想"也随之传入中国。鸦片战争的结束，国内有些人认为清政府之所以被外国人打败，是由于科学不如外国的结果，所以在各方面提倡向西洋学习。当时有些爱国的知识分子也想发展本国的地理科学，以抵抗外国的文化侵略。如早在1909年（宣统六年）张相文、翁文灏等人在北京成立了"中国地学会"，出版了地学杂志，宣传了一些西方的人文地理学思想。以后，不少赴欧美留学返国的学生，也介绍了不少有关欧美地理学方面的"新"知识。特别应当提出的是竺可桢先生，他回国以后，对中国科学地理学的形成和发展做出了卓越的贡献。应当说竺可桢先生是我国近代地理学的奠基者，同样，他对我国近代人文地理学也起了先驱者的作用。《地理与文化的关系》、《气候与人生及其他生物的

---

① 范文澜．中国通史简编．北京：人民出版社，1953年。

关系》等是竺老早期对人地关系的论述。20世纪20~30年代以后，先后又从国外回来了一批知名的地理学家，如胡焕庸、黄国璋、刘恩兰、王成祖、李旭旦等，他们不仅翻译和介绍了大量的西方人文地理思想和理论著作，而且还在考察基础上，编著了不少有关人文地理学的著作。应当说，他们无论从理论还是实践方面对推动我国人文地理学的发展起了很大的促进作用。比如，解放前地理工作者所发表的著作中，据初步统计，人文地理占据主导地位，以当时中国地理研究所为例，在其所办的《地理》季刊中，从1942年至1949年12月间共出6卷，发表文章136篇，其中人文地理学论文达56篇。当然，也必须看到当时从西方介绍到中国来的一些资产阶级人文地理著作中，有些值得学习和借鉴的理论和方法。但是，其中有不少基本观点是错误的。当时的有些地理学者过分强调地理环境的控制作用，经常出现散布地理环境决定论的错误观点。至于对白兰士等创立的《人地相关论》的思想应做具体分析。他们的观点是，人同地的关系是相互的，自然影响人，人也作用于自然，这个命题本身并不算错，可是问题就在于他们没有进一步说明人到底应当如何正确认识这人和地的关系。

总之，在这一段历史时期内，由于西方资产阶级人文地理的思想流传到我国，一方面其中有些分析、方法与材料对我国近代地理学的发展有一定的促进作用，另一方面也给我国地理学界带来了一定不良影响，从而也阻碍了我国人文地理学的正常发展。与此同时，也必须看到我国不少地理工作者为了积极发展我国人文地理学，尽管当时的条件十分困难，但仍然坚持室内研究和大量的实际考察工作，从而积累了不少珍贵的人文地理资料，为我国人文地理学的发展做出了应有的贡献。可是由于受当时半封建半殖民地社会制度的束缚，人文地理学的发展和其他科学一样，不可能不受到极大的阻碍。因此，直到解放前夕，我国人文地理的发展仍然十分缓慢。

俄国十月革命以后，特别是我国解放以后，马列主义地理学思想传播到我国，从而进一步推动了我国整个地理学进入了一个崭新的历史阶段，我国广大的地理工作者，在中国共产党的领导下，密切结合国家建设任务，积极开展了一些重大的科学研究实践活动，取得了不少成绩。清除了地理学中地理环境决定论以及地缘政治学等谬论影响，使新中国地理学研究在马列主义、毛泽东思想指导下，沿着正确的道路发展。后来由于全面向苏联学习，结果使在地理学研究方面也受到了一些错误影响（苏联只讲自然地理学和经济地理学，实质上以经济地理代替了人文地理）。另外，我们由于没有完整准确地运用辩证唯物主义和历史唯物主义的立场、观点和方法紧密结合学科的特点，从而出现了一些缺点和问题。如有的只是机械地引用苏联的结论，也有的把人地关系思想同地理环境决定论等同起来，在一定程度上忽视甚至否定地理环境在生产配置中的作用；更甚者有的对以人地关系为中心的人文地理学没有进行很好分析就一律说成是反动的伪科学等等。这样必然阻碍和限制了人文地理学的正常发展。结果在我国同样出现以经济地理学取代人文地理学的现象也是很自然的。但是，与此同时，从西方一些国家地理学界的发展动向来看，人文地理学一直是向前发展着，尤其是20世纪60年代以后，世界上不少国家的人文地理学发展更为迅速。很多地理工作者都是十分注意人地关系问题的研究，强调要谋求人地关系协调，重视自然地理学与经济地理学的相互联系，开展与扩大了某些人文地理分支学科的研究，把自然环境与人类活动的关系作为一项重要的研究课题。这一切对我国人文地理学的研究与发展不能不产生极大的影响。

1979年年末在广州召开了中国地理学会第四届代表大会，这次会议应该说为中国人文地理学的复兴揭开了序幕。会议之后，在全国地理界共同努力下，人文地理学得到了较快的发展。在仅仅10年多的时间里做了大量的工作：第一，广泛宣传，建立学术组织。如20世纪80年代初以李旭旦先生为首的一批学者撰文、讲演、举办学术会议，广泛宣传、讨论人文地理学及其在科学体系中的地位与作用。特别是全国人大通过的"六五"计划，明确规定人文地理学作为薄弱学科必须重点加强，从而在政治上为人文地理学的复兴创造了条件。为了使人文地理学的复兴在组织上得到保证，建立了人文地理研究筹备组，并于1983年7月中国地理学会理事会一致通过成立中国地理学会人文地理专业委员会。专业委员已达50名左右。第二，培养专业人才，广泛交流。自1981~1988年先后在杭州、南宁、无锡、深圳等地举办了四次人文地理学术讨论会。不仅如此，为了贯彻"六五"计划，加快人才培养，先后还举办了多次培训班，对大专院校的师资进行了培训，从而进一步壮大了人文地理的教学、研究队伍。此外，还开展了国际交流活动，如1985年和1987年人文地理专业委员会同美国、英国、日本等国家共同举行了国际学术讨论会。有一些专家还赴国外进行了考察活动。第三，不断深入实践，取得了丰硕成果，为四化建设做出了一定的贡献。多年来，人文地理学及其分支学科，根据国家建设的实际需要，开展了大量的实践活动。与此同时，一些地理学者也编著了一批专著和教材，为人文地理学的进一步发展打下了良好的基础。

从以上我国人文地理学发展历史来看，可以初步得到以下几点启示。第一，人文地理学的产生与发展，不是由某些人的主观意志决定的，而是由于不同社会阶段的社会经济、政治发展需要而决定的。第二，人文地理学要想得到健康的发展，并充分发挥其作用，除了必须坚持以马列主义理论做指导外，一定要坚持从本国的实际需要出发，走自己的发展道路。第三，为了使人文地理学更好地适应建设的需要，一定要坚持在全面发展的基础上有重点地发展。第四，学习外国人文地理学的新成果时，一方面要防止全盘照搬，另一方面也不要盲目排斥好的东西，一定要持科学态度，对错误的要批判，对好的要学习，学习时也要注意消化和创新。

原文刊载于1992年于河南大学出版社出版的《现代人文地理学》第二章

51. 中国地理学如何面向 21 世纪

李润田

20 世纪以来，特别是 20 世纪 80 年代以来，中国地理学在党和政府的正确领导和关怀下，在马克思主义、毛泽东思想、邓小平理论的指导下，在不断广泛参加社会主义经济建设实践，积极吸收国外先进的地理科学理论和手段、方法，注意加强学科基础理论建设，大力开展国内外学术交流活动，发展学校地理教育以及地理队伍、地理研究机构建设等方面，都取得了空前的发展和巨大的成绩。而究其原因主要有以下几点：一是地理学的发展适应了我国现代化建设事业突飞猛进发展的需要。大量的历史实践证明，地理学本来就是伴随着社会的出现而产生的，它也必然随着现代化建设事业的发展而得以成长和前进；二是地理学的健康发展，得益于我们始终坚持了一个正确的指导方针，这就是地理学的研究必须以马克思主义、毛泽东思想、邓小平理论为指导；三是在地理学及其各分支学科发展过程中，既重视了积极参加社会主义现代化建设实践活动，也注意了学科本身建设；四是积极引入和融合西方的先进的科学理论与方法；五是主动与其他相关学科进行交叉和渗透，并勇于对建设具有中国特色的地理学理论进行探索；六是在重视了地理人才培养的基础上，狠抓了高层次中青年学科带头人的培养；七是加强了与国际地理组织和很多国家间的学术交流；八是党和政府对地理学的发展给予了高度重视和大力支持。尽管如此，我们仍需要看到目前我国地理学的发展过程中还存在不少亟待解决的问题。一是整个地理学理论建设过于滞后；二是地理学参加社会主义现代化建设实践的力度不够；三是各分支学科发展不平衡；四是综合研究显得薄弱；五是科研成果量化不够和研究方法比较落后等。面对如此严峻的形势，当 20 世纪的中国地理学即将走完百年路程，跨进 21 世纪的关键时刻，中国地理学发展如何面向 21 世纪，特别是 21 世纪初自己作为地理工作者的一员不能不思考这一重大问题。这也是一种历史赋予的责任。基于这一点，不揣冒昧，个人认为，要想在 21 世纪初叶使中国地理学在国内为我国现代化建设做出更大的贡献，在国际地理科学领域占据一席之地，进而由一个地理大国成为一个地理强国，必须着重解决好以下几个方面的问题。

一

在 21 世纪中国地理学及各分支学科的发展和研究中，必须继续坚持马克思主义、毛泽东思想、邓小平理论的指导方针。因为马克思主义是科学的体系，它不仅给我们提供了立场、观点和方法，使主观认识更加符合于客观实际。而且，还可以依据其原理去分析研究如何按照自然规律和社会经济规律利用自然、改造自然，因地制宜地发展生产，使自然更好地为人类谋福利；去分析研究在社会主义市场经济体制下，我国人口、城镇、工业、农业、交通等生产部门和区域经济的合理布局以及人地关系的协调发展等一系列重大问题。正因为如此，它不但可使20世纪中国地理学取得了巨大的成绩，而且还可以成为21世纪指导中国地理学及其各分支学科发展的强大思想武器。当然我们必须清楚地知道，马克思主义、毛泽东思想、邓小平理论主要是给地理学及其分支学科的发展与研究提供了根本的指导原则，但绝不是完全代替或削弱地理学及其分支学科本身固有的理论、方法和大量的地理事实资料。后者对地理学的发展和研究，也是极端重要的。二者始终是一种辩证统一关系，因此，只有解决好上述两方面的问题。中国地理学才能够永远保持强大的生命力，才能够在新世纪再创辉煌。

二

21世纪中国地理学随着科学技术浪潮的不断推进，国外地理学的先进理论和现代科学方法论将会不断涌现，这将给中国地理学带来难以估量的影响。因此，应本着"洋为中用"的原则，密切结合中国地理学的发展需要予以广泛地吸收与应用。只有这样，中国地理学才能跟上时代的步伐和发挥自己的作用。同时，对钱学森教授提出的关于地理科学的新概念、新理论在新的世纪里要继续广泛地运用、实践与发展。

三

21世纪的中国地理学应当把加强基础理论建设放到突出的位置。新中国成立以来，地理学为我国社会主义现代化建设做出了重要的贡献，但从学科发展角度讲，地理学的基础理论研究仍显得十分薄弱，这种局面必须加以改变。地理学作为基础科学中的一个重要部类，其学科功能的发挥直接与其理论的完备程度密切相关。中国地理学要在新世纪中获得更广阔的发展和应用空间，就应当在地理学的基础理论方面投入更多的关注，所以地理学工作者应当有意识地去实现地理学与哲学的结合，也即发展和建设自己的哲学——地理学哲学，由此为地理学逐渐形成一个比较完备的解释和预见理论体系，提供重要的科学哲学支持。加强这方面的研究，不仅是我国地理学研究的一个新的生长点，使我国地理学工作者为地理学理论体系的建构做出贡献，并形成中国地理学理论体系的基本框架，同时也必将提升我国地理学在世界上的科学地位。

四

21世纪中国地理学应更加拓宽应用研究及应用基础研究的领域，当今世界面临着全球性一系列重大问题，诸如全球变暖、海平面上升、资源短缺、人口骤增、水土流失与荒漠化、环境污染与恶化等。在我国的现代化建设实践中，除了上述问题外，还有许多问题需要我们去解决，如农田生态和环境、环境与健康及水土资源的利用与保护等，又如自然资源开发利用、农业生产潜力的发挥与提高、环境质量评价、预测与保护、产业布局与区域规划、乡村发展与城镇化、自然灾害及减缓对策、国土整治与区域发展等。这些都对地理学家提出了新的要求，迫使和推动着地理学的发展。中国地理学家在了解评价自然条件

（环境与资源）、改善生态环境、促进区域发展和协调人地关系等方面都将做出积极的贡献。特别是1994年国务院颁布的《中国21世纪议程》已成为我国推行可持续发展战略的伟大纲领和宏伟蓝图。这个目标的实现不是个别学科、某些部门或地区所能完成的，是需要多种学科相互交叉、渗透、融合才能完成的。但地理学，作为地球系统科学的核心，是一门综合性、区域性和战略性很强的科学，专门研究地理环境形成、结构、深化与区域分异规律，在人地矛盾日益尖锐的情况下，把人地关系地域系统作为研究的核心，从而在解决可持续发展这个重大问题上，具有其他科学不能代替的作用。据郭来喜教授调查研究，《中国21世纪议程》优先领域93个项目分析，地理学可参与主导的占17.5%，重要参与的占45.5%，可见地理学在可持续发展研究中的重要地位。另外，在地理信息技术领域中也能发挥更大的作用。

五

21世纪初叶，中国地理学应把中国共产党第十五届中央委员会第五次全体会议通过的中共中央关于制定国民经济和社会发展第十个五年计划的建议中提出的与地理学有关的重大课题，如农业、工业的结构调整问题，水利、交通、能源等基础设施建设问题，实施西部大开发、地区协调发展等问题，积极稳妥地推进城镇化问题等等，作为当前和今后10年研究的重点，而予以特别的关注。

六

21世纪地理学应在综合研究上有所提高、有所突破。地理学是复杂的科学体系，学科划分越来越细。学科分化是深入研究的必然，分支学科进展显著，奠定了综合研究的扎实基础。分科越细，综合越重要，其难度也就越大。长期以来，自然地理和人文地理割裂对立的二元论阻碍着地理学整体的综合研究。今后，自然地理研究不应是纯自然主义，要研究人对自然环境的作用及其反馈；人文地理也不应离开自然地理和生态学基础。不仅如此，还要发挥地理学所具有的综合研究优势，加强对地区资源系统的综合研究和区域综合发展研究等。同时，要大力加强综合地理学的学科建设和研究。

七

21世纪中国地理学要想积极主动适应新世纪我国现代化建设的需要，必须努力加强地理学薄弱分支的学科建设。比如，农村地理学、农业地理学、资源地理学、政治地理学、世界经济地理学、综合地理学等等都显得过于薄弱，必须进一步加强，迎头赶上。只有这样，21世纪中国地理学才能得到全面、健康、快速的发展。

八

21世纪中国地理学为了更进一步适应我国政治、经济、贸易、科技等国际合作与交流的规模空间日益扩大的迫切需要，必须进一步从各个层次上加强与世界各国的各种学术交流与合作，这样不仅可以不断充实我国地理学的实力，提高我国地理科学的水平，而且又能宣传我国地理学的优势，扩大我国地理学的影响，力争尽快在国际地理学的舞台上占据日益重要的地位。

九

随着科学技术和地理信息系统以及遥感技术的发展，地理研究的观念、手段和工具正在发生重大革命。这将给21世纪中国地理学带来极为深刻的影响。为此，应进一步加强地理信息系统的基础理论与方法的研究，加强地球空间信息分析与模型研究以及应用技术、专题与区域性研究。同时，还要注意地理信息系统的广泛应用，不断促进21世纪中国地理学的现代化进程。

总起来说，尽管在21世纪，中国地理学将获得很多很好的发展机遇，地理学要想得到很快的发展，除了要加强上述几方面工作外，最重要的还要靠以下三条来实现：一是广大地理工作者一定要进一步解放思想，转变观念，在研究中勇于走开拓创新之路；二是要靠地理工作者自身整体素质的提高和主观的努力；三是要积极、大力培养出一大批政治素质、业务素质高的中青年学科带头人，做到后继有人。只要这样，21世纪中国地理学就一定能繁荣昌盛，成为世界地理强国之一。

参 考 文 献

[1] 钱学森. 关于地学的发展问题. 地理学报，1989，第44卷，第3期.
[2] 吴传钧，张家桢. 我国20世纪地理学发展回顾及新世纪前景展望. 地理学报，1999，第54卷，第5期.
[3] 刘燕华，刘毅. 知识经济时代的地理学问题思索. 地理学报，1998，第53卷，第4期.
[4] 吴传钧. 地理学的国际发展趋向. 大自然探索，1996，第1期.
[5] 陈才，王荣成. 关于中国21世纪经济地理学发展的几点思考. 经济地理，1996，第16卷，第3期.
[6] 张雷，陆大道. 我国20世纪工业地理学的发展. 地理学报，1999，第54卷，第5期.
[7] 郑度. 迈向21世纪的地理学. 地理知识，1997，第8期.
[8] 陆大道. 不断开拓，锐意创新. 科学时报，1999-8-30（第4版）.
[9] 郭来喜. 中国古代人地关系朴素思想与21世纪人文地理学发展，见：世纪之交的中国地理学. 北京：人民教育出版社，1999.
[10] 李小建. 80年代以来中国经济地理学研究新开展，见：世纪之交的中国地理学. 北京：人民教育出版社，1999.
[11] 李润田. 现代人文地理学. 开封：河南大学出版社，1992.

原文刊载于《地域研究与开发》，2002年9月，第21卷，第3期

52. 中国地理学发展的世纪回顾与展望

李润田

地理学在我国作为一门基础科学，自从由古代地理学开始迈入近代地理学和现代地理学发展阶段以来，特别是20世纪后半期以后通过全国地理界同仁齐心协力，同其他各门科学一样得到了迅速发展，展现出勃勃生机。但与其他学科相比，仍处于比较后进的状态。面对现代科学迅速发展的今天，尤其20世纪已经过去，人类已进入了21世纪。地理学跨入新世纪以后，怎样进一步为国家做出自己的贡献，这是广大地理工作者十分关心的问题。个人认为，总结历史，以史为鉴，从中得到一些重要启示，更好地应对现实，这对地理科学的发展是十分有益和至关重要的。基于这种想法，在学习了不少前辈、专家撰写的有关这方面的文章、著作的基础上，不揣冒昧，个人试图回顾我国20世纪地理学发展的简史，求教地理界同仁，希望会使自己得到一些有益的启示。不当之处，望批评指正。

一、回　顾

我国20世纪地理学的发展，大体上经历了两个历史阶段。

（一）中国近代地理学发展时期

从世界范围看，经历了地理大发现的后殖民主义者掠夺世界各地血雨腥风和西方工业革命掀起的巨大的浪潮，在各部门古典系统科学蔚然兴起，科学的哲学基础相应建立的背景下，通过一系列进一步的地理考察和理论概括，到19世纪上半叶，在洪堡（A. Homboldt）和李特尔（C. Ritter）奠定基础后，开始形成了近代地理学。

从中国来看，鸦片战争后，我国开始沦为半封建、半殖民地社会。19世纪后半叶至20世纪初，西方许多的探险家和学者相继涌向我国，进行了不同性质和不同范围的地理考察。这些考察，不论考察本人主观愿望如何，均具有列强当局对外侵略的性质。但另一方面，也大大促进了西方近代地理学在中国的传播，加快了中国地理学近代化步伐。究其原因，一是由于他们的考察，给我们积累了不少地理资料和解决了不少地理问题；二是传播了近代地理科学的理论和方法。更为重要的是，外国学者既然用了近代科学的理论和方法在我国各地区做地理工作，也就不能不引起我国民族的近代地理学的萌芽和产生。比如，当时不少外国地理著作被翻译成中文，介绍外国有关的地理环境、地理方法以及学校的地理教育情况等。特别是一些我国爱国知识分子如张相文等，在他们的倡导下，自1909~1910年，先后创建了中国第一个地理学团体——中国地学会和创办了中国第一个地理学期刊——《地学杂志》。应当说这就是近代地理学在我国开始萌芽的标志。可以说，张相文是我国近代地理学的先驱者。但还不能说近代地理学已在中国大地上完全建立起来了，这是因为在当时，它还没有在社会上成为一种职业领域和独立的专业。一直从第一次世界大战到第二次世界大战之间，在近代地理学的创始人竺可桢和地质学不少的老前辈的共同努力倡导下，我国近代地理学不仅建立起来，而且还得到了较快的发展。

总起来说，中国近代地理学发展阶段的主要特点和成就可以概括为以下几点：

第一，开始吸取了西方地理学的新理论、新方法以及新的理性精神。

第二，高扬了爱国主义精神。众所周知，进入20世纪，帝国主义对中国的侵略更加凶残，北洋军阀和国民党的反动统治变本加厉，可谓内忧外患、民不聊生。中国的近代地理学在这极端的艰难环境中得到诞生和发展，确实是具有一种反对帝国主义和封建主义的本性。因此，20世纪初期的中国地理学家绝大多数都是爱国主义者。比如张相文在青年时期，出于爱国主义抱负选择了地理学为终身事业，以后又参加了同盟会，从事革命活动。又如，近代地理学奠基人竺可桢以及丁文江、翁文灏、胡焕庸等等。

第三，不少新学科开始建立起来。比如气候学、地貌学以及农业地理学等，且得到了较快的发展。

第四，唯物史观开始在中央苏区得到了传播，对当时中国地理学发展也起到了一定的指导作用。

尽管如此，当时在反动统治下，对地理工作的需求不大，也由于当时地理工作者自身的局限性，旧中国近代地理学不仅理论基础十分薄弱，而且学科结构也不全。除了上述气候学、地貌学和农业地理等分支学科较为定型外，其他学科如经济地理、区域地理、生物地理、城市地理等分支学科都极为薄弱。同时，地理工作者队伍也极为弱小。这种近代地理学先天不足的现象充分而深刻地反映出我国半封建、半殖民地社会性质的反动性及其落后性。

(二) 中国现代地理学的发展时期

众所周知，任何一门科学的发展和进步，都是社会生产力发展和科学技术进步的必然结果。现代地理学的出现也不例外。它就是在第二次世界大战以后，随着科学技术进步和社会经济迅速发展的迫切需要，在近代地理学发展基础上，通过和其他学科的相互交叉与渗透，在理论、内容和方法上产生了新的飞跃，从而使地理学开始跨入了现代地理学的发展新阶段。

基于以上认识，根据杨吾扬教授的研究认为，现代地理学与近代地理学的区别主要在于以下三个方面：一是它具有特定的研究领域，本身构成一个系统；二是这一领域的特有内在规律的结合揭示是其他科学不能替代的；三是采用的研究方法是定性与定量相结合的科学方法。

中华人民共和国成立以来，由于社会稳定、经济复兴，为地理学的发展提供了十分有利条件。新中国成立后的50余年间，特别是20世纪的后期，中国地理学的广大工作者在马克思主义指导下，在党和政府的正确领导和关心下，地理学得到了空前的发展，不仅在地理学的各个领域，建立了各分支学科，形成了一支浩浩荡荡的地理工作队伍。且在"百家争鸣"方针指导下，讨论了诸如经济地理学的对象及其科学性质问题、地理学如何为农业服务问题、农业区划问题、复兴人文地理学等一系列重大问题，发表了各种不同意见，提高了思想认识和水平，大大活跃了学术空气，有力地推动了中国现代地理学的全面快速发展。

这个时期中国地理学的主要特点和成就可以概括为以下五个方面。

第一，马克思主义成为20世纪后半期指导中国现代地理学的强大思想理论武器。正因为如此，才使20世纪后半期的中国地理学有了巨大的进步。我们知道，马克思主义是科学的体系，它给我们提供研究的立场、观点和方法，使我们的认识更加符合客观实际。具体说，马克思主义对中国地理学发展的最大的指导作用在于它把唯物论和辩证法用于整个人类社会的生产、生活等方面的研究，除了明确提出客观世界是被规律所制约，自然现象和人文现象都有自己的规律性外，还从错综复杂的自然现象、人文现象以及它们之间关系中揭示了生产力、生产方式在社会发展中的决定作用，阐明了自然因素、经济因素、政治因素、人口因素等多种因素之间的相互关系，为发现自然现象、人文现象以及它们之间关系的规律性提供了前提，从而使中国地理学真正成为一门科学，并指导它不断前进。

第二，中国地理学在世界新技术革命浪潮的推动下，新中国成立后，特别是20世纪80年代以来，不失时机地把20世纪40年代出现的系统论、控制论、信息论现代科学方法引入地理学研究领域。这无疑给现代地理学的发展注入了新的活力，从定性静态描述到定量的动态分析，从单一要素的孤立研究到系统整体的多要素综合研究；从历史现状的现象描述到未来发展演变的预测；从宏观进入微观领域；从空间关系转变到过程的研究，开始革新了传统地理学、近代地理学的研究内容与方法，进一步促进了现代地理学的新发展。根据郭青教授的研究总结认为：同过去古代地理学，近代地理学相比较，具有以下几方面的根本转变：一是具有了研究和解决复杂问题的能力，为国家三个文明建设服务的能力比历史上任何时候都大大加强；二是丰富了地理学的内容，革新了地理学的研究方法；三是发展了地理学科学的"人地关系"思想；四是促进了地理学研究与其他学科的交叉与渗透，从而有力地推动了学科发展的整体化水平的提高。

继老三论后，20世纪70年代以来又兴起耗散结构论、协同论、突变论等新三论。老三论正如上所述，它已广泛地应用于地理学领域并取得了很好的效果，而新三论同样对地理学的发展也具有重要的意义和作用。比如协同论揭示了不同系统都存在着由无序走向有序，从不稳定走向稳定的目的性与相似性特征。它指出大量子系统构成一个系统，其系统内部自身存在着子系统相互协作的行为即有组织活动，从而使得系统呈现新的时空或时空结构和功能的有序状态。这样完全可以把这种理论引入地理学的研究领域，也必然有助于揭示地理系统形成、发展、演变的机理与规律。既然如此，完全相信新三论也将在新世纪推动地理学不断向前发展。

第三，20世纪80年代，世界著名科学家钱学森教授倡导天地生综合研究、建立地球表层学，以及提出地理科学体系和地理建设等科学新概念，这不仅对当前现代地理学的发展，而且对地理学的未来发展也都起到了巨大的促进作用。为什么这样说呢？首先这是因为钱学森教授提出的自然科学和社会科学汇合，建立地理科学体系的思想，是从高层次角度解决了地理综合的问题。我们知道，地理科学是以地球表层为研究对象，其范围上至对流层，下至岩石圈上部。该科学体系是一个现代化的科学技术部门，既包括工程技术科学层次，又包括技术科学层次和基础科学层次。以上各层次包括的各种学科都是与地球表层的形成、发展、区域分异和生产布局有关的学科。虽然该科学体系大大超越了目前"地理学"的范围,但这是历史发展的合理结果。综合—分析—综合,符合历史的发展规律。其次,这是因为钱学森教授提出的"地理建设"主要是指我国社会主义的环境建设,包括交通运输、信息、通讯、邮电、能源、水资源、环境保护、城市建设、灾害预报与防治等。这些建设既是社会主义精神文明建设的一部分,又是物质文明建设的基础。可见此科学概念的提出,无疑地将地理综合引向为社会主义建设服务的广阔途径。其结果也必然使地理科学彻底摆脱过去长期落后状态,走上蓬勃发展的道路。

第四,外国地理学先进理论不断引进,各种学术意见畅所欲言,百家争鸣,进一步活跃了我国地理学界的学术空气和有力地推动地理学的全面发展与不断创新。

第五,20世纪,尤其20世纪后半期,中国地理学取得了全面的丰收和令人瞩目的累累成果。具体表现在以下6个方面。

(1) 根据国民经济发展的需要,建立了相当完整的学科

从全国来看,无论高等学校的地理系科,还是地理科学研究机构,它们在改造旧学科和开辟新学科方面都迈出了坚实的步伐,取得了十分显著的成效。比如"文革"前高等学校的地理教育,采用前苏联的科学体制,分专业教学,以二、三段分别建立专业,加强了数理化自然科学,增加了野外实习和考察时间,从而使培养出来的地理人才素质有了很大的提高。又如中国科学院地理科学与资源研究所,经过多年深化改革和不断创新,现已形成为一个跨自然、社会、技术科学领域相当完整的学科体系的研究机构;又如,除恢复了人文地理学科外,还发展和新建了自然地理学科信息系统以及已分离出的沙漠、冰川、灾害、遥感、资源等新学科,这些学科的建立和开辟,完全可以说明我国地理学在学科建设上,已具有了比较齐全的综合特色。

(2) 在为国家建设方面,做出重要贡献

中国地理学研究工作在坚持为国民经济建设服务方针方面,不仅内容丰富,而且日趋多样化。比如,20世纪50年代中期先后承担了《中华地理志》调查与编写、铁路选线等。50~80年代由中国科学院先后组织了40次地区资源综合考察和在不少地区开展了区域规划工作。又如,60~80年代国家农业部和国家科委主持的全国和各省及各地区的农业自然资源调查和农业区划工作,以及《中国自然地理》、《中国农业地理》等丛书的调查与编写。此外,还有《中华人民共和国自然地图集》的编制等。再如,1980~2000年在人口调查、资源开发、生产力布局、环境整治、区域规划、城市规划、旅游规划、《人文地理丛书》的调查与编写以及区域可持续发展研究等方面都做出了新贡献。上述这些调查研究的成果为中央和地方的经济和社会发展宏观决策方面提供了大量的决策建议和重要的科学依据,并取得了一定的经济效益和社会效益。同时也进一步提高了地理学的应用价值科学水平和促进了不少分支学科的发展。

(3) 在基础和应用基础理论研究方面,取得了不少新进展

20世纪,尤其是20世纪50年代以来,在老一辈地理学家竺可桢、黄秉维等的带领和全国广大地理工作者的共同努力下,取得了不少研究成果。比如在自然地理方面,竺可桢、黄秉维等人主持的《中国综合自然区划》提出了中国的自然地域分异理论,这个理论侧重现代自然特征及其相互关系,在水分与热量平衡领域,完成了东亚季风气候研究和中

国辐射研究等。又如，在青藏高原隆起及其影响等方面，也有新的进展。在人文地理方面，基础研究成果也是十分丰硕，比如，吴传钧院士关于人地关系地域系统理论、陆大道院士提出的区域发展中的点——轴空间结构理论、毛汉英在区域可持续发展方面的指标体系与系统调整理论、李文彦在工业布局和胡序威在国土开发与区域规划的理论与实践在国内外均产生重要影响。另外，在专题地图学和综合制图理论以及地理信息图谱等理论方面也有了不少新的进展。

(4) 在研究手段上，得到了很大的改进

中国地理学自 20 世纪 50~60 年代就开展了定位和实验室研究，从而使地理学由定性的描述阶段开始转入定量阶段。1970 年以后又开始广泛应用各种数学模型、遥感和 GIS 等技术，从而推动了一系列重要科学问题的深入研究。1980 年以来，全国地理科研机构和不少高等学校地理学院系有 GIS 实验室的建立，空间分析方法也逐渐在各种预测和发展研究领域中得到了进一步的广泛应用，这不仅有力地推动了地理学的发展，也为不少各种涉及空间数据分析的学科提供了新技术手段。

(5) 全国地理学会组织和高等、中等地理教育发展迅速

根据中国地理学会调查研究目前除全国设有中国地理学会外，各省、市、自治区都设有地理学会，全国地理学会会员已拥有 1.8 万人。中国地理学会除设有 17 个专业委员会、4 个工作委员会、7 个分会外，还有《地理学报》编辑委员会。全国地理教育经过 1978 年拨乱反正，发展十分迅速，呈现出一片生机。时至今日，中国大陆、香港、台湾共有大学地理系 53 处。改革开放以来，高等学校地理教育发展更是喜人，根据蔡运龙教授、陆大道院士对高校地理研究生教育的调查研究，现在地理学一级学科的博士点在全国已有 8 个、二级学科自然地理的博士点 9 个、人文地理 3 个、地图和 GIS 3 个。自然地理、人文地理、区域经济、地图和 GIS 的硕士点共有 92 个，这充分说明在高层次地理人才培养上已达到了相当的规模。中学地理教师队伍已达到 20 余万人。目前国家教育部门根据素质教育的要求，正在组织专家进行国家基础教育课程改革（包括地理课），并在此基础上，制定教学大纲和编写新教材。总之，中国地理教育正在崛起。

(6) 国际学术交流活动日趋活跃

改革开放 20 多年来，已与世界上地理国际组织和北美、欧洲、澳洲、亚洲、非洲等区的众多国家加强了合作，从而为我国地理学走向世界开辟了广阔的前途。

纵观以上可以明显看出中国地理学近一个世纪来，尤其近半个世纪以来，在党和政府的领导和关怀下，在全国广大地理工作者的辛勤劳动下，得到了空前的发展和取得了显著的成绩，为国民经济建设和社会的全面发展做出了重要贡献。但另一方面，中国地理学发展的道路也并不是十分平坦的。比如，在 20 世纪初到中华人民共和国建立前夕，由于半封建、半殖民地社会制度的束缚，中国地理学的发展受到了严重的制约和伤害，致使中国近代地理学的建立比西方国家晚了几十年。又如，中华人民共和国建国后到 1978 年期间，由于"左"的思想影响和较多的政治运动，特别是"文革"带来的"十年浩劫"的干扰等，对中国地理学的发展也受到了极大的冲击。由于上述多种原因，再加上地理工作者自身上的一些问题，致使我国地理学的发展与世界一些发达国家相比，尚存在着很大的差距。主要的问题有以下几方面：一是运用马克思主义原理指导地理学的研究力度显得不

够。二是地理学基础理论研究薄弱。三是地理学参加社会主义现代化建设实践的深度和广度尚不够。四是学科整合不够，主要表现在不仅地理学中自然研究和人文研究的交叉与融合显得不够，而且各分支学科的发展也越来越不平衡。五是地理学综合研究有所忽视。六是地理学的研究方法与手段相对薄弱。基于以上原因地理学的独特作用难以发挥，从而竞争能力令人担忧。

二、展　　望

如上所述，中国地理学近一个世纪以来，尤其近半个世纪以来，尽管得到了空前的发展和取得了明显的成绩，但随着人口、资源、环境、发展等世界性问题日益突出和国内提出的进一步转变经济增长方式，优化经济结构、合理利用资源、保护生态环境、促进地区协调发展等新的要求，中国地理学的发展又面临着新的更大的挑战和机遇。地理工作者应当抓住这次机遇，再塑地理学的辉煌，这也是历史赋予的责任。基于这一点，个人认为，要想在21世纪初叶使中国地理学在中国现代化建设做出更大的贡献，在国际地理科学领域占领一席之地，进而由一个地理大国逐步成为一个地理强国，必须逐步解决好以下几方面问题：

第一，21世纪中国地理学要想使本学科紧跟国际地理学发展的时代步伐，并不断做出新的更大的贡献，单靠自身因素的内在演进是不够的，必须坚持不断扩大对外开放，本着"洋为中用"的原则，密切结合中国地理学发展需要，努力吸收借鉴国外一切先进的地理学思想、理论和优秀成果。

第二，21世纪地理学要努力探索形成一门以邓小平理论和"三个代表"重要思想为指导，深入贯彻落实科学发展观，既能充分吸收人类先进地理学的优秀成果，符合地理学发展的一般规律，又能适合中国国情具有中国特色社会主义的地理学。

第三，21世纪中国地理学及各分支学科的发展和研究中，必须继续坚持以邓小平理论和"三个代表"重要思想为指导，深入贯彻落实科学发展观。只有如此，它不仅可以给我们提供正确的立场、观点和方法，使主观认识更加符合于客观实际。而且，还可以依据其原理去分析研究如何按照自然规律和社会经济规律利用自然、改造自然，因地制宜地发展生产，使自然更好地为人类谋福利。同时，也只有这样，才能保持正确的研究方向。

第四，21世纪中国地理学应当把加强基础理论建设放到突出的位置。地理学作为基础科学中的一个重要部类，其学科功能的发挥直接与其理论的完备程度密切相关。中国地理学要在21世纪中获得更广阔的发展和应用空间，全国广大地理工作者就应当在地理学的基础理论研究方面下大工夫、下苦工夫和应本着不断开拓进取，勇于创新的精神，为地理学理论体系的建构做出新贡献，并逐步形成中国地理学理论体系的基本框架，这样也必将提升中国地理学在世界上的科学地位。

第五，21世纪中国地理学应更加拓宽应用研究及应用基础研究的领域，当今世界面临着全球性一系列重大问题，诸如全球变暖、海平面上升、资源短缺、人口骤增、环境污染与恶化等。在中国的现代化建设实践中，除了上述问题外，还有许多问题需要我们去解决，如农田生态和环境、水土资源的利用与保护，农业生产潜力的发挥与提高、乡村发展与城镇化、国土整治与区域发展以及可持续发展等。特别是中国共产党第十六、十七次代表大会通过的一系列有关发展国民经济和社会发展的与地理学有关的重大课题，应当作为当前和今后10年研究的重点，而予以特别的关注。

第六，21世纪地理学应在综合研究上要有所提高、有所突破。地理学是复杂的科学体系，学科划分越来越细。学科分化是深入研究的必然，分支学科进展显著，奠定了综合研究的扎实基础。分科越细，综合越重要，其难度也就越大。长期以来，自然地理和人文地理割裂对立的二元论阻碍着地理学整体的综合研究。今后，自然地理研究不应是纯自然主义，要研究人对自然环境的作用及其反馈；人文地理也不应离开自然地理和生态学基础。不仅如此，还要发挥地理学所具有的综合优势，加强对地区资源系统的综合研究和区域综合发展等。同时，要大力加强综合地理学的学科建设和研究。

第七，新世纪中国地理学要想积极主动适应21世纪中国现代化建设的需要，必须努力加强地理学薄弱分支学科的建设。比如，农村地理学、农业地理学、资源地理学、社会地理学、政治地理学、世界经济地理学等等都显得过于薄弱，必须进一步加强，迎头赶上。只有这样，21世纪中国地理学才能得到全面、协调、可持续的发展。

第八，随着科学技术和地理信息系统以及遥感技术的发展，今后应进一步加强地理信息系统的基础理论与方法的研究，加强地球空间信息分析与模型研究以及应用技术、专题与区域性研究。同时，还要注意地理信息系统的广泛应用，不断促进21世纪中国地理学的现代化进程。

总之，以上通过对20世纪中国地理学百年历史的概括回忆与21世纪展望，个人认为至少有以下几点启示：一是一个国家的任何一门学科的发展，特别是要想从古代向近代现代转变，单靠自身因素的内在演进是远远不够的，而必须不断接受、吸收外边更先进的思想、理念来冲击和推动。只有这样，一个学科的发展才有强大的生命动力。近现代中国地理学所走过的里程就充分证明了这一点。为此，在新世纪要想使中国地理学紧跟国际地理学发展的时代步伐，并不断做出应有的贡献，必须坚持不断扩大对外开放和努力吸收借鉴国外一切先进的地理学思想、理论和优秀成果。二是任何一个国家一门学科的发展除了要坚持不断对外开放以及不断做出自身的努力外，很重要的一点就是在很大程度上取决于该学科生存环境的好坏。新中国成立前中国地理学发展的十分缓慢和新中国成立后到拨乱反正前的"左"的路线、政策的不断干扰等历史事实也充分说明了这个问题。改革开放20多年来的生动事实，应该说为中国地理学的生存环境和自我发展开辟了十分广阔的发展空间，因此学科自身因素调动得好坏便成为当前矛盾的主要方面。为此，我们必须抓住机遇，迎头赶上，开拓进取，勇于创新，并好自为之，为发展中国地理学做出更大的贡献。三是要努力探索形成一门在马列主义、毛泽东思想、邓小平理论和"三个代表"重要思想指导下，既能充分吸收人类先进地理学优秀成果，符合地理学的一般规律，又能适合我国自己国情的地理学。为了完成这个宏伟目标，这就要求开展地理学的研究时，必须根据中国国情特点，适应我国全面建设小康社会过程中提出的有关地理学的重大问题。只有这样，具有中国特色地理学才能逐步形成。四是一个学科的发展一方面离不开自身的学术积累，另一方面也要注意吸收各相关学科的有益成分。既然如此，今后地理学的发展除了要高度重视本学科的学术积累外，还要积极主动地去和相关学科，如经济学、环境学、生态学、建筑学、资源学、气象学等加强联系,密切合作。只有这样,地理学才能走向新的、更高的境界。五是中国地理学的发展,从根本上来讲,还要靠地理工作者素质的提高和主观的努力,特别是更要高度重视,积极、大力培养出一大批政治素质、业务素质高的中青年学科带头人,做到后继有人,只有这样,21世纪中国地理学就一定能繁荣昌盛,成为世界地理强国之一。

参 考 文 献

[1] 钱学森. 关于地学的发展问题. 地理学报,1989,第44卷,第3期.
[2] 刘盛佳. 地理学思想史. 武汉：华中师范大学出版社,1990.
[3] 杨吾扬. 地理学思想简史. 北京：高等教育出版社,1989.
[4] 孙根年. 地理科学导论. 西安：西安地图出版社,1994.
[5] 中国科学院地理研究所. 十年来的中国科学·地理学. 北京：科学出版社,1959.
[6] 吴传钧,张家桢. 我国20世纪地理学发展回顾及新世纪前景展望. 地理学报,1999,第54卷,第5期.
[7] 刘燕华,刘毅. 知识经济时代的地理学问题思索. 地理学报,1998,第53卷,第4期.
[8] 蔡运龙,陆大道,周一星等. 地理科学的中国进展与国际趋势. 地理学报,2004,第59卷,第6期.
[9] 吴传钧. 地理学的国际发展趋向. 大自然探索,1996,第1期.
[10] 郭青. 地理学与现代科学方法论. 西北师范学院学报,1986,第4期.
[11] 毛敏康. 地理学几个问题的探讨. 人文地理,1994,第9卷,第2期.
[12] 陈才,王荣成. 关于中国21世纪经济地理学发展的几点思考. 经济地理,1996,第16卷,第3期.
[13] 张雷,陆大道. 我国20世纪工业地理学的发展. 地理学报,1999,第54卷,第5期.
[14] 于希贤. 中国传统地理学刍议. 北京大学学报（哲学社会科学版）,1999,第36卷,第6期.
[15] 郑度. 迈向21世纪的地理学. 地理知识,1997,第8期.
[16] 陆大道. 不断开拓,锐意创新. 科学时报,1999-8-30（第4版）.
[17] 李润田. 现代人文地理学. 开封：河南大学出版社,1992.

原文刊载于《地理科学》,2008年,第28卷,第1期

53. 用科学发展观指导我国人文地理学发展的思考

李润田

党的十六大以来，以胡锦涛同志为总书记的党中央坚持以邓小平理论和"三个代表"重要思想为指导，在准确把握世界发展的新趋势和借鉴当今世界发展的新理论，认真总结我国发展经验、深入分析我国发展阶段性特征的基础上，提出了符合中国国情和时代要求的科学发展观："坚持以人为本，树立全面、协调、可持续的发展观，促进经济社会和人的全面发展。"

科学发展观是一个宏观层面上指导社会发展的理论体系。从本质层面来看，它的主要精髓就是全面性原则、协调性原则、可持续性原则以及以人为本原则。这些原则不仅仅明确了新世纪、新阶段中国社会为什么要发展和怎样发展的一系列重大问题，而且对政治建设、文化建设、社会建设以及各门学科发展等方面也都具有极其重大而深刻的指导意义和影响。既然如此，以科学发展观来指导我国人文地理学的研究和发展，特别按照上述科学发展观的精髓与原则来审视我国人文地理学在研究与发展中在思路、内容、趋势等方面存在的问题，予以纠正和解决，不仅必要，而且十分迫切。

第一，全面性发展。全面是一个哲学上的范畴，与之对立统一的另一个范畴是片面。按照自然辩证法的观点，事物存在着多种矛盾，总有其主要矛盾或矛盾的主要方面，这就要求我们在发展中落实"全面"二字时，对它要有个正确的理解。正确的理解应该是这样：一是全面发展并不是面面俱到、四面出击。应该理解为全面发展也是相对的，是人类与个体全面发展的统一。针对个体的全面发展，应该是"一般发展"与"特殊发展"的统一。二是全面发展不能没有中心。全面发展的过程，应该是一个不断发展和进步的过程。而且这个过程体现为阶段性，在不同阶段，既要强调全面，也要强调重点。没有中心的全面发展，或没有全面发展的重点发展，都是与科学发展的要求相违背的。联系当前我国人文地理学发展实际来看。尽管在改革开放以来的30多年过程中，中国人文地理学不仅发展迅速，且取得了可喜的成绩。由于人文地理学坚持为国民经济建设服务的方针，研究内容进一步扩大和多样，人文地理学者广泛参加了国土开发、整治与规划工作，如农业区划、城市发展规划、旅游资源合理利用与开发规划等。与此同时，人地关系地域系统等基础理论问题研究也进一步展开。与此同时还出版了一大批学术论著，如《中国人文地理丛书》和多种分支学科专著。并编制出版了国家经济地图集和农业地图集等等。同时，研究手段开始多元化。总之，出现了新中国成立以来空前繁荣的局面。尽管如此，但从贯彻科学发展观的"全面"性这条原则来看，还存在着不少问题。主要表现在以下三个方面：一是在人文地理学各分支学科发展中很不全面，存在着严重的不平衡现象，如经济地理学、城市地理学、旅游地理学等人文地理学的分支学科发展十分迅速，在理论与实践上都有所创新。但乡村地理学、社会地理学、政治地理学、行为地理学、民族地理学等人文地理学的分支学科发展显得十分缓慢和落后，在一定程度上妨碍了作为完整科学的发展。二是在人文地理学发展过程中贯彻全面性原则的问题就是重实践、轻理论的问题。如上所述，20世纪80年代以来，我国人文地理学在"以任务带学科"方针指导下，参与社会实践和服务经济发展方面，做出了很大贡献。但人文地理学的理论建设和研究十分薄弱。主要表现在两个方面：一是从大量自身实践中积极总结和探索新的理论不够。如人文地理学的核心理论——"人地关系"理论方面，随着社会的不断发展，现实的人地关系中存在着种种不协调的地方，如人口增长与土地有限问题、经济发展与生态环境问题、农业生态与农村经济问题、人口与劳动力转移问题，这些实际问题都是直接关系人类生存与发展的现实问题。针对上述一系列问题，大力开展深入研究，不仅可以解决这些实际问题提出解决方案，同时，在实践中探索出具体可行的人地关系理论指导实践。事实上，人文地理学在这方面是很落后的。二是积极吸收相关学科的理论来丰富和发展自己的理论更为薄弱。我们知道，人文地理学是介于自然科学和社会科学之间的边缘学科，它需要相关的科学理论来丰富和发展自己的理论。事实上经济学、心理学、行为学等学科的理论已开始进入了人文地理学领域。此外，还应积极吸收环境科学、生态科学以及历史学等有关理论来发展人文地理学理论。三是各分支学科在研究内容上存在着重宏观视角、轻微观视角的现象。比如，长期以来，我国经济地理学一直从区域和产业角度致力于宏观层面的空间布局规律研究，而对在产业布局和区域经济发展过程中起重要作用的微观单元却很少研究。从当前世界经济一体化的发展趋势来看，经济地理学的研究必须坚持走宏观视角与微观视角相结合的道路。

第二，协调发展。协调发展是科学发展观的关键所在，必须正确理解和把握协调的科学内涵：起码包括以下三方面意思，一是协调发展是一种介于均衡和非均衡之间的一种发展状态。它既不同于均衡发展，也不同于非均衡发展。因为均衡发展一种机械式的全面发展；非均衡发展是一种机械式的重点发展，它们都是一味追求公平，不讲效率或一味追求效率，不讲公平，而协调发展与其有着本质的区别，既追求公平，也讲究效率。二是协调发展是指各方面发展要相互衔接、相互促进、良性互动而部分之间要相互配合，以使整体达到一种最佳状态的努力而言。简言之，协调发展就是一种促成系统优化的发展。从系统论的角度来看，协调发展是子系统之间相互联系、相互作用而形成的良性循环状态，系统的整体功能最优，整体功能远远大于子系统功能的简单相加。三是协调发展目标要通过总揽全局、科学筹划、协调矛盾、兼顾各方来实现的。总之以上，可以明显看出人文地理学在落实"协调发展观"这一点上是大有作为的。既然如此，联系当前我国人文地理学研究中落实"协调发展观"实际情况时，不能不承认尚存在着不少突出问题。主要表现有三，一是重复劳动问题，缺乏科学分工问题。所谓重复劳动，主要指在人文地理研究中，重复做同样的课题。一些学者出于某种目的，对同一课题展开重复研究，既在材料上没有任何进展，又在观点和理论水平上没有新的突破，结果不仅造成人力、物力、财力上的浪费，而且对学科本身的发展也不起任何推动作用。二是从事人文地理工作者个人之间的协作研究也很不够，有材料的理论水平和组织能力跟不上，有新思想的又缺乏第一手材料。这种状况如果不从根本上得到解决，很难使我国人文地理学研究水平得到大幅度提高。三是如上所述，人文地理学，特别是经济地理学在贯彻、落实"协调发展观"是具有极广泛的优势和潜力的，如"统筹城乡发展"、"统筹区域发展"、"统筹社会经济发展"、"统筹人与自然和谐发展"、"统筹国内发展和对外开放"等方面，都存在着大量问题亟待人文地理学，特别是经济地理工作者积极主动的去深入研究和探讨，但事实上，从全国来看，几年来我们围绕上述几方面内容做得很不够。

第三，可持续发展。据联合国世界环境与发展委员会发表的《我们共同的未来》报告，可持续发展的本质含义主要是指即"既要满足当代人的需要，又不损害后代人满足其需求能力的发展"。由此可见，可持续发展作为一种崭新的发展理念，在时间上，它体现了当前利益与长远利益的和谐统一，既不能只顾眼前，也不能过于超前；在空间上，它体现着整体利益与局部利益的和谐统一；在文化上，它体现着工具理性与价值理性的和谐统一。具体到各种学科发展来说，要想使其研究具有可持续性，主要体现在以下三个方面：一是要保持研究成果的科学性，众所周知，只有科学性的东西，才能经得起历史的严峻考验和久盛不衰的；二是坚持研究的不断开拓与创新；三是在研究选题上要有连续不断深入研究的余地。联系到当前我国人文地理学在发展中要想使其研究具有可持续性，个人认为，在保持科学性方面，在研究过程中，除了注重实地考察和运用真实文献资料外，最根本、最重要的一点，那就是在指导理论和研究方法上，必须坚持用马克思主义、毛泽东思想、邓小平理论和"三个代表"重要思想来进行研究。否则，将使研究成果引上邪路，事实上，在我国人文地理学研究中，不坚持这一点的也是存在的，但那是极不科学的。其次，在人文地理如何实现研究的创新方面，个人认为，一方面要在高度重视人文地理学术资料的长期不断积累基础上，对过去的研究结论能够"予以新意"；另一方面，要善于不断地发掘新的材料，并运用新的科学理论和思维方法加以阐述。最后，在研究选题上，一定要坚持在深入调查研究基础上进行科学论证。

第四，以人为本地发展。坚持以人为本，是我党提出的科学发展观的本质与核心，要正确理解其基本内涵：一是以人的根本利益为目标，在任何情况下，都不能偏离这个目标；二是人的全面发展，在社会经济发展过程中，促进人的全面发展是根本要求；三是全体人民受益。以上三点不论是当前和未来，都必须坚持的原则。既然如此，在我国人文地理学研究和发展中也必须坚定不移地予以贯彻。贯彻的主要路径主要有以下几个方面：一是要大力加强人文地理学几个比较弱势的分支学科，如社会地理学、文化地理学、民族地理学、行为地理学等。因为上述各分支学科研究的内容都与人民群众的根本利益和人的全面发展息息相关。二是在整个人文地理学及其各分支学科的研究内容方面，一定要改变对人文与社会因素研究有所忽视的局面。事实上，人文与社会因素，既是经济发展与布局的结果，也是影响经济发展与布局的条件。表面看上去，它似乎是"软因素"，实际上，其作用和影响极大，贯彻与落实"以人为本"的要求也更为显著。比如，就业问题，它是我国当前和未来最难解决但又必须面对的问题，可是在经济地理学，特别是人口地理学研究内容中，完全可以把它同人口的流动与迁移，或同产业结构调整与转移，同流动空间与城乡整合等结合起来进行研究。这就体现了人文地理学在贯彻与落实"以人为本"这一科学发展观的本质和核心的强大优势。

参 考 文 献

[1] 中共中央宣传部理论局. 科学发展观学习读本. 北京：学习出版社，2006.

［2］陈士奎．树立和落实科学的发展观．云南师范大学学报（哲学社会科学版），2004，第36卷，第3期．

［3］丘有阳．践行科学发展观刍议．前沿，2008，第1期．

［4］杨文连．全面、准确地理解科学发展观．中共山西省直机关党校学报，2004，第1期．

［5］张静如，王冠中．科学发展观与中共历史研究．新视野，2005，第2期．

［6］张运广，马建军，王建平．我国人文地理学的发展趋势．人文地理，1994，第9卷，第3期．

［7］乔家君，李永文．21世纪人文地理学发展趋势分析及预测研究．人文地理，2000，第15卷，第10期．

［8］顾朝林．转型中的中国人文地理学．地理学报，2009，第64卷，第10期．

［9］史小红．新经济时代人文地理学研究的趋势探讨．人文地理，2009，第24卷，第3期．

后 记

本文集是我从事教学科研工作60余年的一个总结，也是新中国人文–经济地理学发展和演变的一个侧影。这部文集得以出版，是在诸多老友、老师和学生的鼓励和帮助下完成的。在我踏入耄耋之年时，我的老朋友中科院地理科学与资源研究所的胡序威先生和北京大学的胡兆量先生均鼓励我"老骥伏枥"，中国地理学会名誉理事长、中科院院士陆大道先生赠送"春风大雅能容物，秋水文章不染尘"的墨宝勉励我，河南大学环境与规划学院以及李小建、王发曾、秦耀辰、马建华、胡良民、苗长虹、乔家君、李二玲、梁留科等同志，也多方张罗组织收集我的文稿。在我踏入鲐背之年时，2014年11月，中国地理学会和河南大学联合组织了庆祝我九十华诞及从教六十一年的学术活动。感谢中国地理学会傅伯杰理事长、张国有秘书长以及国家自然科学基金委员会地球科学部宋长青主任，他们给予了我极大的关心和受之有愧的评价。感谢河南大学环境与规划学院、黄河文明与可持续发展研究中心、中国地理学会有关专业委员会、河南省地理学会的承办和协办，使我这个近年很少外出的老人，见到了许多多年不见的老友和同仁，如胡序威、胡兆量、佘之祥、许学强、沈道齐、翟忠义、宁越敏、樊杰、曾刚、李同昇、刘彦随、方创琳、修春亮、贺灿飞，等等。曾经在河南大学学习和工作过的一些同事，如剧义文、郑帮山、卢克平、陈兴民、史寿林等，以及我的学生张占仓、冯德显、张久铭、覃成林、周春山、李秉毅、冯天才、杨兴春等，也前来为我祝贺，使我百感交集，感慨万千。

我在河南大学工作生活了60多年，见证了河南大学地理学科的迅速发展。在李小建、王发曾、秦耀辰、李永文、马建华、苗长虹等的带领下，地理系发展成为环境与规划学院，获批了一级学科博士点和博士后流动站，并依托地理学科组建了教育部人文社科重点研究基地黄河文明与可持续发展研究中心和黄河中下游数字地理技术教育部重点实验室，地理学科也一直是河南省重点学科。我为地理学科的兴旺感到由衷的高兴和欣慰。

在文集编著过程中，苗长虹、秦耀辰、胡良民、乔家君、李二玲、马建华等对文稿收集、整理、编排、校对和出版作了大量工作，丁志伟等对文字的校对、图件的绘制付出了很多辛苦劳动。科学出版社的赵峰为本书的出版编辑付出了辛勤的劳动。本书的出版，得到了河南大学地理学重点学科建设经费的资助。对于教学科研过程中和本书出版过程中给予我帮助和支持的老友、同仁、同事、学生和机构，在此一并表达我由衷的感谢。

李润田

2015年11月于开封